道路橋支承便覧

平成30年12月

公益社団法人　日本道路協会

序

我が国の道路整備は，昭和 29 年に始まる第一次道路整備五箇年計画から本格化し，以来，12 次にわたる五箇年計画を積み重ね，平成 15 年度からは社会資本整備重点計画として策定され，現在は第 4 次社会資本整備重点計画が進められています。この間，道路交通の急激な伸長に対応して積極的に道路網の整備が進められてきましたが，都市部，地方部に限らず道路網の整備には今なお強い要請があります。

このような中，急峻な地形と多数の河川を擁し，高密度な土地利用のため厳しい空間制約のある都市部を多く抱える我が国においては，橋梁は道路整備を進めるうえで不可欠な構造物であり，持続的な整備，管理，更新を進め，社会全体の生産性向上を図ることが求められています。

また，平成 26 年に 5 年に一度の定期点検が法定化されたことに伴い，道路橋の設計においても，ライフサイクルコストの低減や維持管理の軽減等を図りつつ，確実かつ合理的な維持管理への配慮が求められています。

さらに，平成 23 年に発生した東北地方太平洋沖地震や平成 28 年に発生した熊本地震などの経験は，災害が多発する我が国において改めて安心な国土づくりが必要不可欠であることを再認識させられました。平常時，災害時を問わないネットワークの確保など，脆弱な国土構造への対応も求められています。

日本道路協会では，昭和 48 年に「道路橋示方書」を補うものとして「道路橋支承便覧」を発刊し，平成 3 年及び平成 16 年に同便覧を改訂しましたが，その後の道路橋示方書の改定，支承の設計・製作・施工・維持管理に関する技術の進展，技術的知見の蓄積を踏まえて同便覧の内容を見直し，改訂版を刊行する運びとなりました。

今回の改訂では，平成 29 年に改定され限界状態設計法や部分係数設計法が導入された道路橋示方書に対応するとともに，設計で期待した性能が実現されるための品質管理方法など，幅広い内容の見直しがされています。

本書が多くの技術者に活用され，今後とも質の高い道路橋の整備に貢献することを期待してやみません。

平成30年12月

日本道路協会会長　宮　田　年　耕

ま　え　が　き

「道路橋支承便覧」は道路橋支承の設計・製作に関する手引書として，昭和48年4月に日本道路協会が刊行し，その後昭和54年2月には施工に関する内容の充実を図って，「道路橋支承便覧（施工編）」を刊行した。平成3年6月にはこれらを合本し，内容も見直しを行った。

また，道路橋に関する国の技術基準である「道路橋示方書」については，平成7年の兵庫県南部地震による道路橋の甚大な被害の経験を踏まえ，マグニチュード7級の内陸直下で発生する地震動に対しても必要な耐震性を確保するよう平成8年に改定が行われ，平成13年には性能規定型の技術基準を目指すことを主な目的として改定が行われた。これらの道路橋示方書の改定を踏まえ，平成16年に「道路橋支承便覧」の見直しが行われた。このような道路橋示方書の改定，支承便覧の改訂に応じ，我が国では免震支承をはじめとした支承の新しい技術開発が年々進歩してきているところである。

こうした中，平成23年3月11日には，我が国における観測史上最大のマグニチュードを記録した東北地方太平洋沖地震が発生した。東北地方太平洋沖地震における地震動による橋の被害の中には，兵庫県南部地震による地震動を考慮して設計されたゴム支承に破断が生じる等，支承部に関しても重要な被災が生じた。このような被災事例の分析等を踏まえ，平成24年には「道路橋示方書」が改定された。

さらに，道路橋定期点検の法制化など道路橋の長寿命化に対する社会的ニーズの増加，平成28年4月の熊本地震による道路橋の被災並びに復旧の経験を踏まえ，点検や修繕を確実に行うことができ，かつ，できるだけ維持修繕が容易な構造であること，万が一の事態にも粘り強い丈夫な構造であるようにすること，これらを実現する構造をできるだけ経済的に達成できる新たな技術を受け入れること，道路ネットワークにおける路線の位置付けに応じて性能を設定できるようにすることが必要であると考えられた。そのため，橋の性能を規定するための設計状況や対応する橋の状態の設定を行うこと，性能を的確に評価するために，設計状況や，材料，構造の性能の不確実性の要因をきめ細かく扱うこと，及び，通常の維持管理を行うことを前提とした耐久性や維持管理行為を想定して橋の構造を設計することができるように，平成 29 年に「道路橋示方書」の改定が行われた。

このように，支承を取り巻く情勢の変化に適切に対応し，改定された道路橋示方書の趣旨を反映するため，今般本便覧の内容を見直しを行うこととしたものである。

今回の改訂の主な内容は，以下のとおりである。

① 道路橋示方書に規定された橋の性能を満足するうえで支承部に求められる性能の標準的な検証手法を提示するという便覧の位置づけの明確化とそれに沿った記述の見直し

② 便覧に基づく設計の前提を満足するとみなせる材料の記述の見直し

③ 支承に求められる性能を有することを確認する試験法の記述の見直し

④ 設計の前提とする施工，維持管理の条件の明確化

⑤ 品質管理方法の記述の見直し

⑥ 維持管理方法の記述の見直し

⑦ 免震支承の設計モデルの高度化

本便覧は「道路橋示方書」の規定に準じこれを補完する支承部全般に関する手引き書であり，道路橋の支承部における設計・製作・現場施工・維持管理に携わる広い範囲の技術者に用いられるものと考えられる。本便覧が，合理的で十分な機能，耐久性を持った支承部の発展，開発に寄与することを期待するものである。

平成 30 年 12 月

橋 梁 委 員 会
耐震設計小委員会
支承便覧改定 WG

橋梁委員会

（50音順）

委員長	中神　陽一	
副委員長	中谷　昌一	
委　員	井上　昭生	井上　隆司
	運上　茂樹	大塚　敬三
	緒方　辰男	荻原　勝也
	小野　潔	加賀山泰一
	加藤　直宣	金澤　文彦
	河村　直彦	木村　嘉富
	日下部毅明	古関　潤一
	佐藤　靖彦	鈴木　泰之
	舘石　和雄	玉越　隆史
	東川　直正	七澤　利明
	野澤伸一郎	星隈　順一
	掘井　滋則	松井　幸男
	村越　潤	八木　知己
	山口　栄輝	渡辺　博志
幹事長	小林賢太郎	
幹　事	石田　雅博	大住　道生
	岡田太賀雄	古賀　裕久
	上仙　靖	白戸　真大
	西川　昌宏	西田　秀明
	信太　啓貴	和田　圭仙

耐震設計小委員会

（50音順）

委員長	○星隈順一	
前委員長	運上茂樹	
委員	青木圭一	○秋山充良
	○阿南修司	石田雅博
	伊藤高	今井隆
	○植田健介	鵜野禎史
	遠藤和男	大城温
	○大住道生	大谷彬
	岡田太賀雄	緒方辰男
	小田原雄一	乙守和人
	○小野潔	○小山田桂夫
	○片岡俊一	○片岡正次郎
	○片岡浩史	金治英貞
	金子正洋	河藤千尋
	木村嘉富	日下部毅明
	○蔵治賢太郎	幸左賢二
	○古賀裕久	小橋秀俊
	小林賢太郎	齋藤清志
	○坂井公俊	堺淳一
	酒井洋一	○佐々木哲也
	○佐々部智文	○澤田守
	塩谷正文	○白戸真大
	白鳥明	○上仙靖
	杉山裕樹	瀬戸祐介
	高田和彦	○高田佳彦
	○高橋章浩	○高橋良和
	高原良太	○田崎賢治

立田　安礼
玉越　隆史
築地　貴裕
鳥羽　保行
中谷　昌一
○西川　昌宏
○西谷　朋晃
○信太　啓貴
○姫野　岳彦
○藤倉　修一
前原　康夫
間渕　利明
○宮武　裕昭
武藤　聡
室野　剛隆
森下　博之
○安里　俊則
矢部　正明
○和田　圭仙

田中　倫英
田村　敬一
○角本　周
中尾　吉宏
○七澤　利明
○西田　秀明
西谷　雅弘
長谷川　朋弘
○広瀬　剛
○掘井　滋則
松本　幸司
溝口　孝夫
○宮原　史
村越　潤
○森　敦
森戸　義貴
八ツ元　仁
○山口　和範

○印は平成 30 年 12 月現在の委員

支承便覧改訂ＷＧ

（50音順）

主　査	○高橋　良和	
委　員	青木　康素	秋本　光雄
	○浅井　貴幸	○石山　昌幸
	○稲荷　優太郎	今井　隆
	○植田　健介	鵜野　禎史
	○浦川　洋介	運上　茂樹
	遠藤　和男	大城　温
	○大住　道生	大谷　彬
	岡田　慎哉	岡田　太賀雄
	小原　誠	○兼子　一弘
	金田　和男	神谷　卓伸
	河藤　千尋	○久保田　成是
	久保田　良司	○後藤　宏行
	斉藤　次郎	堺　淳一
	○佐々部　智文	佐藤　孝司
	○佐藤　京	佐野　泰如
	○澤田　守	○篠原　聖二
	○白戸　真大	杉山　裕樹
	瀬戸　祐介	高原　良太
	立田　安礼	田中　大介
	築地　貴裕	○手塚　光広
	○中尾　健太郎	○鍋島　信幸
	枦木　正喜	長谷川　秀也
	○原　暢彦	原田　孝志
	原田　拓也	○姫野　岳彦
	○平山　博	星隈　順一

○掘井滋則	○牧田　通
松田宏一	右高裕二
三田村浩	宮原　史
森田明男	○安里俊則
八ツ元　仁	矢部正明
○山口和範	山下　章
○山本伸之	吉川　卓
○吉川昌宏	○吉田純司

○印は平成30年12月現在の委員

目　　次

第3章　使用材料

第6章　支承部の施工

第1章　総　　論

1.1　便覧の目的

道路橋支承便覧は，道路橋の設計・施工・維持管理に携わる技術者に対して，業務の参考に資するための手引書とすることを目的に，昭和48年（1973年）に刊行され，その後，橋，高架の道路等の技術基準（以下，［道示］という。）の改定，地震等による支承部の被害や支承の技術開発の進展，試験データの蓄積等を踏まえて改訂されてきている。

今回の道路橋支承便覧の改訂は，平成29年（2017年）の［道示］の考え方や支承に関する近年の技術開発に基づく知見を反映させている。平成29年(2017年)の［道示］では，性能規定化が一層推進され，橋の性能を規定するための設計状況や対応する橋の状態の設定を行うこと，性能を的確に評価するために，設計状況や，材料，構造，部材等における状態評価における不確実性の要因をきめ細かく扱うこと，並びに，通常の維持管理を行うことを前提とした耐久性や維持管理行為を想定して橋の構造を設計すること等が規定されている。また，橋全体として求める性能が明確化され，橋全体の性能を照査するための上部構造，下部構造及び上下部接続部の性能の検証方法，さらには，上部構造，下部構造及び上下部接続部を構成する部材等の性能の検証方法も階層的に要求性能と標準的な検証手法の組合せとして規定された。さらに，多様な暴露環境に対して耐久性を事前に検証することが困難な場合にも，修繕，交換の可能性も考慮しながら採用を検討できるように，維持管理と一体で耐久性能を満足するよう設計することが明確にされた。

これを受け本便覧は，橋の性能を満足するうえで支承部に求められる性能の標準的な検証手法を示すものとして全面的に改訂している。本便覧では，支承部の設計の基本，支承部に求められる耐荷性能及び耐久性能に関する標準的な設計方法，その設計方法の前提となる標準的な材料及び特性の検証方法，並びに設計の前提となる施工及び維持管理の条件の設定に参考となる技術情報を記載するとともに，それらを行う上で参考となる事項を記載している。

また，橋の設計供用期間中に，設計では具体的には考慮されない不測の外力を支承部が受けることや支承部に劣化損傷が生じる可能性もあるため，それらの不確実性を踏まえ，橋全体が崩壊するような致命的な状態となることをできるだけ回避する等の配慮が必要となる。不測の外力等が生じたとしても，その影響ができるだけ小さくなる損傷形態に誘導する構造設計上の配慮の方法は現時点では確立されていないため，本便覧では具体に示していないが，今後の課題であると考えられる。

1.2　既往の大規模な地震等における支承部の被害

既往の大規模な地震では，橋の性能に影響を及ぼす支承部の被害が生じ，支承部の重要性が確認されている。

平成 7 年（1995 年）兵庫県南部地震では，特に鋼製支承において，ピンローラー支承のローラーの抜け出し，固定支承の上沓ストッパーやサイドブロックの破損，セットボルトやアンカーボルト等の破断や抜け出し等の損傷が生じた事例が多い。兵庫県南部地震の被害を踏まえ，［道示］の規定が改定され，「設計供用期間中に発生することは極めて稀であるが一旦生じると橋に及ぼす影響が甚大であると考えられる地震動」（以下「レベル 2 地震動」）を用いた設計が行われることとなった。

平成 23 年（2011 年）東北地方太平洋沖地震では，レベル 2 地震動に対しても機能するように設計されたゴム支承に破断や亀裂等の被害が確認された。さらに，平成 28 年（2016 年）熊本地震において，レベル 2 地震動に対しても機能するように設計されたゴム支承の破断や，ゴム支承及び鋼製支承における取付けボルトの破断等の被害が確認された。加えて，橋脚が巻立て補強されていたものの支承部及びその周辺に必要な補強がなされておらず，支承本体及び取付部が破壊されたことで，上部構造にも損傷が生じ，通行止めとなった事例もある。

また，地震による被害以外も含め，支承部における変状の例を7章に示している。支承部では，このような変状が起こる可能性があることを把握したうえで，設計することが重要である。

なお，支承の変遷については参考資料-1に，既往の大規模な地震における支承部の被災状況については参考資料-2に記述している。

1.3　用語の定義

本便覧に用いる用語の意味は次のとおりである。

①　支承部

支承本体，アンカーボルト，セットボルト等の上下部構造との取付部材，沓座モルタル，アンカーバー等，支承の性能を確保するための部分をいう。

②　固定支承

桁の伸縮・回転のうち，桁の水平方向の伸縮を固定し，回転は拘束しない機能をもった支承

③　可動支承

桁の伸縮・回転のうち，桁の水平方向の伸縮を円滑に行わせ，回転を拘束しない機能をもった支承

④　免震支承

免震橋に用いる支承で，橋の固有周期の適度な長周期化及びエネルギー吸収の両方の効果を発揮し，部材応答の低減を図ることができる支承

⑤　地震時水平力分散型ゴム支承

ゴム支承のせん断剛性を利用して，上部構造の慣性力を複数の下部構造に分散させる目的で使用する支承

⑥　機能分離型支承

支承の荷重伝達機能，変位追随機能といった基本的な機能や減衰機能等の必要な機能ごとに独立した構造体を設け，分離させた支承

⑦　地震時水平力分散構造

地震時の上部構造の慣性力を複数の下部構造に分散させるために，上部構造と複数の下部構造を接合する構造。支承部の水平力の支持方法としては，ゴム支承等を用いた弾性支持又は固定支承を用いた固定支持の方法がある。

⑧　沓座

下部構造天端部（橋座）等のうち支承を設置する箇所

1.4　関連図書

本便覧では，支承部の設計・施工に必要な事項について記述している。本書に示されていない事項については下記の図書が参考になる。なお，本書で参考にしている図書は，特にことわりのない場合は最新版のものを用いている。なお，これらの便覧において，作用，作用の組合せ，限界状態やその特性値及び制限値の設定等，平成29年（2017年）の［道示］の改定以前に出版されたものについては，［道示］の趣旨を踏まえながら参考にする必要がある。

- 鋼道路橋設計便覧　日本道路協会
- 鋼道路橋施工便覧　日本道路協会
- コンクリート道路橋設計便覧　日本道路協会
- コンクリート道路橋施工便覧　日本道路協会
- 鋼道路橋防食便覧　日本道路協会

第2章　支承部の設計の基本

2.1　支承部に求められる性能

2.1.1　一　　般

［道示Ⅰ］1.8.1 設計の基本方針において，設計にあたっては，橋の耐荷性能，橋の耐久性能，その他使用目的との適合性を満足させるために必要な性能を適切に設定し,これを満足しなければならないことが規定されている。また,［道示Ⅰ］1.3 設計の基本理念において使用目的との適合性，構造物の安全性，耐久性のほか，維持管理の確実性及び容易さ，施工品質の確保，環境との調和，経済性を考慮しなければならないことが規定されており，その他の構造上の配慮事項等の規定にも留意して設計することが求められる。

支承部は，橋の性能を満足するために必要とされる耐荷性能，耐久性能，その他使用目的との適合性を満足するよう設計する必要がある。［道示Ⅰ］10.1.1 において，支承部に求められる性能として，上部構造から伝達される死荷重，活荷重などの鉛直荷重，地震や風などの水平荷重を確実に支持して下部構造へ伝達すること，また，活荷重や温度変化の影響などによる上部構造の水平移動，たわみによる支点部の回転変位に対しても円滑に追随し，上部構造と下部構造の相対的な変位を吸収することが規定されている。上下部構造間の荷重伝達は，上部構造の慣性力の影響を低減するために，地震時に下部構造から上部構造へ伝達する振動を直接そのまま伝達するのではなく,支承部に減衰機能やアイソレート機能(詳細は **2.1.2**(1)2）を参照）を持たせて伝達する振動を小さくし，これによって，橋の性能を満足させることができる場合もある。また，上下部構造間の相対的な変位は，活荷重や温度変化の影響等による上部構造の水平移動，たわみによる支点部の回転変位がある。その他，軟弱地盤における長期の圧密沈下や側方移動，地盤変動や液状化，液状化に伴う流動化等が予想されるところでは，これらの影響に伴う上下部構造間の相対変位を適切に考慮する必要がある。特に支承部の形式，構造及び材料を選定する段階においては，これらを十分に考慮し，適切に選定を行うことが重要である。また，橋の建設予定地点の状況や構造物の規模等に応じて，［道示］の規定に従い必要な調査を行う。例えば，支承部を構成する部材選定にあたり，その挙動が温度依存性を有する場合には，その適用性を確認するために架橋位置の温度変化の範囲を調査する必要がある。

耐荷性能は，設計状況に対して，橋としての荷重を支持する能力の観点及び橋の構造安全性の観点から支承の状態が限界状態を超えないことを所要の信頼性で実現する性能である。［道示Ⅰ］4章において，耐荷性能の照査にあたり橋の限界状態を適切に定めることが標準とされており，橋の限界状態は，橋を構成する構造の限界状態や，構造を構成する部材等の限界状態によって代表させることができるとされている。支承部は，橋の耐荷性能を満足できるよう［道示Ⅰ］10.1.4に規定される支承部の限界状態を超えないことを照査する必要がある。また，支承の上下部構造への取付部は，支承部に作用する力を確実に伝達する構造となるよう設計するとともに，支承部が取り付けられる上部構造及び下部構造においても集中荷重により局所的に変形や損傷が生じないように補強する必要がある。

橋の耐久性能は，橋の耐荷性能が設計供用期間末まで確保されることの時間的な信頼性である。このとき，補修や部材等の更新なども含めて橋全体としての耐久性能を合理的に確保できるように，各部材に設計耐久期間を設定し，必要な耐久性能が確保されるよう設計することが求められる。また，部材ごとに耐久性確保の方法とその前提となる維持管理の条件を定めることが求められる。例えば，鋼製支承では，鋼材の腐食やみかけの摩擦係数の増加により設計で考慮する水平力を超える水平力が支承部に生じる場合がある。また，ゴム支承では，ゴム材料の経年劣化により変形性能の低下が生じる場合もある。このような経年劣化等に対して，支承部の耐荷性能が，所要の信頼性で確保されるように補修や部材等の更新等も含めた維持管理方法を検討し，支承部の耐久性能を照査する必要がある。

その他使用目的との適合性を満足させるために必要な性能は，耐荷性能及び耐久性能と必ずしも直接関係付けられないものの満足することが求められる性能である。例えば，交通振動等により不快な振動等が生じないことを性能として求める場合がある。そのような場合には，鉛直荷重を支持する支承に過度に柔らかいゴム材料を用いないようにすること等の対応が必要となる。また，これまでの道路橋の落橋事例，損傷事例等も踏まえて，備えることが求められる橋が致命的な状態に陥ることを防止する一定の対策（フェールセーフ）を施すことも含まれる。

以上の性能を達成するにあたり，前提条件となる事項として維持管理の確実性及び容易さ並びに施工品質の確保がある。また，［道示Ⅰ］1.8.3 に規定されるように，これら維持管理の確実性及び容易さ並びに施工品質の確保について，構造設計上配慮できる事項と構造設計への反映方法を総合的に検討し，支承部の設計に反映することが求められる。

支承部は滞水や塵埃等の堆積が生じやすく一般には橋の主構造と比べ腐食等が生じやすい環境にあることが多い。耐久性能の確保にあたって，これらの劣化要因を減らすこと，また，点検時に状態の確認が容易で迅速にできる構造とすることが求められる。さらに，大規模な地震等が生じた場合に損傷することも想定し，供用しながらの補修や部材等の更新等ができ，かつ，それらが容易かつ迅速にできるよう作業空間の確保を含め，支承部及びその周辺の構造について検討することが求められる。

施工品質の確保にあたっては，材料手配，製作，組み立て，現場での据付け等の一連の施工プロセスにおいて，設計で前提とした諸条件が確実に実施され，品質が確保されることを確認することが求められる。例えば，作業空間の制約や上下部構造の施工誤差は，支承部の施工品質に影響を及ぼすため，設計や施工計画の際に，支承の設置位置，作業空間，作業手順，施工誤差の補正方法等について慎重な検討が求められる。

その他，設計において常に念頭におき，考慮すべき事項として，環境との調和と経済性がある。環境との調和とは，支承部に起因して生じる周辺環境への悪影響を軽減することや周辺環境にふさわしい景観性を有すること等である。例えば，支承部が原因となる交通振動による影響，外観が景観に与える影響等を考慮することが考えられる。なお，これらは，支承部において求められる耐荷性能，耐久性能，その他の使用目的との適合性に関する性能と，これら性能を満足し，その前提条件となる施工品質の確保，並びに維持管理の確実性及び容易さを確保したうえで考慮する必要がある。

経済性とは，単に初期費用を最小にするだけではなく，橋全体のライフサイクルコストを最小化する観点を含めて考慮する必要がある。このため，点検管理や補修・取替え等の維持管理費を含めた費用がより小さくなるようにすることが重要である。このとき支承部のみに着目して考慮するのではなく，橋全体として経済性が優れたものとなるようにすることが重要である。

上下部構造間の支点における支持条件は，橋全体の振動特性や各下部構造との間で伝達される水平力等，橋全体の特性に影響を及ぼす。橋の性能を確保するにあたって，適切な支持方法を選定することが求められる。

上部構造を支承により支持するにあたって，水平方向の支持方法は，固定支持，可動支持，弾性支持に分類できる。固定支持は，下部構造等の上の支点において変位を固定する支持方法である。施工上などから水平方向の変位量を厳密に零とすることは困難であるが，できるだけ小さいことが前提となる。また，水平方向に固定することで上部構造，下部構造，支承部の各部に反力が作用する。可動支持は，下部構造等の上の支点において変位を拘束せず追随する支持方法である。水平力の伝達を完全に零とすることはできないが，できるだけ小さいことが前提となる。その上で，伝達される力は，設計において適切に考慮することが求められる。弾性支持は，支承が変形することで水平変位に追随する支持方法である。

一連の上部構造を複数の支点で支持するにあたって，これらの支持方法を組み合わせて上部構造全体を支持することとなる。一般には，橋軸方向に着目した場合に，支持の組み合わせの代表的なものとして以下が挙げられる。以下にそれぞれの支持の組み合わせ区分における設計上の留意点を示す。

(1) 固定可動支持

一般に，1支点が固定支持で，他の支点は全て可動支持とする場合を固定可動支持と呼ぶ。なお，支持方法が固定支持と可動支持のみの組み合わせで固定支持が複数の場合には (2)において説明する。支点に作用する水平力は主として固定支持とする支点に作用する。このため，可動支持とする下部構造と比較して，固定支持とする下部構造に大きな負担が生じる。

可動支持とする支点においても摩擦力等の水平力が作用するため，下部構造や取付部の設計においては適切に水平力を見込む必要がある。そのうえで，摩擦力には不確実性があるため，固定支持とする下部構造や取付部の設計においては，可動支持による水平力の分担の低減を見込まずに設計することが一般的である。また，相対的に大きな水平変位に追随する必要があり，複数の可動支持の支点を有する場合，固定支持の支点から離れた可動支持の支点において相対的に大きな水平変位が生じることとなる。なお，この可動支持とする支点における留意点は，以下の(2)，(3)で可動支持を有する場合にも同様に留意する必要がある。

固定支持と組み合わせて，一般に弾性支持として用いられるゴム支承等を可動支持として扱えるよう上下部構造間で伝達される水平力を一定の大きさ以上としないようにせん断弾性係数を小さくして設計する場合もある。その際，固定支持とする支点では，可動支持とする支点に作用する水平力の分担は見込まずに設計し，可動支持とする支点ではゴム支承のせん断変形により生じるせん断力を設計で考慮する必要がある。

(2) 複数の固定支持による地震時水平力の分散

ここでは，複数の固定支持と可動支持を組み合わせた場合について説明する。この支持方法の組み合わせの場合，支点に作用する水平力は主として複数の固定支持の支点を介して下部構造に伝達する。また，不静定構造となり，上部構造の温度変化，コンクリートのクリープや乾燥収縮等によって不静定力が生じる。この不静定力は，上部構造の伸縮を拘束することで生じるため，不静定力の大きさには，上下部構造や地盤の剛性等が影響を及ぼす。また，地層の変化や地形の起伏が大きい場合のように地盤や下部構造の剛性等が下部構造位置ごとに大きく異なる場合には，下部構造ごとに作用する不静定力や慣性力等の水平力に偏りが生じる。これらを踏まえ，橋に求める性能が確保されるよう，構造形式の選定から，十分な検討が必要となるとともに，施工時期および施工方法についても十分な検討が必要である。固定支持による地震時水平力の分散を図った例を，**図-2.1.1** に示す。

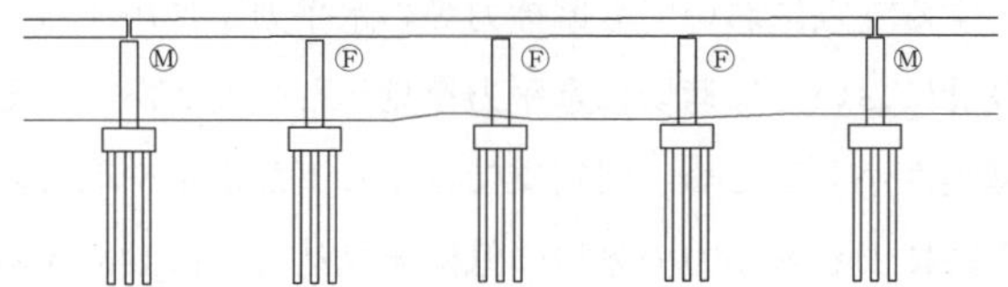

図-2.1.1　多点固定支持により地震時水平力の分散を図った例

(3) 弾性支持による地震時水平力の分散

ここでは，弾性支持のみ，または複数の弾性支持と可動支持を組み合わせた場合について説明する。この支持方法の組み合わせの場合，支点に作用する水平力は主として複数の弾性支持の支点を介して下部構造に伝達する。また，不静定力が生じる点については，(2)と同じであり，留意点も基本的に同じとなる。

不静定力は生じるものの，上部構造の伸縮に対して支承部の変形により追随するため，複数の支点を固定支持とする場合と比べ作用する不静定力を小さくすることができる。支承のせん断弾性係数や地盤及び下部構造の剛性等により，橋全体系の振動特性や各下部構造との間で伝達される水平力が変化するため，適切な構造となるよう配慮する必要がある。

弾性支持による地震時水平力分散構造の一例を，**図-2.1.2** に示す。

地震の影響により生じる上部構造の慣性力を低減するために，地震時に下部構造から上部構造へ伝達する振動を直接そのまま伝達するのではなく，支承部に減衰機能やアイソレート機能を持たせて伝達する振動の低減を図ることもできる。

アイソレート機能と減衰機能を持たせた免震支承を用いて，橋の固有周期の適度な長周期化及び支承のエネルギー吸収の両方の効果による部材応答の低減を耐震設計において考慮する橋を免震橋という。ただし，それらの機能が確実に発揮できるよう，構造形式の選定から，十分な検討が必要となる。

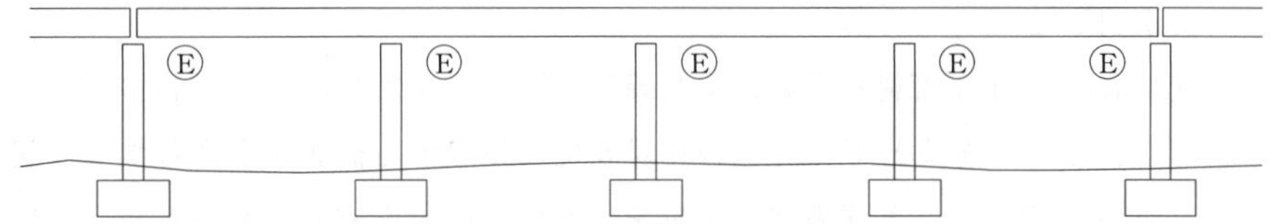

図-2.1.2 弾性支持により地震時水平力の分散を図った例

アイソレート機能と減衰機能を持たせた免震支承を用いて地震の影響による応答の低減を図る橋を免震橋という。なお，軟弱地盤では，長周期化することで地盤と橋の固有周期が近くなり共振を引き起こす可能性があるため，［道示Ⅴ］14.2(2)の条件に該当する場合には原則として採用しない。

2.1.2　支承部に求められる機能

支承部の性能は，支承部に求められる機能が所要の信頼性をもって確保されることによって発揮される。支承部に求められる機能を整理すると，**図-2.1.3**となる。

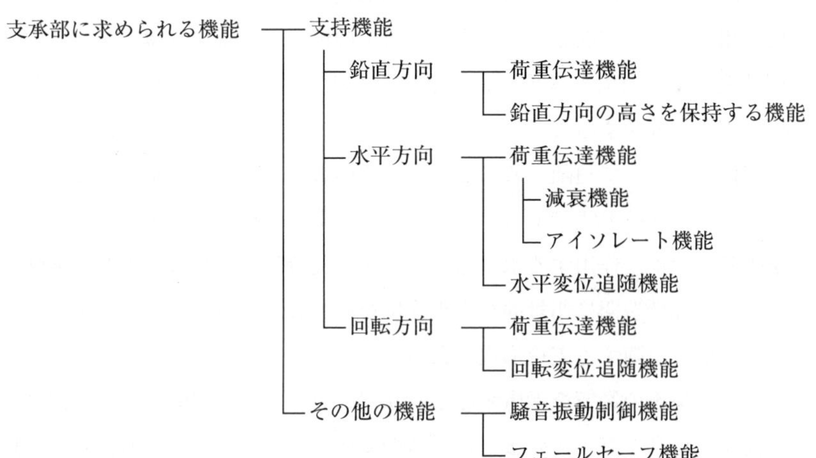

図-2.1.3 支承部に求められる機能

(1) 支 持 機 能

支承部には，上下部構造間の荷重を確実に伝達する機能及び上部構造の伸縮・変形による上部構造と下部構造の相対変位に追随する機能が求められる。**図-2.1.3** は，設計上，上部構造の挙動を上部構造の鉛直方向，水平方向，回転方向の軸を考慮して評価することで実際の挙動を代表できると考えることができるため，それぞれの軸に対して求める機能を整理したものである。なお，曲線橋などの特殊な構造で他の方向の影響が支配的となる場合には個別に検討することとなる。

1) 鉛直方向支持機能

上部構造から作用する鉛直力を下部構造に伝達するとともに，上部構造を所定の高さに保持する機能である。上部構造から作用する鉛直力には，下向きの力，上向きの力（上揚力）がある。

2) 水平方向支持機能

上部構造から作用する水平力を下部構造に伝達するとともに，上下部構造間の相対変位に追随し，上部構造を所定の位置に保持する機能である。上下部構造間に作用する水平力を伝達する方法としては，可動支持，固定支持，弾性支持に分類することができる。可動支持は，上下部構造間に相対的な水平変位を許容して追随することで，一定の大きさ以上の水平力を伝達しないようにする支持形式である。固定支持は，上下部構造間に相対的な水平変位を生じさせず，作用する水平力を伝達する支持形式である。また，弾性支持は，上下部構造間に相対的な水平変位を許容し，このとき復元力を有する材料や機構で追随する支持形式である。

また，地震の影響を考慮する設計状況において，下部構造から上部構造へ伝達する振動を直接そのまま伝えるのではなく小さくする機能として，以下に示す減衰機能，アイソレート機能がある。

i) 減衰機能

地震による振動の運動エネルギーは下部構造から上部構造に伝達され

る。その過程で，別のエネルギーに変換することで，運動エネルギーを小さくし，その結果，生じる加速度や変位を次第に小さくする機能を減衰機能という。

ii）アイソレート機能

上部構造と下部構造を分離し，水平方向の荷重や変位を伝えないようにする機能をアイソレート機能という。ただし，完全に分離することは困難であるため，上下部構造間の水平方向の荷重を剛性の低い材料の変形や摩擦係数の低い荷重伝達機構等を介して伝達し，上部構造と下部構造それぞれに生じる変位を分離する機能も含む。

3)　回転方向支持機能

上部構造は荷重の載荷によって，たわみやねじれ変形が生じる。このような変形に対して生じる回転方向の変位に追随する機能である。

(2)　その他の機能

1)　騒音振動制御機能

道路周辺の環境対策として，交通振動の低減が求められる場合がある。このとき，上下部構造間に橋の振動を制御する目的で，支承部に振動制御装置を設ける場合がある。

2)　フェールセーフ機能

支承部が十分な耐荷性能を有するように設計したうえで，不測の機能不全に対しても第三者に被害を及ぼす可能性の程度等を考慮して設置する必要がある。[道示Ⅰ] 10.4 に規定されるフェールセーフとしての落橋防止システムがあるが，これは支承部とは別であることに注意が必要である。

2.1.3　作用の種類と支承部に求められる機能

支承部の機能は，橋全体の挙動に大きく影響を与えるため，各作用による橋への影響に応じて，支承部がどのように上部構造を支持し，上下部構造間の力を伝達するか検討することが重要である。また，各作用による橋の挙動の制御を検討し，その制御に必要な機能を有するように支承部の構造形式を適切に選定することが重要である。

橋の設計においては様々な作用を考慮しなければならない。ただし，ある作用に対して支承部の機能を発揮する際に最適と考えられる形式や構造が，他の作用に対して必ずしも最適な形式や構造となるとは限らない。すべての作用に対して性能を満足するよう設計したうえで，橋全体においてより合理的な設計となるように検討することが求められる。このとき，支承部が各作用に対してどのように力を伝達するかを検討し，支承部も含めた構造系全体の設計にこれを反映させる必要がある。その際，求められる全ての機能を一つの構造に集約するもののほかに，各作用に応じて，それぞれ求められる機能が発揮できる構造を個別に設置し，それら独立した複数の構造で分担することも考えられる。このように機能ごとに構造を分離する場合においては，機能ごとに設けた構造体間で他の機能を損なうような干渉が生じないように構成する必要がある。

支承部に求められる機能を発揮するために必要となる形式や構造の選定においては，各作用により生じる支承部の応答を考慮する中で最適となるよう検討することが重要である。

以下に，［道示Ⅰ］３章に規定される各作用に応じて求められる支承部の設計における一般事項と留意点を示す。

支承部には一般的に，上部構造に作用する死荷重，活荷重，雪荷重等の鉛直方向の作用に対して支持機能が求められるとともに，桁のたわみやねじりにより生じるその回転変位に追随するための回転方向の支持機能が求められる。また，プレストレス力，コンクリートのクリープの影響及び乾燥収縮の影響や温度変化の影響等により生じる桁の伸縮に対して，その水平変位に追随するための水平方向の支持機能が求められる。なお，橋の構造形式によっては，鉛直力として上向きの力（上揚力）が作用する場合があり，これを支持する必要がある場合もある。

風荷重に対しては，主に橋軸直角方向から作用する風の作用が支配的となることから，橋軸直角方向に作用する水平方向の風荷重を考慮する必要がある。

地震の影響に対しては，主に水平方向の支持機能が求められる。橋軸直角方向に作用するモーメントにより，1支承線上の各支点には圧縮力又は引張力が生じることとなる。また，上下方向の地震動により生じる上向きの力（上揚力）についても考慮する必要がある。

構造物の完成後，地盤の圧密沈下などにより地盤変動が発生すると，下部構造に沈下，水平移動，回転等が生じることで，上部構造において支点の移動や回転の影響が生じることとなる。このようなことが生じないよう架橋位置と形式を選定することが求められるが，やむを得ず下部構造完成後，地盤の圧密沈下等による地盤変動が予想されるところでは，求める性能に応じて適切な限界状態を設定し，それを超えないことを照査する必要がある。

なお，施工中に支承部に作用する力は，上部構造架設時の手順等により，橋梁完成後に作用する力と大きく異なることがある。このため，施工時に作用する力の影響を考慮することも必要である。

2.2 支承部に用いられる機構

2.2.1 一　　般

支承部が求められる機能を発揮するためには，各部材間の作用力の伝達機構が明確で，その機構が実現できるように適切に設計する必要がある。

各部材間の作用力を伝達する機構としては，部材間を直接接触させる場合と，接合用鋼材等を用いて接合する場合がある。接触面の垂直方向に対する接触機構は，接触する２つの部材の接触面積の大きさで異なり，鋼材と鋼材の接触では，面で接触する平面接触機構と，微小面で接触する線・点接触に分けられ，接触面に対して接線方向の作用力の伝達機構としては，すべり機構やころがり機構があり，これらは接触面垂直方向に対する接触機構に応じて評価される。

照査においては，想定する機構がそれぞれ影響を及ぼし合うことも考慮する必要がある。なお，減衰機能やアイソレート機能を発揮するために用いられる機構等では，温度，周期及び面圧等による各種依存性がある場合があるため，実際の作動環境を踏まえて，適切に考慮して設計する必要がある。また，地震の影響を考慮する設計状況以外の設計状況に対しても，作用に応じた伝達機構を明らかにしたうえで設計する必要がある。また，疲労耐久性についても確認する必要がある。

2.2.2 方向ごとに求められる支持機能を発揮するための機構

(1) 鉛直方向の支持機構

支承部における各部材間の鉛直方向の伝達機構の例を**表-2.2.1**に示す。平面接触による接触機構では，接触面積を大きくすれば，部材が受ける支圧応力度を小さくできる。ゴムのような弾性材料では，鉛直方向の作用力により変形を伴うこと，圧縮応力の分布は中央部が高く周辺部が低く一様ではないこと等に注意が必要である。また，水平変位追随機能を有し，変位による荷重中心が移動する場合は，その影響を設計で考慮する必要がある。

球面による接触では，接触面のすべり機構により回転変位追随機能を発揮することができる。線接触では，ころがり機構により回転変位追随機能や水平変位追随機能も発揮することができる。

また，線接触，点接触の場合は非常に大きな支圧力によって局所的な塑性化が生じるが，球面接触状態における解析結果によれば，［道示Ⅱ］4.1.2で示される球面の半径比の範囲では，接触応力の計算にHertzの理論を適用できることが確認されている（参考資料-3)。

表-2.2.1　部材間の鉛直方向の伝達機構の例

伝達機構		構造例	主な材料	接触面に作用する力
平面接触	平面		鋼材 コンクリート ゴム	支圧力
	円筒面		鋼材	支圧力
	球面		鋼材	支圧力
	その他		鋼材 コンクリート	付着力
線接触			鋼材	支圧力
点接触			鋼材	支圧力

(2)　水平方向の支持機構

支承部における各部材間の水平方向の伝達機構の例を**表-2.2.2**に示す。なお，ころがり摩擦は，ころがりながら移動する際に生じる抵抗を指している。

平面接触では，接触面のすべり摩擦によって荷重を伝達するものがある。すべり摩擦係数は使用材料やその粗度により異なり，移動速度や面圧等に対する依存性を有する場合もある。また，経年劣化により摩擦係数が増大する場合もある。そのため，摩擦力の算出にあたっては，これらの影響を考慮するとともに，種々の要因で鉛直力が変動することも考慮する必要がある。そのうえで，設計で想定する使用環境下において安定的に摩擦係数が確保できるよう，例えば接触面に粉塵が侵入しにくく，雨水などが侵入して摩擦が生じないような構造とする等の配慮も求められる。

円柱のころがり，すべりにより，水平変位追随機能を確保する場合には，設計で想定する移動量に応じて部材の寸法を確保する必要がある。円柱のころがりは一方向の水平変位にしか追随できないため，設計で想定する移動方向と機構から定まる移動可能方向が一致するように設計・施工することが必要である。

ゴムのような弾性材料のせん断変形により支持する場合は，部材自体が変形する。鉛直方向の作用力に対しても，支持する機構を求める場合は，せん断変形に伴い鉛直力の支持に有効な面積の減少を設計で考慮する必要がある。

表-2.2.2　部材間の水平方向の伝達機構の例

伝達機構		構造例	主な材料	接触面に作用する力
接触機構	方向			
平面接触	接触方向	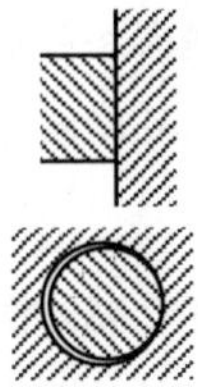	鋼材 コンクリート ゴム	支圧力
	接触面接線方向	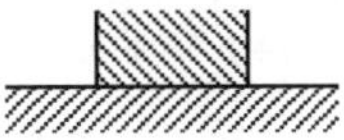	鋼材 PTFE 注)	すべり摩擦による摩擦力
		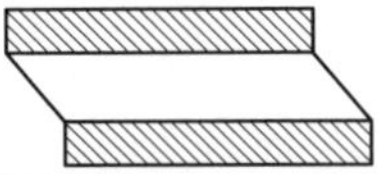	ゴム 鋼材	接着力
		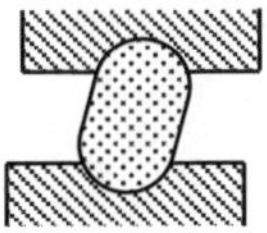	鋼材	すべり摩擦による摩擦力
線接触	接触方向	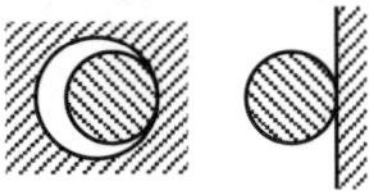	鋼材 コンクリート	支圧力
	接触線垂直方向	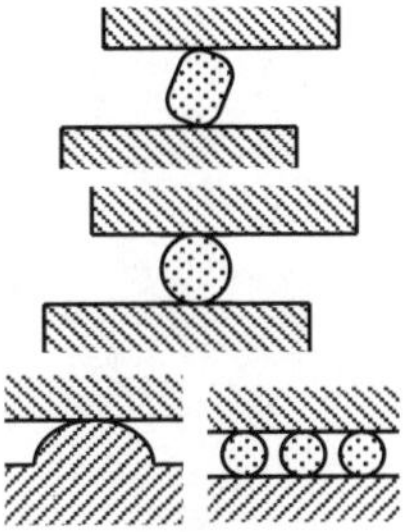	鋼材 コンクリート	・ころがり摩擦による摩擦力 ・すべり摩擦による摩擦力（半円筒）
点接触	接触方向	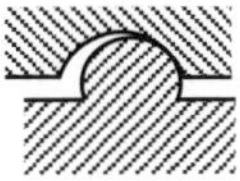	鋼材	支圧力

注）PTFE（四ふっ化エチレン樹脂）3.6 参照

(3) 回転方向の支持機構

支承部における各部材間の回転方向の伝達機構の例を**表-2.2.3**に示す。

円柱のころがり，すべりは水平方向と同様に，一方向の回転変位にしか追随できないため，設計で想定する回転軸と機構から定まる回転軸が一致するように設計・施工する必要がある。また，すべり摩擦力についても，水平方向の支持機能に記載した事項に留意する。

回転方向の作用力に対して，ゴムのような高弾性材料の回転変形により支持する場合は，回転によりゴム内部に引張応力と圧縮応力が生じる場合がある。引張応力に対する疲労耐久性が明らかではないため，そのような場合には，ゴム内部に引張応力を生じさせないような設計を行う必要があることに注意が必要である。

表-2.2.3　部材間の回転方向の伝達機構

伝達機構		構造例	主な材料	接触面に作用する力
接触機構	方向			
線接触	接触線軸周り	(円筒)	鋼材	ころがり摩擦による摩擦力
点接触	接触点周り	(球)	鋼材	ころがり摩擦による摩擦力
平面接触	接触面平行方向軸周り	(半円筒面)	鋼材 PTFE	すべり摩擦による摩擦力
		(ゴム)	ゴム 鋼材	圧縮力
	球面周り	(球面)	鋼材 PTFE	すべり摩擦による摩擦力

なお，**表-2.2.1** から**表-2.2.3** に示す以外の材料であっても当該機構に基づいて所要の性能を有していることを確認すれば，これら以外の材料を用いることを否定するものではない。

2.2.3 減衰機能を発揮するために用いられる機構

(1) 変　　形

振動による運動エネルギーを，上部構造と下部構造間の相対変位に伴う材料の塑性変形等によって生じる熱エネルギー等に変換し，上下部構造間で伝達される運動エネルギーを低減することにより，荷重や変位を小さくする機構である。

材料としては鋼材，鉛等の金属材料や，応力度－ひずみ関係に強い非線形性を持たせた高減衰ゴムなどが実用化されている。

(2) 摩　　擦

振動による運動エネルギーを上下部構造間の相対変位に伴う摩擦によって生じる熱エネルギー等に変換し，上下部構造間で伝達される運動エネルギーを低減することにより荷重や変位を小さくする機構である。

2.2.4 アイソレート機能を発揮するために用いられる機構

(1) す　べ　り

すべりは，複数の物体が面接触したまま面に沿って相対変位が生じる現象であり，これを利用した機構をすべり機構という。すべり機構には，使用する条件下において，安定的なすべりが確保されるために必要な剛性を有していることや，設計で想定する移動範囲で接触状態が保持されること等が求められる。

アイソレート機能を発揮するためのすべり機構とは，接触面の接線方向にすべりを生じさせ，上部構造と下部構造それぞれに生じる変位を分離する機構である。変位を分離する際に，接線方向の力の伝達を完全に零とすることはできないが，すべりによって生じる摩擦力が小さいことが前提となる。このため，摩擦力を低減するために，摩擦係数の低い材料を選定する必要がある。摩擦係数には，温度や移動速度，供用中の粉塵や雨水の侵入等が影響を及ぼす場合があり，このような摩擦係数に影響を及ぼす因子を考慮して安全側となる値を用いることが求められる。そのうえで，設計で想定する使用条件下において安定的に摩擦係数が確保できるよう，例えば，接触面に粉塵が侵入しにくく，雨水が侵入し腐食が生じないような構造とする等の配慮も求められる。

(2) せん断変形

ゴムのような弾性材料のせん断変形により上部構造と下部構造それぞれに生じる変位を分離する機構である。橋に入力される地震動強度が大きい振動数の範囲から橋の地震応答に寄与する振動モードの固有振動数をずらして長周期化させることで，橋の振動を小さくすることができるため，小さいせん断剛性となるゴム材料が用いられる。ただし，長周期化すると応答変位が大きくなり必要な遊間量も大きくなりやすい。このため，伸縮装置が大がかりとなるだけでなく騒音振動も大きくなりやすいため，過度な長周期化は望ましくない。鉛直方向の支持機能も期待する場合には，せん断変形量に応じて鉛直力を支持できる面積が変化することも考慮し，座屈や鉛直剛性の不足による高さを保持する機能の喪失が起こらないようにする必要がある。

2.3　支承の種類

2.3.1　一　　般

支承部は，橋全体の挙動に応じて求められる機能を備えることが必要となる。機能構成においては，単一の構造部分に全ての機能を持たせる機能一体型支承と，作用する力や影響に応じて求められるそれぞれの機能ごとに独立した構造体を設け，これらの集合が支承部としての機能を果すように構造を構成する機能分離型支承に分類できる。

2.3.2　機能一体型支承

機能一体型支承とは，支承として必要となる全ての機能を構造的に一体化させ，各機能を単体の構造部分に集約した支承部で，従来から一般的に採用されているものである。

機能一体型支承は，各機能を集約させるために，支点の構造が比較的簡潔で，上下部構造間の力の伝達も明解ではあるが，支承部構造が複雑化し，取付部も含めて大がかりなものになる場合がある。また，機能を集約した結果として，支承を構成する特定の部材に局部的な損傷や一部の機能の不全が生じた場合，他の機能の性能低下が起きる懸念もある。このようなことから，機能を集約して支承部を構成する場合には，いずれの設計状況においても求められる機能が確実に確保できるよう設計する必要がある。

支承の種類は使用材料，支持機能及び機構等により種々の形式が考えられる。**表-2.3.1** に水平方向の支持機能及び鉛直方向の支持機構に応じた支承形式の例を示す。

表-2.3.1 水平方向の支持機能及び鉛直方向の支持機構に応じた支承形式の例

支承の種類	水平方向の 支持機能	鉛直方向の 支持機構	支承形式
ゴム支承	弾性支持	平面接触	地震時水平力分散型ゴム支承
			免震支承
	固定支持	平面接触	固定型ゴム支承
	可動支持	平面接触	すべり型ゴム支承
			せん断型可動ゴム支承
鋼製支承	固定支持	平面接触	支承板支承
			ピボット支承
			ピン支承
		線接触	線支承
		点接触	ピボット支承
	可動支持	平面接触	支承板支承
		線接触	ローラー支承
コンクリート ヒンジ支承	固定支持	−	メナーゼヒンジ

(1) ゴム支承

ゴム支承は，主としてゴム材料の特性に依存して機能を発揮する支承であり，ゴム単体以外にゴムと鋼板などを一体化して用いる場合がある。一般には，ゴム材料と鋼板などを用いて成型し，ゴムの加硫接着により一体化された積層ゴム支承等が用いられている。

ゴム支承は，ゴム材料の弾性によって大きな変形能を有する。ただし，ゴム材料の特性やゴム支承の形状等に応じてせん断変形能や剛性が異なり，ゴム支承としての特性はばらつきを有する。また，引張力を受ける状態での疲労耐久性など，必ずしも十分に検証されていない点もあり，適用性が確認された範囲で設計し使用する必要がある。

一般にゴム材料は，ほぼ完全非圧縮と考えることができる特性を有する。ゴム板は鉛直荷重を徐々に増すと，ゴムの自由面が側方に押し出され，**図-2.3.1**

(a)に示す膨出現象を引き起こす。これにより，ゴム板の鉛直変位が増大し大きな耐荷力は期待できない。**図-2.3.1**(b)に示すように，上下に補強材を接着しゴムの側方への膨出を抑制することで，ゴムの鉛直方向の耐荷力を増大させることが可能となる。さらに，**図-2.3.1**(c)に示すようにゴム層の中間に補強材を接着すると，自由側面の膨出はさらに抑制することができる。

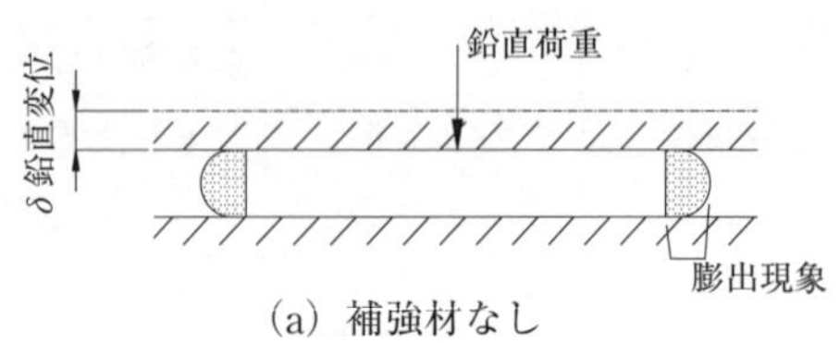

(a) 補強材なし

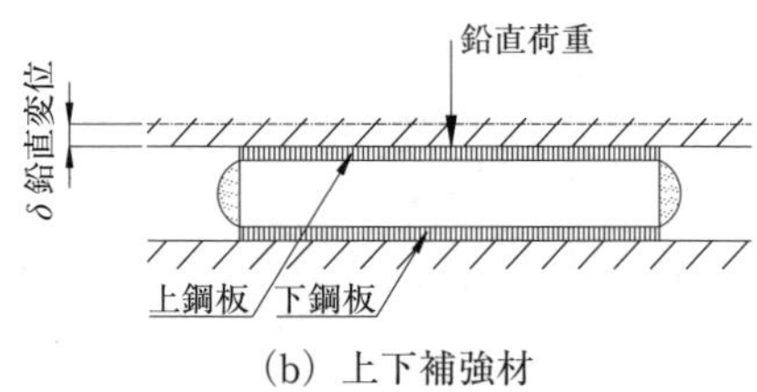

(b) 上下補強材

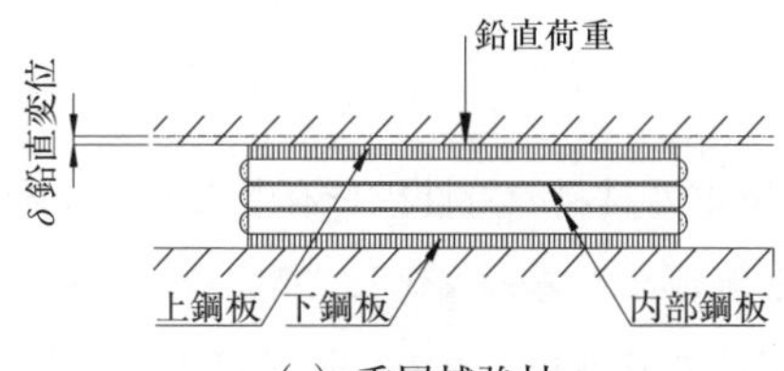

(c) 重層補強材

図-2.3.1　上下鋼板・内部鋼板の効果

積層ゴム支承は，**図-2.3.2**(a)に示すように，ゴム材料と鋼板等とを交互に積層して加硫接着させたものであり，ゴム，内部鋼板，上下鋼板で構成される。鉛直荷重によるゴムの膨出はゴムと鋼板の接着力と鋼板の引張剛性により抑制され，水平方向の荷重に対して鋼板はゴムのせん断変形を阻害せず，ゴムそのものの弾性で変形するので，積層ゴム支承は鉛直方向に硬く，水平方向に柔らかい性質を持つ。

積層ゴム支承には，内部鋼板の材質，形状及び配置によりいくつかの種類がある。**図-2.3.2**(b)に示すような開口部のある内部鋼板を用いたリングプレートタイプのゴム支承もある。積層タイプには，鋼板の防せい防食及び滑動防止対策として鋼板をゴムで被覆して一体成型するタイプと，大判に製作したものを切り出して用いる切断加工タイプがある。切断加工タイプは切断方法によって切断面の耐久性にばらつきが生じ，耐久性能を確保するための前提条件が明確ではないことがある。また，大きな変形に追随するとせん断変形に伴い鋼板とゴムが剥離することがある。

ゴム支承の形状，材料の選択によって様々な支承が設計できるが，要求される機能に応じて適切な鉛直剛性や水平剛性が得られ，かつ必要な耐久性が保たれるように設計しなければならない。ゴム支承の種類は水平力支持機能によって，弾性支持型，固定支持型，可動支持型に分類され，設計で期待する水平移動機能の程度に応じて，支承形状や材料が異なる。

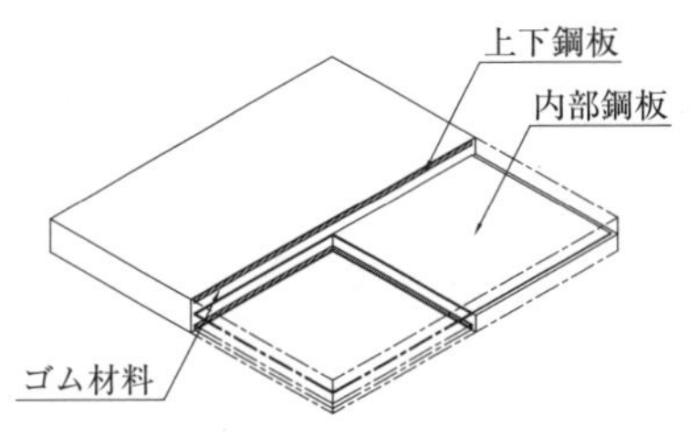

(a) 積層ゴム支承

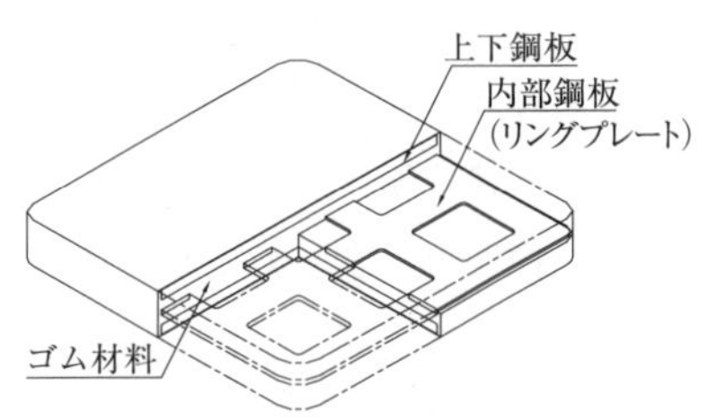

(b) リングプレートタイプ積層ゴム支承

図-2.3.2　積層ゴム支承の構造例

1) 弾性支持型

i) 地震時水平力分散型ゴム支承

地震時水平力分散構造に用いるゴム支承は，鉛直力を支持すると同時に，ゴム支承のせん断剛性を利用して地震動の影響による水平方向の上部構造の慣性力を下部構造に分散させる支承である。**図-2.3.3**に構造例を示す。

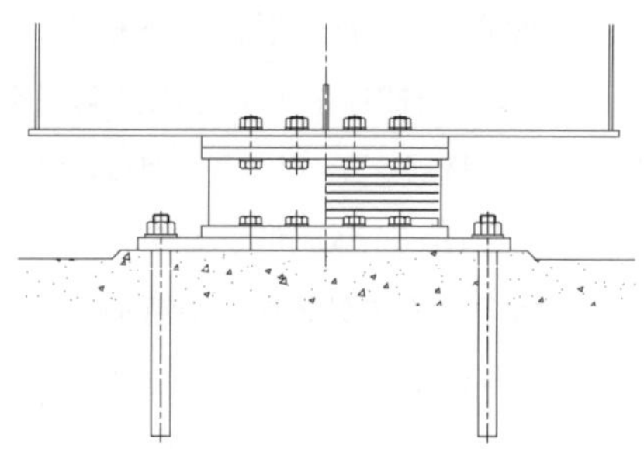

図-2.3.3 地震時水平力分散型ゴム支承の構造例

ii) 免震支承

免震支承は，鉛直力を支持し，地震動の影響による水平方向の上部構造の慣性力を分散させることに加え，アイソレート機能と減衰機能を併せ持った支承である。代表的な免震支承としては，鉛プラグ入り積層ゴム支承と高減衰積層ゴム支承がある。

① 鉛プラグ入り積層ゴム支承

鉛プラグ入り積層ゴム支承は，ゴム支承内部の上下貫通孔に鉛プラグを挿入した**図-2.3.4**(a)に示すようなゴム支承である。ゴムのせん断変形に伴い鉛プラグが変形し，振動による運動エネルギーを鉛プラグの弾塑性変形によって生じる熱エネルギー等に変換して減衰させる。

② 高減衰積層ゴム支承

高減衰積層ゴム支承は，高い減衰能を持つようにジエン系ゴムに各種配合材を練合わせた配合ゴムを用いた**図-2.3.4**(b)に示すようなゴム支承である。振動による運動エネルギーをゴム支承の変形に伴い生じる熱エネルギー等に変換して減衰させる。

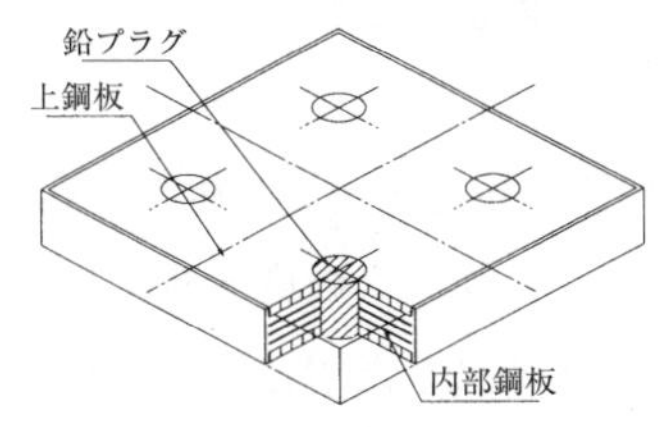

(a) 鉛プラグ入り積層ゴム支承

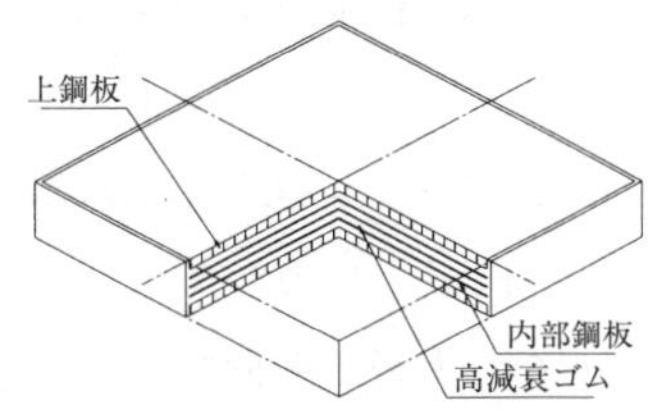

(b) 高減衰積層ゴム支承

図-2.3.4 免震支承の構造例

2) 固定支持型

i) 固定型ゴム支承

固定型ゴム支承は，ゴム支承本体に鉛直方向支持機能及び回転方向支持機能を有しているものの水平方向支持機能を有していないため，別途固定可能な装置により水平変位を拘束し，水平方向の支持機能を確保した支承構造である。固定型ゴム支承の構造例を**図-2.3.5** に示す。

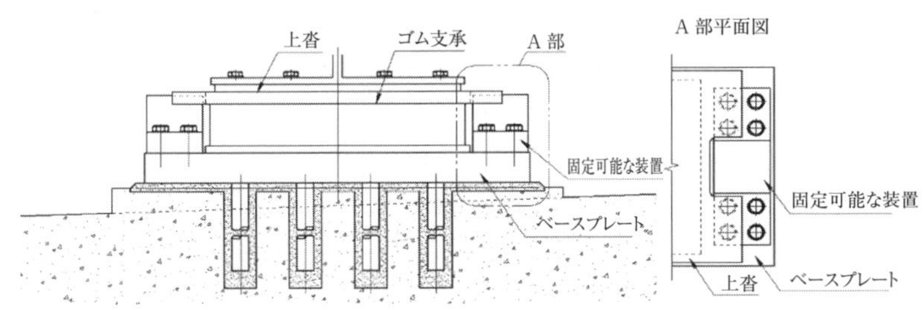

図-2.3.5 固定型ゴム支承の構造例

3) 可動支持型

可動支持型のゴム支承には，すべり面を有するすべり型ゴム支承と，アイソレート機能が発揮できるように，水平力を可動支承の摩擦係数程度に抑える目的でゴム支承のせん断剛性を非常に小さく設定してゴムのせん断変形で水平方向の変位に追随するせん断型可動ゴム支承がある。なお，パッド型ゴム支承は機能分離型支承として用いられるため，**2.3.3** に示す。

i）すべり型ゴム支承

すべり型ゴム支承には，ゴム支承の上面に四ふっ化エチレン樹脂（以下，PTFE という）等によるすべり面を形成し，ステンレスの磨き面などからなる上沓との間で大きな摩擦抵抗を生じないようにした構造等がある。摩擦力以上の水平力が生じず，上下部構造の大きな相対変位に追随できる支承形式である。**図-2.3.6** に構造例，**図-2.3.7** に移動機構例を示す。すべりを生じ始めるより前に，ゴム支承のせん断変形が生じるため，その移動量の影響を考慮する必要がある。

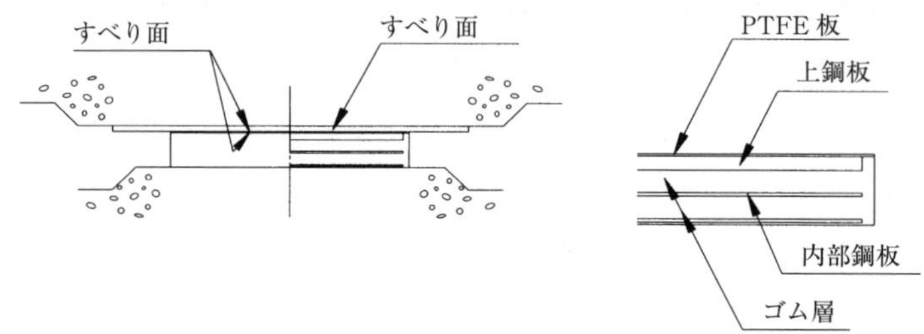

図-2.3.6　すべり型ゴム支承の構造例

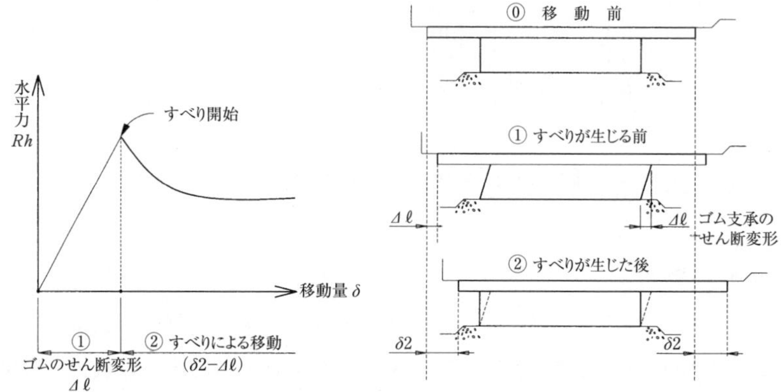

図-2.3.7　すべり型ゴム支承の移動機構例

設計において，水平力の算定にはすべり面の摩擦係数を用いる。摩擦係数は使用材料，支持する鉛直荷重の大きさ，接触面の状態等により異なるため，試験等により確認する必要がある。経年劣化やすべり面の状態により摩擦係数が増加することにも配慮して，摩擦係数を設定する必要がある。なお，鋼製のローラー支承及びふっ素樹脂とステンレス板の可動支承を設計する場合の摩擦係数については，[道示 I]10.1.3 解説の表-解10.1.1 に示されている。
すべり型ゴム支承の使用にあたっては以下に留意する。

① すべり面には，腐食しにくく耐候性の高い材料を使用する必要がある。一般に，ステンレス鋼板と PTFE 板がすべり材として使用されているが，ステンレス鋼板はステンレス鋼の中でも特に腐食に強い材料を用いる等，配慮するのがよい。

② すべり機能を確保するため，**図-2.3.8**(a)に示すようにゴム支承の上鋼板はすべり面の平滑性を保てる十分な剛性を持たせる必要がある。

③ 上部構造の変位に対して，すべり面の摩擦抵抗力とゴム支承のせん断ばねによる抵抗力が釣り合っている間は，ゴム支承のせん断変形により上下部構造間の相対変位に追随する必要がある。

④ すべり面の機能保全を行うため，**図-2.3.8**(b)に示すような漏水・防塵カバーを設ける等により，塵埃を防止するのがよい。なお，漏水・防塵カバーは取り外しが容易にできるようにし，維持管理の支障とならないようにする必要がある。

⑤ 移動に伴う水平力が大きい場合には，静止摩擦力を超え，すべりにより上下部構造間の相対変位に追随する。なお，耐荷性能の照査ではこのような機構が成立する範囲でゴム支承の形状寸法等を設定する必要があるが，不測の事態も想定して，ゴム支承が沓座から脱落しにくくするために，ゴム支承下面と沓座の間に**図-2.3.8**(c)に示すような滑動防止装置などを設けることが標準的である。

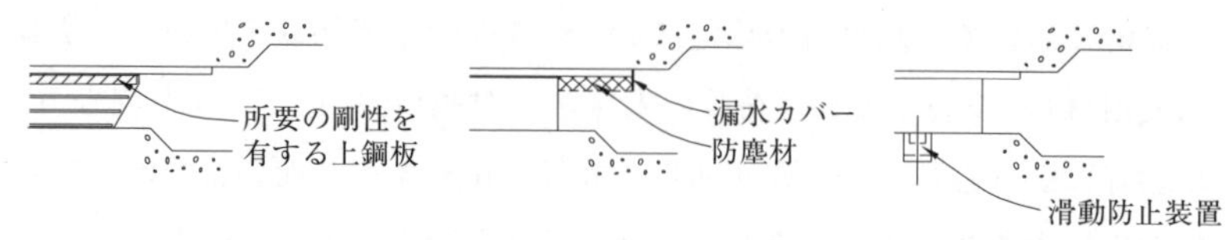

(a) 所要の剛性を有する上鋼板　(b) 漏水カバー　(c) 滑動防止装置

図-2.3.8　すべり型ゴム支承の留意事項例

ii) せん断型可動ゴム支承

せん断型可動ゴム支承は，可動支持と扱うことができるようにせん断剛性を非常に小さく設定したゴム支承である。せん断剛性を小さくするために，ゴム支承本体の高さが高くなりゴムの座屈に対して不安定な形状にならないように注意する。また，このような場合もせん断変形に応じ水平力が生じるので，弾性支持を行う積層ゴム支承と同様に，ゴム支承のせん断変形により生じる水平力を考慮する。

(2) 鋼 製 支 承

鋼製支承は，主として構造用鋼材や鋳鋼品等により構成される支承である。

鋼製支承には，求める支承の機能に応じた機構を有するように鋼部材を組み合わせた様々な形式がある。水平変位追随機能や回転変位追随機能が一方向にしか求められない場合，全方向に求められる場合，鉛直方向に上向きの力を伝達する場合等，求められる機能に応じて適切な機構を有する形式を選定することとなる。

鋼製支承は，ゴム支承に比べて鉛直剛性が高いことや回転変位吸収量を大きくしやすいという特徴がある。また，鋼製支承は，水平変位追随機能や回転変位追随機能を受け持つ支圧面に耐摩耗性の高い材料や腐食による機能低下が生じにくい材料の使用，あるいは防せい防食を適切に行うとともに，防塵に対しても留意する等，耐久性能を確保するとともに，その前提となる維持管理が適切に実施できるように設計することが重要である。

また，鋼製支承では，荷重の作用に対する破壊形態がぜい性破壊とならないよう，応力集中が生じにくい構造にするとともに，じん性の高い材料を使用するのがよい。参考資料-2に示すように，既往の大規模地震ではセットボルトの破損，橋軸方向や橋軸直角方向のストッパーの破損，上向きの力に対する荷重を支持する部材の破損，上沓の割れ等の被害が発生しており，鋼材のぜい性破壊が生じた事例が確認されている。

鋼製支承の種類は鉛直荷重伝達機能を発揮する機構によって，平面接触支承，線接触支承，点接触支承に分類される。

1)　平面接触支承

平面接触支承は鉛直方向の荷重伝達機能を平面接触機構を用いて確保する支承形式である。平面接触は平面と平面，円筒面と円筒面，球面と球面による場合があり，水平方向や回転方向に求められる荷重伝達機能や変位追随機能等に応じて使い分けられ，以下のように分類される。なお，円筒面と円筒面，球面と球面との接触については，平面接触として扱える曲率半径比にする必要がある。

i）支承板支承

支承板支承は平面または曲面による平面接触機構を有する板により鉛直方向の荷重伝達機能を発揮する支承形式であり，この平面接触機能を発揮させる板を支承板という。

回転方向に求められる支持機能を弾性体により実現する場合のほか，曲面のすべりにより実現する場合があり，後者は支承板でその機能を兼用する。その際，全方向に対応する場合と1方向に対応する場合があり，支承板のもう一方の接触面を前者は球面，後者は円筒面の構造とすることが一般的である。なお，この場合も同様に，平面接触機構となるように，球面又は円筒面と接触させる必要がある。

水平方向に求められる支持機能である水平変位追随機能を，この平面接触面の接線方向に対して発揮させる可動支持の場合は，求められる移動量，移動方向に対して十分なすべり面を確保する。固定支持とする場合は，サイドブロック等の水平荷重を伝達する機能を有する部材を設ける場合のほか，アンカーバー等の他部材で受け持たせる場合がある。

①　回転方向の支持機能を弾性体により確保する支承板支承（BP･B支承）

回転方向の支持機能を弾性体により確保する支承板支承は，**図-2.3.9**

に示すような下沓の凹部に弾性体を挿入し，中間プレートと呼ばれる支承板をはめ込んで弾性体を密閉し，中間プレートの上部に上沓を配置する構造である。回転変位追随機能を確保するためには，下沓の周壁と中間プレートとの隙間から弾性体が膨出しないようにする必要があり，一般的に圧縮リングが用いられている。上沓との平面接触により鉛直荷重が伝達される中間プレートが密閉された弾性体を回転変形させることにより，上部構造の回転変位に追随する。なお，弾性体にはゴム材料が一般的に用いられており，密閉ゴム支承板支承（BP･B 支承）と呼ばれる。

可動支持とする場合は，上沓と中間プレート間のすべりで水平変位追随機能を確保する構造である。すべり摩擦係数は，組み合わせる使用材料により変化する。水平力を伝達させない構造とする場合は，すべり摩擦係数が小さくなるようにする必要があるとともに，腐食や摩耗による摩擦係数の過度な増大が生じないようにする必要がある。これらを満足する組合せとして，上沓に設置される相手材にはステンレス鋼板，すべり材には PTFE 板という組合せが用いられることが多い。固定支持とする場合は，中間プレートにすべり板をはめ込まずに直接上沓と接触させる構造が一般的である。なお，固定支持とする場合は，水平荷重を伝達する機能を有する部材を設ける必要があり，上沓の切り欠き部と下沓に設置されるサイドブロックを用いて伝達する構造が一般的に用いられている。

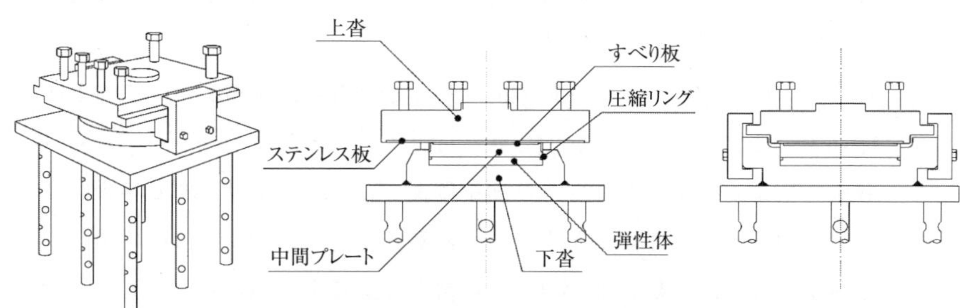

図-2.3.9 回転方向の支持機能を弾性体により確保する支承板支承（BP・B 支承）の構造例

② 回転方向の支持機能を支承板により確保する支承板支承（BP･A 支承）

回転方向の支持機能を支承板により確保する支承板支承は，**図-2.3.10** に示すような支承板と下沓の接触部を曲面とすることで，回転機能を確保する構造である。全方向に対して回転変位追随機能を確保する場合は球面，1 方向に対して回転変位追随機能を確保する場合は円筒面とする。曲面部の曲率半径を小さくすることによって回転量を大きく取ることができる構造であり，支承部に求められる回転変位量に応じて曲率半径を調整する必要がある。

可動支持とする場合は，上沓と支承板間のすべりで水平変位追随機能を確保する構造である。支承板と上沓及び下沓間の摩擦係数の設定等の留意点は BP・B 支承と同様である。また，固定支持とする場合は水平荷重を伝達する機能を有する部材を設ける必要がある。

特に，可動側の回転機能については平面と曲面の 2 面が同時にすべる機構であるため，それぞれの摩擦の影響を適切に評価することに留意する。

なお，支承板には，一般的に表面に固体潤滑剤を埋め込んだ高力黄銅鋳物板が使用されている。高力黄銅支承板については接触曲面の製作精度管理が難しいことや経年劣化によって摩擦特性が変動して水平移動機能や回転機能を阻害することがあるため，機能保持されるよう留意する。

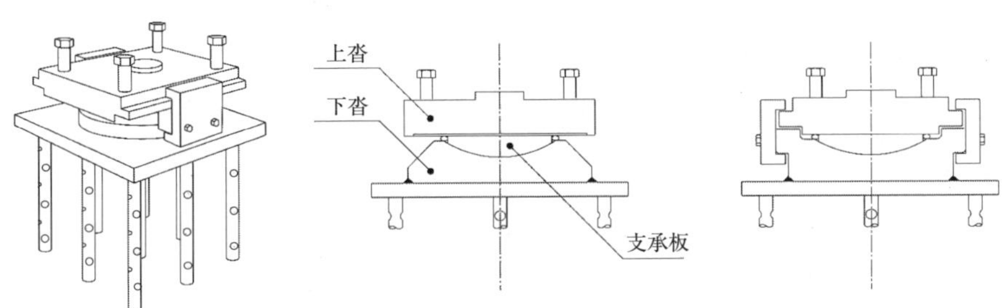

図-2.3.10　回転方向の支持機能を支承板により確保する支承板支承（BP・A 支承）の構造例

ii）球面支承

球面支承は，球面と球面による平面接触機構を有する部材により，鉛直方向の荷重伝達機能を確保する支承形式である。**図-2.3.11** に示すような上沓を凹球面状に下沓を凸球面状にして組み合わせた支承で，平面接触機構を有するとみなせるためには，組み合わせた球面の半径差が小さく接触面積が大きい構造とする必要がある。なお，従来ピボット支承と呼ばれている支承には，面接触と点接触のものがあり，ここでは前者を指している。

球面支承は鉛直力を支持する凸球面と凹球面の半径差を小さくすることで接触面積が大きくなり，比較的大きな力を支持することができるが，回転には接触面のすべりが要求されるため，接触部の摩擦，摩耗等を十分検討して，部材の設計を行う等の配慮が必要である。また，球面部の接触面のかじりや防せい防食にも配慮する必要がある。なお，水平方向の伸縮を全く許容しない固定支承であるため，幅員の大きな橋等に使用する場合には適用性について検討が必要である。

ここで，かじりとは同金属材料同士の接触面に潤滑処置を施さずに互いに押し付けられた状態で接触面同士が連続的に擦れた場合に，摩耗により生じた金属粉や接触面部が摩擦熱により変形・凝着しやすい状態となり，接触面の一部分が固着してしまう現象のことをいう。

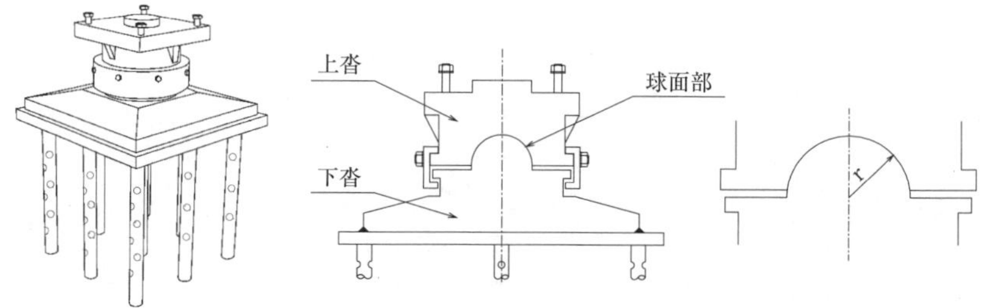

図-2.3.11　面接触の球面支承（ピボット支承）の構造例

iii）円筒面支承

円筒面支承は，円筒面と円筒面による平面接触機構を有する部材により，鉛直方向の荷重伝達機能を確保する支承形式である。**図-2.3.12**に示すような上沓と下沓の間に円筒状のピンを配した構造で，一般的にピン支承と呼称され，支圧型とせん断型の2種類の構造形式がある。支圧型ピン支承は，上沓と下沓の間にピンを挟んだ構造であり，上向きの力に対しては荷重伝達機能を確保できないため，別の部材を設ける必要がある。ピンの端部に取り付けたキャップで荷重を伝達する構造が一般的に用いられている。

せん断型ピン支承は，上沓と下沓からくし形につきだしたリブを組み合わせてピンで貫通した構造で，上向きの力に対しても荷重伝達機能を確保できる支承形式である。

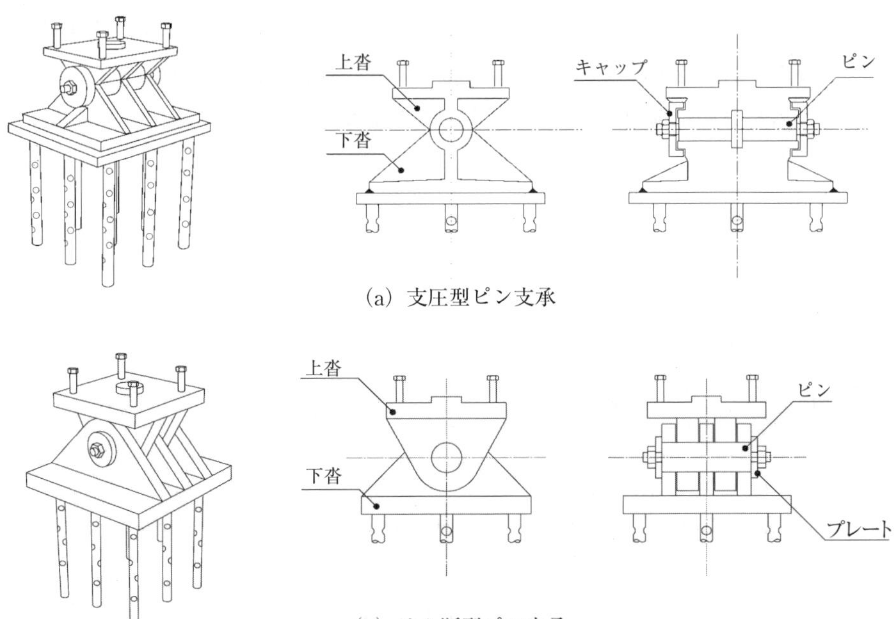

(a) 支圧型ピン支承

(b) せん断型ピン支承

図-2.3.12　円筒面支承（ピン支承）

2）　線接触支承

線接触支承は鉛直方向の荷重伝達機能を線接触機構を用いて確保する支承形式である。線接触は平面と円筒面の接触機構であることから，円筒軸方向には回転できない構造である。また，可動支持とする場合，円筒軸直交方向にしか水平変位追随機能を確保できない構造である。

線接触支承は接触機構の組合せによって以下の種類がある。

ｉ）平面と円筒を組み合わせた線接触支承

平面と円筒を組み合わせた線接触支承は，**図-2.3.13** に示すような複数の円筒を使用する構造と１本のみ使用する構造があり，一般的にローラー支承と呼称される。複数の円筒を使用する構造の場合は，異なる部材で回転変位追随機能を確保する必要がある。ローラーの格納部には水がたまらず，ゴミの侵入を防ぐように配慮し，かつ，格納部付近はなるべく簡単に分解して点検及び清掃できるような構造等とすることが必要である。

１本のローラーで水平移動機能と回転機能を兼ねる１本ローラー支承は，構造がシンプルではあるが，移動と回転の方向が完全に一致しており，１つの部材の損傷が支承部全体に及ぼす影響が大きいため，用いる場合には十分な検討が必要である。

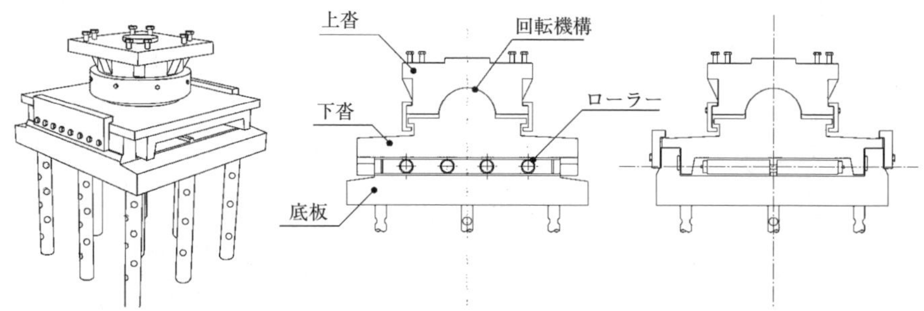

図-2.3.13　平面と円筒を組み合わせた線接触支承（ローラー支承）

ii）平面と欠円筒を組み合わせた線接触支承

平面と欠円筒を組み合わせた線接触支承は，**図-2.3.14** に示すような上・下沓の一方を平面に他方を欠円筒の円筒面として線接触させた構造であり，一般的に線支承と呼称される。

線支承は，鋼と鋼が無潤滑で線接触をしながらすべると接触部の損傷が大きく摩擦係数も所定の値より大きくなることが多いため，可動支承として用いる場合はこれらの影響を考慮するなど，適用には注意が必要である。

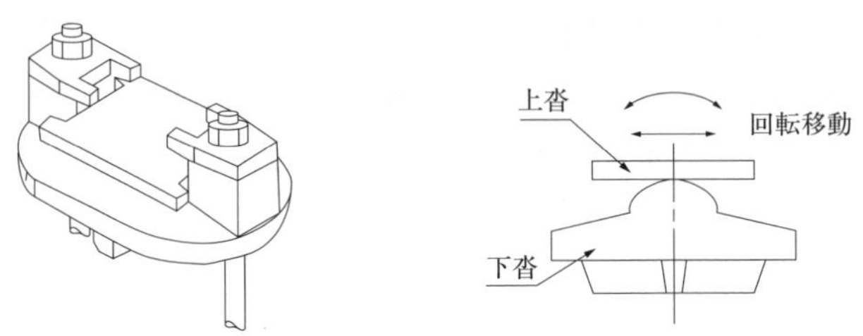

図-2.3.14 平面と欠円筒を組み合わせた線接触支承（線支承）

3) 点接触支承

点接触支承は鉛直方向の荷重伝達機能を，点接触機構を用いて確保する支承形式である。点接触は，球面と球面による場合で，**図-2.3.15** に示すような上沓を凹球面状に下沓を凸球面状にして組み合わせた支承で，点接触機構を有するとみなせるためには，上下の沓半径の差が大きく，接触面積が小さい構造とする必要がある。なお，従来ピボット支承と呼ばれている支承には，面接触と点接触のものがあり，ここでは後者をさしている。

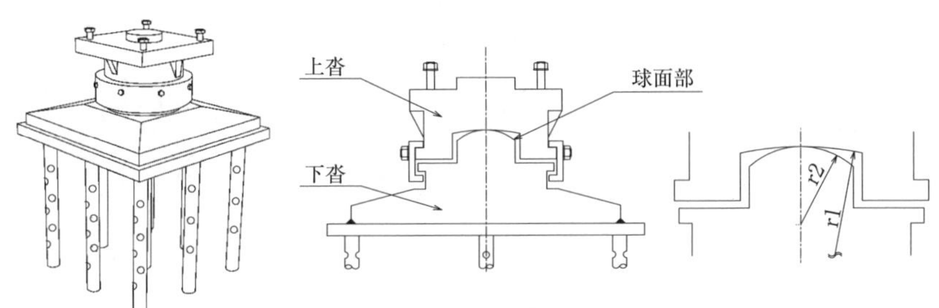

図-2.3.15 点接触の球面支承（ピボット支承）の構造例

(3) コンクリートヒンジ

コンクリートヒンジは，ヒンジとして可動することを期待する範囲の曲げ剛性を接続する上下部の部材の断面の曲げ剛性に比べてかなり小さくすることで，部材間の曲げモーメントの伝達を大幅に低減し，設計上，曲げモーメントが発生しないものとして扱う構造である。

コンクリートヒンジは，**図-2.3.16**に示すようなコンクリート構造の多点固定方式による連続床版橋の中間支点上の固定支承，小規模な方杖ラーメン橋のヒンジ部材やヒンジ支承として用いられることが多い。

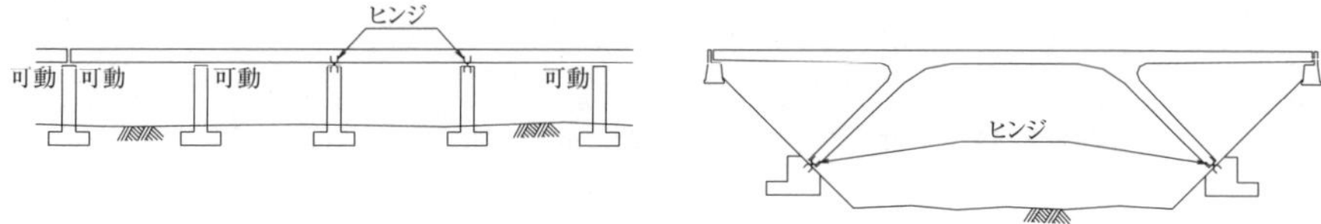

図-2.3.16　コンクリートヒンジの使用例

一般に使用されているコンクリートヒンジの構造例を**図-2.3.17**に示す。交差鉄筋が用いられている(a)(b)はメナーゼヒンジとよばれている。(b)は中央部分にコンクリートを残した構造であり，コンクリートの影響を考慮したうえで，曲げモーメントが発生しない構造として扱えるように設計する必要がある。

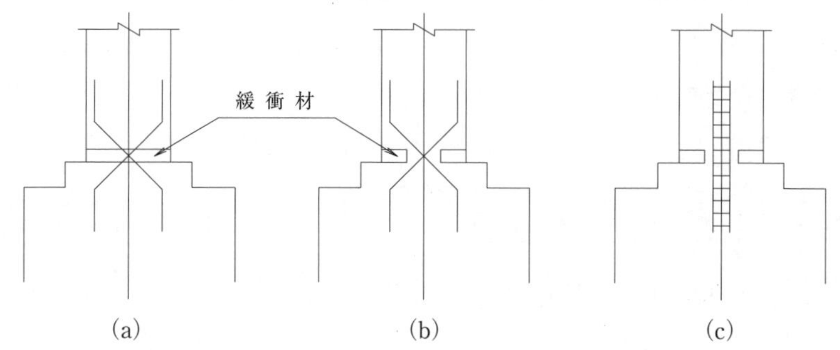

図-2.3.17　コンクリートヒンジの構造例

2.3.3　機能分離型支承

機能分離型支承とは，支承として必要となる機能を分担する複数の独立した構造体を設け，これらの集合が支承部としての役割を担うように構造を構成した支承である。

機能分離型支承は，支承の機能を分担する複数の構造体を設けるために橋座部が煩雑となりがちである。それぞれの構造体は比較的単純で小型のものにできる場合が多い。また，機能一体型と比べるとこれらの構造の配置にはある程度の自由度がある。

分離の方法には，鉛直方向の支持機能，水平方向の支持機能のような支持する方向に対して構造を分離する方法，各作用により生じる荷重の大きさが異なることや，求める機能が異なることを踏まえて構造を分離する方法など様々なものが考えられる。このため，機能分離型支承を採用するにあたっては，機能の分離を適切に行うことが必要となり，期待する機能をそれぞれの構造体が確実に発揮し，集合させた場合においても支承部に求められる機能が確保できるように構造，強度を決定しなければならない。また，このように構成される支承部では，上下部構造間の荷重伝達経路が構造体ごとに異なる場合があるため留意するとともに，構造体を取り付ける部材もそれを考慮した設計を行うことが必要である。

(1)　鉛直方向の支持機能と水平方向の支持機能を分離した機能分離型支承

機能分離型支承の，構造の例を**表-2.3.2**に示し，その特徴と適用方法などを以下に示す。なお，**表-2.3.2**の分類及び考え方は，一般的な例として示したものである。

固定支持型の例では，いずれの作用に対しても，回転に対する変位追随及び鉛直方向下向きの支持機能について，ゴム支承もしくは鋼製支承[Ⅰ]で受け持つ。鉛直方向上向きの支持機能，水平方向支持機能及び水平変位の拘束はアンカーバー，コンクリート製ブロックなどの固定可能な装置[Ⅱ]で受け持つ。ゴム支承と固定可能な装置の構造例を**図-2.3.18**に示す。

表-2.3.2 機能分離型支承の構造例

支承部の構造例	機能			設計状況 ①～⑨	⑩	⑪	備考
固定支持型の例 Ⅱ Ⅰ Ⅱ	変位追随	水平方向					Ⅰ： ゴム支承 鋼製支承 Ⅱ： 変位拘束構造 (アンカーバーなど)
		回転		Ⅰ	Ⅰ	Ⅰ	
	荷重伝達	水平方向		Ⅱ	Ⅱ	Ⅱ	
		鉛直方向	正	Ⅰ	Ⅰ	Ⅰ	
			負	Ⅱ	Ⅱ	Ⅱ	
可動支持型の例 Ⅱ Ⅰ Ⅱ	変位追随	水平方向		Ⅰ	Ⅰ	Ⅰ	Ⅰ： ゴム支承(すべり型) 鋼製支承 Ⅱ： 変位拘束構造 (アンカーバーなど)
		回転		Ⅰ	Ⅰ	Ⅰ	
	荷重伝達	水平方向 (可動方向)		Ⅰ			
		鉛直方向	正	Ⅰ	Ⅰ	Ⅰ	
			負	Ⅱ	Ⅱ	Ⅱ	
弾性支持型の例 Ⅰ Ⅱ	変位追随	水平方向		Ⅰ	Ⅰ	Ⅰ	Ⅰ： ゴム支承(すべり型) 鋼製支承 Ⅱ： ゴム支承
		回転		Ⅰ	Ⅰ	Ⅰ	
	荷重伝達	水平方向		Ⅰ Ⅱ	Ⅱ	Ⅱ	
		鉛直方向	正	Ⅰ	Ⅰ	Ⅰ	
			負	Ⅰ	Ⅰ	Ⅰ	
変位拘束型の例 Ⅰ Ⅱ	変位追随	水平方向		Ⅰ	Ⅰ		Ⅰ： ゴム支承(すべり型) 鋼製支承 Ⅱ： 変位拘束構造 (コンクリート ブロックなど)
		回転		Ⅰ	Ⅰ	Ⅰ	
	荷重伝達	水平方向		Ⅰ	Ⅰ	Ⅱ	
		鉛直方向	正	Ⅰ	Ⅰ	Ⅰ	
			負	Ⅰ	Ⅰ	Ⅰ	

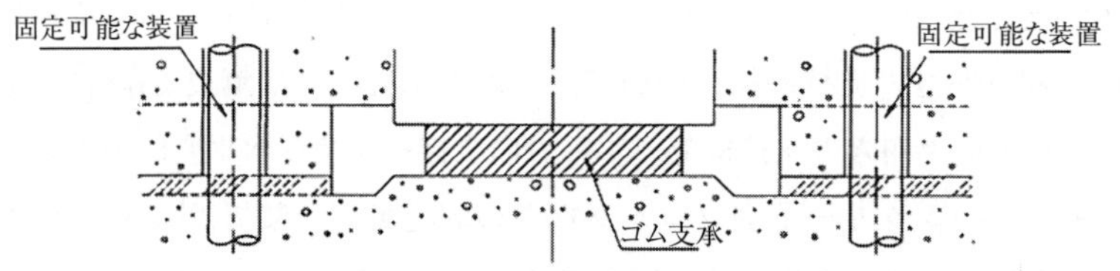

図-2.3.18 ゴム支承と固定可能な装置の構造例

ここで，ゴム支承としては，上部構造の温度変化による伸縮量に応じて，パッド型ゴム支承や帯状ゴム支承等の簡易ゴム支承も用いられる。これらのゴム支承はゴム支承本体を上下部構造に固定しないで直接沓座に置いて用いられるゴム支承であることが多い。そのため，桁とゴムとの静止摩擦力を超えずゴム支承による弾性支持が可能となる範囲で用いる必要があるため，小規模な橋の支承部に採用される場合が多い。なお，水平力によって支承と上下部構造が滑動しないよう，フェールセーフとして**図-2.3.8**(c)に示すような滑動防止装置を設けることが一般的である。

パッド型ゴム支承は，ゴムと鋼板を用いた積層ゴム支承である。帯状ゴム支承等の簡易ゴム支承は，**図-2.3.19** に示すような弾性ゴムの中間に，鉛直力によるゴムの膨出を抑制するための硬質ゴム等で補強されたゴム支承であり，弾性ゴムにはクロロプレンゴムが用いられることが多い。パッド型ゴム支承よりもその追随できる変形量が限られることから，中空床版橋など桁の伸縮量が小さく，支承の変形量が小さい短支間のコンクリート橋等の橋梁形式に対して採用される。

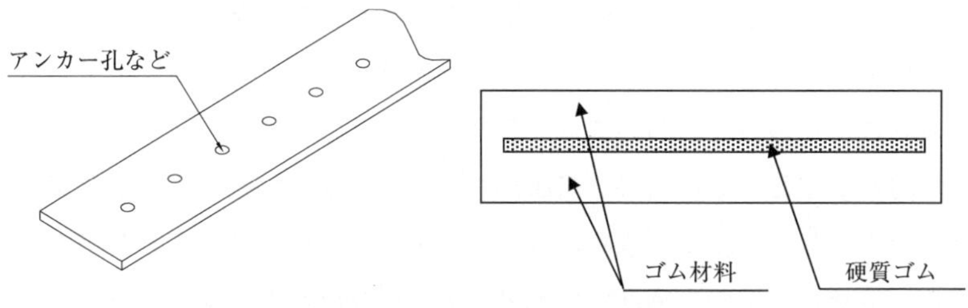

図-2.3.19　簡易ゴム支承の構造例

可動支持型の例では，いずれの作用に対しても，水平方向及び回転に対する変位追随機能，鉛直方向下向きの支持機能についてすべり型ゴム支承もしくは鋼製の可動支承[I]で受け持ち，［道示Ｉ］3.3 で規定されている地震の影響を考慮する設計状況である⑩と⑪の組合せ以外の設計状況における水平力については，ゴム支承の場合はゴム支承のせん断剛性のみで伝達させる。鉛直方向上向きの力についてはアンカーバーなどの固定可能な装置[Ⅱ]で受け持つ。

弾性支持型の例では，いずれの作用に対しても，水平方向及び回転に対する変位追随機能，鉛直方向の支持機能についてすべり型ゴム支承もしくは鋼製の可動支承[Ⅰ]で受け持ち，水平力については，水平方向用のゴム支承[Ⅱ]にて荷重を伝達させる。なお，[Ⅱ]については，上部構造の回転の影響を考慮し，回転を吸収するような機構を付与するか，ゴム支承に引張力を受けた状態での疲労耐久性が確認されたものを使うなどの配慮が必要である。

変位拘束型の例においては，いずれの作用に対しても，回転に対する変位追随及び鉛直方向の支持機能についてすべり型ゴム支承もしくは鋼製の可動支承[Ⅰ]で受け持つ。水平変位と水平力については，設計で想定した作用の組合せに応じて水平力を支持する方法が異なり，［道示Ⅰ］3.3に規定される地震の影響を考慮する設計状況である⑪以外の作用の組合せでは可動支承[Ⅰ]，レベル２地震動を考慮する設計状況である⑪の作用の組合せではコンクリートブロックなどの固定可能な装置[Ⅱ]が働き水平変位を拘束するとともに水平力を受け持たせる。この構造においては，どの程度の作用に対して変位を拘束させるかは任意であるが，橋全体の設計では，設定した作用の大きさに対して，変位の拘束を評価できる設計モデルを用いる必要がある。なお，変位を拘束するための部材として，コンクリートブロックのほか，アンカーバーを用いる場合がある。これらの設計においては，想定する設計状況において当該部材にどのような力が伝達し，その結果，当該部材がどのような状態に至るかを個別の構造条件を考慮したうえで，求める機能を満足するよう設計する必要がある。

また，機能分離型の支承部での水平荷重支持及び水平変位の拘束は，橋軸方向，橋軸直角方向を分けて取扱い，それぞれに対して機能を分離あるいは一体とする方法も考えることができる。

この他，吊橋や斜張橋等の吊形式の橋梁においては，その規模と構造的な特性から，鉛直方向の支持機能と，水平方向の支持機能を分離させた機能分離型支承を採用する場合が多い。鉛直方向の荷重を伝達する構造としては，例えば両端部にピンを使ったアイバー状の部材等で上部構造と下部構造を連結し，水平方向には連結部材の傾きで追随するペンデル支承がある。ペンデル支承は橋軸直角方向の水平力に抵抗できる構造になっていないため，一般に水平力を支持するウインド支承などと組み合わせて使用される。構造の例を**図-2.3.20**に示す。

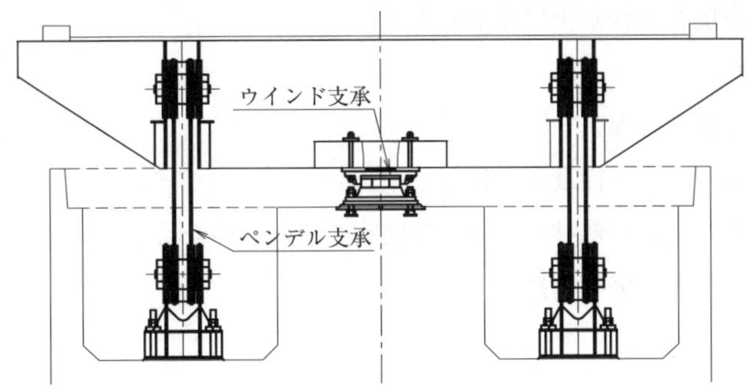

図-2.3.20 ペンデル支承及びウインド支承の構造例

(2) 減衰機能を分担する構造を組み合わせた構造

鉛直力支持機能，回転機能及び水平移動機能を可動支承などで受け持たせ，減衰機能を持たせた装置を別に設置する構造等がある。

2.4 支承形式選定の観点

支承形式は，［道示Ⅰ］1.7.1及び［道示Ⅳ］8.4と［道示Ⅴ］1.4に規定されるように，様々な条件を考慮して選定された橋の形式に対して，［道示Ⅰ］10.1.1(1)に規定される荷重伝達機能と変位追随機能を確実に確保できるよう適切に選定する必要がある。

支承形式の選定にあたっては，設計当初から1種類の支承形式に限定して検討するのではなく，［道示Ⅰ］10.1.1(1)の規定に従って，次のような観点を比較検討のうえ総合的な観点から決定するのがよい。

① 上部構造の支持条件，上部構造から伝達される荷重の大きさとその作用方向

② 移動量と回転量

③　移動方向と回転方向の関係
④　橋全体を構成する上部構造形式や下部構造形式などの構造特性
⑤　地盤条件
⑥　周辺環境とそれが橋に及ぼす影響
⑦　耐久性
⑧　施工品質の確保
⑨　維持管理の確実性及び容易さ
⑩　供用中の補修や部材の更新及び支承部の取り替え易さ，被災時の点検や緊急対応などの損傷時の措置
⑪　経済性

支承部の荷重伝達機能や変位追随機能を実現するために，鋼製支承やゴム支承が選定されるが，平成７年兵庫県南部地震以後，大きな変形性能が期待でき，地震力のような衝撃的な力を緩衝して伝達できるゴム支承が多用されるようになっている。しかし，上述した①から⑤の要素において次のような場合は，一般にゴム支承の採用に支障が生じるため，鋼製支承の選定について検討するのがよい。

a.　移動量にゴム支承のせん断変形のみで追随しようとすると支承の寸法が大きくなり，桁との取合い構造が困難となる場合
b.　端支点部などの回転変形が大きく，ゴム支承では対処できない場合
c.　永続作用及び風を除く変動作用が生じる状況において，ゴム支承に鉛直方向の引張力が生じる場合
d.　ゴム支承の鉛直変位により路面の平坦性が損なわれ，交通振動の発生や構造部材及び照明柱等附属物の疲労が問題となる場合
e.　基礎周辺の地盤が地震時に不安定となる地盤において，地盤との共振により水平変位が増加する恐れのある場合
f.　常に偏心荷重がかかる場合

なお，免震支承に上向きの力が生じる場合についても上向きの力を受けた状態で水平方向の地震力が作用した時の破断強度やエネルギー吸収性能などの特性について，現在のところ十分に確認されていないため，このような場合は，免震支

承の採用は好ましくない。

⑥の周辺環境とそれが橋に及ぼす影響とは，海岸線付近に架かる橋のように，周辺環境の影響によって橋を構成する部材の劣化等が助長されるような場合には，それを防ぐ対策が必要となる。

⑦の耐久性は，［道示Ⅰ］6.1(6)に規定されるように，支承部を構成する鋼材のほか，ゴム材料の疲労及び熱，紫外線等の環境作用に対する劣化を考慮する必要がある。また，設計耐久期間を適切に設定するとともに，耐久性確保の方法に応じて，補修，更新等の想定される維持管理を適切に設計に反映する必要があり，形式選定の段階において，これらを考慮する必要がある。

⑧の施工品質の確保は，［道示Ⅰ］10.1.1(5)に規定される施工品質の確保という観点から，据え付けやすさや，施工空間を確保できるか等を考慮する必要がある。

⑨の維持管理の確実性と容易さは，［道示Ⅰ］10.1.1(4)に規定されるように，点検，診断，措置，記録等の維持管理行為が確実かつ容易に行えるかを考慮する必要がある。路線の求める機能に応じて，迅速に行えるかどうかも考慮する必要がある。

⑩の供用中の補修や部材の更新，支承部の取替え易さ及び被災時の点検や緊急対応などの損傷時の措置は，［道示Ⅰ］10.1.1(6)に規定されるように，供用中の補修や部材の更新及び取替え等が確実かつ容易に行えるかどうかを考慮する必要があり，路線の求める機能に応じて，迅速に補修を行えるか，道路交通に与える影響を小さくできるかを考慮する必要がある。例えば，パッド型ゴム支承とアンカーバーを組み合わせた機能分離型支承のような構造の場合は，アンカーバーのような固定装置についても，補修や部材の更新及び取替え等が路線の求める機能に応じて迅速に行えるのか等について留意して形式選定を行う必要がある。［道示Ⅰ］10.1.1(4)及び(6)の解説に示されるように，大規模地震時等での支承部の状態を確認するためや応急対策のための空間が確保できるかを考慮する必要がある。

⑪の経済性は，初期建設費だけでなく，［道示Ⅰ］1.3の解説と［道示Ⅰ］10.1.1(3)，(4)及び(6)の解説に示すように，点検，補修，取替え等の維持管理費も含め考慮する必要がある。維持管理費としては，［道示Ⅰ］1.5に規定され

る橋の設計供用期間100年の間に支承の性能を確保するためにかかる費用であり，設計で前提とした維持管理の条件を踏まえてかかる費用や，性能が低下した場合にはそれを回復するための費用も含まれる。なお，ライフサイクルコストは支承のみではなく，橋全体としても考慮するほか，個々の橋だけではなく，橋を含む区間や路線全体として経済性を考慮する観点も求められる場合がある。このような場合には，支承に求められる機能の喪失が道路に求められる機能に及ぼすリスク等を考慮する必要がある。また，ライフサイクルコストを算出し評価するにあたっては，ライフサイクルコストの算出に関わる個々の要因が含むばらつきが算出結果に与える影響や感度なども把握しておくのがよい。

なお，「平成16年道路橋支承便覧」では，支承形式の選定フローの一例を示していたが，支承形式は上述した選定時に考慮すべき主な観点を比較検討のうえ総合的な観点から決定するのがよいため，本便覧ではフロー図の例は示していない。

2.5　支承の配置

支承部の配置は，上部構造及び下部構造の構造特性や支持条件等を考慮したうえで，上下部構造間の荷重を確実に伝達でき，また，変位を無理に拘束することなく確実に追随でき，支承部の機能を確実に発揮できるよう適切に行う必要がある。ただし，支承の可動方向を踏まえると，上部構造の形式や曲線橋のような線形や，下部構造の形式や設置位置等により採用できる支承形式が限定される場合もある。これらを踏まえ支承の配置について設計時に考慮すべき留意事項，標準的な対応の考え方を以下に示す。

(1) 橋の線形と支承の配置

1)　直橋の場合

直橋で橋軸方向に固定可動構造とする場合で，可動支持とする支点に支承を配置する場合，温度変化などによる上部構造の伸縮，地震の影響による上部構造の橋軸方向変位及び活荷重たわみに伴う上部構造の回転変位に追随できるよう，支承の有する水平変位及び回転変位が生じる軸をあわせた支承形式を用いるとともに，その軸を橋軸方向に平行させて配置することが基本である。ただし，斜角を有している場合，**図-2.5.1**に示すように上部構造の伸縮方向と回転方向が一致させられないことがあるため，全方向に変位や回転が追随できる支承形式を採用するのがよい。また，このような斜角を有している場合は，下部構造の弱軸方向が橋軸方向と異なるため，上部構造の伸縮方向と地震の影響による上部構造の支配的な移動方向が異なる。斜角が極端に小さい場合には，支承に上向きの力（上揚力）が作用するおそれがあることに留意する。このような観点でも，全方向に変位や回転が追随できる支承形式を用いることが望ましい。

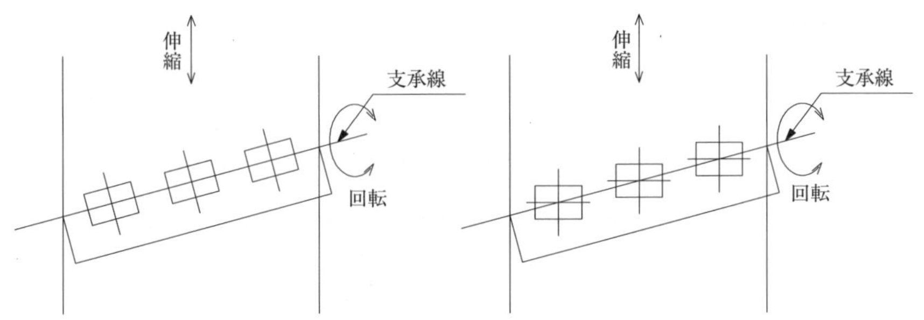

(a) 回転軸方向に支承を配置した例　　(b) 伸縮方向に支承を配置した例

図-2.5.1　斜橋の可動支承部の移動方向と回転方向

なお，設計で考慮する上部構造の水平変位量及び回転変位量を確保するにあたって，隣接桁や橋座部に設置される水平力を分担する構造，段差防止構造などの部材に接触して，支承部に求めた変位追随機能が損なわれないようにする必要がある。

また，支承部の配置は下部構造も含めた橋全体の構造形式，経済性及び環境との調和などを左右する要因の一つであり，地形や地盤条件，上下部構造の制約条件などを全体的に検討して決める必要がある。

直橋で橋軸方向に弾性支持とする場合は，全方向に水平変位追随機能及び回転変位追随機能を有しており，配置にあたっての留意事項は可動支持とする場合と同様である。

2)　曲線橋の場合

曲線橋においては，支承位置における活荷重等による回転の方向と，温度変化の影響による伸縮方向は一致しない。また，**図-2.5.2**(a)のように下部構造ごとの地震の影響が支配的となる方向が異なる場合や，壁式橋脚やラーメン橋脚など，下部構造ごとの剛性差が大きい場合には，地震の影響によりそれぞれの下部構造の支配的な挙動の方向が異なるとともに，伸縮方向とも一致しない。このため，このような形式の橋に対しては全方向に移動と回転が可能な支承を用いるのがよい。弾性支持による地震時水平力分散構造と固定可動構造について，**図-2.5.3** 及び**図-2.5.4** に支承の配置の基本を示す。

なお，**図-2.5.2**(b)のように下部構造を平行に配置する場合，下部構造の橋軸直角方向が一致するため，上部構造の慣性力が特定の橋脚に集中しにくい。しかし，斜角を持たせることになるため，上向きの力（上揚力）が支承部に作用することや，伸縮装置の移動方向が制約されることに留意する。

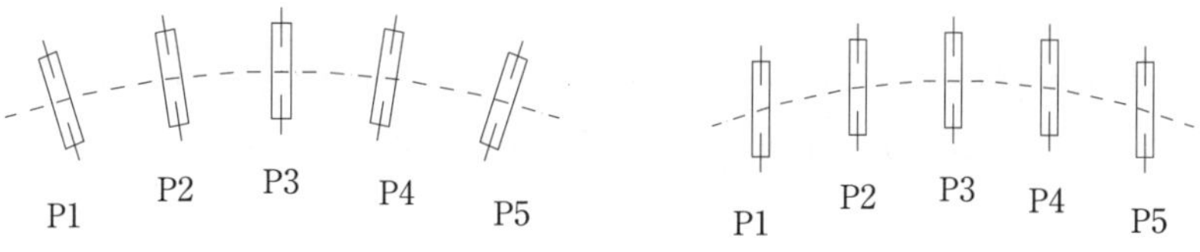

(a) 下部構造を法線に配置　　(b) 下部構造を平行に配置

図-2.5.2　下部構造の配置方向

i）弾性支持による地震時水平力分散構造

弾性支持による地震時水平力分散構造で用いる支承は，全方向に変位が可能で，かつ全方向に回転できる。一般に，**図-2.5.3** のように橋軸方向の直交方向に支承線を設け配置することが多い。

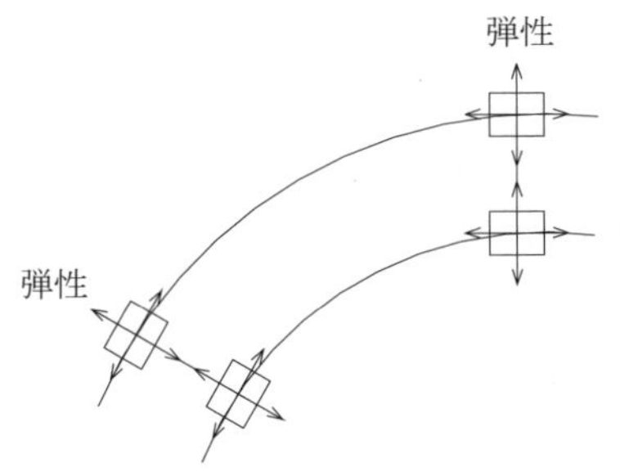

図-2.5.3　曲線橋の支承配置

近接する他の構造物やライフラインなどに影響を与える場合など，橋軸直角方向に変位を生じさせないように設計する場合に，橋軸直角方向に固定可能な支承部の一部として変位を制限する構造を設けることがある。その場合，この構造が温度変化による桁の伸縮や下部構造の変位を考慮した橋梁全体系としての上部構造変位を拘束しないように配慮する必要がある。

ii）固定可動構造

固定可動構造では，温度変化による上部構造の伸縮を極力拘束しないために，可動支承の移動方向を**図-2.5.4**(a)に示す固定支承の方向に，回転方向を主桁の接線方向とするのがよい。この場合，桁の移動方向と回転方向が異なるため，全方向に回転可能な支承形式を移動方向に配置するのがよい。しかし，このように配置すると，端支点の支承の移動方向が主桁の接線方向と一致しなくなるため，隣接する上部構造の変位方向と食い違いが生じ，伸縮装置の設置が難しくなることが懸念される。これを避けるため，比較的大きな曲率を有する曲線橋の固定可動構造では，**図-2.5.4**(b)に示すように橋軸方向に可動支持となるよう支承を配置し，温度変化による上部構造の伸縮に伴い発生する横方向の水平力に対して固定支持とし支承部を設計することも考えられる。この場合には，その拘束力が上下部構造に与える影響を十分考慮するとともに，支承部の耐荷性能を確保したうえで，横方向の水平力を受ける面にすべり材を用いるなどにより軸方向に移動しやすくするなど配慮する必要がある。

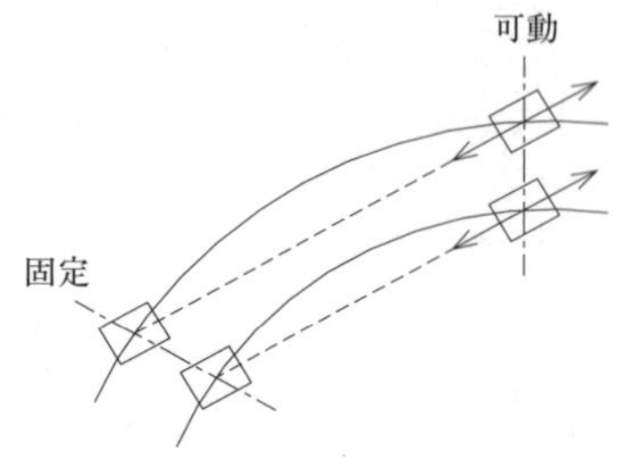

(a) 固定支承方向への配置

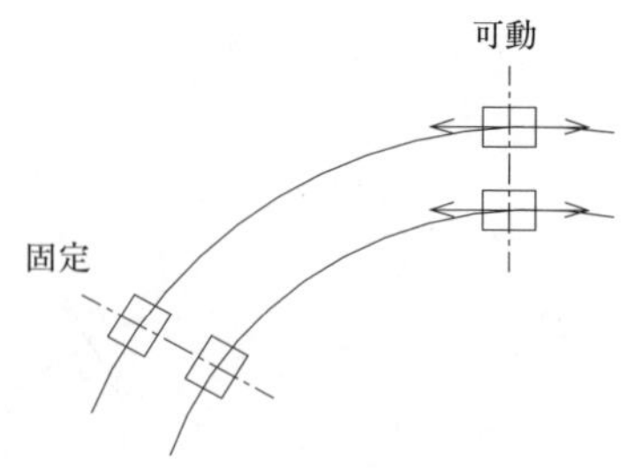

(b) 主桁の接線方向への配置

図-2.5.4　曲線橋の支承配置

なお，中間支点上で主桁を折った連続桁橋の支承配置についても，基本的な考え方は曲線橋と同じである。一方向のみ回転可能な支承を利用することで，回転方向を**図-2.5.5** に示す折角 θ の二等分方向とし左右の上部構造の回転変形による拘束力を緩和することもできるが，全方向に回転可能な支承を用いるのがよい。

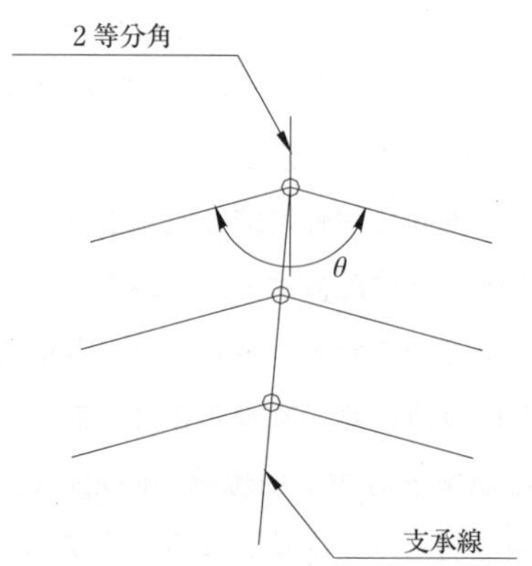

図-2.5.5　折線桁橋の回転方向

(2) 設計の前提となる支承の配置

1) 支承の水平設置

橋は縦断勾配や横断勾配の大小にかかわらず，鉛直方向の支持面が水平になるように支承を設置することが基本である。これは，支承が支持する鉛直荷重によって，支承に水平力が作用しないようにするためである。すなわち，鉛直方向の支持面が水平ではない場合，水平力を支持する装置には死荷重等の支持する鉛直方向の荷重により常に水平力が作用する。ゴム支承のように弾性支持とする場合にはせん断変形した状態となり，設計ではこのような状態を考慮していないためである。したがって橋に縦断勾配や横断勾配がある場合には**図-2.5.6** に示すようなレアーを付けるなどして支承の鉛直方向の支持面を水平に設置し，上部構造の鉛直荷重に対して支承には鉛直力のみを支持させるのが原則である。なお，パッド型ゴム支承を用いるプレキャスト桁橋の場合については，**6.6.3** による。

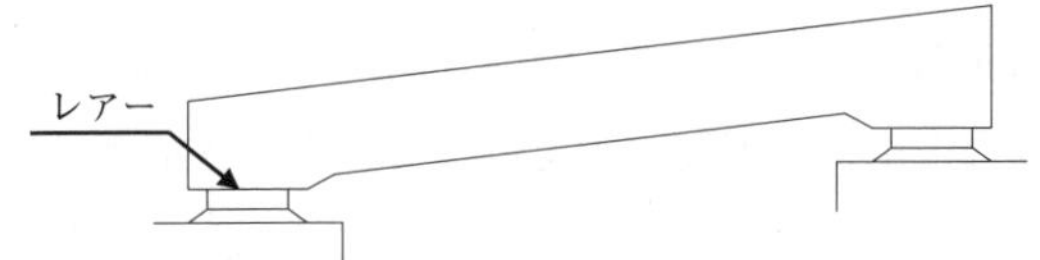

図-2.5.6 縦断勾配のある橋の支承の据付け

2) 同一支承線上の支承の種類と配置

設計で想定する各方向の支持機能を確保するにあたっては，同一支承線上に配置された各支承が一体となって機能する必要がある。そのためには，同一の支承形状を用いて，それぞれの支承の挙動に大きな差が生じないようすることが基本である。同一支承線上の各支承が受ける力に大きな差が生じないように支承の配置や全体構造系を検討する必要がある。やむを得ず各支承の受ける力に大きな差が生じる場合は，以下の点に留意するのがよい。

ⅰ) ゴム支承

同一支承線上に配置された各支承の鉛直反力が大きく異なる場合は，最大鉛直反力により形状決定したゴム支承を，鉛直反力の小さい支点部にも設置すると，活荷重たわみによる回転変位により引張力が生じる可能性があるため留意する。このような場合は2種類程度の支承を配置するのがよい。ただし，免震支承は剛性や減衰特性の変位依存性が大きく，同一支承線上で支承形状が異なる場合は，個々の免震支承の挙動を正確に設計に反映する必要がある。また，ゴム支承は，永続作用及び風を除く変動作用の支配状況において引張力が生じない範囲で用いる必要があるため留意する。

ii）鋼製支承

鋼製支承の場合は，各支承の回転中心の整合や下部構造の施工などを考慮し，同じ機構を持った2種類程度までの形状の支承配置とするのが望ましい。

同一支承線上においては，各支承の回転中心は一直線上にあることが基本である。**図-2.5.7**(a)は高さ方向に，(b)は平面的に回転中心が異なっている例である。(a)に該当する場合は，回転半径が異なることにより，回転変位に追随する際に拘束力が生じる場合がある。したがって，(a)に該当する場合に用いる鋼製支承では上沓の大きさを変える等により回転中心の高さを同じにするのがよい。また，(b)に該当する場合は全方向に回転変位に追随できる支承の使用や回転方向を修正するのがよい。

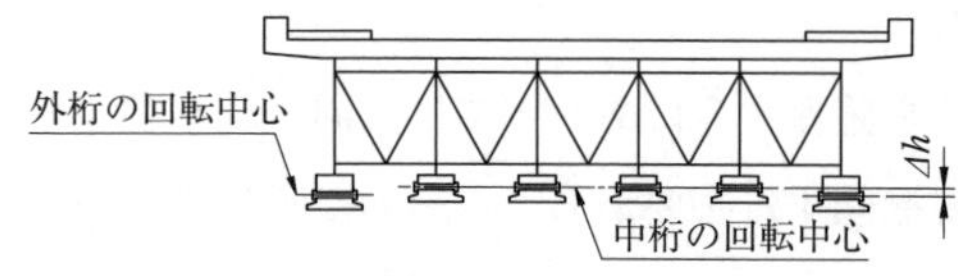

注）Δh は回転中心のズレで，上沓の大きさの変更で調整できる範囲とする。

(a) 高さ方向に回転中心が異なっている例

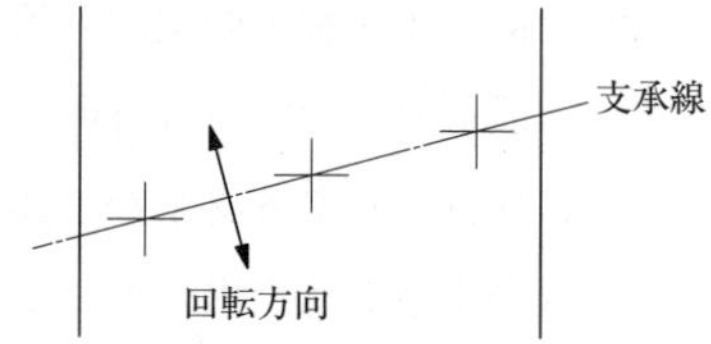

(b) 平面的に回転中心が異なっている例

図-2.5.7　回転変位差が生じる構造

3)　支承部の設置空間

支承部は，滞水や塵埃等が堆積しやすく，特に腐食しやすい場所に設置されるため，防せい防食を適切に行っていたとしても，耐久性能を確保できない場合もある。沓座部は常時滞水することがないよう水はけをよくする構造的な配慮や，支承部の交換や損傷時の措置方法も含めた維持管理の方法の検討を行い，設計に反映させることが［道示Ⅰ］10.1.1(6)に規定されている。沓座と桁との空間が狭いと施工や維持管理が困難であるばかりでなく，支承取替工事が困難になることがある。特に，箱桁では下フランジ幅が広いため，施工スペースに制約を大きく受け，支承の取替えが困難になることもある。このため，橋の設計時に十分な沓座空間を確保できる構造を検討する必要がある。

(3) その他の留意事項

1) 上向きの力（上揚力）に対する対策

支承部に作用する力のうち，特に支承を浮き上がらせるような上向きの力（上揚力）が加わると，橋の各部に予期しない応力が発生することがある。このため，橋の構造形式や支承配置の計画にあたっては，上向きの力ができるだけ生じないよう十分な検討を行う必要がある。

例えば，床版橋や多主桁並列箱桁橋で同一支承線上に多くの支承を用いると，主桁のねじり剛性により支承部の活荷重反力が大きく変動し，上向きの力が作用しやすくなる。このため，床版橋では支承の数を少なくし，並列箱桁橋では**図-2.5.8**のように1箱桁1支承を採用するのがよい。

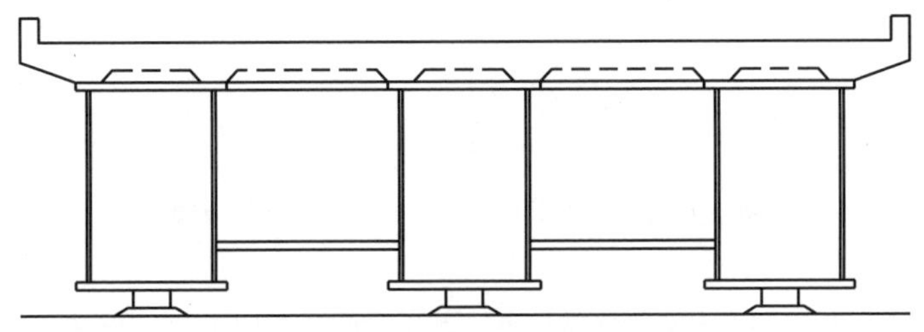

図-2.5.8 並列箱桁橋の1箱桁1支承

橋の支間割りや平面線形などにより上向きの力が作用しやすい場合には，支承部の配置を変更するなど，その影響を緩和させる方法がある。また，**図**

-2.5.9のようなカウンターウエイトにより重量バランスを調整する方法や，**図-2.5.10**のようなアウトリガー方式を採用する方法で緩和させる方法もある。

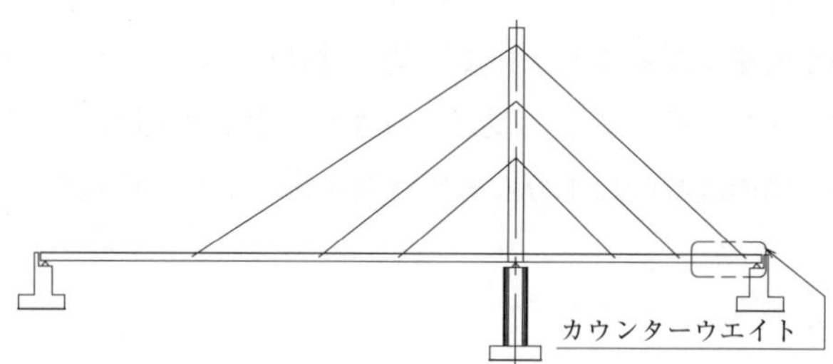

図-2.5.9　カウンターウェイトによる重量バランスの調整

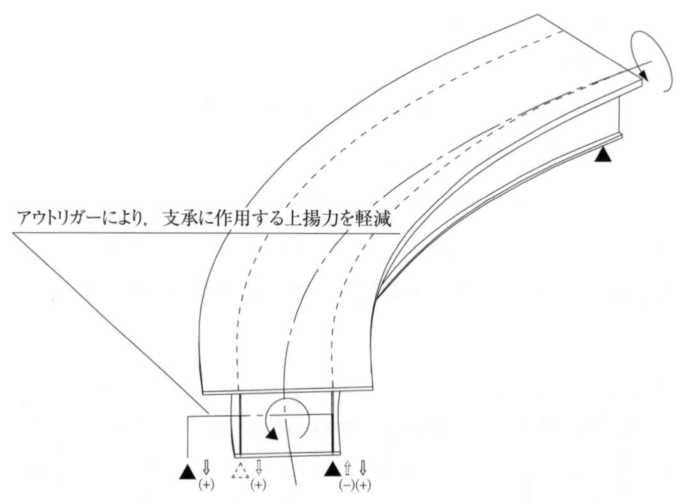

図-2.5.10　アウトリガー方式による上揚力対策

また，施工時の支承設置高誤差により支承部に上向きの力が作用することがあるため，設計時点で設置高誤差の影響を必要に応じて検討しておくことが望ましい。

2) 広い幅員を有する固定可動構造の橋

温度変化の及ぼす影響については，橋軸方向だけではなく橋軸直角方向についても考慮する必要がある。

特に、4車線を超えるような広い幅員を有する固定可動構造の橋では，その影響が大きい。橋軸直角方向に対する温度変化の及ぼす影響については、下部構造も含めて橋全体として考える必要がある。

また，下部構造間で構造形式が異なる場合にもその影響を考慮するのがよい。

温度変化の及ぼす影響が橋軸直角方向に生じないようするためには、橋軸直角方向への移動を拘束しないような支承構造とすることが考えられる。

3) 隣接する上部構造の変位差が生じる場合の対策

隣接する上部構造に生じる変位に大きな差や位相差が生じると，上部構造間の衝突や，伸縮装置を介して隣接桁に生じる慣性力が伝達されるなど，設計で十分に考慮することができない挙動が生じる可能性がある。このような大きな変位差が生じないように配慮した橋の設計をすることが基本である。橋軸直角方向が固定支持の場合，掛違い部に架かる上部構造のそれぞれの挙動を適切に把握するためには，上部構造を支持するそれぞれの下部構造の挙動を把握することが重要である。例えば，**図-2.5.11** に示すように，橋脚がラーメン構造から単柱構造に変化する場合のように，橋軸直角方向に下部構造の剛性差がある場合では，地震の影響を受ける場合に振動モードが異なるため，水平方向だけではなく鉛直方向にも挙動に差が生じる可能性がある。そのため，このような構造とならないように配慮する必要がある。また，このような構造にならざるを得ない場合は，支承部において隣接桁の及ぼす影響を踏まえて生じる力を評価するとともに，伸縮装置を介した伝達力の程度は不確実性が高いので，伝達する力の変動を考慮して影響を確認するのがよい。

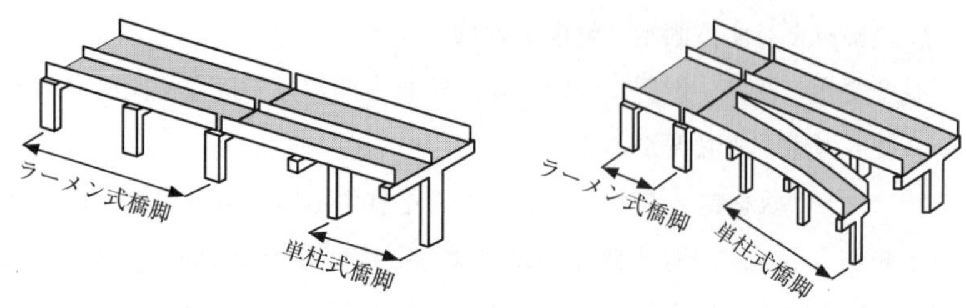

図-2.5.11 橋脚の構造が大きく変化する橋の例

2.6 設計の前提となる維持管理の条件

［道示Ⅰ］1.8.1(6)において，橋の設計にあたっては，橋の性能の前提とする維持管理を定めることが規定されている。どのような維持管理を想定するかによって，橋の性能を満足するための条件が異なることから，橋の設計において，あらかじめ維持管理の条件を定めることが求められる。

支承部の耐久性に関する設計については，［道示Ⅰ］10.1.9の規定のほか，基本的な事項は［道示Ⅰ］6章に規定されている。支承部の設計耐久期間を適切に定める必要があり，支承の設計耐久期間におけるリスクを把握し適切に設計及び維持管理で対処するか，橋の設計供用期間中の更新を前提として更新までの期間において適切に設計及び維持管理で対処するかを設定する必要がある。

［道示Ⅰ］6章には，耐久性を確保するための方法として，**表-2.6.1**に示す方法1から方法3のいずれかに区分し，それを実現するための維持管理を適切に設計に反映することが規定されている。

表-2.6.1　耐久性確保の方法

方法 1	設計耐久期間内における材料の機械的性質や力学的特性等の経年の変化を前提とし，これを定量的に評価した断面とすることで，その期間内における当該部材等の耐荷性能に影響を及ぼさないようにする方法
方法 2	設計耐久期間内における材料の機械的性質や力学的特性等の経年の変化を前提とし，当該部材等の断面には影響を及ぼさない対策の追加等の別途の手段を付加的に講じることで，その期間内における当該部材等の耐荷性能に影響を及ぼさないようにする方法
方法 3	設計耐久期間内における材料の機械的性質や力学的特性等に及ぼす経年の影響が現れる可能性がないか，無視できるほど小さいものとすることで，当該部材等の耐荷性能に影響を及ぼさないようにする方法

また，［道示Ⅰ］10.1.1(6)には，支承やその他支承部を構成する部材等を設計するにあたっては，10.1.9(2)の規定に基づき設定する設計耐久期間によらず，橋の設計供用期間中の支承部の点検や交換，支承部の損傷時の措置方法について検討を行い，支承部及びこれが取り付けられる上下部構造の設計に反映することを原則とすることが規定されている。このように，橋の性能を満足するためには，どのような維持管理をして具体的な部材や構造等の設計を行うのかが密接に関連しており，これらの条件を適切に定め，設計に反映する必要がある。

本便覧の７章では，支承部における変状の例などを示しており，設計の前提となる維持管理の条件を検討するうえで参考にするのがよい。

参考文献

1） 日本建築学会：免震構造設計指針，1989.9

2） 日本ゴム協会：新版　ゴム技術の基礎，1999.4

3） 日本規格協会：ゴムのおはなし，1993.3

4） 日本ゴム協会：ゴム用語辞典，1997

5） 家村浩和，宮本文穂，高橋良和：鋼製支承の破損が橋梁の地震時振動モードに与える影響，構造工学論文集，土木学会，Vol.44A，1998

6） 阿部雅人，吉田純司，藤野陽三，森重行雄，鵜野禎史，宇佐美哲：金属支承の水平終局挙動，土木学会論文集，No.773/Ⅰ-69,63-78，2004.10

7） 阿部雅人，柳野和也，藤野陽三，橋本哲子：1995年兵庫県南部地震における3径間連続高架橋の被害分析，土木学会論文集，No.668/Ⅰ-54，

第3章　使用材料

3.1　一　　般

支承部を構成する部材について，限界状態に対応する特性値や制限値等が4章に示されている。これらの値を設計で用いるにあたっては，使用材料に求められる特性を有するとともに，品質が確かなものでなければならない。

この章では，2章に示す支承形式において一般的に用いることができると考えられる材料について記載している。[道示Ⅰ] 9章に規定されている鋼材及びコンクリートについては，支承部に用いる場合においても，必要な特性や品質が確保されているとみなせる材料と考えることができる。[道示Ⅰ] 9章に規定されていないゴム材料，ステンレス鋼，PTFEのほか，規定されていない板厚となる鋼材等については，支承部において使用される場合に必要と考えられる機械的性質，化学組成，有害成分の制限等の特性や品質や確認の方法等を本章に示す。

鋼板とゴム等で構成される積層ゴム支承については，鋼板とゴムが接着され一体となりその性能を発揮するものであり，積層ゴムとしての制限値等が定められている。このような異なる材料で構成される部材等については，本章で示す材料の品質だけでなく，材料を構成した支承としての性能を確認する必要がある。

なお，この章に示す材料以外を用いる場合，事前にその材料の特性を実験や解析などで十分に把握するとともに，品質が3章で示される材料と同等であること及び品質のばらつきの程度を把握して求める信頼性が確保されるよう適切に設計することが求められる。また，支承部を構成する部材等の抵抗の特性値の設定に対しては，使用条件及び力学機構等を踏まえて，[道示Ⅰ] 10.1.5の規定に基づき，実験による検証等により適切と判断される知見に基づき確認する必要があるとともに，その性能が確認された範囲で用いる必要がある。

3.2 ゴム材料

支承では，ゴム材料は主に水平方向や回転方向の支持を弾性支持するために用いられる。ゴム材料は，その骨格となる原料ゴムのポリマーと種々の特性を調整するための添加剤類が配合された高分子化合物である。ゴムの最大の特徴である大きく伸び縮みするゴム弾性は，高分子鎖の変形によるものである。また，材料の基本的な特性はポリマーの性質に依存している。支承部に使用するゴム材料の選定にあたっては，支承部に求められる機能とゴム材料の特性を十分把握することが必要である。なお，積層ゴム支承は，上記添加剤類やポリマーを混合するためにゴムを一旦機械的に可塑化（素練，混練）し，配合ゴムとしてシート状に押し出し，内部鋼板などと重ね合せ成形した後，金型を用いて加圧・加熱を行う加硫工程を経て製造され，原料の配合だけでなく，これら製造工程もゴム材料の特性に影響を与える。支承に用いるゴム材料については，ゴム材料の製造工程についても把握したうえで，ゴム材料の特性を評価する必要がある。

(1) 支承に用いるゴム材料

本便覧で対象としているゴム材料の特性を以下に示す。

1) 天然ゴム（NR [Natural Rubber]）

天然ゴムは，ゴムの木より得られる樹液（ラテックス）を原料ゴムとし，添加剤類が配合されたゴム材料である。材料の特性は，伸びや引張強さが優れているものの，耐オゾン性等がクロロプレンゴムと比べて低い。一方で，加工しやすい材料であるため，様々な合成ゴムが開発されている現在でも汎用性の高い原料ゴムである。支承材料として海外では，100 年以上使用された事例もあり，支承に求められる性能を満足するよう天然ゴムと添加剤類の配合が開発されている。我が国では 1972 年頃に地震時水平力分散型ゴム支承として連続桁橋に使用されたものが最初である。

2) クロロプレンゴム（CR [Chloroprene Rubber]）

クロロプレンゴムは，クロロプレンの重合によって得られる合成ゴムを原料ゴムとし，添加剤類が配合されたゴム材料である。材料の特性は，天然ゴムと同様に伸びや引張強さを有しているとともに，天然ゴムよりも耐オゾン性に優れる。また，天然ゴムと同様，支承に求められる性能を満足するようクロロプレンゴムと添加剤類の配合が開発されている。我が国では1958年(昭和33年）に大阪環状線天王寺駅舎の支承として使用された他，鉄道まくら木の緩衝パッドやプレストレストコンクリート桁を有する橋梁にパッド型ゴム支承として導入された。また，クロロプレンゴムはBP·B支承の密閉ゴムとして使用する他，帯状ゴム支承のゴム材料としても用いられている。

3) 高減衰ゴム（HDR [High Damping Rubber]）

高減衰ゴムは，原料ゴムに減衰機能を持たせるように配合した配合ゴムの総称である。1984年（昭和59年）にカリフォルニアで建築用免震支承として最初に使用され，国内では1991年(平成3年)に免震橋に初めて使用された。

特殊配合により応力－ひずみ関係に非線形性を与えることで減衰機能を持たせるものである。その結果，天然ゴムと比べ伸びは高いが，引張強さが小さく，材料を圧縮板によって規定の割合で圧縮し，ある温度環境下に保持した際の圧縮永久ひずみが大きい傾向にある。また，高減衰ゴムは天然ゴムと比較して硬度，伸び等の機械的性質に関する温度依存性が高い傾向にある。

本便覧では，ゴム支承に用いるゴム材料は，**表-3.2.1**から**表-3.2.4**及び**表-3.2.7**から**表-3.2.10**に示すゴム材料の規格値を満足することを前提としている。ゴム支承そのものとシート状や円柱状の試験片とではゴム材料の特性の相関が必ずしも明らかではない場合もあるが，これらの規格値を満足するゴム材料を用いたゴム支承は，実績的にゴム支承の耐荷性能及び耐久性能が確認されていることから，4章に示す方法により設計を行うことができる。ここに示す以外のゴム材料を用いる場合は，**表-3.2.1**から**表-3.2.10**に示される試験方法等を参考にして材料特性を確認するとともに，支承としての特性についても確認する必要がある。

(2) ゴム材料に求める性質

1) ポリマー及び化学成分

この便覧で前提とする天然ゴム(NR)，クロロプレンゴム(CR)，高減衰ゴム（HDR）に求めるポリマーと化学成分を**表-3.2.1**に示す。また，化学成分を確認するための標準的な試験方法を**表-3.2.2**に示す。支承に求められる性能を満足させるために，原料ゴムであるポリマーに補強材，加硫材，加工補助剤（オイル等）を配合することにより引張強さや破断伸び等の機械的性質を調整することが標準的である。そのため，支承に用いるゴム材料では，原料ゴムであるポリマーの成分を確認するとともに，ポリマー，補強材，灰分の含有比率を確認することが標準的である。補強材は引張強さ等の機械的性質を向上させるために配合される。補強材としては，カーボンブラックが従来から用いられており，主成分となっている。この他，シリカ，クレー等（これらを総称してホワイトカーボンという）が用いられることが標準的である。そのため，**表-3.2.2**に示す補強材を確認するための試験方法は，補強材の主体であるカーボンブラック，ホワイトカーボンを特定する試験方法となっている。高減衰ゴムについては，材料の減衰機能を高めるため，カーボンブラック，シリカ，樹脂等が配合される。灰分はゴム材料の復元力特性等の機械的性質を安定させるために配合され,硫黄や亜鉛（酸化亜鉛）が用いられることが標準的である。ただし，灰分量が多くなると耐水性に悪影響を与えるため，いずれのゴム材料も10%以下とすることが標準的である。このような化学成分を有しているゴム材料に対して後述する機械的性質や物理的性質等を有していることを確認する。これらの含有率は，これまでの試験や使用実績等により，ゴム支承としての特性が検証されており，設計の前提として確認されていた化学成分であることから，本便覧では少なくともここに示す含有率を確保することを前提としている。ここに示すポリマーや化学成分を有しているだけでなく，耐熱老化性や耐オゾン性を向上させるために酸化防止剤や老化防止剤等が配合される。このため，ここに示す含有率を確認したうえで，6章に示すように老化・耐久性や耐オゾン性を確認する。その他，ゴム材料の特性に影響を与える材料を配合する場合には，品質を安定的に確保できるよう，製造のプロセスにおける管理や，特性検証試験等により確認することが標準的である。

表-3.2.1 ゴム材料のポリマーと化学成分

ゴム材料	試験項目	規格値
天然ゴム（NR）	ポリマー定性	天然ゴム
	ポリマー定量	50% 以上
	補強材の定量	10% ～ 35%
	灰分の定量	10% 以下
クロロプレンゴム（CR）	ポリマー定性	クロロプレンゴム
	ポリマー定量	50% 以上
	補強材の定量	10% ～ 35%
	灰分の定量	10% 以下
高減衰ゴム（HDR）	ポリマー定性	ジエン系ゴム
	ポリマー定量[注1)]	40% 以上
	補強材の定量	10% ～ 45%
	灰分の定量	10% 以下

注 1) オリゴマーを含む。

表-3.2.2 ゴム材料のポリマーと化学成分を確認するための標準的な試験方法

試験項目		試験方法の規格	
ポリマー定性		JIS K 6230：2018	ゴム－赤外分光分析法による同定方法[注1)]
		JIS K 6231：2004	ゴム－熱分解ガスクロマトグラフ法による同定（単一ポリマー及びポリマーブレンド）
ポリマー定量		JIS K 6226-1：2003	ゴム－熱重量測定による加硫ゴム及び未加硫ゴム組成の求め方（定量）に準拠
		JIS K 7229 :1995	塩素含有樹脂中の塩素の定量方法
補強材の定量	カーボンブラック	JIS K 6226-1：2003	ゴム－熱重量測定による加硫ゴム及び未加硫ゴム組成の求め方（定量）に準拠
		JIS K 6227：1998	ゴム－カーボンブラックの定量－熱分解法及び化学分解法
	ホワイトカーボン	JIS K 6430：2008 附属書JA	ゴム用配合剤－シリカ－試験方法 シリカ含有量の求め方（定量）に準拠
灰分の定量[注2)]		JIS K 6226-1：2003	ゴム－熱重量測定による加硫ゴム及び未加硫ゴム組成の求め方（定量）に準拠
		JIS K 6228：1998	ゴム－灰分の定量
		JIS K 6430：2008 附属書JA	ゴム用配合剤－シリカ－試験方法 シリカ含有量の求め方（定量）に準拠

注1）クロロプレンゴムの特定は可能であるが天然ゴムは特定できない
注2）JIS K 6226-1:2003 又は JIS K 6228:1998 により定量される灰分量からホワイトカーボンを引いたもの

2）　機械的性質

ゴム支承として荷重伝達機能や変位追随機能を確保するにあたっては，ゴム支承に求められる特性が発揮できるゴム材料としての強度や伸び等を有していればよい。そこで，要求される機械的性質は，所定の破断伸び，引張強さ，圧縮永久ひずみ率を有することが標準的である。このとき，ゴム材料がせん断弾性係数ごとにゴム支承としての所定の機械的性質を有することを確認することとしている。なお，ゴム材料は機械的性質に大きな温度依存性を有しており，低温時には常温時と比較して大きな弾性係数を示す。また，ゴム材料の種類によっても温度依存性が異なるため，寒冷地域で使用する場合のゴム材料の選定にあたっては温度が及ぼす影響に留意する。また，鋼板等と重ね合わせた積層構造となったゴム支承に用いられるゴム材料に生じる応力状態は複雑であるため，ゴム支承の限界状態等をゴム材料単体の機械的性質を用いて評価することができない場合もある。そのため，4章に示すゴム支承の耐荷性能及び耐久性能に関する設計手法は，本章に示す材料を用いたうえで実験等で検証された範囲で限界状態に対応する特性値や制限値が設定されている。ここに示すゴム材料以外で同じ機械的性質を確認できたとしても，実験等で支承としての性能を確認する必要がある。

本便覧で対象とする天然ゴム(NR)，クロロプレンゴム(CR)，高減衰ゴム(HDR) に求める機械的性質を確認するための標準的な試験方法の規格を**表-3.2.3**に，その各項目に求める規格値を**表-3.2.4**に示す。ここで，弾性係数の呼びであるG値は，JIS K 6386：1999により，静的せん断弾性係数(N/mm^2)の10倍の整数位を併記したものである。ここで，JIS K 6386：1999による静的せん断弾性係数は，JIS K 6254：2016の5.(低変形引張試験)に準じて計測される25%伸張応力σ_{25}(N/mm^2)を用いて，以下の式で算出される。

$$G_S = 1.639\sigma_{25}$$

ここに，G_S：静的せん断弾性係数(N/mm^2)(四捨五入により小数点以下2桁とする)

ただし，積層ゴム支承のせん断弾性係数は，耐荷力で要求される水平剛性を求める必要があるため，4章に示す水平せん断ひずみの制限値である250%の有効設計変位となる175%の水平せん断ひずみに対して，試験結果から得られる弾性係数としている。

表-3.2.3 ゴム材料の機械的性質を確認するための標準的な試験方法の規格

試験項目	試験方法の規格	
破断伸び	JIS K 6251：2017	加硫ゴム及び熱可塑性ゴム－引張特性の求め方
引張強さ		
圧縮永久ひずみ率	JIS K 6262：2013	加硫ゴム及び熱可塑性ゴム－常温，高温及び低温における圧縮永久ひずみの求め方 試験条件：70℃×24hr

表-3.2.4　各ゴム材料に求める機械的性質の規格値

ゴム材料の種類	静的せん断弾性係数の呼び	規格値		
		破断伸び (%)	引張強さ (N/mm^2)	圧縮永久ひずみ率(%)
天然ゴム (NR)	G6	600 以上	15 以上	35 以下
	G8, G10	550 以上		
	G12	500 以上		
	G14	450 以上		
クロロプレンゴム(CR)	G8, G10, G12	450 以上	15 以上	35 以下
高減衰ゴム(HDR)	G8	650 以上	10 以上	60 以下
	G10	600 以上		
	G12	550 以上		

BP・B 支承における密閉ゴムは，その使用方法から求められる機械的性質が異なる。この密閉ゴムに求める機械的性質を確認するための標準的な試験方法を**表-3.2.5** に，その各項目に求める規格値の例を**表-3.2.6** に示す。

表-3.2.5　BP・B 支承に用いる密閉ゴムの機械的性質を確認するための標準的な試験方法の規格

試験項目	試験方法の規格	
破断伸び	JIS K 6251：2017	加硫ゴム及び熱可塑性ゴム－引張特性の求め方
圧縮永久ひずみ	JIS K 6262：2013	加硫ゴム及び熱可塑性ゴム－常温，高温及び低温における圧縮永久ひずみの求め方 試験条件：70℃ × 24hr

表-3.2.6　BP・B 支承に用いる密閉ゴムに求める機械的性質の規格値の例

試験項目	規格値
破断伸び	400% 以上
圧縮永久ひずみ	35% 以下

この他，**4.5.3** に示すように帯状ゴム支承には，鉛直力によるゴムの膨出を抑制するための補強材料として，鋼板の代わりに硬質ゴムのようなゴム材料を用いる場合がある。この硬質ゴムに求める機械的性質を確認するた

めの標準的な試験方法を**表-3.2.7**に，その各項目に求める規格値の例を**表-3.2.8**に示す。

表-3.2.7 硬質ゴムの機械的性質を確認するための標準的な試験方法の規格

試験項目	試験方法の規格	
硬さ	JIS K 6253-3：2012	加硫ゴム及び熱可塑性ゴム－硬さの求め方 第3部：デュロメータ硬さ
破断伸び	JIS K 6251：2017	加硫ゴム及び熱可塑性ゴム－引張特性の求め方
引張強さ		

表-3.2.8 硬質ゴムに求める機械的性質の規格値の例

試験項目	規格値
硬さ	D60 ± 5
破断伸び	30% 以下
引張強さ	12N/mm^2 以上

3) 物理的性質

2)に示す機械的性質の経年的な劣化を低減するために，ゴム材料は，所定の耐熱老化性，耐オゾン性，耐水性，耐寒性を有することが標準的である。本便覧で対象とする天然ゴム(NR)，クロロプレンゴム(CR)，高減衰ゴム(HDR)に求める物理的性質を確認するための標準的な試験方法の規格を**表-3.2.9**に，その各項目に求める規格値を**表-3.2.10**に示す。本便覧ではこれらの物理的性質を有していることを前提としている。

i) 耐熱老化性

ゴム材料は酸化すると，ゴム材料の硬さ及び強度の変化が生じることで，伸びの低下や弾性係数の上昇が生じる。酸化はゴム分子鎖の化学反応現象であり，熱と酸素の介入によって新しいゴム分子鎖のラジカル（遊離基）が形成される連鎖反応である。また，酸化は熱により促進されることから，酸化に対する抵抗特性を耐熱老化性という。

ii) 耐オゾン性

空気中のオゾンがゴム材料に侵入するとゴムの高分子鎖(特に二重結合)

が切断され，ゴム材料の表面に亀裂を発生させる原因となる。このような亀裂を生じさせないようにする特性を耐オゾン性という。

支承部に用いるゴム材料では，オゾンのゴム材料への侵入を防止する方法として，老化防止剤と呼ばれる添加剤を配合することで，表面被膜を形成する方法が一般的に用いられる。老化防止剤は，雨などで表面被膜が剥がれることや，特に寒冷地域ではゴムの表面に氷の結晶ができ，それが剥がれる際にゴム表面の老化防止剤の被膜も一緒に剥がしてしまうことがある。また，温度が低い場合，老化防止剤による表面の被膜が再生されにくい状態にある。これらを踏まえて，老化防止剤は，表面被膜が速やかに再生するものを使う必要がある。なお，老化防止剤が作る表面皮膜はオゾンと反応し消費されるものではなく，表層皮膜が早期に形成されることが重要である。また，耐オゾン性はゴム材料の二重結合がオゾンにより切断されないようにすることを求める特性であるため，耐オゾン性を確保する方法として，この二重結合とオゾンが反応しにくくなるように添加剤を調整する方法もある。

オゾンがゴム材料に侵入することで生じる亀裂は，ゴムに生じる引張ひずみが大きくなると発生しやすい傾向にあることが確認されている。耐オゾン性を確認するための試験は，従来の便覧では試験時の試験片の伸長率を20%としていたが，本便覧では50%に変更している。これは，桁端部等のゴム支承の変形が大きくなる支点部でゴム材料に引張応力が生じる箇所において，従来示されていた条件を満足していたゴム材料に亀裂が生じている事例が確認されたためである。劣化促進試験条件は，実際にゴム材料に生じうる状態を踏まえ，ゴム材料の引張条件がより厳しくなるように見直している。供用中に実際にゴム材料に生じうる引張ひずみに応じて試験条件を設定するのがよいと考えられることから，BP·B支承に用いられる密閉ゴム，固定支持に用いられるゴム支承や帯状ゴム支承等，引張ひずみが生じにくい状態で用いる場合には，試験片の伸長率を適宜設定すればよい。なお，オゾン劣化防止のために配合している老化防止剤は，常温に比べ低温状態において機能が低下するため，低温状態での耐オゾン性を確認するための試験では，既往研究[1)]において実橋と同様の亀裂が再現できたこと等を踏まえ，試験温度を－30℃を標準としている。

iii）耐水性

加水分解に対する抵抗特性を耐水性という。基本的にゴム材料は耐水性が高いが，添加剤によっては水分を吸収しゴムを膨潤させるものもあるので添加剤に留意する。

iv）耐寒性

ゴム材料は，－30℃以下の極低温下でガラス転移と呼ばれる相転移を起こし脆化する可能性がある。このような低温下で脆化しないようにする特性を耐寒性という。このような温度に長時間さらされる使用条件では，耐寒性を有し，適用性が確認された範囲を踏まえ，材料を選定する必要がある。

表-3.2.9 ゴム材料の物理的性質を確認するための標準的な試験方法の規格

試験項目	試験方法の規格		試験条件
耐熱老化性	JIS K 6257：2017	加硫ゴム及び熱可塑性ゴム－熱老化特性の求め方	70℃ × 72hr
耐オゾン性	JIS K 6259：2015	加硫ゴム及び熱可塑性ゴム－耐オゾン性の求め方	標準(40℃ × 96hr, 50pphm-50% 伸長)
			低温(-30℃ × 96hr, 50pphm-50% 伸長)
耐水性	JIS K 6258：2016	加硫ゴム及び熱可塑性ゴム－耐液性の求め方	蒸留水温度 55℃ 浸せき時間 72hr
耐寒性	JIS K 6261：2017	加硫ゴム及び熱可塑性ゴム－低温特性の求め方	

表-3.2.10 ゴム材料に求める物理的性質

<table>
<tr><th>ゴム材料</th><th colspan="2">試験項目</th><th>規格値</th></tr>
<tr><td rowspan="7">天然ゴム(NR)

クロロプレンゴム(CR)

高減衰ゴム(HDR)</td><td rowspan="2">耐熱老化性</td><td>25% 伸長応力変化率</td><td>-10% ～ +100%</td></tr>
<tr><td>伸び変化率</td><td>-50% 以上</td></tr>
<tr><td rowspan="2">耐オゾン性</td><td>標準</td><td>肉眼観察で亀裂のないこと</td></tr>
<tr><td>低温</td><td>肉眼観察で亀裂のないこと</td></tr>
<tr><td>耐水性</td><td>質量変化率</td><td>10%以下</td></tr>
<tr><td>耐寒性</td><td>－</td><td>低温脆化温度が -30℃以下であること
(寒冷地では -40℃以下)</td></tr>
</table>

3.3 鋼　　材

支承部に用いられる鋼材には構造用鋼材，構造用合金鋼，鋳鋼品，ステンレス鋼材等がある。これらの材料は降伏点（又は耐力），引張強さ，伸び，衝撃値，耐摩耗性等の機械的性質や，溶接性，耐食性，加工性等の物理的性質を考慮して使い分ける必要がある。

本便覧で対象とする支承部に使用する鋼材を**表-3.3.1**及び**表-3.3.2**に示す。

表-3.3.1　鋼材(JIS)

鋼材の種類	規格	材料記号	備考
構造用鋼材	JIS G 3101：2015 一般構造用圧延鋼材	SS400	［道示Ⅰ］9.1
	JIS G 3106：2015 溶接構造用圧延鋼材	SM400，SM490	［道示Ⅰ］9.1
鋳鋼品	JIS G 5102：1991 溶接構造用鋳鋼品	SCW410，SCW480	［道示Ⅰ］9.1
		SCW550	
機械構造用炭素鋼 機械構造用合金鋼	JIS G 4051：2016 機械構造用炭素鋼鋼材	S35CN，S45CN	［道示Ⅰ］9.1
	JIS G 4053：2016 機械構造用合金鋼鋼材	SCM435，SNCM439， SNCM447	
ステンレス鋼材	JIS G 4304：2015 熱間圧延ステンレス鋼板	SUS304，SUS316	
	JIS G 4305：2015 冷間圧延ステンレス鋼板	SUS304，SUS316	
	JIS G 4303：2012 ステンレス鋼棒	SUS420J2	
接合用鋼材	JIS B 1180：2014 JIS B 1181：2014 JIS B 1256：2008 六角ボルト・六角ナット・平座金のセット	強度区分 4.6,8.8,10.9	［道示Ⅰ］9.1
		強度区分　4.8,12.9	
	JIS B 1176：2014 六角穴付きボルト	強度区分 10.9,12.9	
	JIS B 1186：2013 摩擦接合用高力ボルト・六角ナット・平座金のセット	F8T，F10T	［道示Ⅰ］9.1
棒鋼	JIS G 3112：2010 鉄筋コンクリート用棒鋼	SD345，SR235	［道示Ⅰ］9.1

表-3.3.2　鋼材(JIS以外)

鋼材の種類	規格	材料記号	備考
接合用鋼材	摩擦接合用トルシア形高力ボルト・六角ナット・平座金のセット	S10T	［道示Ⅰ］9.1
ステンレス鋼材	ステンレス鋼板 ステンレス鋼棒	$C\text{-}13B_1$, $C\text{-}13B_2$	

(1) 構造用鋼材

一般構造用鋼材や溶接構造用圧延鋼材などの構造用鋼材には，鋼板，型鋼，丸鋼があり，入手が容易で機械的性質も多様であるため，構造用材料としてよく用いられる。支承に用いる材料としては，ゴム支承の上下鋼板や内部鋼板，鋼製支承本体，アンカーボルト，ベースプレート等に用いられる。化学成分及び機械的性質は［道示Ⅰ］9.1に規定される鋼材（JIS）のとおりである。なお，支承部を構成する鋼部材に用いる鋼種の選定において［道示Ⅱ］1.4.2に規定される板厚を超える場合は，その部材に求められる性能に応じて適用性を把握したうえで，JIS及び附属書JAに規定された化学成分及び機械的性質等を参考に適切に用いる必要がある。

アンカーボルトに用いる場合には，コンクリートとの付着力が確認されている**図-3.3.1**(b)に示すような異形棒鋼を用いるが，上向きの地震力を死荷重反力の10%程度と見込んでいた当時は，コンクリートとの付着力を得るために，**図-3.3.1**(a)に示すように丸鋼に凹凸を設けたものが使用され，押し型付き丸鋼として用いるのが一般的であった。また，JISに規定される異形棒鋼以上の太径が必要な場合には，**図-3.3.1**(c)に示すような太径の丸鋼に細径の丸鋼をらせん状に巻き付け溶接して付着力を得られるようにした異形化丸鋼が用いられる。なお，異形化丸鋼をアンカーボルトとして用いる場合の付着特性は，［道示］に規定されていないことから，試験結果に基づいて適切な埋込み長さが確保できるように検証する必要がある。巻き付け線材の直径を0.1D（D: 丸鋼の直径），線材の巻き付けピッチを0.7Dとする異形化丸鋼については，参考資料-4に示す通り，引き抜き試験が行われコンクリートとの付着特性について検証が行われており，**表-4.5.12** の付着強度の特性値を用いることができる。

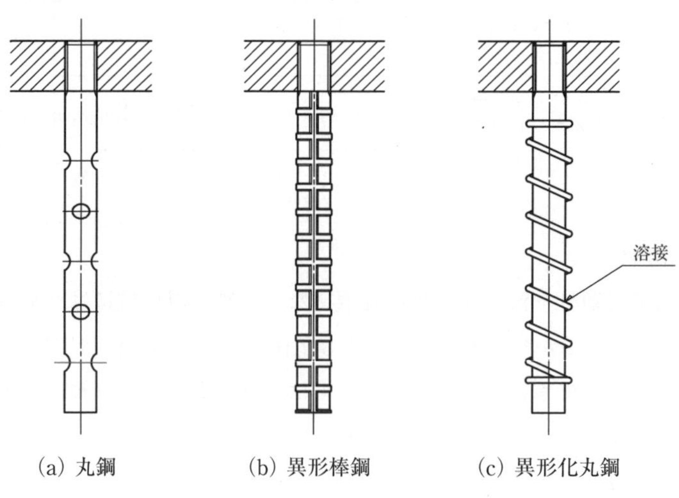

(a) 丸鋼　　(b) 異形棒鋼　　(c) 異形化丸鋼

図-3.3.1　アンカーボルトの種類の一例

(2) 鋳　鋼　品

鋼製支承の上沓や下沓等の支承本体は，リブや突起，傾斜面，曲面等の複雑な形状を有する場合が多い。このため，このような複雑な形状を有する部材等を一体で容易に鋳造できる鋳鋼品が支承部品として多用されてきた。本便覧で対象とする鋳鋼品である溶接構造用鋳鋼品（SCW 材）の化学成分及び機械的性質を**表-3.3.3** 及び**表-3.3.4** に示す。

支承に用いられる鋳鋼品には，JIS に規定される炭素鋼鋳鋼品（SC 材），低マンガン鋼鋳鋼品（SCMn 材），溶接構造用鋳鋼品（SCW 材）等が使用されており，従来，引張強さなどの機械的性質や溶接性に重点を置いて使い分けてきた。しかし，1995 年（平成 7 年）兵庫県南部地震において，鋳鋼品を主体とする鋼製支承の多くが被害を受けた。これは設計で考慮したものを大きく上回る慣性力が作用したこと，支承部材の切欠き部の応力集中，同一支承線上の支承が個々に破壊されたことに加え，材料的な原因としてじん性不足によることも指摘され，使用する材料としてじん性の高い材料を選択することが求められるようになった。材料のじん性を評価する方法としては，シャルピー衝撃試験などがJISに規定されている。鋳鋼品の中で，溶接構造用鋳鋼品（SCW材）はJISで衝撃試験が規定されており，シャルピー吸収エネルギー27J以上が保証された材料である。これに対して，炭素鋼鋳鋼品（SC材）や低マンガン鋼鋳鋼品（SCMn材）は，JIS材であっても衝撃試験の規定がないため，衝撃値が保証された材料とは言えない。このような背景があり，兵庫県南部地震以降，JISでシャルピー吸収エネルギーの下限値が保証されている溶接構造用鋳鋼品（SCW材）が一般的に用いられていることから使用材料として示している。

この他，鋳鋼品の肉厚の中心部の引張強さや降伏点，衝撃値等の機械的性質は材料の肉厚によって変化する。これは一般に質量効果(肉厚感受性)といわれるもので，主として熱処理時の冷却速度に起因するものであり，肉厚が厚くなるほど一様に冷却されにくくなるため厚肉部材の中心部の機械的性質が下がることが知られている。質量効果の影響は引張強さよりも降伏点に顕著に現れる。溶接構造用鋳鋼品（SCW480）の場合における，肉厚150mmの場合と肉厚300mmの場合の各板厚の中心部と1/4部から採取した試験体を用いて，板厚方向各位置の機械的性質を比較した試験結果の一例を，**図-3.3.2**に示す。鋳造品は，肉厚150mmでは特性値を満足するが，肉厚300mmの中心部では質量効果により，特性値に対し10%程度特性値が低下している。よって，肉厚150mmを超える場合は，特性値を0.9倍した値を用いるなど，肉厚が厚い場合は質量効果の影響を適切に考慮する必要がある。なお，鋳鋼品はその製造方法から，本体付けの別取りの試験片を用いて引張試験を行い，強度等の確認を行っている。そのため，試験片を用いて強度等を確認する場合は，質量効果の影響を考慮した強度等以上であることではなく，JIS規格値通りの強度等以上であることを確認する。

表-3.3.3　溶接構造用鋳鋼品の化学成分（%）

鋼種＼化学成分	C	Si	Mn	P	S	Ni	Cr	Mo	V	炭素当量
SCW410	0.22 以下	0.80 以下	1.50 以下	0.040 以下	0.040 以下	−	−	−	−	0.40 以下
SCW480	0.22 以下	0.80 以下	1.50 以下	0.040 以下	0.040 以下	0.50 以下	0.50 以下	−	−	0.45 以下
SCW550	0.22 以下	0.80 以下	1.50 以下	0.040 以下	0.040 以下	2.50 以下	0.50 以下	0.30 以下	0.20 以下	0.48 以下

表-3.3.4　溶接構造用鋳鋼品の機械的性質

鋼種	引張試験			衝撃試験	
	降伏点又は耐力 (N/mm^2)	引張強さ (N/mm^2)	伸び (%)	試験温度 (℃)	シャルピー吸収エネルギー(J)
SCW410	235 以上	410 以上	21 以上	0	27 以上
SCW480	275 以上	480 以上	20 以上	0	27 以上
SCW550	355 以上	550 以上	18 以上	0	27 以上

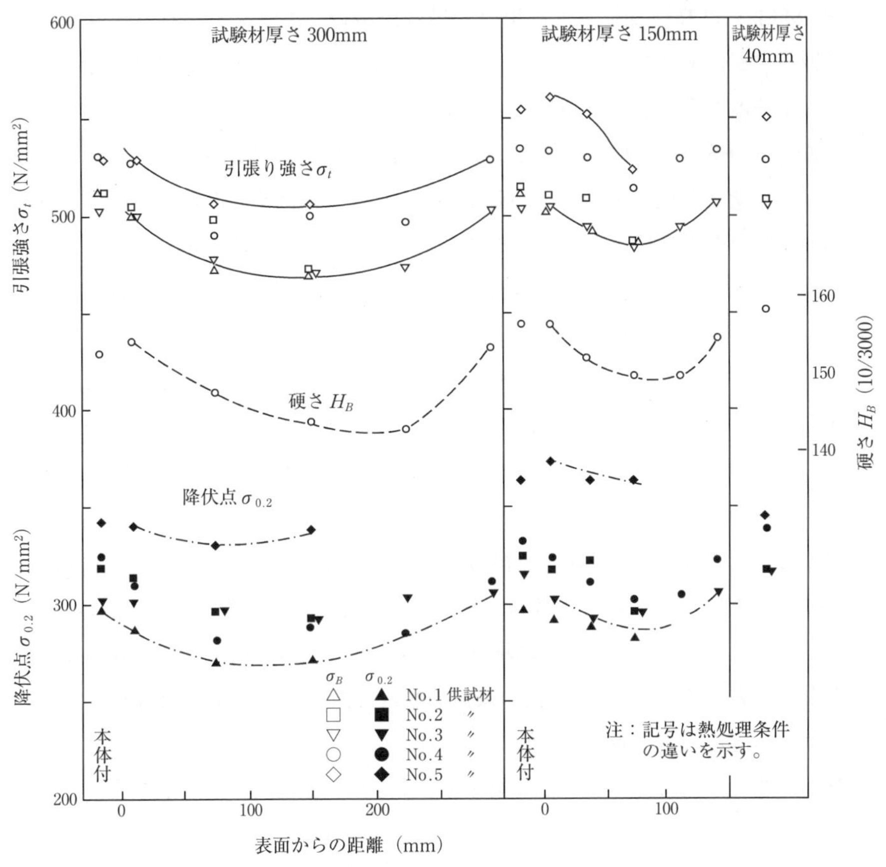

図-3.3.2 SCW480 の質量効果の一例[2)]

(3) 構造用炭素鋼・構造用合金鋼

支承に使われる鋼材には構造用鋼材や鋳鋼品の他，機械構造用炭素鋼鋼材，クロムモリブデン鋼鋼材，ニッケルクロムモリブデン鋼鋼材等があり，鋼部材の形状が単純で加工・製作し易い場合や高強度材料が求められる場合等に用いられる。機械構造用炭素鋼鋼材（S35C,S45C）は従来機械部品として使用されてきたもので，使用実績も多く品質的にも安定しており，支承のピン材やアンカーボルト，アンカーバー等に用いられる。なお，アンカーボルトは(1)構造用鋼材に示すように加工されて用いられる。クロムモリブデン鋼鋼材

(SCM435) は高強度ボルトに用いる場合が多い。ニッケルクロムモリブデン鋼鋼材（SNCM439, SNCM447）は，ローラー支承のローラー及び支圧板等，高支圧強度が求められる場合に用いる場合が多い。

これらの構造用鋼材は熱処理によって機械的性質が異なるため，使用目的に合わせた適切な熱処理を行う必要がある。JIS では機械的性質について，直径 25mm の標準供試材から採取した材料試験片に所定の熱処理を行った場合の参考値を解説に示している。熱処理方法は材料によって異なるため，JIS B 6911（鉄鋼の焼きならし及び焼きなまし加工）や JIS B 6913（鉄鋼の焼入れ焼き戻し加工）などを参照する必要がある。材料の直径が大きくなると中心部の熱処理の効き方が悪くなり強度の低下が大きくなる。これは質量効果の影響として知られているものであり，太径の材料を選ぶ場合は，この質量効果の影響を考慮して材質を選択する必要がある。直径 25mm の標準供試材より採取した試験片による機械的性質を保証し得る材料ごとの最大直径を，**図-3.3.3** に示す。

機械構造用炭素鋼鋼材の機械的性質は［道示Ⅰ］9.1 表-解 9.1.2 に示す通りである。クロムモリブデン鋼鋼材及びニッケルクロムモリブデン鋼鋼材の化学成分を**表-3.3.5** に，熱処理後の機械的性質を**表-3.3.6** に示す。前述のとおり，いずれの構造用合金鋼も機械的性質は JIS 本文中に規定されていない。ただし，熱処理を行った場合についての参考値が JIS ハンドブック鉄鋼Ⅰの巻末参考情報に示されている。支承部に用いる場合，本便覧では，その参考情報に示されている機械的性質を有していることを前提としている。

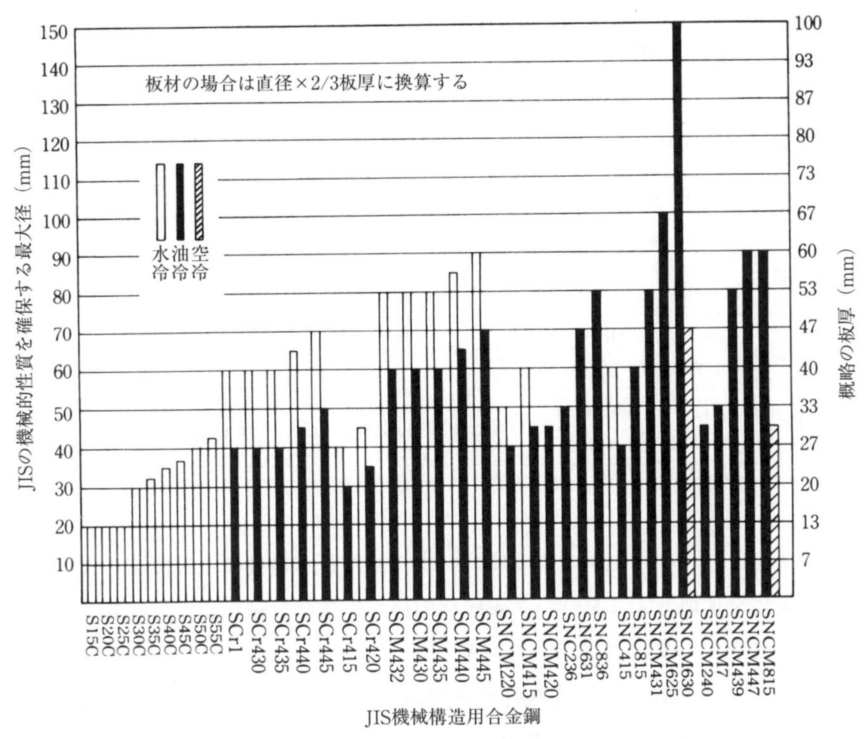

図-3.3.3 JISの機械的性質を確保する最大径[3)]

表-3.3.5 クロムモリブデン鋼鋼材及びニッケルクロムモリブデン鋼鋼材の化学成分(%)

記号	C	Si	Mn	P	S	Ni	Cr	Mo	Cu
SCM435	0.33 ～0.38	0.15 ～0.35	0.60 ～0.90	0.030 以下	0.030 以下	0.25 以下	0.90 ～1.20	0.15 ～0.30	0.30 以下
SNCM439	0.36 ～0.43	0.15 ～0.35	0.60 ～0.90	0.030 以下	0.030 以下	1.60 ～2.00	0.60 ～1.00	0.15 ～0.30	0.30 以下
SNCM447	0.44 ～0.50	0.15 ～0.35	0.60 ～0.90	0.030 以下	0.030 以下	1.60 ～2.00	0.60 ～1.00	0.15 ～0.30	0.30 以下

注）この規格は熱間圧延，熱間鍛造及び熱間押し出しによって製造する機械合金用合金鋼鋼材について示す。通常さらに鍛造，切削など加工及び熱処理を施して使用される。

表-3.3.6　クロムモリブデン鋼鋼材及びニッケルクロムモリブデン鋼鋼材の熱処理後の機械的性質

記　号	熱処理 ℃		引張試験				衝撃試験	硬さ試験
	焼入れ	焼戻し	降伏点 N/mm²	引張強さ N/mm²	伸び %	絞り %	衝撃値 (シャルピー) J/cm²	硬さ HBW 注1)
SCM435	830 ～ 880 油冷	530 ～ 630 急冷	785 以上	930 以上	15 以上	50 以上	78 以上	269 ～ 331
SNCM439	820 ～ 870 油冷	580 ～ 680 急冷	885 以上	980 以上	16 以上	45 以上	69 以上	293 ～ 352
SNCM447	820 ～ 870 油冷	580 ～ 680 急冷	930 以上	1030 以上	14 以上	40 以上	59 以上	302 ～ 368

注 1）HBW は JIS Z 2243（ブリネル硬さ試験－試験方法）に規定するブリネル硬さを示す。

また，ローラー支承のように高い支圧強度が求められる場合は，表面焼入れ又は全体焼き入れを行い，表層部の硬さ，強度を高くした高硬度材料を用いることが一般的である。本便覧では，ニッケルクロムモリブデン鋼鋼材（SNCM439, SNCM447）を表面硬化型ローラー及び支圧板に用いる場合には，硬さ分布が**図-3.3.4** 及び**表-3.3.7** になるように焼入れが行われることを前提としている。

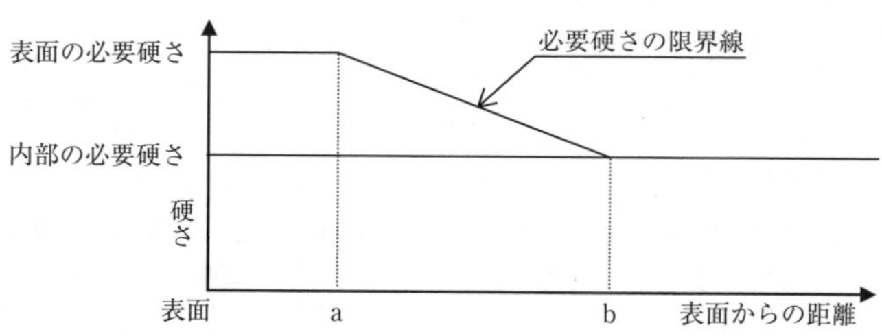

図-3.3.4　表面硬化型ローラー・支圧板の必要硬さ分布

表-3.3.7 表面硬化型ローラー・支圧板に必要な硬さ分布

種別	使　用　材　料	必要硬さ(HB,HBW)		表面からの必要深さ[注1)]	
		表面	内部	a　点	b　点
焼入型高硬度ローラー支承	C-13B，SUS420J2	≧　475	≧　217	0.035　r	0.11　r
	SNCM439，SNCM447	≧　600	≧　293	0.040　r	0.10　r

注1) 表中のrはローラーの半径を示す。

(4) ステンレス鋼

ステンレス鋼は耐食性やじん性に優れた材料であり，長期間表面が錆びず摩擦係数を維持する必要があるすべり面のすべり板に用いられる他，特に耐食性が要求される部位に用いられる。ステンレス鋼板の化学成分を**表-3.3.8**に，機械的性質を**表-3.3.9**に示す。また，ローラー支承に用いられるステンレス鋼棒の化学成分を**表-3.3.10**に，機械的性質を**表-3.3.11**に示す。この他，JIS以外の材料として用いられるステンレス鋼材（C-13B_1，C-13B_2）の化学成分を**表-3.3.12**に，機械的性質を**表-3.3.13**に示す。

なお，(3)に記したように，ローラー支承のように高い支圧強度が求められる場合は，表面焼入れ又は全体焼入れを行い，表層部の硬さ，強度を高くした高硬度材料が用いられる。本便覧では，ステンレス鋼棒（SUS420J2，C-13B_1，C-13B_2）を表面硬化型ローラー及び支圧板に用いる場合には，断面硬さと硬化部の必要深さを**図-3.3.4**及び**表-3.3.7**を満たすように焼入れが行われることを前提としている。

表-3.3.8 ステンレス鋼板(JIS)の化学成分（%）

記　号	C	Si	Mn	P	S	Ni	Cr	Mo	適　用
SUS304	0.08以下	1.00以下	2.00以下	0.045以下	0.030以下	8.00～10.50	18.00～20.00	-	オーステナイト系
SUS316	0.08以下	1.00以下	2.00以下	0.045以下	0.030以下	10.00～14.00	16.00～18.00	2.00～3.00	

表-3.3.9　ステンレス鋼板(JIS)の機械的性質

記　号	耐力 N/mm^2	引張強さ N/mm^2	伸び %	硬さ			曲げ性		適　用
				HBW	HRBS 又は HRBW 注1)	HV 注2)	曲げ角度	内側半径	
SUS304	205 以上	520 以上	40 以上	187 以下	90 以下	200 以下	-	-	オーステナイト系
SUS316	205 以上	520 以上	40 以上	187 以下	90 以下	200 以下	-	-	

注 1）HRBS, HRBW は，JIS Z 2245（ロックウェル硬さ試験－試験方法）に規定するロックウェル硬さを示す。

注 2）HV は，JIS Z 2244（ビッカース硬さ試験－試験方法）に規定するビッカース硬さを示す。

表-3.3.10　ステンレス鋼棒(JIS)の化学成分（%）

記　号	C	Si	Mn	P	S	Ni	Cr	Mo	適　用
SUS420J2	0.26～0.40	1.00 以下	1.00 以下	0.040 以下	0.030 以下	-	12.00～14.00	-	マルテンサイト系

表-3.3.11　ステンレス鋼棒(JIS)の機械的性質

記　号	耐力 N/mm^2	引張強さ N/mm^2	伸び %	絞り %	シャルピー衝撃値 J/cm^2	硬さ				適　用（径，対辺距離又は厚さ）
						HBW	HRBS 又は HRBW	HRC	HV	
SUS420J2	540 以上	740 以上	12 以上	40 以上	29 以上	217 以上	95 以上	-	220 以上	75mm 以下

表-3.3.12　ステンレス鋼材(JIS 以外)の化学成分（%）

記　号	C	Si	Mn	P	S	Cr	Ni	Mo	適　用
C-13B$_1$	0.15～0.30	1.00 以下	1.00 以下	0.040 以下	0.030 以下	11.0～15.0	注 2)	注 3)	マルテンサイト系
C-13B$_2$	0.08 以下	3.00～5.00	2.00 以下	0.040 以下	0.030 以下	10.00～13.00	2.00～7.00	1.00 以下	析出硬化系

注：1）必要に応じて表に示す成分以外の合金元素を添加することができる。

2）Ni は 1.50% 以下を添加することができる

3）Mo は 2.00% 以下を添加することができる。

表-3.3.13 ステンレス鋼材(JIS 以外)の熱処理条件と機械的性質

記　号	熱処理(℃)		機械的性質			
	焼入れ[注1)]	焼戻し[注2)]	耐力 N/mm^2	引張強さ N/mm^2	伸び %	硬さ HBW
C-13B_1	920 ～ 1100 急冷	550 ～ 750 急冷	540 以上	740 以上	12 以上	217 以上
C-13B_2	800 ～ 950 空冷	580 ～ 700 空冷	540 以上	740 以上	12 以上	217 以上

注 1）C-13B_2 は固溶化処理を示す。
注 2）C-13B_2 は析出硬化処理を示す。

(5) 接合用鋼材

1) 仕上げボルト

仕上げボルトは主に，JIS B 1180 に規定される六角ボルト，JIS B 1176 に規定される六角穴付きボルトが用いられる。[道示Ⅱ] 4.1.3 には強度区分 4.6, 8.8, 10.9 の機械的性質が示されている。これに加え，支承部では強度区分 4.8, 12.9 も用いられる場合がある。なお，六角ボルトと六角穴付きボルトの機械的性質は JIS B 1051 により，強度区分ごとに区分され同一である。本便覧では，**表-3.3.14** に示す機械的性質を有していることを前提としている。

表-3.3.14 六角ボルト及び六角穴付きボルトの機械的性質

JIS B1051 による強度区分	降伏点又は耐力 σ_y(N/mm^2)	引張強さ σ_B(N/mm^2)	伸び (%)
4.6	240 以上	400 以上	22
4.8	340 以上	420 以上	24
8.8	660 以上	830 以上	12
10.9	940 以上	1040 以上	9
12.9	1100 以上	1220 以上	8

六角ナットを使用しボルト部を締結する場合，使用方法，ボルト径や強度区分に留意しナットを選定する必要がある。JIS B 1052-2 に基づくボルトとナットの組合せを**表-3.3.15** に示す。また，締結部材にナットやボルト頭がめり込むことを防止することや座面を安定させるために，座金を使用するのが一般的である。ボルト径や強度区分に留意し座金を選定する必要がある。

表-3.3.15 ボルトとナットの組合せ

	強度区分			
ボルト	4.6,4.8	8.8	10.9	12.9
ナット	5 以上	8 以上	10 以上	12 以上

2) 摩擦接合用高力ボルト

主桁取付けボルトとして摩擦接合用高力ボルトを用いることがある。摩擦接合用高力ボルトの機械的性質は［道示Ⅱ］表-解 4.1.5 に示される通りである。なお，S14T については，［道示Ⅱ］9.5.2(3)3)の適用条件のうち，一般に雨水等の影響や滞水などにより長期に湿潤環境が継続する可能性が少なくないと考えられるため，支承部に用いないことが望ましい。

(6) 棒　　鋼

アンカーボルトとして一般的に SD345 が用いられる。なお，SR235 を(1)構造用鋼材に示すように加工したうえで用いることもある。

3.4 接　着　剤

本便覧で対象とするゴム支承では，積層ゴム支承に用いられる接着剤の付着効果が確実に得られ，積層ゴム支承の耐荷力評価に影響を与えないように，ゴム部の破断よりも先に接着剤が剥離等しないことを前提としている。これを確認するには，ゴム材料と鋼板の接着剥離強さを確認するとともに，接着層ではなくゴム部が破断することを確認することとしている。確認するための標準的な試験方法の規格を**表-3.4.1**に，ゴム材料と鋼板の接着剥離強さの規格値を**表-3.4.2**に示す。なお，ゴム部の破断だけではなく，ゴム材と鋼板の接着剥離強さとして7N/mm以上であることを確認することとしているのは，従来用いられていた方法を踏襲したものである。

表-3.4.1　ゴム材料と接着剤の剥離強さの標準的な試験方法の規格

試験項目	引用規格	
90°剥離強さ	JIS K 6256-2：2013	加硫ゴム及び熱可塑性ゴム－接着性の求め方 第2部：剛板との90°剥離強さ

表-3.4.2　ゴム材と鋼板の接着剥離強さの規格値

試験項目	規格値
90°剥離強さ	・ゴム部の破断 ・7 N/mm以上

3.5　鉛

支承において鉛は，免震支承の減衰材料である鉛プラグとして用いられる。鉛は弾塑性体であり，延性に富む材料である。常温（20℃）での鉛の塑性変形により生じた結晶格子のずれは，変形終了後に再結晶と結晶粒子の成長が速やかに行われることで，ひずみ硬化や金属疲労が生じにくく，鋼材の熱間加工のように塑性変形前の性質に戻る特性を有している。鉛の弾性係数や融点及び機械的性質は鉛の純度によって大きく影響を受けることから，鉛プラグ入り積層ゴム支承に用いる場合は，その減衰特性や機械的性質等の品質を確かなものとするために，純度の高い鉛（純度99.99%）を使用することが一般的である。本便覧では，**表-3.5.1**に示す鉛の規格を用いることを前提としている。支承に求められる所要の性能を確保するにあたって，従来の便覧と同様に，鉛の純度が99.99%であることを確認すれば所定の機械的性質が得られると考えることができる。

表-3.5.1　鉛地金の規格

規格	種類
JIS H 2105：1955	特種 (Pb 99.99% 以上)

なお，鉛の溶融，切断，鉛の鋳入等を行う場合，労働安全衛生法第 14 条や鉛中毒予防規則第 34 条などに従い，その取扱い，作業環境，作業者の健康について留意する。供用期間中に鉛の破損等が確認された場合は，これらの法令等に従って対応する必要がある。また，廃棄時の処理にあたっては，廃棄物の処理及び清掃に関する法律等に従い適切に処理する。ただし，資源の有効な利用の促進に関する法律第 10 条に示す特定省資源業種である製鉄業及び製鋼・製鋼圧延業に準じて副産物の発生抑制，リサイクルに努めるのがよい。

3.6　四ふっ化エチレン樹脂（PTFE [Polytetra Fluoro Ethylene]）

四ふっ化エチレン樹脂（PTFE）は，ふっ素を含んだ有機高分子材料である。支承に用いられる PTFE としては，材料を板状に圧縮成型し，可動支承のすべり材やすべり摩擦による減衰効果を期待する場合に使用されている。可動支承に用いられるすべり材には，摩擦係数が小さく，耐摩耗性が高い材料が一般的に求められる。平滑な板と PTFE 板間の摩擦係数はきわめて低く，自己潤滑性がある。ステンレス鋼板と PTFE 板を組み合わせたすべり面の摩擦係数は支圧応力度や PTFE に配合する充てん剤の種類，すべり面の仕上げ精度によって一般に 0.04 ～ 0.20 に調整できる。支圧応力度の大きさに応じて，低い摩擦係数を保持しながら耐圧縮クリープ性を向上させるために，PTFE に繊維などを充てんすることが一般的である。なお，材料によっては固着によって滑面に不具合が発生する場合もあるので，充てん剤の選定には注意する必要がある。従来，BP･B 支承のすべり材として用いる場合には，充てん剤の量としては 20%以上 30%以下に抑えたものが用いられてきている。一方，BP･B 支承よりも低い面圧で使われるすべり型ゴム支承に用いるすべり材には，充てん剤が用いられていない場合もある。

本便覧で対象とするPTFE板の機械的性質を確認するための標準的な試験方法の規格を**表-3.6.1**に，その規格値を**表-3.6.2**に示す。PTFE板は圧縮応力を受けるすべり材として使われることを踏まえると，引張降伏強度と圧縮降伏強度を確認する方法が一般的である。しかし，PTFE板の材料特性として明確な降伏強度が確認できないことや，従来このように管理された材料を用いる範囲において，すべり材としての性能が確保されていることから，従来と同様に引張強さと伸びを確認すれば，機械的性質が得られると考えられる。なお，比重は，充てん剤の配合率を確認するためのものである。

表-3.6.1 PTFE板の試験方法の規格

試験項目	試験方法の規格	
引張強さ 伸び	JIS K 7137-1：2001 JIS K 7137-2：2001	プラスチック－ポリテトラフルオロエチレン(PTFE)素材 第1部：要求及び分類 プラスチック－ポリテトラフルオロエチレン(PTFE)素材 第2部：試験片の作り方及び諸物性の求め方
	JISK7161-1：2014 JISK7161-2：2014	プラスチックー引張特性の求め方―第1部：通則 プラスチックー引張特性の求め方―第2部：型成形，押出成形及び注型プラスチックの試験条件
比重	JIS K 7112：1999	プラスチック－非発泡プラスチックの密度及び比重の測定方法

注1) JIS K 7137は，PTFE原材料の試験方法を示す。
注2) JIS K 7112，7161は，充てん材を配合した成形品の試験方法を示す。

表-3.6.2 PTFE板の規格値

試験項目	規格値
引張強さ	14N/mm^2 以上
伸び	90% 以上
比重	2.10～2.40

3.7 高力黄銅鋳物

高力黄銅鋳物は，支承板支承の支承板に用いられる。支承板には，優れたすべり軸受け特性と高い支圧強度，耐摩耗性が求められるために高力黄銅鋳物が用いられている。銅合金の中で硬さ，引張強さの最も高い高力黄銅鋳物 4 種(CAC304)が従来から使用されており，機械的性質及びすべり材と組み合わせた場合の摩擦特性が確認されている。本便覧で対象とする高力黄銅鋳物の規格を**表-3.7.1** に，化学成分を**表-3.7.2** に，機械的性質を**表-3.7.3** に示す。ただし，**表-3.7.3** に示すようにブリネル硬さについては，JIS H 5120 に規定される値によらず，繰返し試験により摩擦係数の変化等を確認し，その耐久性が確認された CAC304 の特性である 210 以上の値を用いることが標準的である。

また，支承板本体には，水平変位及び回転変位に追随する際のすべり摩擦を低減させるために，ふっ素樹脂，二硫化モリブデン，黒鉛などの固体潤滑剤に潤滑皮膜特性を改善させる種々の添加剤を配合し，リング状に圧縮成型した固体潤滑剤が埋め込まれたものが一般的に用いられており，この固体潤滑剤の埋込み面積比率により摩擦係数が調整される。

表-3.7.1 高力黄銅鋳物の規格

鋼材の種類	規格	記　号
銅合金鋳物	JIS H 5120:2016	CAC304

表-3.7.2 高力黄銅鋳物の化学成分

記　号	主要成分(%)					残余成分(%)[注1)]			
	Cu	Zn	Fe	Al	Mn	Sn	Pb	Ni	Si
CAC304	60.0～65.0	22.0～28.0	2.0～4.0	5.0～7.5	2.5～5.0	0.2	0.2	0.5	0.1

注 1）許容限度(最大許容値)を示す。

表-3.7.3　高力黄銅鋳物の機械的性質

記　号	引張試験		硬さ試験
CAC304	引張強さ (N/mm^2)	伸び (%)	ブリネル硬さ HBW
	755 以上	12 以上	210 以上[注1)]

注 1）使用実績に基づき，硬さについてはJISと異なる値を本便覧では前提としている。

3.8　支承据付け材料

［道示Ｉ］10.1.10 に解説されるように，支承部と下部構造との固定は，設計の前提に適合するとともに，隙間無く充てんでき，必要な強度や耐久性が確保できる材料が求められる。また，［道示Ｉ］10.1.1(4)の規定に基づき，路面排水や滞水等による影響を受けにくくしたうえで，遮水性の優れた材料，寒冷地では凍結融解による損傷を防止できる緻密性に優れた材料等を用いるのがよい。

支承据付け材料は，アンカーボルトの評価式の前提にも矛盾せず，また，充てん性に優れるために実績の多い無収縮モルタルを用いることが多い。無収縮モルタルは，乾燥による収縮量をほぼ相殺する程度の膨張量を導入できる無収縮セメントに，非収縮性，流動性，早強度性等を有するように改良されたセメント等を用いたモルタルが一般的に用いられる。なお，無収縮モルタルを使用しても，一般的に材齢初期の段階で乾燥収縮現象を呈するため，所定の強度が発現するまで適切に養生する必要がある。また，無収縮モルタルは，設計の前提に適合するよう，下部構造に用いられるコンクリートの設計基準強度以上の強度を有する必要がある。

無収縮モルタルに求める各特性を確認するための標準的な試験方法の規格を**表-3.8.1** に，規格値を**表-3.8.2** に示す。なお，近年ではブリーディングを防止するためにノンブリーディングタイプの無収縮モルタルが一般的に使用されている。

表-3.8.1 支承部に使用する無収縮モルタルの試験方法の規格

試験項目	試験方法の規格	
	JIS 規格	土木学会規格
コンシステンシー	–	JSCE-F541-2013 「充てんモルタルの流動性試験方法」
ブリーディング	JIS A 1123：2012 コンクリートのブリーディング試験方法	JSCE-F542-2013 「充てんモルタルのブリーディング率及び膨張率試験方法」
凝結	JIS A 1147：2007 コンクリートの凝結時間試験方法	–
膨張収縮	JIS A 1129：2010 モルタル及びコンクリートの長さ変化試験方法	JSCE-F542-2013 「充てんモルタルのブリーディング率及び膨張率試験方法」
圧縮強度	JIS A 1108：2006 コンクリートの圧縮強度試験方法	JSCE-G541-1999 「充てんモルタルの圧縮強度試験方法」
付着強度	–	JSCE-G503-2013 「引抜き試験による鉄筋とコンクリートとの付着強度試験方法」

表-3.8.2 支承部に使用する無収縮モルタルの規格値

試験項目	規格値
コンシステンシー	セメント系：8 ± 2 秒 (練り混ぜ完了 3 分以内)
ブリーディング	練り混ぜ 2 時間後：2%以下
凝結	開始：1 時間以上 終結：10 時間以内
膨張収縮	材齢 7 日で収縮なし
圧縮強度	材齢 3 日：25N/mm^2 材齢 28 日：45N/mm^2
付着強度	材齢 28 日：3N/mm^2

参考文献

1) 杉本博之，溝江実，山本吉久，池永雅良：天然ゴム支承の低温耐候性に関する研究，土木学会論文集 No.693／VI-53，73-86，2001.12

2) 橋梁用鋳鋼 SCW49 の質量効果：橋梁大型金物研究会技術委員会，1981.5

3) 日本規格協会:鉄鋼材料選択のポイント (JIS 使い方シリーズ)〔増補改定版〕，1995.4

第 4 章　支承部の設計

4.1 設計一般

4.1.1 設計の基本

支承部の性能を満足させるための設計は，［道示Ⅰ］10.1 及び［道示Ⅴ］13.1 の規定に基づき行う。支承部に求める機能に応じて想定している耐荷機構を踏まえ，支承部の限界状態，支承部を構成する部材の限界状態，限界状態に対応する抵抗の特性値及び制限値を適切に設定し，［道示Ⅰ］3.3 に示される設計状況に対して，限界状態を超えないことを確認する必要がある。本便覧では，2 章に示す機構を有し，かつ，一般的に用いられている支承形式，構造を対象として，耐荷性能を確保するために必要な支承部の限界状態に対応する抵抗の特性値又は制限値の設定の基本的な考え方を示している。また，耐久性能の照査にあたっては，これまでの使用実績等も踏まえ，現在の知見で適切と考えられる標準的な対応方法を示している。

4.1.2 設計図への記載事項

支承部の設計図には，支承部の設計条件や支承部の施工及び維持管理の際に必要となる事項等を記載するのがよい。維持管理の際に必要となる事項として考えられるものの例を以下に示す。

① 適用基準

② 設計で考慮した鉛直反力・水平反力，設計水平震度，設計に考慮する変位，可動支承の移動可能量，機能分離型では支承部を構成しているそれぞれの構造の機能など設計条件

③ 使用材料，重量又は体積など

④　支承部と落橋防止システムの区分とその考え方

⑤　耐久性能の確保の方法，維持管理の条件など

⑥　積層ゴム支承(地震時水平力分散支承・免震支承・可動支承・固定支承)の場合には，求められる機能に応じて，材料の種類，弾性係数の呼び，圧縮剛性，せん断剛性又は等価剛性，等価減衰定数，製品検査時の試験変位，せん断ひずみの制限値，一次形状係数及び二次形状係数など

⑦　上部構造の架設方法

⑧　変位調整を行う場合には，調整方法や時期など

⑨　支承交換の方法

4.2　耐荷性能の照査で考慮する設計状況

4.2.1　作　　用

支承部の耐荷性能に関する設計において考慮する作用の種類と作用の組合せは［道示Ⅰ］3.1及び3.3の規定による。

(1) 作用の種類

設計で考慮する作用は，［道示Ⅰ］3.1の規定による。なお，［道示Ⅰ］3.1.(3)の規定に従い，支承部の施工方法に応じて施工中の状況を適切に考慮する必要がある。

(2) 作用の組合せ

支承部の設計では，［道示Ⅰ］3.3に規定される作用の組合せに対して，荷重係数及び荷重組合せ係数を考慮する。コンクリートのクリープ，乾燥収縮，プレストレス力の影響，架設時の構造系の変化の影響などが完成系の構造に残る場合には，その影響を適切に考慮する必要がある。

ゴム支承の据付け時の温度が基準温度以外の場合には，施工後に基準温度となった時にせん断変形に伴う力が生じることとなる。このため，温度変化の影

響を **6.6.2** に示すゴム支承の据付け方式に応じて適切に考慮する必要がある。

連続桁橋やラーメン橋などの多点支持形式において，地盤沈下などによる各支点の不均一な沈下・水平移動及び回転が生じる場合には，これらの支点移動がない条件の場合に比べて支点反力が変化することがある。そのような条件の場合には，支点移動の影響を適切に考慮し支承部に生じる力を算出する必要がある。また，地盤の流動力を考慮する場合には，橋の構造形式，支承の形式等を適切に考慮して，支承部に作用する力を算出する必要がある。津波，斜面崩壊等，断層変位の影響については，設計計算で評価できる手法が確立されてないため，［道示Ｖ］1.4 において，これらの影響を受けないよう架橋位置又は橋の形式の選定を行うことが標準とされている。ただし，やむを得ずこれらの影響が回避できない架橋位置又は橋の形式となる場合には，少なくとも致命的な被害が生じにくくなるような構造とするよう，支承部の設計においても配慮する必要がある。

このほか，作用の組合せに関わらず，所要の橋の性能が得られるように，施工時の状況を適切に考慮し施工条件を設定する必要がある。施工時の支点反力は，施工方法によっては完成系の反力と大きく異なることがあることから，設計時には施工段階に対応した施工中の構造系，支持条件，施工時に作用する荷重などについて検討を行う必要がある。

4.2.2 作用する力

［道示Ｉ］10.1.3(1)の規定に従い，支承部の耐荷性能の設計にあたっては，［道示Ｉ］3.3 に規定する作用の組合せに基づき，また，橋の構造形式，支承の形式等を適切に考慮して，支承部に作用する力を算出する必要がある。

また，［道示Ｉ］10.1.3(3)に従い，鉛直方向下向きを正としたときに，支承部に上向きの力（上揚力）が作用する作用の組合せにおいては，［道示Ｉ］10.1.3(3)に規定される式（10.1.1）及び式（10.1.2）によって算出した上向きの力のうち不利な値を支承部に作用する鉛直方向の上向きの力として考慮する必要がある。

地震の影響を考慮する設計状況における支承部に作用する力は，［道示Ｖ］13.1.1 の規定による。支承部に作用する鉛直力は，［道示Ｖ］13.1.1(4)1)に規定される式（13.1.1）及び式（13.1.2）により算出する。さらに，レベル２地震動を考慮する設計状況に対しては $-0.3R_D$ を考慮する。ただし，［道示Ⅴ］13.1.1(4)2)に規定される式（13.1.2）により算出される値が正の場合で，かつ，鉛直方向の変位を拘束しなくても地震後に機能が確保される支承部を採用する場合を除く。なお，支承部に作用する力の算出にあたっては，以下の点に留意して算出する必要がある。

(1) 長い張出しばりを有する橋脚の場合

図-4.2.1 に示すように，長い張出しばりを有する橋脚においては，張出しばりのたわみによる支点沈下などにより一支承線上での支点反力が偏ることがある。そのため，設計においては，このような影響を考慮する必要がある。

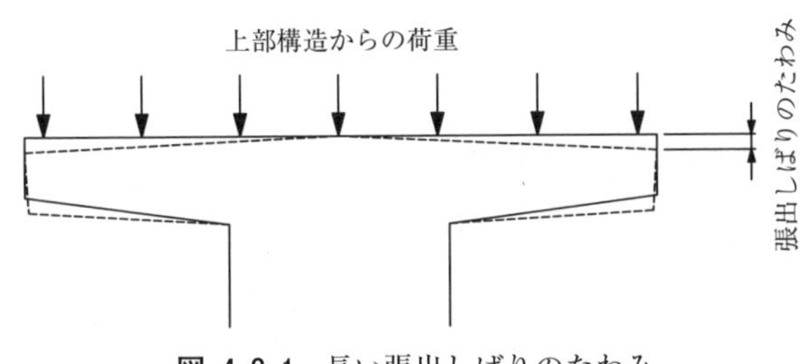

図-4.2.1 長い張出しばりのたわみ

(2) 曲線橋や斜橋の場合

曲線橋や斜橋，あるいは広い幅員の橋では，同一の支承線上に支承を設置しても各支点反力に差が生じること，また，偏載荷を受けた場合などには大きな上向きの力（上揚力）が発生することがある。このような橋では，橋の挙動が適切に評価できるよう，構造系のモデル化や解析方法の選定において十分な注意が必要である。曲線橋の外桁と中桁，斜橋の端支点部等，鉛直反力に大きな差が生じる場合は，**2.5** において記述したように，支承部の配置を調整するなどにより支点部の反力差ができるだけ生じないような配置を計画する必要がある。

(3) その他の一般的な留意点

支承を設置する際，移動方向の据付け誤差や支承部を構成する部材間の遊間量のばらつきなどから,水平力が各支承部に均一に伝達されないおそれがある。また，支承の高さや台座高の差により回転中心の高さが異なると，地震の影響を考慮する状況だけでなく永続作用支配状況においても上部構造に付加的な荷重が発生する場合がある。これらを考慮し，同一支承線上の個々の支承の設計作用力に著しく大きな差がある場合は，2種類程度の寸法形状を限度に支承を配置するのがよい。また，同一支承線上の支承部全体に作用する力に基づき同一支承線上の個々の支承の設計で用いる作用力を算出する場合には，一支承線上の支承部において相対的に耐力や剛性が著しく小さい支承部が含まれるのは望ましくないため，1つの支承部に作用する力が支承線上の支承全体に作用する力の平均値よりも小さくなる場合は，この平均値を平均より小さい支承に対して支承部の設計に用いる力として考慮するのがよい。

4.2.3 支承の設計で考慮する移動量

(1) 支承の設計移動量

支承の設計移動量（Δl）は，橋の種類や支承の設置方法に応じて，［道示Ⅰ］10.1.8の規定に従い，式（4.2.1）により適切に算出する。

［道示Ⅰ］10.1.8(3)から(6)に規定される支承の移動量の算出方法は，実績等を踏まえても安全側の応答算出となるよう定められているものであり，これにより照査することにより，従来と同等の性能が得られるものである。従って，［道示Ⅰ］3.3(3)に規定される荷重組合せ係数及び荷重係数は考慮する必要はない。

設計移動量　（Δl）

$$\Delta l=\Delta l_t+\Delta l_s+\Delta l_c+\Delta l_p+\Delta l_d+\Delta l_r+\Delta l_i+\Delta l_\alpha \cdots\cdots\cdots\cdots\cdots\cdots (4.2.1)$$

ここに，

Δl_t：温度変化による移動量（mm）

Δl_s：コンクリートの乾燥収縮による移動量（mm）

Δl_c：コンクリートのクリープによる移動量（mm）

Δl_p：コンクリートのプレストレスによる弾性変形による移動量（mm）

Δl_d：上部構造の死荷重によるたわみによる移動量（mm）

Δl_r：活荷重によって生じるたわみによる移動量（mm）

Δl_i：上部構造を傾斜配置する場合に生じる移動量（mm）

Δl_a：余裕量（mm）

橋種別の移動量算出項目の一例を，**表-4.2.1** に示す。プレストレストコンクリート橋の場合，**表-4.2.1** に示すように，コンクリートの乾燥収縮の他，クリープ及びプレストレスによる弾性変形による桁の収縮を考慮する。ゴム支承の場合それらの移動量を考慮して設計すると，ゴム支承の寸法が大きくなる。また，ゴム支承に初期変位が生じ，上下部構造にゴム支承のせん断変形に伴う水平力が発生する。これらを回避する方法として，ゴム支承に予めせん断変形を付与する方法や，設置後にせん断変形を除く等の変位調整を行う方法がある。一方で，変位を調整するための治具やジャッキ等の設備，ジャッキアップ位置での上下部構造の補強，作業空間の確保などが必要となるため，これらの施工性・経済性も考慮して支承部を設計する必要がある。

表-4.2.1　橋種に応じた移動量の算出項目

橋種 / 移動量の項目		鋼橋	プレストレストコンクリート橋		鉄筋コンクリート橋
			プレキャスト桁	場所打ち	
温度変化　※1	Δl_t	○	○	○	○
コンクリートの乾燥収縮　※2	Δl_s	—	○	○	○
コンクリートのクリープ　※2	Δl_c	—	○	○	—
コンクリートのプレストレスによる弾性変形　※2	Δl_p	—	—	○	—
桁の死荷重によるたわみ　※2	Δl_d	△	△	△	△
桁の活荷重によるたわみ	Δl_r	○	○	○	○
桁を傾斜配置する場合　※2	Δl_i	—	▲	—	—
余裕量	Δl_a	○	○	○	○

注）○は必ず考慮する項目を示す。△は施工方法などによっては考慮する項目を示す。
▲は **6.6.3**(3)1)に示すような，主桁の縦断勾配が3% 以下のプレキャスト桁橋にゴム支承を主桁に平行に据付ける場合に考慮する。
※1は［道示Ⅰ］3.3 に示す作用の組合せ⑨において地震の影響を考慮する設計状況の水平移動量と組合せる場合に考慮する項目を示す。
※2は［道示Ⅰ］3.3 に示す作用の組合せ⑨から⑪において地震の影響を考慮する設計状況の水平移動量と組合せる場合に考慮する項目を示す。

1)　上部構造の伸縮による移動量

上部構造の水平移動としては，［道示Ⅰ］10.1.8の規定に従い，桁の温度変化，コンクリートのクリープや乾燥収縮，プレストレスによる弾性変形による上部構造の移動量を考慮する。

ⅰ）固定可動構造の場合

①　温度変化による移動量（Δl_t）

温度変化による移動量は，［道示Ⅰ］10.1.8(3)に規定される式(10.1.3)により算出する。また，温度変化の範囲や設計に用いる線膨張係数については，［道示Ⅰ］8.10に規定されており，これを用いて算出することができる。複合構造の橋については，構造形式に応じてその温度変化の範囲は異なり，一律に適用できるものではないため，個別に検討する必要がある。

温度変化の範囲がさらに大きいことが見込まれる場合など，［道示Ⅰ］8.10(3)から(5)によらず設定する場合は，［道示Ⅰ］10.1.8(3)に規定されるように，温度変化の範囲の特性値は，設計供用期間に対して架橋される地域の年最高気温と年最低気温の統計的性質を考慮し，また，構造物の種類，構造条件，材質・寸法を考慮したうえで定める必要がある。

温度変化による移動量を式（10.1.3）により算出する場合には，［道示Ⅰ］3.3(3)に規定される荷重組合せ係数及び荷重係数は考慮する必要はないが，［道示Ⅰ］3.3(2)に規定される⑨の荷重組合せにおいては，温度変化及び地震時の影響をその半分として考慮する。

②　コンクリートの乾燥収縮及びクリープによる移動量（Δl_s及びΔl_c）

コンクリートの乾燥収縮による移動量は，［道示Ⅰ］10.1.8(4)に規定される式（10.1.4）により算出することが標準である。なお，［道示Ⅲ］4.2.3に解説されているように，プレストレスを導入するときのコンクリートの材齢が，［道示Ⅲ］4.2.3(4)に規定される表-4.2.5に示す値の間にある場合の乾燥収縮度は，直線補間による値を用いてよい。

コンクリートのクリープによる移動量は，［道示Ⅰ］10.1.8(4)に規定される式（10.1.5）により算出することが標準である。

［道示Ⅲ］4.2.3に解説されているように，設計基準強度が［道示Ⅲ］4.2.3(1)に規定される表-4.2.3の値の間にある場合には，直線補間による値を用いてよい。持続荷重を載荷したときのコンクリートの材齢が［道示Ⅲ］4.2.3(4)に規定される表-4.2.4に示す値の間にある場合のクリープ係数は，直線補間による値を用いてよい。

［道示Ⅲ］4.2.3に規定される表-4.2.4及び表-4.2.5はその標準として規定されている値である。そのため，この値によりがたい場合は，これらを適切に考慮して設定する必要がある。

コンクリートの乾燥収縮による移動量を式（10.1.4）により算出する場合，また，コンクリートのクリープによる移動量を式（10.1.5）により算出する場合には，［道示Ⅰ］3.3(3)に規定される荷重組合せ係数及び荷重係数は考慮する必要はない。

③　コンクリートのプレストレスによる弾性変形による移動量（Δl_p）

コンクリートのプレストレスによる弾性変形による移動量は，［道示Ⅰ］10.1.8(5)に規定される式（10.1.6）により算出することが標準である。

ⅱ）弾性支持の場合

弾性支持の場合の移動量は，支承のせん断剛性及び下部構造の曲げ剛性を考慮して算出する必要がある。このような橋の構造において，支点部の移動量は一般には橋梁全体系を対象とした解析モデルによって算出することが標準である。

2)　上部構造のたわみによる移動量

活荷重によって生じる桁のたわみによる上部構造の移動量は，構造解析により求める。また［道示Ⅰ］10.1.8(6)の解説では，移動量は，支承上の桁の回転角と桁の中立軸から支承の回転中心までの距離を乗じて算出し，その際に用いる桁の中立軸から支承の回転中心までの距離は，桁の高さの2/3を考えればよいとされている。なお，この方法で活荷重及び死荷重を載荷したときの移動量を算出する場合には，荷重組合せ係数及び荷重係数を考慮する必要はない。

i）支承の据付け完了後の死荷重によって生じる桁のたわみによる移動量（$\varDelta l_d$）

① 固定・可動支持される単純桁橋の可動支承

$$\varDelta l_d = h_1\theta_1 + h_2\theta_2 \quad \cdots\cdots (4.2.2)$$

ここに，

$\varDelta l_d$：可動支承の移動量（mm）

h_1，h_2：桁の中立軸から支承の回転中心までの距離（mm）

θ_1，θ_2：支点部の回転角（rad）で，式（4.2.9）により算出する。

桁のたわみによる移動量は，**図-4.2.2**に示すように，桁端における回転角から求められるが，単純桁の場合には，可動支承に固定端における回転の影響が加算されることに注意しなければならない。

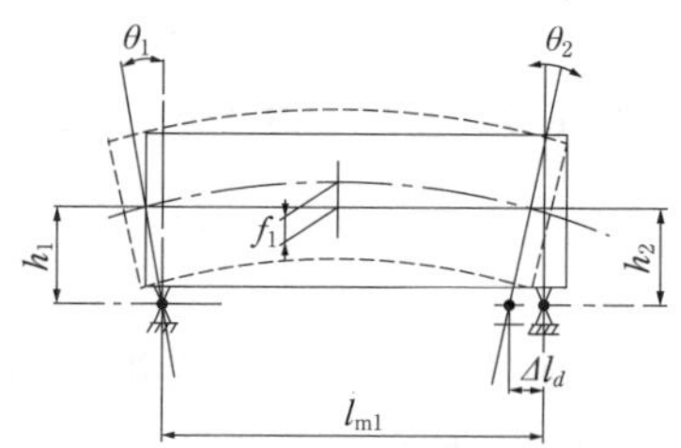

図-4.2.2 単純桁の死荷重による移動量

② 弾性支持される単純桁橋

$$\varDelta l_d = \frac{1}{2}(h_1\theta_1 + h_2\theta_2) \quad \cdots\cdots (4.2.3)$$

ここに，

$\varDelta l_d$：死荷重による移動量（mm）

h_1，h_2：桁の中立軸から支承の回転中心までの距離（mm）

θ_1，θ_2：支点部の回転角（rad）で，式（4.2.9）により算出する。

③ 連続桁（中間支点固定支持）の可動支承

可動支承の移動量の算出は，式（4.2.4）による。

$$\Delta l_{di} = h_i \theta_i \quad \cdots\cdots (4.2.4)$$

ここに，

Δl_{di}：支点iにおける可動支承の移動量（mm）

h_i：支点iにおける桁の中立軸から支承の回転中心までの距離（mm）

θ_i：支点iの回転角（rad）で，式（4.2.10）により算出する。

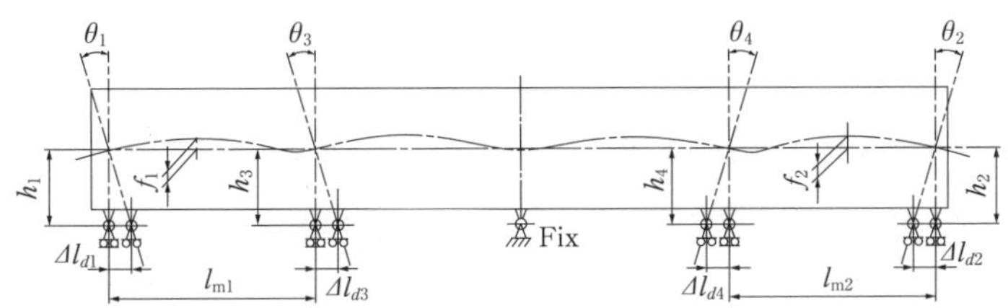

図-4.2.3　連続桁の死荷重による移動量（中間支点固定）

④　連続桁（端支点固定支持）の可動支承

$$\Delta l_{di} = h_i \theta_{di} + \Delta d_f \quad \cdots\cdots (4.2.5)$$

ここに，

Δl_{di}：支点iにおける可動支承の移動量（mm）

h_i：支点iにおける桁の中立軸から支承の回転中心までの距離(mm)

θ_{di}：支点iの回転角（rad）で，式（4.2.10）により算出する。

Δd_f：端部固定支承部が回転により可動支承に影響を及ぼす移動量（mm）で，式（4.2.6）により算出する。

$$\Delta d_f = h_1 \theta_1 \quad \cdots\cdots (4.2.6)$$

h_1：端支点部の桁の中立軸から支承の回転中心までの距離（mm）

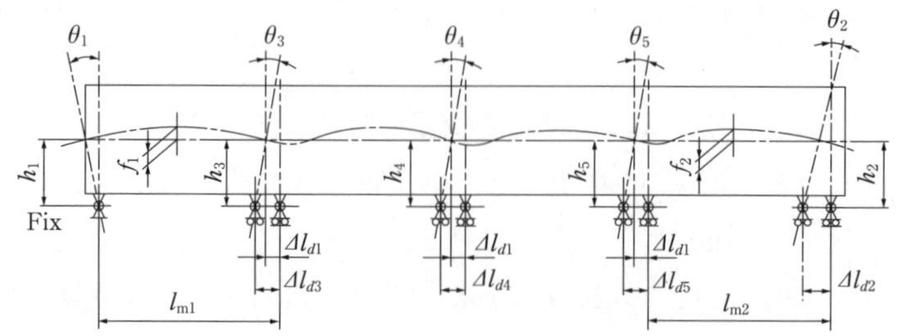

図-4.2.4 連続桁の死荷重による移動量（端支点固定）

⑤　弾性支持される連続桁

支点iの移動量を式（4.2.7）により算出する。

$$\Delta l_{di} = h_i \theta_i \quad \cdots\cdots (4.2.7)$$

ここに，

Δl_{di}：支点iの回転角（rad）で，式（4.2.10）により算出する。

h_i：支点iにおける桁の中立軸から支承までの距離（mm）

θ_i：支点iにおける回転角（rad）

なお，③，④，⑤において，中間支点上の回転角は一般に小さいので，多くの場合この影響は無視できるが，桁高さが特に高い場合（トラス形式など）は考慮するのがよい。

ⅱ）活荷重によって生じる桁のたわみによる移動量（Δl_r）

活荷重により桁がたわみ，支点部が回転することで生じる支点部の移動量は，式（4.2.2）から式（4.2.7）までの算出式のθ_1，θ_2及びθ_iを**4.2.3**(2) 2)で求められた値に置き換えて算出することができる。一般に桁橋の場合には，連続桁の中間支点における影響は両支間の桁のたわみによって相殺され，無視できる程度に小さいため，桁のたわみによる影響は端支点における回転による移動量についてのみ考慮すればよい。単純桁の場合の移動量を**図-4.2.5**に示す。

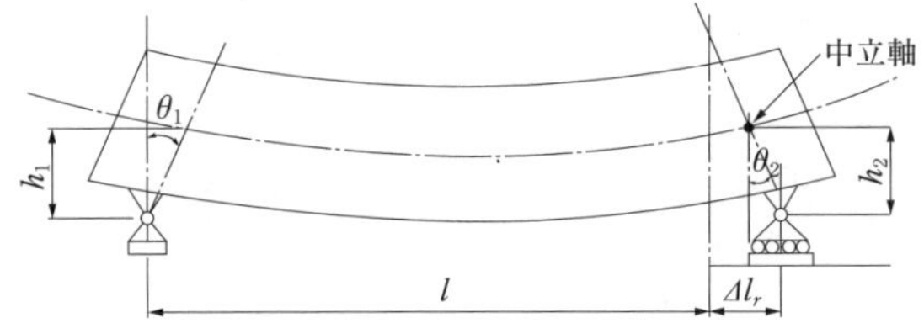

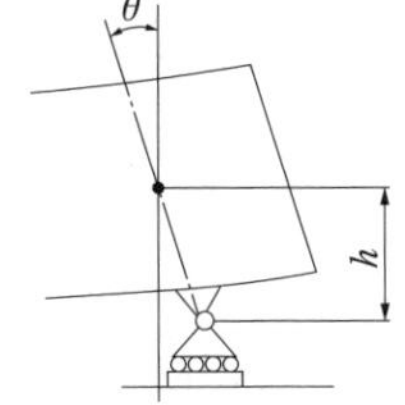

Δl_r：［道示Ｉ］8.2に規定する活荷重を載荷したときの移動量（mm）
θ_i：支承上桁の回転角（rad）
h_i：桁の中立軸から，支承の回転中心までの距離（mm）

図-4.2.5　単純桁の活荷重による移動量

3)　主桁を傾斜して設置する場合のパッド型ゴム支承の移動量

図-4.2.6に示すように，主桁の縦断勾配が3%以下のプレキャスト桁橋において，ゴム支承を主桁に平行に据付ける場合には，ゴム支承のせん断変形による移動量Δl_iを式（4.2.8）により算出して考慮することができる。

$$\Delta l_i = \frac{H \Sigma t_e}{G_e A_e} = \frac{R_D \sin\alpha \Sigma t_e}{G_e A_e} \quad \cdots\cdots (4.2.8)$$

ここに，

$H = R_D \sin\alpha$

$N = R_D \cos\alpha \fallingdotseq R_D$

R_D：鉛直方向の支点反力（N）

α：傾斜角（rad）

t_e：ゴム支承本体の総厚（mm）

G_e：せん断弾性係数（N/mm^2）

A_e：ゴム支承の有効断面積（mm^2）

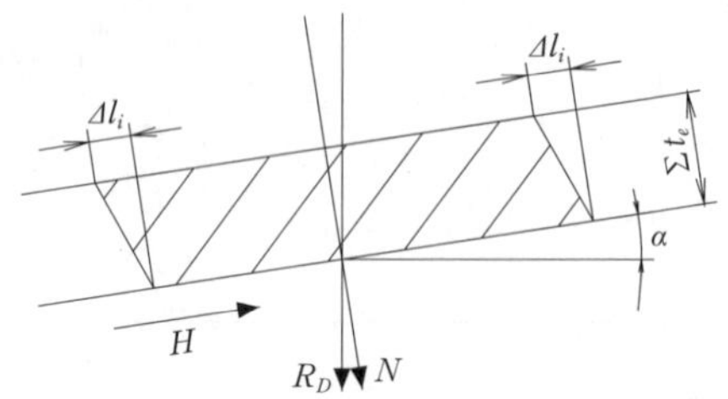

図-4.2.6 ゴム支承を傾斜して配置する場合のゴム支承のせん断変形による移動量

4) 余裕量

支承の移動量としては，上述した理論的に算出が可能な移動量のほかに設置するときの据付け誤差や下部構造の施工誤差があるため，余裕量を設計において考慮する必要がある。ここでは，標準的な考え方を示す。

i) ゴム支承

① 変位調整を行わない場合

ゴム支承の据付けを予変形を与えて行うことは，現場におけるジャッキ等の据付けなどで，架設作業が繁雑となる。そのため，PC 多径間連続橋などを除いては，支承が直立状態となるように設置されることが多い。ただし，このような据付け方法では，基準温度の状態となったときに支承には据付け時の上部構造の伸縮量に相当する変位が生じていることとなる。そのため，温度変化の影響により上部構造に比較的大きな伸縮が発生している状態で支承の据付けが行われることも想定し，支承据付けにおける施工誤差など全てを含め，設計で考慮する温度変化の範囲において上部構造に生じる伸縮量に相当する値を余裕量として考慮するのが標準である。

② 変位調整を行う場合

変位調整を行う場合は，施工時の据付け精度等を考慮して余裕量を考慮する必要がある。5℃の温度変化に相当する移動量を見込むのが標準である。

なお，支承部が変位調整することを前提に設計された場合，支承据付け後に変位調整のための設備を配置することができるように，橋の設計段階から，施工方法又は変位調整方法を検討し，予め上下部構造又は支承部に変位調整に必要な材料の配置を検討しておくとともに，変位調整の際に生じる水平力に対して必要な照査を行っておく必要がある。変位調整の主な種類を**図-4.2.7**に，変位調整と架設工法について橋の設計段階で考慮すべき注意事項を**表-4.2.2**に示す。

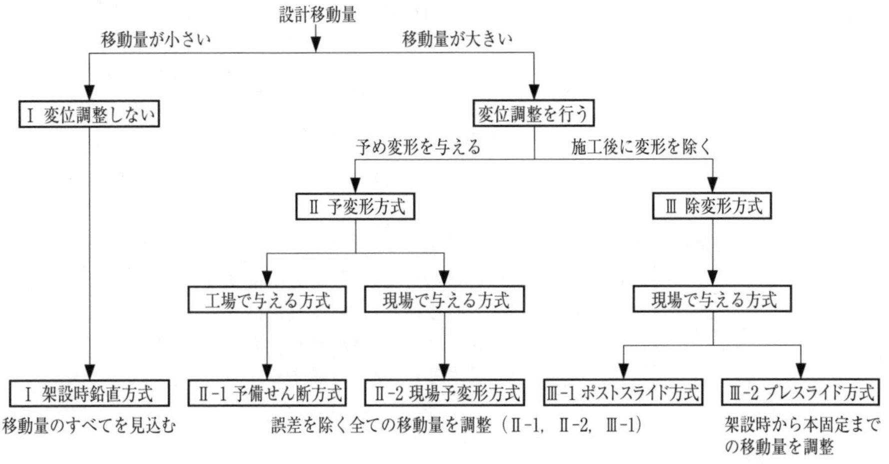

図-4.2.7　変位調整の主な種類

表-4.2.2　施工及び変位調整時に考慮すべき注意点

		Ⅱ予変形方式		Ⅲ除変形方式	
		工場予変形	現場予変形	ポストスライド	プレスライド
必用な作業空間		治具開放のための作業空間	予変形作業空間と支承を固定するための作業空間	除変形作業空間と支承を固定するための作業空間	仮固定治具撤去と支承を固定するための作業空間
1 支承線上の支承数	少主桁	容易	容易	容易	容易
	多主桁	容易	支承間隔によっては困難なため必要空間を確保する	支承間隔によっては困難なため必要空間を確保する	支承間隔によっては困難なため必要空間を確保する
現場で必要な機材	反力受け	不要	必要（予め下部構造にアンカーなどを配置する）	必要（予め下部構造にアンカーなどを配置する）	不要
	調整機材	水平ジャッキ	水平ジャッキ	水平ジャッキ	鉛直ジャッキ
	作業足場	必要（架設時の足場を利用）	必要（桁架設終了直後にしっかりしたものを仮設する）	必要（桁架設終了直後にしっかりしたものを仮設する）	必要（桁架設終了直後に仮設する）

ii）鋼製支承

鋼製の可動支承は，支承据付け時の温度と設計基準温度が異なる場合の温度変化の影響により生じる上部構造の伸縮量を想定し，施工完了時点に支承として上部構造の変位に追随する機能を喪失しないように調整して据え付けることが一般的である。具体的には，支承本体の組立ての際に上沓と下沓の間にその伸縮量に相当する相対変位を与えた状態で仮固定したものを現場でそのまま据付け，上部構造，下部構造ともに据付けを完了した後に仮固定を解放するという方法，又は，下沓を正規の位置に設置したうえで，現場において上沓を上部構造に据え付ける前にスライドさせて温度変化の影響により生じている上部構造の伸縮量に相当する支承変位を与えるという方法がとられる。

鋼製支承は，上記のように，施工時に上部構造の伸縮量と支承変位を一致させるような施工が可能であり，このような施工を行うことを前提として，鋼製の可動支承の余裕量は，変位量の算出における誤差及び支承据付けにおける施工誤差として5℃の温度変化に相当する移動量を見込むのが標準的である。

(2) 支承の回転角

1) 支承の据付け完了後に作用する死荷重による支点回転角

i) 単純桁橋の場合

単純桁の死荷重たわみによる支点回転角は，式（4.2.9）によって概略値を求める方法がある。

$$\theta_{d1}=\frac{3.2f_1}{l_1} \cdots\cdots (4.2.9)$$

ここに，

θ_{d1}：支点部の回転角（rad）

f_1：支間中央のたわみ（mm）

l_1：支間長（mm）

ii) 連続桁橋の端支点の場合

連続桁橋の死荷重たわみによる端支点部の支点回転角は，式（4.2.10）によって概略値を求める方法がある。

$$\theta_{d2}=\frac{4.0f_2}{l_2} \cdots\cdots (4.2.10)$$

ここに，

θ_{d2}：端支点部の回転角（rad）

f_2：側径間部の最大たわみ（mm）

l_2：側径間部の支間長（mm）

2) 活荷重による支点回転角

活荷重による支点回転角は，上部構造の構造解析で求めた値を用いることが原則とされているが，桁橋の場合，中立軸から支承の回転中心までの距離は桁高の2/3を，活荷重による支点回転角として，鋼橋で1/150，コンクリート橋で1/300を考えることが標準的であり，**表-4.2.3**に示す値を用いることができる。

表-4.2.3 活荷重による支点回転角（rad）

		端支点	中間支点
鋼　橋	単純桁	1/150	—
	連続桁	1/150	1/300
コンクリート橋	単純桁	1/300	—
	連続桁	1/300	1/600

単純桁橋の場合には，式（4.2.10）の支間中央のたわみを活荷重によって生じる値を用いることで概略値を求めることができる。鋼橋で1/150，コンクリート橋で1/300の支点回転角は，式（4.2.9）からf_1/l_1を鋼橋で1/500，コンクリート橋で1/1000を想定した値であることがわかる。なお，連続桁の中間支点部は，端支点部の1/2としている。

(3) 端支点部の鉛直方向の変位量

伸縮装置が設置される端支点部は，支承の圧縮変位量が大きいと，路面に段差が生じ，路面の平坦性が確保されない。そのため端支点部のゴム支承については車両の走行時に端支点部の路面に段差が大きく生じないよう，ゴム支承本体の圧縮変位量が大きくならないようにする必要がある。

圧縮変位量を求める際の鉛直荷重は，伸縮装置の種別などを考慮して適切に設定する必要があるが，衝撃を含む活荷重の1/2を死荷重に加えたときの圧縮変位量と，死荷重による圧縮変位量の差が1mm以内とすることが一般的である。なお，［道示Ⅰ］3.3(3)に規定される荷重組合せや係数及び荷重係数は考慮する必要はない。

(4) 地震の影響を考慮する設計状況の移動量

地震の影響を考慮する設計状況では，上部構造に作用する慣性力により上下部構造間に相対変位が生じる。地震動による移動量は，［道示Ⅴ］5.2の規定に従い，動的解析を用いて算出することが標準である。ただし，エネルギー一定則が適用できる橋に用いられる支承部の移動量は，静的解析を用いて地震動による移動量を算出することもできる。

架設時の構造系の断面力が完成系の構造に残る場合や，コンクリートの乾燥収縮やクリープの影響などによる移動量を支承部の据付け時に変位調整などによって除去しない場合には，これらによる移動が生じている状態を初期状態として考慮したうえで，地震動による移動量を算出する必要がある。動的解析を用いる場合は，［道示Ｖ］5.2 に解説されているように，これらの影響を動的解析モデルに初期状態として適切に考慮する必要がある。静的解析を用いる場合は，それぞれの影響を加算することで算出することができる。

4.3　材料の特性値

4.3.1　一　　　般

［道示］では，使用する材料強度の特性値は，適切に定められた材料試験法による試験値のばらつきを考慮したうえで，試験値がその強度を下回る確率が一定の値以下となることが保証された値としなければならないことが規定されている。また，設計計算に用いる物理定数は，使用する材料の特性や品質を考慮したうえで適切に設定しなければならないことが規定されている。本便覧では，3 章に示す［道示Ⅱ］及び［道示Ⅲ］に規定されていないゴム材料や規定のない範囲の板厚となる鋼材等の強度の特性値や物理定数についても，これらを満足すると考えられるものを示している。

4.3.2　ゴム材料

ゴム材料の破断伸びと強度の特性値は**表-4.3.1** に示す値を用いることができる。また，設計に用いるせん断弾性係数の特性値は**表-4.3.2** に示す値を用いることができる。これらは，3 章に示す材料の機械的性質に基づくものである。

表-4.3.1　ゴム材料の破断伸びと強度の特性値

ゴム材料の種類	呼び	破断伸び (%)	引張強さ (N/mm^2)
天然ゴム (NR)	G6	600	15
	G8	550	15
	G10	550	15
	G12	500	15
	G14	450	15
クロロプレンゴム (CR)	G8	450	15
	G10	450	15
	G12	450	15
高減衰ゴム (HDR)	G8	650	10
	G10	600	10
	G12	550	10

表-4.3.2　ゴム材料のせん断弾性係数の特性値

材料の種類	呼び	せん断弾性係数 (N/mm^2)
天然ゴム (NR)	G6	0.6
	G8	0.8
	G10	1.0
	G12	1.2
	G14	1.4
クロロプレンゴム (CR)	G8	0.8
	G10	1.0
	G12	1.2
高減衰ゴム (HDR)	G8	0.8
	G10	1.0
	G12	1.2

4.3.3 鋼　　材

(1) 強度の特性値

3章に示す鋼材の強度の特性値は**表-4.3.3**に示す値を用いることができる。ここで，鋳鋼品については，**3.3**(2)に示すように質量効果を考慮して，150mmを超える板厚については，150mm以下の板厚の場合に用いる特性値の0.9倍の値としている。

表-4.3.3　鋼材の強度の特性値（N/mm²）

応力の種類 材料の種類		鋼材の板厚 (mm)	引張降伏 圧縮降伏	引張強度	せん断 降伏	支圧		
						鋼板と鋼板との間の支圧強度	ヘルツ公式で計算する場合の支圧	
							支圧応力度 1)	硬さ必要値 *HBW* 2)
圧延鋼材	SS400	40 以下	235	400	135	235	1250	125 以上
		40 を超え 75 以下	215		125	215		
		75 を超え 100 以下						
	SM400	40 以下	235	400	135	235	1250	125 以上
		40 を超え 75 以下	215		125	215		
		75 を超え 100 以下						
		100 を超え 160 以下	205		120	205		
		160 を超え 200 以下	195		115	195		
	SM490	40 以下	315	490	180	315	1450	145 以上
		40 を超え 75 以下	295		170	295		
		75 を超え 100 以下						
		100 を超え 160 以下	285		165	285		
		160 を超え 200 以下	275		160	275		
鋳鋼品	SCW410	150 以下	235	410	135	235	1250	125 以上
		150 を超え 300 以下	210	365	120	210		
	SCW480	150 以下	275	480	160	275	1450	145 以上
		150 を超え 300 以下	245	430	140	245		
	SCW550	150 以下	355	550	205	355	1630	163 以上
		150 を超え 300 以下	315	495	185	315		
機械構造用炭素鋼	S35CN	−	305	510	175	305	1490	149 以上
	S45CN	−	345	570	200	345	1670	167 以上
機械構造用合金鋼	SCM435	−	785	930	450	785	2690	269
	SNCM439	−	885	980	510	−	6000	600 3)
	SNCM447	−	930	1030	535	−	6000	600 3)
ステンレス鋼	SUS304	−	205	520	120	205	−	−
	SUS316	−	205	520	120	205	−	−
	SUS420J2	−	540	740	310	−	4750	475 3)
	C-13B$_1$	−	540	740	310	−	4750	475 3)
	C-13B$_2$	−	540	740	310	−	4750	475 3)

注）1）曲面接触において，接触する凹側の半径 r_1 と凸側の半径 r_2 との比 γ_1/γ_2，円柱面と円柱面では 1.02 未満，球面と球面では 1.01 未満となる場合は，平面接触として取り扱う。この場合の許容支圧応力度は，投影面積について算出した強度に対する値である。

2）*HBW* は JIS Z 2243（ブリネル硬さ試験－試験方法）に規定するブリネル硬さを表す。

3）3 章に示す表面硬化型ローラー支承に用いる材料としての表面硬さの特性値であり，表面硬化前とは異なる。

4）表に示される以外の板厚について，JIS の附属書等の値を参考にする場合であっても，厚さ方向における材料の強度分布の検証などを行い，適切に特性値を設定する必要がある。

(2) アンカーボルトの強度の特性値

アンカーボルトの強度の特性値は［道示Ⅲ］4.1.2 に規定される表-4.1.4 による。なお，SD390 及び SD490 については，支承のアンカーボルトとして使用した場合の定着特性が検証されておらず，本便覧でも示していない。これらの材料を使用する場合には，使用される条件において個別に定着特性を検証する必要がある。

(3) 仕上げボルトの強度の特性値

3 章に示す仕上げボルトとして用いる JIS B 1176 に規定される六角穴付きボルト，JIS B 1180 に規定される六角ボルト，JIS G 4053 に規定されるクロムモリブデン鋼材を用いたボルト及び JIS B 1054 に規定されるステンレス鋼ねじ部品について，その強度の特性値は**表-4.3.4** に示す値を用いることができる。［道示Ⅱ］4.1.3(4) に規定されていない 4.8 及び 12.9 の強度区分についても，引張・圧縮降伏強度については，その他の強度区分のボルトと同様，JIS に規定される降伏点又は耐力を特性値とし，せん断降伏強度については，引張降伏強度の $1/\sqrt{3}$ としている。また，支圧強度の特性値については他の鋼材と同様に引張降伏強度と同じ値としている。

表-4.3.4 仕上げボルトの強度の特性値（N/mm²）

JIS B 1051 による強度区分 ＼ 応力の種類	4.6	4.8	8.8	10.9	12.9
引張・圧縮降伏	240	340	660	940	1,100
せん断降伏	135	195	380	540	635
引張強度	400	420	830	1040	1,220
支圧	240	340	660	940	1,100

(4) 高力ボルトの強度の特性値

摩擦接合用高力ボルト及び摩擦接合用トルシア形高力ボルトの強度の特性値は［道示Ⅱ］4.1.3(3)の規定に基づき**表-4.3.5** の値を用いる。なお，3 章に示すように，S14T については，［道示Ⅱ］9.5.2(3)3)の適用条件のうち，一般に雨水等の影響や滞水などにより長期に湿潤環境が継続する可能性が少なくないと考えられるため，支承部に用いないことが望ましい。

表-4.3.5 摩擦接合用高力ボルトの強度の特性値（N/mm^2）

応力の種類＼ボルトの等級	F8T	F10T	S10T
引張降伏	640	900	900
せん断破断	460	580	580
引張強度	800	1000	1000

(5) 鋼材の物理定数

設計に用いる鋼材の物理定数は，［道示Ⅱ］4.2.2 の規定による。この他，ステンレス鋼材等に関する定数については，**表-4.3.6** の値を用いることができる。

表-4.3.6 ステンレス鋼材等に関する定数

鋼種	定数
ステンレス鋼材(SUS420J2)のヤング係数	1.95×10^5N/mm^2
ステンレス鋼材(SUS420J2)のポアソン比	0.3

4.3.4 コンクリート

(1) コンクリートの圧縮強度の特性値は，［道示Ⅲ］4.1.3 の規定による。

(2) コンクリート部材の設計計算に用いるヤング係数等の定数は，［道示Ⅲ］4.2.3 の規定による。

4.4 支承部のモデル化

4.4.1 一　　般

支承部のモデル化は，上下部構造間の支持条件のほか，各種の材料が組み合わされ構成される支承部の挙動を考慮し，支承部の照査及び他部材に与える荷重効果等の観点から適切に行う必要がある。さらに，モデル化における不確実性についても，橋に与える影響に応じて設計において考慮することが必要である。

4.4.2 ゴム支承のモデル化

［道示Ｖ］5.2 の規定に従い，地震時の挙動を評価できるように，力学的特性及び履歴特性並びにその特性のばらつきに応じて適切にモデル化する必要がある。ゴム支承では，そのせん断特性を適切にモデル化する必要があり，その際，［道示Ｖ］13.1.2 の規定に従い，使用される条件を考慮した実験に基づいて，ひずみ依存性，速度依存性，面圧依存性，温度依存性などの特性について把握したうえで，これらを適切に考慮してモデル化を行う。

応答値の算出は，限界状態を超えないことを確認するために行うものであることから，エネルギー吸収を期待する免震支承のせん断特性は，限界状態 2 に対応する水平変位の制限値を振幅とした一定振幅に対する正負交番繰返し載荷実験結果から，エネルギー吸収量が安全側の評価となるよう履歴特性を適切にモデル化する必要がある。［道示Ｖ］5.2 の解説に示されるように，一般的には一定振幅の載荷を繰り返すことにより水平力が徐々に低下する特性を示すので，5 回目の載荷における水平力－水平変位関係の履歴特性を表すようにバイリニア型の非線形履歴モデルによりモデル化を行い，降伏時の水平力又は水平変位が零の点の水平力，一次剛性及び二次剛性を設定することができる。これは，過去に観測された強震記録を用いて支承部に生じる最大せん断ひずみが 250％程度になるように振幅調整された地震動を入力地震動とした解析による免震橋の地震応答特性の検討結果[1)]を踏まえ，5 回目の載荷の結果であれば，エネルギー吸収量が安全側になるように設定することが可能であると考えられるためである。なお，免震支承を等価線形部材としてモデル化し，等価線形化法により応答値の算出を行う場合は，対象とする範囲の変位における等価剛性，等価減衰定数を，設計で想定する応答及び力学的特性のばらつきを考慮して適切に設定する必要がある。

［道示Ⅴ］5.2の解説に示されるように，地震時水平力分散型ゴム支承等のエネルギー吸収を期待しないゴム支承のせん断特性は，一定のせん断剛性を有する線形部材としてモデル化できる。一般的には，このせん断剛性は，限界状態1に対応する水平変位の特性値の70%に相当する変位に対する一定振幅繰返し載荷実験において3回目の履歴をもとに設定することができる。これは，等価線形化部材としてモデル化するにあたって，実挙動としては繰り返しにより荷重－変位関係のループが変化することを踏まえ，前述の繰返し回数に対して平均的な挙動を表すという観点に基づき剛性を設定するためである。

限界状態1に対応する水平変位の特性値や制限値を設定するにあたっては，地震による繰返し作用に対して想定していた耐荷力が失われることなく，荷重－変位関係において可逆性を有している状態に支承部が留まる必要がある。

なお，ゴム支承の限界状態を，その状態を表す工学的指標によって関連付けるために行う試験は，一般には一定振幅の繰返し載荷試験により行われる。一般的なゴム支承の特性として，載荷を繰り返すことによりゴム支承に生じる水平力が徐々に低下することが実験から確認されている。1回目の載荷における水平力－水平変位関係が2回目以降の載荷における水平力－水平変位関係とは大きく異なる特性を有する支承がある。この特性により免震橋においては免震支承がエネルギー吸収能を発揮する前に橋脚が塑性化し，その塑性化した橋脚にエネルギー吸収が集中することにより，橋脚において設計で考慮した限界状態を超える応答が生じる可能性も考えられる。このため，［道示Ⅴ］5.2の解説では，ゴム支承の初期載荷の特性の影響を適切に考慮する必要があることが示されている。

このようなゴム支承に特有な複雑な力学的特性を考慮して橋の地震時挙動を評価するためには，その特性を適切にモデル化して応答を評価する必要があるが，動的解析に適用可能で，かつ，橋脚の非線形応答との相互作用が考慮でき，実験等との対比により適用性が検証された解析手法はまだないのが現状である。一方で，既往の地震において，明らかにゴム支承の初期載荷の影響に起因するものと考えられる支承取付部や橋脚の損傷は確認されていない。そこで，このような解析技術の現状と被害の有無の実態を踏まえ，一般には，ゴム支承のモデル化は，従来のとおり，繰返し載荷においてゴム支承の挙動が安定して挙動する範囲の力学的特性によってモデル化することができると考えられる。

ここで示す鉛プラグ入り積層ゴム支承及び高減衰積層ゴム支承の等価線形モデルは，参考資料-5の試験条件に示されている免震支承のものであり，新たな構造や新たな材料を用いた支承については，実験等により適切に設定したモデルにより設計する必要がある。

(1) ゴム支承のせん断剛性及び等価剛性

$$K_S=\frac{G(\gamma)A_e}{\Sigma t_e} \quad \cdots\cdots(4.4.1)$$

$$K_B=\frac{G(\gamma)A_e}{\Sigma t_e} \quad \cdots\cdots(4.4.2)$$

ここに，

K_S：ゴム支承のせん断剛性（N/mm）

K_B：免震支承の等価剛性（N/mm）

A_e：ゴム支承本体の側面被覆ゴムを除く面積（mm^2）
また，鉛プラグ入り積層ゴム支承の場合，孔の面積を控除する。

Σt_e：総ゴム厚（mm）

$G(\gamma)$：積層ゴム支承の場合は，**表-4.3.2**に示すゴム材料のせん断弾性係数の特性値，鉛プラグ入り積層ゴム支承及び高減衰積層ゴム支承の場合は以下の式に示す等価せん断弾性係数の特性値(N/mm^2)

1) 積層ゴム支承の場合

$$G(\gamma)=G_e \quad \cdots\cdots(4.4.3)$$

2) 鉛プラグ入り積層ゴム支承の場合

$$G(\gamma)=c_r(\gamma)G_e+q(\gamma)\frac{\kappa}{\gamma} \quad \cdots\cdots(4.4.4)$$

3)　高減衰積層ゴム支承の場合

$$G(\gamma)=c_h(\gamma)\,G_e \quad \cdots\cdots (4.4.5)$$

ここに,

G_e：ゴムのせん断弾性係数（N/mm²）で，**表-4.3.2** に示すせん断弾性係数の特性値を用いる。

$c_r(\gamma)$：鉛プラグ入り積層ゴム支承に用いるゴムのひずみ依存係数で，式（4.4.6）により算出する。

$$c_r(\gamma)=a_0+a_1\,\gamma+a_2\,\gamma^2 \quad \cdots\cdots (4.4.6)$$

ここで，係数 a_i は，**表-4.4.1** に示す値を用いてよい。

$q(\gamma)$：等価せん断弾性係数の算定に用いる鉛プラグのせん断応力度（N/mm²）で，式（4.4.7）により算出する。

$$q(\gamma)=b_0+b_1\,\gamma+b_2\,\gamma^2+b_3\,\gamma^3 \quad \cdots\cdots (4.4.7)$$

ここで，係数 b_i は，**表-4.4.2** に示す値を用いてよい。

κ：ゴムの面積 A_e に対する鉛プラグの面積の比で，式（4.4.8）により算出する。

$$\kappa=A_p/A_e \quad \cdots\cdots (4.4.8)$$

A_p：鉛プラグの面積（mm²）

γ：せん断ひずみ。ただし，地震時の場合は有効せん断ひずみ γ_e を用い，有効せん断ひずみは，式（4.4.9）による。

$$\gamma_e=c_B\,\gamma \quad \cdots\cdots (4.4.9)$$

$c_h(\gamma)$：高減衰積層ゴム支承に用いるゴムのひずみ依存係数で，式（4.4.10）により算出する。

$$c_h(\gamma)=a_0+a_1\,\gamma+a_2\,\gamma^2+a_3\,\gamma^3+a_4\,\gamma^4+a_5\,\gamma^5 \quad \cdots\cdots (4.4.10)$$

ここで，係数 a_i は，**表-4.4.3** に示す値を用いてよい

c_B：慣性力の非定常性を表わす係数で 0.7 とする。

温度変化の影響を考慮する設計状況やコンクリートのクリープや乾燥収縮の影響を考慮する設計状況での鉛プラグ入り積層ゴム支承のせん断剛性については，参考資料-6 に示すように，温度変化に起因するようなゆっくりと

した変位に対しては支承にゴムの抵抗値程度の水平力が生じ，コンクリートのクリープや乾燥収縮に起因するよう持続的な作用により生じる変位に対しては鉛の抵抗及び地震動のような速度による抵抗はしない結果が得られている。したがって，鉛プラグ入り積層ゴム支承のせん断剛性は，温度変化の影響を考慮する場合は，せん断剛性を**表-4.4.2**に示す係数を用いて算出することができる。コンクリートのクリープや乾燥収縮のような持続的な荷重に対しては，ゴム支承のみのせん断剛性とすることができる。高減衰積層ゴム支承のこれらの影響を考慮する状況でのせん断剛性の算出にあたっては，**表-4.4.3**に示す係数を用いる。

なお，式（4.4.2）及び式（4.4.4）に示す鉛プラグ入り積層ゴム支承の特性式は，被覆ゴムを除く断面積に対する鉛プラグの断面積の比が3～10%程度のものに対して確認されたものであり，この範囲外の場合は別途特性を確認しなければならない。一般的には，4～8%程度に設定されたものが用いられる。また，安定した特性を得るため，鉛プラグの直径は総ゴム厚の1/5倍以上とするのが一般的である。

表-4.4.1　鉛プラグ入り積層ゴム支承の$c_r(\gamma)$算定に用いる係数

適用条件		a_0	a_1	a_2
$\gamma_e \leqq 1.75$	各G共通	1.00	0	0
$1.75 < \gamma_e \leqq 2.50$	G8	0.905	0.028	0.015
	G10	1.046	-0.161	0.077
	G12	1.049	-0.203	0.100

表-4.4.2 鉛プラグ入り積層ゴム支承の $q(\gamma)$ 算定に用いる係数（N/mm^2）

作用の種類	せん断ひずみ	b_o	b_1	b_2	b_3
温度変化の影響	$\gamma \leqq 0.10$	0	23.40	0	0
	$0.10 < \gamma \leqq 0.70$	3.246	-11.60	27.89	-25.63
風荷重，地震の影響	$\gamma_e \leqq 0.35$	0	29.7	0	0
	$0.35 < \gamma_e \leqq 0.50$	10.40	0	0	0
	$0.50 < \gamma_e \leqq 2.00$	15.98	-12.56	2.775	0
	$2.00 < \gamma_e \leqq 2.50$	1.961	0	0	0

表-4.4.3 高減衰積層ゴム支承の $c_h(\gamma)$ 算定に用いる係数

作用の種類		a_0	a_1	a_2	a_3	a_4	a_5
G8	温度変化の影響，乾燥収縮の影響，コンクリートのクリープの影響	2.875	-5.410	3.906	0	0	0
	風荷重，地震の影響	4.346	-6.500	4.991	-1.866	0.3358	-0.02255
G10	温度変化の影響，乾燥収縮の影響，コンクリートのクリープの影響	2.505	-4.637	3.367	0	0	0
	風荷重，地震の影響	3.961	-5.980	4.740	-1.813	0.3320	-0.02267
G12	温度変化の影響，乾燥収縮の影響，コンクリートのクリープの影響	2.687	-5.296	3.768	0	0	0
	風荷重，地震の影響	4.273	-6.643	5.189	-1.943	0.3468	-0.02302

(2) 免震支承の非線形履歴モデル

非線形履歴モデルは，免震支承等の非線形性を直接考慮した非線形履歴モデルによる時刻歴応答解析法に適用するために必要となるモデルである。

なお，ここで示す鉛プラグ入り積層ゴム支承及び高減衰積層ゴム支承の非線形履歴モデルは，参考資料-5の試験条件に示されている免震支承のものであり，条件の異なる支承については，実験等により非線形履歴モデルを適切に設定する必要がある。

1) 鉛プラグ入り積層ゴム支承

鉛プラグ入り積層ゴム支承の非線形履歴モデルは，式（4.4.11）から式（4.4.13）により算出してよいが，この場合，式（4.4.15）及び式（4.4.17）において有効せん断ひずみを設計せん断ひずみに，式（4.4.13）において有効設計変位を設計変位に置き換えて算出することができる。

$$Q_d = \alpha\, q_0(\gamma_e) A_P \quad \cdots\cdots (4.4.11)$$

$$K_1 = 6.5K_2 \quad \cdots\cdots (4.4.12)$$

$$K_2 = (F_e - Q_d)/u_{Be} \quad \cdots\cdots (4.4.13)$$

ここに，

Q_d：水平変位が零のときの水平力（N）

A_P：鉛プラグの面積（mm^2）

α：鉛プラグのせん断応力度の補正係数で，式（4.4.14）により算出する。

$$\alpha = 0.616\,\kappa^{-0.179} \quad \cdots\cdots (4.4.14)$$

κは，式（4.4.8）により算出する。

$q_0(\gamma_e)$：降伏荷重の算定に用いる鉛プラグのせん断応力度（$\mathrm{N/mm}^2$）で，式（4.4.15）により算出する。

$$q_0(\gamma_e) = c_0 + c_1\,\gamma_e \quad \cdots\cdots (4.4.15)$$

ここで，係数c_iは，**表-4.4.4**に示す値を用いてよい。

Q_y：**図-4.4.1**に示す降伏時の水平力（N）

γ_e：有効せん断ひずみで式（4.4.9）による。

K_1：**図-4.4.1**に示す免震支承の一次剛性（N/mm）

K_2：**図-4.4.1**に示す免震支承の二次剛性（N/mm）

u_{Be}：有効設計変位（mm）で，式（4.4.16）により算出する。

$$u_{Be} = c_B u \quad \cdots\cdots (4.4.16)$$

c_B：慣性力の非定常性を表す係数で0.7とする。

u：設計変位(mm)

F_e：有効せん断ひずみγ_eにおける水平力(N)で，式（4.4.17）により算出する。

$$F_e = c_r(\gamma_e)\, G_e\, A_e\, \gamma_e + A_P\, q(\gamma_e) \quad \cdots\cdots(4.4.17)$$

表-4.4.4　鉛プラグ入り積層ゴム支承の $q_o(\gamma_e)$ 算定に用いる係数（N/mm²）

適用条件	c_0	c_1
$\gamma_e \leqq 0.35$	0	23.82
$\gamma_e > 0.35$	8.337	0

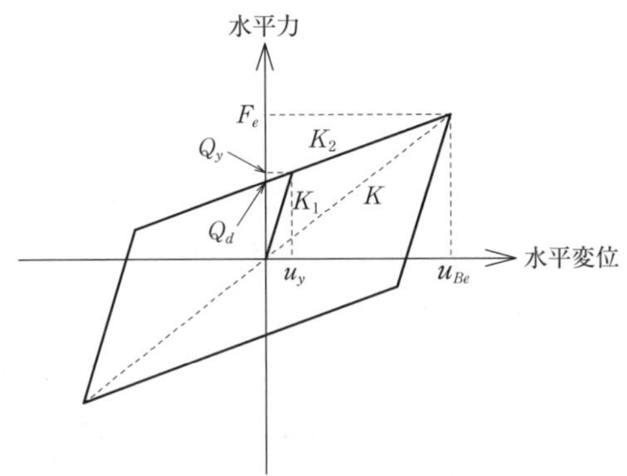

図-4.4.1　免震支承の履歴特性

2)　高減衰積層ゴム支承

高減衰積層ゴム支承の復元力特性としてバイリニアにモデル化する場合は，以下の式を用いることができる。

$$K_1 = G_1(\gamma)\frac{A_e}{\Sigma t_e} \quad \cdots\cdots(4.4.18)$$

$$K_2 = G_2(\gamma)\frac{A_e}{\Sigma t_e} \quad \cdots\cdots(4.4.19)$$

$$Q_d = \tau_d A_e \quad \cdots\cdots(4.4.20)$$

$$Q_y = \tau_y A_e \quad \cdots\cdots(4.4.21)$$

$$G_1(\gamma) = c_{h1}(\gamma)\, G_e \quad \cdots\cdots(4.4.22)$$

$$G_2(\gamma) = c_{h2}(\gamma)\, G_e \quad \cdots\cdots(4.4.23)$$

$$\tau_d(\gamma) = \gamma(G(\gamma) - G_2(\gamma)) \quad \cdots\cdots (4.4.24)$$

$$\tau_y(\gamma) = \frac{G_1(\gamma)}{G_1(\gamma) - G_2(\gamma)}\tau_d(\gamma) \quad \cdots\cdots (4.4.25)$$

$$\tau = G(\gamma)\gamma \quad \cdots\cdots (4.4.26)$$

ここに，

K_1：**図-4.4.1** に示す免震支承の一次剛性（N/mm）

K_2：**図-4.4.1** に示す免震支承の二次剛性（N/mm）

Q_d：水平変位が零のときの水平力（N）

Q_y：降伏時の水平力（N）

$G_1(\gamma)$：一次剛性に関するせん断弾性係数（N/mm^2）

$c_{h1}(\gamma)$：一次剛性に関するせん断弾性係数のひずみ依存係数で，式(4.4.27)により算出する。

$$c_{h1}(\gamma) = c_0 + c_1\gamma + c_2\gamma^2 + c_3\gamma^3 + c_4\gamma^4 + c_5\gamma^5 \quad \cdots\cdots (4.4.27)$$

ここで，係数 c_i は，**表-4.4.5** に示す値を用いてよい。

$G_2(\gamma)$：二次剛性に関するせん断弾性係数（N/mm^2）

$c_{h2}(\gamma)$：二次剛性に関するせん断弾性係数のひずみ依存係数で，式(4.4.28)により算出する。

$$c_{h2}(\gamma) = d_0 + d_1\gamma + d_2\gamma^2 + d_3\gamma^3 + d_4\gamma^4 + d_5\gamma^5 \quad \cdots\cdots (4.4.28)$$

係数 d_i は，**表-4.4.6** に示す値を用いてよい。

$G(\gamma)$：ゴムの最大ひずみ時のせん断弾性係数（N/mm^2）で，式(4.4.5)により算出する。

γ：非線形モデルを定義する場合のゴムの最大ひずみ

$\tau_d(\gamma)$：せん断ひずみが零の場合のせん断応力度（N/mm^2）

$\tau_y(\gamma)$：降伏応力度（N/mm^2）

τ：等価せん断応力度（N/mm^2）

表-4.4.5　高減衰積層ゴム支承の $c_{h1}(\gamma)$ 算定に用いる係数

種別	c_0	c_1	c_2	c_3	c_4	c_5
G8	29.49	-44.74	35.33	-13.56	2.563	-0.1863
G10	27.08	-41.40	33.58	-13.05	2.478	-0.1800
G12	29.28	-45.69	36.26	-13.70	2.516	-0.1762

表-4.4.6　高減衰積層ゴム支承の $c_{h2}(\gamma)$ 算定に用いる係数

種別	d_0	d_1	d_2	d_3	d_4	d_5
G8	2.808	-4.259	3.365	-1.291	0.2439	-0.01775
G10	2.581	-3.944	3.200	-1.244	0.2360	-0.01710
G12	2.788	-4.351	3.453	-1.304	0.2393	-0.01675

(3) 等価減衰定数

1)　積層ゴム支承

一般に積層ゴム支承は減衰効果を有しており，その効果を安全側となるよう適切に考慮する。ゴム支承の等価減衰定数については，実験結果から平均的には0.05程度，下限値として0.03程度が得られることから，［道示V］5.2の解説に示されているように一般的には0.03が用いられる。なお，0.03よりも大きな減衰定数を用いて設計する場合は，等価減衰定数を試験により確認したゴム支承を用いる必要がある。

2)　鉛プラグ入り積層ゴム支承

鉛プラグ入り積層ゴム支承の場合はバイリニアモデルを想定し，等価減衰定数は次式により算定することができる。

$$h_B=\frac{2Q_d\left(u_{Be}+\dfrac{Q_d}{K_2-K_1}\right)}{\pi u_{Be}(Q_d+u_{Be}K_2)} \quad \cdots\cdots(4.4.29)$$

ここに，

h_B：等価減衰定数

3) 高減衰積層ゴム支承

高減衰積層ゴム支承の等価減衰定数は次式で算定することができる。係数 b_i は**表-4.4.7** に示す値を用いることができる。

$$h_B(\gamma_e) = b_0 + b_1\gamma_e + b_2\gamma_e^2 + b_3\gamma_e^3 \quad \cdots\cdots (4.4.30)$$

ここに,

$h_B(\gamma_e)$：等価減衰定数

γ_e：式 (4.4.9) に示す有効せん断ひずみ

表-4.4.7 高減衰積層ゴム支承の $h_B(\gamma_e)$ 算定に用いる係数

種別	b_0	b_1	b_2	b_3
G8	0.2120	0.01670	-0.02740	0.003700
G10	0.2091	0.01611	-0.02704	0.003519
G12	0.2086	0.01067	-0.02430	0.003025

4.4.3 動的解析に用いる支承部の減衰特性のモデル化

動的解析において積層ゴム支承は，一般には線形ばねでモデル化し，等価減衰定数として **4.4.2**(3)に示す値が用いられる。一方，免震支承の場合は，一般には非線形履歴によるエネルギー吸収のみを考慮し，等価減衰定数としては零とする。

各構造要素に与えた減衰定数から，橋の減衰定数を推定するためには，［道示Ⅴ］5.2 の式(解 5.2.4)に示すひずみエネルギー比例減衰法によってよい。モード減衰定数を算定するためには，部材の剛性を設定する必要がある。非線形構造に対してモード減衰定数を求める際の等価剛性については，降伏剛性を用いる場合，剛性の平均値や実効値を用いる場合，最大応答に等価な剛性を用いる場合などの方法があるが，これまでの実績や振動台実験との対比がなされている一般的なモデル化の方法としては，免震支承の場合には，設計変位の 70% にあたる変位における等価剛性を用いてよい。

［道示Ⅴ］5.2 の式（解 5.2.5）と式（解 5.2.6）に示された Rayleigh 型粘性

減衰モデルは，モード減衰定数から２つの振動数を選定して減衰マトリックスを作成するという１つの近似法である。このため，２つの固有振動モードを適切に選定する必要があり，その選定方法としては，基本的には，橋の地震応答に寄与する固有振動モードに対してその減衰定数を再現できるように設定することが基本となる。ただし，一般的な桁橋で，１次固有振動モードが卓越する場合には，高次の振動の影響は小さくなるため，［道示Ⅴ］5.2の式(解5.2.4)により求めた地震応答に寄与する主たる固有振動モードのモード減衰定数の値を概ね近似できるようにし，橋の基本固有周期よりも長周期域では粘性減衰による減衰効果が大きくならないようにして履歴減衰効果が卓越するように質量マトリックスと剛性マトリックスに乗じる比例定数を定めるのがよい。

積層ゴム系免震支承の初期剛性のように，せん断ひずみが小さい段階からせん断弾性係数が非線形化するのにもかかわらず，せん断ひずみが小さい時のせん断弾性係数を用いて免震支承としての降伏点までを線形の剛性でモデル化した場合や，すべり系支承のように非常に小さい変位で降伏するようにモデル化した結果初期剛性が大きくなるような場合には，初期剛性による粘性減衰効果を大きく見込み過ぎることとなる。このため，［道示Ⅴ］5.2の式（解5.2.6）を要素ごとに作成する式(4.4.31)に示す要素別Rayleigh型粘性減衰を用いて当該要素の比例定数のみ$\beta_{ie}=0$として粘性減衰力にその影響が及ばないようにする必要がある。なお，鋼製の可動支承や固定支承をばね要素でモデル化した場合や，支承高さや支承位置を仮想部材（剛性を大きくした部材）でモデル化した場合にも，同じようにその剛性が，粘性減衰力に寄与しないようにモデル化する必要がある。

$$C_{Re}=\sum_{ie=1}^{ne}(\alpha_{ie}M_{ie}+\beta_{ie}K_{ie}) \quad \cdots\cdots(4.4.31)$$

ここに，

C_{Re}：減衰行列

M_{ie}：要素 ie における質量行列

K_{ie}：要素 ie における剛性行列

α_{ie}，β_{ie}：要素 ie における比例定数

ne：要素総数

なお，全ての要素に同じ比例定数を与えたもの $\alpha = \alpha_{ie}$，$\beta = \beta_{ie}$ が，［道示Ⅴ］5.2の式（解 5.2.6）に示される全体剛性行列に比例する Rayleigh 型粘性減衰行列となる。

4.4.4　鋼製支承のモデル化

鋼製支承のモデル化は，［道示Ⅴ］5.2の解説(2)2) iv）に示されるように，支承条件に応じて適切にモデル化する必要があり，特に結合条件に留意する。鋼製支承を変位や回転の拘束方向とその拘束度合いに応じてばね要素でモデル化する場合には，固有値解析より得られる固有振動特性や動的解析の収束性により適否を判断する必要がある。

4.4.5　メナーゼヒンジ支承のモデル化

メナーゼヒンジ支承のモデル化は，ヒンジとみなせるような構造とすることを前提として，設計で想定する回転方向にはピンとしてモデル化することが基本となる。ただし，実構造では曲げモーメントを完全に伝達させないことは不可能であり，ヒンジ部のコンクリートやヒンジ部の周辺に設置される緩衝ゴム等の条件によっては，伝達する曲げモーメントが大きくなり，ヒンジ部の部材等に損傷が生じる可能性があるため，これが避けられない場合には単純にヒンジとせずに実構造にあうように適切にモデル化する必要がある。一方，回転方向以外の方向に対しては剛結条件が基本となる。ただし回転方向以外の方向についてもそのようにみなせない場合には，安全側の設計となるように実構造を考慮して適切にモデル化を行う必要がある。

4.5　支承部の耐荷性能に関する部材の設計

4.5.1　一　　般

支承部の耐荷性能の設計にあたっては，支承部として荷重伝達機能及び変位追随機能を発揮するために，支承部に想定する荷重に対して支承部を構成する部材が適切にその機能を発揮できるよう，各部材の形状や部材間の遊間を制御するなど，各部材の耐荷機構を明確にして構造設計することで，［道示Ⅰ］10.1.4 に規定される支承部の限界状態を超えないことを確認する必要がある。

支承部の限界状態を支承部を構成する各部材の限界状態で代表させる場合には，適切に支承部の限界状態に対応する特性値及び制限値を関連づける必要がある。支承部の限界状態を支承部を構成する各部材の限界状態で代表させる場合には，［道示Ⅰ］10.1.6 の規定に基づき，鋼部材又はコンクリート部材については［道示Ⅱ］又は［道示Ⅲ］に規定される限界状態 1 及び限界状態 3 の規定による。ゴム部材については，［道示Ⅰ］10.1.4 及び 10.1.5 の規定に基づき適切に設定された限界状態 1 又は限界状態 3 に対応する制限値を超えないことを鋼部材又はコンクリート部材と同等の信頼性で満足することが求められる。また，各支承部を構成する部材間の遊間が部材寸法誤差の積み重ねによって左右する場合のように，支承部の構造特性によっては，必ずしも各部材の限界状態で代表できない場合があるので，各部材単位だけではなく，支承部全体としての限界状態を適切に設定する必要がある場合もある。

一般的に用いられる機構を用いて設計される構造形式を有する **2.3** に示す支承については，**4.5.2** から **4.5.6** に示す方法を用いれば，限界状態を超えないと考えることができる。なお，特に断りのないかぎり強度の特性値等は **4.3** に示す値を用いることができる。

4.5.2　積層ゴム支承

2 章に示す一般的に用いられる機能一体型の積層ゴム支承の場合，積層ゴムと上沓，下沓等の鋼部材が組み合わされて構成される。荷重支持機能を発揮するにあたっては，**図-4.5.1**に示す構成部材間の荷重伝達機能として以下の1)から4)に示すように伝達させることを想定している。この荷重伝達にあたって想定している機構が適切に発揮されるよう，構造を設計するとともに，部材に生じる応力等に対して各部材が限界状態を超えないことを確認する必要がある。なお，通常水平力はボルトで伝達させる。ボスは積層ゴムと上沓，下沓等とのガイドの役割等で用いられることから，設計に際しては適切に形状を設定する。

1) 鉛直圧縮力：②ソールプレート↔④上沓↔⑥積層ゴム↔⑨下沓↔⑪ベースプレート
2) 水平力（弾性支持の場合）：①上部アンカーボルト↔②ソールプレート↔③上沓取付けボルト↔④上沓↔⑤支承取付けボルト↔⑥積層ゴム↔⑤支承取付けボルト↔⑨下沓↔⑩下沓取付けボルト↔⑪ベースプレート↔⑫下部アンカーボルト
3) 水平力（固定支持の場合）：①上部アンカーボルト↔②ソールプレート↔③上沓取付けボルト↔④上沓↔⑦サイドブロック↔⑧サイドブロック取付けボルト↔⑪ベースプレート↔⑫下部アンカーボルト
4) 鉛直引張力：①上部アンカーボルト↔②ソールプレート↔③上沓取付けボルト↔④上沓↔⑤支承取付けボルト↔⑥積層ゴム↔⑤支承取付けボルト↔⑨下沓↔⑩下沓取付けボルト↔⑪ベースプレート↔⑫下部アンカーボルト

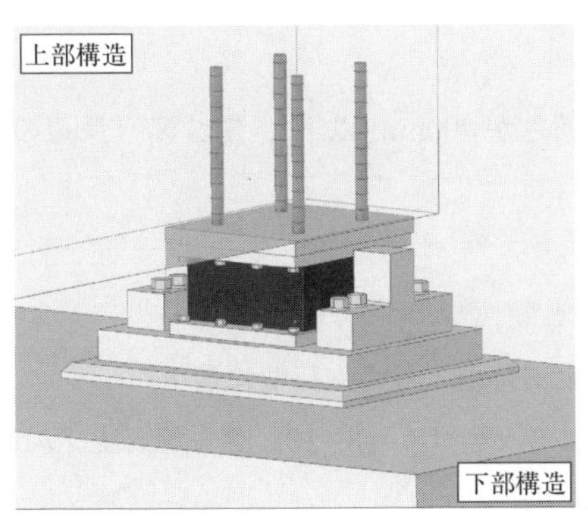

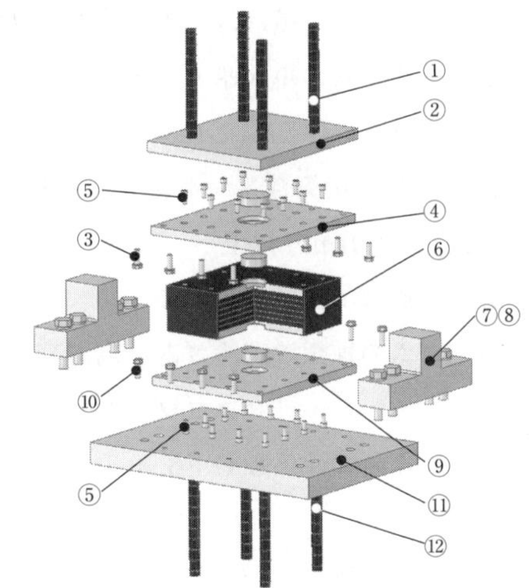

部番	部材名称	部番	部材名称
①	上部アンカーボルト	⑦	サイドブロック
②	ソールプレート	⑧	サイドブロック取付けボルト
③	上沓取付けボルト	⑨	下沓
④	上沓	⑩	下沓取付けボルト
⑤	支承取付けボルト	⑪	ベースプレート
⑥	積層ゴム	⑫	下部アンカーボルト

図-4.5.1 ゴム支承の構造図

積層ゴム支承を構成する全ての部材等が，限界状態1を超えない場合には，積層ゴム支承の限界状態1を超えないと考えることができる。積層ゴム支承を構成する部材等のうち，積層ゴムは部材等の限界状態2を超えず，その他の部材は限界状態1を超えない場合は，積層ゴム支承の限界状態2を超えないと考えることができる。積層ゴム支承を構成する全ての部材等が部材等の限界状態3を超えない場合は，積層ゴム支承の限界状態3を超えないと考えることができる。以上の考え方に基づき，以下の1）から10）の適用範囲において**4.5.2**(7)に示す構造細目を満足している場合には，**4.5.2**(1)から(6)に従って照査を行えば，それぞれ限界状態を超えないと考えることができる。

1） 平面形状：ゴム支承の橋軸方向,橋軸直角方向の各辺長が100mm～2,000mm
製作上，内部鋼板の位置決め用の孔を設ける場合には，孔の面

積はゴム支承の有効寸法より求めた面積の1%以内であること

2) 積層ゴムの単層厚 t_e：3mm ≦ t_e ≦ 60mm

3) 有効ゴム厚 Σt_e：Σt_e ≦ 300mm

4) 一次形状係数 S_1：4 ≦ S_1（長辺の長さが400mm以下），5 ≦ S_1（長辺の長さが401mm以上）

5) 二次形状係数 S_2：4 ≦ S_2

6) ゴムの種類：天然ゴム，高減衰ゴム
クロロプレンゴム(固定支持型・可動支持型に適用)

7) せん断弾性係数G：6, 8, 10, 12, 14（天然ゴム）8, 10, 12（高減衰ゴム）
8,10,12(クロロプレンゴム)

8) 内部鋼板厚 t：2.3mm ≦ t，上下鋼板厚 9mm ≦ t

9) 鋼板材料：SS400，SM490

10) 鉛プラグ入り積層ゴムの鉛充填率（面積比）：3 ～ 10%

なお，新しい材料や構造形式を使用する場合は，材料の機械的性質などに応じた適切な試験方法を検討した上で，それぞれの制限値を設定する必要がある。

(1) 鉛直圧縮力及び水平力を受ける積層ゴム支承の限界状態1

図-4.5.1 に示す積層ゴム支承を構成する各部材が以下の1)から4)を満足する場合には，鉛直圧縮力及び水平力を受ける積層ゴム支承の限界状態1を超えないと考えることができる。

1) 鉛直圧縮力及び水平力を受ける積層ゴムの限界状態1

鉛直圧縮力及び水平力を受ける積層ゴムが，ⅰ)からⅲ)を満足する場合には，限界状態1を超えないと考えることができる。

ⅰ) 式（4.5.1)に定める積層ゴムの内部鋼板に生じる引張応力度が，式(4.5.2)に定める制限値を超えない。

$$\sigma_s = f_c \sigma_c \frac{t_e}{t_s} \quad \cdots\cdots(4.5.1)$$

$$\sigma_{sd} = \xi_1 \Phi_{Yt} \sigma_{yk} \quad \cdots\cdots(4.5.2)$$

ここに,

σ_s：内部鋼板の引張応力度（N/mm^2）

σ_c：鉛直圧縮力によって積層ゴムのゴム材料に生じる圧縮応力度（N/mm^2）で，式（4.5.3）による。

$$\sigma_c = \frac{R}{A_{cn}} \cdots\cdots (4.5.3)$$

R：鉛直圧縮力(N)

A_{cn}：**図-4.5.2** に示す移動量を控除した圧縮に有効な面積(mm^2)。また，鉛プラグ入り積層ゴム支承の場合，孔の面積を控除する。

t_e：ゴム一層の厚さ（mm）

t_s：内部鋼板の厚さ（mm）

f_c：内部鋼板の引張応力度算出のための係数で，圧縮応力度の分布を考慮して，**表-4.5.1** の値を用いてよい。

σ_{sd}：内部鋼板の引張応力度の制限値（N/mm^2）

Φ_{Yt}：抵抗係数で，**表-4.5.2** に示す値とする。

ξ_1：調査・解析係数で，**表-4.5.2** に示す値とする。

σ_{yk}：鋼材の降伏強度の特性値（N/mm^2）

表-4.5.1　内部鋼板の引張応力度算出のための係数（f_c）

積層タイプゴム支承，高減衰積層ゴム支承	2.0
鉛プラグ入り積層ゴム支承	3.0

表-4.5.2　調査・解析係数，抵抗係数

<table>
<tr><th></th><th>ξ_1</th><th>Φ_{Yt}</th></tr>
<tr><td>i）ii）及びiii）以外の作用の組合せを考慮する場合</td><td rowspan="2">0.90</td><td>0.85</td></tr>
<tr><td>ii）［道示Ｉ］3.3(2)⑩を考慮する場合</td><td rowspan="2">1.00</td></tr>
<tr><td>iii）［道示Ｉ］3.3(2)⑪を考慮する場合</td><td>1.00</td></tr>
</table>

一般にゴム材料は，ほぼ完全非圧縮と考えることができる特性を有する。ゴムに鉛直圧縮力を作用させると側面が膨出し，その分だけ鉛直方向に変形

することになる。このゴム側面の膨出を抑えるためには，ゴム側面の上下端の水平変位を固定する方法が考えられる。しかし，ゴム側面の上下端の水平変位のみを固定した場合には，固定していない位置で鉛直方向に凹みが生じ，ゴム側面の膨出を抑えることができない。このため，ゴムの上下に鋼板を配置し，その界面に接着を行い，ゴム上下面の水平方向及び鉛直方向の変形を拘束することにより，ゴム側面の膨出を抑えることができる。さらに，ゴムの厚さを薄くすると，側面の膨出はさらに小さくなり，その上で，ゴム層と鋼板を重ねた積層ゴムは，圧力をかけて密封してある液体の場合とよく似た3次元の圧縮応力状態となる（**図-4.5.3**）。

鉛直圧縮力が作用するとゴム内部に生じるせん断力により，上下の内部鋼板には引張力が生じる。内部鋼板の引張応力度は，式（4.5.1）に**表-4.5.1**に示す係数を用いて算出することができる。**表-4.5.1**の係数は，実験結果（参考資料-7）に基づき，内部鋼板の降伏応力度と降伏時のゴムの平均圧縮応力度から求めた鋼板の応力度とを比較し設定されている。内部鋼板に孔が開いていないゴム支承と内部鋼板に孔の開いた鉛プラグ入り積層ゴム支承に対して行われた実験結果から，孔が開いていない場合は，最大応力度が平均応力度の約2倍，孔が開いている場合は約3倍であったことから，**表-4.5.1**に示す係数としている。

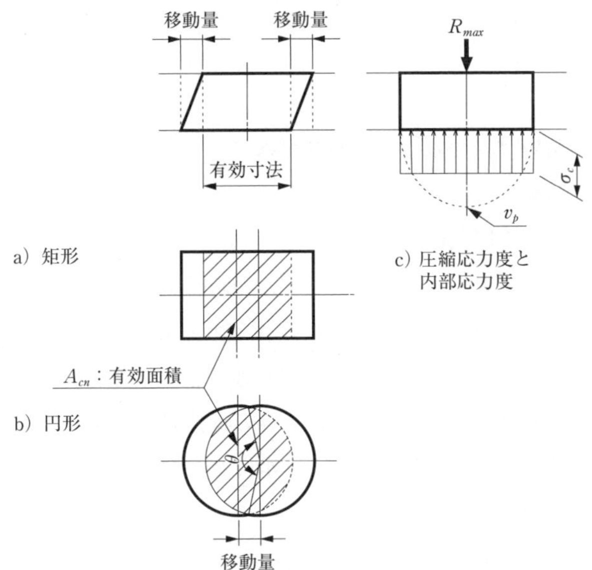

図-4.5.2 積層ゴム支承の圧縮に有効な面積[2)3)]

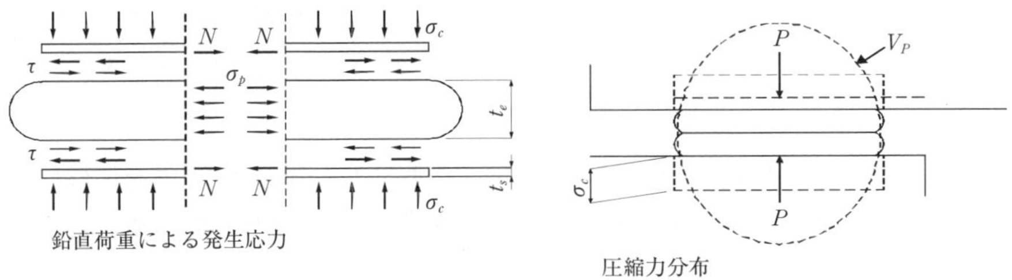

図-4.5.3 積層ゴム支承の圧縮応力度分布と内部鋼板の引張応力度

ⅱ）式（4.5.3）に定める積層ゴムに生じる圧縮応力度が，式（4.5.7）に定める制限値を超えない。

ⅲ）式（4.5.4）に定める積層ゴムの水平せん断ひずみが，式（4.5.5）に定める制限値を超えない。

$$\gamma_s = \frac{\Delta l}{\Sigma t_e} \quad \cdots\cdots\cdots\cdots\cdots\cdots\cdots\cdots (4.5.4)$$

$$\gamma_{sd} = \xi_1 \Phi_{Ys} \gamma_y \quad \cdots\cdots (4.5.5)$$

ここに,

γ_s：積層ゴムの水平せん断ひずみ

Δl：移動量（mm）

Σt_e：総ゴム厚（mm）

γ_{sd}：積層ゴムの水平せん断ひずみの制限値

Φ_{Ys}：抵抗係数で，**表-4.5.3** に示す値とする。

ξ_1：調査・解析係数で**表-4.5.3** に示す値とする。

γ_y：積層ゴムの水平せん断ひずみの特性値

地震時水平力分散型ゴム支承は 250(%)とする。

免震支承は 175(%)とする。

表-4.5.3 調査・解析係数，抵抗係数

	ξ_1	Φ_{Ys}
i）ii）及びiii）以外の作用の組合せを考慮する場合	0.90	0.50
ii）［道示Ⅰ］3.3(2)⑩を考慮する場合		1.00
iii）［道示Ⅰ］3.3(2)⑪を考慮する場合	1.00	

ただし，免震支承を設計上エネルギー吸収による慣性力の低減を期待しない地震時水平力分散支承として使用する場合には，250%を特性値として設定できることを確認する。

参考資料-8 に示すように限界状態 1 に対応する積層ゴムの水平せん断ひずみの制限値は，水平力－水平変位関係において繰返し載荷に対して安定した履歴ループを描き，可逆性を有する範囲に留まると考えられる限界の状態である。

積層ゴム支承は，水平方向の変位追随機能，荷重伝達機能が確保されていることが求められる。工学的指標と限界状態との関連づけにあたっては，ゴム材料や内部鋼板に生じる応力度に着目して評価することも考えられるが，それらを関連付ける適切な評価方法は確立しておらず，従来の設計法を踏襲

し，実験により検証されている範囲を適用範囲として，ゴム支承全体としての水平変位量を総ゴム厚で除して求めたゴムの(平均)せん断ひずみと関連付けることとしている。

2)　曲げモーメント及びせん断力を受ける下沓，サイドブロックの限界状態1

サイドブロックについては，上沓からサイドブロックに伝達される橋軸直角方向からの水平力を考慮して応力度を算出する。下沓については，積層ゴムから伝達される鉛直力とともに，橋軸方向には水平力による偏心量を考慮し，橋軸直角方向にはサイドブロックから水平力が伝達されることを考慮して応力度を算出する。

上述したように算出したそれぞれの部材に生じる応力度が，以下のⅰ)からⅳ)を満足する場合には限界状態1を超えないと考えることとしている。

ⅰ)［道示Ⅱ］5.3.6に規定される式(5.3.1)による軸方向引張応力度の制限値を超えない。

ⅱ)［道示Ⅱ］5.3.6の規定に基づき，**4.5.2**(5)2) ⅰ)を満足する。

ⅲ)［道示Ⅱ］5.3.7の規定に基づき，**4.5.2**(5)2) ⅱ)を満足する。

ⅳ) 曲げ引張応力度の制限値及びせん断応力度の制限値の45%を超える場合には，垂直応力度及び曲げに伴うせん断応力度がそれぞれ最大となる荷重状態に対して,［道示Ⅱ］5.3.9(1)に規定される式(5.3.2)から式(5.3.4)を満足する。

3)　支圧力を受ける上沓，下沓，サイドブロックの限界状態1

鉛直圧縮力による支圧力を受ける上沓及び下沓に生じる支圧応力度が［道示Ⅱ］5.3.11に規定される式(5.3.9)による支圧応力度の制限値を超えない場合には，限界状態1を超えないと考えることができる。なお，橋軸方向又は橋軸直角方向に水平力が作用する場合は，その偏心量を考慮して応力度を算出する。

橋軸直角方向に作用する水平力により支圧力を受ける上沓及びサイドブロックに生じる支圧応力度が［道示Ⅱ］5.3.11に規定される式(5.3.9)による支圧応力度の制限値を超えない場合には，限界状態1を超えないと考えることができる。その際，鋼板と鋼板との間の支圧はすべりのない平面接触と考えてよい。

4)　せん断力及び引張力を受けるセットボルト，上沓取付けボルト，下沓取付けボルト及びサイドブロック取付けボルトの限界状態 1

ボルトに生じる引張応力度が［道示Ⅱ］5.3.12(3)に規定される式(5.3.14)による制限値を超えず，ボルトに生じるせん断応力度が［道示Ⅱ］5.3.12(3)に規定される式(5.3.15)による制限値を超えないとともに，引張応力度及びせん断応力度が各制限値の 45％を超える場合には，合成応力度による照査も行い，［道示Ⅱ］5.3.9(1)に規定される式(5.3.2)から式(5.3.4)を満足する場合には限界状態 1 を超えないと考えることとしている。例としてサイドブロック取付けボルトに作用する力を**図-4.5.4** に示す。

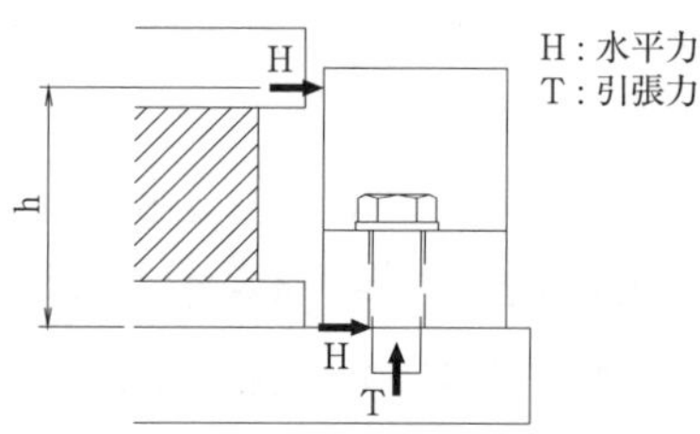

図-4.5.4　サイドブロック取付けボルトに作用する力

(2) 鉛直引張力及び水平力を受ける積層ゴム支承の限界状態 1

図-4.5.1 に示す積層ゴム支承を構成する各部材が以下の 1)から 4)を満足する場合には，鉛直引張力及び水平力を受ける積層ゴム支承の限界状態 1 を超えないと考えることができる。

1)　鉛直引張力及び水平力を受ける積層ゴムの限界状態 1

鉛直引張力及び水平力を受ける積層ゴムが，ⅰ)及びⅱ)を満足する場合には，限界状態 1 を超えないと考えることができる。

ⅰ) 式（4.5.6)に定める積層ゴムに生じる引張応力度が，引張応力度の制限値 2.1N/mm^2 を超えない。ここで，引張応力度の制限値は，ゴム支承に作用した引張力に対して，ゴムの引張力 - 変位関係が剛性変化点に到達せずに，挙動が可逆性を有している範囲に留まる安定した状態を超えない範囲であることを参考資料-9に示す実験結果に基づき確認した範囲で設定している。

$$\sigma_t = \frac{R_U}{A_{cn}} \cdots\cdots\cdots\cdots\cdots\cdots (4.5.6)$$

ここに，

σ_t：積層ゴムに生じる引張応力度（N/mm^2）

R_U：積層ゴムに生じる上向きの力（N）

A_{cn}：**図-4.5.2**に示す移動量を控除した引張に有効な面積(mm^2)。また，鉛プラグ入り積層ゴム支承の場合，孔の面積を控除する。

なお，支承部に作用する力のうち，特に支承を浮き上がらせるような上向きの力（上揚力）が加わると，橋の各部に予期しない応力が発生して好ましくないので，**2.5**で示したように，支承部に上向きの力が極力生じないような構造系を選定するのがよい。

その上で，支承部に上向きの力が生じるおそれのある橋において積層ゴム支承を用いなければならない場合には，格子解析モデルの支点条件に積層ゴム支承の鉛直方向ばねを考慮し，鉛直反力を適切に求める必要がある。なお，永続作用及び風を除く変動作用の支配状況において上向きの力が生じる場合は，**4.6.2**(1)2) iii)に示すように繰返し引張力に対する疲労耐久性が確認されていないことから，積層ゴム支承本体には上向きの力を受け持たせることはできない。

ii）**4.5.2**(1)1) iii)に示す積層ゴムの水平せん断ひずみが，その制限値を超えない。

2)　曲げモーメント及びせん断力を受ける上沓，下沓，サイドブロックの限界状態1

サイドブロックについては，上沓からサイドブロックに伝達される橋軸直角方向からの水平力を考慮して応力度を算出する。上沓，下沓については，積層ゴムから伝達される鉛直力とともに，橋軸方向には水平力による偏心量を考慮し，橋軸直角方向にはサイドブロックから水平力が伝達されることを考慮して応力度を算出する。

上述したように算出したそれぞれの部材に生じる応力度が，以下のｉ)からiv)を満足する場合には限界状態１を超えないと考えることとしている。

ｉ）［道示Ⅱ］5.3.6 に規定される式(5.3.1)による軸方向引張応力度の制限値を超えない。

ii）［道示Ⅱ］5.3.6 の規定に基づき，**4.5.2**(6)2) ｉ)を満足する。

iii）［道示Ⅱ］5.3.7 の規定に基づき，**4.5.2**(6)2) ii)を満足する。

iv）曲げ引張応力度の制限値及びせん断応力度の制限値の 45％を超える場合には，垂直応力度及び曲げに伴うせん断応力度がそれぞれ最大となる荷重状態に対して，［道示Ⅱ］5.3.9(1)に規定される式(5.3.2)から式(5.3.4)を満足する。

3)　支圧力を受ける上沓，下沓，サイドブロックの限界状態１

鉛直引張力による支圧力を受ける上揚力止めとして機能する上沓及びサイドブロックに生じる支圧応力度が［道示Ⅱ］5.3.11 に規定される式(5.3.9)による支圧応力度の制限値を超えない場合には，限界状態１を超えないと考えることができる。その際，鋼板と鋼板との間の支圧はすべりのない平面接触と考えてよい。なお，橋軸直角方向に水平力が作用する場合は，その偏心量を考慮して応力度を算出する。

橋軸直角方向に作用する水平力により支圧力を受ける上沓及びサイドブロックに生じる支圧応力度が［道示Ⅱ］5.3.11 に規定される式(5.3.9)による支圧応力度の制限値を超えない場合には，限界状態１を超えないと考えることができる。その際，鋼板と鋼板との間の支圧はすべりのない平面接触と考えてよい。例としてサイドブロックに作用する力を**図-4.5.5** に示す。

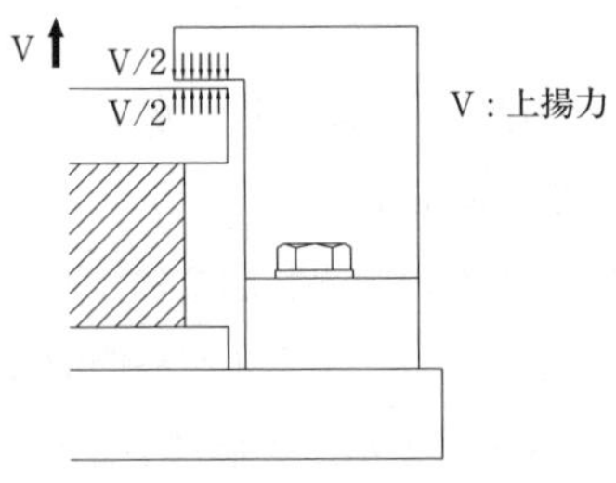

図-4.5.5　サイドブロックに作用する力

4)　せん断力及び引張力を受けるセットボルト，上沓取付けボルト，下沓取付けボルト及びサイドブロック取付けボルトの限界状態1

ボルトに生じる引張応力度が［道示Ⅱ］5.3.12(3)に規定される式(5.3.14)による制限値を超えず，ボルトに生じるせん断応力度が［道示Ⅱ］5.3.12(3)に規定される式(5.3.15)による制限値を超えないとともに，引張応力度及びせん断応力度が各制限値の45%を超える場合には，合成応力度による照査も行い，［道示Ⅱ］5.3.9(1)に規定される式(5.3.2)から式(5.3.4)を満足する場合には限界状態1を超えないと考えることとしている。なお，ボルトとして仕上げボルトを用いる場合は，強度の特性値は**4.3.3**(3)に示す**表-4.3.4**，調査・解析係数，抵抗係数については**4.5.5**(2)1)による。

(3)　鉛直圧縮力及び水平力を受ける積層ゴム支承の限界状態2

図-4.5.1に示す積層ゴム支承を構成する各部材が以下の1)及び**4.5.2**(1)2)から4)を満足する場合には，鉛直圧縮力及び水平力を受ける積層ゴム支承の限界状態2を超えないと考えることができる。ただし，対象とする積層ゴム支承は，鉛プラグ入り積層ゴム支承又は高減衰積層ゴム支承とする。

1)　鉛直圧縮力及び水平力を受ける積層ゴムの限界状態2

鉛直圧縮力及び水平力を受ける積層ゴムが，ｉ)からⅲ)を満足する場合には，限界状態2を超えないと考えることができる。

ｉ) **4.5.2**(1)1) ｉ)に示す内部鋼板に生じる引張応力度が，その制限値を超えない。

ⅱ) **4.5.2**(1)1) ⅱ)に示す積層ゴムに生じる圧縮応力度が，その制限値を超えない。

iii）式(4.5.4)に定める積層ゴムに生じる水平せん断ひずみが，水平せん断ひずみの制限値250%を超えない。

積層ゴムのせん断ひずみの限界状態2は，水平力－水平変位関係において，可逆性は失われるものの，エネルギー吸収能が想定する範囲内で確保できる限界の状態である。また，等価減衰定数が想定する範囲内にあり，かつ適切に非線形履歴モデルとして設定できる範囲として，水平せん断ひずみ250%を制限値としている。

(4) 鉛直引張力及び水平力を受ける積層ゴム支承の限界状態2

図-4.5.1に示す積層ゴム支承を構成する各部材が以下の1)及び**4.5.2**(2)2)から4)を満足する場合には，鉛直引張力及び水平力を受ける積層ゴム支承の限界状態2を超えないと考えることができる。ただし，対象とする積層ゴム支承は，鉛プラグ入り積層ゴム支承又は高減衰積層ゴム支承とする。

1) 鉛直引張力及び水平力を受ける積層ゴムの限界状態2

鉛直引張力及び水平力を受ける積層ゴムが，i)及びii)を満足する場合には，限界状態2を超えないと考えることができる。

i）**4.5.2**(2)1) i)に示す積層ゴムの引張応力度が，その制限値を超えない。

ii）**4.5.2**(3)1) iii)に示す積層ゴムの水平せん断ひずみが，その制限値を超えない。

(5) 鉛直圧縮力及び水平力を受ける積層ゴム支承の限界状態3

図-4.5.1に示す積層ゴム支承を構成する各部材が以下の1)から4)を満足する場合には，鉛直圧縮力及び水平力を受ける積層ゴム支承の限界状態3を超えないと考えることができる。

1) 鉛直圧縮力及び水平力を受ける積層ゴムの限界状態3

鉛直圧縮力及び水平力を受ける積層ゴム支承が，i)からiii)を満足する場合には，限界状態3を超えないと考えることができる。

i）式(4.5.1)に定める積層ゴムの内部鋼板に生じる引張応力度が，その制限値を超えない。

ii）式(4.5.3)に定める積層ゴムに生じる圧縮応力度が，式(4.5.7)に定める制限値を超えない。

$$\sigma_{cud}=\xi_1\,\xi_2\,\Phi_{MBsl}\,\sigma_{cuk} \quad \cdots\cdots (4.5.7)$$

ここに，

σ_{cud}：座屈を考慮した圧縮応力度の制限値（N/mm^2）

ξ_1：調査・解析係数で，**表-4.5.4** に示す値とする。

$\xi_2\,\Phi_{MBsl}$：部材・構造係数と抵抗係数の積で，**表-4.5.4** に示す値とする。

σ_{cuk}：座屈を考慮した圧縮応力度の特性値（N/mm^2）で，以下の式により求める。

$$\sigma_{cuk}=S_1\,S_2\,G_e \ (N/mm^2) \quad \cdots\cdots (4.5.8)$$

G_e：ゴムのせん断弾性係数（N/mm^2）で**表-4.3.2** による。

S_1：一次形状係数で，以下の式により求める。

矩形の場合

$0.5 \leqq b/a \leqq 2.0$ のとき

$$S_1=\frac{A_e}{2(a+b)t_e}$$

$0.5 > b/a$，$b/a > 2.0$ のとき

$$S_1=\frac{\min(a,\,b)}{2t_e}$$

なお，$\min(a,\,b)$ とは a，b のうち小さい値

円形の場合

$$S_1=\frac{A_e}{\pi D t_e} \quad \cdots\cdots (4.5.9)$$

a：橋軸方向の有効（鋼板）寸法（mm）

b：橋軸直角方向の有効（鋼板）寸法（mm）

D：円形の有効（鋼板）直径（mm）

t_e：ゴム一層の厚さ（mm）

A_e：ゴム支承の有効寸法より求めた面積（mm^2）

なお，ゴム支承の有効寸法より求めた面積は鉛プラグ入り積層ゴム支承の場合は孔の面積を控除する。

$$A_e = a\,b \qquad [矩形]$$

$$A_e = \frac{\pi D^2}{4} \qquad [円形]$$

S_2：二次形状係数で，以下の式により求める。

$$S_2 = \frac{a\,または\,b\,または\,D}{\Sigma t_e} \quad \cdots\cdots (4.5.10)$$

a：橋軸方向の有効（鋼板）寸法（mm）

b：橋軸直角方向の有効（鋼板）寸法（mm）

D：円形の有効（鋼板）直径（mm）

Σt_e：総ゴム厚（mm）

表-4.5.4 調査・解析係数，部材・構造係数及び抵抗係数

	ξ_1	ξ_2・Φ_{MBsl}（ξ_2 と Φ_{MBsl} の積）
i）ii）及びiii）以外の作用の組合せを考慮する場合	0.90	0.56
ii）［道示 I］3.3(2)⑩を考慮する場合		0.70
iii）［道示 I］3.3(2)⑪を考慮する場合	1.00	

積層ゴムに作用する鉛直圧縮力又は鉛直圧縮力と水平力との組合せにより面外方向への変形（座屈）が生じる限界の状態であるとし，座屈を考慮した積層ゴムにおける圧縮応力度を特性値としている。また，材料強度のばらつき，出来形のばらつき，耐力推定式の誤差等が分けられていないことからξ_2及びΦ_{MBsl}を部材・構造係数と抵抗係数の積で示すこととし，これまでの便覧で考慮されていたものと同等の安全余裕が得られるように調整した値である。

また，鉛直圧縮力及び水平力を受ける積層ゴム支承が安定した荷重支持機能を保持するためには，**図-4.5.2** に示すように，水平移動に対して，積層ゴムが安定して荷重を支持することができる有効な寸法が残っていることが必要である[2)3)]。参考資料-8 に示すように，実験結果によると，移動量を控除した面積を，鉛直状態の面積の 4 割程度以上となるように二次形状係数を制限しなければ，安定した荷重支持機能を得ることができないことが確認されている。これは，例えば積層ゴムのせん断ひずみが 250% のとき，移動方向の辺に関する二次形状係数が 4 程度以上必要であることを示している。

iii）式（4.5.4)に定める積層ゴムの水平せん断ひずみが，水平せん断ひずみの制限値 250% を超えない。

積層ゴムの水平力－水平変位関係において，繰返し作用に対してゴムの破断に至らず，耐荷力を喪失しないと考えられる限界の状態である。参考資料-8 の，地震時の繰返し作用を想定した正負交番漸増載荷試験結果によると，水平せん断ひずみが 300% を超えても耐荷力を喪失しない結果も得られているが，ハードニング現象が顕著に生じている。このように耐荷力を喪失するときの耐力の大きさや水平せん断ひずみを適切に評価する手法は十分に検討できていない。そのため，鉛プラグ入り積層ゴム支承及び高減衰積層ゴム支承については，設計計算に用いるモデル化が検討されている範囲である限界状態 2 に対応する水平せん断ひずみの制限値である 250% を限界状態 3 に対しても制限値として設定することができる。

2) 曲げモーメント及びせん断力を受ける上沓，下沓及びサイドブロックの限界状態 3

それぞれの部材に生じる応力度が以下の i ）から iii）を満足する場合には限界状態 3 を超えないと考えることができる。

i ）［道示Ⅱ］5.4.6 に規定される式(5.4.22)による曲げ引張応力度の制限値，式(5.4.23)による曲げ圧縮応力度の制限値を超えない。

ii ）［道示Ⅱ］5.4.7 に規定される式(5.4.28)によるせん断応力度の制限値

を超えない。

iii）［道示Ⅱ］5.4.9 の規定に基づき，**4.5.2**(1)2) iv) を満足する。

3) 支圧力を受ける上沓及びサイドブロックの限界状態 3

［道示Ⅱ］5.4.11 の規定に基づき，**4.5.2**(1)3) を満足する場合には，それぞれの部材が限界状態 3 を超えないと考えることができる。

4) せん断力及び引張力を受けるセットボルト，上沓取付けボルト，下沓取付けボルト及びサイドブロック取付けボルトの限界状態 3

［道示Ⅱ］5.4.12 の規定に基づき，**4.5.2**(1)4) を満足する場合には，限界状態 3 を超えないと考えることができる。

(6) 鉛直引張力及び水平力を受ける積層ゴム支承の限界状態 3

図-4.5.1 に示す積層ゴム支承を構成する各部材が以下の 1) から 4) を満足する場合には，鉛直引張力及び水平力を受ける積層ゴム支承の限界状態 3 を超えないと考えることができる。

1) 鉛直引張力及び水平力を受ける積層ゴムの限界状態 3

鉛直引張力及び水平力を受ける積層ゴムが，i) 及び ii) を満足する場合には，限界状態 3 を超えないと考えることができる。

i) 式 (4.5.6) に定める積層ゴムに生じる引張応力度が，式 (4.5.11) に定める引張応力度の制限値を超えない。

$$\sigma_{tud} = \xi_1 \xi_2 \Phi_{MBsl} \sigma_{tuk} \quad \cdots\cdots (4.5.11)$$

ここに，

σ_{tud}：引張応力度の制限値 (N/mm^2)

Φ_{MBsl}：抵抗係数で，**表-4.5.5** に示す値とする。

ξ_1：調査・解析係数で**表-4.5.5** に示す値とする。

ξ_2：部材・構造係数で**表-4.5.5** に示す値とする。

σ_{tuk}：引張応力度の特性値で，3.5N/mm^{2}とする。

表-4.5.5 調査・解析係数，部材・構造係数及び抵抗係数

<table>
<tr><th></th><th>ξ_1</th><th>ξ_2</th><th>Φ_{MBsl}</th></tr>
<tr><td>i）ii）及びiii）以外の作用の組合せを考慮する場合</td><td rowspan="2">0.90</td><td rowspan="3">0.60</td><td>0.65</td></tr>
<tr><td>ii）［道示Ｉ］3.3(2)⑩を考慮する場合</td><td rowspan="2">1.00</td></tr>
<tr><td>iii）［道示Ｉ］3.3(2)⑪を考慮する場合</td><td>1.00</td></tr>
</table>

過度な引張変形及びせん断変形によりゴムが破断すれば，耐荷力を失う状態となるが，このゴムが破断しない限界の状態を工学的指標と関連づけることは困難であることから，弾性範囲を超えない剛性変化点を限界状態として代表させることができる。引張応力度の特性値は，参考資料-9に示すように積層ゴムに作用した引張力に対して，引張力－変位関係から剛性変化点に到達していない限界の状態を，実験結果に基づき確認した範囲で設定できると考えられ，**表-4.5.5**は，実験結果を基づいている。なお，永続作用及び風を除く変動作用の支配状況において引張力が生じる場合は，**4.6.2**(1)2) iii）に示すように繰返し引張力に対する疲労耐久性が確認されていないことから，積層ゴム支承本体には引張力を受け持たせることはできない。

ii）**4.5.2** (4)1) ii）に定める積層ゴムに生じる水平せん断ひずみが，その制限値を超えない。

2) 曲げモーメント及びせん断力を受ける上沓，下沓及びサイドブロックの限界状態3

それぞれの部材に生じる応力度が以下のｉ）からiii）を満足する場合には限界状態3を超えないと考えることができる。

ｉ）［道示Ⅱ］5.4.6に規定される式(5.4.22)による曲げ引張応力度の制限値，式(5.4.23)による曲げ圧縮応力度の制限値を超えない。

ii）［道示Ⅱ］5.4.7に規定される式(5.4.28)によるせん断応力度の制限値を超えない。

iii）［道示Ⅱ］5.4.9 の規定に基づき，**4.5.2**(2)2) iv）を満足する。

3)　支圧力を受ける上沓及びサイドブロックの限界状態 3

［道示Ⅱ］5.4.11 の規定に基づき，**4.5.2**(1)3)を満足する場合には，それぞれの部材が限界状態 3 を超えないと考えることができる。

4)　せん断力及び引張力を受けるセットボルト，上沓取付けボルト，下沓取付けボルト及びサイドブロック取付けボルトの限界状態 3

［道示Ⅱ］5.4.12 の規定に基づき，**4.5.2**(1)4)を満足する場合には，限界状態 3 を超えないと考えることができる。

(7)　構 造 細 目

積層ゴム支承本体の構造細目について以下に示す。

1)　ゴム層厚

平成 7 年兵庫県南部地震以降，積層ゴム支承が大きな反力や水平変位が生じる橋などにも用いられるようになり，大きな平面寸法だけでなく総ゴム厚の大きいゴム支承が採用される事例が多い。しかし，総ゴム厚が大きく一層厚も大きいものは，鉛直変位が大きくなりやすく，桁端部においては伸縮装置の段差が大きくなるなど車両走行に支障が生じやすい。

積層ゴムの一層当たりのゴム厚は，桁の回転変形の吸収を満足する範囲で必要な総ゴム厚を分割し積層数を増やし，鉛直圧縮力による圧縮変位を小さくするように設定する。

積層ゴムの最小積層数は，鉛直変位や圧縮ばねを考慮するためには 2 層以上，水平ばねを考慮する場合は 3 層以上が積層数の目安とされている。

2)　内部鋼板

支承がせん断変形を受けた場合に内部鋼板厚が薄すぎると，**図-4.5.6** に示すような面外曲げ変形が大きくなり設計で想定する耐荷機構が発揮されなくなる。このような変状を防止し，設計で想定する耐荷機構を確保するためには，地震時水平力分散型ゴム支承及び免震支承では，内部鋼板厚は積層ゴムの単層厚の1/12～1/6程度とする。また，内部鋼板の最小厚さは2.3mm程度以上とする。

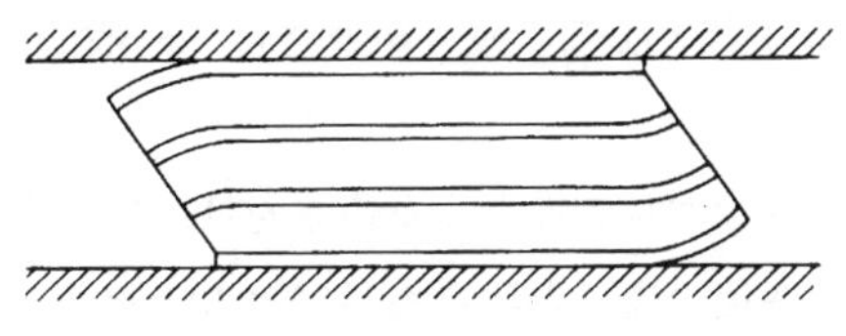

図-4.5.6　せん断変形に伴う面外変形

3)　上下鋼板

上下鋼板に上下沓取付け用のねじ穴を設ける場合には，ねじ穴が鋼板を貫通しないように適切な板厚を選定する必要がある。

下沓や上沓との取付けを行わない構造の積層ゴム支承の場合，上下鋼板厚さは内部鋼板と同じ厚さとする。ただし，重量が重く運搬や支承設置用の仮設ボルトを設ける場合には，上鋼板に吊りボルトを設けるために9mm程度の鋼板を用いる。

なお，積層ゴム支承の上下鋼板に設けるボスは，ゴム支承本体と上沓，下沓，ソールプレート等を組み立てボルトで連結する際のガイドとしての役割で設置される。またボスをはめ込む凹部との遊間はゴム支承本体と上沓及び下沓間の取付けボルトの遊間より小さくするとともに，取付けボルトの緩みや曲げが生じにくいように配慮する必要がある。積層ゴム支承は取付けボルトによって荷重を伝達させる構造形式であるが，出荷時に行う175％のせん断ひずみを与える試験に対して，ボスを試験治具として用いて荷重を伝達させることが一般的であるため，設計状況とは関係なくボスは，この水平耐力に相当する作用を想定し設計が行われている。

ゴム支承本体に伝達される鉛直荷重は，上下鋼板にボスを設ける場合においても上沓及び下沓を介して伝達されることになる。ゴム支承本体へ伝達される鉛直荷重が不均等となる影響を小さくし，鉛直荷重を確実に伝達するため，ボスについては，過度に大きな直径とすることは避ける必要がある。一般的には，ボスの直径は上下鋼板の短辺長の1/3以下に抑えるのがよい。また，鋼板のボス溝部の残り厚さが薄くなると，積層ゴム支承に作用する支圧応力により溝底部が受ける曲げ応力が大きくなる。このような曲げによる損傷を防止するためにボス溝部の残り板厚さは，一般的にボス直径の1/20以上を目安とする。

なお，既設橋の支承取替えなど支承高さを低く抑えたい場合に，**図-4.5.7**に示すような上下鋼板の構造が特殊な積層ゴム支承もある。このような場合には，積層ゴム支承の側面と張出したフランジとの接合箇所等に応力集中が生じるなど，積層ゴム支承に生じる応力等が異なることから，これに留意した設計を行う必要がある。

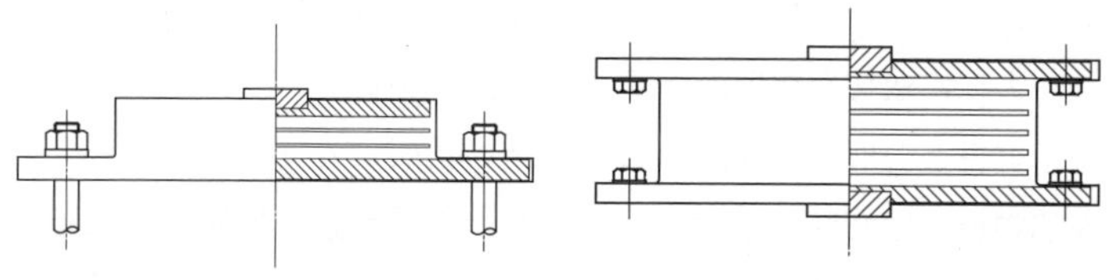

(a) 片フランジ付き積層ゴム支承　(b) 両フランジ付き積層ゴム支承

図-4.5.7　上下補強板の構造が特殊な積層ゴム支承の一例

4)　鉛プラグ

積層ゴムに入れる鉛プラグが所定の性能(剛性と減衰)を発揮するためには，鉛プラグの側面が内部ゴム・内部鋼板に確実に密着し，積層ゴムとして一体的に機能する状態でなければならない。そのため，孔のあいた積層ゴム支承に鉛プラグを入れることで密着させる方法が標準的である。また，鉛プラグの上下面を鋼板で蓋をして鉛の抜け出しを防止する構造であるとともに，鉛プラグがせん断変形しても十分拘束できるように，ゴム支承の側面から鉛プラグまでの距離を確保する必要がある。

なお，鉛プラグと上下鋼板は一般には構造的に引張力を負担しないと考えることができる。

4.5.3　パッド型ゴム支承又は帯状ゴム支承とアンカーバーを組み合わせた支承部

パッド型ゴム支承又は帯状ゴム支承は，アンカーバー等の変位を制限する構造体と組み合わせて支承部の性能を満足する機能分離型の支承部として用いられ，鉛直力支持機能（下向き）及び変位追随機能はゴム支承が受け持ち，鉛直力支持機能（上向き）及び水平力支持機能はアンカーバーが受け持つ機能分離型の支承部として設計されるのが標準的である。荷重支持機能を発揮するにあたっては，**図-4.5.8**に示す構成部材間で荷重伝達させることを想定している。この荷重伝達にあたって想定している機構が適切に発揮されるよう，構造を設計するとともに，部材に生じる応力度等に対して各部材が限界状態を超えないことを確認する必要がある。

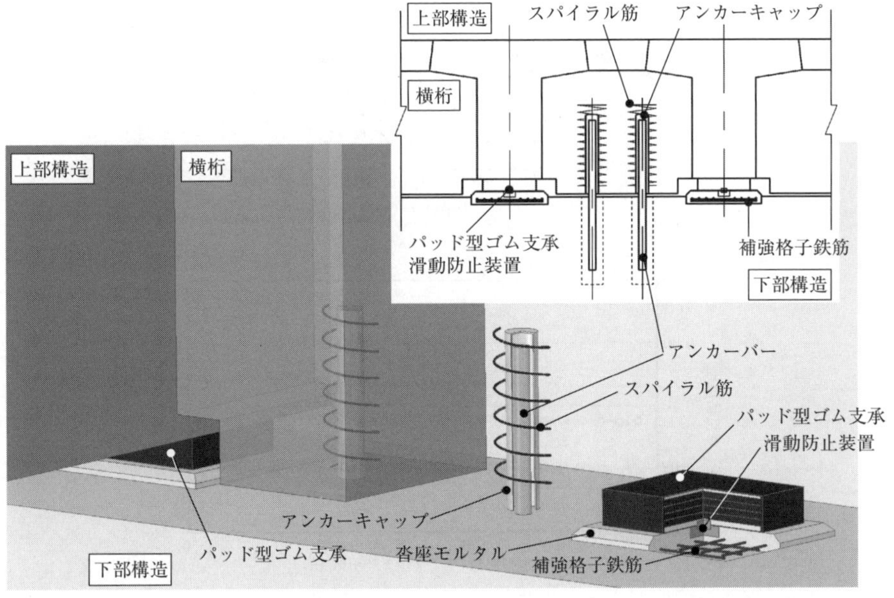

図-4.5.8　パッド型ゴム支承とアンカーバーを組み合わせた支承部の構造図

また，パッド型ゴム支承又は帯状ゴム支承とアンカーバーを組み合わせた支承部は，小規模な橋の上下部構造間の支持条件が固定可動の支承部に用いられることが多く，本便覧では，支承部に作用する地震時の水平力はすべて固定側のアンカーボルトで受け持たせて設計する場合を前提としている。もう一方の支点は，水平変位に対してゴム支承のせん断変形により追随するものと，ゴム支承の上面に PTFE 板等を設け，すべり機構とするものがある。

すべり機構を有するパッド型ゴム支承におけるゴム支承のせん断変形とすべり摩擦係数の関係を**図-4.5.9** に示す。［道示Ⅰ］10.1.3 の解説に示されるように，フッ素樹脂とステンレス鋼板の組合せに対して，これまでの経験より，摩擦係数 0.10 を用いて摩擦の影響を考慮することができる。摩擦係数は支承の形状や使用材料によって異なるため，これらの条件に応じた係数を実験的に求めるとともに経年劣化による摩擦係数が増すことを考慮する必要がある。

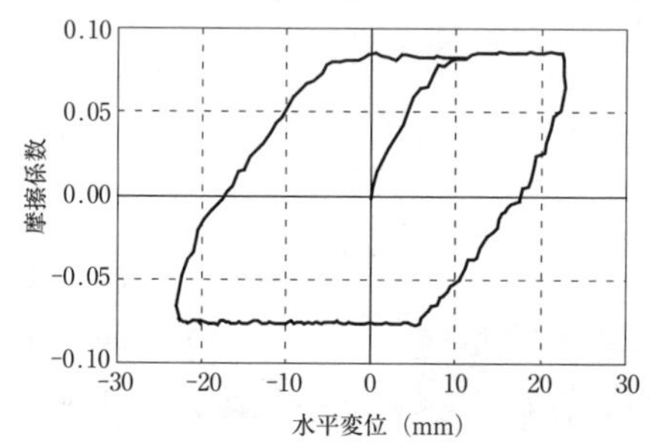

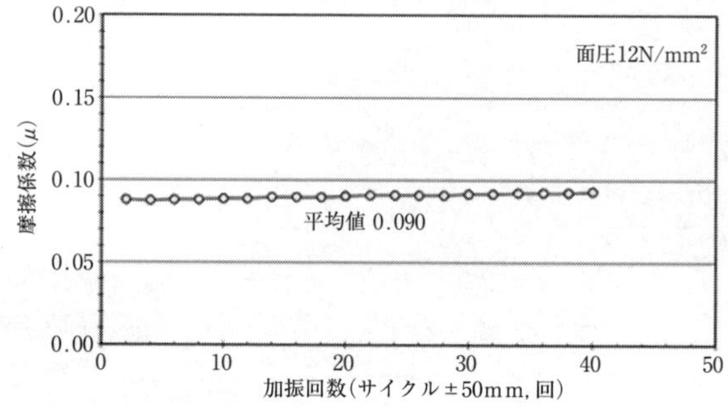

図-4.5.9 すべり型ゴム支承のせん断－摩擦特性

また，鉛直方向の変位を拘束しなくても地震後に支承部の機能が確保される支承部構造を採用する場合においては，鉛直支持機能（上向き）を有する必要はない。パッド型ゴム支承又は帯状ゴム支承とアンカーバーを組み合わせた支承部において，仮に上揚力が作用した場合にもアンカーバーがはずれない構造とすることにより，鉛直方向の変位を拘束しない場合でも支承部の機能が確保されると考えることができる。なお，アンカーバーがはずれない構造的な配慮としては，上側のアンカーバーの長さを300mm以上確保する方法が考えられる。

パッド型ゴム支承又は帯状ゴムとアンカーバーが分担する機能に応じて，それぞれに生じる状態を適切に算出し，それぞれの限界状態を超えないことで，支承部が限界状態を超えないことを照査する。

パッド型ゴム支承とアンカーバーを組み合わせる支承部について，以下の1)から9)の適用範囲において**4.5.3**(5)に示す構造細目を満足している場合には，**4.5.3**(1)から(4)に従って照査を行えば，それぞれ限界状態を超えないと考えることができる。

1) 平面形状：ゴム支承の橋軸方向，橋軸直角方向の各辺長が100mm～2,000mm
製作上，内部鋼板の位置決め用の孔を設ける場合には，孔の面積はゴム支承の有効寸法より求めた面積の1%以内であること

2) 単層厚 t_e：3mm ≦ t_e ≦ 60mm

3) 有効ゴム厚 Σt_e：Σt_e ≦ 300mm

4) 一次形状係数 S_1：4 ≦ S_1（長辺の長さが400mm以下），5 ≦ S_1（長辺の長さが401mm以上）

5) 二次形状係数 S_2：4 ≦ S_2

6) ゴムの種類：クロロプレンゴム，天然ゴム

7) せん断弾性係数 G：8，10，12（クロロプレンゴム，天然ゴム）

8) 内部鋼板厚 t：2.3mm ≦ t

9) 鋼板材料：SS400，SM490

(1) 鉛直圧縮力及び水平力を受けるパッド型ゴム支承とアンカーバーを組み合わせた支承部の限界状態1

以下の1)及び2)を満足する場合には，鉛直圧縮力及び水平力を受けるパッド型ゴム支承とアンカーバーを組み合わせた支承部の限界状態1を超えないと

考えることができる。

1)　鉛直圧縮力及び水平力を受けるパッド型ゴム支承の限界状態1

鉛直圧縮力及び水平力を受けるパッド型ゴム支承が，以下のⅰ)からⅲ)を満足する場合には，限界状態1を超えないと考えることができる。なお，橋軸方向及び橋軸直角方向に水平力が生じる場合はその偏心量を考慮する。

ⅰ）式（4.5.1）に示すパッド型ゴム支承の内部鋼板に生じる引張応力度がその制限値を超えない。

ⅱ）**4.5.3**(3)1)ⅱ)に示すパッド型ゴム支承の圧縮応力度がその制限値を超えない。

ⅲ）式（4.5.4）に示すパッド型ゴム支承の水平せん断ひずみが，その制限値を超えない。ここで，パッド型ゴム支承の水平せん断ひずみの制限値は，これまでの実績等を踏まえて70%とすることができるが，これによらない場合は，実験等によりばらつき等を考慮のうえで適切に設定する必要がある。なお,すべり機構を有するパッド型ゴム支承の場合は考慮しなくてよい。

2)　水平力を受けるアンカーバーの限界状態1

4.5.3(5)1)に示す構造細目を満足する場合，**4.5.5**(2)2)による。

(2) 鉛直引張力及び水平力を受けるパッド型ゴム支承とアンカーバーを組み合わせた支承部の限界状態1

以下を満足する場合には，鉛直引張力及び水平力を受けるパッド型ゴム支承とアンカーバーを組み合わせた支承部の限界状態1を超えないと考えることができる。

4.5.3(5)1)に示す構造細目を満足する場合，**4.5.5**(2)2)による。なお，鉛直方向の変位を拘束していない構造の場合は鉛直引張力を考慮する必要はない。

(3) 鉛直圧縮力及び水平力を受けるパッド型ゴム支承とアンカーバーを組み合わせた支承部の限界状態3

以下の1)及び2)を満足する場合には，鉛直圧縮力及び水平力を受けるパッド型ゴム支承とアンカーバーを組み合わせた支承部の限界状態3を超えないと考えることができる。

1) 鉛直圧縮力及び水平力を受けるパッド型ゴム支承の限界状態3

鉛直圧縮力及び水平力を受けるパッド型ゴム支承が，以下のⅰ)及びⅱ)を満足する場合には，限界状態3を超えないと考えることができる。なお，橋軸方向及び橋軸直角方向に水平力が生じる場合はその偏心量を考慮する。

ⅰ) **4.5.3**(1)1) ⅰ)に示すパッド型ゴム支承の内部鋼板に作用する引張応力度がその制限値を超えない。

ⅱ) 式（4.5.7）に示すパッド型ゴム支承の圧縮応力度がその制限値を超えない。

2) 水平力を受けるアンカーバーの限界状態3

4.5.3(5)1)に示す構造細目を満足する場合，**4.5.5**(2)2)による。

(4) 鉛直引張力及び水平力を受けるパッド型ゴム支承とアンカーバーを組み合わせた支承部の限界状態3

以下を満足する場合には，鉛直引張力及び水平力を受けるパッド型ゴム支承とアンカーバーを組み合わせた支承部の限界状態3を超えないと考えることができる。

4.5.3(5)1)に示す構造細目を満足する場合，**4.5.5**(2)2)による。なお，鉛直方向の変位を拘束していない構造の場合は鉛直引張力を考慮する必要はない。

(5) 構 造 細 目

1) 上下部構造間の空間

アンカーボルトによる連結については，［道示Ⅲ］7.5.1にその照査法が規定されており，ここでは，アンカーボルトにはせん断力と軸方向引張力のみが単独もしくは同時に作用する構造を前提としている。このため，この前提条件が成立するための構造細目とすることが求められる。

両端がコンクリート桁とコンクリートの下部構造で拘束されたアンカー

バーの場合，既往の研究[4)5)]より，下部構造と上部構造の空間が大きすぎると，曲げによる影響が大きくなり耐力が低下することが明らかとなっている。これら既往の研究を踏まえ，少なくともアンカーバーの径 d と，**図-4.5.10** に示す下部構造と上部構造の空間 h の比 h/d を0.5程度以下とする必要がある。

また，上部構造の水平変位を制限するために突出鋼棒を片持ち梁形式でピンとして機能させるよう設計する場合も同様に，設計で想定する抵抗機構や条件との乖離に留意する。［道示Ⅱ］において，ピンによる連結では主にせん断と支圧により力を伝達する構造であることに加えて，曲げについては，［道示Ⅱ］図-解 5.3.3 に示されるように両端固定条件で支持幅が比較的大きく，実際の応力度が支間を l として計算したものより小さいことを確実に見込む必要がある。ピンに生じる応力度の制限値はこれを前提に通常の曲げ部材とは異なる値が曲げ応力，せん断応力それぞれに対して規定されており，構造細目等に留意する。

台座コンクリートを設ける場合には，アンカーバーの抵抗機構に影響を及ぼさないことを確認したうえで適用する必要がある。なお，耐久性能の確保の方法として，溶融亜鉛メッキ等を行う場合は，点検で状態確認ができ，溶融亜鉛メッキの補修等が行うことができるよう，維持管理の方法に応じて空間を確保する必要があり，設計の前提となる維持管理方法を踏まえた上で，下部構造と上部構造の空間 h を設定する必要があることに留意する必要がある。

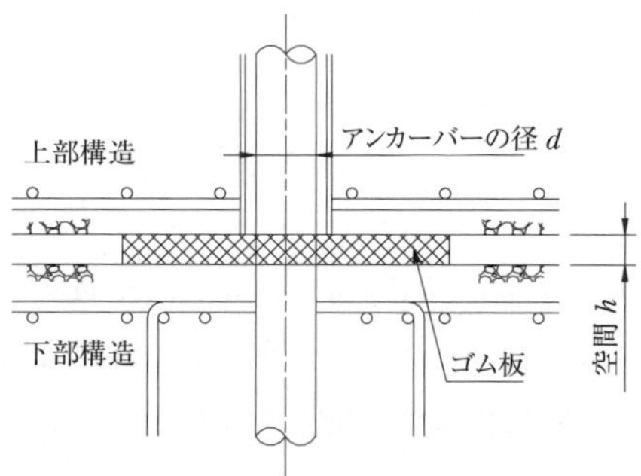

図-4.5.10　下部構造と上部構造の空間

また，引抜きを伴わない場合のアンカーバーの埋込み長さは$5d$程度に短くしても水平力に対して強度的に問題ないことが明らかとなっている。しかしながら，施工誤差などが考えられるため，$10d$以上の埋込み長さを確保するのが標準的である。

ヘッド付きアンカーバーはせん断耐力の他，上向きの地震力に対して引張応力度及び付着応力度を照査する必要がある。

2) 内部鋼板，上下鋼板の厚さ

積層ゴム支承の場合と同様に，支承がせん断変形を受けた場合に内部鋼板の厚さが薄すぎると**図-4.5.6**に示すような面外曲げ変形が大きくなり設計で想定する耐荷機構が発揮されなくなる。設計で想定する耐荷機構を確保するためには，ゴムから伝達されるせん断力に対して内部鋼板の変形を防止し，十分な剛性を有している必要があり，内部鋼板の最小厚さは，2mm程度以上としたうえで，パッド型ゴム支承のゴム一層厚の1/12以上とするのがよい。

パッド型ゴム支承の上下鋼板厚さは，据付け作業や滑動防止装置の取付けなど施工状況を考慮して設定するのがよい。なお，ゴム支承がせん断変形することにより，ゴムに引張が生じる部分で上下部構造とゴム支承本体上下面に，**図-4.5.6**に示すような肌隙が生じるが，設計で想定する耐荷機構が確保される範囲でせん断変形の制限値を設定しており，この範囲で用いる場合は，耐荷力の影響はほとんどないと考えられる。

3) パッド型ゴム支承に用いる滑動防止

パッド型ゴム支承を用いる場合は，水平移動に対してパッド型ゴム支承が沓座から逸脱しないように，**図-2.3.8**(c)に示すような滑動防止装置を設けることを標準としている。

滑動防止装置の水平力はゴム支承のせん断力，または，すべり機構を有するパッド型ゴム支承では，すべり機構による摩擦力として設計する。

4) 帯状ゴム支承の構造形式

本便覧で対象としている帯状ゴム支承については，ゴム材料として**3.2**(2)に示すクロロプレンゴムで弾性係数の呼びG10を用いたゴム層厚さ10mm×2層，15mm×2層，12mm×3層のいずれかで，中間層に硬質ゴムの厚さ3mmにより補強された幅150mm又は200mmとして成型されたものが，橋長15m程度の両端が橋台で支持された単径間のプレストレストコンクリート橋等の桁下の全幅に設置して使用する場合としている。

4.5.4 鋼製支承

鋼製支承は，設計で想定する機能が発揮されるよう鋼材等の部材が組み合わされ必要な機構を有する構造として設計する必要がある。鋼製支承を構成する全ての部材等が，部材等の限界状態1を超えない場合には，鋼製支承の限界状態1を超えないと考えることができる。鋼製支承を構成する全ての部材等が，部材等の限界状態3を超えない場合には，鋼製支承の限界状態3を超えないと考えることができる。ただし，鋼製支承の構造特性によっては，必ずしも部材等の限界状態で代表できない場合があるので，その場合には，鋼製支承全体としての限界状態を適切に設定する必要がある。

本項では，**2.3**に示す個別の支承の種類によらない，鋼製支承の限界状態を共通する事項として**4.5.4**(1)から(4)に示し，個別の支承の種類における荷重伝達機構及び構造細目を**4.5.4**(5)から(11)に示す。これらは，一般的な構造形式を踏まえて想定している機構であるとともに，その機構を実現するための前提や留意事項を示しているものである。部材等の形状や各部材間の遊間の設定に応じて耐荷機構やその適用範囲が異なることに注意する必要がある。

(1) 鉛直圧縮力及び水平力を受ける鋼製支承の限界状態1

鋼製支承を構成する部材等が，以下の1)から3)を満足する場合には，鉛直圧縮力及び水平力を受ける鋼製支承の限界状態1を超えないと考えることができる。

1)　せん断力及び引張力を受ける仕上げボルトの限界状態1

鋼製支承を構成する部材等は，接合用部材として仕上げボルトにより接合されることが一般的である。仕上げボルトには，支承に作用する荷重伝達に応じて，引張応力度及びせん断応力度並びにこれらの合成応力度が作用する。

仕上げボルトは，引張応力度及びせん断応力度が［道示Ⅱ］5.3.12(3)に規定される制限値を超えないことを確認するとともに，［道示Ⅱ］5.3.9(1)の規定に応じて必要な場合は合成応力度による照査も行い満足する場合には，限界状態1を超えないと考えることとしている。

2)　支圧力を受ける部材等の限界状態1

i）面接触機構

支圧力を受ける部材等に生じる支圧応力度が，［道示Ⅱ］5.3.11に規定される支圧応力度の制限値を超えない場合には限界状態1を超えないと考えることとしている。なお，橋軸方向又は橋軸直角方向に水平力が作用する場合は，その偏心量を考慮して支圧応力度を算出する。ここで，鋼材の支圧強度の特性値については，**4.3.3**(1)に示す**表-4.3.3**の値を用いることができる。

①　PTFE板

鉛直圧縮力により支圧力を受けるPTFE板に生じる支圧応力度が，式(4.5.12)を満足する場合には，限界状態1を超えないと考えることができる。なお，橋軸方向又は橋軸直角方向に水平力が作用する場合は，その偏心量を考慮して応力度を算出する。

$$\sigma_b \leqq \sigma_{bad} \cdots\cdots (4.5.12)$$

$$\sigma_b = \frac{R}{A} \cdots\cdots (4.5.13)$$

$$\sigma_{bad} = \xi_1 \cdot \Phi_B \cdot \alpha \cdot \sigma_{ba} \cdots\cdots (4.5.14)$$

ここに，

σ_b：平面接触部の支圧応力度(N/mm^2)

R：支承に生じる反力(N)

A：接触面積(mm^2)

σ_{bad}：支圧応力度の制限値(N/mm^2)

ξ_1：調査・解析係数で，**表-4.5.6** に示す値とする。

Φ_B：抵抗係数で，**表-4.5.6** に示す値とする。

α：PTFE 板の支圧強度の特性値の補正係数で 1.50 とする。

σ_{ba}：**表-4.5.7** に示す支圧強度の特性値(N/mm^2)

表-4.5.6　調査・解析係数，抵抗係数

<table>
<tr><th></th><th>ξ_1</th><th>Φ_B</th></tr>
<tr><td>i）ii）及び iii）以外の作用の組合せを考慮する場合</td><td rowspan="2">0.90</td><td>0.95</td></tr>
<tr><td>ii）［道示 I］3.3(2)⑩を考慮する場合</td><td rowspan="2">1.00</td></tr>
<tr><td>iii）［道示 I］3.3(2)⑪を考慮する場合</td><td>1.00</td></tr>
</table>

表-4.5.7　BP·B 支承に使用する PTFE 板及び密閉ゴムの支圧強度の特性値

<table>
<tr><th rowspan="2"></th><th colspan="2">支圧強度の特性値（N/mm^2）</th></tr>
<tr><th>すべりのない平面接触</th><th>すべりのある平面接触</th></tr>
<tr><td>PTFE 板</td><td>60</td><td>30</td></tr>
<tr><td>ゴム</td><td>25</td><td>—</td></tr>
</table>

支圧力を受ける PTFE 板の限界状態 1 は，PTFE 板が支圧力に対して可逆性を有する限界の状態である。また可動支承として設計で想定する摺動距離に対して設計で想定する摩擦係数 0.10 を設定できることが確認された範囲で制限値を設定する必要がある。

PTFE 板とステンレス鋼板との間の支圧強度の特性値は，鋼材の支圧強度の特性値のように，限界状態 1 を降伏点とすることができると考えられる。ただし，PTFE 板の機械的性質として，その降伏点は明確ではない。また，水平移動機能やアイソレート機能を確保するために選定した材料であり，すべり機構として必要となる摩擦係数について実験的な検討により確認された範囲で用いる必要がある。そのため，降伏点は超えず，実験により摩擦係数が確認されている支圧強度を特性値として，従来と同等の安全余裕が得られるように，PTFE 板の支圧強度の特性値

の補正係数αや抵抗係数等を調整している。

PTFE板(補強材としてガラスファイバー，潤滑剤として二硫化モリブデン添加)とステンレス鋼板(SUS316)を組合わせたBP･B支承における繰返し摩擦試験の結果の一例(参考資料-10)を，**図-4.5.11**に示す。摩擦係数及び摩耗特性はPTFE成型品の充てん材の種類と配合によりかなりの差があるので，異なる材質を用いる場合にはそれぞれの特性を考慮したうえで適切に設計に反映する必要がある。

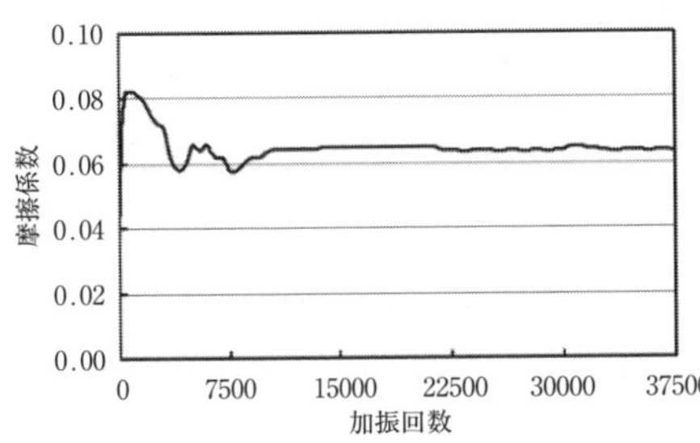

・鉛直荷重600kN(PTFE30Mpa相当)
・正弦波加振，最大加振速度2.0mm/s
・水平変位±7.5mm

図-4.5.11 BP･B支承の摩擦特性の例

② 中間プレート

鉛直圧縮力により①に示す支圧力を受けるPTFE板が限界状態1を超えないと考えることができる場合は，支圧力を受ける中間プレートの限界状態1を超えないと考えることができる。これは，**図-4.5.24**に示すように，中間プレートよりもPTFE板の方が支圧力を受ける面積が小さいため，支圧力を受ける中間プレートに生じる支圧応力度は，PTFE板に生じる支圧応力度よりも大きくならないとともに，鋼材を用いる中間プレートの支圧応力度の制限値はPTFE板の支圧応力度の制限値よりも大きいためである。

③ 密閉ゴム

鉛直圧縮力により支圧力を受ける密閉ゴムに生じる支圧応力度が，式(4.5.12)を満足する場合には，限界状態1を超えないと考えることができる。ここで，密閉ゴムの支圧強度の特性値は25N/mm^{2}とするのがよい。なお，橋軸方向又は橋軸直角方向に水平力が作用する場合は，その偏心量を考慮して応力度を算出する。

支圧力を受ける密閉ゴムの限界状態1は，中間プレートから受ける支圧力に対してゴムが弾性範囲を超えない限界の状態，かつ圧縮リングがゴムの膨出を抑えることができる限界の状態である。

密閉ゴムの支圧強度の特性値は，圧縮載荷試験における荷重－変位関係において可逆的な挙動を示すと考えられる範囲としている。

ⅱ）線接触機構

支圧力を受ける部材等に生じる支圧応力度が，［道示Ⅱ］5.3.11に規定される支圧応力度の制限値を超えない場合には限界状態1を超えないと考えることとしている。このとき，支圧力を受ける部材等に支圧応力度が生じ，かつ，それらが線接触機構を有する場合においては，ヘルツの公式に基づき，**図-4.5.12**に示すように，接触面における支圧応力度分布が楕円分布を生じるとして，また，支圧板を介した荷重の伝達が，支圧板厚さの2倍の範囲に等分布するものとして，接触面における最大支圧応力度を式(4.5.15)により算出する。(参考資料-3)

$$\sigma_b = 0.418\sqrt{\frac{RE}{lr}} \quad \cdots\cdots (4.5.15)$$

ここに，

σ_b：線接触部の支圧応力度(N/mm^2)

R：支承に生じる反力(N)

E：弾性係数(N/mm^2)

l：円柱の長さ(mm)

r：円柱の半径(mm)

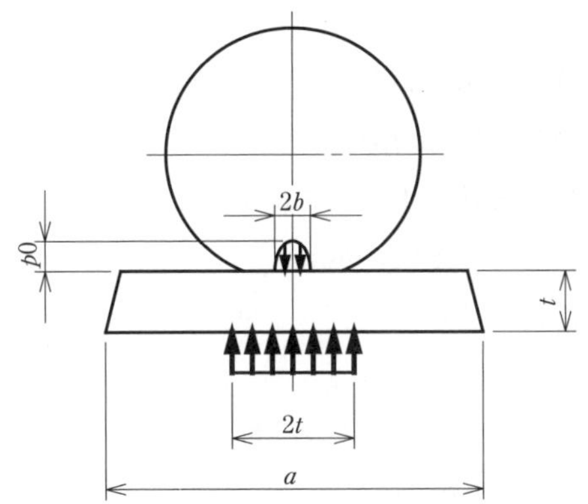

図-4.5.12　支圧板に対する荷重分布

iii）その他の接触機構

支圧力を受ける部材等に生じる支圧応力度が，［道示Ⅱ］5.3.11 に規定される支圧応力度の制限値を超えない場合には限界状態 1 を超えないと考えることとしている。このとき，鉛直方向に対して接触する凹側円柱面の半径 r_1 と凸側円柱面の半径 r_2 の比率 r_1/r_2 が 1.02 以上となるように設計されている場合は，［道示Ⅱ］5.3.11 に示されるように，ピンに接触する部分の支圧応力度の制限値については，実用上，ヘルツ理論を用いることができる。なお，橋軸直角方向の水平力を受ける場合は，その偏心量を考慮して応力度を算出する。

鉛直力と水平力が同時に作用した場合，その合力方向が荷重の作用方向となるため，**図-4.5.13** に示すように式(4.5.16)から式(4.5.18)により支圧応力度を求める。

$$R_V' = \sqrt{R_V{}^2 + R_H{}^2} \quad \cdots\cdots (4.5.16)$$

$$d' = d \cdot \sin\left(\tan^{-1}\frac{R_V}{R_H} - \sin^{-1}\frac{t}{d}\right) \quad \cdots\cdots (4.5.17)$$

$$\sigma_b = \frac{R_V'}{d' \cdot l} \quad \cdots\cdots (4.5.18)$$

ここに，

σ_b：円柱面の支圧応力度（N/mm^2）

d：円柱の直径（mm）

l：円柱の有効支圧長さ（mm）

t：上下沓のすき間（mm）

R_V：鉛直荷重（N）

R_H：水平荷重（N）

R_V'：R_V と R_H の合力の反力（N）

d'：R_V' の作用幅（mm）

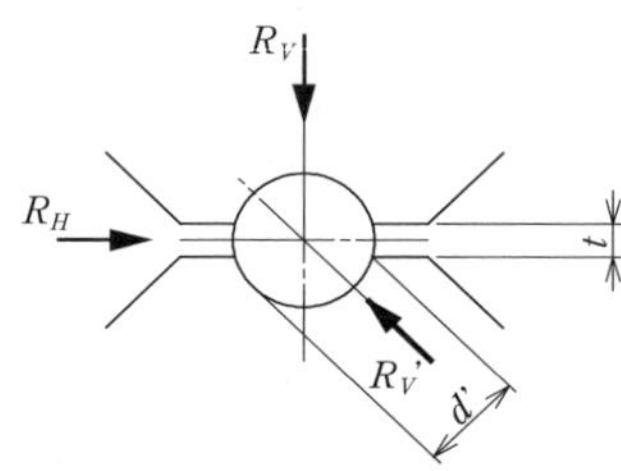

図-4.5.13　円柱面と円柱面との接触における荷重支持

支承部に作用する支圧力，橋軸直角方向の水平力によって支圧力を受ける上沓，ピン，下沓に生じる支圧応力度が，それぞれ［道示Ⅱ］5.3.11に規定される式(5.3.9)による支圧応力度の制限値を超えない場合には，限界状態1を超えないと考えることとしている。**図-4.5.14**に示すように，支圧面に生じる支圧応力度を求める。また，鋼板と鋼板との間の支圧はすべりのない平面接触と考えてよい。

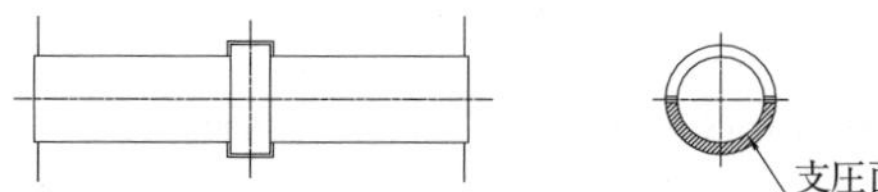

図-4.5.14　水平方向に対して考慮する上沓，ピン凸部，下沓の支圧面

また，球面による接触機構を有する場合は，［道示Ⅱ］4.1.2(2)に規定されるように，上沓凹球面の半径 r_1 と下沓凸球面の半径 r_2 の比率 r_1/r_2 が

1.01 未満となるように設計されていることから，平面接触として扱う。なお，**4.3** に示す支圧強度の特性値は，投影面積に対して算出した強度に対する値である。

高力黄銅支承板の支圧強度の特性値は，**表-4.5.8** に示す値を用いることができる。

すべり機構として必要になる摩擦係数については，実験的な検討により確認された範囲で用いることから，PTFE 板とステンレス鋼板との間の支圧強度の特性値の設定の考え方と同様に，これまでの便覧による場合と同じように，実験（参考資料-10）により確認されている支圧強度を特性値とした。

鉛直力と水平力が同時に作用した場合，その合力方向が荷重の作用方向となるため，**図-4.5.15** に示すように荷重の作用方向により支持面積が減少すると考えられる場合は，式(4.5.19)及び式(4.5.20)により支圧応力度を求めることができる。

$$\sigma_b = \frac{P'}{A} \qquad \cdots\cdots (4.5.19)$$

$$P' = \sqrt{{R_V}^2 + {R_H}^2} \qquad \cdots\cdots (4.5.20)$$

ここに，

σ_b：球面部の支圧応力度(N/mm^2)

A：**図-4.5.15** に示す球面接触部の面積(mm^2)

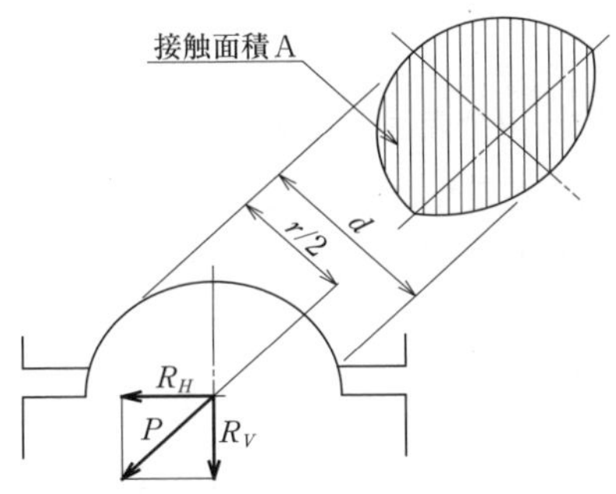

図-4.5.15　球面支承の水平力支持機構

表-4.5.8 BP･A 支承に使用する高力黄銅支承板の支圧強度の特性値

	支圧強度の特性値（N/mm^2）	
	すべりのない平面接触	すべりのある平面接触
高力黄銅板	60	30

高力黄銅支承板の繰返し摩擦試験の結果の一例を，**図-4.5.16** 及び**図-4.5.17** に示す。高力黄銅支承板の摩擦，摩耗特性は使用する支圧応力度及び固体潤滑材の種類と配合割合により大きく異なるので，それぞれの特性を確かめ，設計では，その影響が検証された範囲で用いる必要がある。

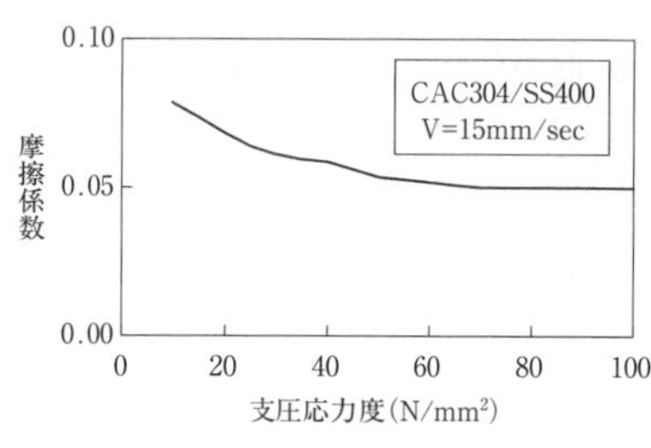

図-4.5.16 高力黄銅支承板の摩擦特性(1)

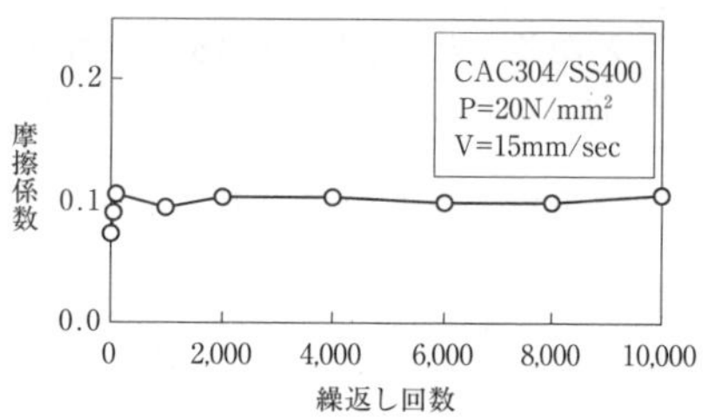

図-4.5.17 高力黄銅支承板の摩擦特性(2)

3） 曲げモーメント及びせん断力を受ける部材等の限界状態 1

鉛直圧縮力及び水平力を受けることで，鋼製支承を構成する部材等には，曲げモーメント及びせん断力が生じる。これらの断面力により，それぞれの部材に生じる応力度が，以下を満足する場合には限界状態 1 を超えないと考えることができる。

・曲げモーメントにより作用する軸方向引張応力度が，［道示Ⅱ］5.3.6 の規定による制限値を超えない。また，軸方向圧縮応力度は，［道示Ⅱ］5.4.6 の規定による制限値を満足することで限界状態 1 を超えないと考えることができる。

・せん断力を受ける部材として，［道示Ⅱ］5.3.7 の規定に基づき，［道示Ⅱ］5.4.7 の規定による限界状態 3 の制限値を満足することで限界状態 1 を超えないと考えることができる。

・曲げモーメントにより作用する軸方向圧縮応力度及びせん断力の剛性応力度が，［道示Ⅱ］5.4.9 に規定される合成応力度による限界状態1を超えない。

i）鉛直方向の支持機能を発揮するために用いられる部材

上沓及び下沓並びにこれら部材間に設置される個別の支承の種類に応じた部材等については，支承に作用する鉛直圧縮力とともに，水平力が作用することを偏心量として考慮し応力度を算出する。可動の場合には，上沓との接触面からの摩擦力が中間プレートを介して下沓に作用することを考慮する。

このとき，上部構造からの反力は，上沓や下沓の曲げ剛性で下部構造に伝達されるので，支承の上・下部構造の接触部に支圧応力を均等に分布させるために相当な厚さが必要となる。［道示Ⅰ］解説に示される式(解10.1.1)を満足する場合は，**図-4.5.18** に示すように支圧応力の均等な分布を考慮して上沓，下沓に生じる応力度をそれぞれ算出することができる。

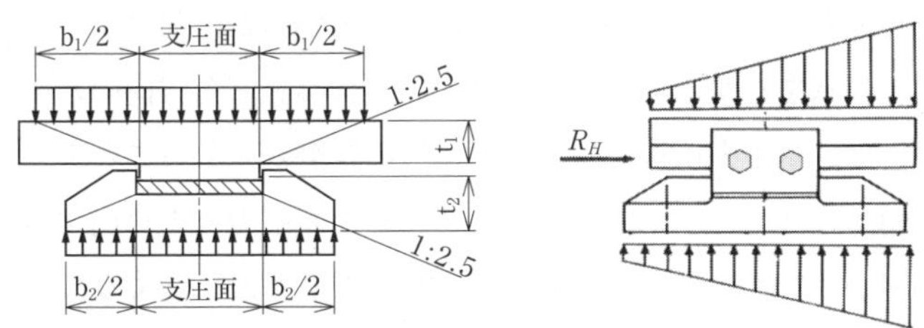

図-4.5.18　荷重の伝達を考慮した部材厚の例

図-4.5.19 は，鉛直圧縮力のみを考慮する場合の支圧応力分布と照査断面を示したものである。下沓中央断面の照査は，密閉ゴムと下沓との接触面に生じている支圧応力度と下沓下面の接触面に生じている支圧応力度を外力として応力度を算出する。同様に，中間プレートに生じる応力は**図-4.5.20** に示す状態を考慮して算出する。なお，橋軸方向又は橋軸直角方向に水平力が作用する場合は，その偏心量を考慮して応力度を算出する。

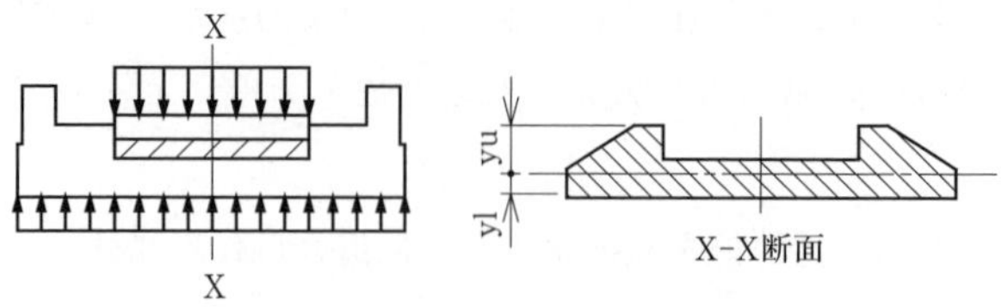

図-4.5.19　下沓の応力度の照査

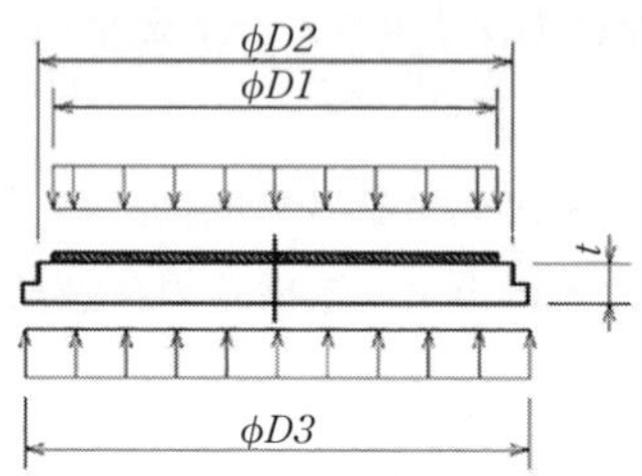

図-4.5.20　中間プレートの応力状態

ⅱ）水平方向の支持機能を発揮するために用いられる部材

突起形状を有する部材等に橋軸方向又は橋軸直角方向の水平力が生じる場合には，水平力伝達時に部材間に平面接触が生じることを想定し，突部に作用する断面力より曲げ応力度及びせん断応力度を算出する。

図-4.5.21 は，水平力伝達時に想定する平面接触による荷重伝達機構を踏まえた照査断面の一例である。①－①断面は，橋軸方向水平力 H1 が上沓ストッパー部に作用した場合の照査断面であり，②－②断面は，橋軸直角方向水平力 H2 が下沓凸部に作用した場合の照査断面と考えることとしている。それぞれの断面に生じる曲げ応力度及びせん断応力度は式（4.5.21）及び式（4.5.22）により算出できる。なお，形状に応じて適切に照査断面を設定する必要がある。**図-4.5.22** に示すように断面形状が小さくなる位置に対して行うのが標準である。

$$\sigma = \frac{H_i \cdot h_i}{\frac{1}{6} a_i^2 b_i} \quad \cdots\cdots (4.5.21)$$

$$\tau = \frac{H_i}{a_i b_i} \quad \cdots\cdots (4.5.22)$$

ここに,

σ ：着目する断面のせん断応力度(N/mm^2)

τ ：着目する断面のせん断応力度(N/mm^2)

H_i：設計水平力(N)

a_i, b_i：**図-4.5.21** に示す水平抵抗部材の寸法(mm)

h_i：荷重作用位置までの高さ(mm)

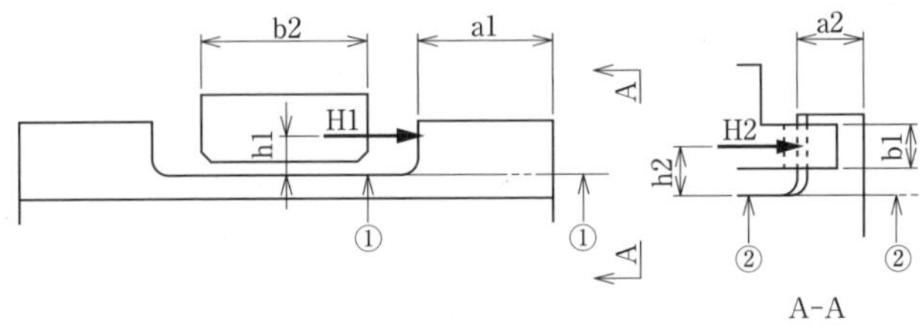

図-4.5.21 上沓ストッパー部と下沓凸部の照査断面

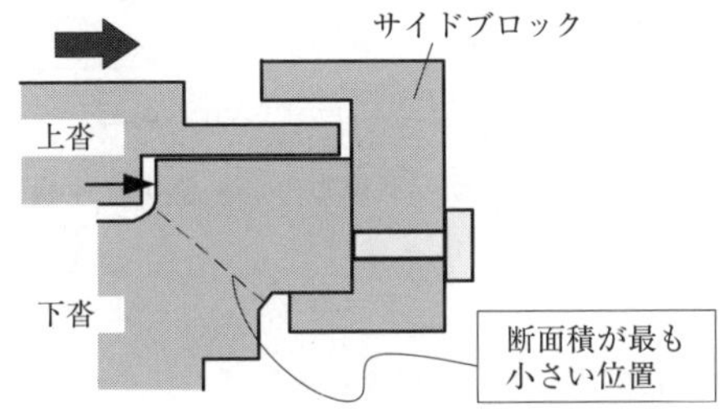

図-4.5.22 下沓凸部橋軸直角方向水平力抵抗部材の照査

(2) 鉛直引張力及び水平力を受ける鋼製支承の限界状態1

鋼製支承を構成する部材等が，以下の1)から3)を満足する場合には，鉛直引張力及び水平力を受ける鋼製支承の限界状態1を超えないと考えることとしている。

1) せん断力及び引張力を受ける仕上げボルトの限界状態1

仕上げボルトは，引張応力度及びせん断応力度が［道示Ⅱ］5.3.12(3)に規定される制限値を超えないとともに，［道示Ⅱ］5.3.9(1)の規定に応じて必要な場合は合成応力度による照査も行い，満足する場合には限界状態1を超えないと考えることとしている。

このとき，仕上げボルトに作用する力を適切に考慮する必要がある。例えば，鋼製支承が鉛直引張力を受けることで部材等の荷重伝達により，仕上げボルトに引張力が作用する場合があり，その一例を**図-4.5.23**に示す。この場合，曲げモーメントの釣り合いより，仕上げボルトに生じる引張力を適切に算出する必要がある。

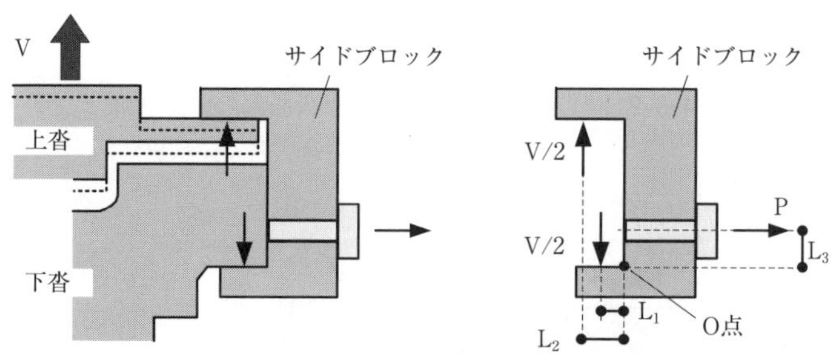

図-4.5.23 サイドブロックボルトの引張力発生機構の例

2) 支圧力を受ける部材等の限界状態1

支承部に作用する鉛直引張力及び水平力を受けることで支圧力を受ける部材等が，［道示Ⅱ］5.3.11に規定される式(5.3.9)による支圧応力度の制限値を超えない場合には，限界状態1を超えないと考えることとしている。支圧応力度の分布については，水平力の作用に伴う偏心量を考慮して算出する必要がある。

3)　曲げモーメント及びせん断力を受ける部材等の限界状態 1

鉛直引張力及び水平力を受けることで，鋼製支承を構成する部材等には，曲げモーメント及びせん断力が生じる。これらの断面力によって生じる各部材に生じる応力度が，以下を満足する場合には限界状態 1 を超えないと考えることができる。

・曲げモーメントにより作用する軸方向引張応力度が，［道示Ⅱ］5.3.6 の規定による制限値を超えない。また，軸方向圧縮応力度は，［道示Ⅱ］5.4.6 の規定による制限値を満足することで限界状態 1 を超えないと考えることができる。

・せん断力を受ける部材として，［道示Ⅱ］5.3.7 の規定に基づき，［道示Ⅱ］5.4.7 の規定による制限値を満足することで限界状態 1 を超えないと考えることができる。

・曲げモーメントにより作用する軸方向引張応力度及びせん断力の合成応力度が［道示Ⅱ］5.4.9 に規定される合成応力度による限界状態 1 を超えない。

(3)　鉛直圧縮力及び水平力を受ける鋼製支承の限界状態 3

鋼製支承を構成する部材等が，以下の 1)から 3)を満足する場合には，鉛直圧縮力及び水平力を受ける鋼製支承の限界状態 3 を超えないと考えることができる。

1)　せん断力及び引張力を受ける仕上げボルトの限界状態 3

［道示Ⅱ］5.4.12 の規定に基づき，仕上げボルトは，引張応力度及びせん断応力度が限界状態 1 を超えない場合には，限界状態 3 を超えないと考えることができる。

2)　支圧力を受ける部材等の限界状態 3

［道示Ⅱ］5.4.11 の規定に基づき，鋼製支承を構成する部材等は，支圧応

力度が限界状態1を超えない場合には，限界状態3を超えないと考えることができる。

鋼製支承に鉛直圧縮力が作用する場合は，PTFE板，中間プレート，密閉ゴム，ベアリングプレート等にも支圧力が生じる。これらの部材等は，［道示Ⅱ］5.4.11に示される鋼部材と同様に，支圧応力度が限界状態1を超えない場合には，限界状態3を超えないと考えることとしている。なお，限界状態1を超えないとみなせる条件は限界状態3を超えないとみなせることにも配慮して設定されている。

3）曲げモーメント及びせん断力を受ける部材等の限界状態3

曲げモーメントを受ける部材として，［道示Ⅱ］5.4.6の規定に基づき，曲げ引張応力度の制限値及び曲げ圧縮応力度の制限値を超えない場合で，せん断力を受ける部材として，［道示Ⅱ］5.4.7に規定されるせん断応力度の制限値を超えず，さらに，曲げモーメントにより作用する軸方向圧縮応力度及びせん断力の合成応力度が［道示Ⅱ］5.4.9に規定される合成応力度による限界状態1を超えない場合には，限界状態3を超えないと考えることができる。

(4) 鉛直引張力及び水平力を受ける鋼製支承の限界状態3

鋼製支承を構成する部材等が，以下の1)から3)を満足する場合には，鉛直引張力及び水平力を受ける鋼製支承の限界状態3を超えないと考えることができる。

1）せん断力及び引張力を受ける仕上げボルトの限界状態3

［道示Ⅱ］5.4.12の規定に基づき，仕上げボルトは，引張応力度及びせん断応力度が限界状態1を超えない場合には，限界状態3を超えないと考えることができる。

2)　支圧力を受ける部材等の限界状態3

［道示Ⅱ］5.4.11の規定に基づき，鋼製支承を構成する部材等は，支圧応力度が限界状態1を超えない場合には，限界状態3を超えないと考えることができる。

3)　曲げモーメント及びせん断力を受ける部材等の限界状態3

曲げモーメントを受ける部材として，［道示Ⅱ］5.4.6の規定に基づき，曲げ引張応力度の制限値及び曲げ圧縮応力度の制限値を超えない場合で，せん断力を受ける部材として，［道示Ⅱ］5.4.7に規定されるせん断応力度の制限値を超えず，さらに，［道示Ⅱ］5.4.9に規定される合成応力度による限界状態1を超えない場合には，限界状態3を超えないと考えることができる。

(5) BP・B支承

1)　荷重伝達機構

2.3に示す構造を有するBP・B支承の荷重支持機能を発揮するため，支承部に作用する鉛直力及び水平力を，**図-4.5.24**に示す支承を構成する部材間で確実に荷重を伝達させるよう設計する必要がある。以下のⅰ)からⅴ)に，BP・B支承における部材間の荷重伝達経路を示す。

このような経路で荷重を伝達させるにあたっては，部材間で想定している機構通りに力が伝達されるよう形状や寸法等を定め適切な遊間を確保するとともに，各部材に生じる応力度等の応答が制限値を超えないことを確認する必要がある。また,次項に示す構造細目を有していることを前提としており，これらを満足する必要がある。

ⅰ）鉛直方向の圧縮力（以下，鉛直圧縮力）：

②上沓↔③ステンレス鋼板↔④ PTFE板↔⑤中間プレート↔⑦密閉ゴム↔⑨下沓↔⑪ベースプレート

ⅱ）水平力（橋軸方向可動）：

①セットボルト↔②上沓↔③ステンレス鋼板↔④ PTFE 板↔⑤中間プレート↔⑨下沓↔⑪ベースプレート↔⑫アンカーボルト

ⅲ）水平力（橋軸方向固定）：

①セットボルト↔②上沓（ストッパー）↔⑨下沓（凸部）↔⑪ベースプレート↔⑫アンカーボルト

ⅳ）水平力（橋軸直角方向）：

①セットボルト↔②上沓↔⑨下沓（凸部）↔⑪ベースプレート↔⑫アンカーボルト

ⅴ）鉛直方向の引張力（以下，鉛直引張力）：

①セットボルト↔②上沓↔⑩サイドブロック↔⑨下沓↔⑪ベースプレート↔⑫アンカーボルト

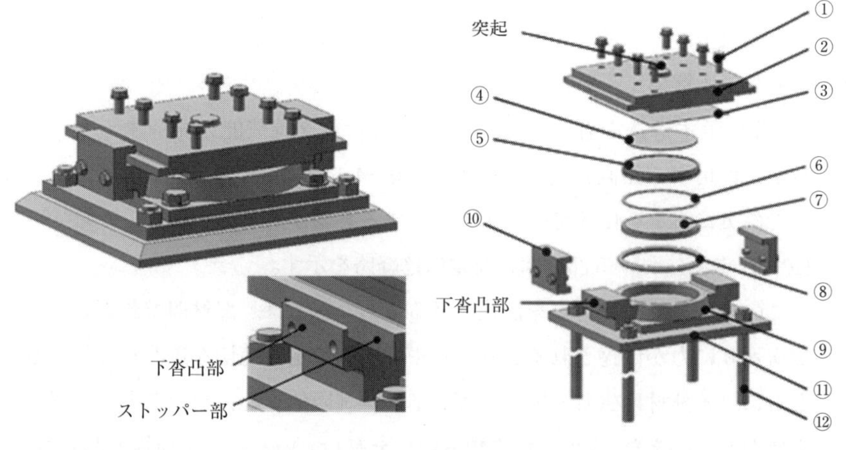

部番	部材名称	部番	部材名称
①	セットボルト	⑦	密閉ゴム
②	上沓	⑧	シールリング
③	ステンレス鋼板	⑨	下沓
④	PTFE 板	⑩	サイドブロック
⑤	中間プレート	⑪	ベースプレート
⑥	圧縮リング	⑫	アンカーボルト

図-4.5.24 BP・B 支承の構造図

2)　構造細目

i）鋳鋼材料の最小厚

鋳鋼材料を用いる場合は，製作時に有害な欠陥を生じないように構造及び主要部の厚さを決定する。［道示Ⅰ］10.1.9(7)の規定に従い，主要部である上沓及び下沓の厚さは，鋳造時の充てん性を確保するため25mm以上とする。

ii）　隅角部の丸み付け

過去の大規模地震において，応力集中する隅角部の付け根部に丸み付けを行っていなかった支承部において，そこを起点として破壊が生じたと見られるケースが確認された。このため，鋼製支承は，応力集中の発生しやすい隅角部に丸み付けを施す必要がある。応力集中の発生しやすい部位としては，**図-4.5.25**に示すように，下沓凸部の立上り部，上沓ストッパー部，サイドブロックの隅角部等が該当する。丸み付けを行う場合の丸みの大きさは，一般的に式（4.5.23）により決定することができる。

$$R \geqq \frac{T}{30} \ (\text{ただし，} R \geqq 3\text{mm}) \cdots\cdots\cdots\cdots (4.5.23)$$

ここに，R：丸み付けの半径(mm)

T：水平力が作用する部材の部材厚(mm)

なお，式（4.5.23）は，Heywood[6]の実験から式（4.5.24）により計算される応力集中率が3程度に収まるようにして導かれたものである。

$$\nu = 1 + 0.26\left(\frac{T}{2R}\right)^{0.7} \cdots\cdots\cdots\cdots (4.5.24)$$

ここに，

ν：Heywoodによる応力集中率

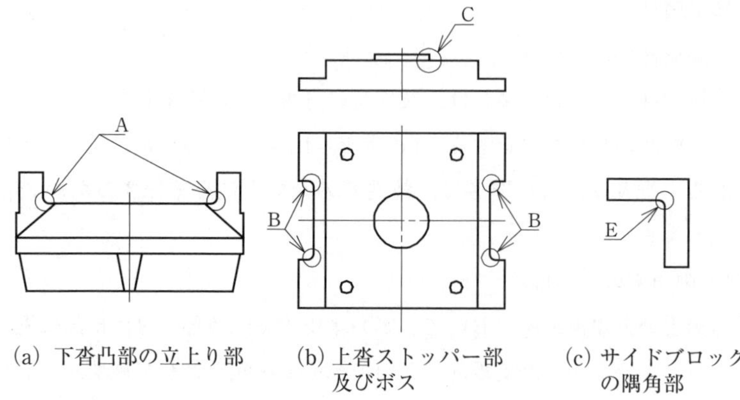

図-4.5.25 BP･B 支承を構成する部材の隅角部の丸み付け

iii）上沓，下沓，サイドブロック，中間プレート間の遊間の確保

設計で想定する荷重伝達機構が適切に機能するように，支承を構成する部材間の遊間は，適切に設定する必要がある。**図-4.5.26** にその設定例を示す。橋軸直角方向に対する水平力の伝達は，上沓と下沓凸部の支圧によることから，上沓とサイドブロックが先に接触して水平力を伝達しないように，上沓とサイドブロック間の遊間は上沓と下沓との遊間よりも大きく設ける。桁の回転変位に対する追随は密閉ゴムによることから，回転により他の部材が先に接触しないように，上沓とサイドブロック及び上沓と下沓凸部には，**4.2.3** に示す支承の回転角に対応する以上の鉛直方向の遊間を設ける必要がある。具体的には，4/100 程度の回転が生じても接触しないよう，鉛直方向の遊間としては最小で 5mm 程度確保することが多い。また，水平方向に対して，下沓凹部の内径と中間プレート間には 1mm の遊間を，上沓ストッパーと下沓との間には 2 ～ 4mm の遊間を設けることが標準的である。

設計時の遊間の適切な設定のほか，施工時においてこれらの設計した遊間が確実に確保される必要があり，**図-4.5.27** に，遊間を施工時にゴムピースにより仮固定した例を示す。

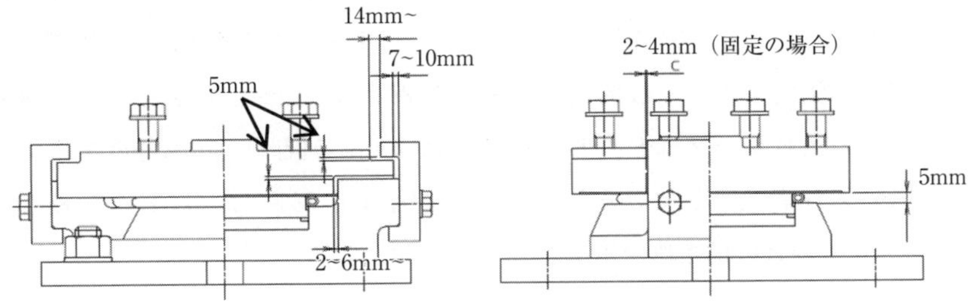

(a) 上沓，下沓，サイドブロック間の隙間

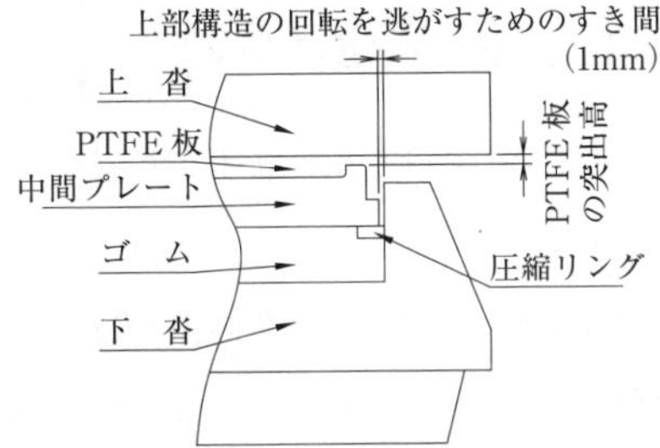

(b) 中間プレートと下沓凹部間の隙間

図-4.5.26　部材間の遊間の設定例

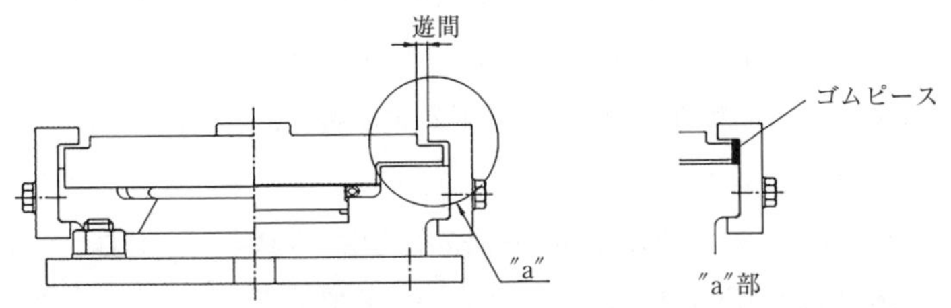

図-4.5.27　鋼製支承の遊間仮固定の例

iv）PTFE 板の取付け構造

すべり板に PTFE 板を用いる場合，鋼板にくぼみを設け，そこに PTFE 板をはめ込むことで PTFE 板の側面の膨出変形を抑え，支圧強度を高めた構造が標準的である。**図-4.5.28** に示すように，PTFE 板の板厚

及び鋼板にはめ込む深さについては，想定される挙動に対してPTFE板が外れないこと，突出高さについては，クリープ及び摩耗による影響を考慮して決定する。一般的にPTFE板の板厚は3mmで板厚の60%を鋼板に埋め込むか，又はPTFE板の板厚は4mmで板厚の70%程度を鋼板に埋め込む構造としていることが多い。**図-4.5.28**にはPTFE板の板厚が4mmの場合の構造例を示す。

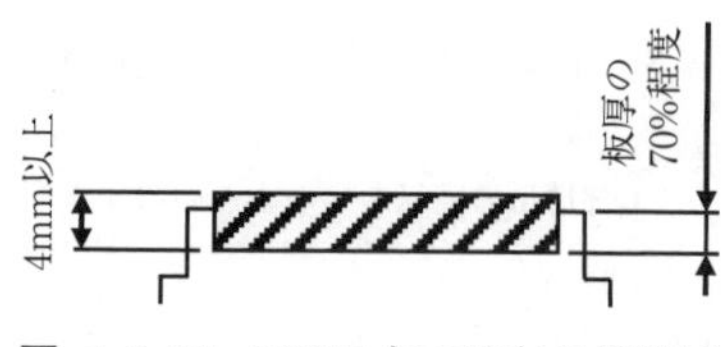

図-4.5.28　PTFE板の取付け構造例

v）すべり機構

面接触によるすべりが生じる場合の摩擦係数は，すべり面に用いる使用材料及びその表面粗さなどにより異なる。材料の組合せに応じた摩擦係数は，荷重載荷試験結果をもとに経年変化による摩擦係数の増大にも配慮して定める必要がある。一般的に可動BP･B支承において，PTFE板と組み合わせる材料として，腐食により摩擦係数が増大する等の不確実性を小さくするため，ステンレス鋼板（SUS316）を用いる場合が多い。また，その厚さは2mm～5mmのものが一般的に用いられる。ここで，ステンレス鋼板の表面粗さをRa1.6a以下とする場合には，設計上，摩擦係数は0.10を用いることができる。

摩擦係数には，通常，静止摩擦係数が用いられる。これは，一般的に静止摩擦係数が動摩擦係数よりも大きいためである。ただし，動摩擦係数については，PTFE板とステンレス鋼板の組合せのように，すべり速度が高くなるに従い摩擦係数が増大する速度依存性をもつ場合もある。このように組合せによっては動摩擦係数が静止摩擦係数を上回ることがあるため，必要に応じて実験等により摩擦係数について確認しておく必要がある。

ステンレス鋼板の上沓への取付けにあたっては，すみ肉溶接が用いられることが多い。**図-4.5.29**に示すように，上沓にステンレス鋼板を設置する面の摺動方向の前後にはステンレス鋼板厚分の段差を設けており，摺動方向の水平力を段差部の支圧で受け止める構造が一般的である。そのため，すみ肉溶接部には大きなせん断力が作用しない。なお，段差部を設けない場合は，ボルト接合や水平力に対して必要な溶接の照査を行うものとする。この場合，生じる摩擦力に対して，ボルトは［道示Ⅱ］5.3.12(3)及び5.4.12の規定に従い，せん断力を受けるボルトの限界状態を超えないことを確認する。溶接の場合は［道示Ⅱ］9章の規定に従い，せん断力を受ける溶接継手の限界状態を超えないことを確認する。

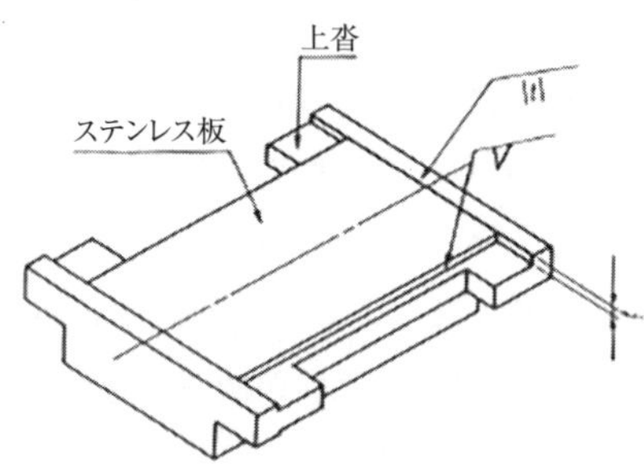

図-4.5.29 ステンレス鋼板の取付け構造（下面から見た図）

すべり面は，**図-4.5.30**に示すように，移動時に支圧面がすべり面から逸脱しないようにすべり面の長さを確保する。

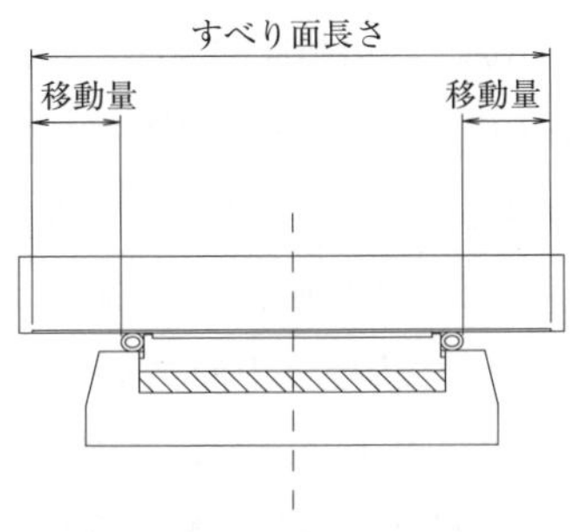

図-4.5.30 移動量確保の例

vi）密閉ゴムの弾性変形による回転機構

密閉ゴムの板厚は，所要回転角に対し全面接触状態でゴムの弾性変形に追随できる板厚とする。

なお，密閉ゴムのせん断弾性係数が0.8N/mm^{2}である場合で所要回転角が1/150の場合は，式(4.5.25)により板厚を求めることができる。

$$t \geqq \frac{D}{15} \text{（ただし，} t \geqq 10\text{mm）} \quad \cdots\cdots (4.5.25)$$

ここに，

t：ゴム板の板厚(mm)

D：ゴム板の直径(mm)

密閉ゴムには，桁の回転変位への追随性をよくするため，圧縮力を受ける場合に密閉容器に納められた高粘性流体と同等な特性を持つゴム材料を選定する必要があり，一般に，クロロプレンゴムC08（防振ゴムのゴム材料JIS K 6386）が使用されている。本便覧で対象とするBP･B支承はクロロプレンゴムを用いた場合に性能が確認されているため，これを構造細目としている。

なお，クロロプレンゴムの基本特性，老化・耐久性，機械的性質について確認を行うにあたって用いる試験方法の規格及び規格値は**3.2**に示すとおりである。

密閉ゴムは**図-4.5.29**に示すように，中間プレートと下沓の間に隙間があり，圧縮リングを用いてその隙間部分へのゴム板の膨出をおさえる構造としている。ゴム板の内圧により圧縮リングに生じる曲げ応力度が，弾性範囲であればゴムの膨出を防げるものと考えることができる。

また，回転変位への追随性を確保するために，**図-4.5.31**に示すように回転時の摺動面（ポットの内壁と中間プレートのコバ面）には，中間プレートのコバ面にR加工を施して，構造的な空間を設けて干渉を回避する。なお，この摺動面には，焼き付けリン酸皮膜処理を施して，摺動抵抗（摩擦抵抗）の低減を図ることが一般的である。

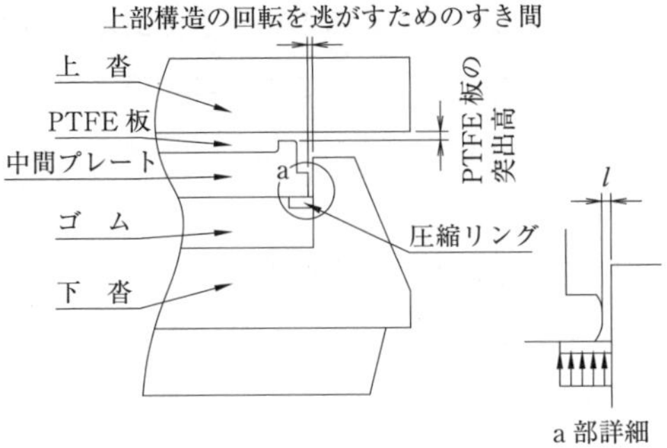

a）BP・B 支承のベアリング部断面図

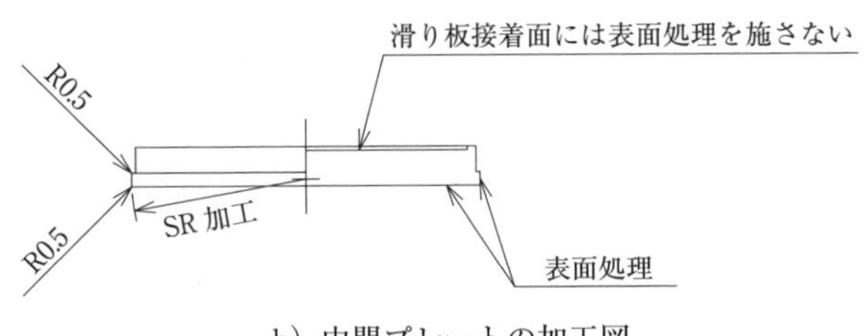

b）中間プレートの加工図

図-4.5.31　BP・B 支承における回転摺動部分

(6) BP・A 支承

1)　荷重伝達機構

2.3 に示す構造を有する BP・A 支承の荷重支持機能を発揮するため，支承部に作用する鉛直力及び水平力を，**図-4.5.32** に示す支承を構成する部材間で確実に荷重を伝達させるよう設計する必要がある。以下の i)から v)に，BP・A 支承における部材間の荷重伝達経路を示す。

このような経路で荷重を伝達させるにあたっては，部材間で想定している荷重伝達機構通りに力が伝達されるよう形状や寸法等を定め適切な遊間を確保するとともに，各部材に生じる応答が限界状態を超えないことを確認する必要がある。また，次項に示す構造細目を有していることを前提としており，これらを満足する必要がある。

なお，BP･B 支承との構造上の相違点は，回転機構が密閉ゴムではなくべアリングプレートによって行われるという点であるため，当該箇所以外は同じ荷重伝達機構である。そのため，ここでは相違点となる荷重伝達機構に関する事項を主に示している。

ⅰ）鉛直方向の圧縮力（以下，鉛直圧縮力）：

②上沓↔③ステンレス鋼板↔④ベアリングプレート↔⑦下沓↔⑧ベースプレート

ⅱ）水平力（橋軸方向可動）：

①セットボルト↔②上沓↔③ステンレス鋼板↔④ベアリングプレート↔⑦下沓↔⑧ベースプレート↔⑨アンカーボルト

ⅲ）水平力（橋軸方向固定）：

①セットボルト↔②上沓（ストッパー）↔⑦下沓（凸部）↔⑧ベースプレート↔⑨アンカーボルト

ⅳ）水平力（橋軸直角方向）：

①セットボルト↔②上沓↔⑦下沓（凸部）↔⑧ベースプレート↔⑨アンカーボルト

ⅴ）鉛直方向の引張力（以下，鉛直引張力）：

①セットボルト↔②上沓↔⑥サイドブロック↔⑦下沓↔⑧ベースプレート↔⑨アンカーボルト

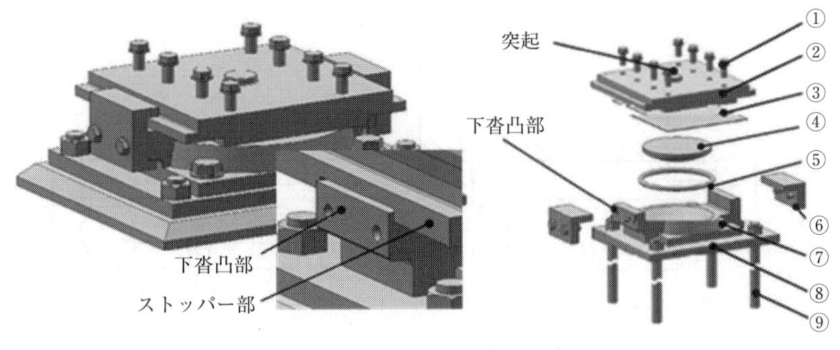

部番	部材名称	部番	部材名称
①	セットボルト	⑥	サイドブロック
②	上沓	⑦	下沓
③	ステンレス鋼板	⑧	ベースプレート
④	ベアリングプレート	⑨	アンカーボルト
⑤	シールリング		

図-4.5.32 BP・A 支承の構造図

2) 構造細目

i) 鋳鋼材料の最小厚

4.5.4(5)2) に示す BP・B 支承の構造細目と同様とする。耐荷機構の一部を担う部材はいずれも主要部であり，厚さは 25mm 以上とする必要がある。

ii) 隅角部の丸み付け

4.5.4(5)2) に示す BP・B 支承の構造細目と同様とし，隅角部に丸み付けを行う。該当する部材も BP·B 支承と同様である。

iii) 上沓，下沓，サイドブロック，ベアリングプレート間の遊間の確保

設計で想定する荷重伝達機構が適切に機能するように，支承を構成する部材間の遊間について適切に設定する必要がある。**図-4.5.33** にその設定例を示す。桁の回転変位に対する追随機構はベアリングプレートによること以外は BP·B 支承と同様の機構を期待するものであることから，**4.5.4**(5)2) に記載する機構通りに力が伝達されるように遊間を設ける必要がある。

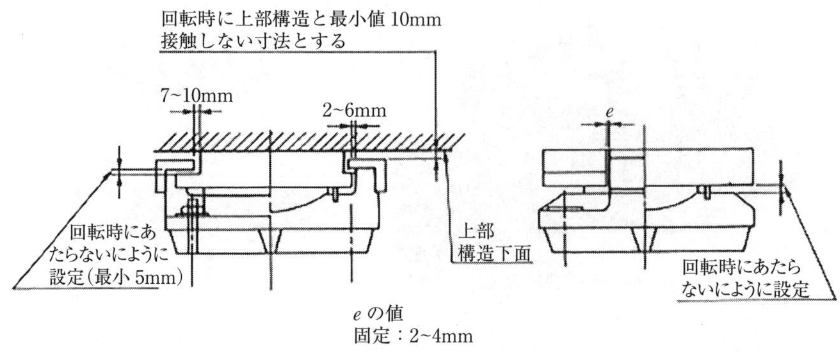

図-4.5.33 部材間の遊間の設定例

iv）すべり機構

BP·A 支承において，高力黄銅支承板と組み合わせる材料としては，腐食により摩擦係数が増大する等の不確実性を小さくするため，ステンレス鋼板（SUS316）を用いる場合が多い。また，その厚さは 2mm ～ 5mm のものが一般的に用いられる。ここで，ステンレス鋼板は，表面粗さを *Ra* 3.2a 以下とし，ベアリングプレートの表面粗さを *Ra* 3.2a とする場合には，摩擦係数は 0.15 を用いることができる。

v）ベアリングプレートによる回転機構

下沓との接触面となるベアリングプレート下面の球面の大きさは，ベアリングプレートの回転に対して抵抗するモーメントに関係する。ベアリングプレート下面の球面の半径が大きくなると接触面が増え回転抵抗モーメントが増大し,曲面の摩擦抵抗に対してすべり出すまでの力が大きくなる。そして，この回転抵抗モーメントによる偏支圧応力が大きくなるため，ベアリングプレートの逸脱や端部が上沓と下沓に挟まれ割れ等が生じることがないよう，ベアリング下面の球面半径の大きさはベアリングの平面部分の直径と同一程度とするのが一般的である。

ベアリングプレート下面の潤滑剤の埋め込み面積はすべり面の総面積の 25%～35%とし埋込み深さは 4mm 以上するのがよい。また，表面処理は，防食と潤滑を目的に**表-4.5.9** に示す防錆潤滑剤焼付け被膜処理がなされる。この処理は，仕上加工完了後に下地処理としてリン酸塩化成処理を施した後に熱硬化系樹脂に二硫化モリブデンを混ぜ，特殊塗料を塗布し，120～200℃で加熱硬化させるものである。

表-4.5.9 防錆潤滑剤焼付け被膜処理

処理区分	処理被膜の種類	標準被膜
下地処理	リン酸塩化成被膜	5～10 μ
表面処理	固体潤滑剤焼付け被膜	15 μ以上

(7) 線　支　承

1)　荷重伝達機構

2.3に示す構造を有する線支承の荷重支持機能を発揮するため，支承部に作用する鉛直力及び水平力を，**図-4.5.34**に示す支承を構成する部材間で確実に荷重を伝達させるよう設計する必要がある。以下のⅰ)からⅴ)に，線支承における部材間の荷重伝達経路を示す。

このような経路で荷重を伝達させるにあたっては，部材間で想定している荷重伝達機構通りに力が伝達されるよう形状や寸法等を定め適切な遊間を確保するとともに，各部材に生じる応力度等の応答が制限値を超えないことを確認する必要がある。また，次項に示す構造細目を有していることを前提としており，これらを満足する必要がある。

ⅰ) 鉛直方向の圧縮力（以下，鉛直圧縮力）：

①上沓 ↔ ②下沓

ⅱ) 水平力（橋軸方向可動）：

①上沓 ↔ ②下沓 ↔ ④アンカーボルト

ⅲ) 水平力（橋軸方向固定）：

①上沓（ストッパー部）↔ ②下沓（凸部）↔ ④アンカーボルト

ⅳ) 水平力（橋軸直角方向）：

①上沓 ↔ ②下沓（凸部）↔ ④アンカーボルト

v）鉛直方向の引張力（以下，鉛直引張力）：

③ピンチプレート ↔ ④アンカーボルト

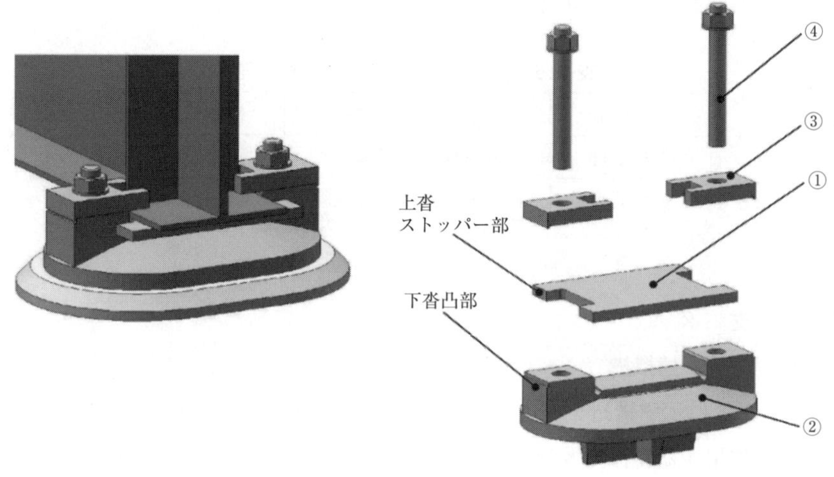

部番	部材名称	部番	部材名称
①	上沓	③	ピンチプレート
②	下沓	④	アンカーボルト

図-4.5.34 線支承の構造図

2) 構造細目

i）鋳鋼材料の最小厚

4.5.4(5)2)に示すBP・B支承の構造細目と同様とする。耐荷機構の一部を担う部材はいずれも主要部であり，厚さは25mm以上とする必要がある。

ii）隅角部の丸み付け

4.5.4(5)2)に示すBP・B支承の構造細目と同様に隅角部に丸み付けを行う。上沓ストッパー部の切欠き部や，下沓凸部の立上り部，ピンチプレート等の隅角部が該当する。

iii）遊間の確保

桁の回転変位に対する追随は下沓と上沓の線接触によることから，回転により他の部材に接触しないように，上沓ストッパー部と下沓凸部及びピンチプレートと桁等が接触しないように，**4.2.3** に記載する支承の回転角以上の遊間を設ける必要がある。

iv）下沓下面の突起

従来，鋳鋼を用いた鋼製支承において，アンカーボルト用の孔は鋳造と同時に成形されることが多く，その場合，定められた公差に収まるように成形されるものの，鋼板へのドリル加工と比べて相対的に孔の公差が大きくなる。このため，アンカーボルト径と下沓のアンカーボルト用孔の径の差が大きくなることから，下沓下面に突起を設け，常時に対する水平力に対し，突起前面の支圧により抵抗できる構造が用いられてきた。しかし，連続桁の固定支承のように水平力が増大してくると，この突起の高さが相当大きくなり，モルタル充てんが不確実になりがちなこと，又は下部構造中の鉄筋や支承座面の補強鉄筋の配置を妨げるなどの問題が生じることもある。そのため，突起を設ける場合には下部構造の施工に支障が出ないように配慮して，**図-4.5.35** に示すように突起の高さは最大 80mm までとするのがよい。一方，地震時に対する水平力に対しては，設計上突起はフェールセーフとし，抵抗を見込まず，アンカーボルトのみで水平力に抵抗できるよう設計する。

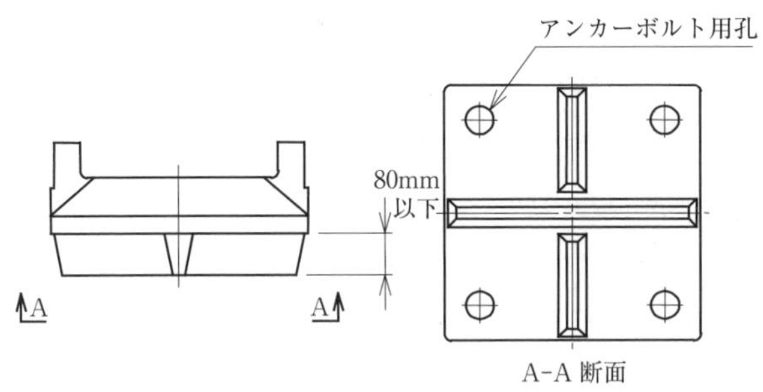

図-4.5.35　下沓下面の突起の設置例

v）すべり機構

金属同士のすべりで同材料を用いる場合，凝着（焼きつき）を生じる可能性があるため，双方の材料に硬度差をつけるなどの対策が行われている。

従来，鋼材と鋼材間の摩擦係数として0.25が一般的に用いられているが，鋼材と鋼材間で無潤滑ですべりを生じさせると摩擦係数が大きくなることがあること，また，平面と曲面が接触する箇所がすり減り，錆が発生する可能性があることから，線接触においてすべりは避けることが望ましい。

(8) ピン支承

1） 荷重伝達機構

2.3に示す構造を有するピン支承の荷重支持機能を発揮するため，支承部に作用する鉛直力及び水平力を，**図-4.5.36**に示す支承を構成する部材間で確実に荷重を伝達させるよう設計する必要がある。以下のｉ)からⅳ)に，ピン支承における部材間の荷重伝達経路を示す。

このような経路で荷重を伝達させるにあたっては，部材間で想定している荷重伝達機構通りに力が伝達されるよう形状や寸法等を定め適切な遊間を確保するとともに，各部材に生じる応力度等の応答が制限値を超えないことを確認する必要がある。また，次項に示す構造細目を有していることを前提としており，これらを満足する必要がある。

ｉ）鉛直方向の圧縮力：

②上沓 ↔ ③ピン ↔ ⑤下沓

ⅱ）水平力（橋軸方向）：

①セットボルト ↔ ②上沓 ↔ ③ピン ↔ ⑤下沓 ↔ ⑥アンカーボルト

ⅲ）水平力（橋軸直角方向）：

①セットボルト ↔ ②上沓 ↔ ③ピン ↔ ⑤下沓↔ ⑥アンカーボルト

ⅳ）鉛直方向の引張力：

①セットボルト ↔ ②上沓 ↔ ④キャップ ↔ ⑤下沓 ↔ ⑥アンカーボルト

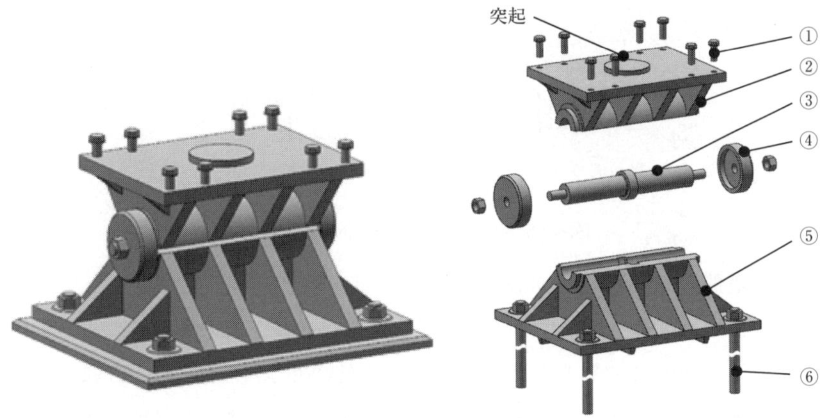

部番	部材名称	部番	部材名称
①	セットボルト	④	キャップ
②	上沓	⑤	下沓
③	ピン	⑥	アンカーボルト

図-4.5.36　ピン支承の構造図

2)　構造細目

i ）鋳鋼材料の最小厚

4.5.4(5)2)に示すBP・B支承の構造細目と同様とする。耐荷機構の一部を担う部材はいずれも主要部であり，厚さは25mm以上とする必要がある。

ii ）隅角部の丸み付け

4.5.4(5)2)に示すBP・B支承の構造細目と同様に隅角部には，応力集中を小さくするために，丸み付けを行う。**図-4.5.37**に示すようにピンの凸部の付け根部や，上沓，下沓の水平力を伝達する部位，キャップ等が該当する。

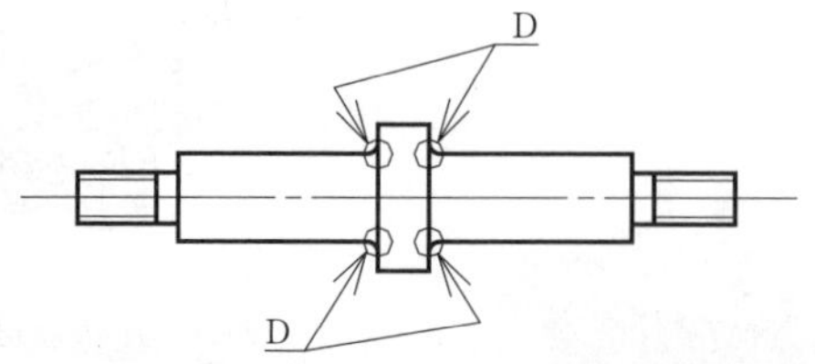

図-4.5.37　ピン切欠き部の丸み付け

iii）遊間の確保等

桁の回転変位に対する追随はピンと上沓及び下沓の面接触による機構である。回転により上沓と下沓が接触しないように，**図-4.5.38** に示すように **4.2.3** に記載する支承の回転角以上のすき間を設ける必要がある。

なお，円柱面のすべりを利用して回転を期待する場合は，すべり面の凝着（焼きつき）を防止することはもちろんのこと，すべり面の摩擦力は極力小さくすることが必要である。摩擦係数を低減するため，潤滑剤などをすべり面に塗布するなどの処置を行うのがよい。

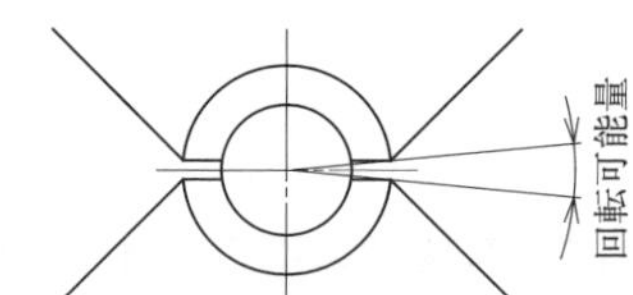

図4.5.38　上下沓間のすき間確保の例

iv）下沓下面の突起

突起を設ける場合は，**4.5.4**(7)2)の記載による。

v）ピンの形状

円柱面支承の一つである支圧型ピン支承においては，支承の構造上，橋軸直角方向の水平力に対して，ピンの軸部で破損した事例が確認されている。そのため，ピンの軸部で破損させにくい構造を採用するのがよい。**図-4.5.39** は橋軸直角方向水平力に対し，抵抗する支圧面をピン径の内側にしてピンの軸部をくびれさせた場合と支圧面をピン径の外側にして破断面をピンの外周部とした場合であるが，(a)のように支圧面をピンの内側とせず，(b)のように支圧面をピンの外側にするのがよい。

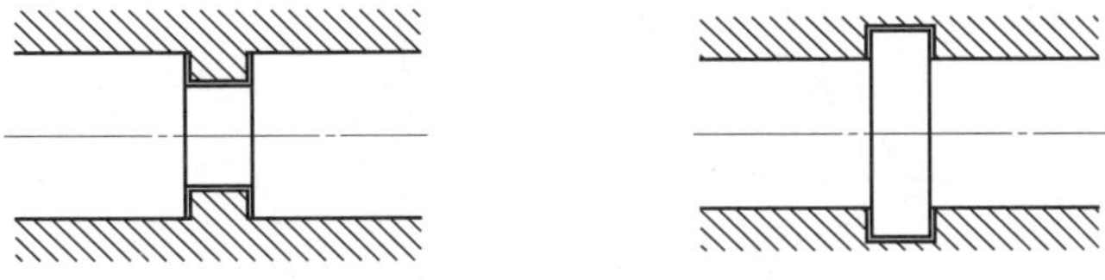

(a) 支圧面をピンの内側にした場合　　(b) 支圧面をピンの外側にした場合

図-4.5.39 ピンの水平力を伝達する構造

vi) ピンの端部構造

ピン端部には浮き上がり防止のためのキャップを設けるが，**図-4.5.40** に示すように，キャップには水平力は伝達させない機構とするために遊間を設けるのがよい。また，抜け落ちないような構造となるよう配慮し，割ピンで脱落防止を行うのがよい。

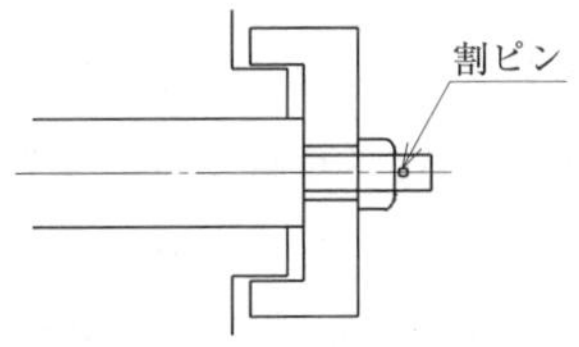

図-4.5.40 ピン端部の構造例

vii) 排水構造

図-4.5.41 に示すように，バットレス型式の下沓を用いる場合，雨水が滞留しないように底板に勾配をつけたり，バットレスで囲まれた部分に水抜きをつけるなどの配慮を行うのがよい。なお，水抜き孔の大きさは土砂などによる目詰まりのないようにR=25mm 以上あればよいが，鋳鋼製作時の施工性からバットレス肉厚程度の半径とするのがよい。

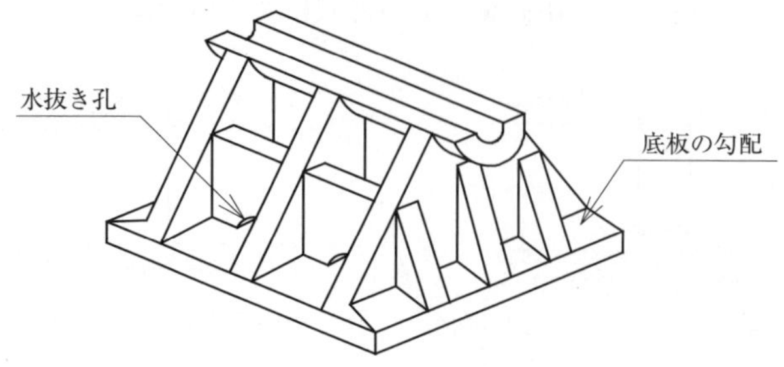

図-4.5.41　バットレス型式の下沓

(9) せん断型ピン支承

1)　荷重伝達機構

2.3 に示す構造を有するせん断型ピン支承の荷重支持機能を発揮するため，支承部に作用する鉛直力及び水平力を，**図-4.5.42** に示す支承を構成する部材間で確実に荷重を伝達させるよう設計する必要がある。以下のｉ)からⅳ)に，せん断型ピン支承における部材間の荷重伝達経路を示す。

このような経路で荷重を伝達させるにあたっては，部材間で想定している荷重伝達機構通りに力が伝達されるよう形状や寸法等を定め適切な遊間を確保するとともに，各部材に生じる応答が限界状態を超えないことを確認する必要がある。また，次項に示す構造細目を有していることを前提としており，これらを満足する必要がある。

ｉ）鉛直方向の圧縮力，引張力：

①上沓 ↔ ③ピン ↔ ⑤下沓

ⅱ）水平力（橋軸方向）：

①セットボルト ↔ ②上沓 ↔ ③ピン ↔ ⑤下沓 ↔ ⑥アンカーボルト

ⅲ）水平力（橋軸直角方向）：

①セットボルト ↔ ②上沓 ↔ ⑤下沓 ↔ ⑥アンカーボルト

ⅳ）引張方向の引張力：

①セットボルト ↔ ②上沓 ↔ ③ピン ↔ ⑤下沓 ↔ ⑥アンカーボルト

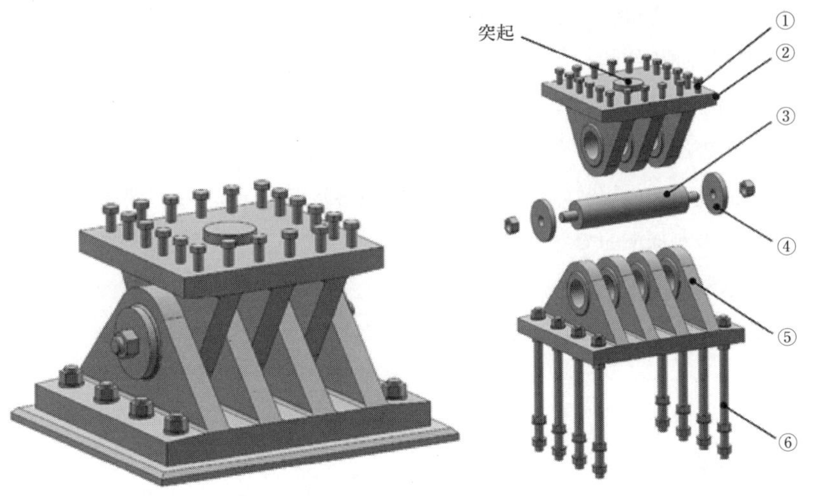

部番	部材名称	部番	部材名称
①	セットボルト	④	キャップ
②	上沓	⑤	下沓
③	ピン	⑥	アンカーボルト

図-4.5.42 せん断型ピン支承の構造図

2) 構造細目

i) 鋳鋼材料の最小厚

4.5.4(5)2)に示すBP・B支承の構造細目と同様とする。耐荷機構の一部を担う部材はいずれも主要部であり，厚さは25mm以上とする必要がある。

ii) 隅角部の丸み付け

4.5.4(5)2)に示すBP・B支承の構造細目と同様とし，隅角部に丸み付けを行う。上沓及び下沓のピン部への立ち上がり部が該当する。

iii) ピン構造及び遊間の確保等

ピンの設計の適用範囲としては，両端が固定条件で，支持幅が比較的大きく，実際の応力度が［道示Ⅱ］5.3.12(2)の図-解5.3.3に示す支間長で計算した場合よりも小さいことが確実に見込まれるようにする必要がある。

また，ピン端部には抜けだし防止のためのキャップを設けるが，キャップには水平力は伝達させない機構とするために遊間を設けるのがよい。

iv）下沓下面の突起

突起を設ける場合は，**4.5.4**(7)2)の記載による。

v）ピンの端部構造

4.5.4(8)2)の記載の通り，割ピンで脱落防止を行うなど，構造上の配慮を行うのが標準的である。

vi）排水構造

4.5.4(8)2)の記載による。

(10) ピボット支承

1) 荷重伝達機構

2.3に示す構造を有するピボット支承の荷重支持機能を発揮するため，支承部に作用する鉛直力及び水平力を，**図-4.5.43**に示す支承を構成する部材間で確実に荷重を伝達させるよう設計する必要がある。以下のｉ)からiii)に，ピボット支承における部材間の荷重伝達経路を示す。

このような経路で荷重を伝達させるにあたっては，部材間で想定している機構通りに力が伝達されるよう形状や寸法等を定め適切な遊間を確保するとともに，各部材に生じる応力度等の応答が制限値を超えないことを確認する必要がある。また，次項に示す構造細目を有していることを前提としており，これらを満足する必要がある。

ｉ）鉛直方向の圧縮力：

②上沓 ↔ ②上沓（球凹部）↔ ④下沓（球凸部）

ii）水平力：

①セットボルト ↔ ②上沓 ↔ ②上沓（球凹部）↔ ④下沓（球凸部）↔ ⑤アンカーボルト

iii）鉛直方向の引張力：

①セットボルト ↔ ②上沓 ↔ ③リング ↔ ④下沓 ↔ ⑤アンカーボルト

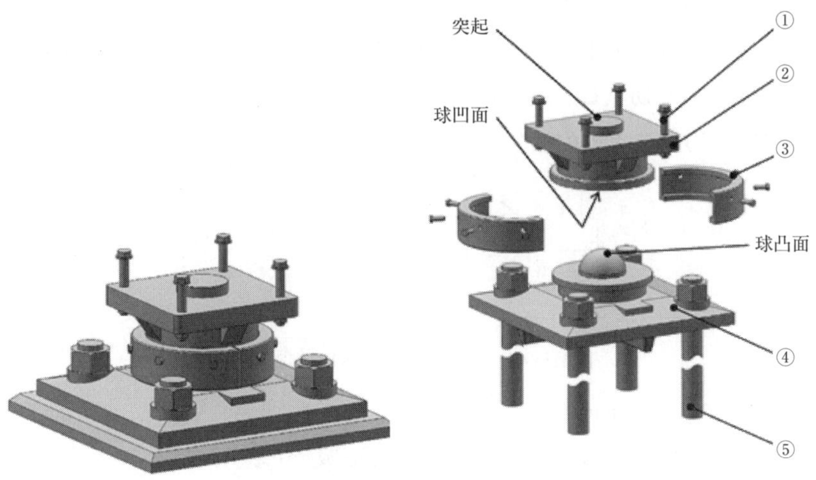

部番	部材名称	部番	部材名称
①	セットボルト	④	下沓
②	上沓	⑤	アンカーボルト
③	リング		

図-4.5.43 ピボット支承の構造図

2) 構造細目

i) 鋳鋼材料の最小厚

4.5.4(5)2)に示すBP・B支承の構造細目と同様とする。耐荷機構の一部を担う部材はいずれも主要部であり，厚さは25mm以上とする必要がある。

ii) 隅角部の丸み付け

4.5.4(5)2)に示すBP・B支承の構造細目と同様とし，隅角部に丸み付けを行う。ローラーの切欠き部や，上沓，下沓の水平力を伝達する部位，キャップ等が該当する。

iii) 遊間の確保等

桁の回転変位に対する追随は凸球面と凹球面の面接触による機構である。回転により上沓端部と下沓端部が接触しないように，**図-4.5.44**に示すように**4.2.3**に記載する支承の回転角以上かつ引張力及び水平力を受けて，リングと下沓が接触した状態での回転角以上のすき間を設ける必要がある。なお，円柱面のすべりを利用して回転を期待する場合は，すべり面の摩擦力を極力小さくすることが望ましい。このため，すべり面の凝着（焼きつき）を防止し，かつ摩擦係数を低減するため，潤滑剤などをすべり面に塗布するなどの配慮を行うのがよい。

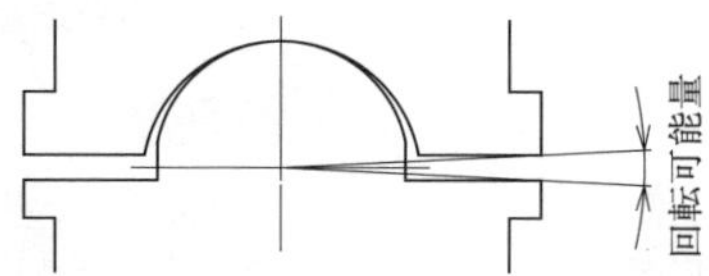

図4.5.44　上下沓間のすき間確保の例

iv）下沓下面の突起

突起を設ける場合は，**4.5.4**(7)2)の記載による。

(11)　ローラー支承

1)　荷重伝達機構

2.3 に示すようにローラー支承を用いる場合には，回転機能をあわせて有する必要がある。ここでは，ローラー支承のうち，**図-4.5.45** に示すピンローラー支承，**図-4.5.46** に示すピボットローラー支承について示す。

ピンローラー支承については，作用する鉛直力及び水平力を**図-4.5.45** に示す支承を構成する部材間で確実に荷重を伝達させるよう設計する必要がある。以下のｉ)からiv)に，ピンローラー支承における部材間の荷重伝達経路を示す。

ピボットローラー支承については，作用する鉛直力及び水平力を**図-4.5.46** に示す支承を構成する部材間で確実に荷重を伝達させるよう設計する必要がある。以下のｖ)からviii)に，ピボットローラー支承における部材間の荷重伝達経路を示す。

このような経路で荷重を伝達させるにあたっては，部材間で想定している機構通りに力が伝達されるよう形状や寸法等を定め適切な遊間を確保するとともに，各部材に生じる応力度等の応答が制限値を超えないことを確認する必要がある。また，次項に示す構造細目を有していることを前提としており，これらを満足する必要がある。

ⅰ）鉛直方向の圧縮力：

②上沓 ↔ ③ピン ↔ ⑤下沓 ↔ ⑥支圧板 ↔ ⑦ローラー ↔ ⑥支圧板 ↔ ⑩底板

ⅱ） 水平力（橋軸方向：可動）：

①セットボルト ↔ ②上沓 ↔ ③ピン ↔ ⑤下沓 ↔ ⑥支圧板 ↔ ⑦ローラー（ころがり）↔ ⑥支圧板 ↔ ⑨底板 ↔ ⑩アンカーボルト

ⅲ）水平力（橋軸直角方向：固定）：

①セットボルト ↔②上沓（凹部）↔ ③ピン（凸部）↔ ⑤下沓（凹部）↔ ⑧サイドブロック ↔ ⑨底板 ↔ ⑩アンカーボルト

ⅳ）鉛直方向の引張力：

①セットボルト ↔②上沓 ↔ ④キャップ ↔ ⑤下沓 ↔ ⑧サイドブロック ↔ ⑨底板 ↔ ⑩アンカーボルト

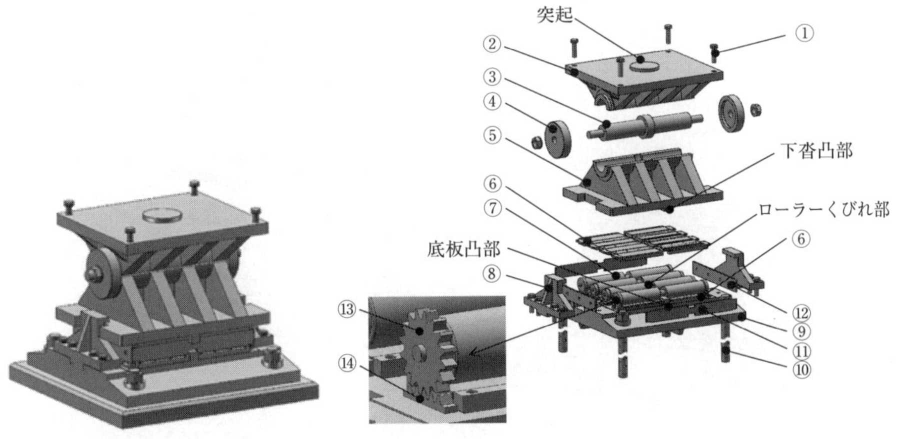

部番	部材名称	部番	部材名称
①	セットボルト	⑧	サイドブロック
②	上沓	⑨	底板
③	ピン	⑩	アンカーボルト
④	キャップ	⑪	ローラーカバー
⑤	下沓	⑫	連結板
⑥	支圧板	⑬	ピニオン
⑦	ローラー	⑭	ラック

図-4.5.45 ピンローラー支承の構造図

v）鉛直方向の圧縮力：

②上沓（球凹部）↔ ④下沓（球凸部）↔ ⑥支圧板 ↔ ⑦ローラー ↔ ⑥支圧板 ↔ ⑨底板

vi）水平力（橋軸方向：可動）：

①セットボルト ↔②上沓 ↔ ④下沓 ↔ ⑥支圧板↔ ⑦ローラー(転がり) ↔ ⑥支圧板 ↔ ⑨底板 ↔ アンカーボルト

vii）水平力（橋軸直角方向：固定）：

①セットボルト ↔②上沓 ↔ ④下沓↔ ⑧サイドブロック ↔ ⑨底板 ↔ アンカーボルト

viii）鉛直方向の引張力：

①セットボルト ↔ ②上沓 ↔ ③リング ↔ ④下沓↔ ⑧サイドブロック ↔ アンカーボルト

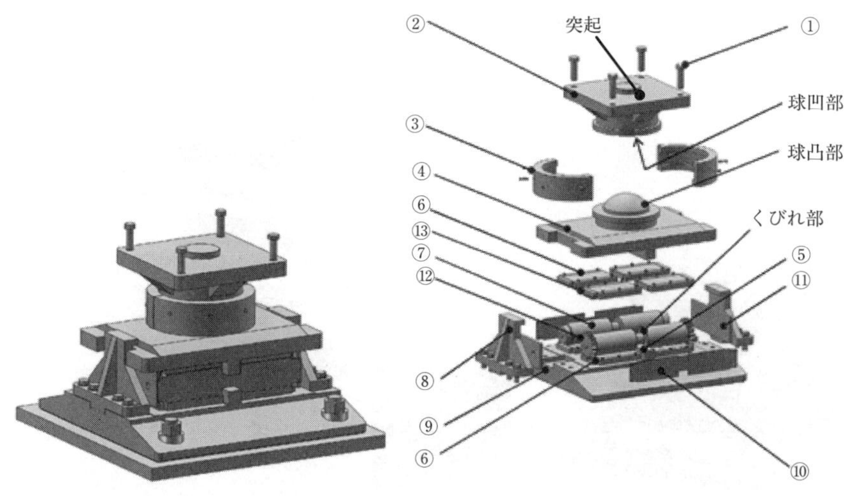

部番	部材名称	部番	部材名称
①	セットボルト	⑧	サイドブロック
②	上沓	⑨	底板
③	リング	⑩	ローラーカバー
④	下沓	⑪	連結板
⑤	導板	⑫	ピニオン
⑥	支圧板	⑬	ラック
⑦	ローラー		

図-4.5.46 ピボットローラー支承の構造図

2)　構造細目

i ）鋳鋼材料の最小厚

4.5.4(5)2)に示すBP・B支承の構造細目と同様とする。耐荷機構の一部を担う部材はいずれも主要部であり，厚さは25mm以上とする必要がある。

ii ）隅角部の丸み付け

4.5.4(5)2)に示すBP・B支承の構造細目と同様とし，隅角部に丸み付けを行う。

iii ）遊間の確保

橋軸直角方向の水平荷重の伝達及び鉛直引張力の伝達は下沓とサイドブロックによる面接触機構による設計を行っていることから，ローラーにより水平力を伝達しないようにするとともに，サイドブロックよりも先にピニオン，ラック，その他部材が接触しないような遊間を設けておく必要がある。また，鉛直引張力が作用する場合は両側のサイドブロックにより分担できるよう，均等に遊間を設けておく必要がある。

iv ）下沓下面の突起

突起を設ける場合は，**4.5.4**(7)2)の記載による。

v ）ころがり機構

①　ころがり面

ころがり面においては，十分な移動量が確保されていることを確認する。ころがりにおける移動量の確保は，支圧板を介して荷重が伝達されることから十分な荷重伝達が行われるだけの支圧板の長さが必要となる。一般的に支圧板のローラー移動方向長さは，式（4.5.26）により算出することができる。

$$a \geqq \frac{e_2}{2}+2t \quad \cdots\cdots(4.5.26)$$

ここに，

a：支圧板のローラー移動方向の長さ（mm）

e_2：設計移動量（mm）

t：支圧板の板厚（mm）

ここで，設計移動量とは，**4.2.3** に示すように計算移動量に余裕量を考慮した移動量である。

ころがりによる摩擦係数は，弾性接触領域内において 1×10^{-3} 程度であり，きわめて小さいと考えられるが，接触部が腐食や摩耗による変形を生じることや，塵埃の混入により変位追随機能の低下が予想されることから，0.05 を用いることができる。接触面における支圧応力度が十分でないと正常なころがりを生じないと考えられるため，上揚力が生じない範囲で用いなければならない。

② ローラーの形状及び逸脱防止装置

従来ローラーは，中央部に切欠きを設け，導板とのはめ合いにより水平力に抵抗させていた（**図-4.5.39**(a) のような構造)。しかし，地震による被災事例の中には，この切欠き部で破断したためにローラーが散逸してしまい，段差が生じるなどの例が報告されている。このため，水平力に対し，ローラーで抵抗させない構造となるように切欠き部を設けない構造とすることが標準である。切欠き部を設ける場合には，仮に，地震により損傷が生じた場合でも，底板からローラーが逸脱しないように**図-4.5.47** に示すように，逸脱防止装置を設けるのがよい。

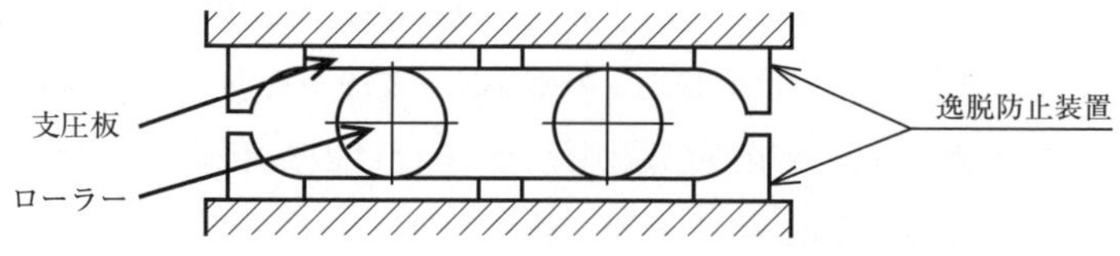

図-4.5.47 ローラーの逸脱防止装置の例

③ 支圧板の取付け構造

支圧板は，ローラーのころがり摩擦による摩擦力のみの伝達を期待する構造であるため，一般には，はめ込む構造でボルトにより接合する構造としていないが，ずれが生じないよう注意する必要がある。

4.5.5 取　付　部

支承本体と上下部構造とを取り付ける部材は，支承部に作用する鉛直力，水平力及びそれらによって生じるモーメントに対して所要の耐荷性能を有していることを照査する。照査においては，支承部に作用する水平力と鉛直力が同時に作用することを考慮しなければならない。また，[道示Ⅴ] 13.1.1 に基づき，支承部に作用する鉛直上向きの力を考慮する際には取付部に生じる力に対しても設計を行う。

(1) 上下部構造との取付部の設計

支承と上下部構造との取付部は，支承部に作用する力を確実に伝達する構造となるよう [道示Ⅰ] 10.1.7，[道示Ⅱ] 9 章及び [道示Ⅲ] 7 章の規定を満足するように設計する必要がある。地震の影響を考慮する設計状況においても，[道示Ⅴ] 13.1.4 に規定されるように，[道示Ⅴ] 6.5 の規定に従い，支承形式に応じて，上部構造からの慣性力を伝達するときに設計で想定している耐荷機構を踏まえて，作用する力を適切に考慮する必要がある。

図-4.5.48 に示すように橋軸方向への上部構造の慣性力により，固定ピン支承は回転しようとするため，取付部に曲げモーメントが作用する。近年の地震被害の中には，この影響により，上部構造の支承取付位置やセットボルト，ソールプレート等の取付部に損傷が生じた事例が確認されている。上下部構造との取付部の設計にあたっては，支承部に生じる状態を適切に考慮するとともに，集中荷重を受け局部変形が生じる可能性のある鋼上部構造では補剛材を設けるなど，構造細目にも留意して設計する必要がある。

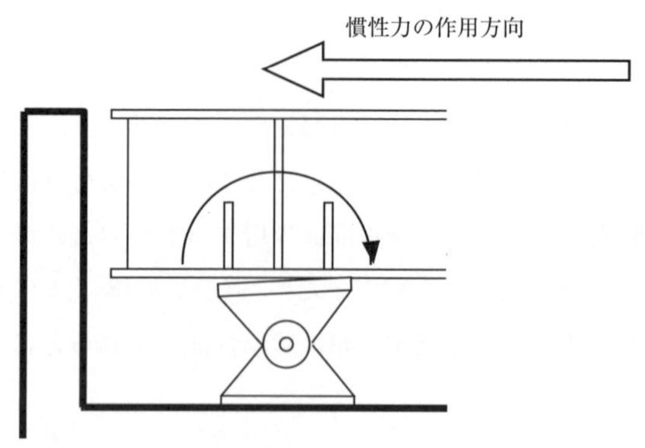

図-4.5.48　上部構造の橋軸方向の慣性力により生じる桁と支承の取付位置の曲げモーメントの例

上下部構造の取付部に生じる応答を算出するにあたっては，設計で想定する耐荷機構を踏まえ，作用力と作用位置を適切に考慮してモデル化する必要がある。なお，地震の影響を考慮する設計状況においては，上部構造から下部構造に伝達される慣性力を算出することから，この算出された慣性力を用いて作用位置を適切に考慮して取付部の設計を行う。

表-4.5.10 に上下部構造との取付部の作用力と作用位置の例を示す。ゴム支承の場合，一般には回転中心は支承本体の重心位置となるが，ゴム支承高さをモーメントのアーム長とすると，取付部材に作用する引張力が最も大きく算出されることから，安全側となるよう，ゴム支承高さをモーメントのアーム長として応答算出をするのがよい。また，ゴム支承及び可動支承の場合は，変位に伴い鉛直力作用位置が偏心する。その偏心量に応じて，取付部に引張力が生じるため，これを考慮する必要がある。

［道示 V］ 4.1.5(2) 2)の解説のｉ)⑤に示されるように，斜橋，曲線橋等で慣性力の作用方向と可動支承の可動方向及びゴム支承の変形方向が一致しない場合等，支承部の可動方向や変形方向と上部構造からの荷重を伝達する際に考慮する作用方向が異なる場合には，上下部構造との取付部に作用する力とその作用位置の設定にあたって，その影響を適切に考慮する必要がある。

表-4.5.10 上下部構造との取付部の作用力と作用位置の例

	ゴム支承	固定支承		可動支承
作用力と作用位置	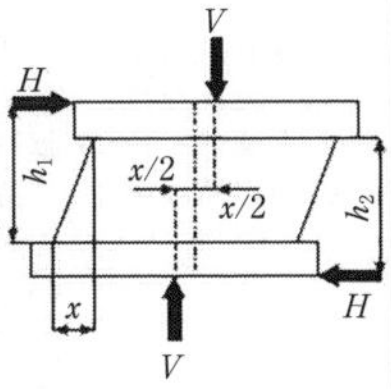 V, H, h_1, h_2, $x/2$, x	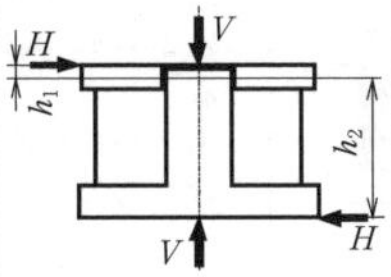 V, H, h_1, h_2	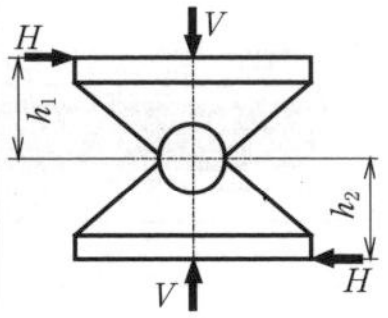 V, H, h_1, h_2	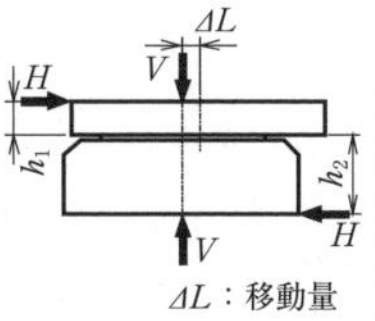 ΔL, V, H, h_1, h_2 ΔL：移動量
上部構造との取付部	鉛直力 V 水平力 H モーメント $M=H\cdot h_1+V\cdot x/2$	鉛直力 V 水平力 H モーメント $M=H\cdot h_1$	鉛直力 V 水平力 H モーメント $M=H\cdot h_1$	鉛直力 V 水平力 H モーメント $M=H\cdot h_1+V\cdot \Delta L$
下部構造との取付部	鉛直力 V 水平力 H モーメント $M=H\cdot h_2+V\cdot x/2$	鉛直力 V 水平力 H モーメント $M=H\cdot h_2$	鉛直力 V 水平力 H モーメント $M=H\cdot h_2$	鉛直力 V 水平力 H モーメント $M=H\cdot h_2$

注 1) ゴム支承の鉛直力の作用位置は，接合面中心から弾性変形量の 1/2 分だけ偏心した位置とする。
注 2) すべり支承などの可動支承の上部構造側の鉛直力の作用位置は，接合面中心から移動量分だけ偏心した位置とする。

このように設計では，想定する耐荷機構及び上下部構造との取付部に作用する力を踏まえ，その接合面の支圧分布を考慮し，取付部材に生じる引張応力及びせん断応力がその制限値を超えないことを確認する。鉄筋コンクリート部材にアンカーにより接合する場合の取付部材に作用する引張力の算出にあたっては，その耐荷機構として，コンクリートが圧縮応力，鉄筋が引張応力を分担することを想定した単鉄筋コンクリートの計算方法が用いられることが多いが，その計算法は一例である。上下部構造との取付部の構造により期待する耐荷機構に応じて取付部に生じる応力度をどの部材で分担することを想定し設計を行うのか適切に設定するのがよい。

(2) 一般的な取付構造

上下部構造と支承との一般的な取付構造を**表-4.5.11** に示す。[道示Ⅰ] 10.1.7 に規定されるとおり，支承と上下部構造とを連結する部材（ソールプレート及びベースプレート）の板厚は 22mm 以上とする。なお，取付部材の構造を溶接接合とする場合には，[道示Ⅱ] 9.2 に従い適切に設計を行う必要がある。

表-4.5.11　上下部構造と支承との一般的な取付構造例

取付部の分類	取付方法	取付構造模式図	特徴	長所	短所
ゴム支承本体と上下沓の取付部	ボルト＋ボス	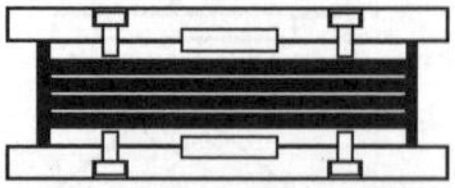	・取付けボルトにより取付ける ・ボスがない場合もある	・加硫成形し易く，大きなゴム支承でも比較的容易に製作できる	・支承高が高い ・部材数が多い ・維持管理時に内部取付けボルトの点検ができない
	上下沓一体加硫成形（フランジ付きとも言う）	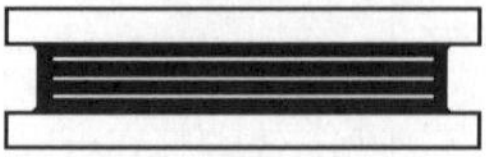	・下鋼板側に（ボルト＋ボス）を用いた片フランジ型などもある	・支承高を低くできる ・部材数が少ない	・成形に比較的手間がかかる
	パッドタイプ		・上下沓なし	・支承高さを低くできる ・部材数が少ない	・大きな水平力には抵抗できない ・上揚力に抵抗できない
上部構造との取付部	ボルト＋ボス	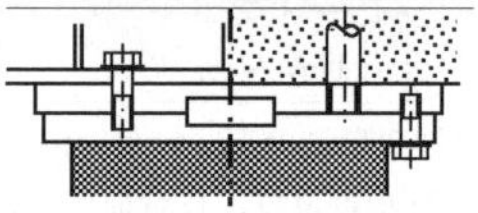 (a)鋼橋　(b)コンクリート桁	・取付けボルトにより取付ける	・架設時にボスの突出部を利用して支承の位置決めが容易にできる	・後死荷重または締付け後の荷重により，ゆるみが生じる可能性がある
	取付けボルトのみ	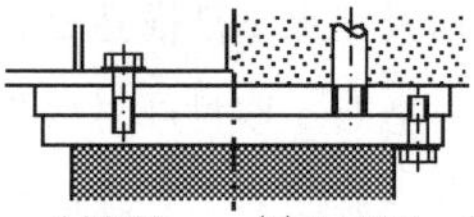 (a)鋼橋　(b)コンクリート桁	・取付けボルトのみによって取付ける	・ボスがないので，構造が簡素化できる	・架設時に支承の位置決めが難しい ・後死荷重または，締付け後の荷重によりゆるみが生じる可能性がある
	摩擦接合用高力ボルト・ナットのみ	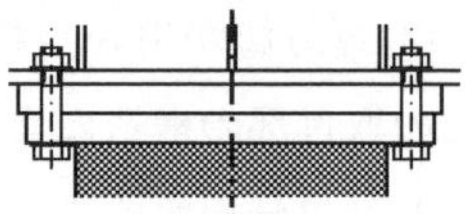 (a)鋼橋	・高力ボルト ・ナットにより上部構造に摩擦接合する	・高力ボルト ・ナットの組合せのため，締付け管理ができる ・後死荷重または締付け後の荷重によるゆるみが生じない	・上沓の平面寸法が大きくなる ・桁下のフランジ幅が大きくなる
	アンカーボルトによる直接取付	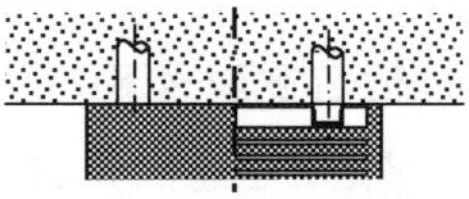 (b)コンクリート桁	・ゴム支承本体の上鋼板にねじ込まれたアンカーボルトにより上部構造に直接取付ける	・部品数が少なく経済的である ・支承取付け部の剛性が大きく，小さな反力，短支間の小規模橋梁に限定的に適用できる	・支承の交換が非常に困難 ・支承交換の際，アンカーボルトと支承本体，又は上部構造との切断を伴う

取付部の分類	取付方法	取付構造模式図	特徴	長所	短所
下部構造との取付部	ベースプレート有（下沓溶接）		・支承の位置調整後に，下沓とベースプレートを現場溶接する	・据付位置の許容誤差を大きくできる	・現場溶接施工に高い品質管理が要求される
	ベースプレート有（下沓ボルト接合）		・下沓とベースプレートを取付けボルトにより取付ける	・高い位置精度で据付けられる	・ベースプレート先据付けの場合，不向きである
	ベースプレート無		・下沓とアンカーボルトなどにより下部構造に直接取付ける	・支承高さを低くできる ・部材数が少ない	・支承の交換が困難
アンカーボルトとベースプレートの取付構造		(a)ナット　(b)ねじ込み　(c)上下ナット	備考		・後付けの場合は(a)，(b)が先付けの場合は(c)が一般的である

1)　仕上げボルトによる接合

鋼桁の場合，上部構造と支承（上沓）とを取付ける仕上げボルトには，ねじ込み式とナット締結式がある。［道示Ⅱ］5.3.12(3)及び5.4.12の規定に従い，仕上げボルトに生じる引張応力度及びせん断応力度が制限値を超えないことを確認する。ただし，強度区分が4.8の場合は強度区分4.6の制限値を，強度区分が12.9の場合は強度区分10.9の制限値を用いる。これは，ボルト径により流通するボルトの区分が分かれる等の理由によるものであり，これまでの実績を踏まえたものである。また，水平力によるせん断力と同時に偏心量によって引張力が発生する場合は，合成された応力度が［道示Ⅱ］5.3.9及び5.4.9に規定される式（5.3.2）から式（5.3.4）を満足することを確認することとする。

2) アンカーボルトによる接合

［道示Ⅰ］10.1.7(1)では，支承と上下部構造の取付部の設計は支承に作用する力を確実に伝達する構造とすることが規定されており，これを満足する条件が［道示Ⅰ］10.1.7(3)から(5)に規定されている。［道示Ⅰ］10.1.7(3)から(5)の規定のうち(4)では，支承と下部構造の固定にアンカーボルトを使用する場合に満足する必要がある条件が1)から3)に規定されている。また，［道示Ⅰ］10.1.7(4)1)から3)の規定のうち2)では，コンクリート部材からなる下部構造へのアンカーボルトによる接合部の設計は［道示Ⅲ］7.5の規定を満足することが規定されている。

［道示Ⅲ］7.5.2 (1)では，［道示Ⅲ］7.5.2の(2)から(5)を満足する場合，アンカーボルトが限界状態1を超えないとみなしてよいことが規定されている。［道示Ⅲ］7.5.2の(2)から(5)の規定のうち，(2)及び(3)は，せん断力や引張力に対してアンカーボルト周辺のコンクリートが確実に弾性範囲内に留まるための条件である。(4)は，引張力に対してアンカーボルトと周辺コンクリートの付着抵抗が弾性範囲内に留まるための条件である。また，(5)は，アンカーボルト本体が引張力とせん断力に対して弾性範囲内に留まるための条件である。

支承部のアンカーボルトが取り付くアンカーボルト周辺のコンクリートを含む橋座部は，支承部から作用する荷重を躯体に確実に伝達できる構造としなければならないことが［道示Ⅳ］7.6(1)に規定されている。また，これを満足する条件が，［道示Ⅳ］7.6(3)から(5)に規定されている。［道示Ⅳ］7.6(3)から(5)の規定のうち，(3)及び(4)は，橋座部がそれぞれ限界状態1,3を超えないとみなすことができる条件である。(5)は，橋座部が集中荷重による局所的な影響が部材に生じないための条件である。よって，［道示Ⅳ］7.6に従い設計された橋座部と支承部をアンカーボルトにより連結する接合部では，［道示Ⅲ］7.5.2(4)及び(5)の規定を満足する場合，［道示Ⅲ］7.5.2(2)及び(3)によらず，限界状態1を超えないと考えることができる。

［道示Ⅲ］7.5.3 (1)では，［道示Ⅲ］7.5.3(2)及び(3)を満足する場合，アンカーボルトが限界状態3を超えないとみなしてよいことが規定されてい

る。支承部のアンカーボルトは［道示Ⅲ］7.5.3(2)及び(3)を満足する場合，限界状態3を超えないと考えることができる。

アンカーボルトの付着強度の特性値は，支承が取り付けられる下部構造のコンクリートの設計基準強度に対して，［道示Ⅲ］7.5.3に規定される**表-4.5.12**による。［道示Ⅲ］7.5.3に規定される値は異形棒鋼を用いる場合の値であるが，3章に示す異形化丸鋼についてもこの値を用いることができる(参考資料-4)。なお，押型付き丸鋼を用いる場合については従来の［道示］の規定の考え方を踏襲し，異形棒鋼の付着強度の特性値を0.5倍した値を特性値として設定している。アンカーボルト充填材料として，40N/mm^{2}を超える高強度の無機系材料や有機系材料を使用する場合は，設計の前提と適合するとともに，隙間なく充てんでき，必要な強度や耐久性があることを確認するとともに，実験から付着強度の特性値を設定する必要がある。なお，アンカーボルトは所要の耐荷機構で発揮できる構造であることが［道示Ⅲ］7.5.1に規定されており，これを満足する必要がある。

表-4.5.12 無収縮モルタルとアンカーボルトの付着強度の特性値 (N/mm^2)

コンクリートの設計基準強度 / アンカーボルトの種類	21	24	27	30	40	50	60
1) 押型付き丸鋼	1.20	1.35	1.45	1.50	1.70	1.70	1.70
2) 異 形 棒 鋼	2.40	2.70	2.90	3.00	3.40	3.40	3.40

［道示Ⅰ］10.1.7の規定に従い，アンカーボルトの直径は25mm以上，埋込み長さは直径の10倍以上とする。アンカーボルト直径が51mmを超える異形棒鋼を用いる場合には，適切に性能を検証する必要がある。また，引抜き力が非常に大きく，アンカーボルトを長くしたり，直径を大きくするなどによりコンクリートとの付着力を増す方法では対応が困難な場合や構造的に付着を期待できない場合などで，**図-4.5.49**に示すようにアンカープレートやアンカーフレームなどを用いる場合がある。この場合は，アンカーフレームの支圧面の応力や［道示Ⅲ］5.7.2(8)の規定に準じて，その底面から45°方向に広がりを持ったコンクリートせん断面にて抵抗する機構を想定し設計

を行う。有効破壊面は，**図-4.5.49** のせん断破壊面に示す通りアンカープレート端，アンカーフレーム端から考慮し，コンクリートのせん断応力が制限値を超えないことを確認しなければならない。このとき，アンカーボルトの付着は考慮できない。

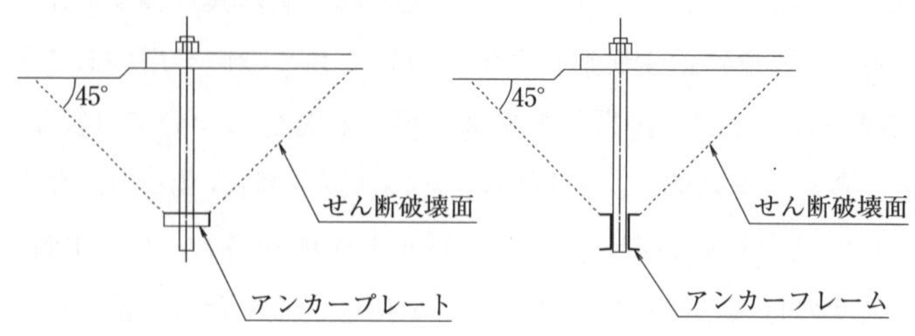

図-4.5.49　上向きの力に抵抗する構造を用いる場合の例

3)　支承が取り付けられる部分のコンクリート及び無収縮モルタル

支承が取り付けられる部分のコンクリート及び無収縮モルタルについては，支圧応力を受ける部材として，[道示Ⅲ]5.5.5及び5.7.5に従い設計する。なお，無収縮モルタルの圧縮強度は，3章に示すように，下部構造に用いられるコンクリートの設計基準強度以上を有するものを用いる必要がある。

4)　ベースプレートのアンカーボルト用孔の縁端距離

鉄筋コンクリート部材にベースプレート等を用いてアンカーにより接合する場合，ベースプレート等の縁端部が先に破壊しないように，縁端距離を確保する必要がある。ベースプレートのアンカーボルト用孔の縁端距離は，**図-4.5.50** に示すように，縁端部を中心角90°の曲りばりと考え，ベースプレートとアンカーボルトの材料強度に応じて，[アンカーボルト用孔部肉厚] / [アンカーボルト直径] に対する必要縁端距離として求められる。ベースプレートの材質がSM490Aでアンカーボルトの材質がSS400あるいはS35CNという組合せに対する必要縁端距離を**図-4.5.51** に示す。アンカーボルト孔中心からベースプレート縁端までの必要最小距離（必要縁端距離）は，組み合わせる材質により適切に算定しなければならない。

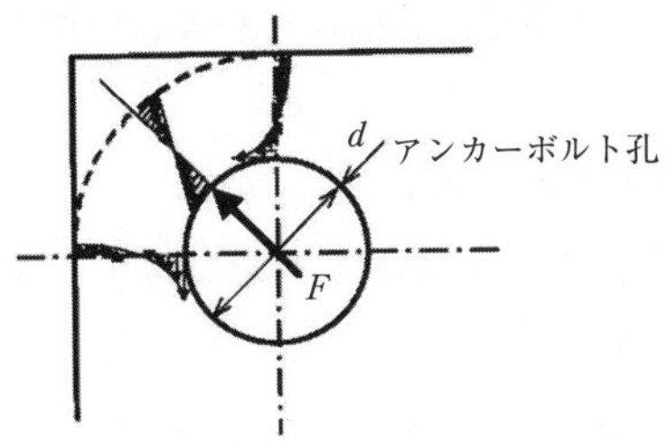

図-4.5.50　アンカーボルト孔まわり応力度状態

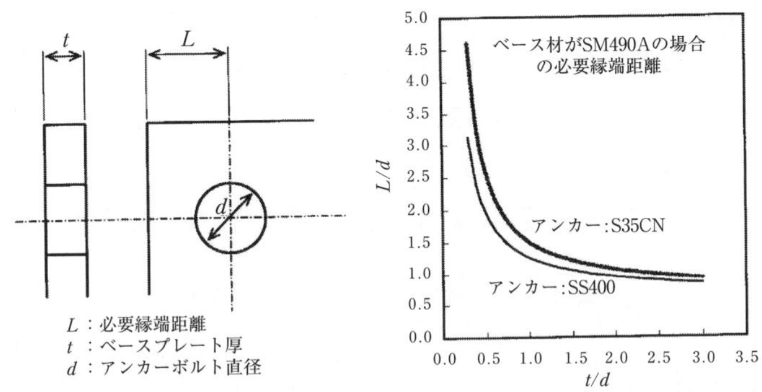

図-4.5.51　アンカーボルト孔の必要縁端距離

4.5.6　コンクリートヒンジ支承

コンクリートヒンジのなかで，一般的なメナーゼヒンジ支承について設計法を示す。

メナーゼヒンジ支承は，上部構造からの鉛直力及びせん断力を確実に下部構造に伝達できる構造としなければならず，各設計状況において［道示 I］10.1.11の規定を満足する構造とする必要がある。(3)の構造細目を満足したうえで，(1)及び(2)による場合はメナーゼヒンジ支承の限界状態1及び限界状態3を超えないと考えることができる。

なお，メナーゼヒンジ支承は過大な回転角が生じると，作用鉛直力とせん断力のバランスが急変し，脆性的なせん断圧縮破壊を起こすことがあるため，たわみ角が大きく発生するような構造で，特に反力が大きい場合には使用できない。

(1) メナーゼヒンジ支承の限界状態1

メナーゼヒンジ支承が以下の1)から3)を満足する場合，限界状態1を超えないと考えることができる。

1) 交差鉄筋に発生する圧縮応力が，式(4.5.27)に示す交差鉄筋の圧縮応力度の制限値を超えない。

$$\sigma_{yd}=\xi_1 \Phi_y \sigma_{yc} \quad \cdots\cdots (4.5.27)$$

ここに，

σ_{yd}：交差鉄筋の圧縮応力度の制限値（N/mm^2）

ξ_1：調査・解析係数で**表-4.5.13**による。

Φ_y：抵抗係数で**表-4.5.13**による。

σ_{yc}：交差鉄筋の降伏に対する強度の特性値（N/mm^2）

表-4.5.13　調査・解析係数，抵抗係数

<table>
<tr><th></th><th>ξ_1</th><th>Φ_y</th></tr>
<tr><td>i） ii）及びiii）以外の作用の組合せを考慮する場合</td><td rowspan="2">0.90</td><td>0.85</td></tr>
<tr><td>ii）［道示Ⅰ］3.3(2)⑩を考慮する場合</td><td rowspan="2">1.00</td></tr>
<tr><td>iii）［道示Ⅰ］3.3(2)⑪を考慮する場合</td><td>1.00</td></tr>
</table>

ここで，交差鉄筋に発生する圧縮応力の算出は式(4.5.28)による。これは，パーソンズ（Parsons）によって，理論的解法が提案され，内山によってその計算式が誘導されている[7)]。なお，その計算式は**図-4.5.52**に示すように鉄筋埋込み部分のコンクリートの変形を無視し，交差鉄筋の基部が固定された三角トラスを形成していると仮定したもので，鉄筋がトラス部材と同様に軸力とせん断力に対していずれも軸圧縮力のみで力を伝達すると仮定して算出したものである。

式(4.5.28)は，作用回転角ϕが0.05(rad)以下である仮定条件下での理論式であることから，これを超える回転角が生じる場合は適用できない。また，それより小さい回転角であっても，ヒンジの高さ内で吸収できないような回転角が生じると，取付部のコンクリートが干渉し正常なヒンジの支持機能を発揮できなくなるため，ヒンジ高さと作用回転角の関係にも留意する。

実際には回転によってメナーゼヒンジ支承の交差鉄筋には曲げモーメントによる応力が発生するが，作用回転角 ϕ が 0.05(rad) 以下となる範囲においては，ヒンジ部に生じる曲げモーメントとしては小さいとみなすことができ，内山の計算式を簡略化することにより，鉄筋の圧縮応力度 σ_{sc} を式（4.5.28）より求めることができる。

$$\sigma_{sc}=\frac{N}{nA_s\cos\theta}+\frac{S}{nA_s\sin\theta} \qquad \cdots\cdots(4.5.28)$$

ここに，

N：軸力(N)

S：せん断力(N)

n：交差鉄筋の本数

A_s：交差鉄筋1本の断面積(mm^2)

θ：交差鉄筋の部材軸方向に対する角度(°)

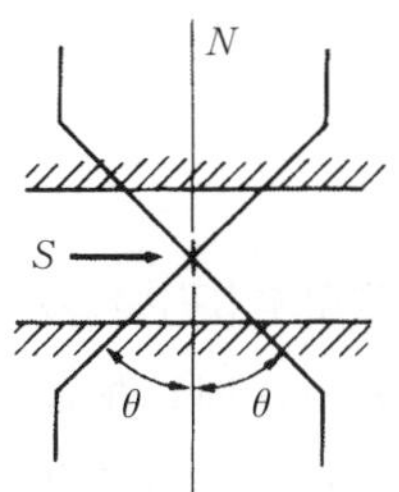

図-4.5.52　メナーゼヒンジ支承の荷重伝達機構

2)　交差鉄筋に水平せん断力が作用し，鉄筋埋込み部の前面コンクリートに生じる支圧応力度が(2)2)を満足する。

これは，［道示Ⅲ］5.5.5の規定に基づき，限界状態3を超えない場合には，限界状態1を超えないと考えることができるためである。

3) スターラップに作用する引張応力度が式(4.5.29)に示す制限値を超えない。

これは，支承の応答の繰り返しに応じて，交差鉄筋に作用する軸力はコンクリートに埋め込まれた鉄筋の付着によってコンクリートに伝達され交差鉄筋の中心付近のコンクリートにひび割れを生じない状態とするためである。ここで，スターラップに生じる引張応力度は式(4.5.30)により算出することができる。

$$\sigma_{sa} = \xi_1 \, \Phi_y \, \sigma_{ys} \quad \cdots\cdots (4.5.29)$$

ここに，

σ_{sa}：鉄筋の引張応力度の制限値（N/mm^2）

ξ_1：調査・解析係数で**表-4.5.13**による。

Φ_y：抵抗係数で**表-4.5.13**による。

σ_{ys}：スターラップの引張降伏強度の特性値（N/mm^2）

$$\sigma_{ys} = \frac{1}{A'_s}\left\{ 0.5N\tan\theta + \frac{S\,h}{0.9\mathrm{d}} \right\} \quad \cdots\cdots (4.5.30)$$

ここに，

σ_{sa}：スターラップに作用する引張応力度の制限値(N/mm^2)

A'_s：**図-4.5.53**中の h の区間に配置されるスターラップの断面積（mm^2）で，以下の式により算出する。

$$A'_s = n\, m\, A_s \quad \cdots\cdots (4.5.31)$$

A_s：スターラップ１本当たりの断面積（mm^2）

h：割裂に抵抗する埋込み長さ(mm)で 10ϕ とする。

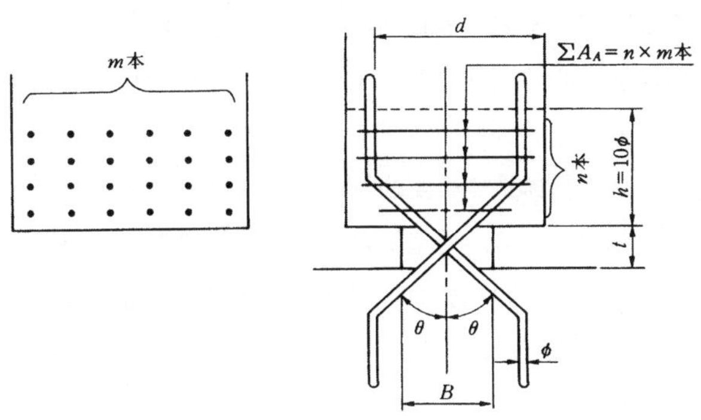

図-4.5.53　メナーゼヒンジのスターラップ

(2)　メナーゼヒンジ支承の限界状態3

メナーゼヒンジ支承が以下の1)から3)を満足する場合，限界状態3を超えないと考えることができる。

1)　(1)1)を満足する。

2)　交差鉄筋の埋め込み部前面のコンクリートが受ける支圧応力度が，［道示Ⅲ］5.7.5の規定を満足する。ここで，［道示Ⅲ］5.7.5の式（5.7.8）に規定される局部載荷の場合のコンクリート面の有効支圧面の面積A_c(mm^2)は交差鉄筋の配置間隔P(mm)，局部載荷の場合のコンクリート面の面積A_b(mm^2)は交差鉄筋径ϕ(mm)を用いて算出することができる。

3)　(1)3)を満足する。

(3)　構 造 細 目

1)　鉄筋の最小間隔は純間隔で45mm以上とする。

2)　鉄筋の定着長は片側30ϕ以上とする。

3)　ヒンジ部の高さtは20～30mm程度とする。また，ヒンジ機能を保持するために，ヒンジのすき間にゴム板などの緩衝材を設置しておくのがよい(**図-4.5.53**)。

4)　ヒンジ付近には，非常に大きな局部応力がコンクリートに生じるため，十分な鉄筋を用いて補強する必要がある。

5) メナーゼヒンジに配置する鉄筋にメッキを施す場合，メッキ処理における熱影響と曲げ加工時の塑性変形により，割れ等が生じた事例があるため，注意が必要である。

6) 上部構造及び下部構造側の配筋量が少ない場合，メナーゼヒンジの配筋端部で鉄筋量の急変が起き，構造上の弱点となり地震時に損傷が生じた事例があるので，周辺の軸方向鉄筋および横方向鉄筋量に留意し，急変が生じる場合は適切に補強鉄筋を設置する。

4.5.7 上部構造の支承取付部

(1) 鋼上部構造

鋼上部構造の支承取付部は，支承部が求められる所要の性能を発揮できるように設計する必要がある。

1) 支承取付部は，支承から受ける鉛直力及び水平力を確実に上部構造に伝達する必要がある。また，支承周りに設置される落橋防止構造や横変位拘束構造は，支承取付部に影響を及ぼさない位置に設置する必要がある。

2) 支承取付部は，支点上垂直補剛材，ダイアフラム，補剛材などが複雑に配置されるので，支承のセットボルトだけでなく落橋防止構造などとの取り合い，さらには架設時や維持管理の作業空間の確保にも十分注意して設計する必要がある。

3) 支承取付部が受ける地震の影響に対しては，［道示Ⅴ］12.5.2 に従う。鋼I桁の場合，下記のように，鉛直力及び水平力支持機能について設計する他，施工性や耐久性に配慮した構造を採用するのがよい。

i) 支承部直上の主桁腹板には，［道示Ⅴ］12.5.2 の規定に従い，**図-4.5.54** に示すように支承前後端直上に補剛材を設けて局部変形を防ぐ必要がある。これを防止する構造の例として，補剛材の高さは桁高の 1/2 程度とすることを解説に示している。また，橋軸直角方向の慣性力により支点上垂直補剛材近傍の主桁が座屈変形することがないように，横桁下フランジ等の下端は極力主桁下フランジに近い位置まで低くする等して十分な強度が得られるようにする必要がある。

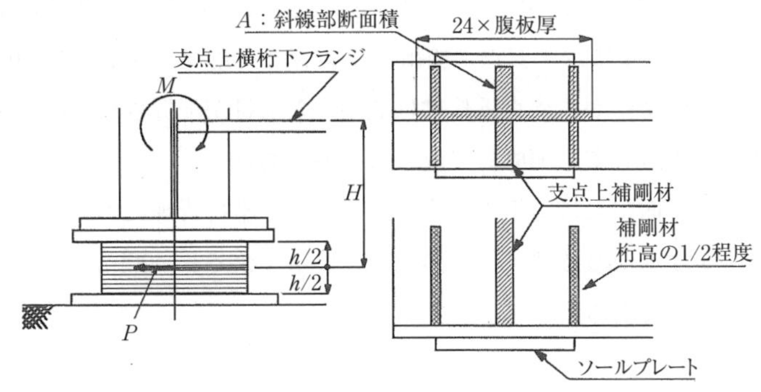

図-4.5.54 地震時水平力に対する鋼Ｉ桁取付部の構造

ⅱ）鉛直力支持機能に関しては，支点上補剛材と主桁腹板からなる断面について **4.2.1** に示される作用の組合せと荷重係数を考慮して設計を行う。上部構造に塑性化を期待しない場合，［道示Ⅴ］6.1 の規定に従い，鋼部材の限界状態 1 及び限界状態 3 に対応する特性値及び制限値は［道示Ⅱ］5 章及び 9 章から 19 章の規定による。

ⅲ）水平力支持機能に関しては，各主桁に均等に荷重が分担される構造形式に対しては，式(4.5.32)で示す［道示Ⅰ］3.3 に示す作用の組合せに応じて算出される水平力 P による曲げモーメントが支点上横桁位置に作用するとして，**図-4.5.54** に示す斜線で囲まれた断面を用いて設計することができる。上部構造に塑性化を考慮しない場合，［道示Ⅴ］6.1 の規定に従い，鋼部材の限界状態 1 及び限界状態 3 に対応する特性値及び制限値は［道示Ⅱ］5 章及び 9 章から 19 章の規定による。

$$M = P\,H \quad \cdots\cdots (4.5.32)$$

P：水平力／桁本数

H：水平力作用位置と支点上横桁下フランジ間の距離

水平力作用位置は，ゴム支承の場合にはゴム高さ(h)の 1/2，鋼製支承の場合には回転中心とすることができる。ただし，**4.5.5** に記載する留意事項にも配慮して設定する必要がある。

iv）**図-4.5.54** に示す支点上横桁フランジと主桁フランジとの間隔は，狭くするのがよいが，支点近傍には数多くの部材が配置されるので施工性や維持管理に対しても配慮して決める必要がある。

v）支承前面における桁下空間は，架設時や維持管理における施工性を考えて決定する必要がある。**図-4.5.55** に示すように 400mm 以上確保するのが標準的である。

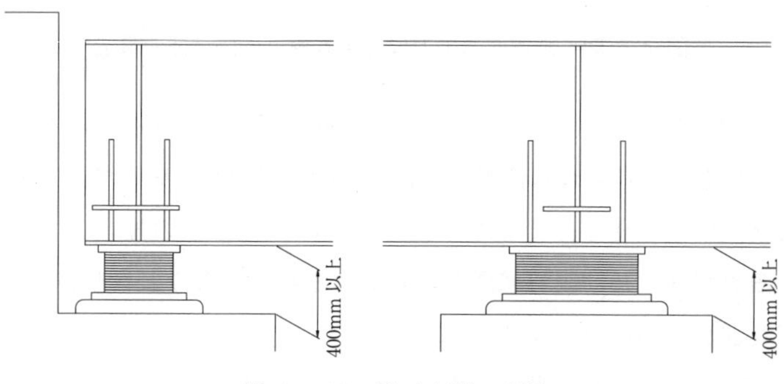

図-4.5.55　桁下空間の確保

vi）支承部近傍には維持管理のためにジャッキアップ補強を行っておくことも必要である。ジャッキアップ補強位置は，**図-4.5.56** に例示するように支点上横桁あるいは支承前面の主桁に設けるのが望ましい。従来，支承前面位置の主桁に設けられていた場合が多かった。しかし，鋼製支承に比べてゴム支承は平面寸法が大きいことから，ジャッキアップのために仮支点部の補強位置はジャッキを据え付ける位置から下部構造頂部縁端までの距離を確保できるよう配慮するのがよい。

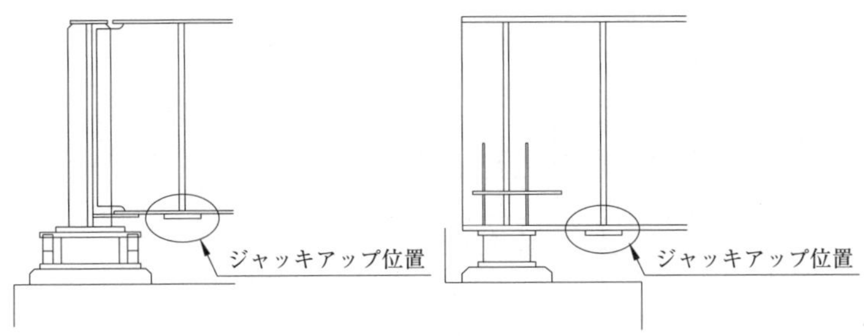

図-4.5.56　ジャッキアップ補強位置

4)　鋼箱桁の場合で１箱桁１支承の場合の構造例を，**図-4.5.57** に示す。鋼Ｉ桁の場合と同様に設計する他，施工性と耐久性に配慮した構造を採用する必要がある。設計時の構造に対する注意点は以下のとおりである。

i）**図-4.5.57** に示すように，支点上補剛材は支点上ダイアフラムの両側に２箇所ずつ配置するのがよい。

ii）支点上補剛材の下端幅は，支承縁端までとするのがよい。

iii）支点上補剛材の突出長が大きいために板厚が厚くなりすぎる場合は，Ｔ型断面とするのがよい。

iv）中間支点で支承の平面面積が広い場合は，補剛材を追加するのがよい。

v）端支点の縦リブは主桁端部まで延長するのがよい。

vi）支承部近傍には維持管理時のジャッキアップのために仮支点部の補強を行うのがよい。

vii）狭隘となりやすい支点部において，溶接部の施工が確実にできる空間が必要であることに留意する。

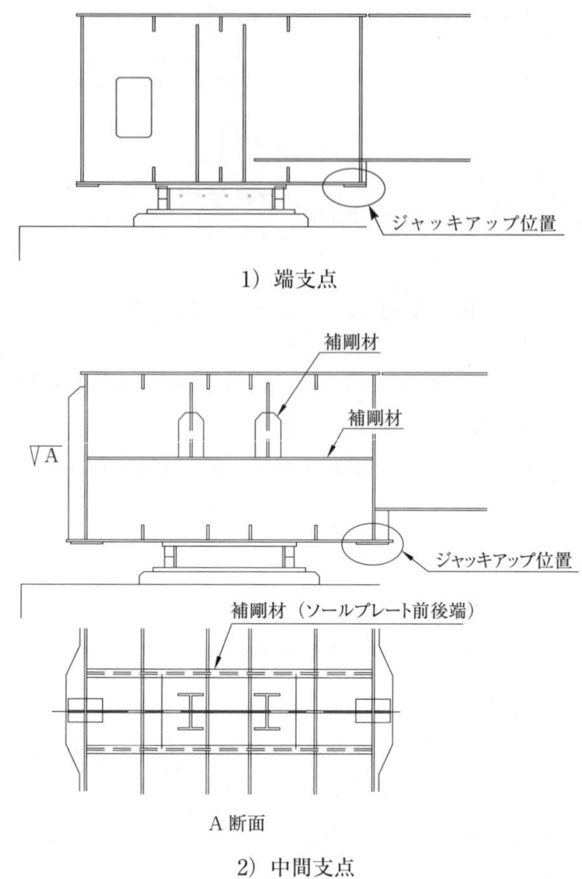

図-4.5.57　鋼箱桁の支点上構造例

5）鋼橋においては，ソールプレートを介して上部構造から反力を支承に伝達するが，ソールプレートはこの伝達機能の他に支点部の補強機能もあわせ持っている。長期間供用された鋼製支承のソールプレート取合い部において，支承に腐食が生じ，変位追随機能が低下したことが原因となって疲労損傷が生じた事例がある[8)9)]。このため，支承の変位追随機能を低下させないよう，可動部や回転部に防せい防食効果の高い材料を使用する等の対策を行うのがよい。ソールプレート取合い部の構造例を**図-4.5.58** に示す。

ソールプレートの設計にあたっては,以下の事項に注意しなければならない。

ⅰ）ソールプレートから支承への水平力の伝達は，ボルトのせん断抵抗などで確実に行われるよう設計する。

ⅱ）ソールプレートは［道示Ⅰ］10.1.7 より最小厚さ 22mm 以上とする。また，主桁に縦断勾配がある場合に，ソールプレートの板厚さを変化させた場合でも，最小部で 22mm 以上を確保する。

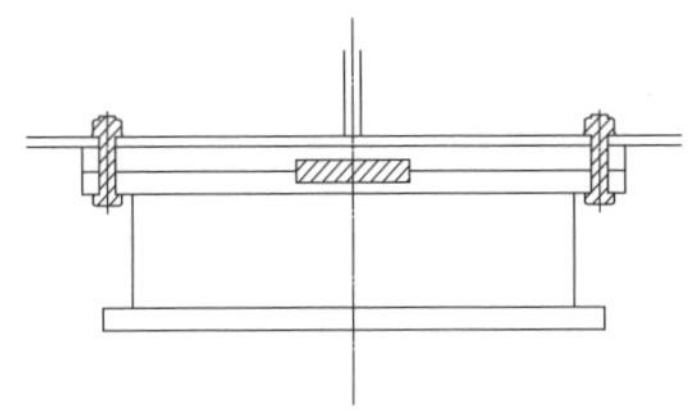

図-4.5.58　ソールプレート取合い部の構造例

(2) コンクリート上部構造

コンクリート上部構造への支承取付部は，支承部が求められる所要の性能を発揮できるよう設計する必要がある。

1)　支承取付部の取合い

支承取付部は，支承から受ける鉛直力及び水平力に対して安全である必要がある。また，支承周りに設置される落橋防止構造や横変位拘束構造は，支承取付部に影響を及ぼさない位置に設置する必要がある。

支承取付部は，**図-4.5.60** に示すように PC 鋼材・PC 鋼材定着具・鉄筋などが複雑に配置されるので，支承のアンカーボルトや落橋防止構造，アンカーバーなどとの取合いに十分注意して，［道示Ⅲ］10.5.1 に基づいて設計する必要がある。

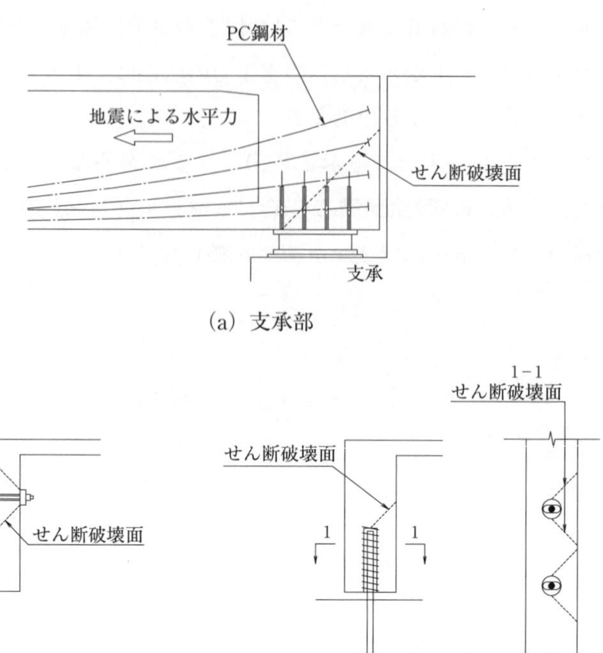

図-4.5.59　水平力に対するせん断破壊面

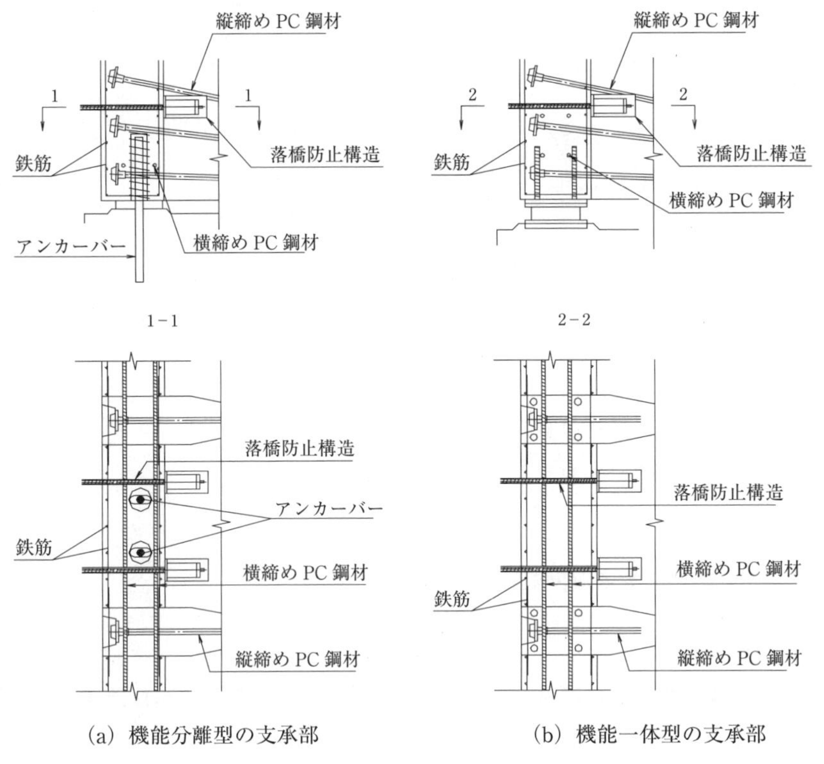

(a) 機能分離型の支承部　　(b) 機能一体型の支承部

図-4.5.60　支承取付部の構造例

2)　コンクリート橋の支点上構造

コンクリート橋では，レアーを設けて支承を水平に設置することが望ましい。レアーの高さは，地震時の水平力に対してはできるだけ低いことが望ましいが，あまり低すぎると補強鉄筋が桁の鉄筋と錯綜し，コンクリートの充てん性を阻害することがあるので，施工性を考慮して決定するのがよい。レアーは鉄筋により十分な補強をする必要がある。

プレキャスト桁を使用したPC橋にパッド型ゴム支承を使用する場合には，縦断勾配が3%まで，プレキャスト桁床版橋においては横断勾配が4%まではレアーを設けずに設置することができる。ただし，この場合にはゴム支承を桁に平行に据えるために沓座も同一勾配で仕上げる。

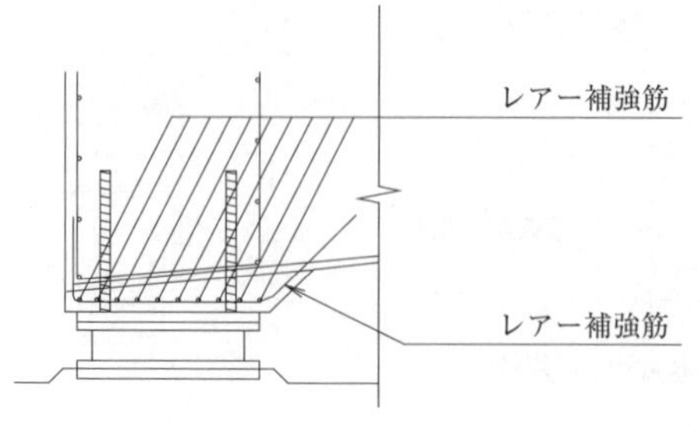

図-4.5.61　レアーの補強例

3)　維持管理用構造

支承部近傍には維持管理時のジャッキアップ位置を考慮しておき，そのための補強を考慮しておくとよい。

4.5.8　下部構造の支承取付部

(1) 鋼 製 橋 脚

支承と鋼製橋脚との取付部は，支承部に作用する力を確実に伝達するように設計しなければならない。設計上の注意点は，下記のとおりである。

1)　下部構造との取付部の限界状態及び設計における配慮事項等は，**4.5.7**(1)に準じる。

2)　ゴム支承は同一ロットであっても製造上及び材料特性上の理由から，支承高さの寸法誤差が大きく，計画路面高の許容範囲を超える場合がある。このため，下部構造の出来形誤差にゴム支承の出来形誤差を考慮して，鋼製橋脚と下沓との間には，高さを調整するための鋼板（調整プレート）を設ける。

3)　調整プレートは，計画路面高さ，上下部構造の出来形，支承の検査成績書などに基づいて厚さを調整し，架設の最終段階で据え付ける。

4)　調整プレートの厚さは，支承からの反力を均等に伝えるために［道示Ⅰ］10.1.7に基づき22mm以上とする。

5)　下部構造の天端は，支承取替えなどの維持管理のために行うジャッキアップ作業のための空間を確保するとともに，ジャッキアップ位置の補強を行う必要がある。

(2) コンクリート下部構造

コンクリート下部構造の支承取付部は，［道示Ⅳ］7.6の規定に従い，支承部から作用する荷重を躯体に確実に伝達できる構造としなければならない。設計にあたっては以下の点に留意する。

1) 下部構造の天端は，支承取替えなどの維持管理のために行うジャッキアップ作業用の空間を確保するとともに，ジャッキアップ位置に作用する鉛直力に抵抗できるよう補強を行う必要がある。
2) 下部構造の出来形，支承の出来形等の誤差を調整し路面上の計画高さを確保するため，沓座モルタル厚で高さの調整を行えるようにしておく必要がある。なお，必要モルタル厚，取合い寸法等は**6.3**による。
3) 台座は支承からの荷重を橋座部に確実に伝えるため，台座の損傷によって荷重の伝達機能がそこなわれないようにしなければならない。この対応として，補強鉄筋を配置して台座と橋座部が一体とするような構造とすることが考えられる。なお，具体的な補強鉄筋例については，［道示Ⅳ］7.6(5)の解説に示される図-解7.6.8を参考にするのがよい。

4.6 支承部の耐久性能に関する部材の設計

4.6.1 一　　般

支承部の耐久性能に関する設計については，［道示Ⅰ］6章のほか，［道示Ⅰ］10.1.9に規定されている。鋼材の腐食や疲労，ゴム材料の疲労やオゾンや紫外線等の環境作用による劣化を考慮し，それらの経年の影響を評価して耐久性を確保する必要がある。そのため設計において耐久性確保の方法を定め，耐久性を確保するための方法を区分し，耐久性能の確保が実現していることを維持管理の中で確認することとなる。支承部を構成する部材ごとに耐久性確保の方法が異なることもあり，外気に触れないことが前提の部材は，その前提条件が満足されるよう管理する必要がある。例えば，ゴム支承の内部鋼板は被覆ゴムで外気が遮断されていることが前提であり，維持管理においては被覆ゴムで密閉されていることを確認する必要がある。また，耐久性を確保するためには設計で想定した維持管理を適切に行い，機能を保つことが求められるが，長期にわたり維持管理を行う中で不測の事態が生じることも考慮し，たとえ機能低下が生じたとしても対策が容易にできるよう，あらかじめ検討しておくことも重要である。例えば，被覆ゴムの表面に未貫通のクラックが生じた際に補修できるよう作業スペースを確保しておくなど，不確実性についても考慮し，耐久性が確保されるよう適切に検討する必要がある。

4.6.2 ゴム支承

(1) 積層ゴム支承

1) 一　般

［道示Ｉ］6.1(5)には経年の影響として，鋼部材の疲労，鋼部材の腐食，ゴム材料の疲労及び熱，紫外線等の環境作用による劣化を少なくとも考慮することが規定されている。また，［道示Ｉ］10.1.9には，鋼部材には適切な防せい防食の機能を有するものとすること，ゴム支承本体の外気と接する面には，これまでの試験や使用実績等を踏まえて内部のゴムと同等以上の耐久性能を有する厚さの被覆ゴムを設ける等が規定されている。

本便覧でもこれまでの設計の考え方を踏襲し，耐久性能に関する設計の考え方を示している。しかし，海上等の腐食環境の厳しい場所や低温環境下等では被覆ゴムの耐候性が低下する例もあり，被覆ゴムの厚さや材料選定に注意するとともに，取替えが可能な構造，補修しやすい構造等の配慮を行うことが望ましい。

2) 積層ゴム支承の疲労に対する設計

積層ゴム支承の疲労については，これまでの便覧で示されていた応力度の許容値を超えないように積層ゴムに生じる応力度を制限してきた結果，疲労が問題となる事例は少ないことを踏まえて，本便覧では，積層ゴムに対する疲労の影響が生じないと考えられる作用の組合せと応力度の制限値を示している。式(4.6.1)の作用の組合せ及び荷重係数等により生じる積層ゴムの圧縮応力度，水平せん断ひずみ，引張応力度及び局部せん断ひずみが，次のⅰ)からⅳ)に示す制限値を越えないことを確認することが標準的な方法である。

1.00(D+L+I+PS+CR+SH+TH+TF) ……………………(4.6.1)

ⅰ) 繰返し圧縮作用に対する設計

ゴムの圧縮応力度が，**表-4.6.1** に示す圧縮応力度の制限値を超えないことを確認することが標準的である。

表-4.6.1 ゴム支承の耐久性に配慮した場合のゴムの圧縮応力度の制限値(N/mm^2)

項　目		制限値
最大圧縮応力度	$S_1 < 8$	$\sigma_{maxa} = 8.0$
	$8 \leqq S_1 < 12$	$\sigma_{maxa} = S_1$
	$12 \leqq S_1$	$\sigma_{maxa} = 12.0$
応力振幅	$S_1 \leqq 8.0$	$\Delta\sigma_a = 5.0$
	$S_1 > 8.0$	$\Delta\sigma_a = 5.0 + 0.375(S_1 - 8.0)$ ただし最大 6.5 N/mm^2

① 最大圧縮応力度

これまでの疲労試験結果より，式(4.5.9)で示される一次形状係数が支承の耐荷力に影響することが確認されている。一定せん断状態におけるゴム支承の疲労試験(参考資料-11) を行い，この結果から最大圧縮応力度の制限値及び応力振幅の制限値を一次形状係数の関数とし，それぞれ，最大で 12.0N/mm^2，6.5N/mm^2 まで許容できるとされてきたことを踏まえ，本便覧でも，繰返し圧縮作用に対する耐久性能を確保するために，従来同様に**表-4.6.1** に示す最大圧縮応力度と応力振幅の制限値を超えないことを確認することとしている。

ここで，一次形状係数S_1は，式（4.5.9）により算定する。

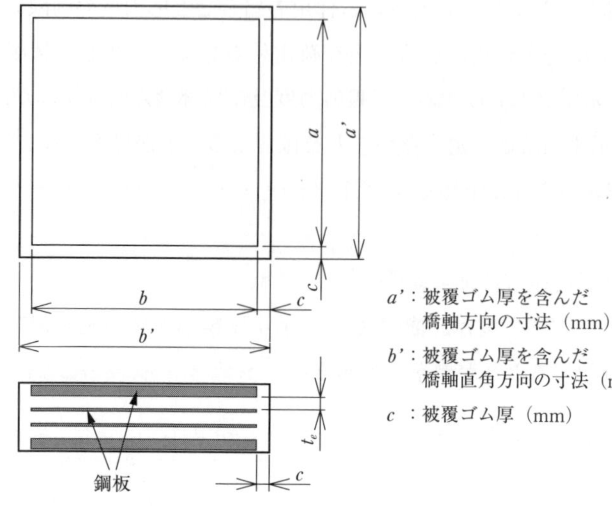

図-4.6.1 ゴム支承本体の平面・断面形状

一次形状係数が著しく小さい場合には，鉛直荷重による鉛直変位が過大に生じることとなる。過大な鉛直変位はゴム支承本体の疲労耐久性に影響を及ぼすばかりでなく，桁端部において路面の平坦性にも問題が生じる。

下部構造の圧縮応力度の制限値がゴムに生じる圧縮応力度を下回る場合には，圧縮応力の分布幅を増やすなどの対策により，下部構造に生じる圧縮応力度を低減するか，ゴム支承の圧縮応力度の制限値を下部構造の制限値まで低減し，設計する必要がある。

② 圧縮応力振幅

圧縮応力振幅は，式（4.6.2）により算出する。

$$\Delta\sigma=\sigma_{max}-\sigma_{min} \quad \cdots\cdots (4.6.2)$$

ここに，

$\Delta\sigma$：圧縮応力振幅（N/mm^2）

σ_{max}：式(4.6.1)の作用の組合せ及び荷重係数等による最大圧縮応力度（N/mm^2）

$$\sigma_{max}=\frac{R_{max}}{A_{cn}} \quad \cdots\cdots (4.6.3)$$

σ_{min}：最小圧縮応力度（N/mm^2）

$$\sigma_{min}=\frac{R_{min}}{A_e} \quad \cdots\cdots (4.6.4)$$

R_{max}：最大反力（N）

R_{min}：最小反力（N）

A_{cn}：移動量を控除した圧縮に有効な面積（mm^2）。
また,鉛プラグ入り積層ゴム支承の場合,孔の面積を控除する。

A_e：ゴム支承の有効寸法より求めた面積（mm^2）

ii）繰返し水平変位に対する設計

式(4.6.1)の作用の組合せ及び荷重係数等により生じる水平せん断ひずみが，水平せん断ひずみの制限値70%を超えないことを確認する。この水平せん断ひずみに対する制限値は，供試体を用いた繰返し水平せん断試験から設定されたものである。(参考資料-12)なお,制限値の設定にあたって元となった供試体の形状や鉛プラグの形状と異なる場合は，生じる応力の大きさが実験とは異なることから，個別に検討する必要がある。

また，変動作用支配状況において地震の影響を考慮する場合の水平せん断ひずみが水平せん断ひずみの制限値150%を超えないことを確認する。これはレベル1地震動を考慮する状況における繰返し作用とその影響については知見が少ないことから，従来と同等の制限値とした。

iii）繰返し引張作用に対する設計

積層ゴムでは繰返し引張力に対する疲労耐久性が確認されていないので，積層ゴム支承に繰返し引張力を受け持たせることはできない。

図-4.6.2に示すように桁の回転により積層ゴム支承に回転が生じた場

合であっても，回転による積層ゴムに生じる変位量が積層ゴムの圧縮変位を超えないようにすれば，積層ゴムに引張力が作用しないと考えることができる。式(4.6.1)の作用の組合せ及び荷重係数等により圧縮応力度が生じている状態で回転が生じた場合に，式(4.6.5)に基づき回転による変位量が鉛直圧縮力による変位量を超えないことを確認することが標準的である。これは鉛直力による変位と，桁の強制回転による上向きの変位が相殺されればゴム支承に引張応力が生じないことを実験により確認した結果を踏まえたものである。

なお，ゴム支承本体に回転が加わる場合，参考資料-13に示すようにゴム支承の内部応力の最大値の発生箇所は支承中心から，回転角に応じて移動することが確認されているが，式（4.6.5）を満足している場合，内部応力の最大値はゴム支承本体の最大応力度$\sigma_{\max}$を超えないことが確認されている。

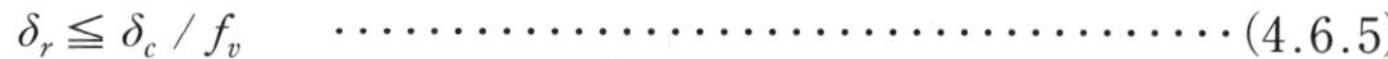

$$\delta_r \leqq \delta_c / f_v \quad \cdots\cdots\cdots\cdots (4.6.5)$$

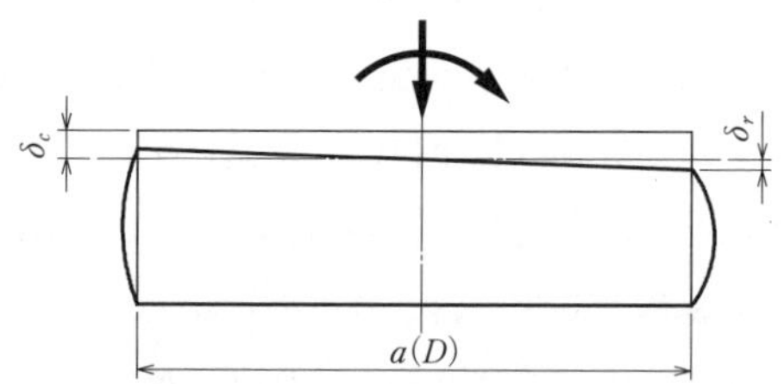

図-4.6.2　桁の回転による積層ゴムの回転変位

ここに，

δ_r：桁の回転によるゴム支承縁端での変位量（mm）で，矩形断面の場合は式(4.6.6)，円形断面の場合は式(4.6.7)により算出する。

矩形の場合

$$\delta_r = \frac{a\sin\theta + b\cos\theta}{2}\Sigma\alpha_e \quad \cdots\cdots\cdots\cdots (4.6.6)$$

円形の場合

$$\delta_r = \frac{D}{2} \Sigma \alpha_e \quad \cdots\cdots (4.6.7)$$

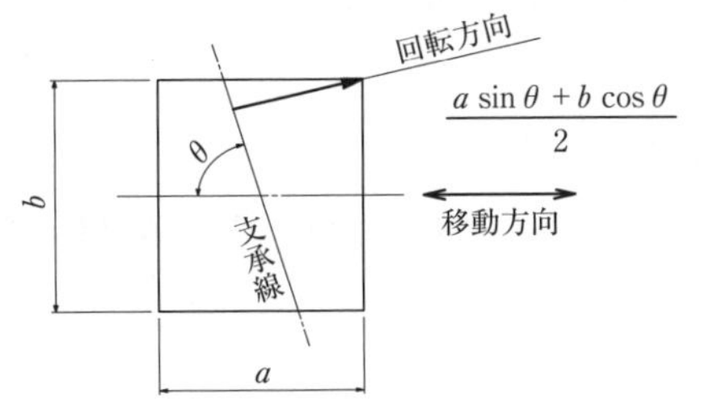

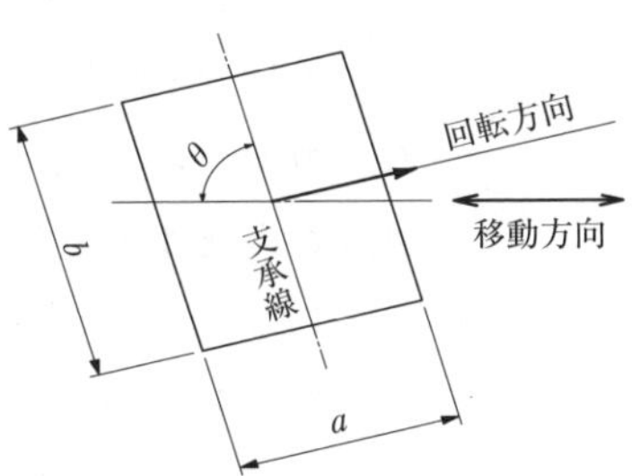

(a) 桁の移動方向に設置した場合　　(b) 支承線方向に設置した場合

図-4.6.3　斜橋の場合の回転

a：矩形ゴム支承の橋軸方向の有効寸法（mm）

b：矩形ゴム支承の橋軸直角方向の有効寸法（mm）

D：円形ゴム支承の有効直径（mm）

θ：斜角

$\Sigma\alpha_e$：支点の回転角（rad）で，式(4.6.1)の作用の組合せ及び荷重係数等による支点回転角又は，**表-4.2.3** に示す支点回転角

δ_c：ゴム支承の圧縮変位量（mm）

$$\delta_c = \frac{R_{\max}}{K_v} \quad \cdots\cdots (4.6.8)$$

R_{max}：最大反力（N）

実際の支点回転角を用いる場合は，その回転角が生じる反力を用いる。**表-4.2.3** を用いる場合は，最大支承反力を用いる。

K_v：圧縮剛性（N/mm）

$$K_v = \frac{EA_e}{\Sigma t_e} \quad \cdots\cdots (4.6.9)$$

E：ゴム支承の縦弾性係数（N/mm^2）

$$E = \alpha\, \beta\, S_1\, G_e \quad \cdots\cdots\cdots\cdots\cdots\cdots\cdots\cdots\cdots\cdots (4.6.10)$$

α：ゴム支承の種類による係数で，**表–4.6.2** の値とする。

β：ゴム支承の平面形状による係数で，**表–4.6.3** の値とする。

S_1：一次形状係数で，式（4.5.9）による。

G_e：ゴムのせん断弾性係数（N/mm^2）

A_e：ゴム支承の有効寸法から求めた面積（mm^2）で，式（4.5.9）による。

Σt_e：総ゴム厚（mm）

f_v：補正係数で 1.3 とする。

表–4.6.2　種類による係数 α

積層ゴム支承	35
高減衰積層ゴム支承	45
鉛プラグ入り積層ゴム支承	45 注)

注）鉛プラグの面積比（A_p/A_e）の比が 4 ～ 8%に適用

表–4.6.3　平面形状による係数 β

矩形（$0.5 \leqq b/a \leqq 2$）	1.0
矩形（$0.5 > b/a,\ b/a > 2$）	0.5
円形	0.75

式（4.6.8）における最大反力は同一支承線上で同一形状の支承を使用する場合，その中で最も小さい最大支承反力を用いればよい。補正係数 f_v は，圧縮剛性の推定精度を考慮して，ゴム支承に引張が生じないことに配慮するために設定されている。

従前，圧縮剛性の評価式は服部・武井による式を用いていたが，積層ゴム支承の大型化や，積層ゴム支承本体構造の変化に伴い圧縮剛性の実測値と理論値の差異が大きくなる場合も生じてきたため，ゴム材料ごとに試験データを収集し，圧縮剛性の推定式が示された（参考資料–14）。収集した試験データの積層ゴム支承本体の諸元は，辺長比 b/a が0.5～2.0，一次形状係数が5～11程度であり，ゴム支承本体の圧縮応力が1.5～6.0N/mm^2 の範囲における荷重－変位関係から算出した結果，圧縮剛性は一次形状係数（S_1）に比例する傾向が確認されたため，式（4.6.10）が導出されている。

表-4.6.2 及び **表-4.6.3** に示す値は形状の違う十分なデータがなく，服部・武井の式の関係から補完して設定している。

実績データの範囲を外れる場合には実験などによって確認したうえで用いる必要がある。一次形状係数（S_1）が5未満の場合には，式（4.6.11）の服部・武井による式を適用することができる。

服部・武井の式

$$\left.\begin{array}{ll}\text{矩形}\ (0.5 \leqq b/a \leqq 2) & :E=(3+2/3\pi^2 S_1{}^2)\,G_e \\ \text{矩形}\ (0.5>b/a,\ b/a>2) & :E=(4+1/3\pi^2 S_1{}^2)\,G_e \\ \text{円形} & :E=(3+1/2\pi^2 S_1{}^2)\,G_e\end{array}\right\} \cdots\cdots(4.6.11)$$

iv）圧縮作用，水平変位，回転変位に対する設計

式(4.6.1)の作用の組合せ及び荷重係数等により生じる式(4.6.12) により算出する最大反力，移動量，回転によって生じる局部せん断ひずみの総和が，**表-4.6.4** に示す局部せん断ひずみの制限値を超えないことを確認する。

$$\gamma_t=\gamma_c+\gamma_s+\gamma_r \quad \cdots\cdots(4.6.12)$$

ここに，

γ_t：局部せん断ひずみ

γ_c：鉛直力による局部せん断ひずみで，式（4.6.13），式（4.6.14）により求める。

$$\text{矩形の場合}：\gamma_c=8.5\frac{S_1 R_{\max}}{E A_{cn}} \cdots\cdots(4.6.13)$$

$$\text{円形の場合}：\gamma_c=6.0\frac{S_1 R_{\max}}{E A_{cn}} \cdots\cdots(4.6.14)$$

S_1：式（4.5.9）で定義される一次形状係数

R_{max}：最大反力（N）

E：式（4.6.11）に示すゴム支承の縦弾性係数（N/mm^2）

A_{cn}：移動量を控除した圧縮に有効な面積（mm^2）

γ_s：式（4.5.4）に定める水平せん断ひずみ

γ_r：桁の回転による局部せん断ひずみで，式（4.6.15），式（4.6.16）により求める。

矩形の場合：$\gamma_r = 2\left(1+\dfrac{a}{b}\right)^2 S_1^2\,\alpha_e$ ………………（4.6.15）

円形の場合：$\gamma_r = 6.0\,S_1^2\,\alpha_e$ …………………（4.6.16）

a：矩形ゴム支承の橋軸方向の有効寸法（mm）

b：矩形ゴム支承の橋軸直角方向の有効寸法（mm）

α_e：ゴム一層あたりの回転角（rad）

表-4.6.4 局部せん断ひずみの制限値

	材料の種類	JIS K 6397による略号	呼び	制限値（%）
天然ゴム	天然ゴム	NR	G6	400
			G8	365
			G10	365
			G12	330
			G14	300
クロロプレンゴム	クロロプレンゴム	CR	G8	300
			G10	300
			G12	300
高減衰ゴム	天然ゴムあるいは合成ゴム	—	G8	430
			G10	400
			G12	365

積層ゴム支承が鉛直圧縮力，水平力，並びに回転を受けて変形した際には，**図-4.6.4** に示すように積層ゴムの端部の鋼板との境に局部的な大きなせん断ひずみが生じる。

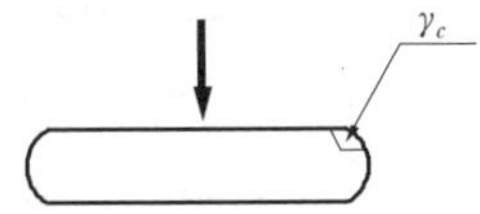

(a) 鉛直荷重による局部せん断ひずみ

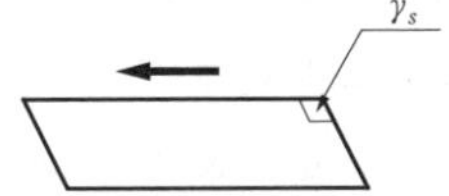

(b) 水平力による局部せん断ひずみ

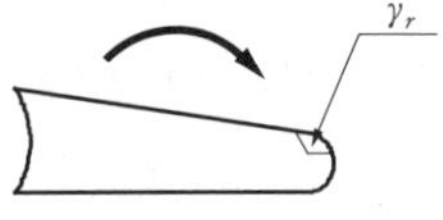

(c) 回転による局部せん断ひずみ

図-4.6.4 各種外力による局部せん断ひずみ

局部せん断ひずみの算定式は，C.Rejcha によって導かれたせん断ひずみ理論に基づいている[10)]。なお，本理論では，ゴムの非圧縮性を仮定して局部せん断ひずみを求めている。通常用いられる範囲のゴム支承の場合には影響は小さいが，一次形状係数 S_1 が大きくなる場合(一般に 15 程度以上)などには，上記理論ではゴムの体積変化の影響により，鉛直力による局部せん断ひずみが小さく評価される傾向を有するため，このような場合にはゴムの体積弾性変化の影響を考慮する必要がある。局部せん断ひずみの制限値は，従来用いられていた値を踏襲している。

また，矩形支承で斜角が 90° の場合，鉛直変位に対して側面で最も膨出が大きい箇所と，回転に対して側面で最も膨出が大きい箇所は，辺の中央位置で同じとなる。一方，矩形支承を斜角(**図-4.6.3(a)**)に配置した場合，回転に対して側面で最も膨出が大きくなるのは回転軸上にある側面位置となり，鉛直変位に対する側面で最も膨出が大きい箇所と異なる。このため，回転による局部せん断ひずみと，鉛直力による局部せん断ひずみ並びにせん断ひずみの最も大きな部分は一致しない。したがって，局部せん断ひずみの総和は，斜角が 90° の場合よりそれが大きくなることはないため，式(4.6.15) を用いてよい。

3) 積層ゴム支承の環境作用による劣化に対する設計

積層ゴム支承に対して，熱，オゾン等の環境作用による劣化を考慮する必要がある。積層ゴムを構成するゴム，内部鋼板，接着剤及び鉛プラグ等の環境作用による劣化対策としては，その発生メカニズムを把握した上で，そのメカニズムを踏まえた適切な対策を講じることが重要である。道路橋におけるゴム支承の劣化のメカニズムや被覆ゴムによる劣化に対する対策の効果についてはまだ明らかとなっていない事項も多いものの，過去の実績等を踏まえ環境作用による劣化に対して，3章に示すゴム材料に対して求めている物理的特性を有しており，少なくとも［道示Ⅰ］10.1.9(4)から(7)を満足する必要がある。

ゴム支承本体のゴム，内部鋼板，接着剤及び鉛プラグを外的環境から遮断し，劣化や腐食を防ぐことを目的として，ゴム支承においては，常に外気にさらされる側面に被覆ゴムを設ける。この被覆ゴムによって，外気を遮断し，内部鋼板の腐食及び内部ゴムや接着部分の酸化劣化等による機能低下の抑止し，積層ゴム内部の健全性を保つことを意図している。被覆ゴムに求める性能としては，［道示Ⅰ］10.1.9では，内部のゴムと同等以上の耐久性能を有する厚さ5mm以上の被覆ゴムを設けることが規定されている。これは，内部のゴムを環境作用から守るために必要な厚みとして設定されており，一般的には製作誤差等も考慮して10mm程度の被覆がなされていることが多い。また，腐食環境の厳しい立地条件で使用する場合，低温環境で被覆ゴムの耐候性が著しく低下する恐れのある場合等では，より耐候性に優れた被覆ゴムの素材を選定する等の配慮が必要である。

酸化劣化については，20～30年設置されたゴム支承を対象とした分析から，その要因となる酸素が約10mmの被覆ゴムの厚さ以上に侵入していることが確認されているものもあるが，ゴム支承の耐荷性能に大きな影響は与えていないと考えられている。

オゾン劣化については，表面から浸透しゴム材料に劣化が生じ，その部分が引張状態となると亀裂が生じることもあることが確認されている。内部鋼板位置での被覆ゴムのように積層ゴム支承が受ける鉛直圧縮応力によって常に引張状態となっている箇所に亀裂が生じやすい。このようなことに配慮してオゾン劣化に対するゴム材料の試験方法を3章に記載している。

紫外線劣化に対しては，これまでの実績からゴムに補強材としてカーボンブラックを用いて**表-3.2.1**に示す化学成分の規格値を満足すれば紫外線に対する耐久性を満足すると考えることができる。

鉛プラグは，積層ゴムに挿入した後，上沓及び下沓等により外気に触れないように露出しない構造とすることを前提としている。外気に露出した場合には，酸化により錆を形成する。鉛表面に酸化被膜を形成することで錆の範囲は一部に留まると考えられるものの，支承部の性能には影響を及ぼすことが考えられるため，外気に露出した場合には交換を行う等の対応が必要となる。なお，被覆ゴムはゴム支承として整形する際に一体で加硫して整形されることで，ゴム支承内部が外気と触れないように製造されていることが前提である。

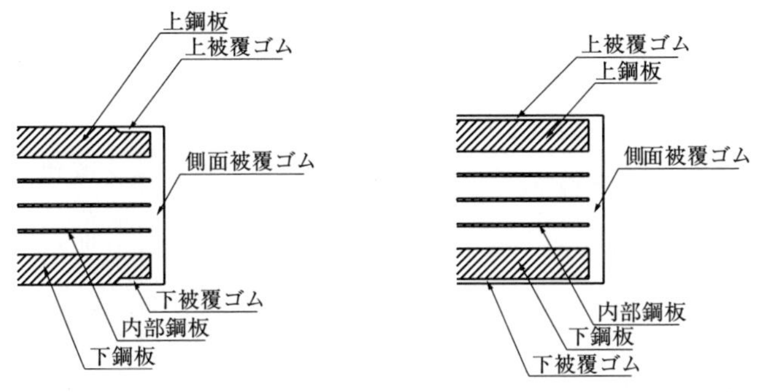

(a) 上下面に被覆ゴムを設けない例　　(b) 上下面に被覆ゴムを設けた例

図-4.6.5　被覆ゴムの断面

図-4.6.5(a)に示すように，被覆ゴムで覆われていない上下面の鋼板に対しては，**4.6.3**(3)に示す鋼材と同様に適切に防せい防食処理を行う必要がある。加硫により被覆ゴムも一体として成型されることから，**図-4.6.5**(b)に示すように，積層ゴムの上下面にも2～3mm程度の被覆ゴムを設けることにより防せい防食処理を行う方法もある。

桁とゴム支承を直接セットボルトで連結する場合においては，ゴム被覆は有効な防せい防食対策であるものの，セットボルト軸力の低下が生じ，さらには，セットボルトを疲労させる原因となることがある。このため，**図-4.6.5**(a) に示すように，上下面に部分的に被覆ゴムを設けないことが望ましい。なお，ボスなどを設けボスのはめ合い精度をボルト孔以上に厳しくするなど，活荷重等による繰返し作用に対するセットボルトとボルト孔との接触を避けることでボルトの疲労を防止する方法が採用される例もある。

(2) パッド型ゴム支承または帯状ゴム支承とアンカーバー

1) パッド型ゴム支承

パッド型ゴム支承は，積層ゴム支承と同様の材料のため，パッド型ゴム支承の疲労に対する耐久性及び環境作用による劣化に対する耐久性の確保の考え方については，基本的に **4.6.2**(1)と同じとなる。局部せん断ひずみの制限値は，**表-4.6.5** に示す。

ゴム材料のオゾン劣化に対する耐久性の確保にあたっては，3 章に記載の通り行えばよい。

表-4.6.5 局部せん断ひずみの制限値

材料の種類	JIS K 6397 による略号	呼び	制限値 (%)
天然ゴム	NR	G8	365
		G10	365
		G12	330
クロロプレンゴム	CR	G8	300
		G10	300
		G12	300

2) 帯状ゴム支承

4.5.3(5)4)に示す構造細目を有する場合で，式(4.6.1)の作用の組合せ及び荷重係数等により帯状ゴム支承に生じる圧縮応力度が $2.5\mathrm{N/mm^2}$ を超えず，せん断ひずみが 70% を超えないよう設計した場合は，これまでの実績等を踏まえると，繰返し応力の影響により部材の耐荷性能がほとんど低下することがないと考えられる。

環境作用による劣化に対する耐久性能の確保の考え方については，**4.6.2**(1)と同じである。ゴム材料のオゾン劣化等の環境作用に対する耐久性能の確保にあたっては，3 章に記載の通りにゴム材料の試験片の伸長率を設定すればよい。硬質ゴムについては一般的に試験片の伸長率は 2% とすればよい。

3)　アンカーバー

アンカーバーは一般的に下部構造に埋込まれるので，下部構造側はコンクリート材料によって外気から遮断される。上部構造側は伸縮による水平移動や上揚力に対して十分な移動空間をもって設置されるため，外気の影響を受ける。したがって，上部構造側の空間に対して耐久性を維持するためにアンカーバー及び鞘管(アンカーキャップ)は防せい防食に対する処置が必要となる。これは，［鋼道路橋防食便覧］に基づき設計することが標準的である。なお，下部構造に埋め込まれる側についても，［道示Ⅳ］6.2 に規定されるコンクリートの最小かぶり以上の深さまでは防せい防食に対する処置が必要である。なお，溶融亜鉛めっきによる場合は，一部材を一度に浸漬するため，アンカーバー全体に防せい防食処置がなされることが多い。

また，アンカーバーの防せい防食を目的として充てん材が使用される場合があったが，アンカーバーとアンカーキャップの相対変位を拘束することなく，長期間の品質が確保できることが求められることに対して，まだそのような充てん材は開発されていないことから，現状では，防せい防食処理により耐久性能を確保し，点検時に防せい防食処置の補修の必要性も確認することが必要である。

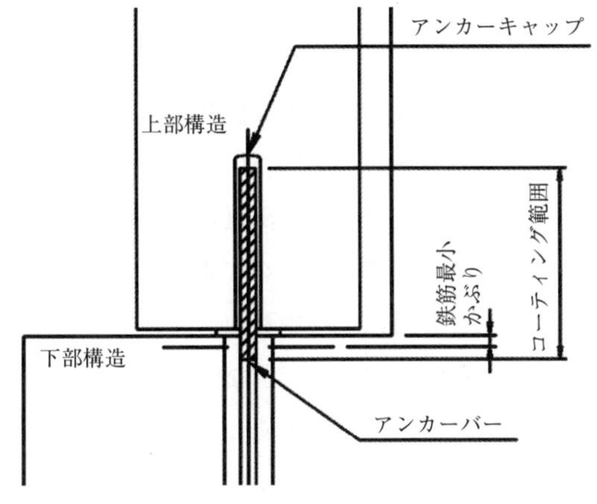

図-4.6.6　塗装法によるコーティング範囲

4.6.3 鋼製支承

(1) 一　　般

鋼製支承は，鋼材の他，ゴムやPTFEなど様々な材料の組合せで構成されている。これらの材料は，機械的性質，化学的性質及び環境による影響などがそれぞれ異なるため，設計で想定する機構を踏まえ，鋼製支承を構成する各部材に生じる繰返し作用に対して耐荷性能に及ぼす影響を確認する。また，各材料単体の環境作用による耐久性を把握したうえで，支承として耐久性能の確保の方法を検討する必要がある。

一般に，鋼部材が中心に構成され，設計で求める機能は面接触や線接触等の機械的な接触機構により発揮されることから，繰返し作用に対して接触機構が確保されるとともに，環境作用に対しては防せい防食及び防塵対策を行うことが基本となる。本項では，**2.4** に示す一般的な機構を有する鋼製支承に対して，耐久性能の確保にあたっての設計の考え方について示している。なお，[道示Ⅰ] 10.1.9(6)の規定に従い，支承を設置する沓座面が水はけのよい構造であること等が前提である。

(2) 鋼製支承の疲労に対する設計

水平変位及び回転変位が繰返し作用した場合に支承部の耐荷性能に影響を及ぼさないことが確認された範囲及び設計の前提とする摩擦係数が確認された範囲で用いる必要がある。参考資料-10は，密閉ゴム支承板支承，ピボット・ローラー支承，ピン・ローラー支承を対象に，繰返し載荷による水平支持機能，回転機能に及ぼす影響について検証されたものである。なお，**4.5.4** に示す耐荷性能の設計では，この繰返し作用により設計の前提とする摩擦係数が確保できていなければ，支承部の耐荷性能が確保できないことから，摩擦係数が確保される限界の状態を限界状態に対応する制限値として設定している。検証されている範囲と異なる条件で用いる場合や設計で想定する機構が異なる場合は，適用の可能性について検討する必要がある。なお，**4.5.4** に示すように，鋼製支承を構成する部材間の遊間を制御することにより，設計で想定する機構が発揮されることから，材料特性に応じて，その前提とする機構が確保される部材間の遊間に影響を及ぼさないことを確認するなど，構造形式を踏まえて，設計に必要な条件を明らかにしたうえで検討を行う必要がある。

(3) 鋼製支承の環境作用による劣化に対する設計

1) 鋼部材の防せい防食

外気と直接触れる支承部を構成する鋼部材の防食設計は，［道示Ⅱ］7章の規定による。［鋼道路橋防食便覧］に基づき設計することが標準的である。設計にあたっては，適用範囲や施工条件を適切に把握したうえで行う必要がある。また，［道示Ⅱ］7.1の解説に示されるように，一般的には鋼材表面に何らかの被覆を形成することによって，鋼材自体の腐食を防止又は一定の限度内に抑制しようとする方法が多く適用されており，これらの性能は，通常，時間の経過とともに徐々に低下していくため，その機能を一定の水準以上に維持するためには，適切かつ効率的な維持管理計画を立て，それに基づいた計画的な維持管理（被膜の点検，調査，補修等）を行う必要がある。すべり機構，ころがり機構などの可動部や面接触機構などの回転部に用いる場合には，これらの挙動が接触面の被膜に及ぼす影響を把握しておく必要がある。所要の性能を発揮できない場合には，腐食が生じない材料を用いる等，支承部に求める耐久性能を確保するための方法を検討する必要がある。

溶融亜鉛めっきにより防食設計する場合の付着量は，［鋼道路橋防食便覧］が参考にできる。なお，強度区分8.8を超えるボルトについては，めっき処理の際の熱影響で強度が保証されないため，溶融亜鉛めっきを用いることはできない。

2) 鋼部材の防せい防食以外の設計及びその他の部材の設計

外気と直接触れる鋼部材については1)に示すように防せい防食を行うことが標準的であるが，**図-4.6.7**に示すように外気と直接触れない鋼部材の内側であっても，雨水等の浸入により錆が発生する可能性がある。そのため，鋼部材以外の部材も含めて内側の部材についても，用いる材料に応じて適切に耐久性能を確保するための設計を行う必要がある。以下に，各支承形式及びその機構に応じた主な設計の考え方及び留意事項を示す。

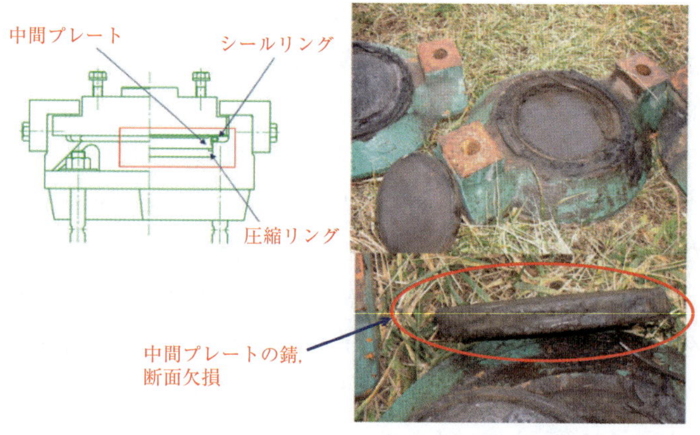

図-4.6.7 密閉ゴム支承板支承の内部での腐食事例

i ）BP･B 支承

PTFE 板，ステンレス板，中間プレート，密閉ゴム，下沓凹部等，外気と直接触れない部材については，空気及び水の浸入を防止することにより劣化に対する耐久性能を確保するとともに，すべり機構を確保するために防塵する必要がある。ゴム製のチューブ状のシールリングを設ける方法が標準的である。**図-4.6.8** のようにチューブ状のゴムを上沓，下沓と密着させて圧縮させて設置することで，空気及び水の浸入を防止する。このとき，シールリングには設計耐久期間中に PTFE とステンレス間の水平移動による摩擦と橋桁の回転たわみによる繰返し圧縮作用を受けるとともに，外気にさらされることになるためゴム材料には耐水性，耐疲労性，耐摩耗性，熱老化性，耐オゾン性等が求められる。

なお，シールリングの疲労耐久性を確保する観点で，例えば，**図-4.6.9** に示したように，シールリングの設置位置を水平移動によるすべり摺動面から切り離した位置とし耐久性の向上を期待する方法も考えられる。**図-4.6.9** に示す構造は，シールリングをチューブ型から板形状とし，剛性を高めるとともに，材料厚を増すことで材料劣化の及ぼす影響を遅延する方法も考えられる。**図-4.6.10** は実橋梁において長期間，安定的に機能していたと考えられる事例である。ここで，**図-4.6.9** に示すようにPTFE板とステンレス板の接触面に対する防塵が期待できない場合には，砂等をすべり面に巻き込まないように，支承部には，上向きの力（上揚力）が生じず鉛直下向き方向に荷重が常に作用し，すべり面が密着している必要がある。

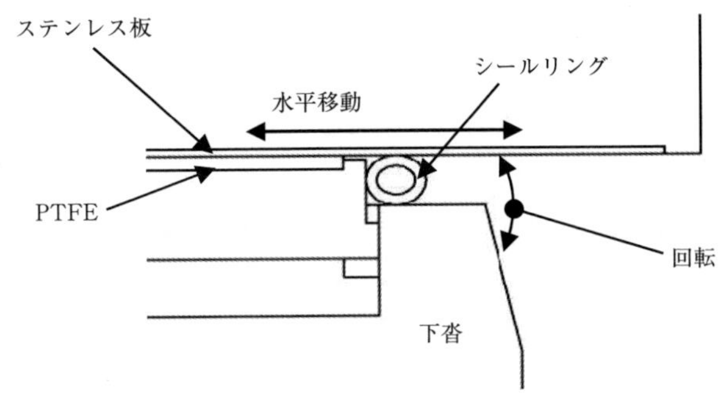

図-4.6.8　一般的なシールリングの設置状況

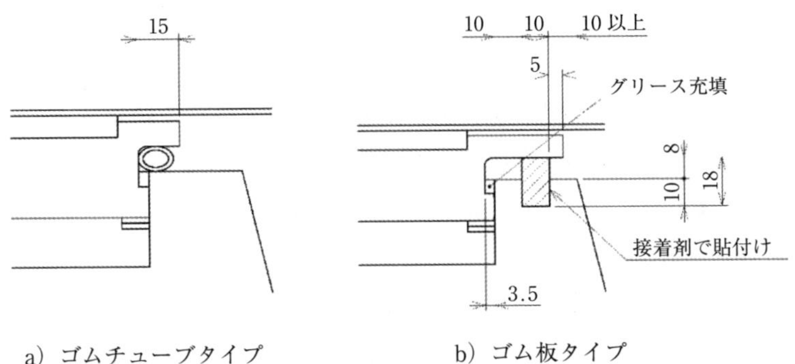

a）ゴムチューブタイプ　　　　　b）ゴム板タイプ

図-4.6.9　シールリングの設置位置をすべり面から切り離した構造例

図-4.6.10 ゴム板（中実断面）形状のシールリング

シールリングにより耐久性能を確保する場合であっても，供用中には，シールリングが損傷することも考えられるため，そのような場合も，ゴム材料等に劣化の影響がなるべく生じないように配慮しておくことが合理的である。そのため，3章に示すゴム材料に求める特性を有している必要がある。なお，耐オゾン性については，伸長率を適切に設定したうえで，その特性を確認する。

ⅱ）BP･A 支承

基本的な設計の考え方は BP･B 支承と同じでありシールリングによる方法が標準的である。なお，固体潤滑剤についても所要の耐久性能を確保していることが求められる。

ⅲ）ピボット支承

ピボット支承の凹凸面は雨水等の浸入のよる錆を防止するため，**図-4.5.43** に示されるように，上沓側を凹，下沓側を凸とするのが標準である。なお，潤滑剤についても所要の耐久性能を確保していることが求められる。

ⅳ）ローラー支承

ころがり機構を発揮するローラーと支圧板については，耐久性に優れるステンレスを用いているがその他の部材は鋼部材で構成されており鋼道路橋防食便覧に準拠し，防せい防食設計をするのが標準的である。ただし，ころがり機構を補助するピニオンについては，鋼材が接触するため，この接触面に防せい防食処理を行う場合は，これらの挙動が接触面の被膜に及ぼす影響についても把握しておく必要がある。また，ころがり機構を確保するための防塵にはカバーを用いる等の方法がある。ただし，カバーについては隙間が生じ，**図-4.6.11** に示すように，土砂や塵埃の侵入する可能性も考えられる。また，カバーを用いることで，内部の通気性が悪くなり，外気と直接触れる場合よりも，湿潤な環境となり劣化が促進される場合もある。このような置かれる環境を踏まえ，外部の劣化状況から内部の劣化状況を推測できない場合には，取り外して内部の劣化状況を確認できるようにしておく必要があるとともに，目視できない接触部分についても容易に取り外して確認できるようにしておく必要がある。また，必要に応じて清掃や被膜の補修を行う必要があることから，これらを容易にできるように支承全体を取り外して速やかに機能確保できるようにするなど，設計の前提とする維持管理方法を適切に設定し，計画的な維持管理ができるようにしておく必要がある。**図-4.6.12** は，カバーにゴム材料を用いた例であるが，このように内部確認が容易となるような配慮を行うことも重要である。

a）ローラー支承外観

b）カバー等を取り外した内部の状況(1)（錆の発生）

c）カバー等を取り外した内部の状況(2)（塵埃の浸入）

図-4.6.11　ローラー支承の内部状況

図-4.6.12　ゴム製カバーによるローラー内部状況の点検

参考文献

1) 横川英彰，堺淳一，星隈順一：入力地震動の特性と積層ゴム支承の地震応答の繰返し回数の関係に関する研究，第15回性能に基づく橋梁等の耐震設計に関するシンポジウム講演論文集，pp.323-330，2012年7月

2) J.A.Haringx:On Highly Compressible Helical Spring and Rubber Rods and their Applycation for Vibration-Free Mountings，Philips Research Reports，Vol.3，1948&Vol.4，1949

3) James M. Kelly: Earthquake-Resistant Design with Rubber，second edition，p167，1997

4) 多久和勇，石田博，安松敏雄：アンカーバーの耐荷力に関する載荷試験，日本道路公団試験所報告，Vol.26 p.135-152，1989

5) 安松敏雄，石田博，田中克則，村山八洲雄：変位制限構造用アンカーバーの耐震性能，土木学会論文集 No.633/ I -49，1999.10

6) R.B.Heywood：Designing by Photoelasticity，p205，1952

7) 内山実：メナーゼ鉸の圧縮試験について，土木学会誌第23巻，第5号，昭和12年

8) 玉越隆史，大久保雅憲，星野誠，横井芳輝，強瀬義輝：道路橋の定期点検に関する参考資料（2013年版）―橋梁損傷事例写真集―，国土技術政策総合研究所資料，No.748号，2013.7

9) (公社)土木学会鋼構造委員会鋼橋の疲労対策に関する新技術調査研究小委員会：鋼橋の疲労対策技術，鋼構造シリーズ22，平成25年12月

10) Charles Rejcha：Design of Elastomer Bearings，PCI Journal，Oct.1964，pp62-78

第5章　特性検証試験

5.1　一　　　般

支承部の性能が低下すると，荷重を支持する能力の低下等により，橋の性能が発揮できなくなる場合がある。過去の大規模地震では，荷重伝達機能や変位追随機能が喪失する被害が生じ，その結果，上部構造端部において大きな段差が生じたり，最終的に上部構造の落橋に至ったケースもある。

このようなことからもわかるように，支承部は，橋を構成する主要な部材の1つであることを理解し，要求される性能が所要の信頼性で達成できるよう設計する必要がある。

支承部を構成する部材について，限界状態に対応する特性値や制限値等を4章に示している。これらの値を設計で用いるにあたっては，少なくとも3章に示す，使用材料に求められる品質を有することを確認する必要がある。一方，鋼板とゴム等で構成される積層ゴム支承については，鋼板とゴムが接着され一体となりその性能を発揮するものであり，積層ゴムとしての制限値等が定められている。このような異なる材料で構成される部材等については，材料の品質だけでなく，材料で構成された支承としての性能を確認する必要がある。

本章では，代表的な支承形式に対して支承としての特性の確認を行う特性検証試験の項目，試験方法，試験条件などを示す。本章に示していない支承形式や，適用条件に含まれない条件の支承を用いる場合には，本章に示す特性検証試験と同等の信頼性が確保できる方法で試験を行う必要がある。

5.2 積層ゴム支承

5.2.1 一　　般

積層ゴム支承における限界状態の制限値等を4章で示しており，これらの前提としている特性を有することを試験により確認する必要がある。これまでの便覧では，ゴム支承の特性検証試験項目が例示されていたが，試験条件等については記載していなかった。本便覧ではこれらの性能を確認するための標準的な試験条件も示している。2010年（平成22年）にISO22762-1：Elastomeric seismic-protection isolators − Part1:Test methodsが制定され，2012年（平成24年）にJIS K 6411：道路橋免震用ゴム支承に用いる積層ゴム－試験方法が制定されている。本便覧に示す標準的な試験条件等は，これらの試験方法を基に設定されている。**表-5.2.1**に積層ゴム支承の耐荷性能・耐久性能の特性検証試験項目を示す。また，参考に従来用いられてきた供試体の寸法を**表-5.2.2**に示す。特性検証試験に用いる積層ゴム支承の形状，寸法は，製品の特性を代表して試験する主旨を踏まえ，適切に設定する必要がある。

表-5.2.1　積層ゴム支承の特性検証試験項目

<table>
<tr><th rowspan="2">特性を検証する支承の性能</th><th rowspan="2">特性</th><th rowspan="2">試験項目</th><th colspan="2">備考</th></tr>
<tr><th>本便覧参照先</th><th>JIS関係※</th></tr>
<tr><td rowspan="7">耐荷性能</td><td rowspan="7">せん断特性</td><td>水平力を受ける限界状態1の評価</td><td>5.2.2(2)1)</td><td>6.2.2</td></tr>
<tr><td>水平力を受ける限界状態2の評価</td><td>5.2.2(2)2)</td><td>6.2.2</td></tr>
<tr><td>水平力を受ける限界状態3の評価</td><td>5.2.2(2)3)</td><td>6.4.1</td></tr>
<tr><td>鉛直圧縮力及び水平力を受ける限界状態1の評価</td><td>5.2.2(3)1)</td><td>—</td></tr>
<tr><td>鉛直引張力及び水平力を受ける限界状態1の評価</td><td>5.2.2(3)2)</td><td>—</td></tr>
<tr><td>鉛直圧縮力及び水平力を受ける限界状態2の評価</td><td>5.2.2(3)3)</td><td>—</td></tr>
<tr><td>鉛直引張力及び水平力を受ける限界状態2の評価</td><td>5.2.2(3)4)</td><td>—</td></tr>
<tr><td rowspan="2">耐久性能</td><td rowspan="2">疲労耐久性</td><td>繰返し圧縮作用に対する疲労耐久性の確認</td><td>5.2.3(1)</td><td>6.5.3</td></tr>
<tr><td>繰返し水平変位に対する疲労耐久性の確認</td><td>5.2.3(2)</td><td>—</td></tr>
<tr><td rowspan="3">各種依存性</td><td rowspan="3">せん断特性の各種依存性</td><td>温度依存性の評価</td><td>5.2.4(1)</td><td>6.3.5</td></tr>
<tr><td>周期依存性の評価</td><td>5.2.4(2)</td><td>6.3.3</td></tr>
<tr><td>面圧依存性の評価</td><td>5.2.4(3)</td><td>6.3.2</td></tr>
</table>

※ JIS関係とは，JIS K 6411の関係項を示す

表-5.2.2　特性検証試験に用いる積層ゴム支承の形状，寸法例

<table>
<tr><th>積層ゴム支承の種類</th><th colspan="2">地震時水平力分散型ゴム支承
高減衰積層ゴム支承</th><th colspan="2">鉛プラグ入り積層ゴム支承</th></tr>
<tr><td>供試体の種類</td><td>No.1</td><td>No.2</td><td>No.1</td><td>No.2</td></tr>
<tr><td>上下鋼板平面寸法(mm)
内部鋼板平面寸法(mm)</td><td>240 × 240</td><td>400 × 400</td><td>240 × 240</td><td>400 × 400</td></tr>
<tr><td>ゴム1層厚(mm/層)</td><td>5</td><td>9</td><td>5</td><td>9</td></tr>
<tr><td>ゴム層数(層)</td><td>6</td><td>6</td><td>6</td><td>6</td></tr>
<tr><td>内部鋼板厚(mm/枚)</td><td>2.3又は3.2</td><td>3.2又は4.5</td><td>2.3又は3.2</td><td>3.2又は4.5</td></tr>
<tr><td>内部鋼板数(枚)</td><td>5</td><td>5</td><td>5</td><td>5</td></tr>
<tr><td>被覆ゴム厚(mm)</td><td>5</td><td>10</td><td>5</td><td>10</td></tr>
<tr><td>鉛プラグ径(mm)</td><td>–</td><td>–</td><td>ϕ34.5</td><td>ϕ57.5</td></tr>
<tr><td>鉛プラグ本数(本)</td><td>–</td><td>–</td><td>4</td><td>4</td></tr>
<tr><td>1次形状係数</td><td>12.00</td><td>11.11</td><td>11.22</td><td>10.39</td></tr>
<tr><td>2次形状係数</td><td>8.00</td><td>7.41</td><td>8.00</td><td>7.41</td></tr>
</table>

表 -5.2.3　特性検証試験において基本となる試験条件

項目	試験条件
試験温度	23 ± 2℃
鉛直荷重	面圧 6.0N/mm^2 に相当する鉛直荷重
水平加振周期	2.0 秒
水平加振波形	正弦波又は三角波
水平加振回数	地震時水平力分散型ゴム支承：3 回の正負交番繰返し載荷 免震支承：11 回の正負交番繰返し載荷

特性検証試験において基本となる試験条件を**表-5.2.3**に示す。本便覧で示す積層ゴム支承の試験条件のうち，試験温度については，23 ± 2℃を標準的な条件としている。この試験温度は，［道示Ｉ］8.10(3)に規定される，基準温度である20℃とは異なるものである。ここで，基準温度とは，設計図に示された構造物の形状や寸法が再現される時の温度であるとともに，設計において温度による影響を考慮する場合の基準となる温度である。特性検証試験に用いる標準的な試験温度は，国内でのゴム製品の管理が一般的に JIS K 6250：ゴム－物理試験方法通則に基づき行われており 23 ± 2℃とされていること，本便覧で対象とするゴム材料及びゴム支承の物理的性質は 20℃と 23℃でその差異が無視できるほど小さいと考えられることを踏まえたものである。なお，試験温度の具体的な制御，計測方法などについては **5.2.4**(1) iv)を参考にし，適切に保持，記録することが必要である。

また，せん断特性に関する試験条件については，地震の影響を考慮するために正負交番繰り返しの標準的な水平加振周期として 2.0 秒としている。

面圧 6.0N/mm^2 については，一般的にコンクリート橋の最大荷重に対する設計最大活荷重の比率が 50％以下であることを踏まえ，耐久性の設計において考慮する鉛直荷重に対する制限値である面圧 12.0N/mm^2 の 1/2 としたものである。

加振回数については，本便覧で対象とする地震時水平力分散型ゴム支承の場合には，参考資料-16 に示すように，これまでの正負交番繰返し載荷実験の結果から 3 回程度で履歴曲線が安定する傾向を示すことが確認されていることを踏まえ，3 回目の繰返し載荷における実測値から，せん断剛性を評価することが標準的である。一方，免震支承の場合には，繰返し載荷に伴い等価剛性が徐々に小さくなる特性がある。特性検証試験においては，平均的な挙動を確認することを目的としているため，免震支承の等価剛性は，11 回の正負交番繰返し載荷を行い，2 回目から 11 回目までのそれぞれの載荷によって算出される等価剛性の値の平均値により評価することが標準的である。

参考資料-16 には，免震橋の地震応答特性の観点から最低限求められる繰返し回数を 5 回以上としたうえで，繰返し回数が免震支承の等価剛性に及ぼす影響を，2 回目から 11 回目までの正負交番繰返し載荷の結果から算出した等価剛性の値の平均値に対する変化率により表し，整理した結果の例を示している。異なる方法を用いて評価を行う場合でも，このような観点を踏まえて検討を実施して評価するのがよい。

ゴム支承本体の製造直後の温度の高い状態においては，適切な評価ができないため，十分な冷却時間を経て，各試験の所定の温度で試験を実施することが基本である。また，せん断特性試験によりゴム支承内部が発熱するため，連続してせん断特性試験を行う場合には，十分な冷却時間を経た上で試験を実施することが基本となる。

5.2.2　積層ゴム支承の耐荷性能に関する特性検証試験

積層ゴム支承の耐荷性能に関する特性検証試験は，積層ゴム支承に作用する水平力，鉛直圧縮力，鉛直引張力及びこれらの組合せに対する積層ゴム支承の限界状態の制限値の前提としている特性を有することを確認するための試験である。また，これらの試験結果を踏まえ，設計で用いるせん断剛性又は等価剛性及び等価減衰定数等を設定することとなる。

支承部の限界状態は［道示 I］10.1.4 に規定される通りである。ここでは，積層ゴム支承本体の限界状態として以下の状態を評価することとしている。

① 積層ゴムの限界状態 1 は，積層ゴムが以下のいずれかを満足しなくなる限界の状態とする。

・繰返し作用に対して安定した履歴挙動となり，可逆性を有する状態。

・支承部の機能や橋の機能から制限される変位や振動に至っていない状態。

② 積層ゴムの限界状態2は，積層ゴムの挙動が可逆性を失うものの，エネルギー吸収能が想定する範囲内で確保できる限界の状態。

③ 積層ゴムの限界状態3は，積層ゴムの挙動が可逆性を失うものの，耐荷力を完全には失わない限界の状態。

(1) せん断剛性，等価剛性，2次剛性及び等価減衰定数の実測値の算出方法

図-5.2.1 に示すせん断剛性又は等価剛性を式(5.2.1)により，2次剛性を式(5.2.2)により算出する。**図-5.2.2** に示す履歴曲線の面積を算出し，式(5.2.3)により，等価減衰定数を算出する。

$$K_S=\frac{F_{\max}-(-F_{\max})}{\delta_{\max}-(-\delta_{\max})}$$

$$K_B=\frac{F_{\max}-(-F_{\max})}{\delta_{\max}-(-\delta_{\max})} \quad \cdots\cdots (5.2.1)$$

$$K_2=\frac{F_{\max}-Q_d}{\delta_{\max}} \quad \cdots\cdots (5.2.2)$$

$$h_B=\frac{\Delta W}{2\pi W} \quad \cdots\cdots (5.2.3)$$

ここに，

K_S：せん断剛性

K_B：等価剛性

K_2：2次剛性

$F_{\max}$：最大水平荷重

$-F_{\max}$：最小水平荷重

$\delta_{\max}$：最大水平変位

$-\delta_{\max}$：最小水平変位

Q_d：水平変位が零のときの水平力

h_B：等価減衰定数

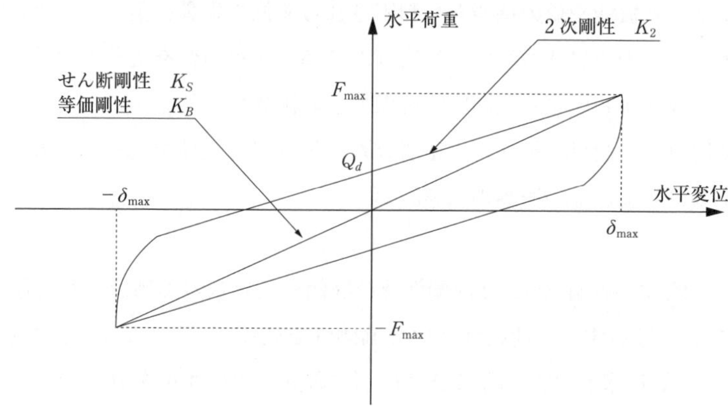

図-5.2.1　積層ゴム支承の履歴曲線とせん断剛性又は等価剛性

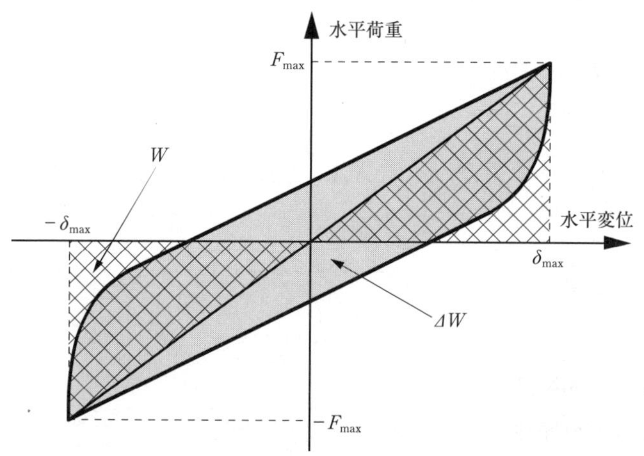

図-5.2.2　積層ゴム支承の履歴曲線と等価減衰定数

(2) 水平力を受ける積層ゴム支承の抵抗特性を評価するための試験

1) 限界状態1に対応する水平変位の特性値における力学的特性を評価するための試験

i) 目的

本試験は，積層ゴム支承に限界状態1の特性値に対応する水平変位が生じる範囲で繰返し載荷を行い，積層ゴム支承の挙動が繰返し作用に対して安定した履歴挙動となり，可逆性を有する状態であることを確認することを目的としている。

ii）試験条件

本試験は**表-5.2.4**に示す試験条件により実施するのが標準的である。

表-5.2.4　試験条件

項目	試験条件
試験温度	23 ± 2℃
試験変位	限界状態 1 の特性値に対応する水平変位
鉛直荷重	面圧 6.0N/mm^2 に相当する鉛直荷重
水平加振周期	2.0 秒
水平加振波形	正弦波又は三角波
水平加振回数	地震時水平力分散型ゴム支承：11 回の正負交番繰返し載荷 免震支承：11 回の正負交番繰返し載荷

iii）試験方法と実測値の算出方法

試験方法は，面圧 6.0N/mm^2 に相当する鉛直荷重を載荷した状態で鉛直圧縮力及び水平力を受ける積層ゴム支承の限界状態 1 の特性値に対応する水平変位に相当する変位を正負交番で繰り返し与える。また，加振周期は 2.0 秒とするのが標準的である。

式(5.2.1)によりせん断剛性を，式(5.2.2)により 2 次剛性を算出する。11 回の正負交番繰返し載荷試験で得られた結果が，**表-5.2.5**の範囲となる場合に，積層ゴム支承の挙動が繰返し作用に対して安定した履歴挙動となり可逆性を有すると考えてよい。

表-5.2.5　判定基準

支承形式	判定基準
地震時水平力分散型 ゴム支承	3 波目又は 2 ～ 11 波のせん断剛性の平均値と 4 ～ 11 の各波のせん断剛性の差が 10%以内
免震支承	5 波目又は 2 ～ 11 波の 2 次剛性の平均値と 6 ～ 11 の各波の 2 次剛性の差が 10%以内

2) 限界状態 2 に対応する水平変位の制限値における力学的特性を評価するための試験

i) 目的

本試験は，免震支承において限界状態 2 の制限値に対応する水平変位が生じる範囲で繰返し載荷を行い，可逆性は失われるものの，エネルギー吸収性能が想定する範囲内で確保できることを確認することを目的としている。

ii) 試験条件

本試験は**表-5.2.6** に示す試験条件により実施するのが標準的である。

表-5.2.6 試験条件

項目	試験条件
試験温度	23 ± 2℃
試験変位	限界状態 2 の制限値に対応する水平変位
鉛直荷重	面圧 6.0N/mm^2 に相当する鉛直荷重
水平加振周期	2.0 秒
水平加振波形	正弦波又は三角波
水平加振回数	免震支承：6 回の正負交番繰返し載荷

iii) 試験方法と実測値の算出方法

試験方法は，面圧 6.0N/mm^2 に相当する鉛直荷重を載荷した状態で鉛直圧縮力及び水平力を受ける積層ゴム支承の限界状態 2 の制限値に対応する水平変位に相当する変位を正負交番で繰り返し与える。また，加振周期は 2.0 秒とするのが標準的である。

図-5.2.2 に示す履歴曲線の面積を算出し，式(5.2.3)により，等価減衰定数を算出する。設計に用いる等価減衰定数に対して，6 回の正負交番繰返し載荷試験のうち 1 回目を除く 2 〜 6 回目の載荷結果から得られる等価減衰定数の値が設計値以上であれば，安定したエネルギー吸収性能を有すると考えてよい。

3)　限界状態３に対応する水平変位の制限値における支承部の機能が失われる状態に対する安全性が確保できることを確認するための試験

i）目的

本試験は，せん断ひずみ300％に相当する水平変位が生じても繰返し作用による履歴が得られること，その後に破断まで載荷試験を行い，破壊性状等を確認することを目的としている。

ii）試験条件

本試験は**表-5.2.7**に示す試験条件により実施するのが標準的である。

表-5.2.7　試験条件

項目	試験条件			
試験名	試験Ａ	試験Ｂ	試験Ｃ	試験Ｄ
試験温度	23 ± 2℃			
試験変位	せん断ひずみ 175％	せん断ひずみ 250％	せん断ひずみ 300％	破断又は座屈が生じるまで変位を与える
初期鉛直荷重	面圧6.0N/mm^{2}に相当する鉛直荷重			
水平加振周期	2.0秒		試験Ｂと 等しい速度	−
水平加振波形	正弦波又は三角波			—
水平加振回数	5回の正負交番 繰返し載荷	6回の正負交番 繰返し載荷	2回の正負交番 繰返し載荷	単調載荷

iii）試験に用いる積層ゴム支承

本試験での積層ゴム支承の寸法は，製品の特性を代表できるデータを測定する主旨を踏まえ適切に設定するのがよい。参考に従来用いられてきた供試体寸法を**表-5.2.8**に示す。積層ゴム支承の寸法は，破断や座屈については，支承本体のゴムの平面寸法と総厚に関する二次形状係数の影響が大きく，その係数が小さい値ほどせん断変形能が低下する[1)]ことから，支承機能が失われる状態については，二次形状係数が下限値の目安である4となる供試体で検証することが標準的である。したがって，**表-5.2.8**に示した積層ゴム支承寸法は，**表-5.2.2** に示す寸法ではなく，二次形状係数を 4 に設定した寸法として示している。また，個体差によるばらつきがあることを踏まえ，同一寸法の供試体に対して少なくとも 3 体以上の試験を実施するのが標準的である。

積層ゴム支承のせん断弾性係数（G 値）が異なれば，異なるせん断弾性係数ごとに試験を実施することが基本となる。ただし，せん断弾性係数が大きい値ほどゴム材料が硬くなり，破断ひずみが低下することを踏まえ，同じ制限値とする場合は，その積層ゴム支承に適用する複数のせん断弾性係数のうち，最も大きい値の積層ゴム支承に対して試験を行うことにより，検証されているものと考えてよい。

表-5.2.8　積層ゴム支承形状，寸法

ゴム支承の種類	地震時水平力分散型ゴム支承 高減衰積層ゴム支承	鉛プラグ入り積層ゴム支承
上下鋼板平面寸法(mm) 内部鋼板平面寸法(mm)	400　×　400	400　×　400
ゴム 1 層厚(mm/ 層)	10	10
ゴム層数(層)	10	10
内部鋼板厚(mm/ 枚)	3.2 又は 4.5	3.2 又は 4.5
内部鋼板数(枚)	9	9
被覆ゴム厚(mm)	10	10
鉛プラグ径(mm)	−	ϕ 57.5
鉛プラグ本数(本)	−	4
1 次形状係数	10.00	9.35
2 次形状係数	4.00	4.00
ゴムの面積に対する 鉛プラグの面積比(%)	—	6.94

iv）試験方法と実測値の算出方法

試験は面圧 6.0N/mm^2 に相当する鉛直荷重を載荷した状態で，A → B → C → D の順で行う。

試験Aは積層ゴム支承の限界状態3の制限値の70%に対応する水平変位に相当する変位を正負交番で繰り返し与える。加振する正負交番繰返し回数は5回とする。

試験Bは積層ゴム支承の限界状態3の制限値に対応する水平変位に相当する変位を正負交番で繰り返し与える。加振する正負交番繰返し回数は6回とする。

試験Cは，積層ゴム支承の限界状態3の制限値の1.2倍に対応する水平変位に相当する変位を正負交番で繰り返し与える。加振する正負交番繰返し回数は2回とする。

試験Dは，破断又は座屈が生じるまで1方向に水平変位を与える。載荷速度はその標準を示していないが，基本的な試験条件として，地震時の挙動を想定し加振周期2.0秒を標準としていることから，このような挙動が生じている状態を想定し，その変形速度に準じて設定するのがよい。

(3) 鉛直力及び水平力を受ける積層ゴム支承の抵抗特性を評価するための試験

1) 鉛直圧縮力及び水平力を受ける積層ゴム支承の限界状態1における抵抗特性を評価するための試験

i) 目的

本試験は，鉛直圧縮力及び水平力を受けた積層ゴム支承に限界状態1の特性値に対応する水平変位が生じる範囲で繰返し載荷を行い，積層ゴム支承の挙動が繰返し作用に対して安定した履歴挙動となり，可逆性を有する状態であることを確認することを目的としている。

ii) 試験条件

本試験は**表-5.2.9**に示す試験条件により実施するのが標準的である。試験に用いる積層ゴム支承寸法は**表-5.2.2**に示すとおりである。

表-5.2.9 試験条件

項目	試験条件
試験温度	23 ± 2℃
試験変位	限界状態 1 に対応する水平変位の特性値
鉛直荷重	面圧 24.0N/mm^2 に相当する鉛直荷重
水平加振波形	正弦波又は三角波
水平加振回数	1 回の正負交番繰返し載荷

iii）試験方法と実測値の算出方法

試験方法は，まず面圧 24.0N/mm^2 に相当する圧縮荷重を載荷し，鉛直圧縮力及び水平力を受ける積層ゴム支承の限界状態 1 の特性値に対応する水平変位の特性値に相当する変位を正負交番で与える。ここで面圧 24.0N/mm^2 は限界状態 1 に対応する水平変位が生じた状態の鉛直荷重に対する有効断面積で算出した面圧が，積層ゴムの内部鋼板の降伏相当となるよう算出したものである。この試験の前後で**表-5.2.4** に示す試験条件にて，式(5.2.1)により，せん断剛性又は等価剛性を求める。本試験前後でのせん断剛性又は等価剛性の値が 10％以内の差であること，前後ともに**表-5.2.5** の判定基準を満足することで可逆性を有すると考えてよい。

2） 鉛直引張力及び水平力を受ける積層ゴム支承の限界状態 1 における抵抗特性を評価するための試験

i）目的

本試験は，鉛直引張力及び水平力を受けた積層ゴム支承に限界状態 1 の特性値に対応する水平変位が生じる範囲で繰返し載荷を行い，積層ゴム支承の挙動が繰返し作用に対して安定した履歴挙動となり，可逆性を有する状態であることを確認することを目的としている。

ii）試験条件

本試験は**表-5.2.10** に示す試験条件により実施するのが標準的である。試験に用いる積層ゴム支承寸法は**表-5.2.2** に示すとおりである。

表-5.2.10　試験条件

項目	試験条件
試験温度	23 ± 2℃
試験変位	限界状態 1 に対応する水平変位の特性値
鉛直荷重	引張力 1.4N/mm^2 に相当する鉛直荷重
水平加振波形	正弦波又は三角波
水平加振回数	1 回の正負交番繰返し載荷

iii）試験方法と実測値の算出方法

試験方法は，まず面圧 1.4N/mm^2 に相当する引張荷重を載荷し，その状態で鉛直変位を固定し，鉛直引張力及び水平力を受ける積層ゴム支承の限界状態 1 に対応する水平変位の特性値に相当する変位を正負交番で与える。ここで面圧 1.4N/mm^2 は限界状態 1 に対応する水平変位が生じた状態の鉛直荷重に対する有効断面積で算出した面圧が鉛直引張力を受ける積層ゴムの限界状態 1 の制限値となるよう算出したものである。この試験の前後で**表-5.2.4** に示す試験条件にて，式(5.2.1)により，せん断剛性又は等価剛性を求める。本試験前後でのせん断剛性又は等価剛性の値が 10% 以内の差であること，前後ともに**表-5.2.5** の判定基準を満足することで可逆性を有すると考えてよい。

3)　鉛直圧縮力及び水平力を受ける積層ゴム支承の限界状態 2 における抵抗特性を評価するための試験

i）目的

本試験は，鉛直圧縮力及び水平力を受けた免震支承に限界状態 2 の制限値に対応する水平変位が生じる範囲で繰返し載荷を行い，可逆性は失われるものの，エネルギー吸収性能が想定する範囲内で確保できることを確認することを目的としている。

ii）試験条件

本試験は**表-5.2.11** に示す試験条件により実施するのが標準的である。試験に用いる積層ゴム支承寸法は**表-5.2.2** に示すとおりである。

表-5.2.11　試験条件

項目	試験条件
試験温度	23 ± 2℃
試験変位	限界状態 2 に対応する水平変位の制限値
鉛直荷重	面圧 24.0N/mm^2 に相当する鉛直荷重
水平加振波形	正弦波又は三角波
水平加振回数	1 回の正負交番繰返し載荷

iii）試験方法と実測値の算出方法

試験方法は，まず面圧 24.0N/mm^2 に相当する圧縮荷重を載荷し，鉛直圧縮力及び水平力を受ける積層ゴム支承の限界状態 2 に対応する水平変位の制限値に相当する変位を正負交番で与える。この試験の前後で**表-5.2.6** に示す試験条件にて，式(5.2.3)により，等価減衰定数を求める。本試験前後で **5.2.2**(2)2)の判定基準を満足することで安定したエネルギー吸収性能を有すると考えてよい。

4）　鉛直引張力及び水平力を受ける積層ゴム支承の限界状態 2 における抵抗特性を評価するための試験

i）目的

本試験は，鉛直引張力及び水平力を受けた免震支承に限界状態 2 の制限値に対応する水平変位が生じる範囲で繰返し載荷を行い，可逆性は失われるものの，エネルギー吸収性能が想定する範囲内で確保できることを確認することを目的としている。

ii）試験条件

本試験は**表-5.2.12** に示す試験条件により実施するのが標準的である。試験に用いる積層ゴム支承寸法は**表-5.2.2** に示すとおりである。

表-5.2.12　試験条件

項目	試験条件
試験温度	23 ± 2℃
試験変位	限界状態 2 に対応する水平変位の制限値
鉛直荷重	引張力 1.4N/mm^2 に相当する鉛直荷重
水平加振波形	正弦波又は三角波
水平加振回数	1 回の正負交番繰返し載荷

iii）試験方法と実測値の算出方法

試験方法は，まず面圧 1.4N/mm^2 に相当する鉛直荷重を載荷し，その状態で鉛直変位を固定し，鉛直引張力及び水平力を受ける積層ゴム支承の限界状態 2 に対応する水平変位の制限値に相当する変位を正負交番で与える。この試験の前後で**表-5.2.6** に示す試験条件にて式(5.2.3)により，等価減衰定数を求める。本試験前後で **5.2.2**(2)2)の判定基準を満足することで安定したエネルギー吸収性能を有すると考えてよい。

5.2.3　積層ゴム支承の耐久性能に関する特性検証試験

耐久性能は目標となる設計耐久期間中，耐荷性能を発揮することができる状態であることが保持される時間に対する信頼性である。そのため，設計耐久期間中に想定される作用を考慮して耐久性試験を実施することにより積層ゴム支承の耐荷性能に及ぼす影響を検証する。これまでの耐久性確認試験や過去の実績等を踏まえると，ゴム支承本体が厚さ 10mm 程度の被覆ゴム及び上沓，下沓により外気から遮蔽されている場合には，耐荷性能に及ぼす影響が問題となるような事象は生じていないと考えられることから，本便覧では，従来実施されてきた耐久性確認試験の試験条件を耐久性能に関する特性検証試験として踏襲している。

(1)　繰返し圧縮作用に対する疲労耐久性を確認するための試験

i）目的

本試験は，積層ゴム支承が鉛直荷重の繰返し載荷を受けることにより，

5.2.2(1)に示すせん断剛性又は等価剛性及び等価減衰定数に生じる変化を確認することを目的としている。

ⅱ）試験条件

本試験は**表-5.2.13**に示す試験条件により実施するのが標準的である。

表-5.2.13　試験条件

項目	試験条件
試験温度	23 ± 2℃
初期水平変位	耐久性能の設計に用いる水平変位の制限値 （総ゴム厚の70%に相当する水平変位）
試験面圧	面圧5.5N/mm^2～耐久性能の設計に用いる圧縮応力度の制限値 （12.0N/mm^2）
圧縮加振周期	0.5秒
圧縮加振波形	正弦波又は三角波
圧縮加振回数	200万回の繰返し載荷

繰返し載荷前及び50万回ごとに**表-5.2.3**に示す試験を実施

ⅲ）試験に用いる積層ゴム支承

本試験に用いる積層ゴム支承寸法は**表-5.2.2**に示すとおりである。本試験は，供試体No.1，No.2のいずれか，又は，双方を選択し，積層ゴム支承の設計時の段階で使用するせん断弾性係数(G値)全てにおいて実施するのが標準的である。

ⅳ）試験方法と実測値の算出方法

試験方法は，積層ゴム支承の耐久性能の設計で示す積層ゴム支承の繰返し水平変位に対するゴムの水平せん断ひずみの制限値である総ゴム厚の70%に相当する水平変位を与えた状態で，積層ゴム支承の耐久性能の設計で用いる積層ゴム支承の繰返し圧縮作用に対するゴムの圧縮応力度の制限値である最大面圧12.0N/mm^{2}と，最小面圧5.5N/mm^{2}に相当する鉛直荷重を考慮して，最大面圧と最小面圧の順に繰り返し与える。繰返し載荷回数は，［道路橋支承便覧（平成3年）］における200万回（最大面圧と最小面圧を1回ずつ与えた状態を繰返し回数を1回とする）を踏襲している。

加振周期は0.5秒，試験温度は試験開始時の温度として23 ± 2℃で試験を行うことが標準的である。なお，この水平変位の大きさや最大面圧は従来の便覧で常時の許容値として示していた値であるため，この値を標準としているが，適用される支承が耐久性能を有しているかどうかを確認するにあたっては，用いられる支承の適用条件に応じて適切に試験条件を設定すればよい。

鉛直荷重の繰返し載荷数が，鉛直荷重繰返し載荷前及び鉛直荷重の繰返し載荷回数が，50万回目，100万回目，150万回目，200万回目（鉛直荷重繰返し載荷後）に達したときに，**表-5.2.3**に示す試験方法で地震時水平力分散型ゴム支承の限界状態1に相当する水平変位の特性値及び限界状態3に相当する水平変位の制限値のうち小さい値，又は免震支承の限界状態2及び限界状態3に対応する水平変位の制限値のうち小さい値である水平せん断ひずみ250％の0.7倍となる総ゴム厚の175％の水平変位を正負交番で繰り返し与える。地震時水平力分散型ゴム支承のせん断剛性又は免震支承の等価剛性及び等価減衰定数の変化を確認する。50万回ごとの鉛直荷重繰返し載荷4回のせん断剛性又は等価剛性の変化率が初期値に対して± 10％以内であれば圧縮作用に対する疲労耐久性を有すると考えられる。また等価減衰定数は，それぞれの値が設計値以上であれば疲労耐久性を有すると考えられる。

また，パッド型ゴム支承については，鉛直荷重繰返し載荷前に対して，鉛直荷重の繰返し載荷回数が，50万回目，100万回目，150万回目，200万回目（鉛直荷重繰返し載荷後）に達したときに，それぞれのせん断剛性の変化率が± 10％以内であれば圧縮作用に対する疲労耐久性を有すると考えられる。

(2) 繰返し水平変位に対する疲労耐久性を確認するための試験

i）目的

本試験は，積層ゴム支承が水平変位によるせん断変形を繰り返し受けることにより，**5.2.2**(1)に示すせん断剛性又は等価剛性及び等価減衰定数の変化を確認することを目的としている。

ⅱ）試験条件

本試験は**表-5.2.14**に示す試験条件により実施するのが標準的である。

表-5.2.14　試験条件

項目	試験条件
試験温度	23 ± 2℃
試験変位	耐久性能の設計に用いる水平変位の制限値 （総ゴム厚の70%に相当する変位）
初期鉛直荷重	耐久性能の設計に用いる圧縮応力の制限値 （面圧12.0N/mm^{2}に相当する鉛直荷重）
水平加振周期	180秒
水平加振波形	正弦波又は三角波
水平加振回数	5,000回の正負交番繰返し載荷

繰返し載荷前及び1,000回ごとに**表-5.2.3**に示す試験を実施

ⅲ）試験に用いる積層ゴム支承

本試験に用いる積層ゴム支承寸法は**表-5.2.2**に示すとおりである。本試験は，供試体No.1，No.2のいずれか，又は，双方を選択し，積層ゴム支承の設計時の段階で使用するせん断弾性係数(G値)全てにおいて実施されるのが標準的である。

ⅳ）試験方法と実測値の算出方法

試験方法は，積層ゴム支承の耐久性能の設計で示す積層ゴム支承の繰返し圧縮作用に対するゴムの圧縮応力度の制限値である12.0N/mm^{2}の鉛直荷重を載荷させた状態で，積層ゴム支承の耐久性能の設計で示す積層ゴム支承の繰返し水平変位に対するゴムの水平せん断ひずみの制限値である総ゴム厚の70%の水平変位を正負交番で繰り返し与える。加振周期は180秒，試験温度は試験開始時の温度とし，23 ± 2℃で試験を行うことが標準的である。なお，**5.2.3**(1)に示すように，この水平変位の大きさや最大面圧は従来の便覧で常時の許容値として示していた値であるためこの値を標準としているが，適用される支承が耐久性能を有しているかどうかを確認するにあたっては，用いられる支承の適用条件に応じて適切に試験条件を設定

すればよい。

正負交番繰返し回数が，正負交番繰返し載荷前及び正負交番繰返し回数が，1,000 回目，2,000 回目，3,000 回目，4,000 回目，5,000 回目（繰返し載荷後）に達したときに，**表-5.2.3** に示す試験方法で地震時水平力分散型ゴム支承の場合は，限界状態 1 に相当する水平変位の特性値及び限界状態 3 に相当する水平変位の制限値のうち小さい値，免震支承の場合は，限界状態 2 及び限界状態 3 に対応する水平変位の制限値のうち小さい値である水平せん断ひずみ 250%の 0.7 倍となる総ゴム厚の 175%の水平変位，パッド型ゴム支承の場合は限界状態 1 に相当する水平変位の制限値を正負交番で繰り返し与える。地震時水平力分散型ゴム支承及びパッド型ゴム支承のせん断剛性又は免震支承の等価剛性及び等価減衰定数の変化を確認する。1000 回ごとの正負交番載荷 5 回のせん断剛性又は等価剛性の変化率が初期値に対して ± 10%以内であれば水平変位に対する疲労耐久性を有すると考えられる。また等価減衰定数は，それぞれの値が設計値以上であれば疲労耐久性を有すると考えられる。

5.2.4 積層ゴム支承の抵抗特性に影響を及ぼす依存性を評価するための試験

積層ゴム支承の抵抗特性は，温度等により力学的特性等に影響を及ぼすことが確認されている。少なくとも温度依存性，周期依存性，面圧依存性の影響を確認し，影響を及ぼす場合は，適切にこれらの影響を考慮する必要がある。

(1) 温度依存性

i) 目的

本試験は，積層ゴム支承の水平力支持機能や減衰機能の温度環境の変化に対する依存性を検証するために複数の温度において，水平変位の特性値又は制限値に対する有効設計変位による地震時水平力分散型ゴム支承のせん断剛性又は免震支承の等価剛性及び等価減衰定数の温度依存性を確認することを目的としている。

ii ）試験条件

本試験は**表-5.2.15** に示す試験条件により実施するのが標準的である。

表-5.2.15　試験条件

項目	試験条件
試験温度	-20℃，-10℃，0℃，10℃，23℃注)，40℃ から３つ以上の水準を選ぶ
試験変位	・地震時水平力分散型ゴム支承の限界状態１に相当する水平変位の特性値及び３に相当する水平変位の制限値のうち小さい値の有効設計変位 ・免震支承の限界状態２及び限界状態３に相当する水平変位の制限値のうち小さい値の有効設計変位
鉛直荷重	面圧 6.0N/mm^2 に相当する鉛直荷重
水平加振周期	2.0 秒
水平加振波形	正弦波又は三角波
水平加振回数	地震時水平力分散型ゴム支承：3 回の正負交番繰返し載荷 免震支承：11 回の正負交番繰返し載荷

注）基準温度とする

iii）試験に用いる積層ゴム支承

本試験に用いる積層ゴム支承寸法は製品の特性を代表して試験できる寸法とし，**表-5.2.2** に示すものを標準とする。ただし，**5.2.4** 積層ゴム支承の抵抗特性に影響を及ぼす依存性を評価するための試験ごとに同一とする。本試験は，供試体 No.1，No.2 のいずれか，又は，双方を選択し，積層ゴム支承の設計時の段階で使用するせん断弾性係数(G 値)全てにおいて実施するのが標準的である。

iv）試験方法

本試験は，**表-5.2.15** に示す試験温度のうち，積層ゴム支承が使用される温度環境を適切に設定して実施するのが標準的である。[道示Ⅰ] 8.10 には実橋における測定結果に基づいた支承の移動量算定に用いる温度変化の範囲が規定されているので，この温度変化の範囲を参考に設定することができる。なお，ここでいう温度変化とは，外気温のような雰囲気温度の変化ではなく，積層ゴム支承の温度変化である。寒冷地に設置した橋梁の冬期の温度観測では，雰囲気温度に対し，積層ゴム支承のゴム材料の温度は外気温よりも10℃程度高い温度であることや，夏期等の温度観測では，直射日光を受けている表面は温度が高くなるもののその内部は温度が上昇しておらず，外気温よりも10℃程度低い温度であることが確認されている。したがって，本便覧では，積層ゴム支承の力学的特性に影響を及ぼす温度依存性を確認するための試験温度の範囲を-20℃から40℃の範囲としている。なお，試験温度については，試験機と供試体の温度を適切に制御する必要がある。温度制御ができる機器等が備わっていない場合は，供試体を試験温度になるまで別の恒温槽等で保持した後，迅速に試験機に取り付け試験を行う方法が考えられる。その場合は，試験開始時での供試体の温度が試験温度に対して±2℃の許容差を満足するよう実施することになる。なお，各試験温度に対して供試体の内部と表面の温度差が生じないようにする必要がある。温度調整時間として6～24時間確保することが標準的である。

試験方法は，面圧6.0N/mm^{2}に相当する鉛直荷重を載荷した状態で鉛直圧縮力及び水平力を受ける地震時水平力分散型ゴム支承の限界状態1に相当する水平変位の特性値及び限界状態3に相当する水平変位の制限値のうち小さい値，又は免震支承の限界状態2及び限界状態3に対応する水平変位の制限値のうち小さい値である水平せん断ひずみ250%の0.7倍となる総ゴム厚の175%の水平変位を正負交番で繰り返し与える。加振周期は2.0秒とするのが標準的である。

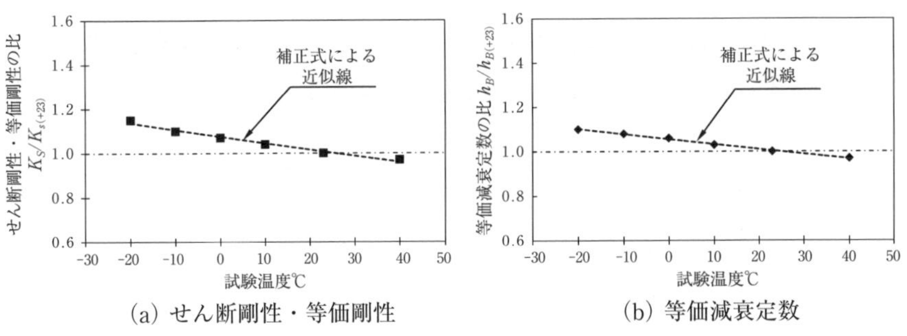

(a) せん断剛性・等価剛性　　(b) 等価減衰定数

図-5.2.3　試験値と試験温度の関係（図の例）

v ）補正式の作成方法

補正式の作成にあたっては，せん断剛性・等価剛性（K_s）及び基準温度により算出されたせん断剛性・等価剛性（$K_{s(+23)}$）との比と試験温度の関係について，**図-5.2.3**(a)のグラフに示すように整理する。そして，プロット点から，せん断剛性・等価剛性の比と試験温度の関係を表わした補正式を作成する。

等価減衰定数も同様に，等価減衰定数（h_B）及び基準温度により算出された等価減衰定数（$h_{B(+23)}$）との比と試験温度の関係について**図-5.2.3**(b)のグラフに示すように整理する。そして，プロット点から，等価減衰定数の比と試験温度の関係を表わした補正式を作成する。

(2) 周期依存性

i ）目的

本試験は，積層ゴム支承の水平力支持機能や減衰機能の周期に対する依存性を検証するために複数の加振周期において，水平変位の特性値又は制限値に対する有効設計変位による地震時水平力分散型ゴム支承のせん断剛性又は免震支承の等価剛性及び等価減衰定数の周期依存性を確認することを目的としている。

ii ）試験条件

本試験は**表-5.2.16**に示す試験条件のうち，加振周期 0.5 秒から 10 秒については全て実施するのが標準的である。なお，100 秒，200 秒，1000 秒については，6 章に示す品質管理試験において，周期依存性を踏まえて補正する必要がある場合に適宜設定するのがよい。

表-5.2.16 試験条件

項目	試験条件
試験温度	23 ± 2℃
試験変位	・地震時水平力分散型ゴム支承の限界状態１に相当する水平変位の特性値及び３に相当する水平変位の制限値のうち小さい値の有効設計変位 ・免震支承の限界状態２及び限界状態３に相当する水平変位の制限値のうち小さい値の有効設計変位
鉛直荷重	面圧 6.0N/mm^2 に相当する鉛直荷重
水平加振周期	0.5 秒，1.0 秒，2.0 秒[注1)]，3.0 秒，10 秒， 100 秒[2)]，200 秒[2)]，1000 秒[2)]
水平加振波形	正弦波又は三角波
水平加振回数	地震時水平力分散型ゴム支承：3 回の正負交番繰返し載荷 免震支承：11 回の正負交番繰返し載荷

注 1) 基準周期とする

注 2) 6 章に示す品質管理において，周期依存性を踏まえて補正する必要がある場合に適宜設定する

iii) 試験に用いるゴム支承

本試験での積層ゴム支承の寸法は，製品の特性を代表して測定する主旨を踏まえ適切に設定するのがよい。**表-5.2.2** に示す従来用いられてきた供試体寸法を標準とする。本試験は, 供試体 No.1, No.2 のいずれか, 又は, 双方を選択し, 積層ゴム支承の設計時の段階で使用するせん断弾性係数（G 値）全てにおいて実施するのが標準的である。

iv) 試験方法

本試験は，**表-5.2.16** に示す加振周期 0.5 秒から 10 秒において実施するのが標準的である。

試験方法は，面圧 6.0N/mm^2 に相当する鉛直荷重を載荷した状態で鉛直圧縮力及び水平力を受ける地震時水平力分散型ゴム支承の限界状態 1 に相当する水平変位の特性値及び限界状態 3 に相当する水平変位の制限値のうち小さい値，又は免震支承の限界状態 2 及び限界状態 3 に対応する水平変位の制限値のうち小さい値である水平せん断ひずみ 250%の 0.7 倍とな

る総ゴム厚の175%の水平変位を正負交番で繰り返し与える。

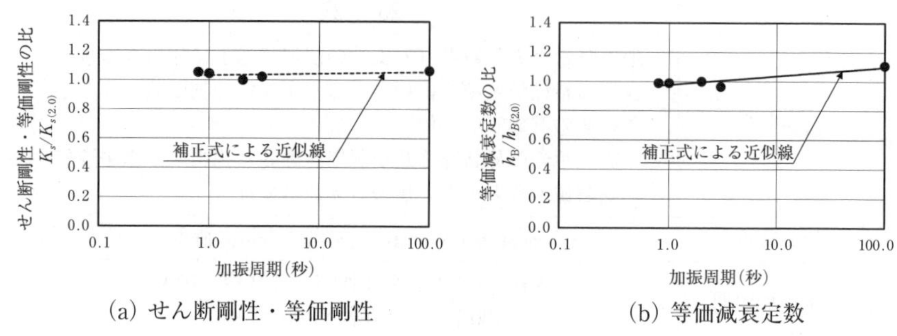

(a) せん断剛性・等価剛性　　(b) 等価減衰定数

図-5.2.4　試験値と加振周期の関係（図の例）

v）補正式の作成方法

補正式の作成にあたっては，せん断剛性・等価剛性（K_s）及び基準周期により算出されたせん断剛性・等価剛性（$K_{s(2.0)}$）との比と加振周期の関係について，**図-5.2.4**(a)のグラフに示すように整理する。そして，プロット点から，せん断剛性・等価剛性の比と加振周期の関係を表わした補正式を作成する。

また同様に，等価減衰定数（h_B）及び基準周期により算出された等価減衰定数（$h_{B(2.0)}$）との比と加振周期の関係について**図-5.2.4**(b)のグラフに示すように整理する。プロット点から，等価減衰定数の比と加振周期の関係を表わした補正式を作成する。

(3) 面圧依存性

i）目的

本試験は，積層ゴム支承の水平力支持機能や減衰機能の面圧に対する依存性を検証するために，複数の面圧（初期鉛直荷重）において，水平変位の特性値又は制限値に対する有効設計変位による地震時水平力分散型ゴム支承のせん断剛性又は免震支承の等価剛性及び等価減衰定数の周期依存性を確認することを目的としている。

ii）試験条件

本試験は**表-5.2.17**に示す試験条件により実施するのが標準的である。

表-5.2.17　試験条件

項目	試験条件
試験温度	23 ± 2℃
試験変位	・地震時水平力分散型ゴム支承の限界状態 1 に対応する水平変位の特性値及び 3 に対応する水平変位の制限値のうち小さい値の有効設計変位 ・免震支承の限界状態 2 及び限界状態 3 に対応する水平変位の制限値のうち小さい値の有効設計変位
試験面圧	0.5N/mm²，3.0N/mm²，6.0N/mm² 注)，9.0N/mm²，12.0N/mm²
水平加振周期	2.0 秒
水平加振波形	正弦波又は三角波
水平加振回数	地震時水平力分散型ゴム支承：3 回の正負交番繰返し載荷 免震支承：11 回の正負交番繰返し載荷

注）基準面圧とする

iii）試験に用いる積層ゴム支承

本試験での積層ゴム支承の寸法は，製品の特性を代表して測定する主旨を踏まえ適切に設定するのがよい。従来用いられてきた供試体寸法を参考に**表-5.2.2**に示すものを標準とする。本試験は，供試体 No.1，No.2 のいずれか，又は，双方を選択し，積層ゴム支承の設計時の段階で使用するせん断弾性係数(G 値)全てにおいて実施されるのが標準的である。

iv）試験方法と実測値の算出方法

本試験は，**表-5.2.17**に示す試験面圧全てにおいて実施するのが標準的である。

試験方法は，**表-5.2.17**に示す試験面圧に相当する鉛直荷重を載荷した状態で鉛直圧縮力及び水平力を受ける地震時水平力分散型ゴム支承の限界状態 1 に相当する水平変位の特性値及び限界状態 3 に相当する水平変位の制限値のうち小さい値，又は免震支承の限界状態 2 及び限界状態 3 に対応する水平変位の制限値のうち小さい値である水平せん断ひずみ250%の0.7倍となる総ゴム厚の175%の水平変位を正負交番で繰り返し与える。加振周期は2.0秒，試験温度は，試験機と供試体の温度を適切に制御するのが標準的である。

v）補正式の作成方法

補正式の作成にあたっては，せん断剛性・等価剛性（K_s）と基準面圧により算出されたせん断剛性・等価剛性（$K_{s(6.0)}$）との比と試験面圧の関係について，**図-5.2.5**(a)のグラフに示すように整理する。そして，プロット点からせん断剛性・等価剛性の比と試験面圧の関係を表わした補正式を作成する。

また同様に，等価減衰定数（h_B）と基準面圧により算出された等価減衰定数（$h_{B(6.0)}$）との比と試験面圧の関係について，**図-5.2.5**(b)のグラフに示すように整理する。プロット点から，等価減衰定数の比と試験面圧の関係を表わした補正式を作成する。

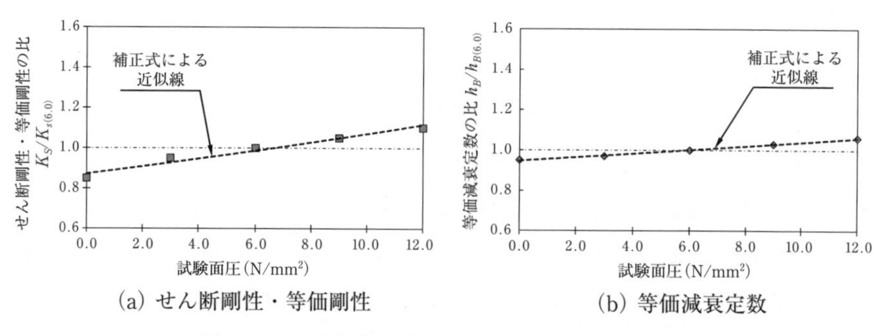

(a) せん断剛性・等価剛性　　(b) 等価減衰定数

図-5.2.5　試験値と試験初期面圧の関係（図の例）

5.2.5　パッド型ゴム支承の耐荷性能に関する特性検証試験

パッド型ゴム支承の耐荷性能に関する特性検証試験は，ゴム支承に作用する水平力，鉛直圧縮力及びこれらの組合せに対して設定される積層ゴム支承の限界状態を代表する制限値の前提としている特性を有することを確認するための試験である。

(1) 限界状態1に対応する水平変位の制限値における力学的特性を評価するための試験

i）目的

本試験は，パッド型ゴム支承に限界状態1の制限値に対応する水平変位が生じる範囲で繰返し載荷を行い，パッド型ゴム支承の挙動が繰返し作用に対して安定した履歴挙動となり，可逆性を有する状態であることを確認することを目的としている。

ii）試験条件

本試験は**表-5.2.18**に示す試験条件により実施するのが標準的である。

表-5.2.18 試験条件

項目	試験条件
試験温度	23 ± 2℃
試験変位	限界状態1の制限値に対応する水平変位
鉛直荷重	面圧 6.0N/mm^2 に相当する鉛直荷重
水平加振速度	静的加振速度(一般に1～5mm/s)
水平加振波形	正弦波又は三角波
水平加振回数	3回の正負交番繰返し載荷

iii）試験に用いるパッド型ゴム支承

本試験でのパッド型ゴム支承の寸法は，製品の特性を代表して測定する主旨を踏まえ適切に設定するのがよい。供試体寸法を参考に**表-5.2.2**に示すものを標準とする。本試験は，供試体 No.1，No.2 のいずれか，又は，双方を選択し，積層ゴム支承の設計時の段階で使用するせん断弾性係数(G値)全てにおいて実施されるのが標準的である。

iv）試験方法と実測値の算出方法

試験方法は，面圧 6.0N/mm^2 に相当する鉛直荷重を載荷した状態で鉛直圧縮力及び水平力を受けるパッド型ゴム支承の限界状態1の制限値に対応する水平変位に相当する変位を正負交番で繰り返し与える。また，加振速度は静的加振速度(一般に1～5mm/s)とするのが標準的である。

式(5.2.1)によりせん断剛性を算出する。設計に用いるせん断剛性と，3波目のせん断剛性の差が±10%以内であれば，パッド型ゴム支承の挙動が繰返し作用に対して安定した履歴挙動となり可逆性を有すると考えてよい。

(2) 限界状態1に対応する水平変位の制限値におけるパッド型ゴム支承が沓座面から滑動しないことを確認するための試験

i）目的

本試験は，パッド型ゴム支承に限界状態1の制限値に対応する水平変位が生じる以上の範囲まで単調載荷を行い，パッド型ゴム支承が制限値以下で沓座面から滑動しないことを確認する。

ii）試験条件

本試験は**表-5.2.19**に示す試験条件により実施するのが標準的である。

表-5.2.19　試験条件

項目	試験条件
試験温度	23 ± 2℃
試験変位	制限値以上の水平変位
鉛直荷重	面圧1.5N/mm^{2}に相当する鉛直荷重
水平加振方法	単調載荷

iii）試験に用いるパッド型ゴム支承

本試験でのパッド型ゴム支承の寸法は，製品の特性を代表して測定する主旨を踏まえ適切に設定するのがよい。供試体寸法は，**表-5.2.2**に示すものを標準とする。本試験は，供試体No.1，No.2のいずれか，又は，双方を選択し，せん断弾性係数(G値)が大きいもので行うことが標準的である。

iv）試験方法と実測値の算出方法

試験方法は，面圧 1.5N/mm^2 に相当する鉛直荷重を載荷した状態で鉛直圧縮力及び水平力を受けるパッド型ゴム支承の限界状態 1 の制限値に対応する水平変位以上の変位まで単調載荷を行う。また，加振速度は桁の温度変化に伴う実際の挙動を考慮した速度で行うこととする。その際，パッド型ゴム支承が制限値以下で沓座面から滑動しないことを確認する。

5.2.6 すべり型ゴム支承のすべり抵抗を確認するための試験

i）目的

本試験は，すべり型ゴム支承に限界状態 1 の制限値に対応する水平変位が生じる以上の範囲まで単調載荷を行い，すべり型ゴム支承が制限値以下で滑動することを確認する。

ii）試験条件

本試験は**表-5.2.20** に示す試験条件により実施するのが標準的である。

表-5.2.20 試験条件

項目	試験条件
試験温度	23 ± 2℃
試験変位	滑動するまで
鉛直荷重	面圧 6.0N/mm^2 に相当する鉛直荷重
水平加振速度	静的加振速度(一般に 1 ～ 5mm/s)
水平加振方法	単調載荷

iii）試験に用いるすべり型ゴム支承

本試験でのすべり型ゴム支承の寸法は，製品の特性を代表して測定する主旨を踏まえ適切に設定するのがよい。供試体寸法は，**表-5.2.2** に示すものを標準とする。本試験は，供試体 No.1，No.2 のいずれか，又は，双方を選択し，せん断弾性係数(G 値)が小さいもので行うことが標準的である。

ゴム支承には製品と同じ材料のPTFE材を貼付け，同じく製品と同じ材料のステンレス板を試験機に設置する。

iv）試験方法と実測値の算出方法

試験方法は，面圧6.0N/mm^{2}に相当する鉛直荷重を載荷した状態で水平変位を与え，すべり型ゴム支承が滑動するまで単調載荷する。加振速度は静的加振速度(一般に1～5mm/s)とするのが標準的である。

その際，すべり型ゴム支承が制限値以下で滑動することを確認する。

5.3 鋼製支承

鋼製支承の限界状態を代表する制限値等を4章に示しており，これらの前提としている特性を有することを試験により確認する必要がある。鋼製支承の性能を確保するためには，ゴム支承と同様に，材料としての特性のほか，材料だけで確認できない部材としての性能も確認する必要がある。

鋼製支承は鋼部材，ゴムプレート，ステンレス鋼，PTFE板，高力黄銅鋳物等を組み合わせて製作される。支承が受ける作用に対して，これらの各部材が接触して荷重を伝達し，水平及び回転変形することで機能を発揮する。このため，特性検証試験は，適用する構造条件に応じて，その耐荷機構を適切に把握した上で，行う必要がある。

また，耐荷性能の前提としての耐久性能を確保するにあたって，繰返し載荷による水平力支持機能，回転機能に及ぼす影響について確認する必要がある。使用される材料の耐久性を確保するとともに，鋼製支承に水平変位及び回転変位が繰返し作用することによる影響についても確認する。なお，**4.6.3**に示すように，これまでの実績等が確認されている支承形式における鋼部材や高力黄銅鋳物を用いたベアリングプレートについては，部材に生じる応力変動を考慮した疲労照査を別途行わずとも，鋼部材の部材強度に影響を及ぼす疲労等は生じていないことから，所要の耐久性能を有していると考えることができる。

(1) 水平移動機能

すべり機構及びころがり機構による水平力支持機構の場合には，すべり面及びころがり面の摩擦係数によって上部構造から下部構造に伝達される水平力の大きさに影響が生じるため，特性検証試験によりすべり面及びころがり面の繰返し水平変位に対する摩擦特性をそれぞれ確認する必要がある。参考資料-10は，BP·B支承におけるPTFE板とステンレス鋼のすべり面，ピンローラー支承におけるローラーと支圧板のころがり面を対象として，繰返し載荷による摩擦係数の変化について検証された例を示したものである。この特性検証試験の結果によれば，すべり面並びにころがり面に使用される材料の特性やその接触面部の表面仕上げが求める規格に適合していることを前提とした上で，繰返し載荷の影響を受けても設計の前提とする摩擦係数以下であることが確認されている。設計供用期間中に生じる移動距離に対して，摩擦特性を検証する必要がある。

なお，上部構造と下部構造の間に生じる水平変位に対して追随する機能を有する必要があることから，支承部に設計で想定する水平変位量が生じた時に，支圧面（PTFE板）がすべり面（ステンレス板）からはみ出ないように，すべり面の長さを調整する。また，ころがり機構により水平移動機能を確保する場合については，支承部に水平変位量が生じた時に，ローラーが支圧板からはみ出ないように，支圧板の長さを調整する。

(2) 回 転 機 能

1) すべり機構

すべり機構による回転機能は，水平移動機能と同様に，すべり面の摩擦係数の変化が回転機能に影響を及ぼすため，特性検証試験によりすべり面の摩擦特性が明らかになっていることが求められる。参考資料-10は，ピボットローラー支承の回転部のすべり面を対象として，繰返し回転変位による回転部のすべり面の摩擦係数の変化について検証された例を示したものである。この特性検証試験の結果によれば，回転部のすべり面に使用される材料の特性や，そのすべり面の表面仕上げが求める規格に適合していることを前提とした上で，かつ，繰返し載荷の影響を受けても設計の前提とする摩擦係数以下であることが確認されている。設計供用期間中に生じる移動距離に対して，摩擦特性を検証する必要がある。

2) 弾性回転変形機構

弾性回転変形機構による回転機能は，回転部に使用される部材の抵抗モーメントの変化が，回転機能の低下に影響を及ぼすため，特性検証試験により回転部に使用される部品の材料特性（弾性係数）の変化が明らかになっていることが求められる。参考資料-10 は，BP･B 支承の回転機構を発揮するゴムプレートを対象として，繰返し回転変位による回転部のゴムプレートの抵抗モーメントの変化について示したものである。この特性検証試験の結果によれば，回転部のゴムプレートに使用される材料の特性が求める規格に適合していることを前提とした上で，かつ，繰返し載荷の影響を受けてもゴムプレートの抵抗モーメントに大きな変化が生じておらず耐荷機構に影響がないことが確認されている。

参考文献

1) 篠原聖二，榎本武雄，井上崇雅，星隈順一，岡田慎哉，西弘明，高橋良和：ゴム支承のせん断特性の評価手法に関する研究，構造工学論文集，土木学会，Vol.62A，2016.3

2) 横川英彰，堺淳一，星隈順一：入力地震動の特性と積層ゴム系支承の地震応答の繰り返し回数の関係に関する研究，第 15 回性能に基づく橋梁等の耐震設計に関するシンポジウム，2012.

第6章　支承部の施工

6.1　一　　般

本章では，支承部の製作，組立てから据付けに至るまでの一連の施工プロセスを扱うものであり，その中の品質管理についても扱っている。

支承部の品質を確保するためには，橋の計画から設計段階での十分な検討はもとより，支承の特徴や施工手順を理解して施工する必要がある。また，設計段階から現場での施工を考慮した設計を行い，支承部の設計図書などに施工において必要な事項，特に，施工範囲担当区分，据付け方向，据付け位置及び施工手順を明確にしておくことが重要である。また，適切に施工がなされていることを検査し，その結果を記録することが重要である。

支承部が十分な機能を発揮するためには，設計の前提条件及び設計段階で定めた事項等を満足する施工が行われることを確認できるよう，製作の方法や手順，検査の方法等に関する次の事項について要領を定める必要がある。

1）品質管理計画, 2）材料及び部品, 3）製作（部材等の加工, 組立）, 4）溶接, 5）組立，6）防せい防食（工場塗装，被覆等），7）輸送，8）その他，支承構造及び取り付けられる上下部構造に応じた必要事項

検査項目及び方法は，施工の難易，材料の種類，工程の非可逆性を勘案して，適切に設定する必要がある。また，検査の頻度は施工プロセスの重要性や非可逆性，施工工程が確実に実施されたことを示す記録の充実度，検査精度，検査コスト等を考慮して適切に設定する必要がある。

本章では，2章に示す一般的な支承形式・構造を対象として，上記の1)から6)については**6.2.2**及び**6.2.3**に，7)については**6.2.4**に，8)については**6.3**から**6.8**に施工要領書に記載する事項を示している。

ソールプレート及びベースプレートにより上下部構造に取り付けられ，上下沓が上下部構造とボルトにより接合されている支承構造の例を**図-6.1.1**に示す。

また，支承部の施工手順を**図-6.1.2**に示す。

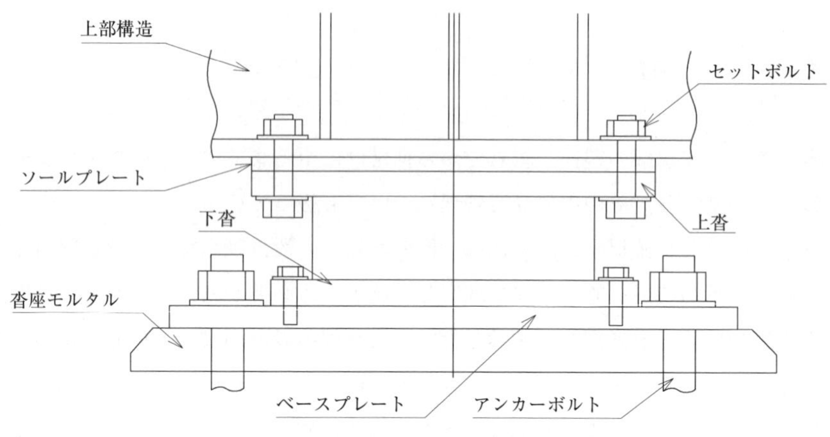

図-6.1.1　支承部構造の模式図

図-6.1.2では，支承部の施工手順について，上部構造の架設と沓座及び支承の固定順序に応じて示している。上部構造の架設の前に支承を先に固定とする場合は，上部構造の架設に先立って沓座及び支承を所定の位置に据付け，沓座モルタルを施工し，固定する。この方法は，鋼アーチ橋，鋼方杖ラーメン橋や場所打ちコンクリート橋の支承においてよく用いられるが，鋼桁橋でも用いられる場合がある。パッド型ゴム支承もこの場合に含まれる。一方，上部構造の架設の後に沓座及び支承を固定する場合は，支承を箱抜きされた位置に仮固定し，上部構造の施工後に再度据付け位置を確認して，必要があれば位置を修正した後，沓座モルタルを施工し，固定する。この方法は鋼橋，プレキャストコンクリート橋の施工に用いられる。

なお，［道示Ⅰ］10.1.1(6)において設計耐久期間によらず，橋の設計供用期間中の支承部の点検や交換，支承部の損傷時の措置方法を検討し，設計に反映することが求められており，その際の施工品質の確保の方法についても予め検討しておく必要がある。

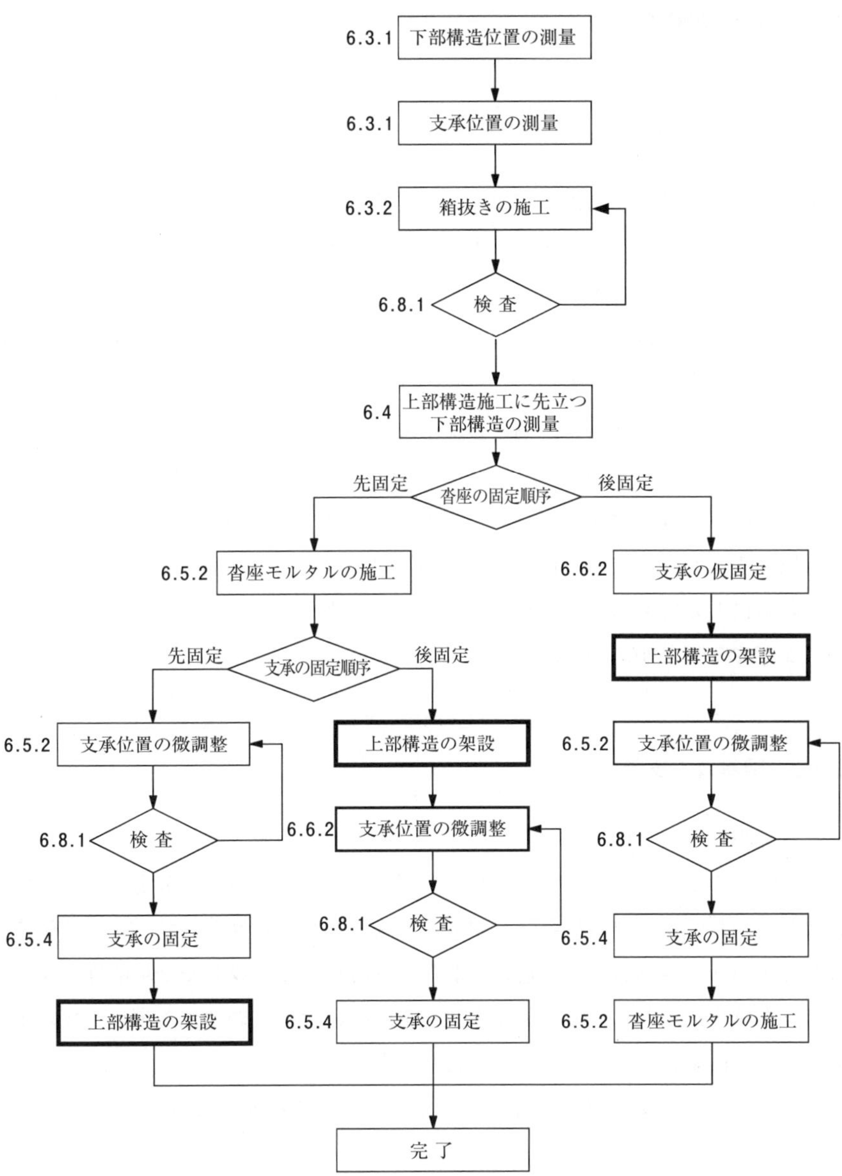

図-6.1.2　支承部の施工手順

6.2　支承の製作

6.2.1　一　　般

支承部の品質管理にあたっては，当該支承の設計の前提条件及び設計段階で定めた事項を満足することを所定の方法によって確認する必要があり，段階的に適切な品質管理を行う必要がある。

製作にあたっては，当該支承に用いる材料を調達する段階，支承を組立て製造する段階，完成確認の段階のそれぞれのプロセスにおいて品質を確認する必要があり，その確認する項目は，個々の支承の設計において要求される事項を踏まえ適切に設定するのがよい。

なお，品質管理に関する記録は，支承部の設計や施工の段階だけでなく，例えば，地震後における支承の健全性の評価等のように，供用開始後における維持管理の段階においても重要な資料となる。このため，品質管理に関する記録は，適切に保存することが求められる。

6.2.2　積層ゴム支承

ゴム支承の機能を確保するためには，製品としての完成確認の段階で実施するゴム支承の力学的特性に関する項目だけでなく，同じ材料同じ製造方法で製作され同じ構造特性を有する供試体を用いて別途行われる特性検証試験により確認する項目がある。さらに，その前提となるゴム材料の化学成分や物理的性質のようにゴム支承を構成している材料を調達する段階において確認する項目，ゴム支承を組立てる段階において確認する項目等がある。

表-6.2.1 は，ゴム支承に必要となる品質管理項目の例を列挙したものである。

表-6.2.1 ゴム支承品質管理項目例

試験・検査項目				概要	頻度	適用する試験・検査					試験体	報告書様式
						分散	免震	固定	可動(すべり)	パッド		
材料	ゴム材料	化学成分		ポリマー定性，全ポリマー，補強材，灰分の定量の測定試験	1年に1回以上	○	○	○	○	○	試験片	統一的な報告書様式は示していないが，**6.2.2** (1)に示されている報告項目が含まれた報告書とする
材料	ゴム材料	物理的性質	基本特性	シート加硫したダンベル状試験片にて行うゴム材料の伸び，引張強さの基本特性試験	1ロットあたり1サンプル	○	○	○	○	○	試験片	
材料	ゴム材料	物理的性質	老化・耐久性	シート加硫した試験片にて行うゴム材料の老化,耐久性試験で伸び，引張強さ，圧縮永久ひずみ，オゾン劣化，耐水性試験，耐寒性試験	1年に1回以上	○	○	○	○	○	試験片	
材料	ゴム材料	耐オゾン性		標準（40℃），低温状態（-30℃）にて行う耐オゾン性試験	1年に1回以上	○	○	○	○	○	試験片	
材料	鋼材，鉛の材質			ミルシートにより寸法，機械的性質，化学成分等を確認	全数	○	○	○	○	○	試験片	
材料	ゴムと鋼板の接着性	剥離強さ		試験片にて行うゴムと鋼板の接着強さ試験	1ロットあたり1サンプル	○	○	○	○	○	試験片	
製造プロセス				力学的特性に係る試験または検査の結果に影響を及ぼす製造プロセスの各工程における管理項目の明確化	全数	○	○	○	○	○	出荷品	様式-1

試験・検査項目		概要	頻度	適用する試験・検査					試験体	報告書様式
				分散	免震	固定	可動(すべり)	パッド		
寸法・外観	内部鋼板寸法	平面寸法，穴径，穴位置等をゲージ等の測定機器にて測定	全数	○	○	○	○	○	出荷品	様式-1
寸法・外観	ゴム支承本体の寸法	ゴム支承本体の寸法を測定機器にて測定	全数	○	○	○	○	○	出荷品	様式-2
寸法・外観	組立完成品の寸法	ゴム支承組立寸法を測定機器にて測定	全数	○	○	○	○	−	出荷品	様式-3
寸法・外観	鉄鋼部材の寸法	鋼製部品の主要部位を測定機器にて測定	全数	○	○	○	○	−	出荷品	
寸法・外観	外観異常の有無	完成品に有害な傷，異物の混入，局部的な変形が生じていないことを目視にて確認	全数	○	○	○	○	○	出荷品	様式-2
寸法・外観	内部鋼板位置	鉛直力載荷試験時にゴムと鋼板の接着力，鋼板の位置ずれをゴム支承本体側面の膨らみを目視にて確認 パッドは8N/mm^{2}相当の鉛直荷重を載荷し確認	全数	○	○	○	○	○	出荷品	

試験・検査項目			概要	頻度	適用する試験・検査					試験体	報告書様式
					分散	免震	固定	可動(すべり)	パッド		
特性検証試験	水平力を受ける抵抗特性	限界状態1	面圧 6N/mm^2 を載荷し，総ゴム厚の 250%(175%)のせん断ひずみを与えたときのせん断剛性・二次剛性の変化を確認	ゴム種類ごとG値ごと5年に1回	○	○	－	－	－	供試体	様式-8
		限界状態2	面圧 6N/mm^2 を載荷し，250% のせん断ひずみを与えたときの等価減衰定数の変化を確認	ゴム種類ごとG値ごと5年に1回	－	○	－	－	－	供試体	様式-9
		限界状態3	破壊に対する安全性と地震時の挙動の安定性を試験により検証し，水平せん断ひずみの特性値・制限値の妥当性を確認	ゴム種類ごと高いG値5年に1回	○	○	－	－	－	供試体	様式-10
	鉛直力及び水平力を受ける抵抗特性	鉛直圧縮力・水平力限界状態1	鉛直圧縮力 24N/mm^2 載荷し，250%(175%)のせん断ひずみを与える。この限界状態の前後のせん断剛性・等価剛性の変化を確認	ゴム種類ごとG値ごと5年に1回	○	○	－	－	－	供試体	様式-8
		鉛直引張力・水平力限界状態1	鉛直引張力 1.4N/mm^2 載荷し，250%(175%)のせん断ひずみを与える。この限界状態の前後のせん断剛性・等価剛性の変化を確認		○	○	－	－	－	供試体	
		鉛直圧縮力・水平力限界状態2	鉛直圧縮力 24N/mm^2 載荷し，250% のせん断ひずみを与える。この限界状態の前後の等価減衰定数の変化を確認	ゴム種類ごとG値ごと5年に1回	－	○	－	－	－	供試体	様式-9
		鉛直引張力・水平力限界状態2	鉛直引張力 1.4N/mm^2 載荷し，250% のせん断ひずみを与える。この限界状態の前後の等価減衰定数の変化を確認		－	○	－	－	－	供試体	
	抵抗特性に影響を与える依存性	温度依存性	試験温度を変化させて，せん断剛性・等価剛性，等価減衰定数を測定し変化を確認	ゴム種類ごとG値ごとゴム材料を変更した場合	○	○	－	－	－	供試体	様式-11
		周期依存性	載荷周期を変化させて，せん断剛性・等価剛性，等価減衰定数を測定し変化を確認		○	○	－	－	－	供試体	様式-12
		面圧依存性	載荷面圧を変化させて，せん断剛性・等価剛性，等価減衰定数を測定し変化を確認		○	○	－	－	－	供試体	様式-13
	耐久性能	鉛直	供試体に一定せん断変形を与え鉛直荷重を繰返し載荷し外観に異状がないこと，特性の変化を確認	ゴム種類ごとG値ごとゴム材料を変更した場合	○	○	○	○	○	供試体	様式-14
		水平	供試体に常時のせん断ひずみに相当する変位を繰り返し与え外観に異状がないこと，特性の変化を確認		○	○	－	－	○	供試体	様式-15

<table>
<tr><th colspan="3" rowspan="2">試験・検査項目</th><th rowspan="2">概要</th><th rowspan="2">頻度</th><th colspan="5">適用する試験・検査</th><th rowspan="2">試験体</th><th rowspan="2">報告書様式</th></tr>
<tr><th>分散</th><th>免震</th><th>固定</th><th>可動(すべり)</th><th>パッド</th></tr>
<tr><td rowspan="3">特性検証試験</td><td rowspan="2">パット型ゴム支承の耐荷性能</td><td>限界状態1</td><td>面圧 6N/mm^2 を載荷し，限界状態1の制限値である総ゴム厚の70％のせん断ひずみを与えたときのせん断剛性を確認。</td><td>ゴム種類ごとG値ごと5年に1回</td><td>－</td><td>－</td><td>－</td><td>－</td><td>○</td><td rowspan="2">供試体</td><td rowspan="2">様式-16</td></tr>
<tr><td>すべり抵抗性</td><td>面圧 1.5N/mm^2 を載荷し，限界状態1の制限値である総ゴム厚の70％以上のせん断ひずみを与えたときに70％以下で滑動しないことを確認</td><td>ゴム種類ごと高いG値5年に1回</td><td>－</td><td>－</td><td>－</td><td>－</td><td>○</td></tr>
<tr><td colspan="2">すべり抵抗性</td><td>面圧 6N/mm^2 を載荷し，せん断ひずみを与えたときに70％以下で滑動することを確認</td><td>ゴム種類ごと低いG値5年に1回</td><td>－</td><td>－</td><td>－</td><td>○</td><td>－</td><td>試験体</td><td>様式-17</td></tr>
</table>

＊試験室温度は，JIS K 6411 および JIS K 6250 より試験室の標準温度で行うことが望ましいが，これが困難な場合は，雰囲気温度を測定し，記録する。

<table>
<tr><th colspan="2" rowspan="2">試験・検査項目</th><th rowspan="2">概要</th><th rowspan="2">頻度</th><th colspan="5">適用する試験・検査</th><th rowspan="2">試験体</th><th rowspan="2">報告書様式</th></tr>
<tr><th>分散</th><th>免震</th><th>固定</th><th>可動(すべり)</th><th>パッド</th></tr>
<tr><td rowspan="4">力学的特性試験</td><td>圧縮変位量</td><td>所定の鉛直荷重を載荷し，圧縮変位量を試験機にて測定
照査荷重による圧縮変位量は端支点のみ</td><td>全数</td><td>○</td><td>○</td><td>○</td><td>○</td><td>－</td><td>出荷品</td><td rowspan="2">様式-5</td></tr>
<tr><td>圧縮ばね定数(連結桁の場合)</td><td>圧縮応力度 1.5 ～ 6N/mm^2 の荷重範囲で試験機にて測定</td><td>全数</td><td>○</td><td>○</td><td>○</td><td>○</td><td>○</td><td>出荷品</td></tr>
<tr><td>せん断剛性・等価剛性</td><td>死荷重または面圧 6N/mm^2 を載荷し，有効設計変位または総ゴム厚の175％のせん断ひずみを与えたときのせん断剛性・等価剛性を測定</td><td>全数</td><td>○</td><td>○</td><td>－</td><td>－</td><td>－</td><td>出荷品</td><td rowspan="2">様式-6</td></tr>
<tr><td>等価減衰定数</td><td>死荷重または面圧 6N/mm^2 を載荷し，有効設計変位または総ゴム厚の175％のせん断ひずみを与えたときの等価減衰定数を測定</td><td>全数</td><td>－</td><td>○</td><td>－</td><td>－</td><td>－</td><td>出荷品</td></tr>
</table>

＊試験室温度は，JIS K 6411 および JIS K 6250 より試験室の標準温度で行うことが望ましいが，これが困難な場合は，雰囲気温度を測定し，記録する。

(1) 材料を調達する段階における品質管理

3章に示す品質を有し，設計の前程条件及び設計段階で定めた事項等を満足することを適切な方法で確認する必要ある。以下に，標準的と考えられる検査方法を示すが条件に応じて所要の品質が確保されていることを適切に検査する必要がある。

1) ゴム材料

3.2 に示すゴム材料の機械的特性等の項目に対して所要の品質を有していることを確認する。ゴム材料は，原料ゴムに添加剤類を混ぜ合わせる混練工程と，それを所定の厚さのシート状に加工する圧延工程を経て製造される。個々の原料ゴムや添加剤の使用量や，混練及び圧延の製造手順について，配合表や技術標準・製造仕様書など標準化した文書を整備し，不測の事態にトレーサビリティの確保ができるようにするため，製造の際にはそれらの標準書類に基づいて作業を行い，作業内容を文書にて記録するとよい。

ゴム材料の化学成分分析は，原料の成分・投入比率，混練工程が一定であればゴム材料の化学成分も概ね一定となると考えられるが，原料の成分・投入比率，混練工程が変更された場合には，その都度化学成分分析を行う必要がある。また，予期せずして化学成分が変わっていることを防止するため，少なくとも1年に1回の頻度でゴム材料の化学成分分析を行う。

ゴム材料の機械的性質を確認する試験は，**表-3.2.4** に示す「基本特性」に，物理的性質を確認する試験は，**表-3.2.9** に示す「老化・耐久性」に区分される。基本特性試験は，ゴム支承と同等の化学成分及び同等の製造工程となるゴム試験片を用いて，引張強さや破断伸び等のゴム材料の基本特性を確認することを目的として行うものであり，1ロットあたり最低1回の検査頻度が必要と考えられる。老化・耐久性試験及び耐オゾン性試験は，製作するゴム支承と同等の化学成分のゴム材料，かつ，基本特性試験により想定するせん断弾性係数の呼びと同一の結果となったゴム材料を用いる場合には，ロット毎に試験を行う必要はないと考えられるが，化学成分分析と同様，予期せずして化学成分が変わっていること等を防止するため，少なくとも1年に1回の頻度で試験を行うとよい。なお，原料の成分・投入比率，混練工程が変更された場合や，基本特性試験の結果，想定するせん断弾性係数の呼びと異なる結果となった場合には，その都度老化・耐久性試験を行う必要がある。また，低温環境で使用する場合には，低温状態の耐オゾン性についても同様の頻度及び条件で行う必要がある。

これらの試験について，**3.2** に示す試験項目，試験方法の規格，規格値，実測値等，所要の品質を有していることが確認できる内容を試験成績書等により確認する。また，製造プロセスの確認にあたっては，参考資料-17の様式-1が参考にできる。

2)　鋼材

3.3に示す鋼材の機械的性質等の項目に対して所要の品質を有していることを確認する。**3.3**に示す材料規格を満足していることを，試験項目，試験方法の規格，規格値，実測値等を示す検査証明書等により鋼材に求める所要の品質を有していることを確認する。市中鋼材を用いる場合や長期間保管した鋼材を用いる場合には，鋼材検査証明書に記載の数値の他に，寸法，形状，表面を検査し，変形，傷，錆等がないことを確認する必要がある。

3)　ゴム材料と鋼板間の接着に用いる接着剤

3.4に示すゴム材料と鋼板間の接着に対して所要の品質を有していることを剥離強さ試験により確認する。**3.4**に示す試験項目，試験方法の規格，規格値，実測値等を示す試験成績書等によりゴム材料と鋼板間の接着について所要の品質を有していることを確認する必要がある。

ゴム材料と鋼板間の接着の品質に対して，ゴム，鋼板，接着剤の材料の信頼性のほか，接着剤を塗布する際の施工方法，塗布量，環境条件等が影響を及ぼすと考えられる。このため，これらを踏まえて，検査の頻度等を適切に設定する必要がある。

また，出荷品と剥離強さ試験の試験体は，同一の材料で，同一の製造プロセスを経ている必要があり，少なくとも以下の条件を満足する必要がある。

①　同一の化学成分，基本特性とみなせるゴム材料を用いたこと。

②　同一の成分とみなせる接着剤を用いたこと。

③　同一の規格値の鋼材で，同等の下処理を行ったこと。

④　同等の塗布量（塗布回数，塗膜厚），塗布方法，加硫を行ったこと。

ゴム材料の基本特性試験は1ロットあたり最低1回の検査頻度であるため，剥離強さ試験は1ロットあたり1回の検査頻度が基本となる。製造プロセスの確認にあたっては，参考資料-17 の様式 -1 が参考にできる。

剥離強さの試験は 1 年以内に行った試験において上記の①～④が書面で確認できる場合は該当する試験の結果で代用することができると考えられる。

4) 鉛

3.5 に示す鉛に対して所要の品質を有していることを確認する。**3.5** に示す材料規格を満足していることを示す検査証明書等により鉛に求める所要の品質を有していることを確認する。

(2) 支承を組立てる段階における品質管理

積層ゴム支承が所要の耐荷性能及び耐久性能を有していることを確認するにあたっては，出荷品を用いて実施することが基本となるが，試験を行うことで支承が劣化するおそれのある試験項目や，時間がかかり過ぎて実務的ではない試験項目については，同じ製造方法で製作され同じ特性を有する供試体を用いて確認することとなる。その際，**6.2.2**(1)に示す設計の前提とした材料が用いられていること及びあらかじめ定められた適切な製造プロセスを経て支承が組立て製造されていることを確認する必要がある。一般的な積層ゴム支承及び鉛プラグ入り積層ゴム支承の製造プロセスの管理項目とその管理方法を**表-6.2.2**に示す。また，適切に品質が確保されていることを確認するにあたっては，参考資料-17 の様式 -1 が参考にできる。

表-6.2.2 積層ゴム支承及び鉛プラグ入り積層ゴム支承の製造プロセスにおける品質管理項目

材料・設備（ゴム材料，鋼材，接着剤，加硫プレス，鉛）	工程番号	工程	工程ごとの確認項目	プロセスの管理項目
ゴム材料→①	①	ゴムの配合・混練	原料ゴム及び配合剤が所定量であること 混練条件が適正であること	特性試験における配合との整合の確認 混練順序，時間，機材等の確認
①→②	②	ゴムの圧延	物理的性質が規格内であること 圧延シートの厚さが所要の管理値内であること	物理的性質試験 実測
鋼材→③	③	鋼板の切断加工	材質，厚さ 平面寸法が管理値内であること 数量	ミルシートの確認 実測 数量確認
③→④	④	鋼板の下処理	所定の表面粗さであること 異物（錆・油等）の付着がないこと	限度見本との目視確認 目視
④→⑤，接着剤→⑤	⑤	鋼板の接着処理	所定の接着剤を使用していること 所定の作業条件であること 所定の塗布量であること	接着剤種類の確認 作業時の温度，湿度等の確認 塗布回数，膜厚
②→⑥，⑤→⑥	⑥	成型	所定のゴム材料を使用していること 所定の鋼板（接着処理済）を使用していること ゴムと鋼板が所定の積層となっていること 成型後の寸法が管理値内となっていること 異物が混入していないこと	管理表，現品票の確認 管理表，現品票の確認 目視 実測 目視
⑥→⑦，加硫プレス→⑦	⑦	加硫	所定の金型を使用していること 加硫条件が所定値であること 加硫後の寸法が所定値であること 加硫後の外観に異状がないこと	金型寸法の確認 温度，時間，圧力等の確認 実測 目視
鉛→⑧	⑧	鉛の加工	材質 寸法 数量	成分証明書の確認 実測 数量確認
⑧→⑨，⑦→⑨	⑨	鉛の挿入	挿入後の外観に異状がないこと	目視

＊⑧鉛の加工，⑨鉛の挿入は鉛プラグ入り積層ゴム支承にのみ適用

(3) 支承の完成確認の段階における品質管理

1) 寸法と外観

ゴム支承に求められる機能を確保するため，ゴム支承本体をはじめ，ゴム支承を構成する各部材が，設計時の寸法並びに表面仕上げで製作されていることが求められる。

個々の出荷品に対して行う品質管理においては，支承を構成する各部品の

寸法が所定の寸法許容差の範囲で製作されていること及び外観上の異状がないことを確認する。

i）寸法

ゴム支承本体，鋼部材及びゴム支承組立て寸法が，設計時の形状どおりの寸法で製作されていることを確認する。

ゴム支承の各部材に適用する寸法許容差については設計で想定する荷重や変位の伝達機構等の条件が実現するように適切に設定する必要がある。寸法許容差の設定の例を参考資料-18 に示しており，参考にすることができる。また，適切に品質管理を行ううえで，参考資料-17 の様式-2,3 が参考にできる。

ii）外観

① 外観異状の有無

ゴム支承本体を組立てた状態において，機能の前提として要求されている有害な傷，異物の混入，局部的な変形が生じていないことを確認する。

外観異状か否かの判断や補修について，参考資料-19 に示す例を参考にすることができる。出荷品を用いた力学特性試験によって，機能にはほとんど影響しないと考えられる微小変形痕が生じる場合があるが，こうした変形痕に対する判断や補修についても，参考資料-19 を参考にすることができる。

また，適切に品質管理を行ううえで，参考資料-17 の様式 -3 が参考にできる。

② 内部鋼板位置

ゴム支承本体の内部に位置する内部鋼板が，所定の位置に設置されているかを確認する。

具体的には，圧縮ばね定数と圧縮変位量の試験時に確認を行う。試験時において鉛直荷重を載荷した状態で，ゴム支承本体のゴム層側面部の膨らみを目視により確認する。ゴム層の膨らみの位置から，内部鋼板の枚数，位置ずれが生じていないかを確認する。また，適切に品質管理を行ううえで，参考資料-17の様式 -5が参考にできる。

2) 特性検証試験及び力学特性試験

ゴム支承の性能を確認するための試験について，出荷品を用いて行うことは困難な試験については，供試体を用いて試験を行い，設計において要求される性能を有しているかどうかを確認する必要がある。ただし，出荷品である個々の積層ゴム支承の特性を確認するかわりに供試体による検証を行うものであることから，出荷品と同一のゴム材料，同一の製造プロセスを経て製作された供試体を用いる必要がある。

設計の前提とする特性を確認するにあたっては，出荷品である個々の積層ゴム支承を用いて下記のｉ）に示す試験を行い，試験結果とその設計値との差が所要の範囲に収まっていることを確認する。

品質確認試験は，各種依存性を考慮して特性検証試験に基づいて設定された補正式を用いて，補正された成績値を用いて評価を行う必要がある。各種依存性が強い場合には，使用条件を踏まえ適用性に留意する。

ｉ）出荷品を用いた力学特性試験

出荷される全ての積層ゴム支承を用いて以下の力学特性試験を実施することが標準である。

① 圧縮変位量と圧縮ばね定数を確認するための試験

本試験には3つの検証項目があるが，「a）回転による最大反力における圧縮変位量」は出荷されるゴム支承すべてにおいて実施することが標準的である。「b）活荷重の1/2に対する圧縮変位量の試験」は，活荷重による圧縮変位量が伸縮装置の平坦性を確保できるかを検証することを目的としているため，鉛直支持力を必要とする端支点部の支承において実施することが標準である。「c)圧縮ばね定数の試験」は連結桁において，連結構造が構造として成立するための幾つかの制約の重要な役割として，連結部(中間支点)の圧縮ばね定数を確認する必要がある。

a） 回転による最大反力(R_R)における圧縮変位量（δ_c）

回転による最大反力(R_R)における圧縮変位量の実測値（δ_c）が，

式（4.6.6），式（4.6.7）で算出される桁の回転による変位量（δ_r）以上であることを確認することにより，繰返し引張作用に対する疲労耐久性を有していることを評価する。

b）活荷重の1/2に対する圧縮変位量（δ_L）

死荷重と活荷重の1/2に相当する鉛直荷重における圧縮変位量（$\delta_{D+0.5L}$）と死荷重における圧縮変位量（δ_D）の差が，設計値に対してプラス1mm以内であることを確認することにより端支点部の活荷重による平坦性を評価する。

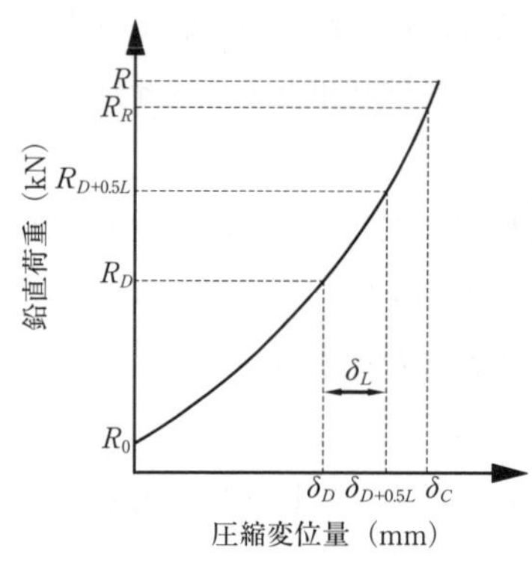

ここに，

R：最大反力に相当する鉛直荷重（kN）
R_R：回転照査時の最大反力に相当する鉛直荷重（kN）
$R_{D+0.5L}$：死荷重と活荷重の 1/2 に相当する鉛直荷重（kN）
R_D：死荷重に相当する鉛直荷重（kN）
R_0：初期荷重（kN）
δ_D：死荷重を載荷した時の圧縮変位量(mm)
$\delta_{D+0.5L}$：死荷重と活荷重の1/2を載荷した時の圧縮変位量（mm）
δ_L：活荷重の1/2に対する圧縮変位量(mm)

図-6.2.1 圧縮変位量の算出

c）圧縮ばね定数（K_V）

圧縮ばね定数の実測値（K_V）が，圧縮ばね定数の設計値の± 30%以内であることを確認することにより鉛直支持の連続性等を評価する。

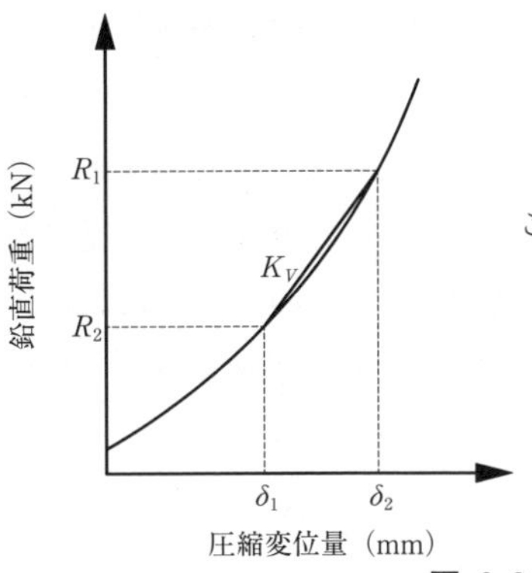

$$K_V=\frac{R_1-R_2}{\delta_1-\delta_2} \cdots\cdots\cdots\cdots (6.2.1)$$

ここに，

K_V：圧縮ばね定数（kN/mm）

R_1：面圧 6.0N/mm^2 における鉛直荷重（kN）

R_2：面圧 1.5N/mm^2 における鉛直荷重（kN）

δ_1：面圧 6.0N/mm^2 における圧縮変位量（mm）

δ_2：面圧 1.5N/mm^2 における圧縮変位量（mm）

図-6.2.2 圧縮ばね定数の算出

d） 外観

載荷試験時の内部鋼板に位置ずれがないかをゴム支承本体側面の膨らみにより目視にて確認するとともに，載荷試験後に，外観上の異状がないことを確認する。

② 有効設計変位に対するせん断剛性又は等価剛性及び等価減衰定数を確認するための試験

せん断剛性・等価剛性の実測値が，せん断剛性又は等価剛性の設計値の± 10％以内であることを確認することにより水平力支持機能を評価する。等価減衰定数の実測値が，等価減衰定数の設計値以上であることを確認することにより減衰機能を評価する。試験方法は，死荷重又は面圧 6.0N/mm^2 に相当する鉛直荷重を載荷した状態で，水平変位は地震時水平力分散型ゴム支承の限界状態 1 に相当する水平変位の特性値及び限界状態 3 に相当する水平変位の制限値のうち小さい値，又は免震支承の限界状態 2 及び限界状態 3 に対応する水平変位の制限値のうち小さい値である水平せん断ひずみ 250％の 0.7 倍となる有効設計変位に相当する水平変位を正負交番で繰り返し与える。水平加振波形は正弦波又は三角波とし，水平加振回数は，地震時水平力分散型ゴム支承の場合は 3 回，免震支承の場合は 11 回とするのが標準的である。せん断剛性，等価剛性及び等価減衰定数は **5.2.2**(1)により求める。なお，**5.2.4**「力学的特性に影響を与える依存性」に示す方法により補正を行った場合は補正後の成績値により評価する。また，外観上の異状がないことを確認する。

ⅱ）供試体を用いた特性検証試験

特性検証試験は，出荷品で直接行う試験の代替であることを踏まえ，供試体による試験結果が出荷品による試験結果と同等とみなせる必要があり，材料や施工プロセス等が同等である必要がある。このため，ゴム材料，鋼板，接着剤は，同一の材料，製造プロセスを経ている必要があり，少なくとも以下の条件を満足する必要がある。

① 同一の化学成分，基本特性とみなせるゴム材料を用いたこと。

② 同一の成分とみなせる接着剤を用いたこと。

③ 同一の規格値の鋼材で，同等の下処理を行ったこと。

④ 同等の塗布量（塗布回数，塗膜厚），塗布方法，加硫を行ったこと。

製造プロセスの確認にあたっては，参考資料-17 の様式 -1 が参考にできる。

設計の前提条件及び設計段階で定めた事項等を満足することを適切な方法で確認する必要があり，試験方法は5章に示している。また，施工の難易，材料の種類等を勘案して適切に検査項目を設定し検査を実施する必要がある。5章に示す特性検証試験結果を確認する場合は，5年以内に実施された結果，つまり少なくとも5年ごとに1回実施された結果を確認することを標準として示している。これは，同一のゴム材料の化学成分，同一の製造プロセスの積層ゴム支承であっても，長期的には，ゴム材料や配合剤の軽微な変化などにより，各種依存性が変わる場合もあることを考慮して設定されているものであるが，条件に応じて所要の品質が確保されていることを適切な頻度で検査する必要がある。

供試体を用いた特性検証試験確認する項目を以下に示す。

① 限界状態1に対応する水平変位の特性値における力学的特性を評価するための試験

ゴム材料のハードニングによるゴム支承のせん断剛性又は等価剛性に及ぼす影響がないことを確認する。また，外観上の異状がないことを確認する。結果の評価にあたっては，参考資料-17 の様式 -8 が参考にできる。

② 限界状態2に対応する水平変位の制限値における力学的特性を評価するための試験

ゴム材料のハードニングが発生するものの，減衰特性(等価減衰定数)に及ぼす影響がないことを確認する。また，外観上の異状がないことを確認する。

③ 限界状態3に対応する水平変位の制限値における支承部の機能が失われる状態に対する安全性が確保できることを確認するための試験

機能が失われる状態に対する安全性を確認し，その後に，破断又は座屈に対する安全性を確認する。

④ 鉛直圧縮力及び水平力を受ける積層ゴム支承の限界状態1における抵抗特性を評価するための試験

限界状態1に相当する鉛直圧縮力及び水平力が積層ゴム支承のせん断剛性及び等価剛性に及ぼす影響がないことを確認する。また，外観上の異状がないことを確認する。

⑤ 鉛直引張力及び水平力を受ける積層ゴム支承の限界状態1における抵抗特性を評価するための試験

限界状態1に相当する鉛直引張力及び水平力が積層ゴム支承のせん断剛性及び等価剛性に及ぼす影響がないことを確認する。また，外観上の異状がないことを確認する。

⑥ 鉛直圧縮力及び水平力を受ける積層ゴム支承の限界状態2における抵抗特性を評価するための試験

限界状態2に相当する鉛直圧縮力及び水平力が積層ゴム支承の等価減衰定数に及ぼす影響がないことを確認する。また，外観上の異状がないことを確認する。

⑦ 鉛直引張力及び水平力を受ける積層ゴム支承の限界状態2における抵抗特性を評価するための試験

限界状態2に相当する鉛直引張力及び水平力が積層ゴム支承の等価減衰定数に及ぼす影響がないことを確認する。また，外観上の異状がないことを確認する。

⑧　疲労耐久性を確認するための試験

a)　繰返し圧縮作用に対する疲労耐久性を確認するための試験

鉛直荷重の繰返し載荷終了後，外観上の異状がないことを確認する。また，鉛直荷重繰返し載荷前に算出されるせん断剛性・等価剛性と，50万回目，100万回目，150万回目，200万回目（鉛直荷重繰返し載荷後）に算出されるせん断剛性又は等価剛性との各変化率が初期値に対して±10%以内であることを確認する。なお，この変化率の範囲は，参考資料-11に示す既往の実験結果等を参考に設定している。また，鉛直荷重繰返し載荷前及び50万回ごとに等価減衰定数を求め，それぞれ設計値以上であることを確認する。また，適切に品質が確保されていることの確認には，参考資料-17の様式-14が参考にできる。

b)　繰返し水平変位に対する疲労耐久性を確認するための試験

正負交番繰返し載荷終了後，外観上の異状がないことを確認する。また，正負交番繰返し前に算出されるせん断剛性・等価剛性と，1000回目，2000回目，3000回目，4000回目，5000回目（繰返し載荷後）に算出されるせん断剛性・等価剛性との各変化率が初期値に対して±10%以内であることを確認する。なお，この変化率の範囲は，参考資料-12に示す既往の実験結果等を参考に設定している。また，正負交番繰返し前及び1000回ごとに等価減衰定数を求め，それぞれ設計値以上であることを確認する。また，適切に品質が確保されていることの確認には，参考資料-17の様式-15が参考にできる。

⑨　パッド型ゴム支承の性能を確認するための試験

パッド型ゴム支承のせん断剛性を確認する。また，水平変位に対して摩擦抵抗が失われず，せん断変形で抵抗できることを確認する。

⑩　すべり型ゴム支承のすべり抵抗性を確認するための試験

すべり型ゴム支承が設計で想定する変位で確実に滑動することを確認する。

3)　鋼材の防せい防食の検査

6.2.3(2)による。

6.2.3　鋼製支承

表-6.2.3は鋼製支承に対して必要となる品質管理項目をそれぞれ列挙したものである。例えば，鋼材の機械的性質やその他の材料（PTFE，ゴム）の化学成分や機械的性質のように鋼製支承を構成している材料の調達段階において確認する項目，部品の寸法や外観異状の有無のように鋼製支承の組立段階において確認する項目，組立て完成品の寸法のように完成確認の段階において確認する項目等，鋼製支承の一連の製造プロセス毎に必要な確認項目がある。

表-6.2.3　鋼製支承品質管理項目例

試験・検査項目			概要	頻度	試験体	報告書様式
材料	鋼材	化学成分	ミルシートまたは成分分析試験	全数	出荷品	**6.2.3**(1)に示されている報告項目が含まれた報告書とする
		機械的性質	ミルシートまたはテストピースによる材料試験	全数	出荷品	
	その他の材料（ゴム，PTFE 等）		材料証明書により寸法，機械的性質，化学成分等を確認	全数	出荷品	
寸法・外観	部品の寸法		平面寸法，厚さを測定機器にて測定	全数	出荷品	様式-21
	組立完成品の寸法		組立高さ，主要部位を測定機器にて測定	全数	出荷品	様式-21
	外観異状の有無		有害な傷，異物の混入がないことを目視にて確認	全数	出荷品	様式-21
防せい・防食	めっき付着量（膜厚）		主要部位を膜厚計にて測定	同一めっき条件の製品10個またはその端数ごとに1個	出荷品	様式-18
	塗装塗膜厚		主要部位を膜厚計にて測定	同一塗装条件の製品10個またはその端数ごとに1個	出荷品	様式-19
製造プロセス			各機能に係る試験または検査の結果に影響を及ぼす製造プロセスの各工程における管理項目の明確化	全数	出荷品	様式-20
力学的特性	摩擦係数		PTFEの材質及びステンレス鋼板の材質と表面仕上げを確認	全数	出荷品	**6.2.3**(1)に示されている報告項目が含まれた報告書とする

以下では，支承の機能ごとに，当該機能を確保するために実施される試験項目とその理由を示す。

(1) 材料を調達する段階における品質管理

鋼製支承を構成する各部材が設計の前提となる材料として3章に示す品質を有していること及び所要の寸法等であることを確認する。以下に，標準的な検査方法を示す。

1) 材料特性

i) 鋼材

3.3 に示す鋼材の機械的特性等の項目に対して所要の品質を有していることを確認する。確認にあたっては，製作する鋼製支承に用いる鋼材ごとに検査証明書等により鋼材に求める所要の品質を有していることを確認する。

ii) ステンレス鋼及びPTFE

3.3 に示すステンレス鋼及び **3.6** に示すPTFEの機械的特性等の項目に対して所要の品質を有していることを確認する。確認にあたっては，製作するすべり機構を有する鋼製支承に用いる鋼材ごとに検査証明書等によりステンレス鋼及びPTFEに求める所要の品質を有していることを確認する。

なお，ゴム支承にステンレス鋼及びPTFEを用いる場合も同様に確認する。

iii) 高力黄銅鋳物

3.7 に示す高力黄銅鋳物の機械的特性等の項目に対して所要の品質を有していることを確認する。確認にあたっては，製作するすべり機構を有する鋼製支承に用いる高力黄銅鋳物ごとに検査証明書等により高力黄銅鋳物に求める所要の品質を有していることを確認する。

iv) 密閉ゴム支承板支承（BP・B支承）のゴムプレート

3.2 に示すゴム材料の機械的特性等の項目に対して所要の品質を有していることを確認する。確認にあたっては，製作するすべり機構を有する鋼製支承に用いるゴムプレート毎に検査証明書等によりゴムプレートに求める所要の品質を有していることを確認する。

2) 寸法と外観

鋼製支承が所要の機能を確保するため，鋼製支承を構成する各部品が，設計時の寸法並びに表面仕上げで製作されていることが求められる。

個々の出荷品に対して，支承を構成する各部品の寸法がJIS等に規定されている寸法許容差の範囲以内で製作されていることを確認する。また，外観上の異状がないことを確認する。

(2) 支承を組み立てる段階における品質管理

ゴム支承と同様に，鋼製支承が所要の機能を確保するため，前述した鋼製支承を構成する各部材に用いられる材料特性や部材寸法と表面仕上げ以外にも，支承構造としての力学的特性や耐久性に影響を及ぼす品質管理項目について確認する必要がある。完成段階では現物を用いて実施できない項目もあるため，同じ製造方法で製作され同じ特性を有する供試体を用いて確認することとなる。したがって，機能や耐久性の検証に用いる試験体と出荷品の鋼製支承は，同じ製造プロセスを経て製作されている必要があり，同等の品質であることを確認する必要がある。

一般的には，**2.4** に示すように鋼製支承は鋼材間の接触機構によりその機能を発揮することから，設計の前提となる部材間の遊間を設けるとともに，移動や回転等によってその前提となる機構が変わらないようにその他の部材間に設ける遊間と所定の関係にあることやその機能の前提となる加工や表面処理等，完成段階では確認することができない項目に対して，所要の範囲に留まることを確認する必要がある。また，ボルト等により接合する場合は，所定の強度等が発揮される締め付け方がなされていることを確認する必要がある。鋼製部材を溶接で接合する場合は，［道示Ⅱ］20.8 に従って，検査の方法，頻度等，適切な管理を実施することが必要である。

特に，設計の前提となる部材間の遊間量については，支承の組立て完成後には外部からの視認，計測等ができない部位となるケースもあるため，各支承タイプ毎の特徴を考慮し，また，参考資料-17 を参考にその管理記録を確認することが必要である。

鋼製支承における寸法管理では，回転遊間として，橋桁の設計回転角が生じた場合に，支承の各部材が干渉することなく追随可能であること，橋軸直角方向遊間として，地震時等における支点変位が生じた際に，設計で想定している部材が最初に接触し，確実に荷重伝達が行われることを担保するために各部の遊間量の大小比較を行うこと，橋軸方向遊間として，固定支承では回転時の移動を許容しつつ，固定支持状態が保てること，可動支承では設計移動量に相当する遊間量(すべり面の寸法)の確保ができていることなどを確認する。

また，計測にあたっては，支承組立て時に記録を取る必要がある箇所が多く，このときには，四隅のバランスを取り，また測定中に部材が動いたりしないように固定することが必要である。

(3) 支承の完成確認の段階における品質管理

1) 寸法と外観

鋼製支承が所要の機能を確保するため，鋼製支承組立て寸法が，設計時の寸法並びに表面仕上げで製作されていることが求められる。

ｉ）寸法

鋼製支承組立て寸法が，設計時の形状どおりの寸法で製作されているかを確認する。

鋼製支承の各部材に適用する寸法許容差については設計で想定する荷重や変位の伝達機構等の条件が実現するよう適切に設定する必要がある。寸法許容差の設定の例を参考資料-18に示しており，参考にすることができる。

また，品質が適切に確保されていることを確認するにあたっては，参考資料-17の様式-20が参考にできる。

ⅱ）外観異状の有無

鋼製支承を組み立てた状態において，有害な傷，異物，局部的な変形が生じていないかを確認する。また，品質が適切に確保されていることを確認するにあたっては，参考資料-17の様式-21が参考にできる。

2)　特性検証試験及び力学的特性試験

出荷品と同一の材料，同一の製造プロセスを経て製作された鋼製支承に対して，摩擦特性や耐久性等，5章に示す特性検証試験の結果を確認することにより，設計の前提とする特性を有することを確認する。

3)　鋼材の防せい防食の検査

4.6.3に示すように鋼材の防せい防食については［鋼道路橋防食便覧］を参考とすることができる。ここでは，一般的に用いられている溶融亜鉛めっき及び塗装による場合の標準的な検査方法を示す。

ⅰ）めっき付着量

鋼製支承，ゴム支承を構成する鋼部材のめっき付着量を確認する。出荷される支承を対象とし，同一めっき条件の製品10基，またはその端数ごとに1基について検証するのが標準的である。ここで，同一めっき条件とは，同一工事，かつ，同一めっき工場でめっき施工されるものとしている。

鋼製支承の各主要部品のめっき付着量の実測値が［鋼道路橋防食便覧］に示す各部材，鋼材厚別のめっき付着量の規格値を満足するを確認することによりめっき付着量を評価する。また，適切に品質が確保されていることを確認するにあたっては，参考資料-17の様式-18が参考にできる。

ⅱ）塗装塗膜厚

鋼製支承の各部材の塗装塗膜厚を確認する。出荷される支承を対象とし，同一塗装条件の製品10基，またはその端数ごとに1基について検証するのが標準的である。ここで，同一塗装条件とは，同一工事，かつ，同一塗装仕様のものとしている。

塗膜厚の測定は，塗装された製品を直接膜厚計により測定する。測定箇所は，各主要部品について5点以上とし，その平均値を塗膜厚とするのが標準的である。

評価方法は，［鋼道路橋防食便覧］を参考とし，各主要部品の測定点で，塗膜厚が確保されていることを確認することにより塗装塗膜厚を評価する。また，適切に品質が確保されていることを確認するにあたっては，参考資料-17の様式 -19が参考にできる。

6.2.4 輸送・保管

支承の輸送・保管においては支承の大きさ及び重量に応じて梱包と輸送・保管を行うことが必要である。輸送・保管時は，十分な固縛により輸送・保管中の製品の荷崩れを防止するなど支承の損傷を防止する必要がある。ゴム部材は，輸送・保管中の傷を防止するために例えばビニールカバー等で梱包する。鋼部材に対しては，防せい処理部の保護が必要であり，輸送・保管中に個々の部品が散逸しないための移動防止が必要である。

現場における支承の輸送・保管と取扱い上の注意点として，以下が挙げられる。

① 木材や鋼製の架台などで堅固な固定を行い，安定した状態で輸送・保管し，荷崩れを防止する。

② 鋼製支承本体，ゴム支承本体表面や鋼材防食面の損傷を防止するため，固縛の際に支承本体と接する部分には，木材，布，ゴム等で養生を行う。

③ 支承の吊り上げ時には，支承本体に直接ワイヤー掛けを行わず，アイボルトなどの吊り具を使用する。

④ 直射日光，風雨，異物の侵入などに対する保護のために防水シートなどによる養生を十分に行う。

⑤ ゴム支承の周囲には可燃物やガソリン等の溶剤を置かない他，支承付近において火気を使用しない。

⑥ ゴム支承の表面が白濁している場合があるが，それは耐候性材料が表面に出ている(ブルーム)ものなので，ふき取ってはならない。

⑦ 長時間高温にさらさない。

⑧ 地面に直置きとならないように保管する。

6.3　下部構造施工の箱抜き施工

6.3.1　測　　量

支承部の機能を発揮するためには，所要の精度で支承部を据え付ける必要がある。

下部構造の頂部のコンクリートを打設する前に，下部構造の測量手順や支承の据付け施工手順などを参考に，設計図で示される支承位置がより正確になるように測量することが重要である。施工完了後，支承中心及び箱抜き位置の確認のため，支間長，対角長，下部構造天端高さ，箱抜き平面位置，箱抜き底面の高さ，アンカーボルト孔の径，深さ，位置などを再度測量し，基準線，支承線などの墨出しを行う。箱抜き位置の精度は，**6.3.2** による。これらの測量値を確実に記録しておくことも重要である。

据付け位置の調整や維持管理時の取替えに配慮した支承を据え付ける際においては，下部構造の施工の最終段階で正確な測量を行い，ベースプレートを所要の位置に先固定することが考えられる。しかし，下部構造の施工後に上部構造の計画高さなどの設計条件が変わる場合も考えられる。このため，下部構造の施工時には，支承の箱抜き施工までとされることが多いが，条件に応じて精度が確実に確保できるよう箱抜き施工ならびに支承の据付けに係る施工のタイミングを検討するのがよい。

6.3.2　箱抜き施工

支承部には上下部構造間の確実な荷重伝達が要求されるとともに，支承の据付けに用いる沓座モルタルには支承部の高さ調整の役割がある。沓座モルタルは，上下部構造からの荷重を確実に伝達させるための十分な強度を有し，かつ，箱抜き部への確実な充てんが可能であることが必要である。沓座モルタルが充てん不足になり空隙が残るような場合には，設計で前提とする確実な荷重伝達ができないとともに，局部的な破壊や沈下が生じることにつながる可能性などもある。箱抜きの施工においては下記の(1)から(5)に留意する。

なお，無収縮モルタルの所要の品質は**3.8**に示すとおりであり，この品質が確保されていることを確認する。

(1) 箱抜きの施工精度

1) 下部構造の設計に際しては，支承の形状を考慮し，図面に箱抜き図を記入する。設計に際し，アンカーボルト位置と下部構造の主鉄筋位置との関係，ベースプレート底面のずれ止めや下沓底面突起と補強鉄筋との関係などに注意する必要がある。

2) 箱抜き位置及び箱抜き位置相互の位置が設計どおり寸法で施工されていることを確認する。箱抜き位置及び箱抜き位置相互の位置の施工精度については，設計の前提とあうように適切に設定する必要がある。特にアンカーボルト孔の鉛直度の精度が悪いと，孔下端でアンカーボルトと干渉し，必要なアンカーボルトの定着長が確保できなくなる場合があるため注意が必要である。施工精度の設定の例を参考資料-18に示しており，参考にすることができる。

3) 不具合が発生した場合等，施工条件等の変更が生じる場合には，所定の品質及び性能を確保できるように，必要な修正を行うとともにその修正内容も確実に記録する。

(2) 箱抜きの形状

沓座モルタルの充てん性に配慮した箱抜き形状の一例を**図-6.3.1**に示す。ここで，hは箱抜き深さ，Hは沓座モルタル厚，dはアンカーボルトの径を示している。

1) 箱抜き幅は，沓座モルタルの充てん性と施工性に配慮し，適切な広さを確保する。ここで，ベースプレートの縁端と箱抜きの縁端の距離は，50mm以上確保するのがよい。なお，下部構造天端高さの出来形が低かった場合には，沓座高さを高くする必要が生じるため，沓の支圧幅を確保するための箱抜き幅にも留意するのがよい。

2) 沓座モルタルの充てん性及び下部構造と沓座モルタルの一体性を確保するため，十分な箱抜き深さhを確保する。この深さhの目安としては，30mm以上とするのがよい。なお，支承の平面面積が広い場合には，ベースプレート下面の中央部付近への充てんが難しくなるため，深さ H を大きくする方がよい。

3) 沓座モルタルの充てん性と施工性を確保するため，アンカーボルトとアンカーボルト孔の隙間には適切な離隔を確保する必要がある。無収縮モルタルを用いる場合には，この離隔として少なくとも20mm以上確保するのがよい。そのため，アンカーボルトの箱抜き径は，施工誤差も考慮して余裕を持った大きさとする必要があり，**図-6.3.1** に示すように，アンカーボルトの径 d の3倍かつアンカーボルト径に100mmを加えた値よりも大きくするのがよい。また，深さについては，アンカーボルト下端から100mm程度確保すれば，必要な離隔を確保できると考えてよい。なお，太径のアンカーボルトを用いる場合，下部構造等の取り付けられる部位の配筋が困難になる場合がある。また，既設橋に箱抜きし直す場合や箱抜きの修正を行う場合には，下部構造の配筋が調整されていないため，アンカーボルトの箱抜きが下部構造の配筋と干渉する場合がある。この場合には，通常よりも施工管理を厳密に行いアンカーボルトの鉛直度を確保するとともに，取り付けられる部位側の配筋も考慮して，箱抜き径を適切に設定するのがよい。なお，この場合にも，沓座モルタルについては，アンカーボルトと箱抜きの隙間の充てん性を考慮して必要となる箱抜き径を適切に設定し，これを確保する。

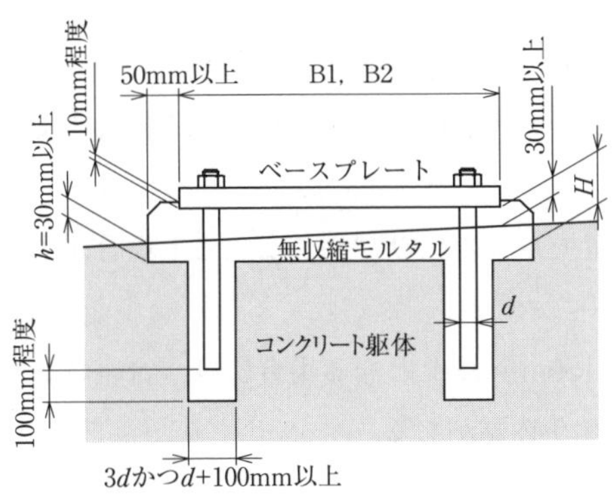

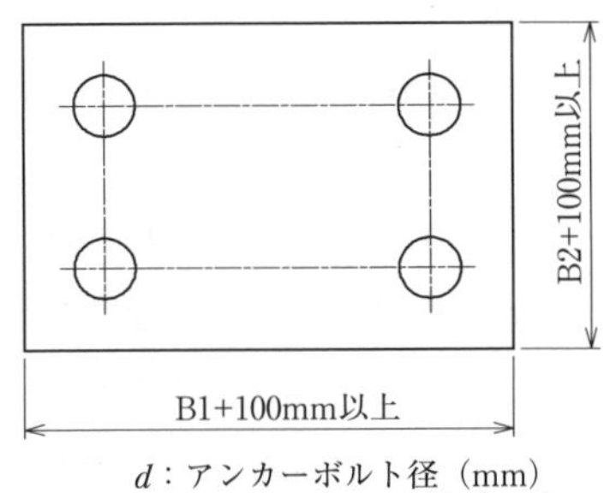

図-6.3.1 箱抜きの形状の例

(3) 箱抜きの施工方法

コンクリートの打込み及び締固め等の影響で，型枠などが浮き上がり，ずれが生じることがあるので，箱抜き用型枠材料を下部構造の鉄筋に固定するなどしておく。一般に使用されている型枠用材料には，以下のようなものがある。

1) 支承底面部：木製あるいは鋼製型枠

2) アンカーボルト孔：金属製，木製あるいは厚紙製円筒など

木製あるいは厚紙製円筒はコンクリート打込み後，完全に取り除くのが原則である。発泡スチロールのように完全に取り除くことが困難な材料は避けることが望ましい。金属製円筒などでコンクリートとの付着強度を十分確保して，コンクリート上面のかぶりを確保できるような場合には，取り除かなくてもよい。

(4) 箱抜きの修正

箱抜きの施工後，橋脚天端高さ及び箱抜き底面高さの確認を行い，箱抜き最小深さ h，箱抜き底面とベースプレート下面あるいは支承下面(底面突起付きの鋼製支承を用いる場合は底面突起下端)とのあき H の出来形によっては，支承据付け高さの調整が必要となる。この際，箱抜きの修正方法の記録についても残す必要がある。

h が 30mm 未満の場合は，30mm 以上となるように，**図-6.3.2** に示すように箱抜き部のコンクリートをはつる。ただし，支承の平面面積が広い場合，支承中央部に沓座モルタルが充てんできない可能性もあるので，H を大きくする等の検討を行う。

H が 100 ～ 150mm の場合は，沓座モルタルにひび割れが生じる場合があるため，格子鉄筋等で補強するのがよい。

なお，設計条件の変更等で，H が 150mm 以上となる場合には，台座コンクリートを設けるなど，適切な対応を行う必要がある。

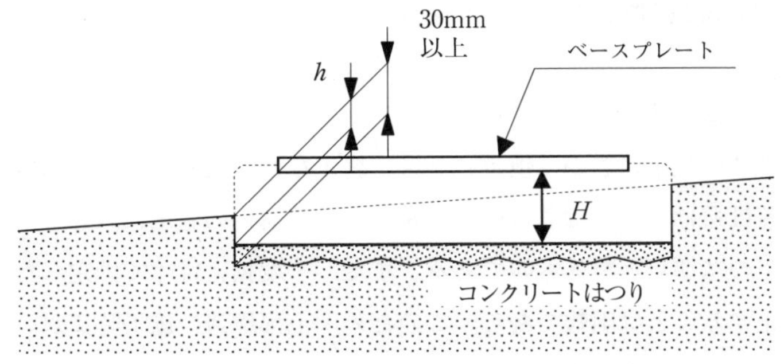

図-6.3.2 箱抜き修正図（h が 30mm 未満の場合）

(5) 寒冷地におけるアンカーボルト孔の凍結対策

アンカーボルト孔の中に溜まった水が，冬季に凍結，膨張して，周辺のコンクリートにひび割れなどの悪影響を及ぼす恐れがある場合には，アンカーボルト孔内の雨水を抜くとともに雨水が溜まらないように対策を行う必要がある。例えば**図-6.3.3**に示すように合板又は鋼板等で蓋をした後に普通モルタルで覆うなどして，養生を行う。

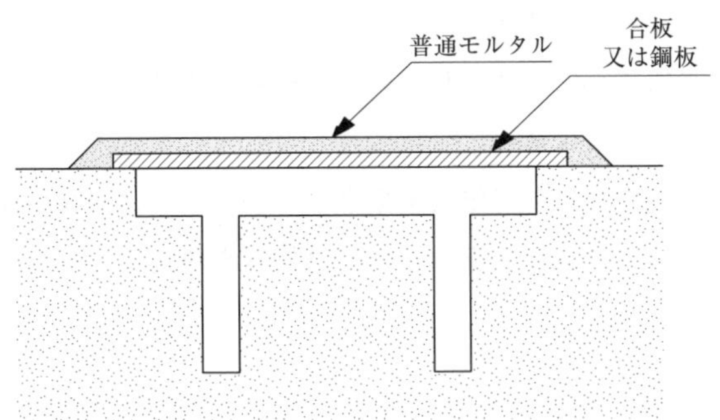

図-6.3.3 アンカーボルト孔の凍結対策の例

6.4　支承部の据付けにおける測量

(1) 据付け位置に関する確認事項

下部構造の施工において慎重に測量，施工を行ったとしても，箱抜き位置の施工誤差は避けることは難しい。しかし，上部構造の施工に際して，支承の位置は施工の基準点となるものである。また，一度据え付けて固定した支承の位置を修正することは困難である。このため，上部構造の施工時において支承の据付け位置の精度を高めることが重要であり，一般に次の事項を確認する。

① 道路基準線上の計画路面高さ

② 横断勾配と縦断勾配

③ 斜角や曲率半径

④ 支承の平面位置(支間長及び橋軸直角方向の間隔)

⑤ 下部構造天端面から計画路面までの高さ

⑥ 下部構造の完成形状

⑦ アンカーボルト孔平面位置，径，深さ及び鉛直度

⑧ 設計段階で決定されている支承の種類，設計条件，据付け位置と方向，支承図面に示される支承寸法

⑨ 支承の検査報告書に記載されている死荷重による支承の圧縮変形量，支承の高さなど支承の出来形

上記の項目の内で測量にて確認する事項について，精密な平面測量と水準測量を行い，その結果に基づき支承の据付け位置を決定しなければならない。

(2) 平面測量の留意点

支承の据付けにおいては，精密な平面測量と水準測量を行って，位置を決定しなければならない。平面測量における留意点としては次のものがある。

① 平面測量では，あらかじめ下部構造の上に測量基準点を設置してその座標を求め，支承位置の墨出しの基準とする。

② 測量基準点は，支承位置を決定するための仮の基準となるものである。したがって，測量の容易な位置に出しておくのがよい。

6.5　支承部の据付けにおける施工

6.5.1　一　　般

支承部は上部構造の架設方法や支承部の構造などによって施工方法や施工上の留意点が異なる。支承の据付けにあたっては，［道示Ⅰ］10.1.10の解説では以下の点に注意することが示されている。

① 測量に使用する鋼製巻尺又は光波測距儀等と仮組立に使用するものとの誤差

② 仮組立時と架設時の温度差による支間の変化

③ 死荷重たわみによる支間の変化

④ 上部構造の温度変化等による桁の伸縮とキャンバーの吸収方法（**6.6**参照）

上記注意点を踏まえ，以下では，ゴム支承及び鋼製支承の共通的な据付け手順を示すとともに据付け作業における留意点を示しており，これを踏まえ慎重に施工する必要がある。

6.5.2　コンクリート下部構造上の沓座の施工

(1) 沓座の施工手順

沓座は支承の据付けや上部構造の架設の基準点となるだけでなく，架設時や供用中に支承に作用する力を下部構造に伝達する重要な部位である。そのため，その施工は慎重に実施しなければならない。**図-6.5.1**に標準的な沓座の施工手順を示し，次に施工上の留意点を述べる。

1) 沓座の施工に先立って，**6.4**に従って測量を行い，ベースプレート中心位置を決める必要がある。

　測量に用いる機器は，適切に管理・点検されたものを用いる。

2) 支承は水平に設置するのが基本であるため，ベースプレートも水平となるように据え付ける。

3) 端部や掛違い部にゴム支承を設置する場合は，伸縮装置上面位置において段差が生じることがある（**4.2.1**）。そのため，納入されたゴム支承の検査報告書の支承の出来形や圧縮変位量を考慮して，設置する。

4) 打設面はチッピング処理を行い，浮き骨材やゴミなどを取り除く。

5) 沓座モルタルに使用する材料は，第３章に示すように，設計の前提に適合するとともに，隙間無く充てんでき，必要な強度や耐久性が確保できる材料を用いる。充てん性で実績の多い無収縮性モルタルが一般的に用いられる。

6) 沓座モルタル打設前に打設面を湿潤状態にする。

7) 沓座モルタル角部の角欠けなどを防止するため，型枠設置時には面木などを用いて沓座モルタルの面取りを行うのがよい。

8) 沓座モルタルは確実に充てんされるように注意する必要がある。沓座モルタルの打設にあたっては，ベースプレートの下面やアンカーボルト孔に空隙が出来ないように充てん時に空気溜まりができないよう慎重に流し込む等，注意する必要がある。ベースプレートの据付けの際，高さ調整材としてライナープレートは使用しないことが基本であるが，やむを得ず使用する場合，ライナープレート周辺に空気溜まりができないよう充てんに注意しなければならない。

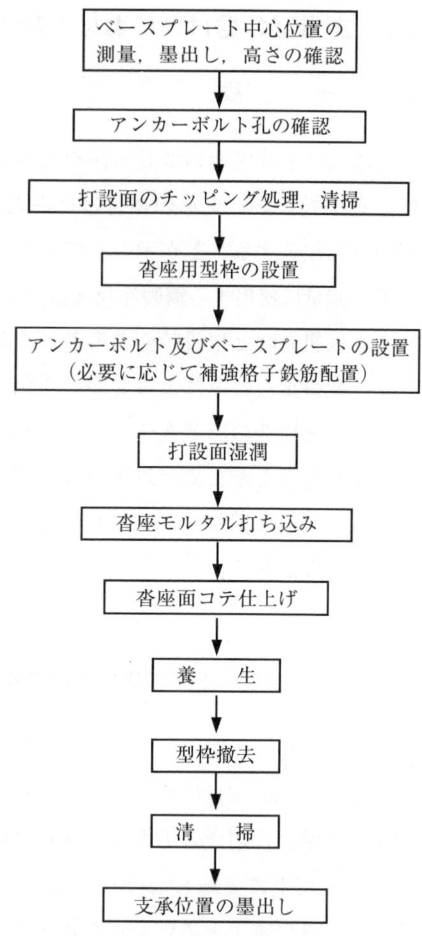

図-6.5.1　標準的な沓座部の施工手順

(2) 沓座の標準形状

沓座の標準形状は，**図-6.3.1** に示すとおりである。

(3) アンカーボルト孔の修正（ベースプレート方式でない場合）

箱抜きの施工精度の例を参考資料-18 に示しており，参考にすることができるが，アンカーボルト孔の誤差が大きく，アンカーボルト孔をあけ直す必要がある場合であっても，下部構造の主鉄筋を切断してはならない。その際，元のアンカーボルト孔には設計の前提に適合するとともに，隙間無く充てんできるようにアンカーボルトとアンカーボルト孔の離隔を適切に確保し，必要な強度や耐久性が確保できる材料を充てんする必要がある。

(4) 下沓あるいはベースプレートの据付け方法

下沓あるいはベースプレートの据付けは，**図-6.5.2** に示す方法など，所定の高さに支承が設置できる方法による。

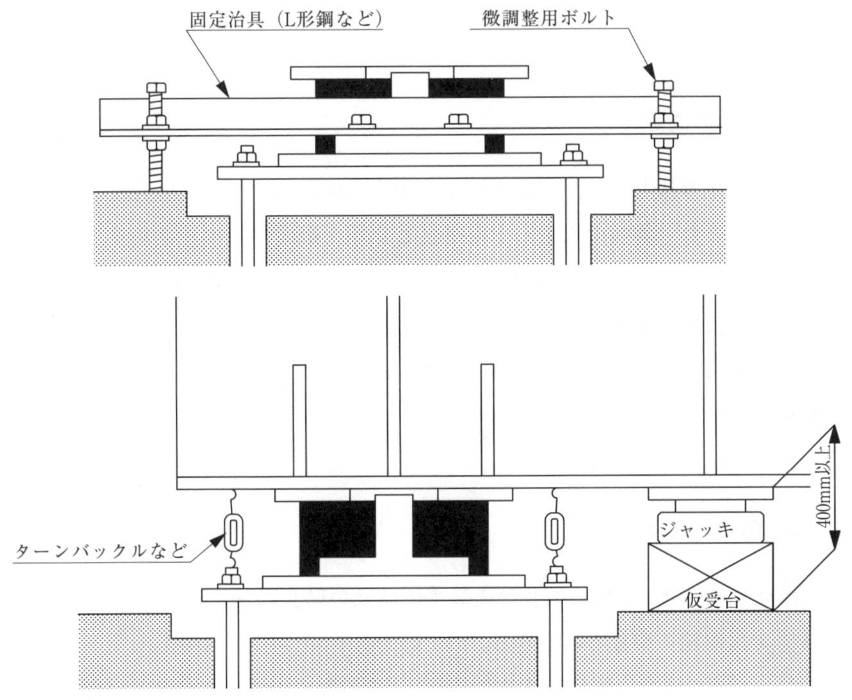

図-6.5.2　ベースプレート仮受け方法の一例

6.5.3 鋼下部構造上の据付け高さの調整

ゴム支承及び鋼製支承には，品質管理上設計時の形状どおりの寸法で製作されることが求められており，また架設時においては死荷重による沈み込みもある。したがって，路面上の計画高さを確保するため，何らかの調整が必要になる場合がある。調整方法としては，ベースプレートと下沓の間に調整プレートを挿入する方法が採用されることが多い。調整プレートの板厚，勾配については，次の条件などに基づいて決定する必要がある。

① 鋼下部構造の出来形（傾き，天端高さ）

② 支承の出来形(実高さ，平面度)

③ ゴム支承の死荷重による変形量(鉛直載荷試験結果)

ここで，調整プレートは支承からの力を均等に伝達するために最小厚さは22mmとするのがよい。

6.5.4 支承の固定

支承の固定方法として，ボルトによる固定方法の場合は，高い孔位置精度が要求される。また，鋼橋の場合，上部構造と支承を固定するセットボルトは，支点上補剛材の溶接ビードと干渉することがあるので，配置や取換え高さ等については，設計の前提となる施工が実施できるよう設計時に留意する。さらに，将来の支承交換時にはセットボルトを外す必要があるため，架設時にセットボルトのネジを損傷させないようにする必要がある。

6.5.5 防せい防食

溶融亜鉛めっき，金属溶射及び塗装等の防せい防食の施工管理に関しては，［鋼道路橋防食便覧］が参考にできる。

なお，支承の防せい防食に溶融亜鉛めっきを採用した場合の塗装補修部は，溶融亜鉛めっき補修用塗料等の耐久性に関して検討がなされている防食対策を講じる。

6.6　ゴム支承の据付けにおける施工

6.6.1　一　　般

ゴム支承部は，後述するプレキャスト桁に用いるパッド型ゴム支承など特別な場合を除いて水平に据え付けるのが基本である。現在多用されているゴム支承本体のせん断変形で水平力や上部構造の伸縮を吸収するゴム支承の場合，設計段階で考慮できない施工時に一時的に作用する過大な荷重や水平変位によってゴム支承に損傷が発生することがないよう，ゴム支承の固定は，施工の最終段階で実施することが望ましい。しかしながら，**6.1**で述べた上部構造の架設方法などによっては支承の固定（仮固定を含む）を先行した方が合理的な場合もある。

図-6.1.2に示した沓座あるいは支承の固定を先に行う施工手順を採用する場合，次のような配慮が必要である。

① 設計段階において想定される温度変化，コンクリートの乾燥収縮やクリープの影響による上部構造の伸縮に伴うゴム支承本体のせん断変形については，架設時の条件を踏まえ適切に考慮しておく。

② 架設時の一時的な荷重やキャンバー変化によりゴム支承に制限値を上回る過大な支圧力やせん断変形が加わらないことを設計段階で検討，確認しておく。

③ 架設時の一時的な荷重によって沓座モルタルにひび割れが発生しないようにベースプレートあるいは下沓の下面に突起（スタッドなど）を設けるなどの対策を設計段階で検討しておく。

橋梁形式や架設手順などの理由により沓座の固定は先行できるが，支承の固定を上部構造の架設より先行できない場合，上部構造の架設後に支承位置の微調整が容易に行えるように，次のような配慮を行う必要がある。

① 設計段階において，温度変化，コンクリートの乾燥収縮やクリープの影響による上部構造伸縮に伴うゴム支承のせん断変形を考慮しておく。

② ゴム支承に予めせん断変形を付加しておく（工場予変形方式）。

③ ゴム支承の据付け後にせん断変形を付加する（現場予変形方式）。

④ ジャッキアップ装置を取付けておく。

沓座と支承の両方の固定を上部構造の架設より先行できない場合，温度変化による上部構造の伸縮を吸収し，架設時の死荷重を支える装置が別途必要になる。また，この場合，天端面積が狭い橋脚あるいは橋台上では，沓座モルタルが充てん不十分になりやすいなどの問題があるので，設計段階で支承部の高さに余裕(400mm 程度)を持たせておく他，施工には十分に注意する必要がある。

6.6.2 ゴム支承の据付け手順

鋼製支承の据付け作業は，先に下沓を下部構造の所定位置に固定し，その後，温度変化とキャンバー変化による上部構造の伸縮に対して，可動支承の上沓位置を調整する方法が一般的に採用されてきた。一方，ゴム支承の据付け方法は 4 章に設計法を示しているように，主に①架設時鉛直方式，②予変形方式，③除変形方式の 3 種類がある。据付け作業に際しては，設計段階で想定したゴム支承の据付け方法の特徴を十分に理解し，据付け後に上下部構造やゴム支承本体に過大な水平力が作用することがないように，十分に配慮して施工しなければならない。特に，架設誤差によって，ゴム支承本体に，①過大なせん断変形，②支圧力の不均等，③セットボルトの緩みなどが生じることがないようにしなければならない。また，支承の据付け方法の違いによって桁遊間量の変動の仕方が異なるため，落橋防止構造を取付ける場合には，どの施工段階で落橋防止構造を桁に固定するかを予め決定しておかなければならない。そのうえで，落橋防止構造に求められる伸縮量を算出して，その結果を落橋防止構造の寸法に反映させる必要がある。

設計段階で決められるゴム支承の代表的な 3 種類の据付け方法別に施工手順を示す。

(1) 架設時鉛直方式

この据付け方式は，架設時における上部構造の温度に関係なく，ゴム支承本体の垂直軸を鉛直あるいは鉛直に近い状態で架設する方式である。設計段階では，**4.2.3**(1)4)に示すように，［道示 I ］8.10 の表-8.10.1 に示される温度変化量を考慮してゴム支承の設計を行う他，基準温度時においてもゴム支承本体のせん断変形により水平力が生じるため，この力に対して上下部構造を確認する必要がある。この方法を想定して設計するとゴム支承の形状寸法が大きくなるが，据付け作業が煩雑にならないという利点を有する。架設時鉛直方式の据付け手順を**図-6.6.1**に示す。

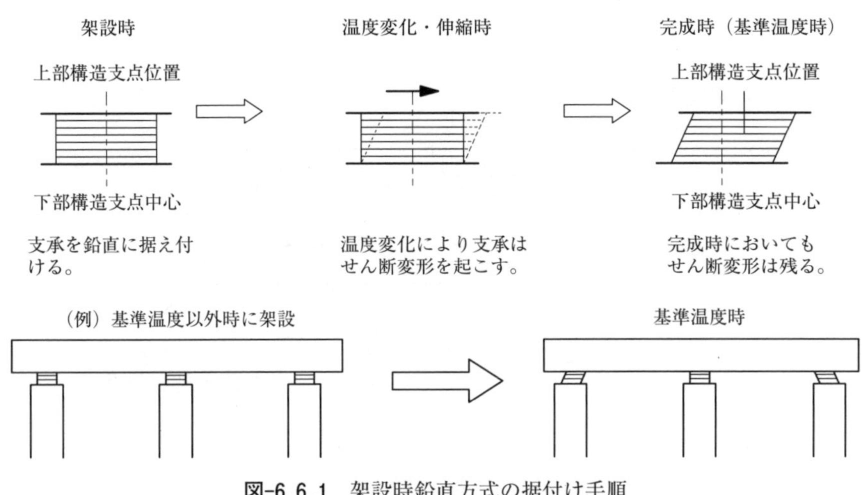

図-6.6.1　架設時鉛直方式の据付け手順

(2)　予変形方式

PC多径間連続橋などにおいて，従来から採用されてきた方式である。架設後に，コンクリートのクリープや乾燥収縮，プレストレスによる弾性収縮などにより上部構造が伸縮し，ゴム支承本体にせん断変形が生じる。この変形に対して，予めゴム支承本体にせん断変形を与える方式である。予めせん断変形を与えるための治具は，架設完了後に解放する必要があるので，架設時鉛直方式に比べて架設作業が煩雑である。

せん断変形を与える時期によって，工場予変形方式と現場予変形方式に区分できる。工場予変形方式は，**図-6.6.2**に示すように，出荷前にゴム支承本体に予めせん断変形を与える方法である。据付け手順は，**図-6.6.3**に示すとおりであり，据付け作業では次の点に注意する必要がある。

1)　下沓を下部構造支点中心に設置したら，下沓が移動しないように確実に仮固定する。

2) その後，桁架設を行い，上沓を桁に固定したら，直ちにゴム支承本体の予変形を解放する。

3) 予変形を開放する作業のための空間を確保しておくことが必要となる。

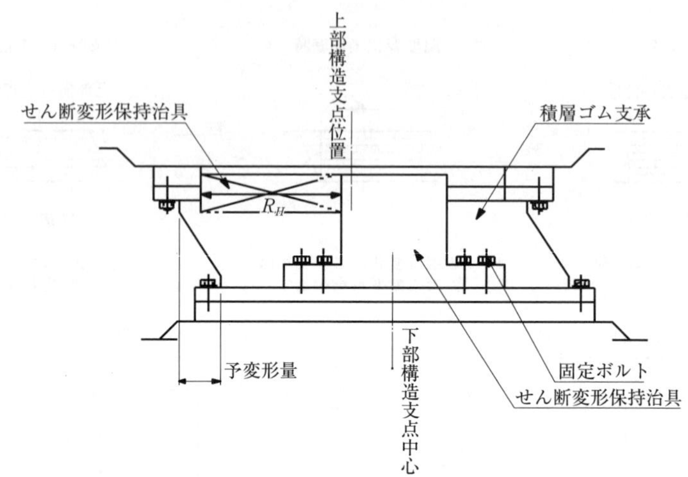

図-6.6.2 工場予変形方式の一例

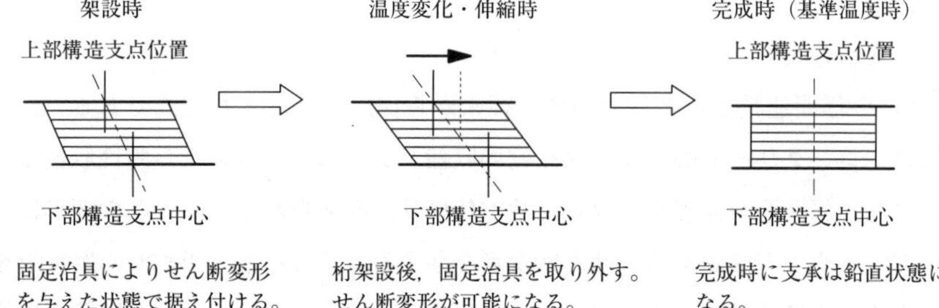

図-6.6.3 工場予変形方式の据付け手順

一方，現場予変形方式は，**図-6.6.4** に示すように，架設現場において下沓を下部構造の所定位置に固定した後，上部構造架設前にジャッキなどを用いてゴム支承本体に強制変位を与えて，上沓を桁の支点位置に合わせて上部構造の架設を行う方式である。**図-6.6.5** に据付け手順を示す。

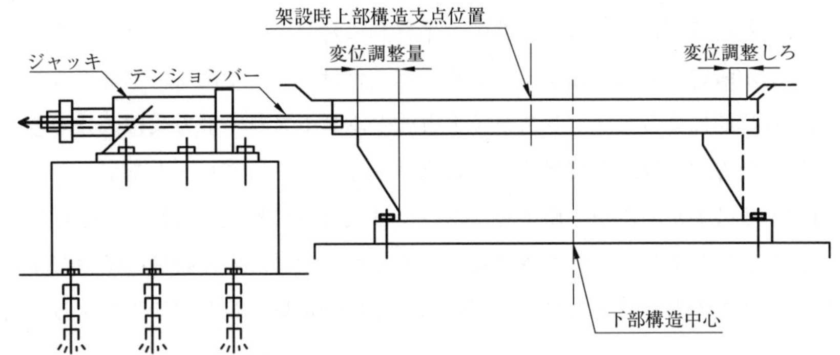

図-6.6.4　現場予変形方式の一例

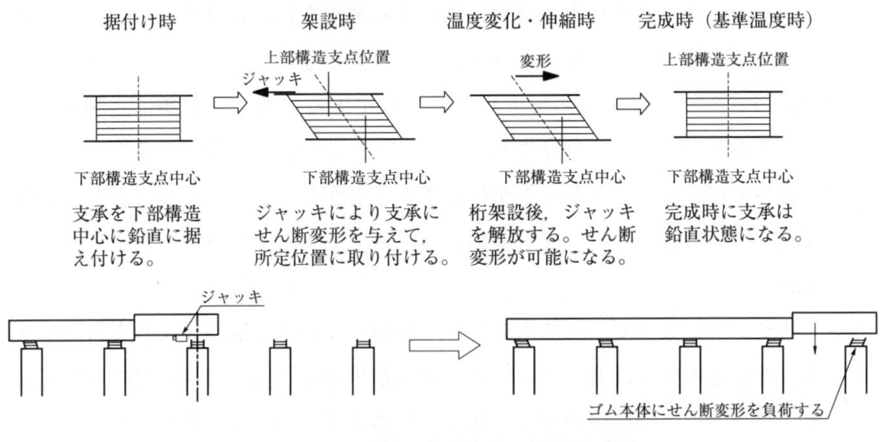

図-6.6.5　現場予変形方式の据付け手順

現場予変形方式は，変位調整に要する水平力を受ける反力台を上部又は下部構造に設け，反力台を配置する箇所の補強と共に，予め必要な部材を配置しておく必要がある。また，変位調整作業及び下沓とベースプレートを固定するための空間を確保しておくことが必要となる。

(3) 除変形方式

支承の据付け時と基準温度時との温度差による上部構造の伸縮，上部構造のキャンバー変化による支点の水平移動及び架設後に生じるコンクリートのクリープと乾燥収縮による支点部の水平移動に対して，下沓をスライドさせてゴム支承が所定の形状になるよう支承を据え付ける方式である。下沓をスライドさせる時期によって，プレスライド方式とポストスライド方式に区分できる。

除変形方式では，除変形後にゴム支承本体とベースプレートをボルト等にて固定する必要があるが，施工時においては設計時に想定した移動量に対して施工誤差が生じることが懸念される。このため，設計時の移動量には適切な余裕量を見込んでおくとともに，施工時にはその余裕量の範囲内で管理する必要がある。

プレスライド方式は，**図-6.6.6** に示すように，主桁架設作業の間，ゴム支承本体がベースプレート上を可動できるようにしておく方式である。これは，支承のゴムのせん断変形を一時的に拘束する装置を取り付けて，架設時にはゴムのせん断機構ではなくすべり機構による可動構造にしておくものである。架設完了後は，ゴム支承本体をボルト等で固定する。据付け手順は，**図-6.6.7** に示すとおりであり，据付け作業では次の点に注意する必要がある。

1) 架設中に，ベースプレートが移動することがないようベースプレートの仮固定を確実に行い，ゴム支承本体がベースプレート上を移動できるようにしておく。

2) スライドによって，上部構造全体が移動しないよう適当な支点を仮固定する。仮固定の支点は架設中の移動に伴う水平力及び架設時地震等に対して必要な照査と上下部構造の補強と共に，予め必要な部材を配置しておく必要がある。また，下沓とベースプレートを固定するための空間を確保しておくことが必要となる。

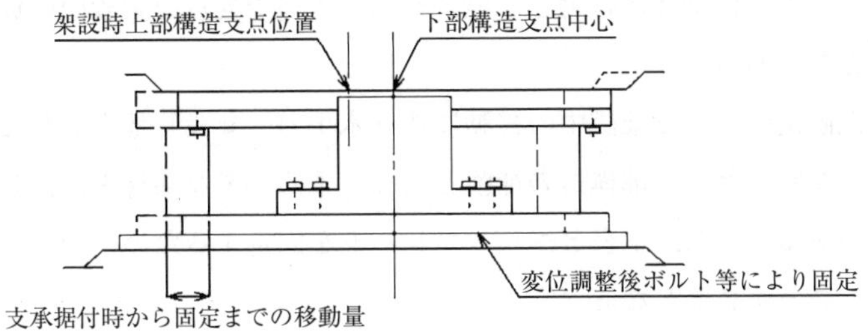

図-6.6.6 プレスライド方式の一例

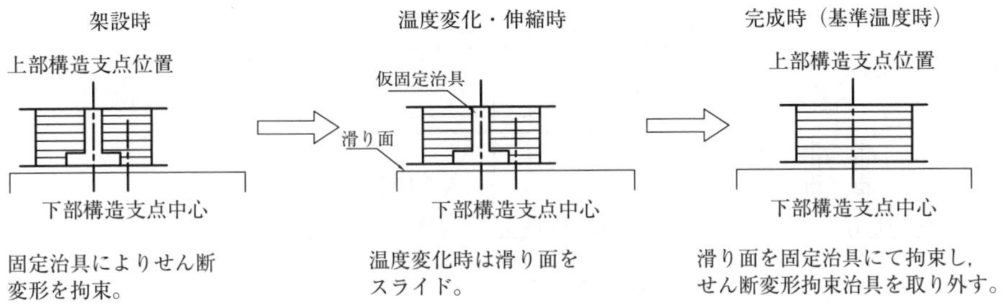

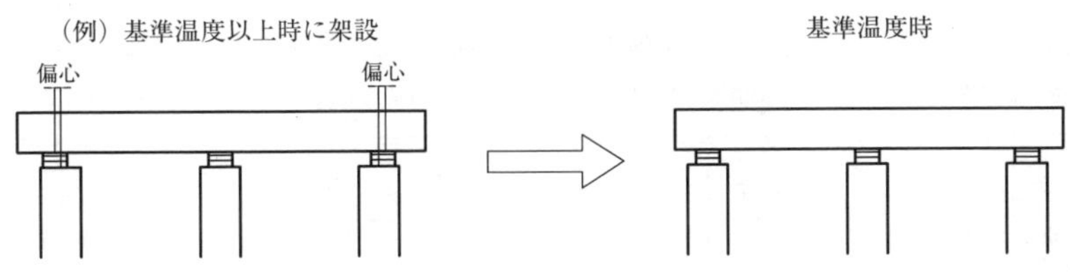

図-6.6.7 プレスライド方式の据付け手順

一方，ポストスライド方式は，**図-6.6.8** に示すように，架設完了後にジャッキなどでゴム支承本体を正規の形状にせん断変形させる方式である。この方式には，プレスライド方式と同様なスライド機構を支承に与える場合と，支承とベースプレートとの間で滑らせる場合の２種類がある。後者の場合，支承に大掛かりな装置を取り付ける必要はないが，上部構造あるいは下部構造にジャッキが取り付けられるようにする必要がある。据付け手順は，**図-6.6.9** に示すとおりであり，据付け作業では次の点に注意する必要がある。

i）架設中に橋全体が移動しないように，適当な支点を架設中の仮固定とする必要がある。

ii）仮固定の支点は架設中の移動に伴う水平力，架設時地震等などに対して必要な照査と上下部構造の補強と共に，予め必要な部材を配置しておく必要がある。また，下沓とベースプレートを固定するための空間を確保しておくことが必要となる。

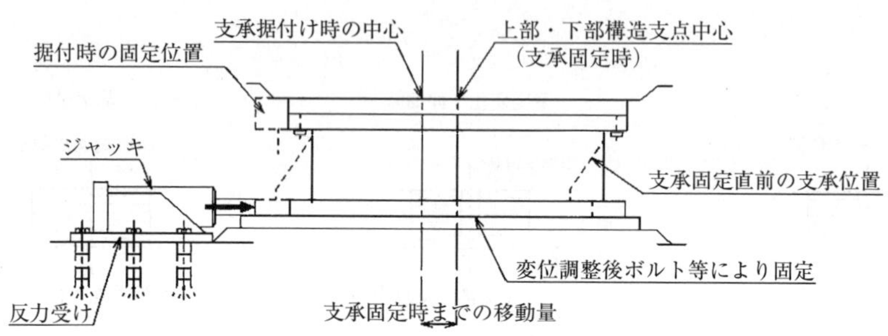

図-6.6.8　ポストスライド方式の一例

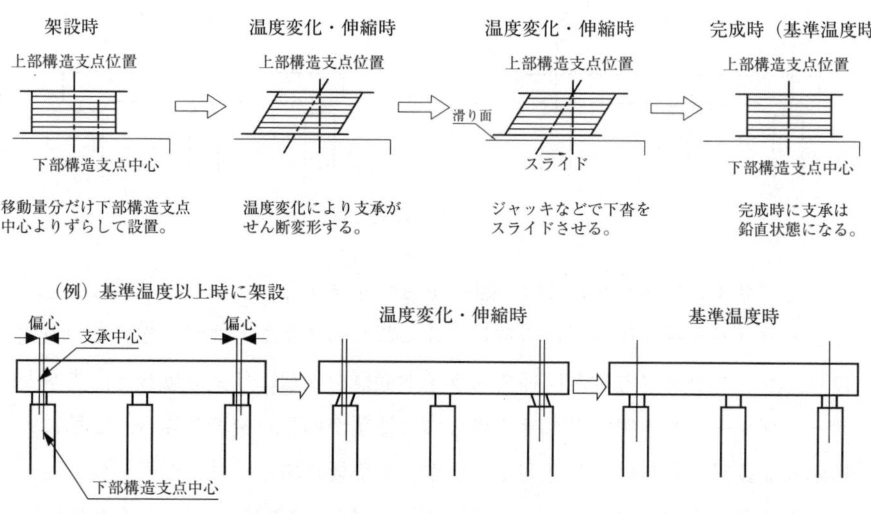

図-6.6.9　ポストスライド方式の据付け手順

6.6.3 パッド型ゴム支承の据付け

(1) 一　　般

沓座モルタルの材料，施工に関する規定は，前述の鋼製の上沓及び下沓を有するゴム支承の場合と同様である。

(2) 支承の据付け

パッド型ゴム支承の沓座モルタルの形状の一例を**図-6.6.10** に，据付けの標準的な施工手順を**図-6.6.11** に示す。パッド型ゴム支承には鋼製の上沓及び下沓がないため，支承から伝達される荷重により沓座モルタルに局部的な応力が生じ，損傷する可能性があることから，沓座モルタルには補強鉄筋を配置することを標準とし，そのかぶりについては適切に確保する。また，確実に沓座モルタルが充てんされるように施工を行う。据付けに先立って沓座モルタルの形状，水平度及び平面度を確認し，凹凸がある場合はグラインダーなどにて修正する。なお，鋼製の上沓及び下沓を有するゴム支承は，**6.3** に示す箱抜きによる。

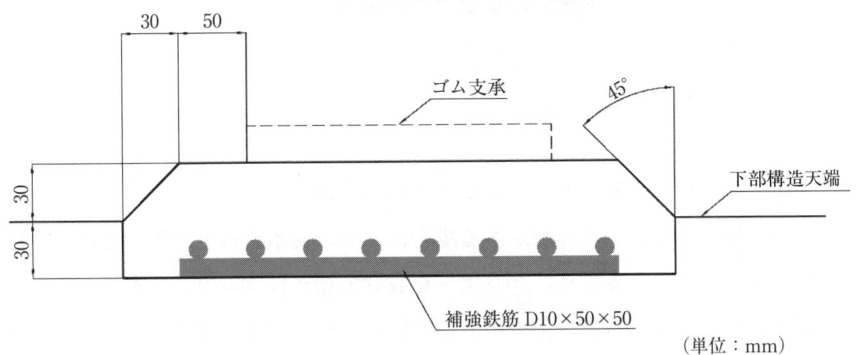

図-6.6.10　沓座モルタルの形状の一例

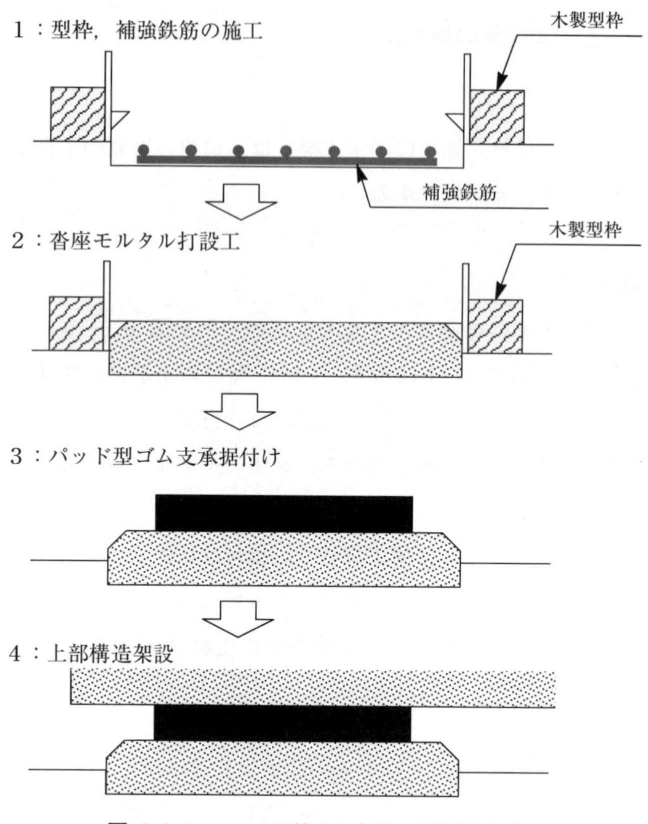

図-6.6.11　パッド型ゴム支承の据付け手順

(3)　主桁に縦断勾配，横断勾配がある場合の据付け

主桁に縦断勾配，横断勾配がある場合は，ゴム支承を水平に据え付け，主桁の支承面が水平になるように，レアーを設けて据え付けるのが基本である。

鋼橋にパッド型ゴム支承を用いる場合には，鉛直力は上部構造からソールプレートを介してゴム支承に伝達される。水平力に対しては滑動することがないように滑動防止装置を設けるなどの対策が必要である。

プレキャストコンクリート桁にパッド型ゴム支承あるいは帯状ゴム支承を使用する場合は，施工の煩雑さを避けるため次のように考えることができる。

1) 主桁の縦断勾配が 3% 以下のプレキャスト桁

図-6.6.12 に示すように主桁の縦断勾配が 3% 以下のプレキャスト桁は，ゴム支承を桁に平行に据え付けてることが一般的である。この場合，沓座モルタルは縦断勾配に合わせて施工する必要がある。ただし，ゴム支承に生じるせん断変形が大きくならず，設計の前提に及ぼす影響が無視できると考えられる範囲で用いる必要がある。

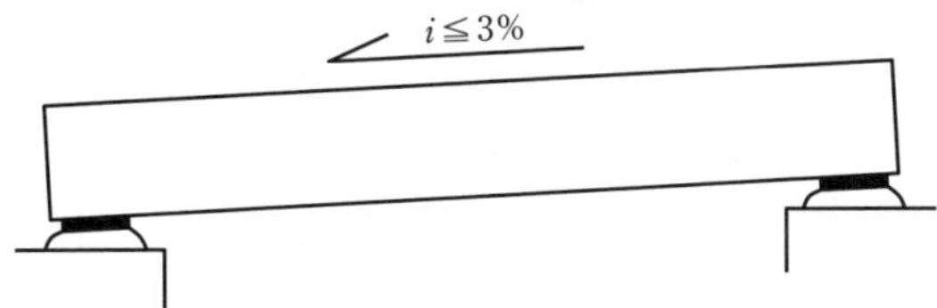

図-6.6.12 縦断勾配 3%以下のプレキャスト桁の例

2) 主桁の横断勾配が 4% 以下の場合のプレキャスト桁床版橋

図-6.6.13 に示すように主桁の横断勾配が 4% 以下のプレキャスト桁床版橋に関しては，横断勾配が 4% まで主桁を傾斜させ，横断勾配に合わせてゴム支承を据え付けてることが一般的である。ただし，アンカーバーに作用する水平力や固定機能に大きな影響を及ぼさず，設計の前提に及ぼす影響が無視できると考えられる範囲で用いる必要がある。

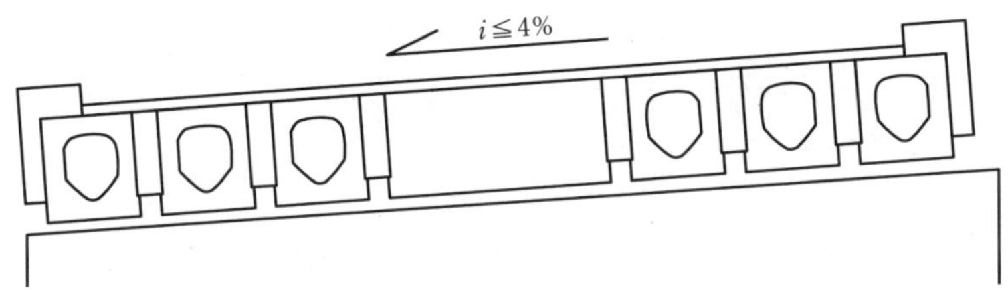

図-6.6.13 横断勾配 4%以下のプレキャスト桁床版橋の例

(4) アンカーバー等の設置

支承部として水平力を分担するためのアンカーバーを設置する際には，アンカーバーとアンカーキャップの間隔は，図面に明示されている所定の間隔を保つよう注意する他，鋼材等の防せいを確実に行う必要がある。

また，従前，存置されることが一般的であった横桁のコンクリートを打設する際に用いた発泡スチロールや瀝青室目地材等の型枠については，アンカーバーに実施される防せい防食処理に対する点検や補修作業等，維持管理の確実性及び容易さへの配慮のためにこれらを取り除き，適切に点検等が行えるようにするのがよい。

なお，支承部の水平力を分担する構造は，アンカーバーに限定されるものではなく，維持管理の確実性及び容易さ等を考慮した構造となるよう検討するのがよい。

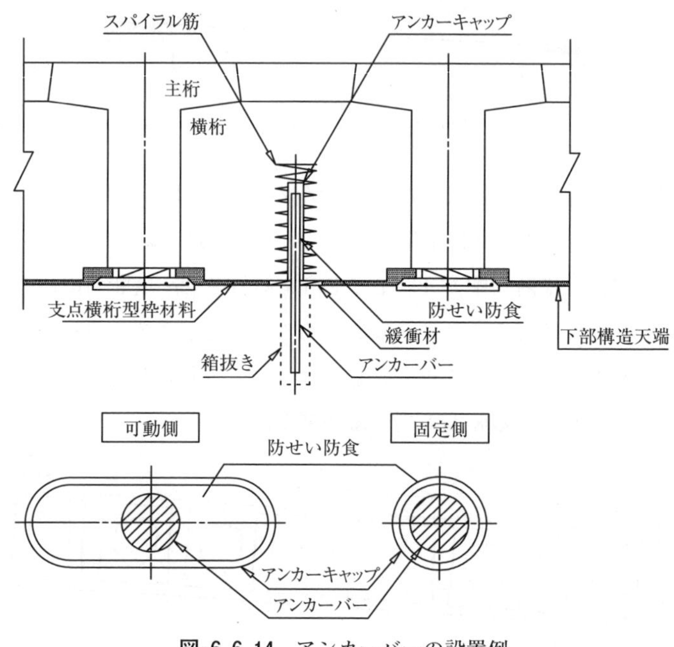

図-6.6.14 アンカーバーの設置例

6.6.4 ゴム支承の据付け精度

ゴム支承の据付け精度については設計時の前提条件にあうように適切に設定する必要がある。据付け精度の設定の例を参考資料-18 に示しており，参考にすることができる。

6.7　鋼製支承部の施工

6.7.1　一　　般

鋼製支承部の施工は，前述したゴム支承部と同様な施工方法によって設置されることが一般的である。本節では，特殊な鋼製支承の施工事例や，鋼製支承の固定方法について述べる。

6.7.2　特殊部位の施工

(1) アーチ・ラーメン橋のヒンジ支承

アーチ・ラーメン橋などのヒンジ支承で下沓底面が傾きをもつ支承は，据付け架台を用いて支承と据付け架台を一体として据え付けるのが一般的である。据付け架台は，**図-6.7.1**に示すような形状とし，下部躯体を箱抜きして据え付ける。この場合，箱抜きの大きさは，下部躯体の鉄筋の継手長さだけでなく，架台据付け時の作業空間の確保にも配慮する必要がある。ピン支承の据付けは，ピン中心位置(通り，高さ，傾き)が重要となるので，ピン中心位置と据付け架台との関係を工場仮組時にマーキングしておくのがよい。また，通常，アンカーボルト孔と据付け架台のアンカーボルト孔にはすき間があるので，テンプレートを用いてアンカーボルトを仮固定するなどして箱抜き部のコンクリート打設時に動かないようにしておく必要がある。

特に大きな据付け架台を用いる場合，架台を固定するためにH形鋼などの固定金具をあらかじめ躯体コンクリート打設時に埋め込んでおくのがよい。

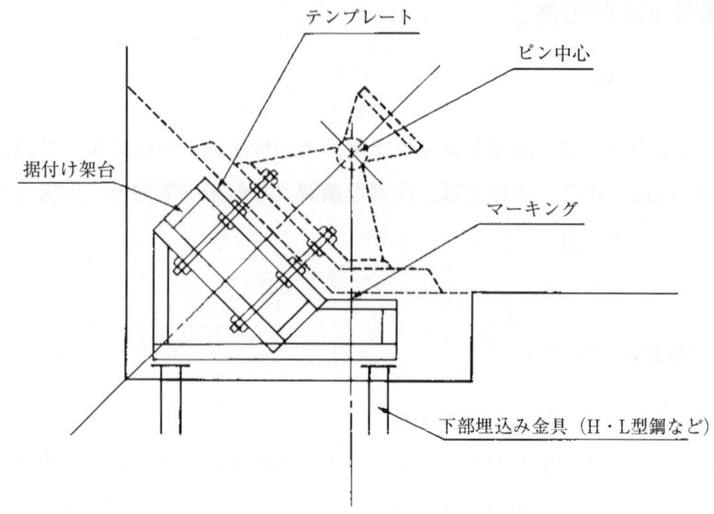

図-6.7.1　ヒンジ支承の据付架台

(2) 上向きの力（上揚力）を受ける支承

上向きの力（上揚力）を受ける支承では，下部構造躯体の比較的深い位置にアンカーフレームを設けるのが一般的である。アンカーフレームは，上部構造で据え付ける場合が多いので，下部構造と施工時期を十分調整する必要がある。また，アンカーフレーム据付けのための金具を設けておくのがよい。

(3) 桁の架設時に仮可動とする支承

架設時は，温度変化や死荷重による上部構造の変形などにより，支承位置が最終据付け位置と一致しないため据付けが困難となる場合や，桁の架設後に大きな架設時荷重が作用（例えば，架設済みの桁上を利用した送出し架設等）することで，架設済みの桁の変形が大きくなり，先に支承を固定すると架設時の桁に大きな軸力が作用する場合がある。このような場合には，ベースプレート方式の支承を採用して，架設途中はプレートで滑動させて一時的に可動支承とする，又は仮可動支承を用いるなどとしたうえで，架設完了時にジャッキなどを用いて支承位置を修正して固定する施工方法を採用することがある。施工時に仮可動としない沓座モルタルで固定された支承の場合には，支承の先固定あるいは桁を仮受けしておくなどして，沓座モルタルの養生中に悪影響を及ぼさないように注意する。これらは，多径間連続桁の場合は温度変形が大きくなるので，十分な対策を講じておく必要がある。なお，このような施工方法は従来，これまでフレキシブル橋脚のヒンジ支承に対する施工法として採用事例のある方法である。

6.7.3　鋼製支承の据付け精度

鋼製支承の据付け精度については設計時の前提条件にあうように適切に設定する必要がある。据付け精度の設定の例を参考資料-18に示しており，参考にすることができる。

6.8　支承部の検査・記録

6.8.1　箱抜き部

下部構造の施工完了後，箱抜きの形状(位置及び深さ)及び補強鉄筋配置等の測量及び計測結果を工事記録に記載する。不具合が発生した場合や施工条件等の変更により必要な修正を行った場合には，その修正内容も工事記録に記載し，維持管理に確実に引き継ぐことが重要である。

6.8.2　支承の据付け位置

支承据付け完了後，据付け位置を確認し，その測量結果を工事記録に記載する。据付け位置の確認事項は，①平面座標，②高さ，③移動方向に分類できる。

①　平面座標は，下部構造の基準点を用いるが，隣接工区で基準点間にズレが生じるケースもあるため，その点にも十分留意して測量し，対策立案の上，最終的な設置位置(座標)を設定するのがよい。

② 高さも基本的には①と同様であるが，下部構造天端の出来形，上部構造の出来上がり桁高，さらには，支承の出来形(支承高，圧縮変位量—検査成績書から)を総合的に判断し，支承据付け高さを設定するのがよい。

③ 移動方向について，設計図書に示される通りに移動(回転)できるようにする必要がある。支承の移動方向(回転方向)は，伸縮装置及び落橋防止構造の移動方向(回転方向)と整合する必要があるため，この点にも十分留意する。

6.8.3 支承の外観

支承の製品検査で寸法，形状などの検査が実施されるが，支承本体が現場へ搬入されてきた時点で確認するのがよい項目は次のとおりである。

① 所定の支承部品が所定の位置に据え付けられていることの確認

② 被覆ゴム表面のきずの有無

③ 上下鋼板の変形の有無

④ アンカーボルトのネジ部及びナット部へのコンクリートなど異物の付着がないこと，防せい防食対策が確実に行われていることの確認

⑤ 溶接部の防せい防食処理が確実に行われていることの確認

異状と判断される場合には，早期に調査，補修などを実施する必要がある。

その他，支承の据付けに関して確認すべき事項は次のとおりである。

① アンカーボルトやアンカーバーなどの部品が定位置に精度よく取り付けられていることを図面と照合する。

② アンカーボルト及びセットボルトの締付け状況を確認する。

③ 上下部構造との接触面に過大な肌すきがないことを確認する。なお，検査時期が，どの段階まで死荷重が載荷された状態であるかを勘案する必要がある。

④ 支承外面に塗装残しの有無や沓座に用いたモルタルの付着などの異状がないことを確認する。

⑤　沓座周りの清掃状況や排水性を調べる。

⑥　据付け後に沓座モルタルの亀裂の有無を確認する。

6.8.4　支承の据付け精度

支承据付け完了後，据付け精度を確認し，その測量結果を工事記録に記載する。不具合が発生した場合は，必要な修正を行うとともに，その修正内容も検査記録に記載し，維持管理に確実に引き継ぐことが重要である。

なお，可動支承については，据付け後，移動可能量が後荷重による移動量，回転量を想定したときに適切であることも確認する。

第７章　支承部の維持管理

7.1　一　　　般

4.6 に示す支承部の耐久性能に関する設計については，その前提となる維持管理が適切に行われることが求められる。支承部の劣化の要因をできる限り減らすこと，並びに，維持管理の確実性や容易さに配慮することが求められる。支承部の耐荷性能や耐久性能に影響を及ぼすような損傷や劣化などの変状は，多くの要因が複雑に影響しあいながら発生し進行する場合が多い。また，支承部に変状が発生した場合は，早期に発見して対処することによって，所要の性能を保持できることが多いが，放置すると変状がさらに進行し，支承部の所要の性能を喪失するだけでなく，上下部構造にまで悪影響を及ぼすこともある。支承部に設計の想定とは異なる変状が発見された場合には，変状が生じた原因を把握し，その原因に応じた補修を行うとともに，変状の原因への対策を行うことが重要である。

本章では，支承部の維持管理の基本事項として，変状の種類，現地確認する際の留意点，補修の基本的な考え方等について示す。

7.2　支承部の変状と維持管理

7.2.1　変　　　状

(1) 変状の種類

支承部は環境条件により，様々な変状が生じる可能性がある。**表-7.2.1** にこれまでに既設橋で確認されている支承部における一般的な変状の種類を示す。

表-7.2.1　一般的な変状の種類

<table>
<tr><th colspan="2">部位・部材区分</th><th>変状の種類</th></tr>
<tr><td rowspan="3">支承本体</td><td>鋼製支承</td><td>①亀裂，破断
②変形，欠損
③ベアリングプレートのずれ，逸脱
④ローラーの変形，ずれ，逸脱
⑤ピンの変形，抜け出し
⑥各部材のさび，腐食
⑦すべり面，ころがり面の腐食
⑧過大な移動
⑨沈下，傾斜
⑩異常音</td></tr>
<tr><td>ゴム支承</td><td>⑪ゴムの劣化，亀裂
⑫ゴムの破断
⑥各部材の腐食
⑬過大な変形，ずれ，はらみ，めくれ
⑨沈下，傾斜
⑩異常音</td></tr>
<tr><td>サイドブロック
ピンチプレート
上沓・下沓ストッパー</td><td>⑭亀裂，破断
⑮変形，欠損
⑥各部材の腐食</td></tr>
<tr><td>ボルト類</td><td>アンカーボルト
セットボルト
取付けボルト</td><td>⑯ゆるみ，脱落
⑰亀裂，破断，引き抜け
⑱変形，欠損
⑥各部材の腐食</td></tr>
<tr><td colspan="2">ソールプレート取合い部</td><td>⑲疲労亀裂
⑥腐食</td></tr>
<tr><td colspan="2">沓座モルタル
台座コンクリート</td><td>⑳ひび割れ，うき，剥離，欠損
㉑圧壊
㉒空洞化，沈下</td></tr>
</table>

※表内の丸囲み数字は，「(2) 変状事例と主な原因」における各項目の番号

(2) 既往の変状事例と考えられる主な原因

支承各部の既往の変状事例と考えられる主な原因について，以下に示す。

1)　鋼製支承本体の変状

①② 支承本体の亀裂，破断，変形，欠損

a.　曲線橋や斜橋などのように，構造やその挙動が複雑な場合に生じる不均等な反力の局部集中

b.　不十分な溶接部の品質管理，製作の困難さによる鋳巣，われ，傷などの材料の欠陥

④ ローラーのずれ及び逸脱

a.　コンクリート橋における，コンクリートのクリープ・乾燥収縮による設計値を超える移動

b.　移動方向や施工時のセット量の誤り

④⑤ ピン及びローラーの亀裂，われ

a.　ピン及びローラーの中央部に設けられた橋軸直角方向の移動を制限する切欠部のすきの片寄り

⑥ 各部材のさび・腐食

a.　伸縮装置の止水装置や，防水・排水装置の損傷等に伴う漏水による支承部への水の侵入，滞水

b.　沓座面の不十分な清掃による塵埃等の堆積

c.　塗装系の選定の誤り，防せい・防食の不良

⑦ すべり面，ころがり面の腐食

a.　伸縮装置の止水装置や，防水・排水装置の損傷等に伴う漏水による支承部への水の侵入，滞水及び塵埃・異物の混入

2)　ゴム支承本体の変状

⑪ ゴム支承の劣化，亀裂

a.　周辺環境による経年劣化（熱や紫外線等による劣化など）

b.　沓座モルタルの仕上がり不良や，主桁のレアーの製作不良によって局部的に生じる引張ひずみ

c.製造上の品質管理不良によるゴムの早期劣化

3)　その他の部材

⑭⑮ サイドブロックの亀裂，破断，変形，欠損

a.　曲線桁や斜橋の可動支承のように移動方向と回転方向とが一致しない場合における，支承の形式選定及び配置の不備

b．PC 橋や RC 橋における，コンクリートのクリープ・乾燥収縮などによる想定を超える変位

c．移動方向やセット量の誤り

d．同一橋脚及び橋台上に多数の支承を設置する場合における，橋軸直角方向の上下沓のすき間が一定でないことによる地震時水平力の集中作用

e．PC 曲線橋や斜橋における，緊張による桁の縮み量とその方向に対する検討不足

⑭⑮ピンチプレートの亀裂，破断，変形，欠損

a．曲線橋や斜橋などのように，地震時等に複雑な挙動となり，回転や上向きの力が作用する場合

4) ボルト類の変状

⑯ ボルト・ナットのゆるみ，脱落

a．施工時の締付け不足や振動に対する配慮不足

⑰ ボルトの亀裂，破断

a．ボルトの引抜強度不足や材質等の不備

b．ねじ込み長さ不足や締付け不足

c．上向きの力を受ける支承の定着部の剛性不足等による疲労

d．活荷重の繰返しによる疲労（被覆ゴムや上沓とソールプレートとの間に隙間がある場合に生じやすい）

⑰ アンカーボルトの破断，引き抜け

a．可動支承の移動可能範囲からの逸脱，あるいは固定支承の位置の誤りなど

b．アンカーボルトの本数，埋め込み長に対する検討不足

c．上向きの力を受ける支承の定着装置の不備

d．無収縮モルタルの充填不良

5） ソールプレート取合い部の変状

⑲ ソールプレート取合い部の疲労亀裂

a． 重交通下における長期間の供用

6） 沓座モルタル・台座コンクリートの変状

⑳ 沓座モルタルのひびわれ，うき，剥離，欠損

a． 無収縮モルタルの充填不良及び配合不良

b． 伸縮装置の止水・排水装置の破損に伴う漏水による無収縮モルタル内部への水の浸透，凍結

㉑ 台座コンクリートの圧壊

a． 支承縁端距離や台座補強鉄筋の不足

b． 支承の底面突起や支承底面の形状寸法に対する検討不足

支承各部の変状の概略図を**図-7.2.1**に，事例写真を**表-7.2.2**に示す。

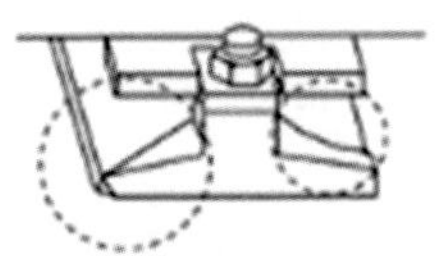

①鋼製支承本体の亀裂

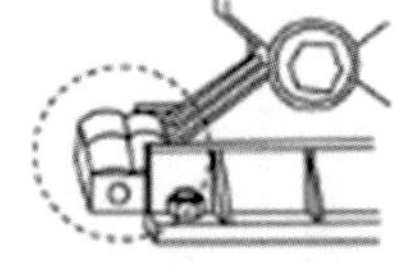

④ローラーの逸脱

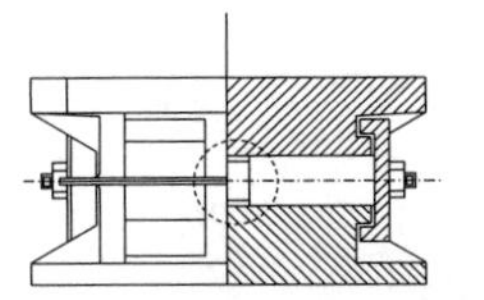

⑤ピンの亀裂，破断

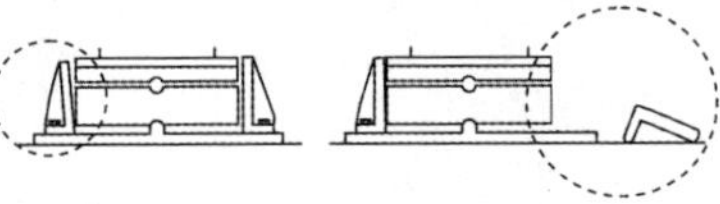

⑭⑮上沓ストッパー・サイドブロックの亀裂，破断，変形，欠損

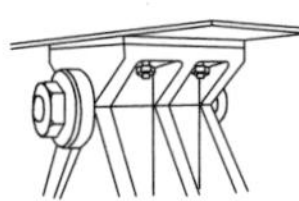

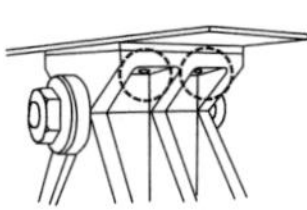

⑯セットボルトのゆるみ，脱落

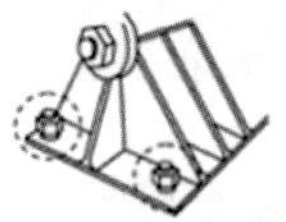

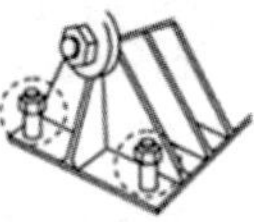

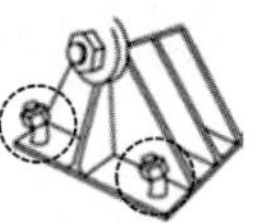

⑰アンカーボルトの破断，引き抜け

⑳沓座モルタルのひび割れ，欠損

⑳台座コンクリートのひび割れ，欠損

図-7.2.1　支承各部の変状

表-7.2.2　支承各部の変状事例（1/6）

写真	変状状況
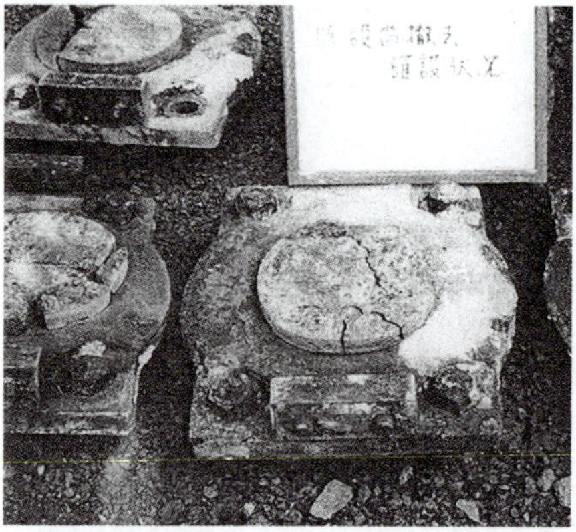	【支承板支承】 ・ベアリングプレートの亀裂
	【ピン・ローラー支承】 ・支承本体の腐食 ・ローラーボックスのカバープレートの脱落
	【1本ローラー支承】 ・ローラー及びころがり面の腐食

表-7.2.2　支承各部の変状事例（2/6）

写真	変状状況
	【ピン・ローラー支承】 ・過大な移動
	【積層ゴム支承】 ・被覆ゴムの劣化，亀裂
	【パッド型ゴム支承】 ・支承本体のずれ

表-7.2.2 支承各部の変状事例（3/6）

写真	変状状況
	【線支承】 ・下沓凸部の亀裂
	【ピン支承】 ・アンカーボルトの引き抜け
	【ピン支承】 ・ソールプレート取合い部の疲労亀裂

表-7.2.2　支承各部の変状事例（4/6）

写真	変状状況
	【ピン・ローラー支承】 ・沓座モルタルのひび割れ，欠損 ・滞水
	【ピン・ローラー支承】 ・台座コンクリートのひび割れ，欠損
	【支承板支承】 ・土砂の堆積

表-7.2.2　支承各部の変状事例（5/6）［地震による損傷］

写真	変状状況
	【支承板支承】 ・上沓の破断
	【ピン・ローラー支承】 ・ピンの破断，抜け出し ・ローラーの逸脱

表-7.2.2　支承各部の変状事例（6/6）［地震による損傷］

写真	変状状況
	【ピン支承】 ・アンカーボルトの引き抜け ・沓座モルタルのひび割れ，欠損
	【ピン支承】 ・アンカーボルトの引き抜け ・沓座モルタルのひび割れ，欠損

7.2.2　現地確認における留意点

① 次のような場合は，腐食しやすい環境となるため，留意する。

a) 伸縮装置や床版などの補修工事等，補修工事で生じる粉塵等が支承部にたまっている場合

b) 支承部付近に流入した土砂，鳥の巣や糞，及び投棄されたゴミなどが堆積している場合

c) 伸縮装置や排水装置からの漏水がある場合。特に凍結防止剤が多く散布される地域では漏水による鋼材の腐食への影響が大きい。

支承部周りの塵埃，堆積した土砂等の異物の介在は，支承部の変位や回

転機能を阻害し，支承部の設計で期待する機構が確保されず，支承部の荷重伝達機能や変位追随機能が確保できなくなる要因となる。よって，清掃などにより，支承部周りにおいて塵埃や土砂等がない状態に保つことが重要である。**表-7.2.3**に，清掃する際に一般に用いられる器具の例を示す。

表-7.2.3 清掃器具の例

清掃器具	内容
スコップ（小）	堆積土等の除去
土嚢袋	堆積土等の運搬
刷毛，ホウキ	支承本体や支承部の清掃

② ローラー支承のローラーボックス内やすべり面からのさび汁跡がある場合や，車両走行時の異常音や振動等が生じている場合には，耐久性能や耐荷性能に影響を及ぼす部材の損傷が生じている可能性がある。

③ 支承板支承の耐久性能を確保する方法として用いられるシールリングの損傷や外れが生じる可能性がある。損傷の有無の確認にあたっては，視認だけではなく，指触によるゴム材料の弾性の有無などで確認する。

④ 積層ゴム支承の被覆ゴムのオゾンクラックは，以下の条件において生じやすい。

・橋桁の温度伸縮等，せん断ひずみを大きく受けている場合
（多径間連続橋の端支点部やその隣接橋脚に設置される支承等）

・都市部や工場と隣接するなど，大気中のオゾン濃度が高い場合

・積雪が多い寒冷地や凍結防止剤の散布が多い橋梁など，老化防止剤による白い粉のような性状の耐候性皮膜（**図-7.2.2**）が雪氷，雨水，塩分等により流れやすい場合。なお，この耐候性皮膜は水で流されるほかに，拭き取ってしまうと，その効果が損なわれる。

図-7.2.2　ゴム支承における耐候性皮膜の例

⑤　曲線橋や斜橋等の場合，支承の据付け方向と移動方向が異なる場合がある。このような場合，異常音の発生やサイドブロックに変状が生じる可能性がある。

⑥　中央径間に比べて側径間が著しく短い橋梁や極端に曲率の大きい橋梁，また支承の配置間隔が狭い橋梁などでは，負反力が発生する場合がある。このような場合，ピンチプレートやサイドブロックに変状を生じさせる要因となる可能性がある。

⑦　可動支承や地震時水平力分散型ゴム支承のように，温度によって変位が生じる支承は，支承据付時の施工方法や，外気温により支承の水平変位や桁端部の遊間量が変動する。

⑧　ローラー支承では支承の傾斜を放置しておくと，経年の移動などでローラーが押し出されて脱落する場合がある。

7.3 支承部の補修

支承部の補修設計にあたっては，支承部の変状の部位や程度を把握するだけではなく，周辺環境への影響，交通への影響，施工時期，設計で前提となる維持管理の条件が適用できる施工空間等の諸条件及び橋梁形式と構造等についても十分に配慮したうえで，適切な工法を選定しなければならない。なお，個々の検討事項に関して留意すべき内容を以下に示す。

(1) 変状の部位及び程度

補修工法を決定するにあたっては，まず変状の発生原因を把握することが重要である。例えば，伸縮装置からの漏水によって支承が腐食している場合は，鋼板が湿潤状態とならないようさびを取り除き防せい防食対策を行うとともに，漏水対策による腐食の要因除去も併せて行わなければ，同様の変状が繰り返し生じることとなる。また，支承本体又は変位を拘束する構造の破損についても，その原因が地震によるものか，設計上の移動量が確保されていないことによるものか等によって補修方法が異なる。特に下部構造の変位が原因の場合は，将来予想される変位を考慮し，支承部以外も含めた補修方法を検討することとなる。

(2) 周辺環境への影響

橋は，河川や山間部に架かる橋，都市内に架かる高架橋等があり，それぞれが固有の周辺環境のなかに立地している。

河川に架かる橋の補修においては，工事に伴う塵埃や落下物が水質に与える影響などについて考慮する必要がある。また，高架橋，特に直近に人家がある場合，補修作業の振動，騒音が周辺に及ぼす影響などについて検討しておく必要がある。補修作業が夜間となる場合は十分な検討が必要である。

(3) 交通への影響

上部構造の荷重を支持する支承本体の交換や沓座コンクリートなどの補修を

実施する場合には，上部構造をジャッキアップするため，一般に交通規制が必要となる。交通規制を行えない場合，車両通行による振動などが補修作業に影響を与えないような配慮を行う必要がある。なお，短期作業の場合には，できるだけ交通量の少ない日を選定することによって交通に与える影響を最小限に抑えるよう配慮するのが一般的である。

(4) 施工時期

施工時期を選定する場合には，施工時間帯や地域の気象特性も配慮して選定するのが望ましい。また，近くに人家などがある場合の作業時間については，地域住民との調和をはかって検討する必要がある。

(5) 下部構造形式

下部構造がコンクリート製か鋼製かによって，ジャッキアップの方法あるいは作業足場の設置方法が異なるので十分な検討が必要である。

下部構造がコンクリート構造の場合は，ジャッキ位置のコンクリートの支圧応力度の照査が必要であり，鋼構造の場合はその位置の作用力に見合った補剛材あるいはダイアフラムを設ける必要がある。

主桁部をジャッキアップする場合は，ジャッキを受ける主桁部がジャッキアップに抵抗できるよう照査し，必要に応じて補強を行う。主桁部をジャッキアップする場合, 桁と下部構造天端に高さの余裕がない場合が多いため, ジャッキの種類の選定には注意する必要がある。ジャッキを設置するスペースがない場合は支保工などの設置も検討する。

図-7.3.1 のように端横桁部からジャッキアップする場合は，ジャッキを受ける端横桁部がジャッキアップに抵抗できるよう照査するとともに，端横桁と主桁との取付け部がジャッキからの荷重を受けても安全かどうかを照査する必要がある。

また，反力が下部構造に広く分散するように配慮するとともに，橋脚天端コンクリート縁を破壊しないように配筋等について十分調査する必要がある。

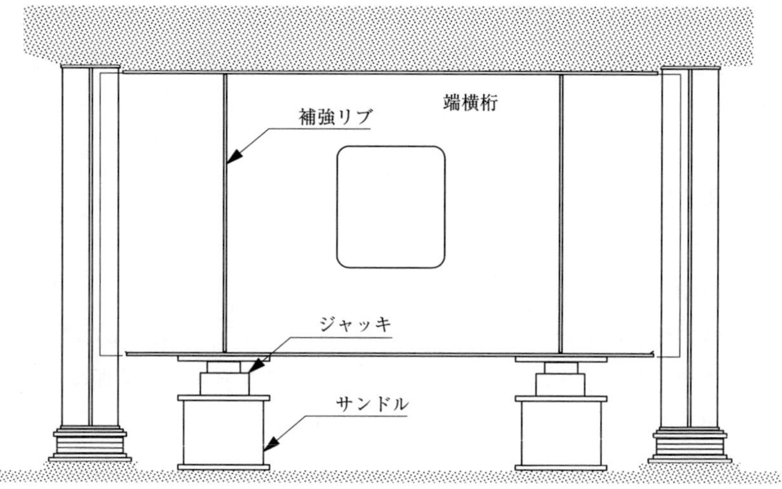

図-7.3.1　端横桁を利用したジャッキアップの例

ジャッキアップ作業にあたっては，ジャッキアップ量が少なくてすむように検討するとともに，同一支承線上の橋体を均等にジャッキアップしないと，床版などにクラックが生じたりするので，注意しなければならない。一般的には，通行を確保したままジャッキアップを行う場合には，路面の平坦性を考慮してジャッキアップ量は3mm以内とすることが多い。また，ジャッキダウンもバランスを保ちながら慎重に行わないと，上部構造に悪影響を与えたり，ジャッキを破損したりすることもあるので注意を要する。

上部構造が鋼桁橋の場合，将来のジャッキアップを考慮して，ジャッキアップ用補強リブは工事完了後も設置しておくことも考えられる。

(6) 補修工法

支承の補修は，下記のように分類できる。

① 取替え（支承本体及び付属品の全部または一部）

② 補修（損傷の補修など）

③ 補強（上下部構造取付け部の添接補強など）

④ 補修塗装

いずれも，個々の橋に応じて事前にその内容について十分に検討を行うことが大切である。

i ）積層ゴム支承

積層ゴム支承の被覆ゴムに亀裂が生じている場合，補修の方法としては，亀裂の進展を防止するために外気と触れないようにゴム表面に透明なフィルム状のコーティング材を塗布する方法，亀裂にゴムを充填する方法，亀裂周辺をケレンしたうえでゴムを加硫反応させて亀裂を補修する方法等が開発されている。補修材料の適合性や施工性など，以下の点を考慮し適切に選定する必要がある。

・補修材の耐久性

・補修材の施工性（施工条件や施工可能な時期等）

・補修材により補修される積層ゴム支承の剛性等への影響

・補修される積層ゴム支承への追随性等の適用範囲

・周辺環境への配慮

ii ）支承板支承

シールリングが劣化している場合，交換用の新規のシールリングの内部に結束バンドを有するガイドを通して，上沓と下沓の隙間に回し込み，引き込んで定着するのが一般的である。

iii）沓座モルタル

沓座モルタルの破損に対しては，上部構造をジャッキアップして仮受けしてから，破損部分を全て取り除き，補強し，新しい沓座モルタルを打設する。一方，沓座モルタルの軽微なクラックに対しては，エポキシ樹脂などを充填して，クラックの伸展を防止する方法もある。なお，沓座幅が不十分な場合には併せて沓座幅の拡幅を図ることが望ましい。

iv）鋼材の防せい防食

［鋼道路橋防食便覧］に従い塗装や溶融亜鉛メッキにより防せい防食処理がなされている場合には，補修時期や補修方法についても同便覧を参考にすることができる。狭隘部等で補修が困難な場合には，必要に応じてジャッキアップ等により取り外したうえで補修する。

参考資料

参考資料-1　支承の変遷
参考資料-2　既往の大規模な地震による支承部の被災状況
参考資料-3　ヘルツ（Hertz）の理論による接触機構
参考資料-4　異形化丸鋼アンカーボルトの特性検証試験
参考資料-5　免震支承の応力度－ひずみ曲線
参考資料-6　コンクリートのクリープ，乾燥収縮，温度変化における免震支承の緩速変形時の特性
参考資料-7　鉛直圧縮力を受ける積層ゴムの限界状態，特性値，制限値の設定
参考資料-8　鉛直圧縮力及び水平力を受ける積層ゴムの限界状態，特性値，制限値の設定
参考資料-9　鉛直引張力を受ける積層ゴムの限界状態，特性値，制限値の設定
参考資料-10　鋼製支承の性能確認試験
参考資料-11　繰返し圧縮力に対する積層ゴムの疲労特性の確認の例
参考資料-12　繰返し水平力に対する積層ゴムの疲労特性の確認の例
参考資料-13　積層ゴム支承の圧縮及び回転特性実験
参考資料-14　積層ゴム支承の圧縮ばね定数
参考資料-15　リングプレートタイプゴム支承の内部鋼板の応力
参考資料-16　積層ゴム支承の力学的特性に及ぼす繰返し回数依存性
参考資料-17　支承部の品質管理記録の様式例
参考資料-18　支承部の施工管理値（案）
参考資料-19　ゴム支承の製作工程及びゴム支承の外観検査の留意事項

参考資料-1　支承の変遷

1．支承の変遷

明治以前の我が国の橋梁は木橋や石橋がすべてであり，支承という概念は明確でなかったが，明治期に入り文明開化とともに近代橋梁が西欧から移入され，ここで初めて支承を有する構造の橋梁が出現した。これらの橋梁に使用された支承は，**図-参 1.1** に示すような錬鉄板が支点部に配置されただけの単純なすべり支承で，固定・可動の区別はなかった。

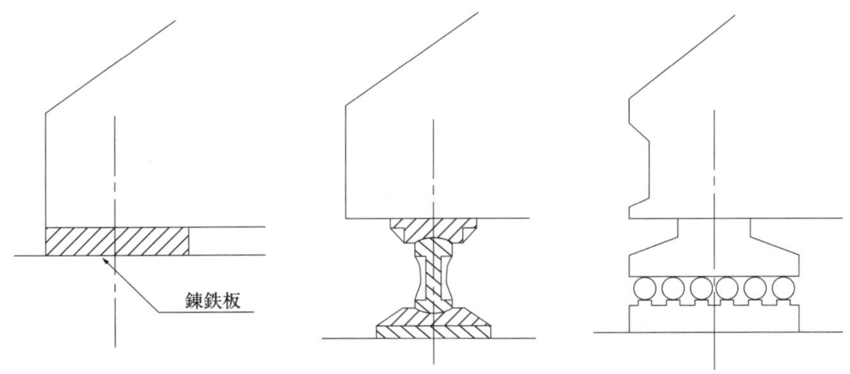

図-参 1.1　初期のすべり支承　**図-参 1.2**　初期のロッカー支承　**図-参 1.3**　初期のローラー支承

その後，桁の下面を円筒部で受ける角形の支承が現れたが，これは桁のたわみ，温度変化による桁の伸縮を考慮した今日の線支承の原形をなすものである。

明治中期に入ると鋳鉄製のころがり支承が使用され始めた。**図-参 1.2** は明治23年にボーストリングトラス橋に使用されたロッカー支承の一例であるが，上・下の鋼板の間に1本のロッカーを挿入することにより桁の回転と移動に追随する構造となっている。また，**図-参 1.3** は明治28年に国鉄の阿武隈川橋梁に使用された初期のローラー支承であるが，上下の鋳鉄沓の間に鋼ローラーを挿入したもので，たわみによる支点の角変化が無視されており，アンカーボルトも使用されていない。

大正中期までは，支承構造は明治時代とほとんど変わるところがなかったが，大正 12 年に発生した関東大震災を境に構造と機能の改良がなされた。それまでの輸入橋梁では地震に対する配慮がなされていなかったが，震災以後この配慮がなされるようになり，アンカーボルトによる下部構造への定着，上沓・下沓の連結，浮上り止めのサイドブロックの配置などの改良がなされた。**図−参 1.4** はこうした改良を施したピン・ローラー支承の例である。

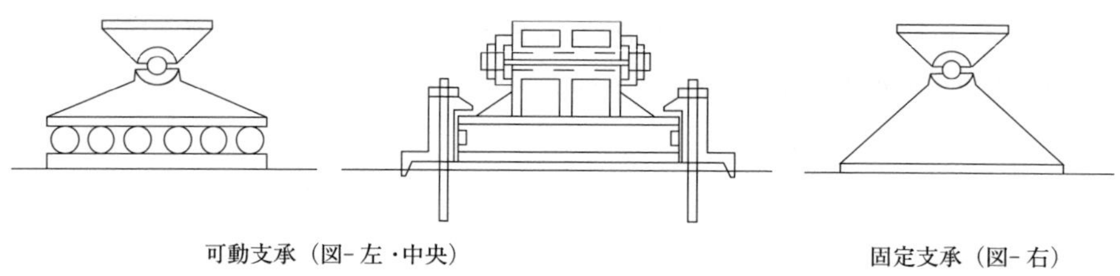

可動支承（図- 左・中央）　　固定支承（図- 右）

図−参 1.4　大正 15 年に改良されたピン・ローラー支承

昭和に入って角形の支承を改良して，鋼桁用として小判型の線支承が完成した。小判型の線支承はその形状から亀の子沓と呼ばれて広く使用されてきた。沓本体は摩擦係数が小さいという理由で鋳鉄品が使用されているが，水平力に対してリブを配し，上揚力に対してアンカーボルト 1 本を配した構造であった。

昭和 30 年代には，摩擦係数の低いすべり支承の研究が進められ，上沓と下沓の間に支承板を挿入した高力黄銅板支承が開発された。その後，化学的に非常に安定な材料で腐食せず，高圧力，低速度の状態で摩擦係数が低いふっ素樹脂を埋め込んだふっ素樹脂支承板支承や，角変化に対して下沓に埋め込んだゴム板の弾性変形を利用して追随する密閉ゴム支承板支承が開発され，昭和 38 年以降高速道路でも使用され始めた。ローラー支承でも支承の小型化の研究が進められた結果，ローラーにステンレス系材料を用いることにより支圧強度及び耐腐食性を向上させローラー径を小さくするなどの改良が行われ，円柱面支承と組み合わせたピン高硬度ローラー支承や球面支承と組み合わせたピボット高硬度ローラー支承が広く使用され始めた。また，桁の伸縮とたわみによる角変化に一つの構造で追随するものとして高硬度１本ローラー支承が開発された。ただし，後に方向性が限定されることによる損傷などが報告されたことから，昭和50年前半よりほとんど使用されなくなっている。昭和53年に発生した宮城県沖地震では，支承のストッパー部の損傷が生じたことを踏まえ，応力集中の生じやすい隅角部に丸み付けを行うようになった。このほか，耐久性の向上のために溶融亜鉛めっきを施した支承を採用するなどの工夫がなされた。

一方，ゴム支承の分野では，昭和30年代初頭にフランスよりパッド型ゴム支承が輸入され，昭和33年に国鉄で使用された。これを機に中小支間コンクリート橋でゴム支承が採用され，我が国でもゴム支承の試作製造に着手し，我が国独自の規格によるゴム支承が昭和34年に開発された。その後，構造の単純さ，施工の簡便さから利用が増大した。また，使用後の支承での物理・化学試験が実施され耐久性が確認されている。その後，ゴム支承の水平方向のばね特性を利用した地震時水平力分散型ゴム支承が昭和48年に実用化され，橋梁の多径間化において重要な役割を果たすこととなった。

平成に入ると，長周期化とエネルギー吸収の向上によって地震時の上部構造の慣性力の低減を図る免震構造や，制震装置などを用いて地震の影響の低減を期待する制震構造が実用化され始めた。平成元年から３年間に渡り建設省土木研究所と民間会社28社による免震設計に関する共同研究[1)]が行われ，平成３年にはアイソレート機能と減衰機能を持たせた免震支承を用いた国内初の免震橋が完成するなどゴム支承の分野でも急速に研究が進められた[2)]。平成７年に発生した兵庫県南部地震では，その地震力の大きさから多数の鋼製支承に破壊や損傷が生じたが，ゴム支承では一部の鋼製部品で損傷が生じた程度であった。このため，鋼製支承についてはその耐荷力に関する研究[3)]が行われ，常時における摩耗や地震時における終局限界についても明らかになってきている。また，ゴム支承についても，常時における耐疲労特性や経年劣化及び地震時におけるせん断変形能，各種依存性（温度依存性・周期依存性・面圧依存性・繰返し履歴依存性）についても研究が進められている。

2. 支承に関する技術基準の変遷

道路橋に対する技術基準は明治19年の内務省訓令による「国県道築造標準」が最初であるが，これには地震の影響に関する記述は含まれていなかった。しかし，大正12年に関東地震が発生し，東京，神奈川，静岡などで1785橋の道路橋に被害が生じ，このうち6橋（径間数38）が落橋した。こうした被害を受け，大正13年に内務省土木局により「橋台・橋脚等の耐震化の方法」として地震力に相当する水平力を設計の際に考慮するように通達が出され，さらに，大正15年の「道路構造に関する細則案」において，設計荷重として地震力の規定が盛りこまれた。この中でピン，ローラー，コンクリートなどの支圧応力度が定められていた。

昭和14年に内務省土木局から「鋼道路橋設計製作示方書案解説」が発刊された。これは，現在の示方書の原点というべきものであり，鋼橋に対する設計・施工指針が定められた。この中では，支承に関して鋼材，鋼棒の曲げ応力度，せん断応力度，支圧応力度，鋳鉄の軸方向圧縮応力度，曲げ応力度，せん断応力度，ピン，桁橋伸縮支承，アンカーボルトの構造が定められていた。

昭和31年5月，日本道路協会より「鋼道路橋設計示方書」及び「鋼道路橋製作示方書」が刊行され，構造用鋼材，鋳鋼，鋳鉄の応力度の追加改定，主桁の移動量，支承材料の最小厚，設計荷重，縁端距離，斜橋の支承配置など，支承の細部規定が設けられていた。

昭和38年11月の「鋼道路橋設計示方書」及び「鋼道路橋製作示方書」で支承材料の鋼材としてSS400に加えSS490，SM490Aが追加された。また，すべり支承としての鋳鉄FC150，FC200，FC250が加えられ，それぞれの許容応力度が示された。設計面では支承に作用する負の力に関する規定が盛りこまれた。

昭和47年には架橋立地条件の複雑化，橋梁形式の多種多様化及び長大化に伴い従来の耐震設計法が改定され，「道路橋耐震設計指針・同解説」が発刊された。この改定では支承に要求される地震時の機能が明確にされ，地震時に落橋しないことを最重点に支承部及び落橋防止対策に関する設計細目が示された。特に，設計地震力，可動支承における移動制限装置，下部構造頂部縁端と支承縁端距離，桁間連結装置，落橋防止構造について詳細に規定がなされた。

昭和48年2月には「道路橋示方書・同解説・Ⅰ共通編，Ⅱ鋼橋編」が刊行され，この示方書では主として支承に使用される鋳鋼として炭素鋼品SC450の他に溶接構造用鋳鋼品SCW410，SCW480や低マンガン鋼鋳鋼品SCMn1A，SCMn2Aが追加されて鋳鋼品の選択範囲が拡大された。また，曲線橋，斜橋の伸縮方向，回転方向や広い幅員の場合の支承配置について詳細に解説されるとともに，支承の負の力に対する安全性が強化され，可動支承の移動量について詳細に解説がなされた。

昭和30年以降，種々の種類の支承が開発されるようになり，支承の設計は橋梁ごとにその条件に併せて個々に設計，製作されるようになった。しかし，建設される橋梁数も急速に増大したため，支承の設計面・製作面での不統一，不都合が生じ，支承の標準化が求められるようになった。このような背景から，昭和48年には，支承に対する設計，製作，架設を含めた「道路橋支承便覧」が発刊された。さらに，昭和51年及び54年に「道路橋支承標準設計（ゴム支承・すべり支承編）及び（ピン支承・ころがり支承編）」がそれぞれ発刊され，全国的に支承標準設計として活用されるに至った。また，昭和54年に支承の施工について詳細に記述した「道路橋支承便覧（施工編）」が発刊された。

支承の歴史の中で大きな転換期となった要因の一つに，昭和53年に発生した宮城県沖地震がある。震災調査の結果，特にアンカーボルトの被害は昭和38年以前の示方書に準拠して設計された橋に発生しており，昭和47年の「道路橋耐震設計指針・同解説」に準拠した橋では1橋も被害がなかった。また，ゴム支承では本体の損傷はみられなかった。震災調査をもとに，昭和55年2月の「道路橋示方書・同解説・Ⅰ共通編，Ⅱ鋼橋編」では，耐震上の配慮から鋳鉄製の支承は使用しないように示されるとともに，支承に作用する負の力の算定式の内容追加が行われた。また，同年5月の「道路橋示方書・同解説・Ⅴ耐震設計編」で支承部及び落橋防止構造に関する規定が改められた。さらに，宮城県沖地震の調査結果に基づいて支承標準設計が見直され，昭和57年には移動制限装置の改良が行われた。

平成2年の「道路橋示方書・同解説・Ⅰ～Ⅴ」の改定では，照査すべき荷重の組合せとして従前の示方書に規定されていた「活荷重及び衝撃以外の主荷重＋地震の影響（EQ）＋温度変化の影響（T）」が削除された。

平成３年の「道路橋支承便覧」の改訂では，「道路橋支承便覧（施工編)」と合本された。

平成５年には，道路構造令の設計自動車荷重の改正に伴い「道路橋示方書・同解説・Ⅰ～Ⅳ」が改定された。道路構造令における設計自動車荷重の改正は，貨物輸送の労働力不足，貨物輸送の効率化，国際物流の円滑化を背景とした車両の大型化に対する社会的要請への対応，並びに将来の維持管理を念頭においた橋などの質の向上を意図して実施されたものである。この改正により，従来，道路の種級区分に応じ使い分けがなされていた20tf, 14tfの２種類の設計自動車荷重は，一律25tf（245kN）となった。また，平成５年には日本道路協会から道路橋支承標準設計が発行され，すべり支承，ゴム支承，ころがり支承の標準支承が示されるようになった。

支承の歴史の中で次に大きな転換期を迎える要因となったものが，平成７年１月に発生した兵庫県南部地震である。この地震により橋脚の崩壊，橋桁の落下をはじめ多数の橋梁に大きな被害が生じた。兵庫県南部地震では，支承にも多数の破損や損傷が生じるとともに，支承部に起因する損傷が橋全体としての耐震性に大きな影響を及ぼすことになったと考えられる被害も多数見受けられた。これを受けて，平成７年２月には「兵庫県南部地震により被災した道路橋の復旧に係る仕様（復旧仕様)」が建設省より通知された。

平成８年には，「道路橋示方書・同解説・Ⅰ～Ⅴ」の改定がなされ，地震時保有水平耐力法による耐震設計では，従前の設計水平震度に加えて，兵庫県南部地震によって生じた地震力を考慮し，それぞれ，タイプⅠおよびタイプⅡの設計水平震度として規定された。支承部の耐震設計は，従前では，水平方向は震度法に用いる設計水平震度，鉛直方向は設計震度0.1を基に算出される作用力を用いて照査されていた。この改定で，支承部も橋を構成する主要構造部材の一つとして，上部構造に作用する慣性力を確実に伝達する構造とすることを基本とし，新たに規定された設計地震力（水平方向，鉛直方向）に対して設計されることとなった。支承部は，支承部単独で設計水平地震力に抵抗できる構造（タイプＢの支承部)

を基本とし，一定の条件下でやむを得ない場合は，変位制限構造と補完し合って設計水平地震力に抵抗できる構造（タイプAの支承部）としてもよいことが規定された。ここで，タイプBの支承部の設計は，地震時保有水平耐力法に用いる設計水平震度を基に算出される設計地震力を用いて照査された。タイプAの支承部の設計は，支承本体に対しては震度法に用いる設計水平震度を基に算出される設計地震力を用いて，変位制限構造に対してはタイプBの支承部に相当する耐力を確保することを考慮して設定された設計地震力を用いて照査された。この他，具体的な規定のなかった免震設計についても，地震力の分散と高減衰化に重点をおいた免震設計法として新たに規定された。

平成13年には，「道路橋示方書・同解説・Ⅰ～Ⅴ」の改定がなされ，国際化社会の中で，既往の標準的な製品にとらわれることなく，適切な検証を実施することにより良質な新しい技術の適用を可能としていくために，仕様規定から性能規定への移行が図られた。この改定では性能規定型の技術基準を目指し，要求する事項とそれを満たす従来からの規定とを併記する書式とされた。そして，耐震設計で用いる地震動がレベル1地震動（橋の供用期間中に発生する確率が高い地震動）とレベル2地震動（供用期間中に発生する確率は低いが大きな強度をもつ地震動）が規定された。支承部の設計では，タイプBの支承部の照査における，考慮すべき設計地震力や許容応力度の割り増し係数が見直された。「道路橋示方書・同解説」の改定を受け，平成16年に「道路橋支承便覧」が改訂され，ゴム支承に関する適用範囲，規格，構造，設計，品質管理，施工の見直しが行われ，さらに，維持管理，耐久性を重視した設計，施工の重要性について記述された。

平成23年3月11日には，我が国における観測史上最大のマグニチュードを記録した東北地方太平洋沖地震が発生した。この地震により，継続時間が長い揺れが観測されるとともに，太平洋沿岸地域では津波により甚大な被害が生じ，道路橋においても，部材の損傷や上部構造の流出などの被害が生じた。平成24年の「道路橋示方書・同解説」の改定では，前回改定以降の調査研究成果や東北地方太平洋沖地震をはじめとする近年の地震による道路橋の被災事例の分析等を踏まえて規定の見直し等が行われた。支承部については，レベル2地震動に対して支承部に求められる機能に基づく基本条件が明確にされるとともに，維持管理の確実性及び容易さに配慮し，支承部周辺の構造の合理化が図られた。支承部に求められる性能としては，従前のタイプＢの支承部に相当するレベル２地震動に対して支承部の機能を確保する構造のみが規定された。

その後，多様な構造や新材料に対する設計手法の導入や長寿命化をより合理的に実現するための検討が図られ，平成 28 年 4 月の熊本地震も踏まえ，平成 29 年に「道路橋示方書・同解説・Ⅰ～Ⅴ」が改定された。この改定で，橋の性能として，耐荷性能，耐久性能，その他使用目的との適合性を満足するために必要な性能の３つの性能が規定された。耐荷性能に関しては，限界状態設計法や部分係数法が導入され，設計状況と限界状態の各組合せにおいて所要の信頼性を有して照査する形態となった。また，熊本地震で，ロッキング橋脚で支持された橋が支承部の破壊後に落橋に至った事例を踏まえ，支承の破壊を想定しても下部構造が不安定とならず，上部構造を支持することができる構造形式とすることが規定された。熊本地震では，平成８年以降の基準に基づき設計された橋のゴム支承やその取り付けボルトが破断する被害も生じた。これらの被害は，地震動による影響だけでなく，地盤変状に伴って下部構造の移動の影響が加わって生じた被害と評価された。これを受け，架橋位置と形式の選定において，斜面崩壊等及び断層変位に対して，これらの影響を受けない架橋位置とすることが標準とされた。

参考文献

1) 建設省土木研究所など：道路橋の免震構造システムの開発に関する共同研究報告書（その 3），整理番号 75 号，平成 4 年

2) (財)土木研究センター：わが国の免震橋事例集，道路橋の免震構造研究委員会，平成 23 年

3) 阿部雅人，吉田純司，藤野陽三，森重行雄，鵜野禎史，宇佐美哲：金属支承の水平終局挙動，土木学会論文集，No.773/I-69，pp.63-78，2004.

参考資料-2　既往の大規模な地震による支承部の被災状況

1．はじめに

平成7年の兵庫県南部地震では，従前の設計で考慮していた地震力を大きく上回る地震力が作用したことが主因となって，支承部にも大きな被害が生じた。一般国道（直轄），高速自動車国道及び阪神高速道路で，被災度が調査できた支承線は5741支承線であったが，支承の材料種別では，鋼製支承が4773支承線，ゴム支承が244支承線であり，その他はメナーゼヒンジなどの特殊支承であった[1)]。

支承の被害としては，セットボルトやアンカーボルトの破断や損傷，ソールプレートやせん断キー部の損傷，沓座コンクリートや沓座モルタルの破壊や損傷といった支承と上下部構造の接合部に生じる被害と，ピンの破断やローラーの抜け出しといった支承本体に生じる被害に大別できる。

鋼製支承とゴム支承の被災度を参考文献1)に基づき比較すると，被災度がAランクと判定された鋼製支承は全体の21％であるのに対して，Aランクの被災を受けたゴム支承はないなど，ゴム支承の被害が少なかった。

しかし，平成23年の東北地方太平洋沖地震においては，平成8年以降の基準に準拠して設計された橋のゴム支承に破断や亀裂等の地震被害が初めて確認された。レベル2地震動によって生じる水平力及び鉛直力に対して設計されたゴム支承に破断や亀裂等の損傷が生じたという被害は重要であり，その後の道路橋示方書・同解説の改定ではこのような被害を踏まえ，支承部の規定の見直しがなされている。

平成28年の熊本地震においては，レベル2地震動に対して設計された支承に損傷が生じたことに加えて，支承部周辺の上部構造の取付部に対して局部座屈等による損傷が発生したことで，復旧に多大な時間を要した。これらの被害は，地震動の揺れによる影響のみならず，架橋位置周辺の地盤変状等の影響にもよるものも含まれている。被害を受けた支承は，ゴム支承・金属支承といった支承の種類によらず，損傷の種類も兵庫県南部地震同様に様々である。

2．地震による支承部の損傷事例

近年の大規模な地震における支承部の被害を，支承の種類ごとに代表事例を整理すると次の表のようになる[1)-5)]。

(a) 線接触支承（線支承）

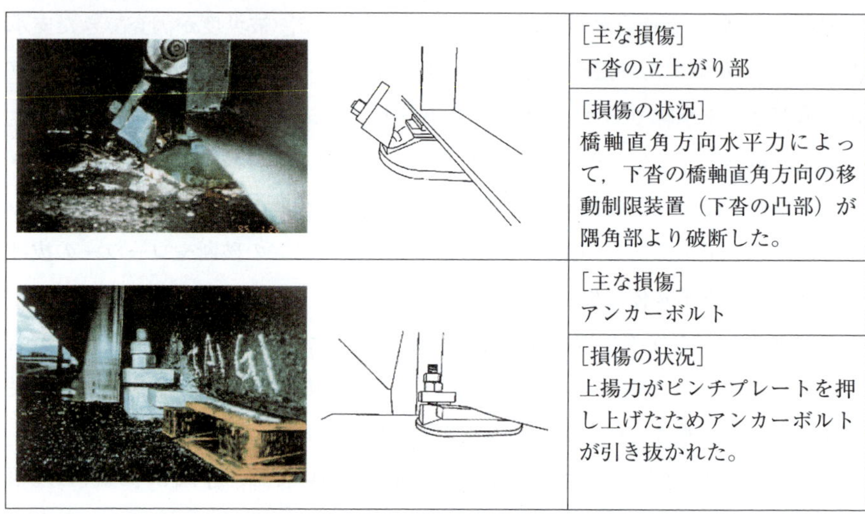

	[主な損傷]	[損傷の状況]
1	下沓の立上がり部	橋軸直角方向水平力によって，下沓の橋軸直角方向の移動制限装置（下沓の凸部）が隅角部より破断した。
2	アンカーボルト	上揚力がピンチプレートを押し上げたためアンカーボルトが引き抜かれた。

(b) 面接触支承（支承板支承）

	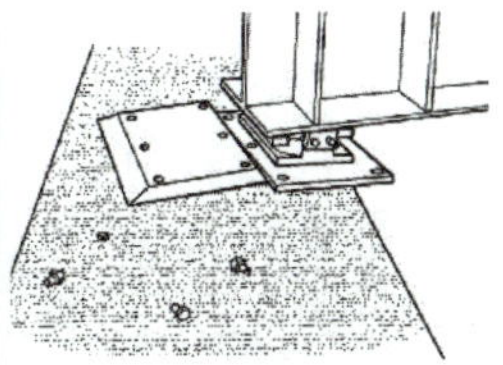	［主な損傷］ アンカーボルト ［損傷の状況］ 水平力により，アンカーボルトが破断し支承板支承が沓座位置からずれた。
	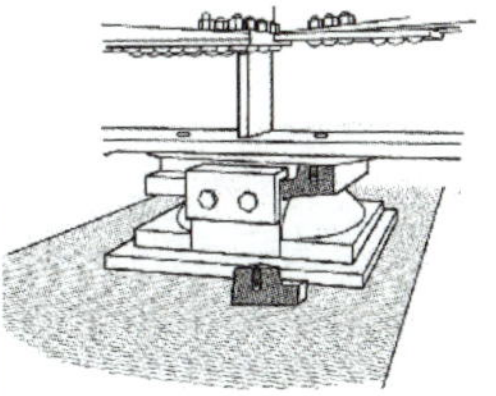	［主な損傷］ 上沓ストッパー ［損傷の状況］ 橋軸方向水平力により上沓のストッパー部が破損した。
	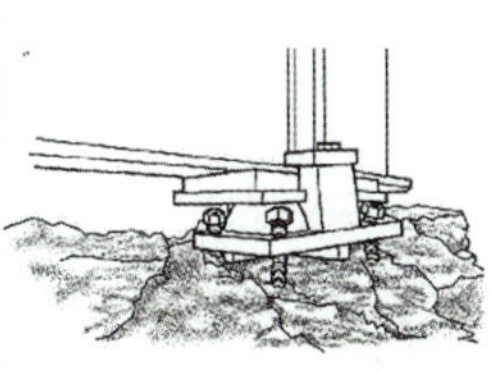	［主な損傷］ 沓座モルタル ［損傷の状況］ 沓座モルタルが破壊して下沓が傾いた。 また，台座コンクリート部に補強鉄筋が配置されていなかった可能性もある。
	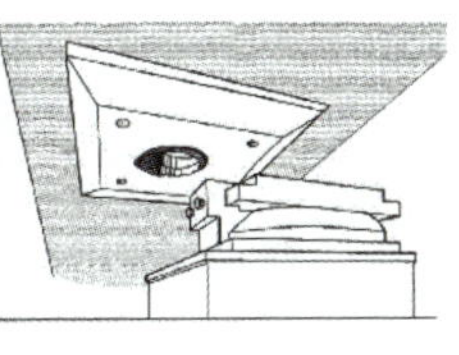	［主な損傷］ サイドブロック ［損傷の状況］ 上揚力によりサイドブロックが押し上げられた時に，セットボルトに引張力及びせん断力が作用し，ボルトが破断，サイドブロックが脱落した。
	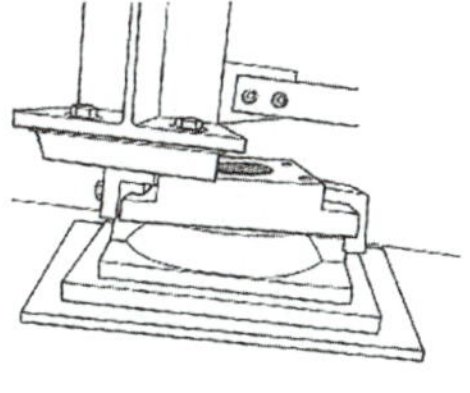	［主な損傷］ 上沓のせん断キー ［損傷の状況］ 橋軸直角方向の水平力により，上沓のセットボルトが破断して，桁が橋軸直角方向にずれた。

(c) 円柱面支承（ピン支承）

		［主な損傷］ セットボルト ［損傷の状況］ セットボルトが破断した後，せん断キーがはずれて，桁が橋軸方向に移動した。
	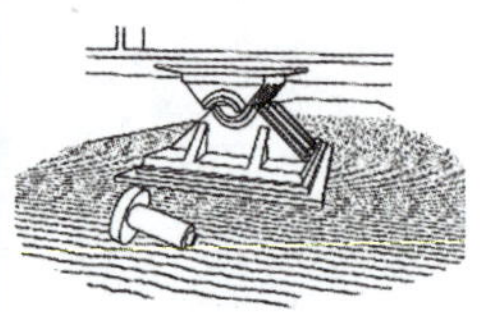	［主な損傷］ ピン ［損傷の状況］ ピン中央部のくびれ部が破断して抜け出し，上沓と下沓の間にずれが生じた。
	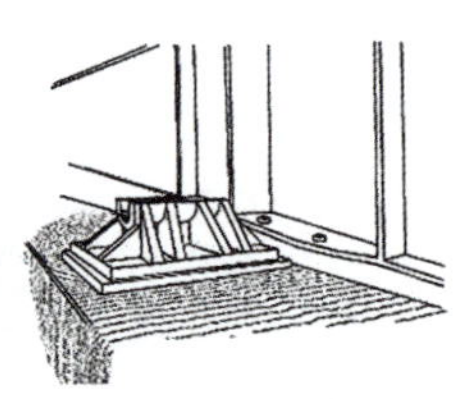	［主な損傷］ ピン ［損傷の状況］ ピン中央部のくびれ部が破断して上部構造が橋軸直角方向にずれた。
	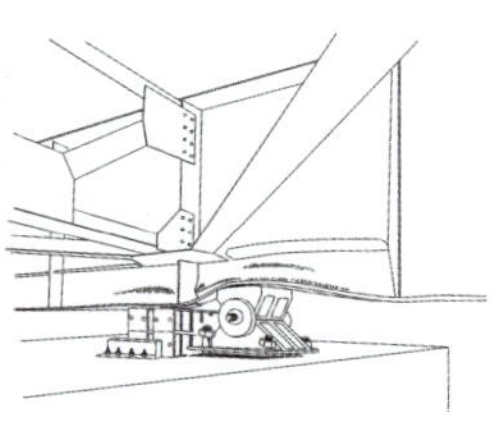	［主な損傷］ ピン ［損傷の状況］ セットボルトが破断し上部構造が橋軸方向へ移動したことにより，主桁の下フランジ及びウェブに座屈が生じた。
	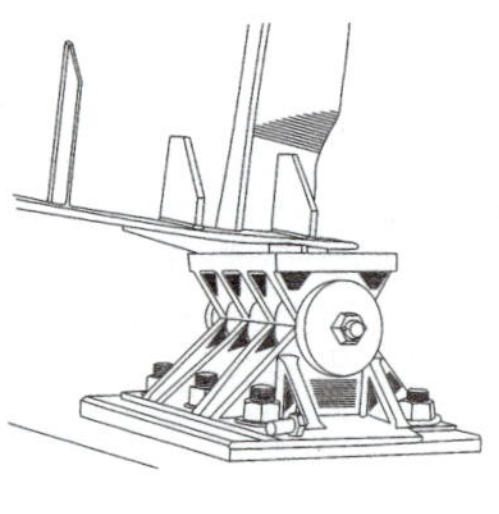	［主な損傷］ ピン ［損傷の状況］ 支点上補剛材付近のウェブに局部座屈が発生した。セットボルトの脱落に伴い主桁と支承が分離して横ずれが生じた。

	［主な損傷］ ピン ［損傷の状況］ 支承のセットボルトが破断して逸脱し，上沓に亀裂が生じた。
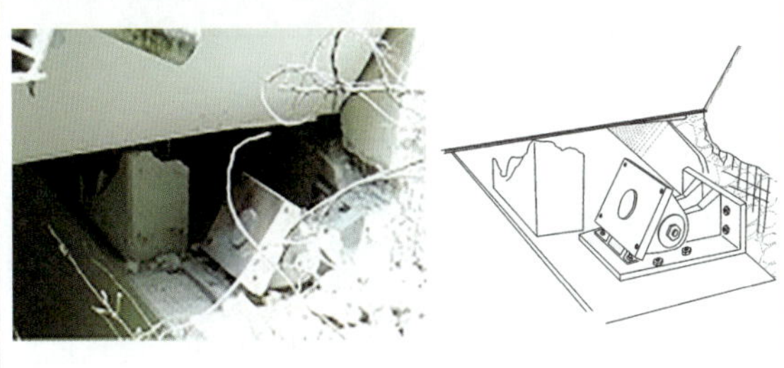	［主な損傷］ ピン ［損傷の状況］ 支承の破壊に伴い主桁の浮き上がりや，回転が生じた。さらに，変位制限構造が主桁との衝突に伴い，破壊されている。

(d) 球面支承（ピボット支承）

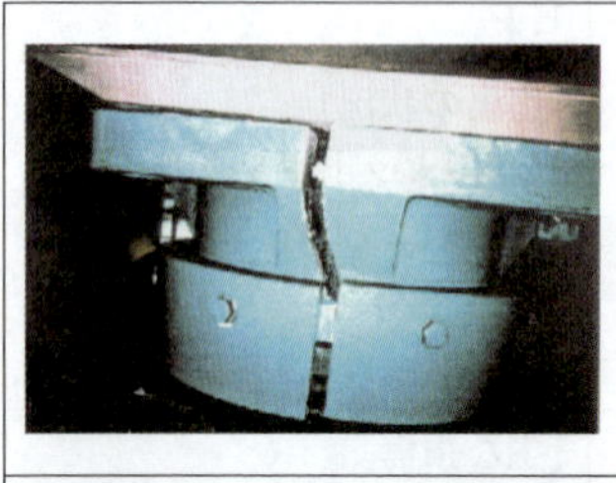 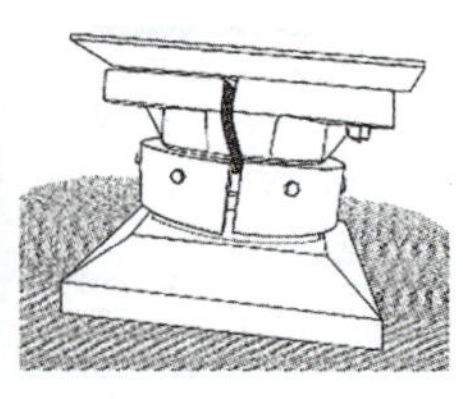	［主な損傷］ 上沓 ［損傷の状況］ 上沓の中央部が割れた。
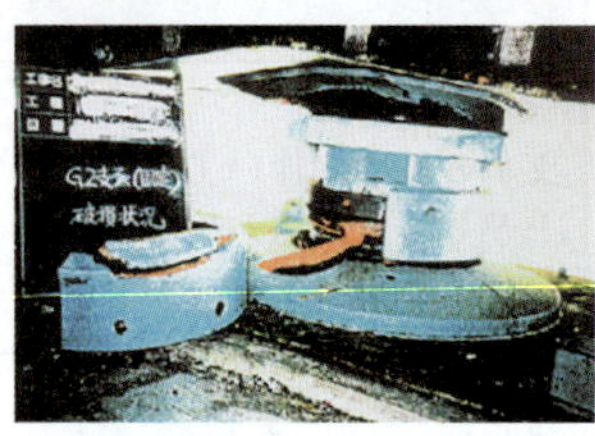 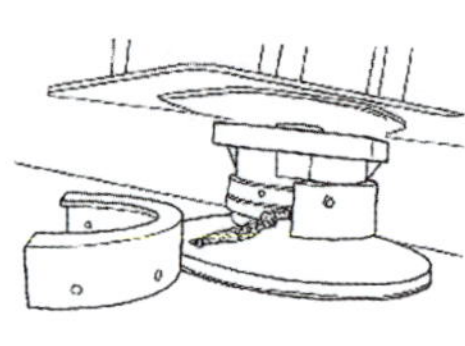	［主な損傷］ 下沓鍔部 ［損傷の状況］ セットボルトが破損した後，上沓に回転が生じて，リング鍔部と接触する下沓鍔部が部分的に破損した。
 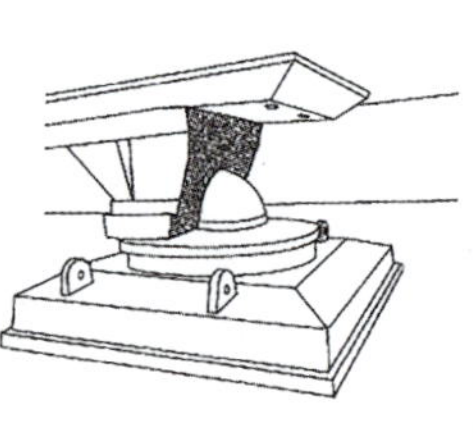	［主な損傷］ 上沓 ［損傷の状況］ 上沓が中央部より割れた。

(e) ゴム支承

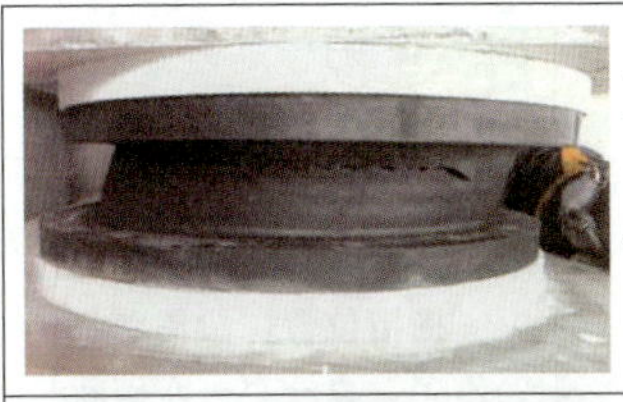 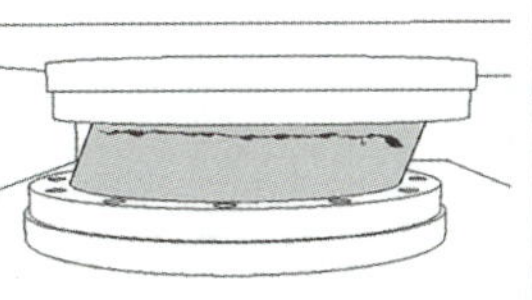	[主な損傷] ゴム支承本体 [損傷の状況] ゴム支承に亀裂が生じた。
 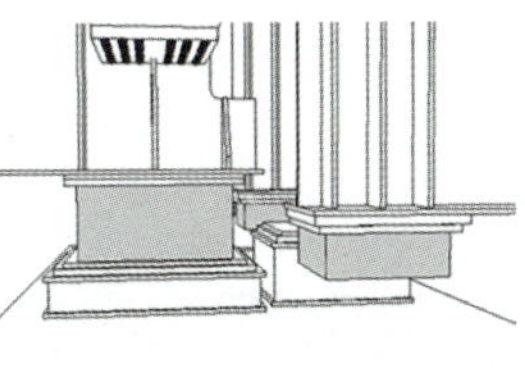 [＊写真提供：東日本高速道路株式会社ホームページより]	[主な損傷] ゴム支承本体 [損傷の状況] 桁架け違い部の端支点のゴム支承が破断し，上部構造が橋軸直角方向に移動した。
 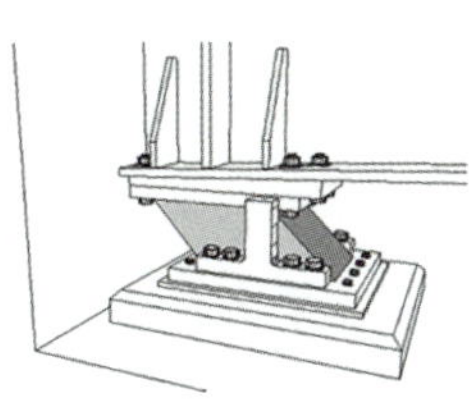	[主な損傷] ゴム支承本体 [損傷の状況] 橋台が前面側に移動し，桁端部がパラペットに接触し，ゴム支承に残留変形が生じた。ゴム損傷はない。
 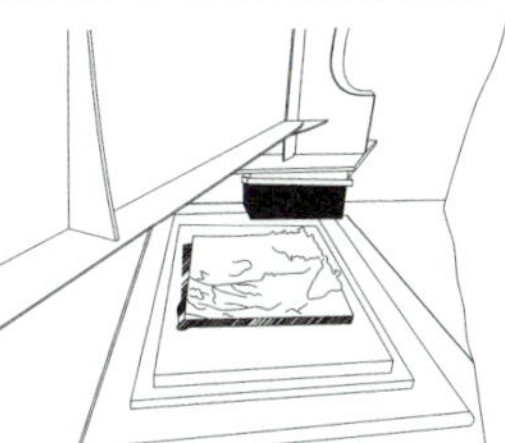	[主な損傷] ゴム支承本体 [損傷の状況] 上下部構造の相対変位により，ゴム支承本体が破断した。
 	[主な損傷] ゴム支承本体 [損傷の状況] 上下部構造の相対変位により，ゴム支承の残留変形，主桁の下フランジや，垂直補剛材，ウェブのはらみ出しが見られた。

(f) 機能分離型支承（パッド沓）

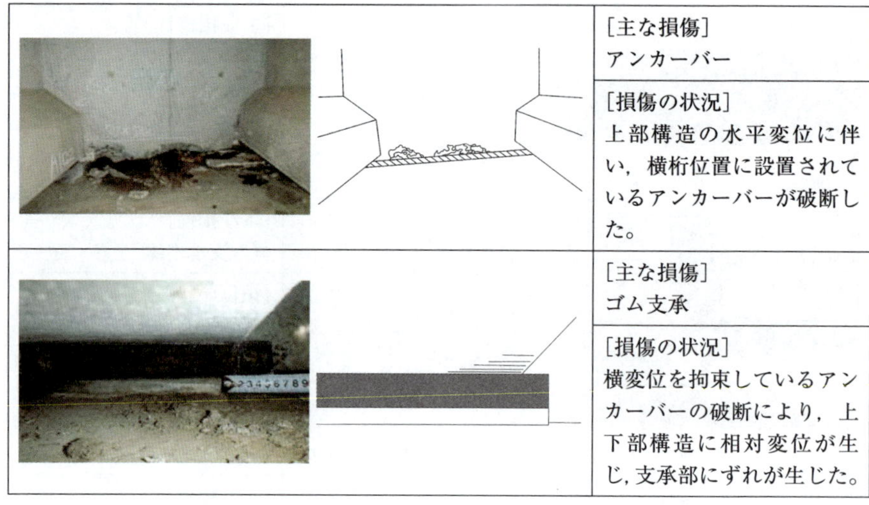

	[主な損傷] アンカーバー
	[損傷の状況] 上部構造の水平変位に伴い，横桁位置に設置されているアンカーバーが破断した。
	[主な損傷] ゴム支承
	[損傷の状況] 横変位を拘束しているアンカーバーの破断により，上下部構造に相対変位が生じ，支承部にずれが生じた。

(g) その他（取付部）

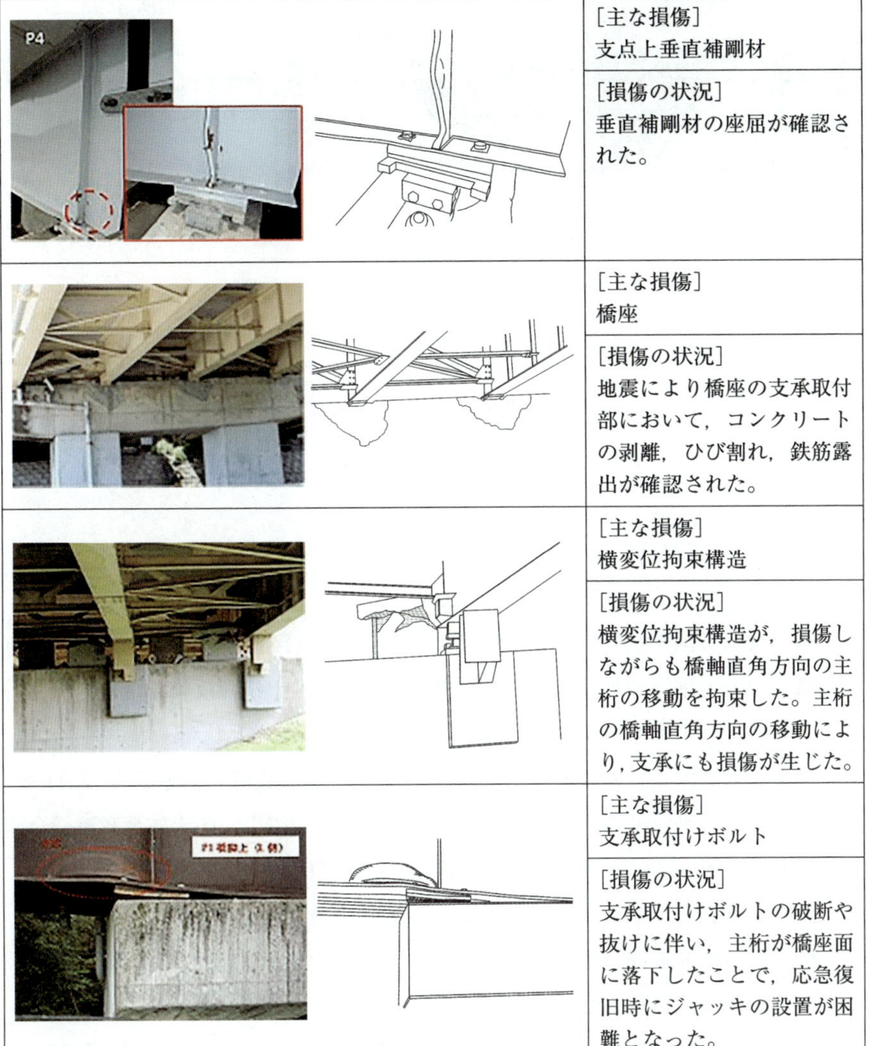

[主な損傷]	[損傷の状況]
支点上垂直補剛材	垂直補剛材の座屈が確認された。
橋座	地震により橋座の支承取付部において，コンクリートの剥離，ひび割れ，鉄筋露出が確認された。
横変位拘束構造	横変位拘束構造が，損傷しながらも橋軸直角方向の主桁の移動を拘束した。主桁の橋軸直角方向の移動により，支承にも損傷が生じた。
支承取付けボルト	支承取付けボルトの破断や抜けに伴い，主桁が橋座面に落下したことで，応急復旧時にジャッキの設置が困難となった。

	[主な損傷] 横変位拘束構造 [損傷の状況] 横変位拘束構造が地震時の水平力により破断した。

参考文献

1） 神田昌幸：道路橋における支承及び落橋防止構造の被災の総括，橋梁と基礎，Vol.30，No.8，pp.156 ～ 162，1996

2） 国土交通省国土技術政策総合研究所，（独）土木研究所：平成 23 年（2011 年）東北地方太平洋沖地震土木施設災害調査速報，国土技術政策総合研究所資料第 646 号／土木研究所資料 4202 号，2011.

3） 国土交通省国土技術政策総合研究所，（独）土木研究所：平成 23 年（2011 年）東北地方太平洋沖地震による道路橋等の被害調査報告，国土技術政策総合研究所資料第 814 号／土木研究所資料 4295 号，2014.

4） 国土交通省国土技術政策総合研究所，（独）土木研究所：平成 19 年（2007 年）新潟県中越沖地震被害調査報告，国土技術政策総合研究所研究資料第 439 号／土木研究所資料 4086 号，2008.

5） 国土交通省国土技術政策総合研究所，（国研）土木研究所：平成 28 年（2016 年）熊本地震土木施設被害調査報告，国土技術政策総合研究所研究資料第 967 号／土木研究所資料 4359 号，2017.

参考資料-3　ヘルツ(Hertz)の理論による接触機構

1．はじめに

鋼製支承では，上部構造の荷重を支持しながら回転変形に追従する接触機構として，円柱面と円筒面の接触（ピン機構）や凹球面と凸球面の接触（ピボット機構）が用いられている。

従来，これらの接触部の応力評価には，一般的にヘルツの理論を背景とした計算方法が用いられているが，ヘルツの理論には下記の理想的な仮定条件がある。

① 接触面積の大きさが曲率半径に比べて十分小さい。

② 接触部の応力が弾性限度内であり，組織的に均一である。

これまで，支承の接触部などでは，この仮定条件が現実の状態との隔たりもあるが，大局的な目安をつけるためには十分使用することが出来るとされてきた。

ここでは，支承の接触部について有限要素法（FEM）による弾塑性解析を行い，ヘルツの理論解との比較を行って，従来の計算方法の妥当性を検証した。

2．ヘルツの理論

2.1 曲面接触

図-参 3.1 のように，球を平面に押しつける曲面接触モデルにおいて，荷重を働かせた場合，接触部ははじめに弾性変形を生じる。変形が弾性的である範囲内で荷重を取除けば，物体はもとの形に戻り，いわゆる弾性接触をする。球面あるいはローラー支承などのように，点あるいは線接触部のある支承の設計においても，接触部は弾性接触領域内にとどめることを基本としなければならない。

弾性接触領域における接触機構は，有名なヘルツ（Hertz）の理論その他によって解析されており，これらの理論に基づく荷重と接触面積，及び接触応力の計算式を**表-参 3.1** に示す。

図−参 3.1 の曲面接触モデルにおいて，弾性接触領域をこえて荷重を増加すると，平面の内部のせん断応力が最大になる点 Z でまず塑性変形がはじまる。このときの平均支圧応力 σ_e と，平面を構成する材料の弾性限度 Y との間に式（参 3.1）に示す関係が成立し，Z 点の位置が，表面から下 0.47a（a は接触円の半径）であることも，ヘルツにより解析されている。この段階で，荷重を取り除いても Z 点付近の金属が塑性変形をおこし降伏し始めるため，平面は完全にもとの形状に戻らず，ごくわずかの残留変形が残るので，このときの応力を極限支圧応力と呼ぶことにする。

$$\sigma_e = 1.1Y \qquad \text{(参 3.1)}$$

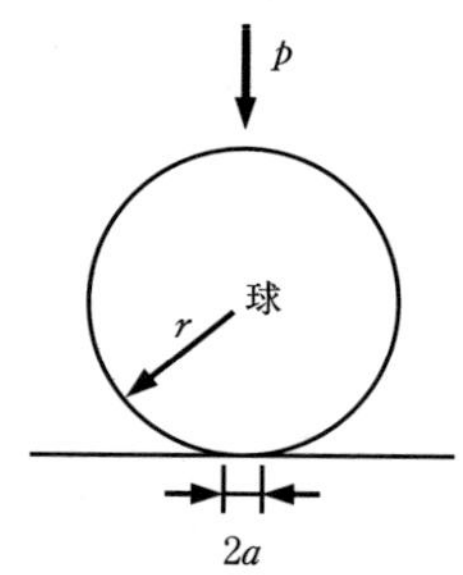

図−参 3.1　曲面接触モデル

極限支圧応力をこえて，さらに荷重を増加していくと Z 点付近の塑性領域は急激に大きくなり，ついに接触部のまわりの材料すべてが塑性変形をおこして流動する段階に達し，この段階では，式（参 3.2）に示すようになることが Hencky[1)] と Ichlinsky[2)] との理論的研究から解析されている。ここでの C の値は，3 に近い値をもっている。

$$\sigma_y = CY \qquad \text{(参 3.2)}$$

もしも，さらに荷重を増加させても

①　変形面積の大きさが材料の大きさに比べてあまり大きくない。

②　塑性変形が生じても弾性限度 Y の値が増加しない。

という二つの条件が成り立つ場合には，式（参 3.2）の関係が成り立ち，このことはいくつかの実験によっても確かめられている。

式（参 3.2）の平均支圧応力においては接触部全域で塑性変形が生じているので，この応力を降伏支圧応力と呼ぶこととする。

種々の金属表面に硬い鋼球を押込み，圧痕の表面積で荷重を除した値をもって測定される押込み硬さ（たとえば，ブリネル硬さ）は，降伏支圧応力にほぼ相当する値である。

支承においてヘルツの理論が適応される接触部の設計に用いる許容支圧応力度が，押込み硬さを安全率で除した値を目安とすることが以上の接触機構の理論的解析から導き出せる。すなわち，球と平面との接触において，式（参 3.1）及び式（参 3.2）の関係式から，式（参 3.2）の定数を 2.8 としたときであり，いま球面と平面とが同一材料とすれば，平均支圧応力σ_eは，式（参 3.3）に示す関係となる。

$$\sigma_e = \frac{1.1}{2.8}\sigma_y = \frac{1}{2.5}\sigma_y \quad \cdots\cdots\cdots\cdots\cdots\cdots\cdots\cdots\cdots\cdots \text{（参 3.3）}$$

接触部の最高支圧応力σ_0と平均支圧応力σ_eとの間には，$\sigma_0 = 1.5\,\sigma_e$なる関係があるので，支圧応力が，式（参 3.4）に示す最高支圧応力になったときに接触部で塑性変形がはじまる。

$$\sigma_0 = \frac{1.5}{2.5}\sigma_y = 0.6\sigma_y \quad \cdots\cdots\cdots\cdots\cdots\cdots\cdots\cdots\cdots\cdots \text{（参 3.4）}$$

円柱と平面の接触の場合にも，内部に生じるせん断応力の値が，球と平面との接触のときに生じるせん断応力の値と同一になる値を計算すれば，式（参 3.5）になったときに接触部で塑性変形が始まることになる。

$$\sigma_0 = 0.5\,\sigma_y \quad \cdots\cdots\cdots\cdots\cdots\cdots\cdots\cdots\cdots\cdots\cdots\cdots \text{（参 3.5）}$$

したがって，ブリネル硬さなどの数値の，球と平面の接触のとき（球と球の場合も含む）60%，円柱と平面の接触のとき（円柱と円柱の場合も含む）50%の値に安全率をみた数値を許容支圧応力度の目安とすることができる。**図-参 3.2** のように円柱と平面が接触しているとき，図のように座標を定めると接触部表面の最大支圧応力は，式（参 3.6）により求められる。

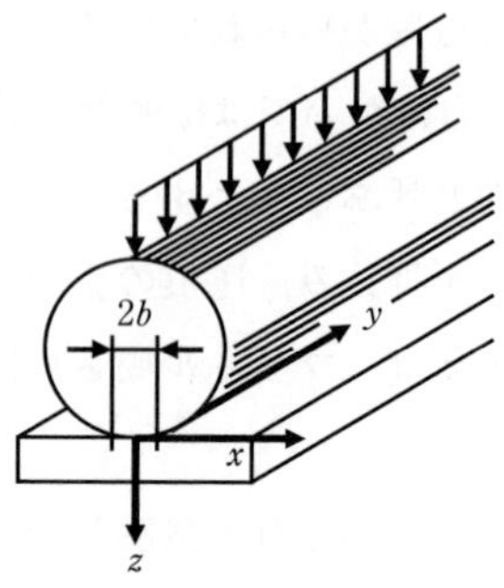

図-参 3.2　円柱と平面

$$\sigma_b = 0.418\sqrt{\frac{PE}{lr}} \quad \cdots\cdots (参 3.6)$$

ここに,

P：荷重（N）

E：弾性係数（N/mm^2）

l：円柱の長さ（mm）

r：円柱の半径（mm）

表-参 3.1　ヘルツの公式

記号：E_1, E_2 =弾性係数, ν_1, ν_2 =ポアソン比, P =荷重, q =単位長さ当りの線荷重, p =接触面上の支圧応力, p_0 =接触面中心に生じる最大支圧応力, r, $r_{1.2}$ =球及び円柱の半径, a =接触円半径, $2b$ =接触面長方形の幅, τ_1, τ_2 =最大主せん断応力

	一　　般	$E_1=E_2=E$,　$\nu_1=\nu_2=0.3$
球と球 P, r_2, 2a, r, Z, r_1 ±, ＋　外接 －　内接	$P=\frac{\pi^3 p_0^3}{6}\left(\frac{r_1 r_2}{r_1 \pm r_2}\right)^2\left(\frac{1-\nu_1^2}{E_1}+\frac{1-\nu_2^2}{E_2}\right)^2$ $a^3=\frac{3}{4}\frac{r_1 r_2}{r_1 \pm r_2}\left(\frac{1-\nu_1^2}{E_1}+\frac{1-\nu_2^2}{E_2}\right)P$	$P=17.1p_0^3\left\{\frac{r_1 r_2}{E(r_1 \pm r_2)}\right\}^2$ $a=1.109\left\{\frac{P}{E}\frac{r_1 r_2}{r_1 \pm r_2}\right\}^{1/3}$ 接触面近傍の応力 $(\sigma_r)_{r=0}=-p_0\left\{1.3\left(1-\frac{z}{a}\tan^{-1}\frac{a}{z}\right)-\frac{a^2}{2(a^2+z^2)}\right\}$ $(\sigma_z)_{r=0}=-p_0\frac{a^2}{a^2+z^2}$ $(\tau_1)_{r=0}=\frac{(\sigma_r-\sigma_z)_{r=0}}{2}$ $(\tau_1)_{max}=0.31p_0(r=0, z=0.47a)$

	一　　　般	$E_1=E_2=E,\quad \nu_1=\nu_2=0.3$
球と平面	$P=\frac{\pi^3 p_0^3}{6}r^2\left(\frac{1-\nu_1^2}{E_1}+\frac{1-\nu_2^2}{E_2}\right)^2$ $a^3=\frac{3}{4}r\left(\frac{1-\nu_1^2}{E_1}+\frac{1-\nu_2^2}{E_2}\right)P$	$P=17.1p_0^3\left(\frac{r}{E}\right)^2$ $a=1.109\left(\frac{pr}{E}\right)^{1/3}$
円柱と円柱 (平行) 2b, q, r2, y, x, z, r1 ±，＋　外接 　　－　内接	$q=\pi p_0^2\frac{r_1 r_2}{r_1\pm r_2}\left(\frac{1-\nu_1^2}{E_1}+\frac{1-\nu_2^2}{E_2}\right)$ $b^2=\frac{4}{\pi}\frac{r_1 r_2}{r_1\pm r_2}\left(\frac{1-\nu_1^2}{E_1}+\frac{1-\nu_2^2}{E_2}\right)q$	$q=5.72\frac{p_0^2}{E}\frac{r_1r_2}{r_1\pm r_2}$ $b=1.52\left(\frac{q}{E}\frac{r_1r_2}{r_1\pm r_2}\right)^{1/2}$ 接触面近傍の応力 $(\sigma_x)_{x=0}=-p_0\frac{b}{\sqrt{b^2+z^2}}\left\{1-\frac{2Z}{b}\left(\sqrt{1+\frac{z^2}{b^2}}-\frac{z}{b}\right)\right\}$ $(\sigma_y)_{x=0}=-p_0\frac{0.6b}{\sqrt{b^2+z^2}}\left\{1-\frac{Z}{b}\left(\sqrt{1+\frac{z^2}{b^2}}-\frac{z}{b}\right)\right\}$ $(\sigma_z)_{x=0}=-p_0\frac{b}{\sqrt{b^2+z^2}}$ $\tau_1=\frac{(\sigma_x-\sigma_z)_{x=0}}{2}$ $\tau_2=\frac{(\sigma_y-\sigma_z)_{x=0}}{2}$ $(\tau_1)_{\max}=0.301\,p_0(z=0.786\,b)$ $(\tau_2)_{\max}=0.262\,p_0(z=0.465\,b)$
円柱と平面	$q=\pi p_0^2 r\left(\frac{1-\nu_1^2}{E_1}+\frac{1-\nu_2^2}{E_2}\right)$ $b^2=\frac{4}{\pi}r\left(\frac{1-\nu_1^2}{E_1}+\frac{1-\nu_2^2}{E_2}\right)$	$q=5.72\frac{p_0^2 r}{E}$ $b=1.52\left(\frac{qr}{E}\right)^{1/2}$

さらにZ軸上の任意の点についての応力は，式（参3.7）により求められる。

$$\left.\begin{aligned}\sigma_x&=-\sigma_b\frac{b}{\sqrt{b^2+z^2}}\left\{1-\frac{2z}{b}\left(\sqrt{1+\frac{z^2}{b^2}}-\frac{z}{b}\right)\right\}\\ \sigma_y&=-\sigma_b\frac{b}{\sqrt{b^2+z^2}}\frac{2}{m}\left\{1-\frac{z}{b}\left(\sqrt{1+\frac{z^2}{b^2}}-\frac{z}{b}\right)\right\}\\ \sigma_z&=-\sigma_b\frac{b}{\sqrt{b^2+z^2}}\end{aligned}\right\}\cdots\cdots(\text{参}3.7)$$

ここに,

m：ポアソン比の逆数

b：接触部の幅の半分（cm）

このような多軸応力状態のもとでは，破壊が最大せん断応力により生じるものと考えられ，せん断応力の大きさは，式（参 3.8）により求められる。

$$\left.\begin{aligned}\tau_1 &= \frac{1}{2}(\sigma_x-\sigma_z)=\sigma_b\frac{z}{b}\left(1-\frac{z}{\sqrt{b^2+z^2}}\right)\\ \tau_2 &= \frac{1}{2}(\sigma_y-\sigma_z)\\ &= \sigma_b\left\{\frac{m-2}{2m}\frac{b}{\sqrt{b^2+z^2}}+\frac{z}{mb}\left(1-\frac{z}{\sqrt{b^2+z^2}}\right)\right\}\end{aligned}\right\} \cdots\cdots\cdots\cdots\cdots (参 3.8)$$

せん断応力の最大値は $m=\dfrac{10}{3}$ のとき，下記に示す深さとなる。

$\tau_1=0.301\,\sigma_b$…… z/b=0.786 の深さに生じる。

$\tau_2=0.262\,\sigma_b$…… z/b=0.465 の深さに生じる。

これらの関係を**図–参 3.3** に示す。したがって接触部の内部においても，**図–参 3.3** に示されるせん断応力の分布を補う強度の特性値がなければならない。ただし，ヘルツの支圧強度の特性値に基づいて，内部に生じる最大せん断応力度を計算すると，この値は一般に用いられるせん断強度の特性値を上回るが，ヘルツの接触により生じる内部の最大せん断応力度は局部的なものであるので，強度の特性値を上回ることが許されると解することができる。なお，鋼材を表面焼入れしたり，高硬度の合金を肉盛り溶接して接触部に硬化層を形成せしめた高硬度ローラー支承の場合などのように，接触部から内部に向って材質が変化するときは，内部応力についても吟味し，内部に生じる応力以上の強度の特性値をもつよう材質が調整されていなければならない。硬化層の必要厚さも以上のような観点から決められるが，硬化層に続く母材部分に対する強度の特性値は，熱影響などを考慮し，15%程度低減した方がよいと考えられる。低減率 15%とした場合に必要な硬化層の厚を**表–参 3.2** に示す。

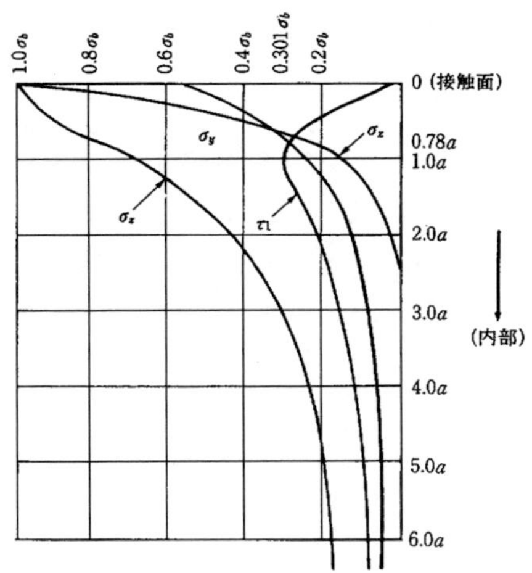

図-参 3.3 接触面近傍の応力分布

2.2 平面接触

支承板支承のすべり面と相手板のすべり面を接触させた場合，工業的に仕上げられた平面には凹凸が無数にあるので，**図-参 3.4** の平面接触モデルのように，見掛けの面全体で接触せず，突起部分のみが直接接し合っており，真実に接触している表面の小さな突起のまわりの材料は容易に塑性変形を生じて流動している。そして変形し接触している部分の平均接触応力は，σ_e=CY となる関係を満足するものと考えられるので，真実に接触して荷重を支えている総面積 A は，見掛けの接触面積とは異なり，表面の無数の小さな突起部分のうち，荷重によって塑性変形している面積の総和であって，これを真実接触面積と呼び，算出式を式（参 3.9）に示す。真実接触面積は荷重に比例し，降伏支圧応力に反比例する。

$$A=\Sigma\pi a^2=P/\sigma_y \quad \cdots\cdots (参 3.9)$$

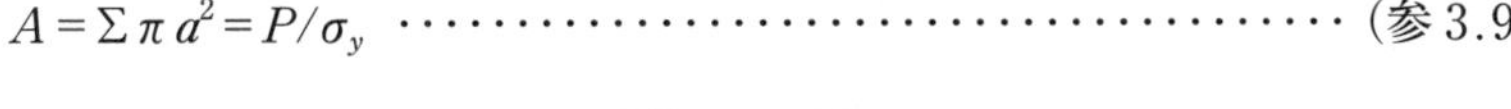

図-参 3.4 平面接触モデル

表-参 3.2　高硬度ローラー支承の硬化層

			母材のヘルツの許容支圧応力度（N/mm^2）																			
			600	700	750	780	800	850	900	950	1,000	1,050	1,080	1,100	1,150	1,200	1,250	1,300	1,350	1,400	1,450	1,460	1,500
			SS400 SM400A,B SF490 SC450 SCW410	SM490A,B S30C SF540 SCW480 SCMn1A	S35C	SCMn2A							C13B									SNCM 439	SNCM 447
硬化層のヘルツの許容支圧応力度	1500		0.13	0.11	0.10	0.10	0.09	0.09	0.08	0.08	0.07	0.07	0.07	0.07	0.06	0.06	0.06	0.05	0.05	0.05	0.05	0.04	0.04
	1550		0.14	0.12	0.11	0.10	0.10	0.10	0.09	0.08	0.08	0.08	0.07	0.07	0.07	0.06	0.06	0.06	0.05	0.05	0.05	0.05	0.05
	1600		0.15	0.13	0.12	0.11	0.11	0.10	0.10	0.09	0.08	0.08	0.08	0.08	0.07	0.07	0.07	0.06	0.06	0.06	0.05	0.05	0.05
	1650		0.16	0.13	0.12	0.12	0.11	0.11	0.10	0.10	0.09	0.09	0.08	0.08	0.08	0.07	0.07	0.07	0.06	0.06	0.06	0.06	0.05
	1700		0.16	0.14	0.13	0.13	0.12	0.11	0.11	0.10	0.10	0.09	0.09	0.09	0.08	0.08	0.07	0.07	0.07	0.06	0.06	0.06	0.06
	1750		0.17	0.15	0.14	0.13	0.13	0.12	0.11	0.11	0.10	0.10	0.09	0.09	0.09	0.08	0.08	0.08	0.07	0.07	0.07	0.06	0.06
	1800	CWA	0.18	0.16	0.15	0.14	0.14	0.13	0.12	0.12	0.11	0.10	0.10	0.10	0.09	0.09	0.08	0.08	0.08	0.07	0.07	0.07	0.07
	1850		0.19	0.17	0.16	0.15	0.14	0.14	0.13	0.12	0.11	0.11	0.11	0.10	0.10	0.09	0.09	0.09	0.08	0.08	0.07	0.07	0.07
	1900	C13B	0.21	0.18	0.17	0.16	0.15	0.14	0.14	0.13	0.12	0.11	0.11	0.11	0.10	0.10	0.09	0.09	0.09	0.08	0.08	0.08	0.08
	1950		0.22	0.19	0.17	0.17	0.16	0.15	0.14	0.14	0.13	0.12	0.12	0.12	0.11	0.10	0.10	0.10	0.09	0.09	0.08	0.08	0.08
	2000		0.23	0.20	0.18	0.17	0.17	0.16	0.15	0.14	0.13	0.13	0.12	0.12	0.12	0.11	0.10	0.10	0.10	0.09	0.09	0.09	0.08
	2050		0.24	0.21	0.19	0.18	0.18	0.17	0.16	0.15	0.14	0.13	0.13	0.13	0.12	0.12	0.11	0.11	0.10	0.10	0.09	0.09	0.09
	2100		0.25	0.22	0.20	0.19	0.19	0.18	0.17	0.16	0.15	0.14	0.14	0.13	0.13	0.12	0.12	0.11	0.11	0.10	0.10	0.10	0.09
	2150	SNCM439 SNCM447	0.26	0.23	0.21	0.20	0.20	0.18	0.17	0.17	0.16	0.15	0.14	0.14	0.13	0.13	0.12	0.12	0.11	0.11	0.10	0.10	0.10
	2200		0.28	0.24	0.22	0.21	0.21	0.19	0.18	0.17	0.16	0.15	0.15	0.15	0.14	0.13	0.13	0.12	0.12	0.11	0.11	0.11	0.10

3．解析による理論の検証

一般にピン機構よりも接触部の応力が大きくなると考えられるピボット機構について有限要素法を用いて下記の項目を調べた。

① 接触圧力分布（ヘルツの理論解との比較）

② 曲率半径の影響

③ 摩擦係数の影響

④ 材料の降伏状態

3.1 解析対象，解析ケース

解析対象は**図-参 3.5** に示すように，鉛直荷重 5000kN のピボット支承の球面部（道路協会標準：平成 5 年 4 月）をベースとしたもので，凸球面側の曲率半径を r_2=115mm の一定値とし，接触する相手側（凹球面）接触面の曲率半径 r_1 を変化させたものである。下沓（凸球面部材）の下面で鉛直方向変位を固定し，上沓（凹球面部材）の上面に鉛直荷重に相当する等分布荷重を負荷する荷重・境界条件とした，軸対称ソリッド要素を使用してモデル化した。したがって，**図-参 3.5** の左側の軸が回転中心軸である。なお，**図-参 3.6** に解析対象の要素分割状態を示す。

［道示Ⅱ（平成 29 年)］では，ヘルツの理論で計算する場合と接触面積が大きい平面接触として計算する場合とに分けて支圧強度の特性値を規定している。凹球面と凸球面の接触の場合には半径比 1.01 未満を平面接触として取り扱っている。

解析ケースの一覧を**表-参 3.3** に示す。表中の No.1 はヘルツの理論で計算する場合に相当するものであり，No.2 ～ No.4 は平面接触に相当する場合である。解析に当たっては，接触面での摩擦を考慮した（摩擦係数 μ =0.25 を設定）弾塑性応力解析を基本としたが，No.3 では No.2 と同じモデルで μ = 0.0 の解析を行い，摩擦係数の影響を調べることとした。したがって，曲率半径の影響は No.1，2，4 で調べることとし，全ケースについてヘルツの理論解との比較を行なった。

また，支承材料の応力状態については，Misesの相当応力に着目して調べた。Misesの相当応力は多軸応力状態となっている鋼材（延性材料）の降伏判定に使われる物理量（スカラ量）であり，次式による。この相当応力が1軸引張試験の降伏強度の特性値σ_yに到達したらその部位は降伏状態になっていると判定される。

$$\sigma_e=\frac{1}{\sqrt{3}}\left\{(\sigma_1-\sigma_2)^2+(\sigma_1-\sigma_3)^2+(\sigma_2-\sigma_3)^2\right\}^{\frac{1}{2}} \quad \cdots\cdots\cdots\cdots\cdots (参3.10)$$

σ_e：Misesの相当応力

σ_1, σ_2, σ_3：主応力

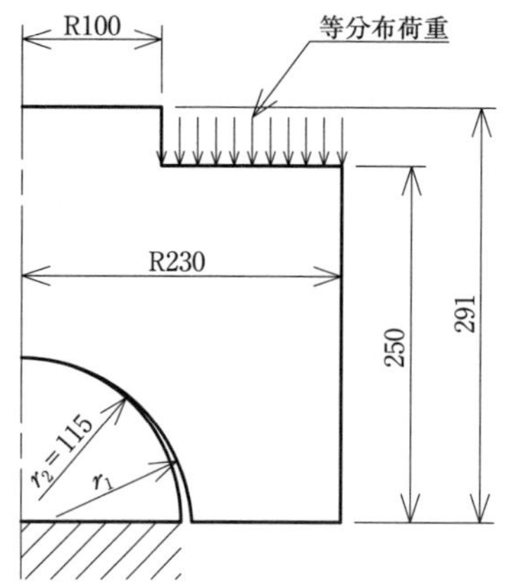

図–参 3.5　解析対象（凸球面と凹球面の接触）

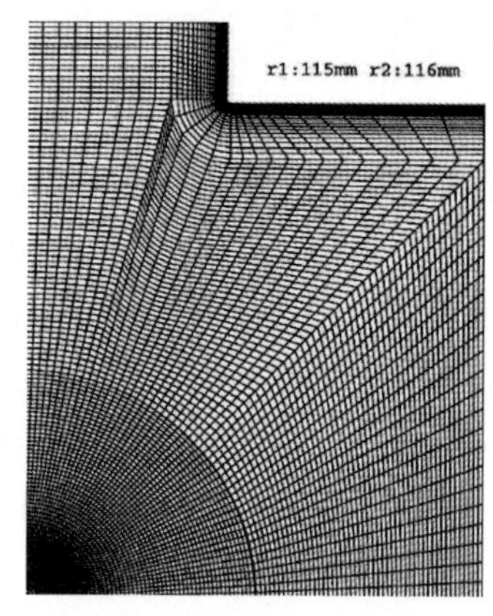

図–参 3.6　要素分割状態

表–参 3.3　凸球面と凹球面の弾塑性接触解析　解析ケース一覧

No.	r_1 (mm)	R_2 (mm)	r_1/r_2	摩擦係数 μ
1	117	115	1.0174	0.25
2	116	115	1.0087	0.25
3	116	115	1.0087	0
4	115.1	115	1.0009	0.25

r_1：凹球面曲率半径　r_2：凸球面曲率半径

3.2　解析モデル，解析方法

解析は有限要素法（FEM）による弾塑性接触応力解析を行った。モデル化は軸対象ソリッド要素を使用して行い，1/4 円周上を四角形要素で 50 分割とした。解析モデルの要素分割図を**図−参 3.6** に示す。解析に用いた鋼材の応力－歪関係を**図−参 3.7** に示す。図中の一点鎖線は解析に使用したデータであり，初期勾配をヤング率 E=205,800N/mm，降伏後の第二勾配を E/100 として真応力－真歪関係で表したバイリニア曲線である。降伏応力は SCW480 の降伏強度の特性値 275N/mm^2 を使用した。ポアソン比は $\nu = 0.3$ を使用した。図中の実線は SCW480 の公称応力－公称歪線図である。破線は材料試験データを真応力－真歪関係に直したものである。材料試験から得られた降伏応力は約 305N/mm^2 であり，降伏強度の特性値より 10％程度高めの値を示している。したがって，FEM 解析結果は実材料を使用した場合に比べて安全側の評価を与えることになる。

負荷荷重は，荷重の増加とともに接触面積が変化していくことと，材料の部分的な塑性化による非線形性を見るために，低荷重から徐々に上げていき最終 5000kN まで負荷した。

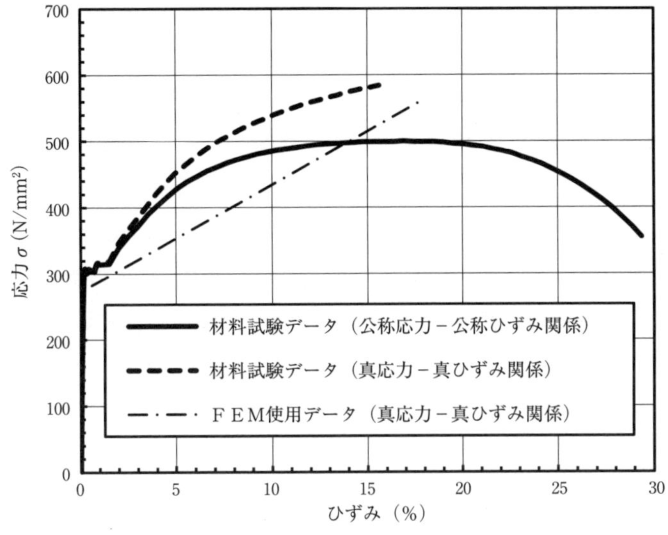

図−参 3.7　SCW480 材料の応力－ひずみ関係

3.3 解析結果

(1) 接触圧力分布（ヘルツの理論解との比較）と曲率半径の影響

図–参 3.8 から**図–参 3.11** に全解析ケースの接触圧力分布を示す。

図–参 3.8 は凹球半径 r_1=117mm，凸球半径 r_2=115mm の半径比 1.017 の場合（ヘルツの理論で計算する場合に相当）の接触圧力分布をヘルツの理論解とともに示したものである。荷重 P=1872kN（接触半径 40mm 程度）まではFEM 解とヘルツの理論解はよく一致しているが，その後 FEM 解では接触中心付近での圧力が頭打ちになる。一方，ヘルツの理論解では，弾性解であるため，接触中心付近の圧力は荷重の増加につれて上昇していく。FEM 解析では弾塑性解析を行なっているため，荷重 1500kN 付近から支承内部で材料の降伏が始まり，さらに荷重の増加につれて応力再配分により接触中心での接触圧の上昇が頭打ちとなっているようである。**図–参 3.12** に示すように，降伏は凹球或いは凸球の表面（接触面）では起こらず，ある深さだけ入った内部で起こっている。

図–参 3.9 から**図–参 3.11** に半径比 1.01 未満の場合（平面接触として計算する場合に相当）の接触圧力分布を示す。荷重が小さい場合にはやはり FEM 解はヘルツの理論解とよく一致しているが，ある荷重を越えると両者に違いが出てくる。

図–参 3.9 及び**図–参 3.10** は半径比が 1.0087（ヘルツ理論での計算から平面接触での計算に移行した直後の値）である場合の摩擦係数の影響をも調べたものであるが，荷重 700kN 程度までは FEM 解はヘルツの理論解とよく一致している。その後徐々に違いが出て，FEM 解の方が少し高めの値を示している。両者の大小関係は前記**図–参 3.8** の場合と逆の傾向を示している。**図–参 3.11** の半径比が 1.0009 である場合には，さらにこの傾向が大きく出ている。

以上述べたように，半径比 1.0174 ～ 1.0009 の範囲では，荷重が小さいうちはヘルツの理論が成立しているようであり，その限界荷重は半径比の減少とともに低下しているが，接触半径 r に着目すると，その限界値 r_{cr} は常に一定値（r_{cr}/r_2= 約 0.35）となっている。**図–参 3.9** から**図–参 3.11** においてこの限界値を超えると FEM 解の方が大きくなっていく傾向を示している。

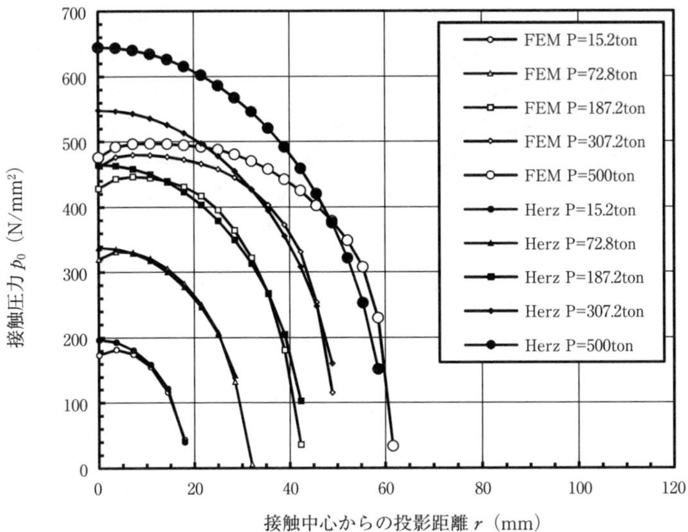

図-参 3.8　接触圧力分布（r_1=115mm，r_2=117mm，μ =0.25）

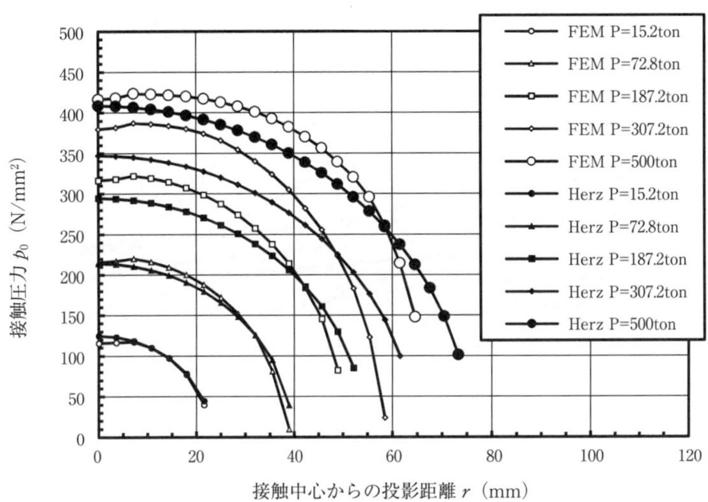

図-参 3.9　接触圧力分布（r_1=115mm，r_2=116m，μ =0.25）

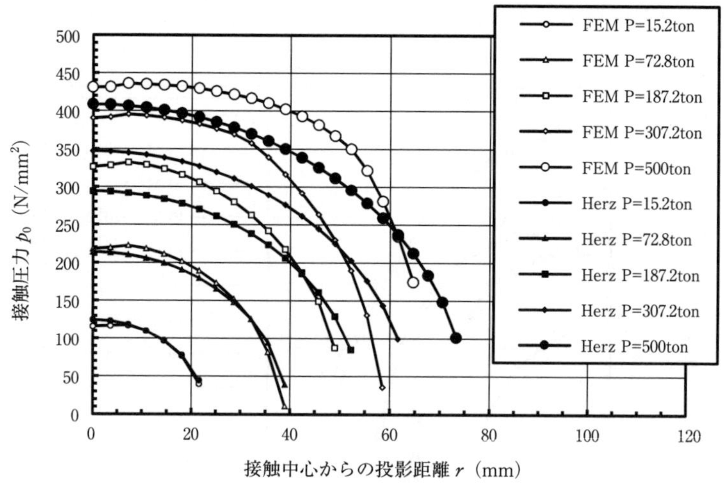

図-参 3.10 接触圧力分布（r_1=115mm，r_2=116mm，μ =0.0）

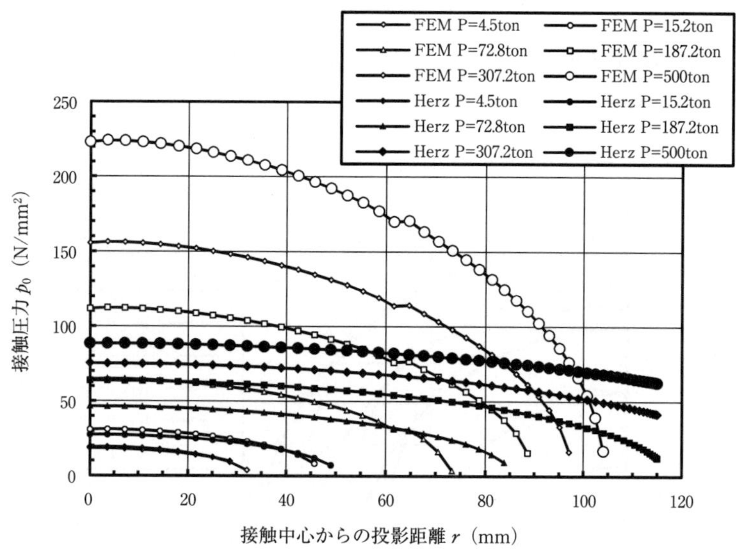

図-参 3.11 接触圧力分布（r_1=115mm，r_2=115.1mm，μ =0.25）

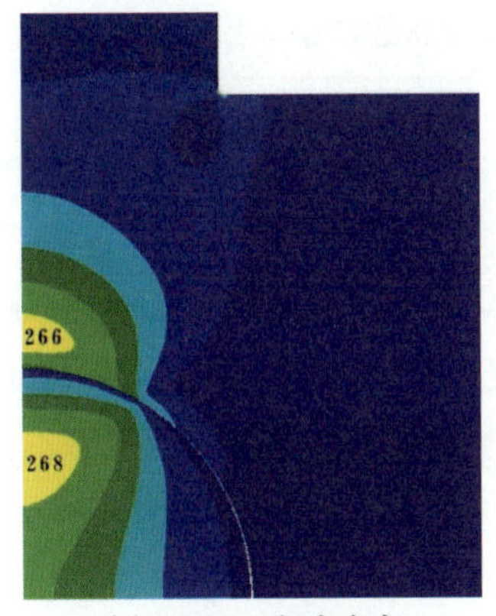

(a)Mises の相当応力

(b)相当塑性ひずみ

荷重 P=3072kN

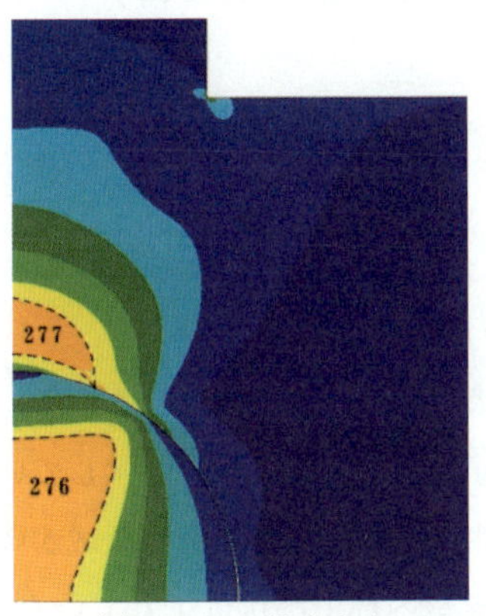

(a)Mises の相当応力

(b)相当塑性ひずみ

荷重 P=5000kN

注)・Mises の相当応力図中の点線は降伏応力 275N/mm^2 の境界を示す。
・Mises の相当応力図中の数値は最大応力値（N/mm^2）を示す。

図−参 3.12 降伏領域の発生状況（半径比 1.0087（摩擦係数μ =0.25）の場合）

(2) 摩擦係数の影響

摩擦係数の影響に着目してみると，**図−参 3.9** 及び**図−参 3.10** より，ヘルツの解の前提条件が成立していると考えられる範囲（接触半径 r ／凸球曲率半径 $r_2 \leq 0.35$）では，摩擦係数の影響はほとんど見られない。さらに荷重が大きくなり材料の降伏が生じ変形が大きくなるような状態になると，摩擦係数の影響が見られるがその程度は小さい。

(3) 材料の降伏状態

図–参 3.11 は半径比が最も小さい 1.0009 の場合であるが，設計荷重 5000kN でも材料の降伏は生じていない。FEM 解とヘルツの理論解との違いは単にヘルツの理論解の前提条件「接触面積の大きさが曲率半径に比べて十分小さい」からの逸脱によるものである。

ヘルツ理論での計算から平面接触での計算に移行する境界値（半径比）1.01 に最も近い半径比 1.0087 の解析ケース No.2 の場合の降伏領域の発生状態を，Mises の相当応力と相当塑性ひずみの分布図として**図–参 3.12** に示す。相当塑性ひずみは次式による。

$$\varepsilon_e = \frac{\sqrt{2}}{3}\left\{(\varepsilon_1-\varepsilon_2)^2+(\varepsilon_1-\varepsilon_3)^2+(\varepsilon_2-\varepsilon_3)^2\right\}^{\frac{1}{2}} \quad \cdots\cdots\cdots\cdots\cdots (参 3.11)$$

ε_e：Mises の相当応力

$\varepsilon_1, \varepsilon_2, \varepsilon_3$：主ひずみ

相当塑性ひずみが発生している部位は降伏していると判定される。

Mises の相当応力の分布図では，275N/mm^2 を超えた領域が降伏していることを示し，相当塑性ひずみの分布図では塑性ひずみが生じている領域が降伏していることを示す。荷重 3072kN ではまだ支承内部で降伏は生じていないが，設計荷重 5000kN では降伏領域が広がっているが，凸球では内部が降伏しているが周囲を弾性領域で囲われており耐荷力はまだある。凹球側での降伏領域の大きさは凸球側に比べて小さい。

図–参 3.13 に荷重 5000kN における Mises の相当応力の最大値を，半径比との関係として示す。半径比 1.0009 では荷重 5000kN でも材料の降伏は起こっていない。半径比 1.0087 では降伏は起こっているが，Mises の相当応力は材料の破断応力（**図–参 3.7** の真応力参照）に比べてはるかに小さい。さらに半径比 1.0174 ではさらに応力値は高くなっているが，材料の破断応力に比べてまだ低い位置にある。

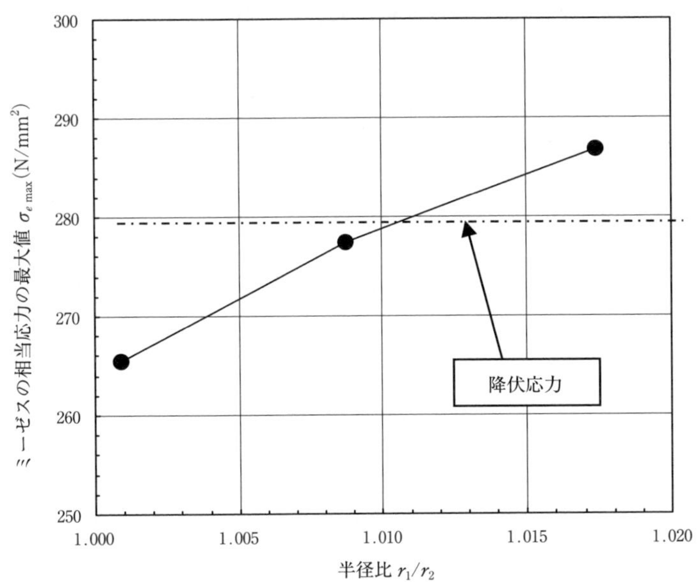

図–参 3.13　設計荷重 5000kN における Mises の相当応力の最大値

4. ま　と　め

ヘルツの理論で計算される支持荷重は，凹球面側と凸球面側の材料の弾性係数とポアソン比が同じ場合に次式で表される。

$$P = 17.1\ P_0^{\,3}\ \{r_1\ r_2\ /\ E\ (r_1 - r_2)\}^2 \quad \cdots\cdots\cdots\cdots\cdots\cdots\cdots\cdots \text{(参 3.12)}$$

P：支持荷重

P_0：接触面中心に生じる最大支圧応力

E：材料の弾性係数

r_1：凹球面の曲率半径

r_2：凸球面の曲率半径

ヘルツの理論では，接触面積の大きさが曲率半径に比べて十分小さいことを条件としているが，式（参 3.10）では凹球面と凸球面の曲率半径の差が小さいほど，換言すれば凹球面と凸球面の接触面積が大きくなるほど支持荷重が大きくなることを示している。

今回の FEM では，凹球面と凸球面の曲率半径比を変化させて解析したが，次式を満足する範囲で安全側の評価が出来ることが分かった。

$$r_1 / r_2 \geqq 1.01 \quad \cdots\cdots\cdots\cdots \text{(参 3.13)}$$

したがって，ヘルツの理論では接触面積の大きさが曲率半径に比べて十分小さいことを条件としているが，この曲率半径比の範囲ではヘルツの理論を用いることができることを FEM で検証できたと考える。

また，式（参 3.13）を言い換えた形で，凹球面と凸球面の曲率半径比が式（参 3.14）を満足する場合にはヘルツの理論を用いずに全面接触として支持力の計算をすることとされており，実際のピボット支承も次式に準拠して製作されている。

$$r_1 / r_2 \leqq 1.01 \quad \cdots\cdots\cdots\cdots \text{(参 3.14)}$$

［道示Ⅱ（平成 29)］では，ヘルツ理論の適用範囲については，本来であれば，ヘルツ理論による接触面上の支圧応力度がこれまでの許容応力度を使ったそれとは異なるため，適用範囲は変化することになるが，これまでの示方書による場合の設計との整合を考慮し，ヘルツ理論の適用範囲はこれまでの示方書のとおりとされている。

参考文献

1) H. Hencky：Z.Angew, Math, Mech, 3. 1923

2) A.J. Ishlinsky：J.Appl, Math, Mech (U.S.S.R), 8. 1944

参考資料-4　異形化丸鋼アンカーボルトの特性検証試験

1. はじめに

アンカーボルトに異形棒鋼を使用することが一般的であるが，D51を超えるものについては規格が無いため，丸鋼に鋼線を巻きつけ溶接固定したもの（以下，異形化丸鋼アンカーボルトと呼ぶ）が使用される場合が多い。平成29年道路橋示方書・同解説では，異形棒鋼に対するアンカーボルトの付着強度の特性値のみが示されており，異形化丸鋼アンカーボルトについては，その付着特性について個別に検討する必要がある。ここでは，異形化丸鋼アンカーボルトのうち，巻き付け線材の直径を0.1D（D: 丸鋼の直径），巻き付けピッチを0.7Dに設定した試験体を用いた静的引抜き試験によりコンクリートとの付着強度特性を検証した結果を示す。

2. 試験概要

(1) 供　試　体

(a) 異形化丸鋼アンカーボルト

供試体諸元を**表-参4.1**に示す。異形化丸鋼アンカーボルトは，母材S35CNに丸鋼（SW-MF）を溶接した構造である。異形棒鋼のD51と比較するため，ϕ50を最小直径の供試体として設定した。また，最大直径は試験治具の大きさなどを考慮しϕ100とした。丸鋼の寸法･配置は**図-参4.2(a)**に示すように，直径を0.1D，アンカーボルトへの巻付ピッチ(凸ピッチ)を0.7Dとした。異形化丸鋼アンカーボルトの母材と丸鋼の溶接は，引張側(引抜時に丸鋼の受圧側)を全周溶接とした。供試体数量は，製造誤差のばらつきを考慮し各3本とした。

表-参 4.1　異形化丸鋼アンカーボルト諸元(単位：mm)

直径 D	付着面積 (mm^2)	丸鋼直径 d 0.1D	丸鋼巻付ピッチ P 0.7D	溶接脚長 S
ϕ 50	314	5.0	35.0	2
ϕ 70	615	7.0	49.0	3
ϕ 100	1256	10.0	70.0	5

また，試験体の製作にあたっては，［道示Ⅱ］20.8 の規定により，以下の溶接要領で施工，管理を行った。

なお，溶接施工試験を実施し，溶接部に有害な割れがないことを確認する。溶接施工試験に用いる試験体は，母材直径ϕ 70mm にϕ 6mm の丸鋼を 45mm ピッチで 10 回巻き付けて溶接したもの（**図-参 4.1** 参照）とし，溶接施工後浸透探傷検査により溶接部に割れがないことを確認した。

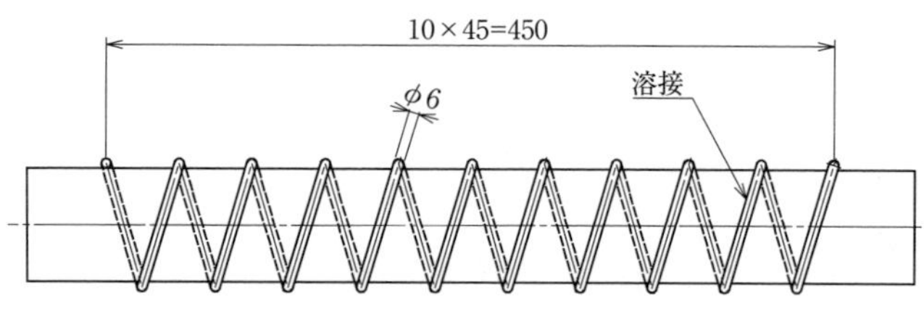

図-参 4.1　溶接施工試験用試験体

(b) 異形棒鋼アンカーボルト

異形棒鋼アンカーボルトの各寸法を**図-参 4.2(b)** に示す。異形棒鋼アンカーボルトについては，D51 を使用し，材質は SD345 とした。また，供試体数量は，異形化丸鋼アンカーボルトと同様に各 3 本とした。

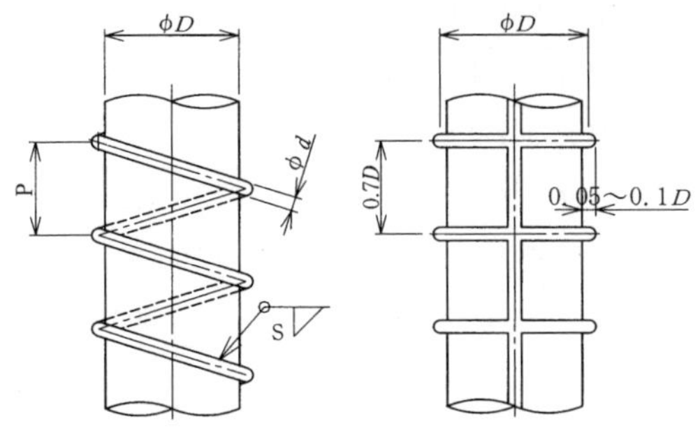

(a) 異形化丸鋼アンカーボルト　(b) 異形棒鋼アンカーボルト

図-参 4.2　アンカーボルトの寸法

(c) 静的引抜き試験供試体

静的引抜き試験は，**図-参 4.3** に示す供試体を用いて行った[1)]。静的引抜き試験供試体のコンクリートの仕様及び寸法を**表-参 4.2** に示す。静的引抜き試験供試体のコンクリート内部には，補強鉄筋を配置した。アンカーボルトの非付着となる部分については，コンクリートとの付着を絶つ処置をした。

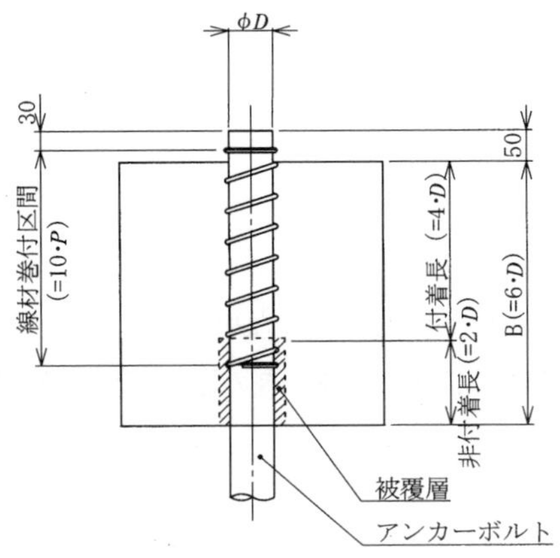

図-参 4.3　静的引抜試験供試体

表-参 4.2　静的引抜試験供試体のコンクリートの仕様及び寸法

コンクリート材料	設計基準強度	σ_{ck}=30N/mm^2
	最大粗骨材寸法	25mm
	スランプ	10±2cm
	材齢 28 日における圧縮強度	30±3N/mm^2
供試体の寸法	D51，ϕ50	300×300×300（mm）
	ϕ70	420×420×420（mm）
	ϕ100	600×600×600（mm）

コンクリートの基準強度結果を**表-参 4.3** に示す。試験は材齢 35 日で行った。その結果，3 回の試験において上記仕様を満たしていることを確認した。

表-参 4.3　コンクリートの基準強度試験結果

設計基準強度	N/mm^2	30	
打設日	—	2001.8.3	
試験日	—	2001.9.7	
材齢	日	35	
圧縮試験結果	荷重(kN)	強度(N/mm^2)	重量(kg)
1	250	31.8	3.64
2	260	33.1	3.62
3	286	32.6	3.63
平均		32.5	

また，アンカーボルトを定着するためのコンクリートブロックには，**図-参 4.4** に示す配筋を行った。このときの記録写真を**図-参 4.5** に示す。

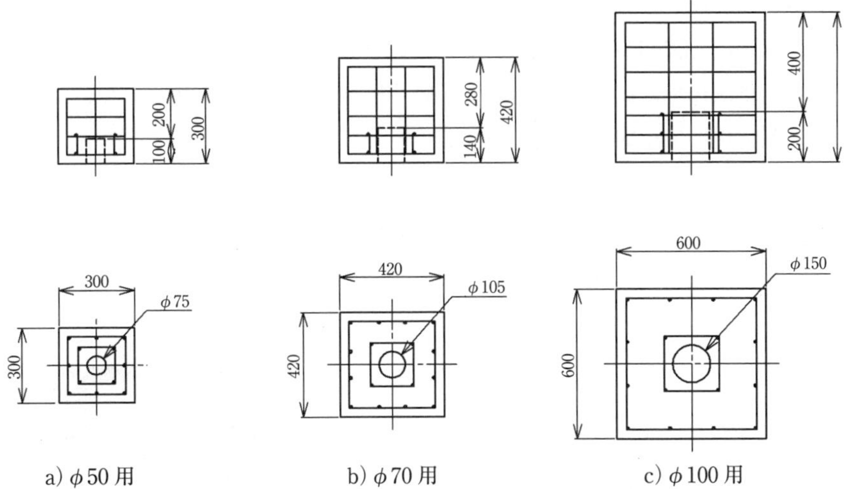

図-参 4.4　コンクリートブロックの鉄筋補強

図-参 4.5　コンクリートブロックの配筋状況

(2)　計 測 項 目

計測項目は，付着応力度を測定するため，アンカーボルト引抜力とその時に生じる滑動量の各２項目に関して測定を行った。

(3) 試 験 方 法

試験装置を**図-参 4.6** に示す。また，試験方法を以下に示す。

1) 供試体を載荷板の上に設置する。その際，偏心荷重が加わらないように，載荷板の下が球座になっている。

2) アンカーボルト自由端に滑動量測定用ゲージを取付ける。

3) 載荷速度はアンカーボルトの引張応力度で毎分 20N/mm^2 とし，衝撃を与えないように載荷する。

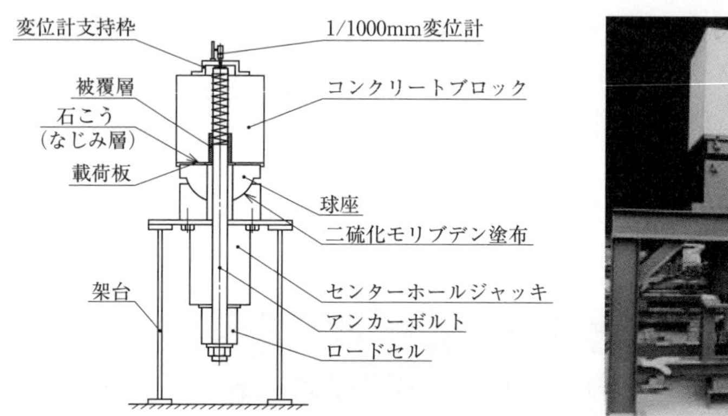

図-参 4.6 試験装置の概要

3. 試 験 結 果

試験後の異型化丸鋼アンカーボルトの写真を**図-参 4.7** に示す。コンクリートは溶接した巻き付け線材の外側でせん断破壊（引き抜け破壊）しており，コンクリート表層部に広がるコーン破壊などの形態は確認されなかった。

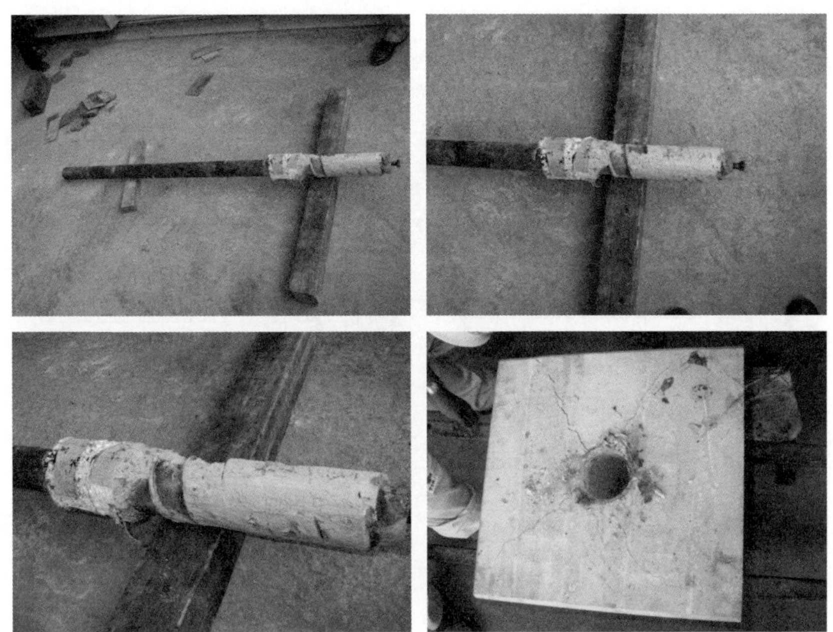

図−参 4.7　異形化丸鋼アンカーボルトの引き抜き試験結果

各供試体の引抜き試験結果による付着応力度と滑動量（アンカーボルトとコンクリート間のすべり量）の関係を**図−参 4.8** に示す。ここで，付着応力度は，いずれの供試体においても，計測された引張力をアンカーボルト本体の直径（呼び径）から求めた埋め込み区間における表面積で除した値として算出している。つまり，異形化丸鋼における鉄筋の表面積や異形棒鋼における節の凹凸によるに表面積は考慮していない。

各供試体とも付着応力度 2N/mm^2 付近から滑動が生じ，最大付着応力度に達した後，緩やかに減少した。最大付着応力度は異形棒鋼で約 12N/mm^2 程度，異形化丸鋼アンカーボルトで約 16N/mm^2 程度以上であった。

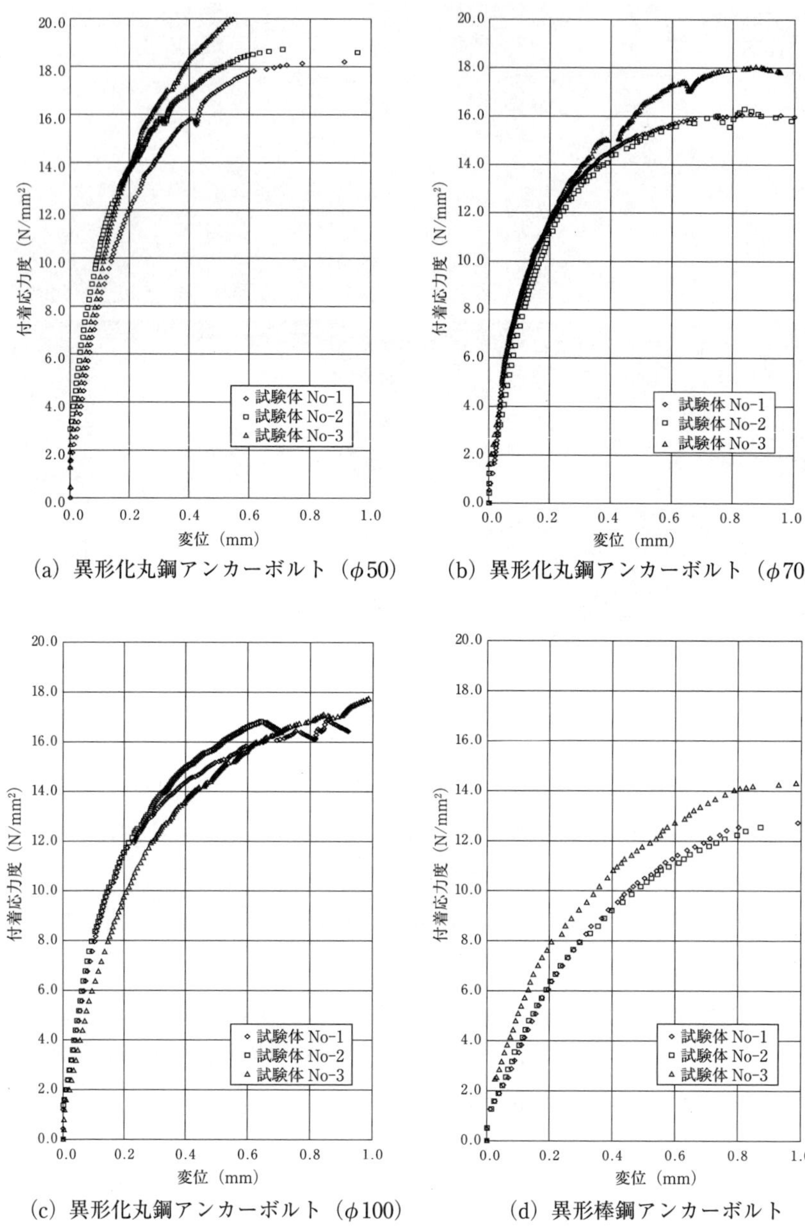

(a) 異形化丸鋼アンカーボルト（ϕ50）　(b) 異形化丸鋼アンカーボルト（ϕ70）

(c) 異形化丸鋼アンカーボルト（ϕ100）　(d) 異形棒鋼アンカーボルト

図-参 4.8　各アンカーボルトの付着応力度と滑動量の関係

参考として，参考文献 1）に示されているすべり量 0.002D が発生した時における付着応力度を**表–参 4.4** に示す。ここで，付着応力度は 3 体の平均値としている。いずれの異形化丸鋼においても，異形棒鋼の値よりも高い付着強度を有していることが分かる。

表–参 4.4 すべり量 0.002D 時における付着応力度

	0.002D 時のすべり量(mm)	付着応力度の平均値(N/mm^2)
ϕ50	0.1	9.3
ϕ70	0.14	9.6
ϕ100	0.2	10.9
D51	0.1	4.1

図–参 4.9 に最大荷重（最大付着応力度）到達以降の付着応力度と滑動量の関係を各供試体から 1 ケースを代表させた結果として示す。この図から，ϕ100 のケースでは最大値に到達後すぐに引き抜けが生じたが，他の供試体では 1mm 程度以上はある程度の耐力を有した状態を維持していることが分かる。

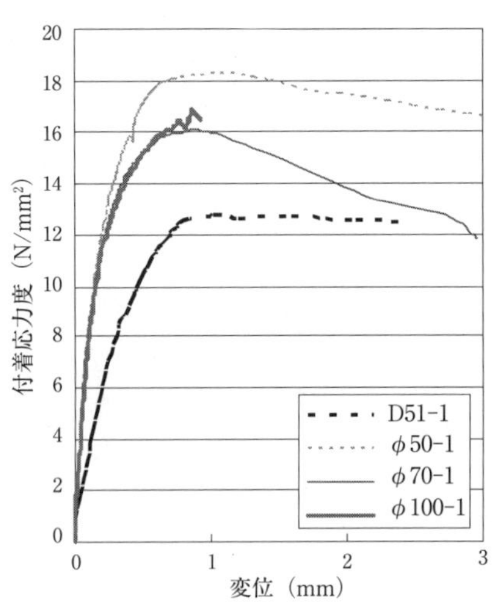

図–参 4.9 各アンカーボルトの付着応力度と滑動量の関係（最大荷重到達以降）

以上のことから，対象とした異形化丸鋼のアンカーボルトは異形棒鋼（鉄筋）と同等以上の付着強度が得られることが確認できた。このため，本実験で確認できた範囲で使用する場合においては，［道示Ⅲ］7.5.3 に規定される表-7.5.5 の特性値を用いることができると考えられる。

また，本実験結果では，付着応力度による照査の場合，特性値を新たに設定できる可能性も示唆されているが，ばらつきを含めたデータの蓄積などの観点も含めて，更なる検討が必要であると考えられる。

参考文献

1) (社)土木学会：コンクリート標準示方書［基準編］引抜き試験による鉄筋とコンクリートとの付着強度試験方法(JSCE-G503-2007)，2007

参考資料-5　免震支承の応力度－ひずみ曲線

1．はじめに

免震橋の設計では，橋の耐震性能が免震支承による長周期化とエネルギー吸収能に大きく依存しているため，使用する免震支承が有する力学的特性を適切に設計モデルに反映することが重要である。免震橋の動的解析に用いる免震支承の非線形履歴特性の構築方法は道路橋支承便覧(平成16年)において示されていたが，その後の技術開発の進展によって，免震支承の力学的特性も変化してきている。

そこで，道路橋支承便覧（平成16年）に示されていた鉛プラグ入り積層ゴム支承と高減衰積層ゴム支承の設計モデルが構築された変遷とその根拠[1)]をもとに，その後の免震支承の技術開発の動向を踏まえ，近年新たに実施された試験データに基づき鉛プラグ入り積層ゴム支承と高減衰積層ゴム支承の設計モデル[2)]を示す。

2．鉛プラグ入り積層ゴム支承の設計モデル

鉛プラグ入り積層ゴム支承について，近年新たに実施されたせん断ひずみ依存性試験で得られた力学的特性を踏まえ，せん断ひずみが大きい領域におけるゴムのハードニングの影響及びゴムの面積に対する鉛プラグの面積比が降伏時の水平力に与える影響を考慮できるようにするために設計モデルの見直しを行った。

2.1　せん断ひずみ依存性試験

鉛プラグ入り積層ゴム支承の力学的特性を評価するために，圧縮せん断試験機に取り付けた試験体に，一定の圧縮力を載荷した状態でせん断変位を与えた試験を行った。

2.1.1 供試体諸元

鉛プラグ入り積層ゴム支承のせん断ひずみ依存性試験に用いた供試体の諸元を**表-参 5.1** に示す。供試体は，JIS K 6411 に示される標準試験体のうち，せん断弾性係数 G_e が 0.8N/mm^2 と 1.0N/mm^2 のケースでは平面寸法 400mm×400mm，せん断弾性係数 G_e が 1.2N/mm^2 のケースでは平面寸法 350mm×350mm のものとし，せん断弾性係数 G_e ごとに 4 体の試験を行った。

表-参 5.1 供試体諸元

せん断弾性係数 G_e	0.8 N/mm^2	1.0 N/mm^2	1.2 N/mm^2
平面寸法	□400mm	□400mm	□350mm
供試体数	4	4	4
ゴム厚・層数	9mm×6 層 =54mm	9mm×6 層 =54mm	8mm×6 層 =48mm
鉛プラグ径・本数	φ57.5-4 本	φ57.5-4 本	φ50-4 本
鉛プラグ面積比 κ	6.94%	6.94%	6.85%
一次形状係数	10.39	10.39	10.236
二次形状係数	7.407	7.407	7.292

2.1.2 試験条件

せん断ひずみ依存性試験の試験条件を**表-参 5.2** に示す。圧縮応力度 6.0N/mm^2 となる鉛直荷重を載荷した状態で，正負交番繰返し水平変位を水平加振周期 2.0 秒により与えた。

表-参 5.2 せん断ひずみ依存性試験の試験条件

圧縮応力度	6.0 N/mm^2
せん断ひずみ	±50%，±100%，±175%，±200%，±250%，±275%
試験温度	23℃
水平加振周期	2.0 秒
水平加力波形	正弦波
水平加振回数	6 回

2.1.3　試験結果

各せん断弾性係数 G_e の供試体におけるせん断応力度とせん断ひずみの関係の一例として，せん断ひずみ 175% の場合を**図-参 5.1** に，せん断ひずみ 250% の場合を**図-参 5.2** に示す。せん断ひずみ 175% までであれば，二次剛性に大きな変化は見られないが，せん断ひずみ 175% を超えると，二次剛性が高くなる，いわゆるハードニングが顕著になっていることがわかる。また，せん断ひずみ 175%, 250% いずれの供試体も, 1 波目の水平力が大きくなっていることがわかる。これは，ゴム支承は一定振幅の繰返し載荷を受けた場合に初期の載荷における水平力が 2 回目以降の載荷における水平力より大きい特性を示すことによる現象と考えられる。

各せん断弾性係数 G_e の供試体における等価せん断弾性係数 $G(\gamma)$ とせん断ひずみの関係を**図-参 5.3** に示す。いずれのせん断弾性係数 G_e の供試体も，せん断ひずみが 70% 程度までの小さい領域では，大きな等価せん断弾性係数を示し，その後は各せん断弾性係数 G_e 程度に収束する傾向を示している。

ここで示す等価せん断弾性係数 $G(\gamma)$ のひずみ依存性は，鉛プラグ入り積層ゴム支承のゴム本体のひずみ依存分と鉛プラグのひずみ依存分を含むものであり，ゴムのひずみ依存分を抽出し，ゴム本体のハードニングを評価するために，等価せん断弾性係数 $G(\gamma)$ から式(参 5.5)の右辺の第 2 項を差し引いた $c_r(\gamma)\,G_e$ を**図-参 5.4** に示す。各せん断弾性係数 G_e の供試体における $c_r(\gamma)\,G_e$ はせん断ひずみ 175% 程度までは G_e と同程度の一定の値を示し, せん断ひずみ 175% を超えると，$c_r(\gamma)\,G_e$ が徐々に大きくなっている。この増加分を鉛プラグ入り積層ゴム支承に用いるゴムのひずみ依存係数 $c_r(\gamma)$ で評価するものとする。

また，各せん断弾性係数 G_e の供試体における等価減衰定数とせん断ひずみの関係を**図-参 5.5** に示す。いずれのせん断弾性係数 G_e の供試体も，せん断ひずみが大きくなるにつれて，等価減衰定数が低下していることがわかる。

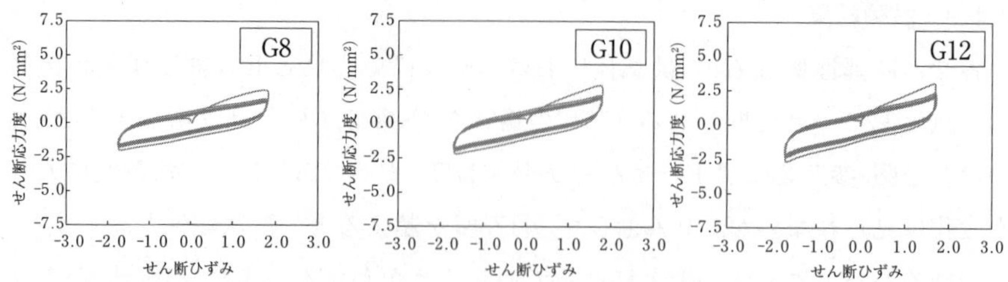

図-参 5.1　せん断応力度とせん断ひずみの関係の一例（せん断ひずみ 175%）

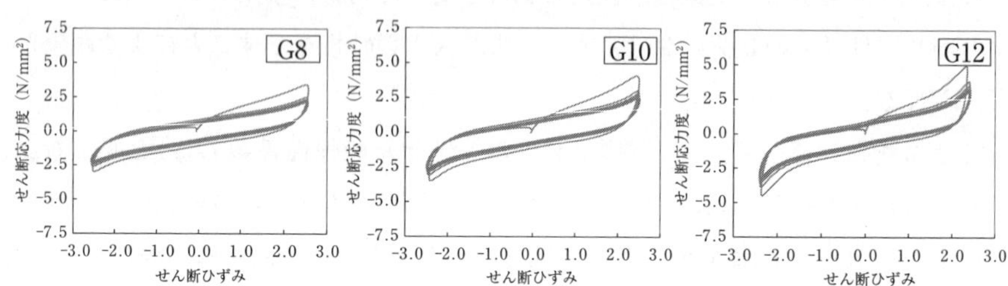

図-参 5.2　せん断応力度とせん断ひずみの関係の一例（せん断ひずみ 250%）

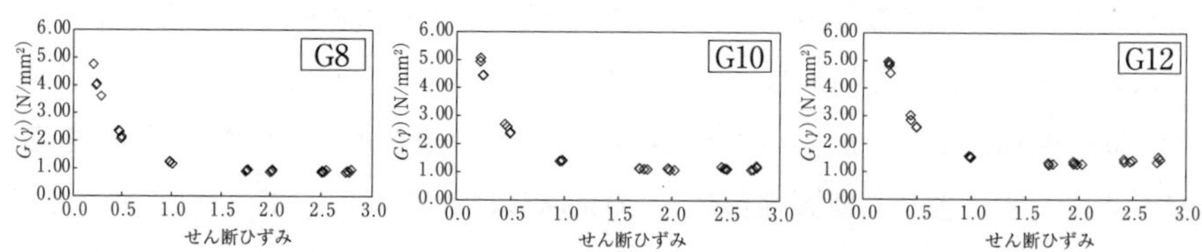

図-参 5.3　等価せん断弾性係数 $G(\gamma)$ とせん断ひずみの関係

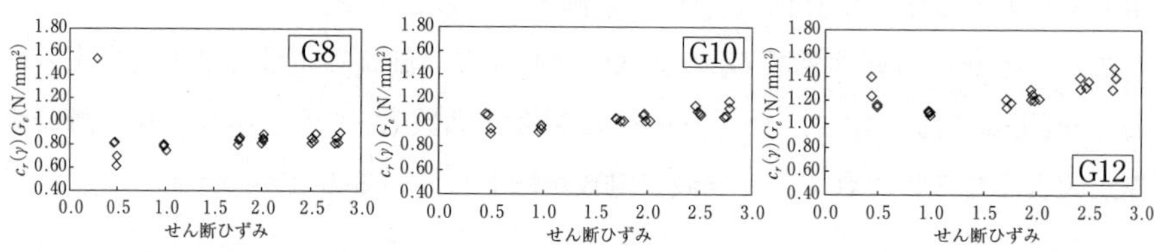

図-参 5.4　等価せん断弾性係数 $G(\gamma)$ から式(参 5.5)の右辺の第 2 項を差し引いた $c_r(\gamma)G_e$

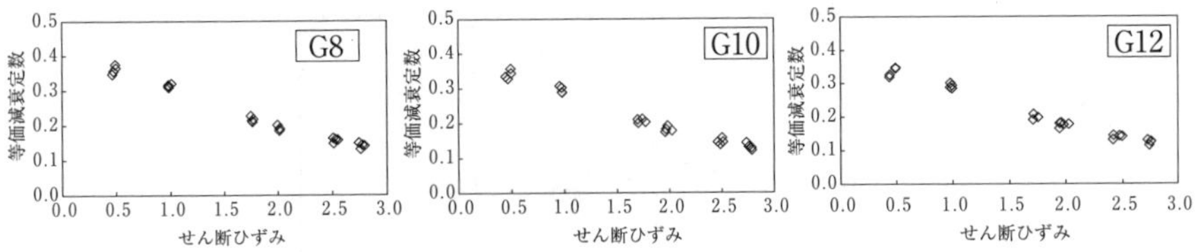

図–参 5.5　等価減衰定数とせん断ひずみの関係

2.2　ゴムの面積 A_e に対する鉛プラグの面積 A_p の比が降伏時の水平力 Q_d に与える影響検討

鉛プラグ入り積層ゴム支承のゴムの面積 A_e に対する鉛プラグの面積 A_p の比 κ が降伏時の水平力 Q_d に与える影響を評価するために，近年に出荷された製品に対する品質管理試験のデータを整理した。

2.2.1　対象とした鉛プラグ入り積層ゴム支承

近年に出荷された鉛プラグ入り積層ゴム支承 1502 体の品質管理試験のデータを整理した。鉛プラグ入り積層ゴム支承のゴムの面積 A_e に対する鉛プラグの面積比 κ は 3 ～ 10% の一般的な範囲内のものを対象とした。

2.2.2　整理結果

実験で得られた降伏時の水平力 Q_d' を式(参 5.1)により算出される降伏時の水平力 Q_d で除して無次元化した値とゴムの面積 A_e に対する鉛プラグの面積比 A_p の比 κ の関係を**図–参 5.6** に示す。

$$Q_d = q_0(\gamma_e) A_p \quad \cdots\cdots (参 5.1)$$

ここに，

$q_0(\gamma_e)$：降伏荷重の算定に用いる鉛プラグのせん断応力度で，式(参 5.11)により算出する。

A_p：鉛プラグの面積（mm^2）

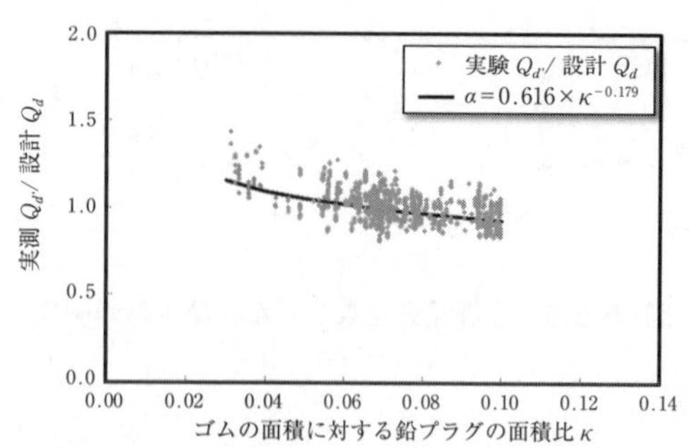

図−参 5.6　降伏時の水平力 Q_d とゴムの面積に対する鉛の面積比 κ の関係

図−参 5.6 より，ゴムの面積 A_e に対する鉛プラグの面積比 κ が大きくなると，実験で得られた降伏時の水平力 Q_d' を式(参 5.1)により算出された降伏時の水平力 Q_d で除して無次元化した値は低下する傾向があることがわかる。これは，鉛プラグの面積を大きくしても，降伏時の水平力は比例的に大きくはならないことを示している。そこで，実験で得られた降伏時の水平力 Q_d' を式(参 5.1)により算出される降伏時の水平力 Q_d で除して無次元化した値とゴムの面積 A_e に対する鉛プラグの面積比 κ の関係をもとに，回帰式を算出し，κ が降伏時の水平力 Q_d に与える影響を考慮するための鉛プラグのせん断応力補正係数 α の算出が式(参 5.2)のように設定される。

$$\alpha=0.616\kappa^{-0.179} \cdots\cdots\cdots\cdots\cdots\cdots \text{(参 5.2)}$$

ここに，

α：鉛プラグのせん断応力補正係数

κ：ゴムの面積に対する鉛プラグの面積比

$$\kappa=A_p/A_e \cdots\cdots\cdots\cdots\cdots\cdots \text{(参 5.3)}$$

A_e：ゴム支承本体の側面被覆ゴムを除く面積 (mm^2)

2.3　設計モデル

2.1 に示したせん断ひずみ依存性試験及び **2.2** に示したゴムの面積 A_e に対する鉛プラグの面積 A_p の比が降伏時の水平力 Q_d に与える影響検討の結果を踏ま

え，鉛プラグ入り積層ゴム支承の等価剛性，等価減衰定数及び非線形履歴特性の設計モデルを示す。

2.3.1 等価剛性

道路橋支承便覧（平成 16 年）に示されていた鉛プラグ入り積層ゴム支承の等価せん断弾性係数 $G(\gamma)$の設計式をもとに，式（参 5.5）に示すように鉛プラグ入り積層ゴム支承に用いるゴムのひずみ依存係数 $c_r(\gamma)$を新たに導入し，これをせん断弾性係数 G_e に乗じることでせん断ひずみ 175% 以上の領域におけるハードニングの影響を考慮した。鉛プラグ入り積層ゴム支承に用いるゴムのひずみ依存係数 $c_r(\gamma)$は，**図–参 5.7** に示すように，**2.1** に示したせん断ひずみ依存性試験から得られた各せん断ひずみ水準におけるせん断弾性係数 $G(\gamma)$を G_e で割り戻した値にフィッティングするように決定した。鉛プラグ入り積層ゴム支承に用いるのひずみ依存係数 $c_r(\gamma)$を式(参 5.6)に示す。なお，式（参 5.5)の右辺の第 2 項については，道路橋支承便覧（平成 16 年）に示されていた鉛プラグ入り積層ゴム支承の等価せん断弾性係数を算出する式の第 2 項を変更せず踏襲している。等価剛性の設計式を以下に示す。

$$K_B=\frac{G(\gamma)A_e}{\Sigma t_e} \cdots\cdots \text{（参 5.4）}$$

ここに，

K_B：免震支承の等価剛性（N/mm）

Σt_e：総ゴム厚（mm）

$G(\gamma)$：等価せん断弾性係数（N/mm^2）

$$G(\gamma)=c_r(\gamma)\,G_e+q(\gamma)\,\frac{\kappa}{\gamma} \cdots\cdots \text{（参 5.5）}$$

$c_r(\gamma)$：鉛プラグ入り積層ゴム支承に用いるゴムのひずみ依存係数

$$c_r(\gamma)=a_0+a_1\,\gamma+a_2\,\gamma^2 \cdots\cdots \text{（参 5.6）}$$

係数 a_i は**表–参 5.3** に示す。

G_e：ゴムのせん断弾性係数(N/mm^2)

$q(\gamma)$：等価せん断弾性係数の算定に用いる鉛プラグのせん断応力度(N/

mm²)

$$q(\gamma) = b_0 + b_1\gamma + b_2\gamma^2 + b_3\gamma^3 \quad \cdots\cdots (参5.7)$$

係数 b_i は**表–参 5.4** に示す。

γ：設計せん断ひずみで，地震の影響を考察する設計状況における静的照査の場合は有効せん断ひずみγ_e，動的照査の場合は設計せん断ひずみ γ を用いる。有効せん断ひずみγ_e は式(参 5.8)による。

$$\gamma_e = c_B\gamma \quad \cdots\cdots (参5.8)$$

c_B：慣性力の時間的な非定常性を表わす係数で 0.7 とする。

表–参 5.3　鉛プラグ入り積層ゴム支承の $c_r(\gamma)$ の算定に用いる係数

適用条件		a_0	a_1	a_2
$\gamma \leqq 1.75$	各 G 共通	1.000	0	0
$1.75 < \gamma \leqq 2.50$	G8	0.905	0.028	0.015
	G10	1.046	-0.161	0.077
	G12	1.049	-0.203	0.100

表–参 5.4　鉛プラグ入り積層ゴム支承の $q(\gamma)$ の算定に用いる係数(N/mm²)

適用条件		b_0	b_1	b_2	b_3
温度変化の影響	$\gamma \leqq 0.10$	0	23.395	0	0
	$0.10 < \gamma \leqq 0.70$	3.2462	-11.6	27.891	-25.635
風荷重，地震の影響	$\gamma \leqq 0.35$	0	29.7	0	0
	$0.35 < \gamma \leqq 0.50$	10.395	0	0	0
	$0.50 < \gamma \leqq 2.00$	15.9814	-12.5604	2.7752	0
	$2.00 < \gamma \leqq 2.50$	1.9614	0	0	0

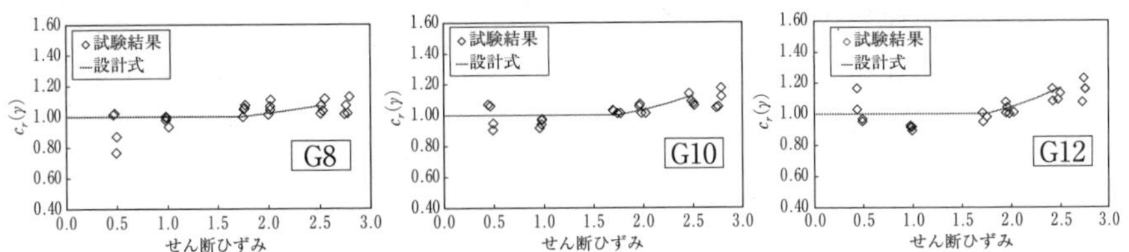

図-参 5.7 鉛プラグ入り積層ゴム支承に用いるゴムのひずみ依存係数 $c_r(\gamma)$ の実験値と設計値の比較

2.3.2 等価減衰定数

等価減衰定数については道路橋支承便覧（平成 16 年）の算出式を踏襲した上で，**2.2** で示したゴムの面積 A_e に対する鉛プラグの面積 A_p の比 κ が降伏時の水平力 Q_d に与える影響検討の結果を踏まえ，鉛プラグのせん断応力度補正係数 α を導入する。等価減衰定数 h_B の算出式を式（参 5.9）に示す。**2.1** で示したせん断ひずみ依存性試験で得られた各せん断ひずみ水準における等価減衰定数と式(参 5.9)で算出した等価減衰定数 h_B で評価した結果を**図-参 5.8** に比較して示す。式（参 5.9）で算出した等価減衰定数 h_B は試験より得られた等価減衰定数を安全側に評価していることがわかる。

$$h_B=\frac{2Q_d\left(u+\dfrac{Q_d}{K_2-K_1}\right)}{\pi u(Q_d+uK_2)} \qquad \text{(参 5.9)}$$

ここに，

h_B：等価減衰定数

u：設計変位（mm）（$=\Sigma\, t_e\, \gamma_e$）

Q_d：降伏時の水平力（N）

$$Qd=\alpha\, q_0(\gamma_e)A_p \qquad \text{(参 5.10)}$$

α：鉛プラグのせん断応力補正係数で式(参 5.2)による。

$q_0(\gamma_e)$：降伏荷重の算定に用いる鉛プラグのせん断応力度(N/mm^2)

$$q_0(\gamma_e)=c_0+c_1\,\gamma_e \qquad \text{(参 5.11)}$$

係数 c_i は，**表-参 5.5** に示す。

K_1：一次剛性（N/mm）

$$K_1 = 6.5K_2 \quad \cdots\cdots\cdots\cdots \quad (参5.12)$$

K_2：二次剛性（N/mm）

$$K_2 = \frac{F - Q_d}{u} \quad \cdots\cdots\cdots\cdots \quad (参5.13)$$

F：せん断ひずみγにおける水平力（N）

静的照査の場合は有効せん断ひずみγ_e，動的照査の場合は設計せん断ひずみγを用いる。

$$F = c_r(\gamma)\,G_e A_e\,\gamma + A_p\,q(\gamma) \quad \cdots\cdots\cdots\cdots \quad (参5.14)$$

表-参5.5　鉛プラグ入り積層ゴム支承の$q_0(\gamma_e)$算定に用いる係数(N/mm^2)

適用条件	c_0	c_1
$\gamma \leqq 0.35$	0	23.82
$\gamma > 0.35$	8.337	0

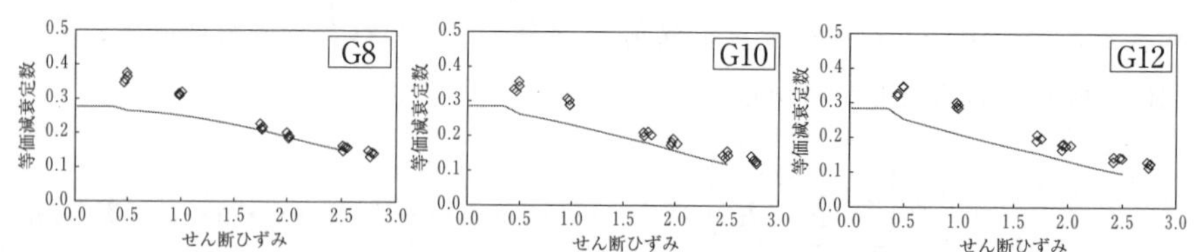

図-参5.8　鉛プラグ入り積層ゴム支承における等価減衰定数の実験値と設計値の比較

2.3.3　非線形履歴特性のモデル化

鉛プラグ入り積層ゴム支承の非線形履歴特性のモデル化に用いる一次剛性K_1及び二次剛性K_2は，それぞれ式（参5.12)及び式（参5.13)より算出する。また，一次剛性K_1，二次剛性K_2を算出する時に使用する変位uおよびせん断ひずみγは，それぞれc_Bを乗じない設計変位，設計せん断ひずみとする。

図-参5.9，**図-参5.10**に，せん断ひずみ175%および250%における履歴曲線の試験結果と設計式によるバイリニアモデルとの比較例を示す。[道示V］において，ゴム支承本体は一定振幅の載荷を繰り返すことにより水平力が徐々に低下する特性を示すので，5回目の載荷における水平力－水平変位関係の履歴特性を表すように設定するのがよいとされている。これは，このようにモデル化すれば，一般に支承の応答変位を大きめに評価するためである。**図–参5.9**, **図–参5.10**より，いずれのケースにおいても，設計式によるバイリニアモデルが，5回目の載荷における水平荷重－水平変位関係の履歴特性を適切に表していることがわかる。

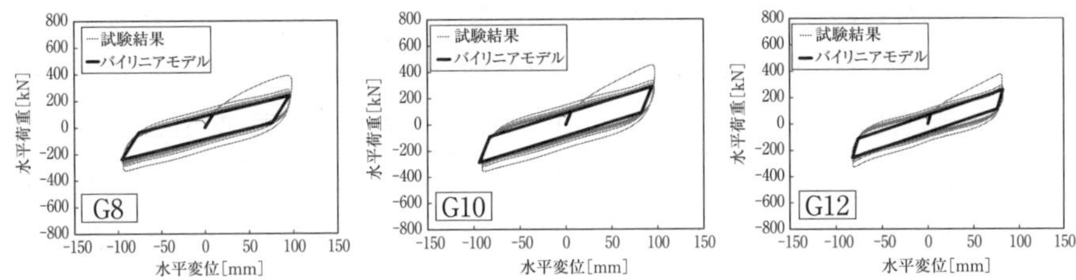

図–参5.9　履歴曲線の試験結果とバイリニアモデルの比較（せん断ひずみ175%）

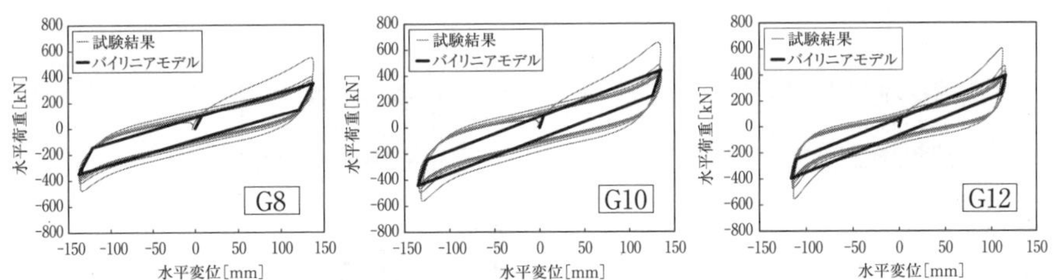

図–参5.10　履歴曲線の試験結果とバイリニアモデルの比較（せん断ひずみ250%）

2.4　実験データに基づく設計モデルの検証

2.1に示したせん断ひずみ依存性試験及び**2.2**に示したゴムの面積A_eに対する鉛プラグの面積A_pの比が降伏時の水平力Q_dに与える影響検討の結果により，等価せん断剛性及び等価減衰定数の設計モデルを設定したが，これらの試験データは供試体数が限られており，一般的な鉛プラグ入り積層ゴム支承の力学的特性を適切に評価するものとなっているか検証しておく必要がある。

そこで，独立行政法人土木研究所と民間会社9社による共同研究「ゴム支承の地震時の性能の検証方法に関する研究」（以下，共同研究と呼ぶ）で行った34体の供試体のせん断ひずみ175%，250%の正負交番繰返し載荷試験の結果を対象とし，4章に示した設計モデルの適用性を評価するために実験値と設計値の比較を行った[3)]。なお,34体の供試体の二次形状係数は最小3.429から最大7.06となっており，二次形状係数が4.0以下の供試体も含まれている。

共同研究の実験結果から得られた鉛プラグ入り積層ゴム支承のせん断ひずみ175%と250%における水平力－水平変位の関係から，正側と負側の最大変位の点を結ぶことにより求まる等価剛性を，道路橋支承便覧（平成16年）に示されていた等価剛性の算出式（以下，H16式）で評価した結果を**図-参5.11**に示す。

せん断ひずみ175%では，設計値に対して実験値が±10%の範囲内に入っていたが，せん断ひずみ250%では，設計値に対して実験値が大きくなる結果となり，また，そのばらつきも大きくなっている。これはH16式では，せん断ひずみ175%以上の領域において生じるハードニングの影響を考慮していないことによると考えられる。

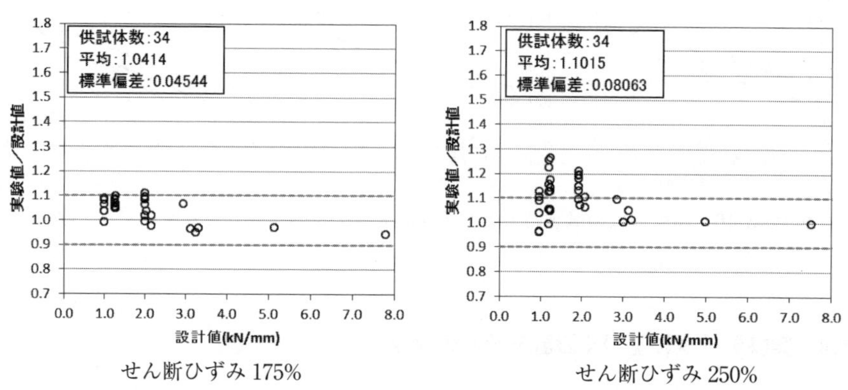

図-参5.11　鉛プラグ入り積層ゴム支承における等価剛性の実験値と設計値（H16式）の比較

これに対して，**2.3.1**で示した等価剛性の算出式（以下，H30式）で評価した結果を**図-参5.12**に示す。せん断ひずみ250%においても，H16式と比較して，設計値に対して実験値が±10%に入る割合が多くなっていることがわかる。これは，4章に示す式がせん断ひずみ175%以上の領域において生じるハードニングの影響を適切に考慮していることによるためと考えられる。

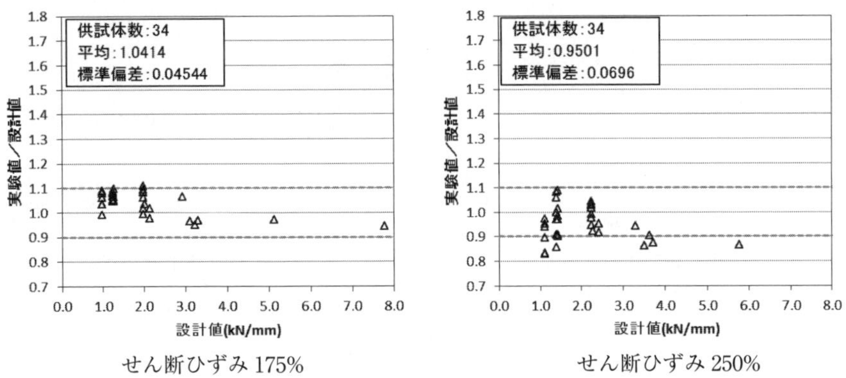

図-参 5.12　鉛プラグ入り積層ゴム支承における等価剛性の実験値と設計値の比較

鉛プラグ入り積層ゴム支承のせん断ひずみ175%，250%における水平力－水平変位の関係における履歴面積であるエネルギー吸収量ΔWをH16式で評価した結果を**図-参 5.13**に，4章に示す式で評価した結果を**図-参 5.14**に示す。

図-参 5.13, **図-参 5.14**より，4章に示す式によるエネルギー吸収量については，H16式との差は小さく，また安全側に評価していることが確認できる。

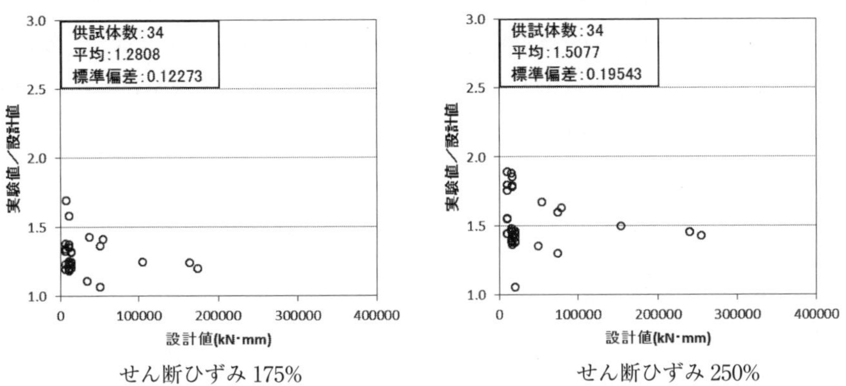

図-参 5.13　鉛プラグ入り積層ゴム支承におけるエネルギー吸収量の実験値と設計値（H16式）の比較

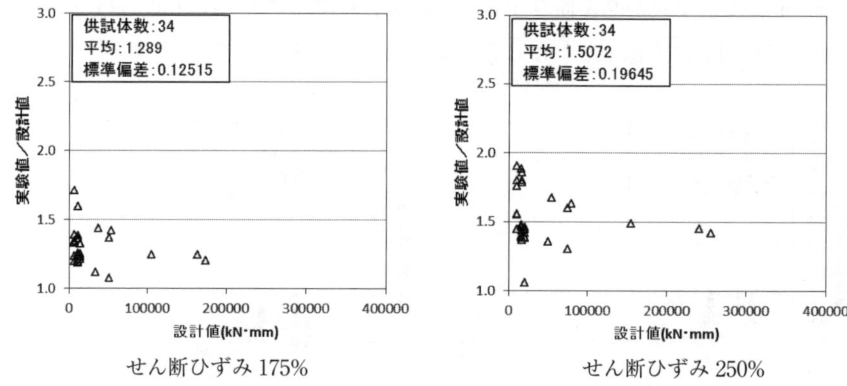

せん断ひずみ 175%　　　　せん断ひずみ 250%

図-参 5.14　鉛プラグ入り積層ゴム支承におけるエネルギー吸収量の実験値と設計値の比較

また，鉛プラグ入り積層ゴム支承のせん断ひずみ 175%，250% における水平力－水平変位の関係から，道路橋支承便覧（平成 16 年）に示されていた等価減衰定数の算出式で評価した結果を**図-参 5.15** に，4 章に示す式で評価した結果を**図-参 5.16** に示す。4 章に示す式により等価減衰定数を算出すると，実験値が設計値を上回っており，H16 式の場合と同様に実験値を安全側に評価しているといえる。なお，H16 式に対して 4 章に示す式はより安全側な評価となっており，等価減衰定数を小さく見積もる傾向がある。これは，等価減衰定数は式(参 5.15)により算出されるが，4 章に示す式ではせん断ひずみ 175% 以上の領域においてハードニングを考慮しているために，弾性エネルギー W が大きくなり，免震支承が吸収するエネルギー ΔW が変わらなくとも，結果的に等価減衰定数 h_B が小さく見積もられるためである。

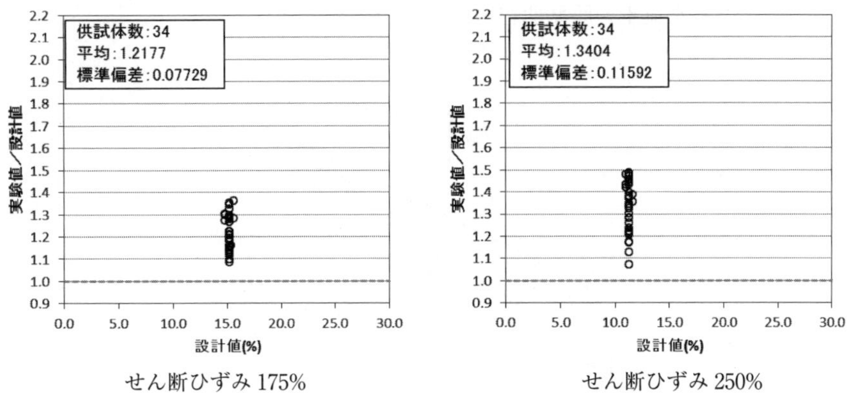

せん断ひずみ 175%　　　　せん断ひずみ 250%

図-参 5.15　鉛プラグ入り積層ゴム支承における等価減衰定数の実験値と設計値（H16 式）の比較

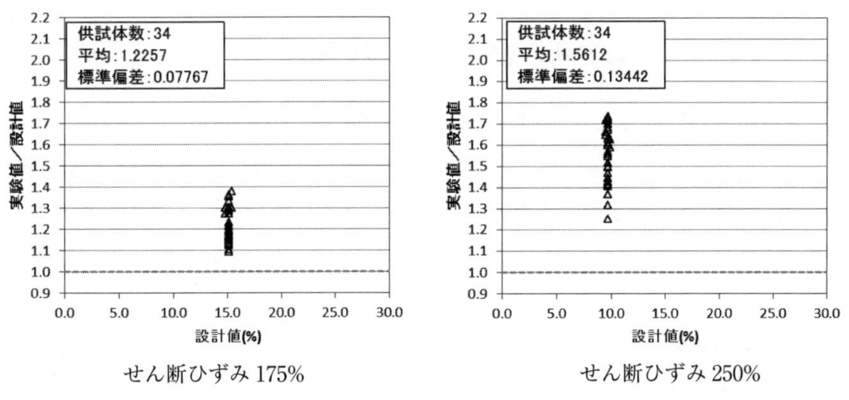

せん断ひずみ 175%　　　　せん断ひずみ 250%

図-参 5.16　鉛プラグ入り積層ゴム支承における等価減衰定数の実験値と設計値の比較

$$h_B = \frac{\varDelta W}{2\pi W} \quad \cdots\cdots\cdots (参 5.15)$$

ここに，

h_B：免震支承の等価減衰定数

W：免震支承の弾性エネルギーで，**図-参 5.17** に示す三角形の面積

$\varDelta W$：免震支承が吸収するエネルギーの合計で，**図-参 5.17** に示す水平変位

と水平荷重の履歴曲線の面積

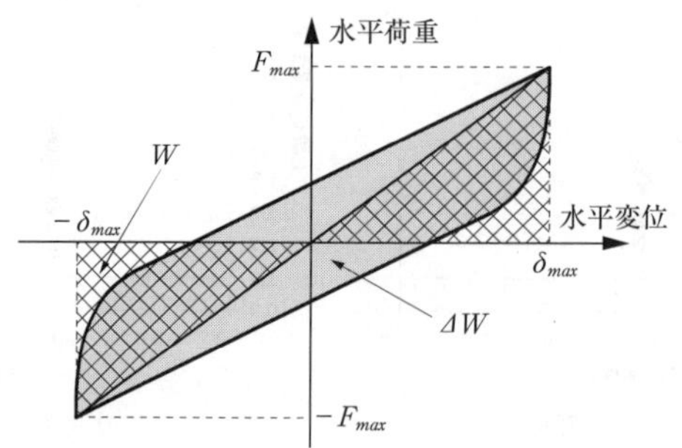

図-参 5.17　免震支承の等価減衰定数の評価

3．高減衰積層ゴム支承の設計モデルの検討

高減衰積層ゴム支承としては，道路橋支承便覧（平成 16 年）において示されていた設計モデルの設定根拠となった試験に用いられた高減衰積層ゴム支承から，さらに減衰能の向上が図られたものが広く普及している現状にある。そこで，このような高減衰積層ゴム支承の技術進展に適切に対応するために，本便覧では，せん断ひずみ依存性試験で得られた力学的特性を踏まえ，高減衰積層ゴム支承の設計モデルの見直しを行った。

3.1　せん断ひずみ依存性試験

3.1.1　供試体諸元

せん断ひずみレベルに応じた力学的特性を求めるために，圧縮せん断試験機に取り付けた試験体に，一定圧縮力を載荷した状態でせん断変位を与えた試験を行った。試験に用いた供試体の諸元を**表-参 5.6** に示す。

表-参 5.6　供試体寸法

せん断弾性係数 G_e	0.8N/mm², 1.0N/mm², 1.2N/mm²				
平面寸法	□250mm	□400mm	□400mm	□600mm	□1000mm
供試体数	2	1	2	1	1
ゴム厚・層数	6mm×6 層 =36mm	10mm×5 層 =50mm	9mm×6 層 =54mm	14mm×5 層 =70mm	25mm×5 層 =125mm
一次形状係数	10.417	10.000	11.111	10.714	10.000
二次形状係数	6.944	8.000	7.407	8.571	8.000

3.1.2　試験条件

せん断ひずみ依存性試験の試験条件を**表-参 5.7** に示す。圧縮応力度 6.0N/mm² となる鉛直荷重を載荷した状態で，正負の繰返し水平変位を与えた。等価せん断弾性係数及び等価減衰定数は，せん断ひずみ±175％までは 10 回の繰返し載荷により得られる値の平均値，せん断ひずみ±250％以上では 5 回目繰返し載荷における値で整理することとした。

表-参 5.7　せん断ひずみ依存性試験の試験条件

圧縮応力度	6.0N/mm²
せん断ひずみ	±25%，±50%，±75%，±100%，±125%，±150%， ±175%，±200%，±250%，±300%

3.1.3　試験結果

各せん断弾性係数 G_e の供試体におけるせん断応力度とせん断ひずみの関係の一例について，せん断ひずみ 175% の場合を**図-参 5.18** に，せん断ひずみ 250% の場合を**図-参 5.19** に示す。鉛プラグ入り積層ゴム支承と同様，せん断ひずみ 175% までであれば，二次剛性に大きな変化は見られないが，せん断ひずみ 175% を超えると，二次剛性が高くなる，いわゆるハードニングが顕著になっていることがわかる。また，せん断ひずみ 175%，250% いずれの場合も，1 回目の正側の水平力が大きくなっていることがわかる。これは，ゴム支承は一定振幅の繰返し載荷を受けた場合に初期の載荷における水平力が2回目以降の載荷における水平力より大きい特性を示すことによる現象と考えられる。

各せん断弾性係数 G_e の供試体における等価せん断弾性係数とせん断ひずみの関係を**図-参 5.20** に示す。いずれのせん断弾性係数 G_e の供試体も，せん断ひずみが100% 程度までの小さい領域では，大きな等価せん断弾性係数を示し，その後は各せん断弾性係数 G_e 程度に収束する傾向を示している。

各せん断弾性係数 G_e の供試体における等価減衰定数とせん断ひずみの関係を**図-参 5.21** に示す。いずれのせん断弾性係数 G_e の供試体も，せん断ひずみが大きくなるにつれて，等価減衰定数が低下していることがわかる。

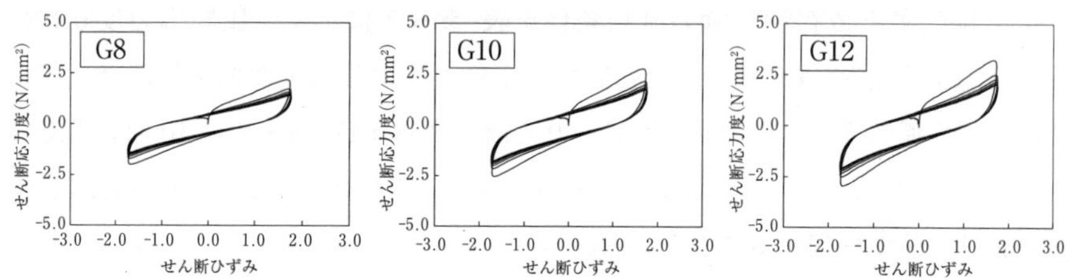

図-参 5.18 せん断応力度とせん断ひずみの関係の一例
（せん断ひずみ 175%）

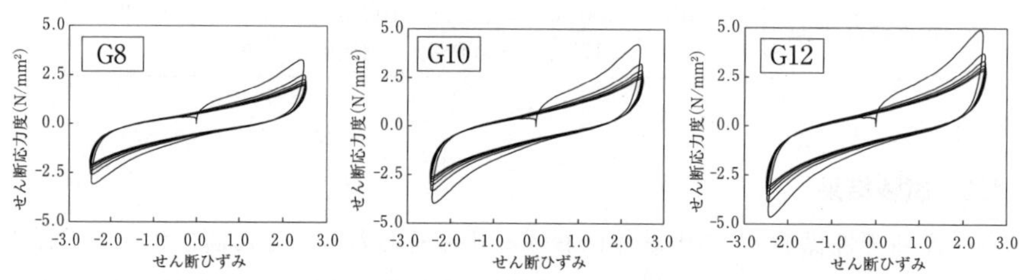

図-参 5.19 せん断応力度とせん断ひずみの関係の一例
（せん断ひずみ 250%）

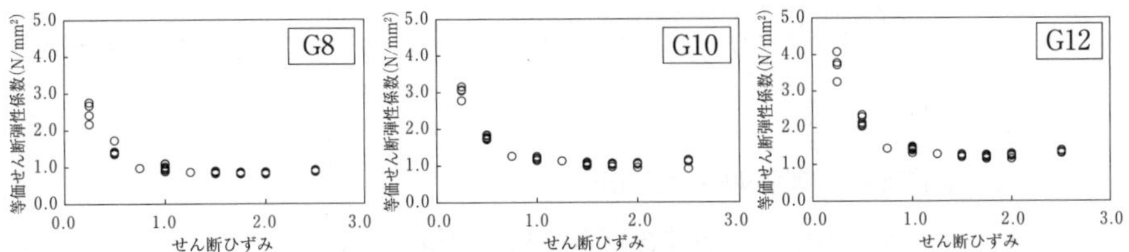

図–参 5.20 高減衰積層ゴム支承の等価せん断弾性係数とせん断ひずみの関係

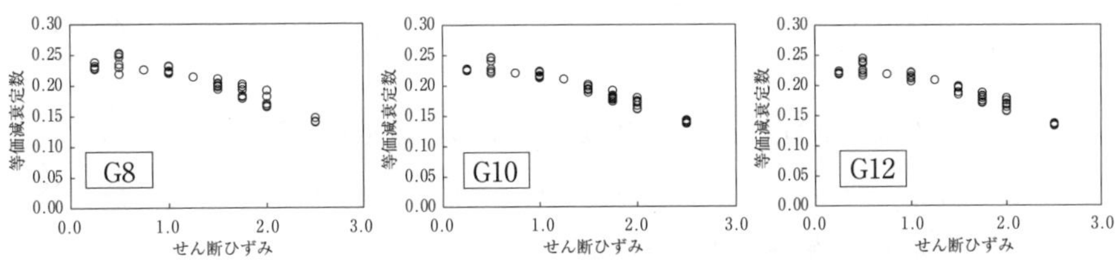

図–参 5.21 高減衰積層ゴム支承の等価減衰定数とせん断ひずみの関係

3.2 設計モデル

3.1 に示したせん断ひずみ依存性試験の結果を踏まえ，高減衰積層ゴム支承の等価剛性，等価減衰定数，および非線形履歴特性の設計モデルを構築する。

3.2.1 等価剛性

等価剛性の設計式を式(参 5.16)に示す。ここで，等価せん断弾性係数 $G(\gamma)$ の算定において，式(参 5.17)に示すように，高減衰積層ゴム支承に用いるゴムのひずみ依存係数 $c_h(\gamma)$ を新たに導入し，これにせん断弾性係数 G_e を乗じることで，高減衰積層ゴム支承のひずみ依存性を考慮した。ゴムのひずみ依存係数 $c_h(\gamma)$ は，**図–参 5.22** に示すように，**3.1** に示したせん断ひずみ依存性試験から得られた各せん断ひずみ水準における $G(\gamma)$ から G_e で割り戻した値の平均値となるように設定した。高減衰積層ゴム支承のひずみ依存係数 $c_h(\gamma)$ を式(参 5.18)に示す。

$$K_B = \frac{G(\gamma)A_e}{\Sigma t_e} \quad \cdots\cdots\cdots \quad (参5.16)$$

ここに,

K_B：免震支承の等価剛性（N/mm）

A_e：ゴム支承本体の側面被覆ゴムを除く面積（mm^2）

Σt_e：総ゴム厚(mm)

$G(\gamma)$：等価せん断弾性係数(N/mm^2)

$$G(\gamma) = c_h(\gamma)\, G_e \quad \cdots\cdots\cdots \quad (参5.17)$$

ここに,

$c_h(\gamma)$：高減衰積層ゴム支承に用いるゴムのひずみ依存係数

$$c_h(\gamma) = a_0 + a_1\gamma + a_2\gamma^2 + a_3\gamma^3 + a_4\gamma^4 + a_5\gamma^5 \quad \cdots\cdots\cdots \quad (参5.18)$$

係数 a_i を**表-参 5.8** に示す。

G_e：ゴムのせん断弾性係数(N/mm^2)

γ：設計せん断ひずみで，地震の影響を考慮する設計状況における静的照査の場合は有効せん断ひずみ γ_e，動的照査の場合は設計せん断ひずみ γ を用いる。有効せん断ひずみ γ_e は式（参 5.19）による。

$$\gamma_e = c_B\,\gamma \quad \cdots\cdots\cdots \quad (参5.19)$$

c_B：慣性力の時間的な非定常性を表わす係数で 0.7 とする。

表-参 5.8　高減衰積層ゴム支承の $c_h(\gamma)$ の算定に用いる係数

種別	a_0	a_1	a_2	a_3	a_4	a_5
G8	4.346	-6.500	4.991	-1.866	0.3358	-0.02255
G10	3.961	-5.980	4.740	-1.813	0.3320	-0.02267
G12	4.273	-6.643	5.189	-1.943	0.3468	-0.02302

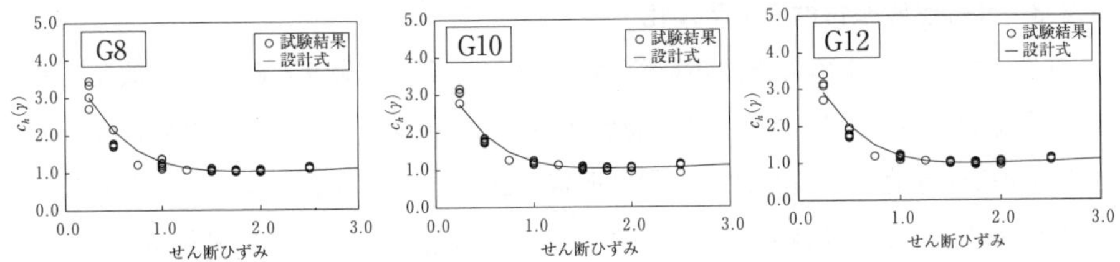

図-参 5.22 高減衰積層ゴム支承に用いるゴムのひずみ依存係数 $c_h(\gamma)$ とせん断ひずみの関係

3.2.2 等価減衰定数

高減衰積層ゴム支承の等価減衰定数の設計式は，道路橋支承便覧（平成 16 年）の算出式の式形を踏襲した上で，**図-参 5.23** に示すように，**3.1** に示したせん断ひずみ依存性試験から得られた各せん断ひずみ水準における等価減衰定数の下限値を下回るように設定した。等価減衰定数 $h_B(\gamma_e)$ は式 (参 5.20) により算出する。

$$h_B(\gamma_e) = b_0 + b_1\gamma_e + b_2\gamma_e^{\,2} + b_3\gamma_e^{\,3} \quad \cdots\cdots\cdots\cdots \quad (参\,5.20)$$

ここに，

$h_B(\gamma_e)$ ：等価減衰定数

係数 b_i を**表-参 5.9** に示す。

表-参 5.9 高減衰積層ゴム支承の $h_B(\gamma_e)$ の算定に用いる係数

種別	b_0	b_1	b_2	b_3
G8	0.2120	0.01670	-0.02740	0.003700
G10	0.2091	0.01611	-0.02704	0.003519
G12	0.2086	0.01067	-0.02430	0.003025

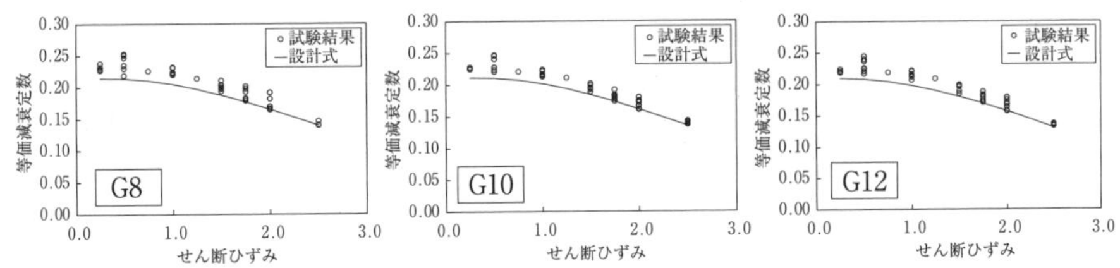

図-参 5.23 高減衰積層ゴム支承の等価減衰定数 $h_B(\gamma_e)$ とせん断ひずみの関係

3.2.3　非線形履歴特性のモデル化

バイリニアモデルの骨格曲線を**図-参 5.24** に示す。等価せん断弾性係数及び等価減衰定数の設計式により求まる履歴面積とバイリニアモデル(非線形履歴モデル)の面積が等価となる条件で，履歴曲線の試験結果とバイリニアモデルの形が整合するように，一次剛性 K_1 に関するせん断弾性係数及び二次剛性 K_2 に関するせん断弾性係数を設定した。設計式を以下に示す。

$$K_1 = \frac{G_1(\gamma) A_e}{\Sigma t_e} \quad \cdots\cdots (参 5.21)$$

$$K_2 = \frac{G_2(\gamma) A_e}{\Sigma t_e} \quad \cdots\cdots (参 5.22)$$

$$G_1(\gamma) = c_{h1}(\gamma) G_e \quad \cdots\cdots (参 5.23)$$

$$G_2(\gamma) = c_{h2}(\gamma) G_e \quad \cdots\cdots (参 5.24)$$

ここに，

K_1：一次剛性(N/mm)

K_2：二次剛性(N/mm)

$G_1(\gamma)$：一次剛性に関するせん断弾性係数(N/mm^2)

$c_{h1}(\gamma)$：一次剛性に関する等価せん断弾性係数のひずみ依存係数

$$c_{h1}(\gamma) = c_0 + c_1\gamma + c_2\gamma^2 + c_3\gamma^3 + c_4\gamma^4 + c_5\gamma^5 \quad \cdots\cdots (参 5.25)$$

$G_2(\gamma)$：二次剛性に関するせん断弾性係数(N/mm^2)

$c_{h2}(\gamma)$：二次剛性に関する等価せん断弾性係数のひずみ依存係数

$$c_{h2}(\gamma) = d_0 + d_1\gamma + d_2\gamma^2 + d_3\gamma^3 + d_4\gamma^4 + d_5\gamma^5 \quad \cdots\cdots (参 5.26)$$

γ：バイリニアモデルの骨格曲線におけるゴムの最大ひずみ

係数 c_i を**表-参 5.10** に，係数 d_i を**表-参 5.11** に示す。

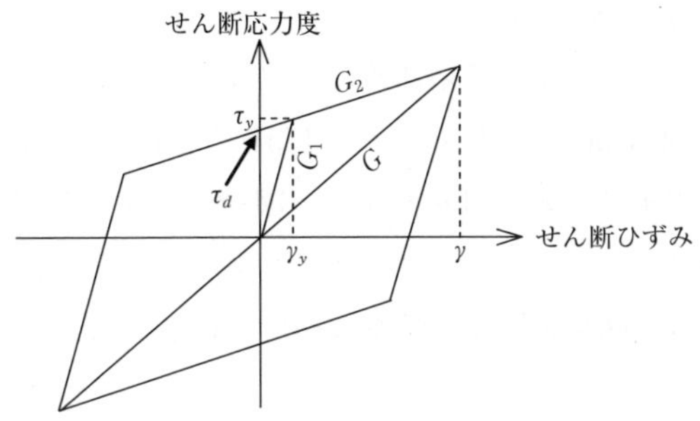

図–参 5.24 バイリニアモデルの骨格曲線

表–参 5.10 高減衰積層ゴム支承の $c_{h1}(\gamma)$ の算定に用いる係数

種別	c_0	c_1	c_2	c_3	c_4	c_5
G8	29.49	-44.74	35.33	-13.56	2.563	-0.1863
G10	27.08	-41.40	33.58	-13.05	2.478	-0.1800
G12	29.28	-45.69	36.26	-13.70	2.516	-0.1762

表–参 5.11 高減衰積層ゴム支承の $c_{h2}(\gamma)$ の算定に用いる係数

種別	d_0	d_1	d_2	d_3	d_4	d_5
G8	2.808	-4.259	3.365	-1.291	0.2439	-0.01775
G10	2.581	-3.944	3.200	-1.244	0.2360	-0.01710
G12	2.788	-4.351	3.453	-1.304	0.2393	-0.01675

また，バイリニアモデルの骨格曲線においてのせん断ひずみが 0 の場合のせん断応力度及び降伏応力度は次式により求まる。

$$\tau_d(\gamma) = \gamma\left(G(\gamma) - G_2(\gamma)\right) \quad \cdots\cdots\cdots \quad (参 5.27)$$

$$\tau_y(\gamma) = \frac{G_1(\gamma)}{G_1(\gamma) - G_2(\gamma)}\ \tau_d(\gamma) \quad \cdots\cdots\cdots \quad (参 5.28)$$

ここに，

$\tau_d(\gamma)$：バイリニアモデルの骨格曲線においてせん断ひずみが零の場合のせん断応力度(N/mm^2)

$\tau_y(\gamma)$：降伏応力度(N/mm^2)

γ：バイリニアモデルの骨格曲線におけるゴムの最大ひずみ

図-参 5.25，**図-参 5.26** にせん断ひずみ 175％と 250％における履歴曲線の試験結果とバイリニアモデルの比較例を示す。**図-参 5.25**，**図-参 5.26** より，いずれのケースにおいても，設計式によるバイリニアモデルが，5 回目の載荷における水平荷重－水平変位関係の履歴特性を適切に表していることがわかる。

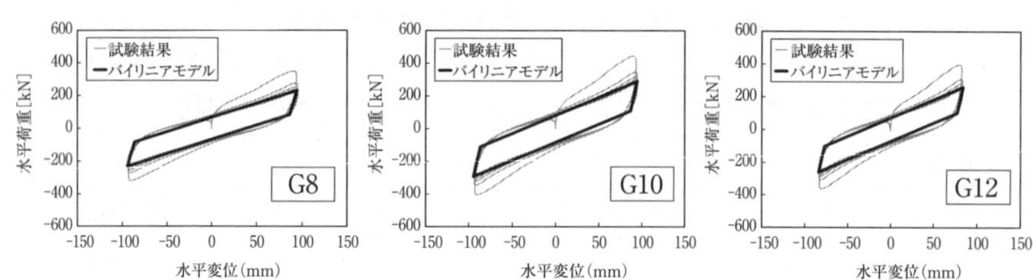

図-参 5.25　履歴曲線の試験結果とバイリニアモデルの比較（せん断ひずみ 175％）

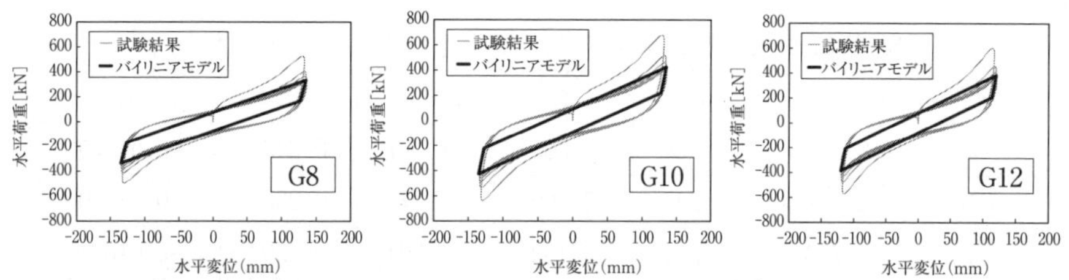

図-参 5.26　履歴曲線の試験結果とバイリニアモデルの比較（せん断ひずみ 250％）

3.3　実験データに基づく設計モデルの検証

3.1 に示したせん断ひずみ依存性試験の結果に基づき，高減衰積層ゴム支承の等価せん断剛性及び等価減衰定数を算出する設計モデルを構築したが，これらの試験データは供試体数が限られており，一般的な高減衰積層ゴム支承の力学的特性を適切に評価するものとなっているか検証しておく必要がある。

そこで，共同研究で行った 30 体の供試体のせん断ひずみ 175％，250％ の正負交番繰返し載荷試験の結果を対象とし，本便覧に示した設計モデルの適用性を評価するために実験値と設計値の比較を行った[3)]。なお，30体の供試体の二次形状係数は最小3.125から最大8.333となっており，二次形状係数が4.0以下の供試体も含まれている。

実験により得られた高減衰積層ゴム支承のせん断ひずみ175%，250%における水平力－水平変位の関係から，最大荷重と最大変位及び最小荷重と最小変位より求まる等価剛性について，**3.2.1**で示した等価剛性の算出式で評価した結果を**図-参5.27**に示す。

せん断ひずみ175%では，設計値に対して実験値が±10%の範囲内に入っており，せん断ひずみ250%に対しては，**図-参5.27**に示すようなばらつきの範囲に収まることが確認された。

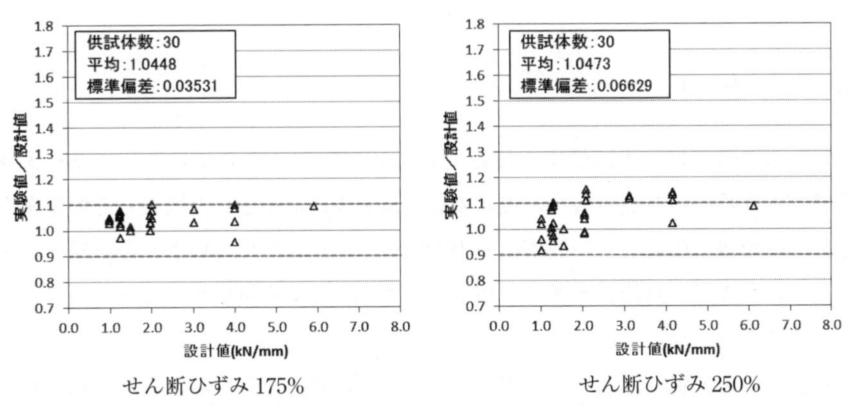

せん断ひずみ175%　　せん断ひずみ250%

図-参5.27　高減衰積層ゴム支承における等価剛性の実験値と設計値の比較

また，高減衰積層ゴム支承のせん断ひずみ175%，250%における水平力－水平変位の関係から，**3.2.2**で示した算出式により等価減衰定数を評価した結果を**図-参5.28**に示す。**図-参5.28**より実験値が設計値を上回っており，安全側に評価していることが確認される。

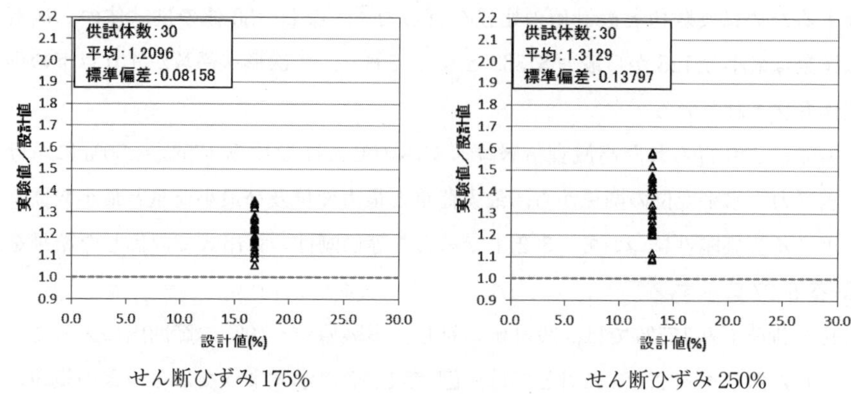

せん断ひずみ 175%　　せん断ひずみ 250%

図-参 5.28 高減衰積層ゴム支承における等価減衰定数の実験値と設計値の比較

4. ま と め

本参考資料では，道路橋支承便覧（平成 16 年）に示されていた鉛プラグ入り積層ゴム支承と高減衰積層ゴム支承の設計モデルが構築された変遷とその根拠を基に，その後の免震支承の技術開発の動向や，近年新たに実施された試験データに基づいて構築した鉛プラグ入り積層ゴム支承と高減衰積層ゴム支承の設計モデルの根拠を示した。

なお，本参考資料で示した免震支承とは異なる特性を有する新しい支承に対しては，その支承が有する各種の特性に応じた特性検証試験を行った上で，本参考資料で示した方法を参考に設計モデルを構築する必要がある。

参考文献

1) 高橋良和，篠原聖二，星隈順一：免震支承の設計モデルの変遷，第 17 回性能に基づく橋梁等の耐震設計に関するシンポジウム講演論文集，pp.319-324，2014.

2) 高橋良和，篠原聖二，星隈順一：免震支承の設計モデルの高度化，第 17 回性能に基づく橋梁等の耐震設計に関するシンポジウム講演論文集，pp.325-332，2014.

3) 篠原聖二，榎本武雄，星隈順一，岡田慎哉，西弘明，高橋良和：ゴム支承の終局限界状態の評価に関する研究，第 17 回性能に基づく橋梁等の耐震設計に関するシンポジウム講演論文集，pp.333-340，2014.

参考資料-6　コンクリートのクリープ，乾燥収縮，温度変化における免震支承の緩速変形時の特性

1．はじめに

コンクリートのクリープ，乾燥収縮，温度変化などの上部構造の桁伸縮の影響のように，非常にゆっくりとした水平移動を緩速変形という。免震支承は，地震時のような速い速度の変位に対して，水平特性が示されているが，緩速変形における水平特性と地震時の水平特性では異なる水平特性を示す。

免震支承の緩速変形時の水平特性は，上部構造の桁伸縮時の不動点算出，コンクリートのクリープ，乾燥収縮，温度変化に伴う水平力の算出に用いる，免震支承の緩速変形時の補正係数（**表-4.4.3**）及び水平特性の設定根拠について示す。

2．試験方法

コンクリートのクリープ，乾燥収縮による変位速度は数年から数10年に渡る変位速度であり，温度変化等の影響による支承の変位速度は，地震時の変位速度(10cm/sec,100mm/sec以上)に比べ非常に遅く，1.0×10^{-5}mm/sec程度以下である。この緩速度を加振機で再現することは困難であるため，本便覧では，「道路橋の免震設計法マニュアル（案）[1]」7.3.5(2)に示されている試験方法の応力緩和法により緩速変形時の水平特性をモデル化した方法を示す。

試験時の温度は20℃とする。鉛直反力を6N/mm^2(無変形時)で一定載荷する。変位速度は1.0mm/secで一定速度で載荷をひずみ12.5%まで行い，変位拘束した状態で1.5時間休止する。1.5時間休止後，さらにひずみ25%まで載荷を速度1.0mm/secで行い，再び変位拘束した状態で1.5時間休止する。続いて，ひずみ37.5%，次に50%と速度1.0mm/secの速度による載荷と1.5時間の休止を繰り返し与える。履歴曲線より得られた応力緩和後の水平力とせん断変形の関係からせん断弾性係数の算定式を算出する。総変位拘束時間を6時間としている

のは，**図-参 6.1** に示すように，一般に外気の温度昇降は1日/4回（6時間）を要することを想定していることによる。

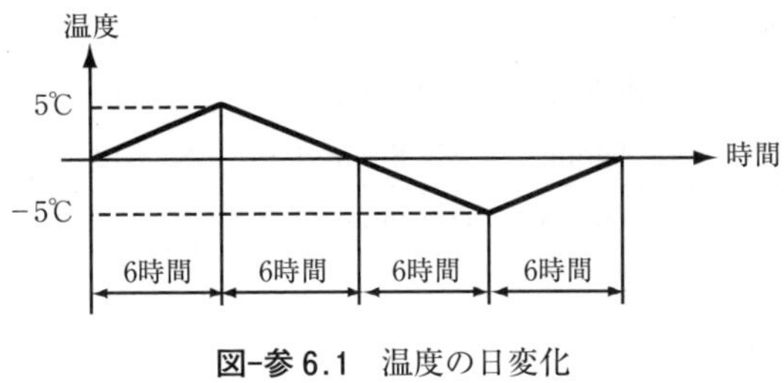

図-参 6.1　温度の日変化

図-参 6.2 に応力緩和実験の概念図を示す。「道路橋の免震設計法マニュアル（案）」[1]では，参考文献2)で示される加力，変位拘束を1ステップとした検証において，ステップ数を最大の4回，各応力緩和時間1.5時間とする実験方法を採用している。参考文献2)では，総緩和時間6時間の分割ステップ数が1回（6時間緩和）や2回（3時間緩和×2回）の場合に比べ，4回(1.5時間緩和×4回)の方が，固いせん断ばね定数が算定されることが示されている。算定されるせん断ばね定数が最大であり，変位が同じであれば，せん断ばね定数から算出される水平力が最大となるステップ数4回を「道路橋の免震設計法マニュアル（案）[1]」と同様に採用案として，本便覧においてもモデル化を行うものとした。本実験に適用した試験種別及び供試体を**表-参 6.1** に示す。

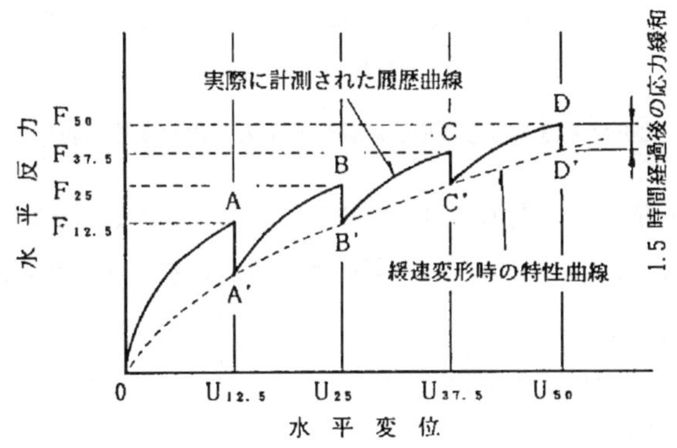

図-参 6.2　応力緩和実験の概念図

表−参 6.1　緩速変形時の特性確認試験の供試体

供試体	諸　元
鉛プラグ入り 積層ゴム支承	□420　ゴム厚 9mm×6 層　G10 鉛プラグ：4 − φ 57.5
高減衰 積層ゴム支承	□250mm　ゴム厚 6mm×6 層　G8，G10，G12（供試体 1）
	□350mm　ゴム厚 8mm×6 層　G8，G12（供試体 2）
	□400mm　ゴム厚 9mm×6 層　G10（供試体 3）

3．試験結果とその整理

3.1　鉛プラグ入り積層ゴム支承

図−参 6.3 に，実験結果から得られた水平力 − 水平変位の履歴を示す。

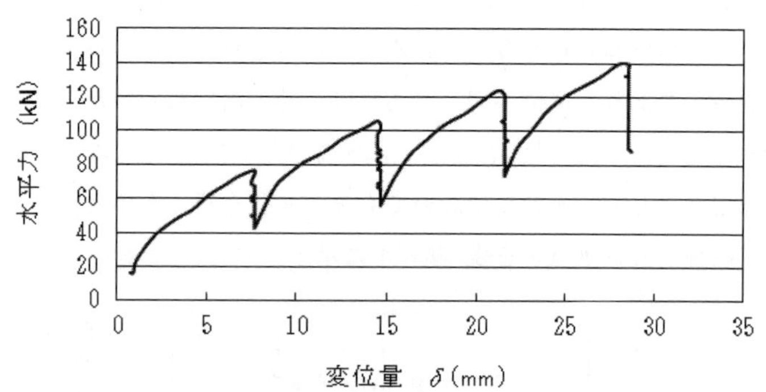

図−参 6.3　応力緩和法試験の水平力 − 水平変位の履歴

鉛プラグ入り積層ゴム支承においては下記の式（参 6.1）により等価せん断弾性係数 $G(\gamma)$を，式（参 6.2）により鉛のせん断応力 $q(\gamma)$を求める。

$$F = A_R\, G(\gamma)\gamma \quad \cdots\cdots (参 6.1)$$

$$F = A_R\, c_r(\gamma)\, G_e\, \gamma + q(\gamma)\; A_R\, \kappa \quad \cdots\cdots (参 6.2)$$

ここに　F：水平力（N）

A_R：ゴムの平面積（鉛控除）（mm^2）

G (γ)：鉛プラグ入り積層ゴム支承の等価せん断弾性係数（N/mm^2）

γ：せん断ひずみ

G_e：ゴムのせん断弾性係数の呼び値（N/mm^2）

$c_r(\gamma)$：鉛プラグ入り積層ゴム支承に用いるゴムのひずみ依存係数

表–参 5.3 より，$c_r(\gamma) = 1.000$

$q(\gamma)$：鉛のせん断応力度（N/mm^2）

$$q(\gamma)=a_0+a_1\gamma+a_2\gamma^2+a_3\gamma^3 \quad \cdots\cdots\cdots\cdots\cdots\cdots\cdots\cdots \text{（参 6.3）}$$

a_i は**表–参 6.3** に示す係数

κ：ゴムの面積 A_e に対する鉛プラグの面積の比

式（参 6.1）及び式（参 6.2）より

$$G(\gamma)=G_e+q(\gamma)\kappa/\gamma \quad \cdots\cdots\cdots\cdots\cdots\cdots\cdots\cdots\cdots\cdots \text{（参 6.4）}$$

表–参 6.2　鉛プラグ入り積層ゴム支承の応力緩和法試験結果

せん断ひずみ　γ	13.8%	26.1%	38.6%	50.9%
鉛のせん断応力度　$q(\gamma)$　N/mm^2	2.140	1.636	1.520	1.161
等価せん断弾性係数 $G(\gamma)$　N/mm^2	2.081	1.436	1.274	1.158

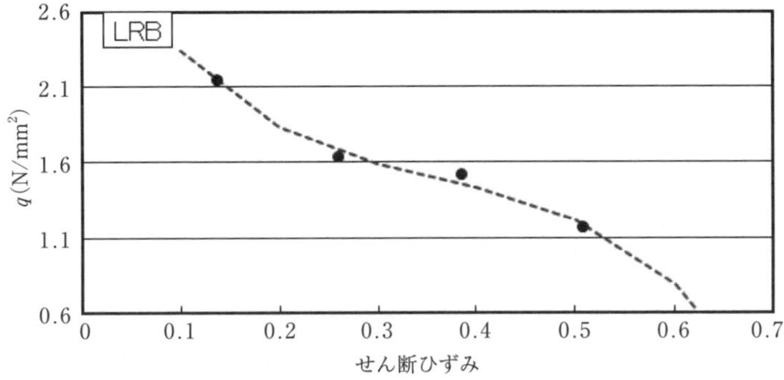

図–参 6.4　鉛のせん断応力度－せん断ひずみ

表-参 6.3 鉛プラグ入り積層ゴム支承の鉛のせん断応力度 $q(\gamma)$ 算定に用いる係数

	a_0	a_1	a_2	a_3
$\gamma \leqq 0.10$	0	23.395	0	0
$0.10 < \gamma \leqq 0.70$	3.2462	-11.6	27.891	-25.635

鉛プラグ入り積層ゴム支承の $G(\gamma)$ の設計式は，試験結果より式（参 6.4）における $q(\gamma)$ を式（参 6.3）に示す多項式として定めた。鉛プラグ入り積層ゴム支承において γ が微少な範囲では鉛は弾性変形することとみなさない場合には，式（参 6.4）で計算された $G(\gamma)$ は無限大となってしまい実際の挙動と適合しない。ここではせん断ひずみ 0%から 10%，10%から 70%の特性式として，式（参 6.3）の係数を定めた。

3.2 高減衰積層ゴム支承

高減衰積層ゴム支承の $G(\gamma)$ の設計式は，せん断力を安全側に評価するために，最も $G(\gamma)$ が大きくなる試験結果を近似するように式（参 6.5）に示す多項式として定めた。

$$G(\gamma) = c_h(\gamma) \cdot G_e \qquad \text{（参 6.5）}$$

$$c_h(\gamma) = a_0 + a_1 \gamma + a_2 \gamma^2 \qquad \text{（参 6.6）}$$

ここに　$G(\gamma)$：高減衰積層ゴム支承の等価せん断弾性係数（N/mm²）

$c_h(\gamma)$：等価せん断弾性係数のひずみ依存係数

G_e：せん断弾性係数の呼び値（N/mm²）

γ：せん断ひずみ

a_i は**表-参 6.5** に示す係数

ここで，ひずみ依存係数 $c_h(\gamma)$ は地震の影響を考慮する設計状況における設計式と同様に G8，G10，G12 で応力－ひずみ関係に差異が生じないように係数 a_i を定めた。G8 の $G(\gamma)$ の設計式は試験結果を近似していないが，試験結果よりもせん断力が安全側となる設計式となるように係数を設定した。

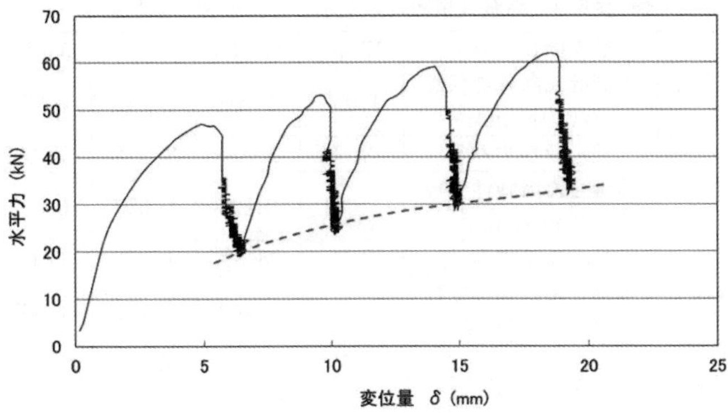

図-参 6.5　応力緩和法試験の水平力－水平変位の履歴の例（高減衰積層ゴム支承）

表-参 6.4　高減衰積層ゴム支承の応力緩和法試験結果

G8	供試体 1	せん断ひずみ γ	17.4%	28.0%	41.5%	53.4%	
		等価せん断弾性係数 $G(\gamma)$N/mm^2	1.087	1.008	0.833	0.774	
	供試体 2	せん断ひずみ γ	12.5%	25.0%	37.5%	50.0%	70.0%
		等価せん断弾性係数 $G(\gamma)$N/mm^2	1.084	0.826	0.653	0.562	0.489
G10	供試体 1	せん断ひずみ γ	18.0%	28.3%	41.5%	53.6%	
		等価せん断弾性係数 $G(\gamma)$N/mm^2	1.796	1.442	1.161	1.007	
	供試体 3	せん断ひずみ γ	12.5%	25.0%	37.5%	50.0%	
		等価せん断弾性係数 $G(\gamma)$N/mm^2	1.458	1.147	0.948	0.823	
G12	供試体 1	せん断ひずみ γ	19.6%	28.0%	38.1%	52.4%	
		等価せん断弾性係数 $G(\gamma)$N/mm^2	2.201	1.725	1.445	1.195	
	供試体 2	せん断ひずみ γ	12.5%	25.0%	37.5%	50.0%	70.0%
		等価せん断弾性係数 $G(\gamma)$N/mm^2	1.620	1.306	1.095	0.976	0.905

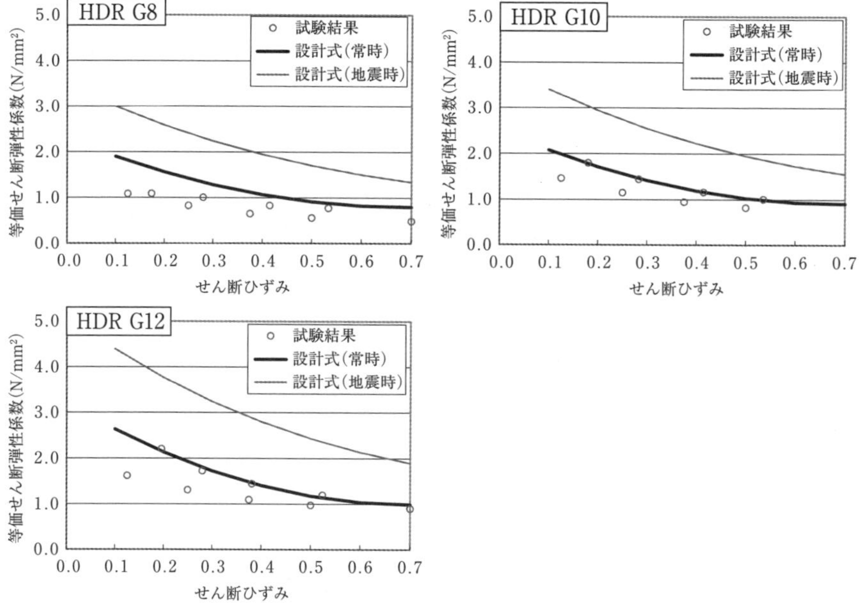

図-参 6.6　高減衰積層ゴム支承の等価せん断弾性係数－せん断ひずみ

表-参 6.5　高減衰ゴム支承のひずみ依存係数 $c_h(\gamma)$ 算定に用いる係数

		G_e	a_0	a_1	a_2
高減衰積層ゴム支承	G8	0.8	2.875	-5.410	3.906
	G10	1.0	2.505	-4.637	3.367
	G12	1.2	2.687	-5.296	3.768

4. ま　と　め

今回の実験結果から，鉛プラグ入り積層ゴム支承は変形が与えられ，その変形のまま保持され場合，鉛の応力が緩和しせん断抵抗力が減少することが確認された。同じように，高減衰ゴム支承についても同様の応力緩和が起こることが確認された。

温度の上昇，下降は常に連続的に起こるわけではないため，桁の温度変形も常に力が加えられ，連続的に伸縮していくものではなく，1日をかけてゆっくりと断続的に伸縮するものと考えられる。したがって，下部構造に鉛の抵抗力も加味したせん断力が加わるのは，鉛の応力緩和を考慮すれば極めて短い時間内であると考えられ，温度伸縮が与える下部構造に対しての影響は，緩速変形による水平特性を考慮すればよいと考えられる。鉛プラグ入り積層ゴム支承の温度変形の抵抗力は，ゴムだけのせん断抵抗力としても実際には大きな差異はないものと考えられる。しかしながら，安全側の観点から設計上はより厳しい条件で抵抗力を算定するものとされている。なお，コンクリートのクリープや乾燥収縮の変位速度は数年から数10年に渡る変位速度であり，その不静定変位量に対するせん断抵抗力については，式（参6.1）を用いることとされている。

参考文献

1)　道路橋の免震設計マニュアル（案），平成4年

2)　道路橋の免震構造システムの開発に関する共同研究報告書（その3），平成4年

参考資料-7　鉛直圧縮力を受ける積層ゴムの限界状態，特性値，制限値の設定

1．はじめに

鉛直圧縮力を受ける積層ゴムの限界状態について，載荷実験及び解析の結果のほか，既往研究等を踏まえて整理した。

2．積層ゴム支承の内部鋼板の降伏

2.1　積層ゴム支承の圧縮載荷実験

(1)　実験概要

供試体は，JISK6411 の No.2 を使用し，**図-参 7.1**，**図-参 7.2** 及び**表-参 7.1** に示すとおり，内部鋼板に孔が貫通していない積層ゴム支承と，貫通している鉛プラグ入り積層ゴム支承の 2 種類を対象とした。鉛プラグ入り積層ゴム支承は，ゴムの有効面積に対して鉛プラグの面積比が標準的なサイズとして，約 7% のものを用いた。

この供試体にせん断ひずみ 0% の状態で供試体が降伏または破断するまで鉛直圧縮力を静的に単調載荷した。

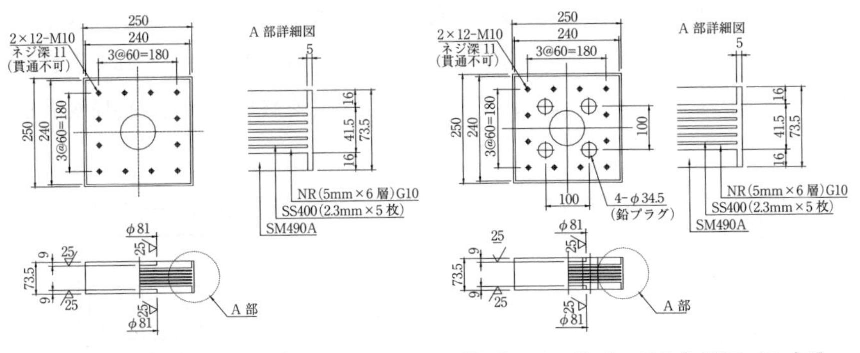

図-参 7.1 積層ゴム支承　　**図-参 7.2** 鉛プラグ入り積層ゴム支承

表-参 7.1 圧縮限界特性の検証試験に用いる供試体の仕様

	積層ゴム支承	鉛プラグ入り 積層ゴム支承
せん断弾性係数　(N/mm^2)	1.0	1.0
内部鋼板辺長　　(mm)	□240	□240
鉛プラグ：本数－径　(mm)	—	4 －φ34.5
ゴムの面積 A_e に対する鉛プラグの面積の比　(A_p/A_e)	—	0.069
内部鋼板厚　(mm)	2.3	2.3
内部鋼板材質	SS400	SS400
ゴム一層厚　(mm)	5	5
ゴム層数	6	6
ゴム総厚　(mm)	30	30
一次形状係数　(S_1)	12.00	11.22
二次形状係数　(S_2)	8.00	8.00

(2) 実験結果

図-参 7.3 に鉛直荷重-鉛直変位曲線を示す。また，試験結果のまとめを **表-参 7.2** に示す。

試験結果より，初期値を原点補正した結果，**図-参 7.3** に示すように，積層ゴム支承と鉛プラグ入り積層ゴム支承との初期部の曲線はほぼ一致した。

ゴム支承の圧縮ひずみは，一般的に荷重が高くなるにつれて傾きが大きくなる曲線を描くため，初期ひずみ部分を２次近似化し，近似曲線からずれる点を降伏荷重及び降伏変位とした。また，荷重が低下する点を終局荷重及び終局変位とした。

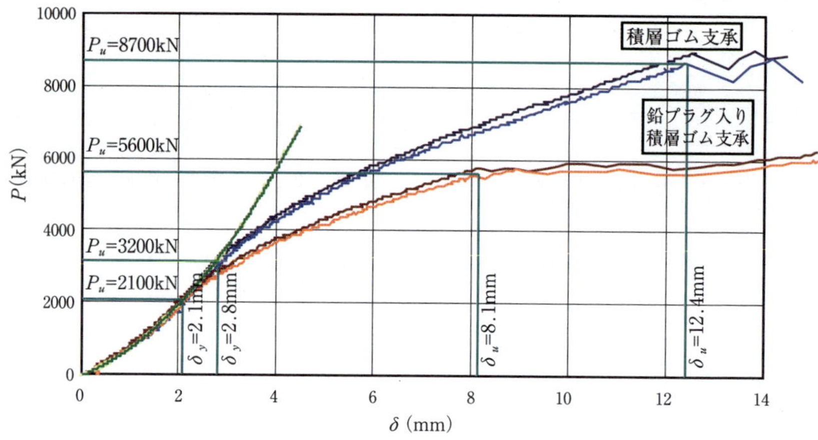

図-参 7.3 $P-\delta$ 曲線（原点補正後）

表-参 7.2 試験結果まとめ

項　目	記号	単位	①積層ゴム支承	②鉛プラグ入り積層ゴム支承	②／①	備　考
降伏荷重	P_y	(kN)	3200	2100	0.66	
終局荷重	P_u	(kN)	8700	5600	0.64	
降伏変位	δ_y	(mm)	2.8	2.1	0.75	
終局変位	δ_u	(mm)	12.4	8.1	0.65	
降伏時平均応力度	σ_{ey}	(N/mm²)	55.6	36.5	0.66	P_y/A
終局時平均応力度	σ_{eu}	(N/mm²)	151.0	97.2	0.64	P_u/A
降伏ひずみ	ε_y	(%)	9.3	7.0	0.75	$\delta_y / \Sigma t_e$
終局ひずみ	ε_u	(%)	41.3	27.0	0.65	$\delta_u / \Sigma t_e$
降伏時鋼板応力度	σ_{sy}	(N/mm²)	120.8	79.3	0.66	$\sigma_{ey} \cdot t_e/t_s$
終局時鋼板応力度	σ_{su}	(N/mm²)	328.4	211.4	0.64	$\sigma_{eu} \cdot t_e/t_s$
鋼板降伏強度比	σ_y / σ_{sy}		1.95	2.97	1.52	σ_y=235
鋼板終局強度比	σ_u / σ_{su}		1.22	1.89	1.55	σ_u=400

図–参 7.4 に積層ゴム支承，**図–参 7.5** に鉛プラグ入り積層ゴム支承の圧縮破壊の状況を示す。内部鋼板，積層ゴム，被覆ゴムが積層ゴム側面外側に膨出し，内部鋼板は降伏していた。

図–参 7.4 積層ゴム支承の圧縮破壊

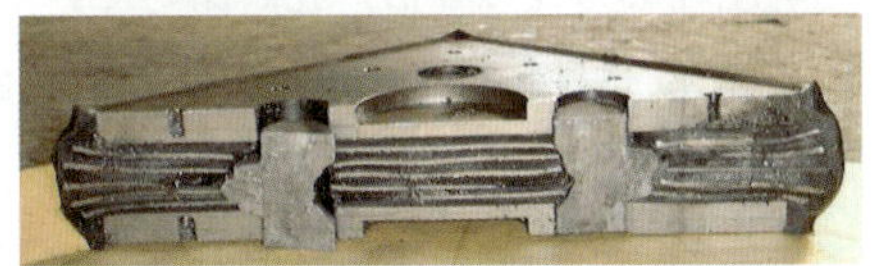

図–参 7.5 鉛プラグ入り積層ゴム支承の圧縮破壊

(3) 実験結果の考察

積層ゴム支承の圧縮における降伏応力度は 36 ～ 56N/mm^2，終局応力度は 95 ～ 150N/mm^2 であった。

内部鋼板の降伏応力度と降伏時のゴムの平均圧縮応力度から算出した内部鋼板の応力度比は，積層ゴム支承で約 2 倍，鉛プラグ入り積層ゴム支承で約 3 倍である。この結果は圧縮応力度分布を考慮した最大圧縮応力度によって，ゴムの側面方向に生じる変形に伴い生じた内部鋼板の引張応力度により，内部鋼板が降伏したものと考えると，積層ゴム支承は圧縮回転実験（参考資料–13）の結果と一致している。

図–参 7.3 の $P-\delta$ 曲線により，鉛直力–変位関係において変曲点が観察されているが，内部応力の計算結果を踏まえると，内部鋼板が引張応力による降伏点に到達した点と推定することができる。これは，**図–参 7.10** に示すように，鉛直圧縮力が作用することに伴い，内部鋼板に挟まれたゴム層が側面に膨出することにより，ゴムと内部鋼板の接着部から伝達される側方への引張応力により，内部鋼板が降伏したものと考えられる。これらを踏まえ，内部鋼板の引張応力による降伏を限界状態 1 の工学的指標と設定することができると考えられる。

内部鋼板の引張応力度は，ゴム材料がポアソン比 0.5 程度である材料であり，ほぼ完全非圧密性を有していることから，鉛直圧縮応力を静水圧と仮定して，式(4.5.1)により求める。作用させる鉛直圧縮力は，**図–参 7.10** に示されるゴム支承平面内の圧縮応力度分布を考慮し，平均圧縮応力度から最大圧縮応力度を算出する。本実験の結果から，孔が開いていない場合，最大圧縮応力度は平均圧縮応力度の 2 倍，孔が開いている場合は約 3 倍であったことから，係数を**表–4.5.1** のように設定した。なお，鉛プラグ比が大きく異なる場合には，別途検証が必要であると考えられる。

また，上記の前提条件として，局部的な偏荷重が生じないよう設計上の配慮が必要である。

積層ゴム支承の限界状態 1 の指標を内部鋼板の降伏とする場合，ゴムの材料強度やゴムと鋼板との接着力が，内部鋼板の耐荷力より高く，弾性範囲内で使用する必要がある。3 章では，ゴム材料の引張強度は天然ゴム，クロロプレンゴムでは 15N/mm^2 以上，高減衰ゴム支承に使用されるゴム材料では 10N/mm^2 以上，ゴム材料と内部鋼板の接着力は（90° 剥離試験）7N/mm 以上で，且つゴム部の破断と規定している。ゴム材料の引張強度については，500 ～ 600% の伸び変形が生じた場合に，15N/mm^2 以上を発揮する特性を有しており，これらの材料特性を有することが前提となる。また，**4.5.1** に示す適用条件の積層ゴム支承を前提としており，例えば，高強度鋼材を用いて内部鋼板の降伏強度を従来よりも高く設定して鋼板を薄くする場合には，損傷モードについて確認されていないことから，別途，限界状態について検証する必要がある。

2.2 鉛直圧縮力及び水平力を受けるゴム支承のFEM解析[1)]

(1) 解析概要

本解析に用いるゴム支承の形状を**表–参7.3**に示す。解析モデルを**図–参7.6**に示す。載荷条件は鉛直圧縮力を6N/mm^2，せん断ひずみ175%，250%，300%を与えた。載荷方法としては，鉛直圧縮力については一定応力載荷，水平変位については強制変位を与える載荷方法とした。載荷方法と境界条件を**図–参7.7**に示す。

表–参7.3 実験供試体の緒元

平面形状	(mm)	400 × 400
単層厚	(mm)	18
総ゴム厚	(mm)	54
内部鋼板厚	(mm)	2
1次形状係数	-	5.56
2次形状係数	-	7.41
ゴム材の呼び	-	G10
内部鋼板の材質	-	SS400

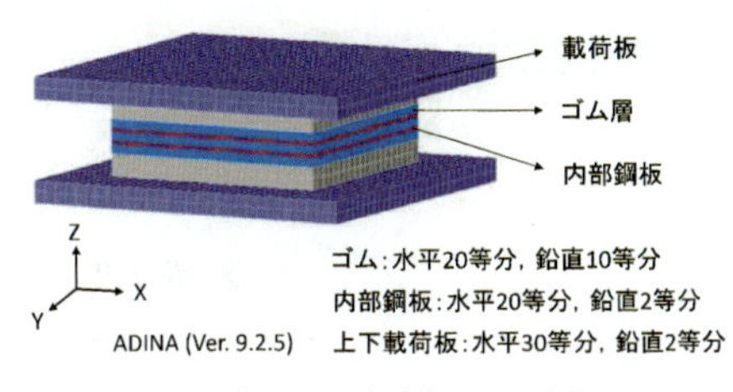

図–参7.6 解析モデル図

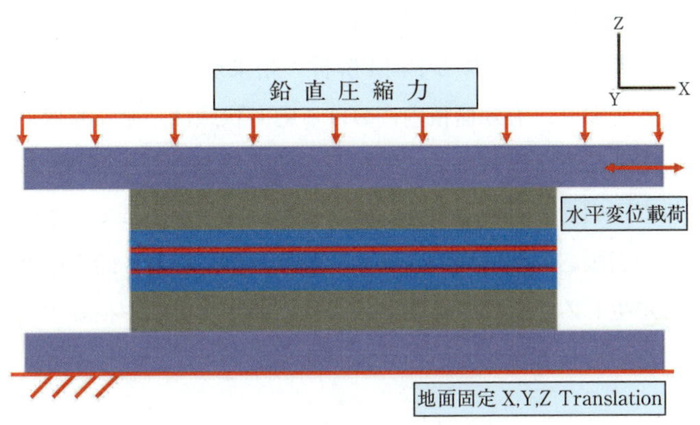

図–参7.7 載荷方法および境界条件

(2) 解析結果

図–参7.8は，鉛直圧縮力を6N/mm^2，せん断ひずみを175%，250%，300%

に載荷した場合のゴム支承中央部におけるXZ平面の静水圧を示したものである。せん断ひずみを175%載荷した場合には，圧縮応力が作用する領域が支承中央部を中心にして広範囲に広がっているが，せん断ひずみが大きくなるにつれて圧縮応力を受ける領域が徐々に減っていくことが確認された。

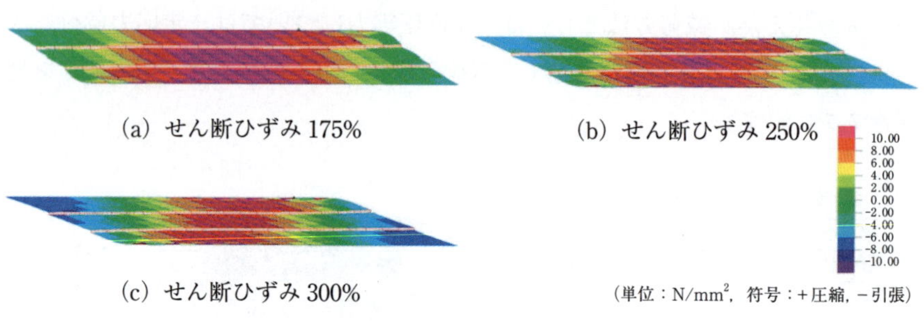

(a) せん断ひずみ175%　(b) せん断ひずみ250%　(c) せん断ひずみ300%

(単位：N/mm²，符号：+圧縮，−引張)

図-参7.8　静水圧応力の比較

(3) 解析結果の考察

従来の照査方法は，有効面積に鉛直荷重が集中するものと仮定し，有効面積内での平均圧縮応力度を算定し，内部鋼板の引張応力を照査する方法が用いられてきた。**図-参7.8**に示されるFEM解析の結果から，概ね，有効寸法に鉛直荷重が集中しており，有効面積内における応力状態は，せん断変形を加味した場合においても鉛直圧縮力による影響が支配的であることがわかる。これらを踏まえ，鉛直圧縮力に対する限界状態はせん断変形が生じていない状態と同様，内部鋼板の引張応力度に代表させることとした。なお，鉛直圧縮力と同時にせん断変形が生じる場合の圧縮限界状態についての実験や検証データは十分とは言えないため今後蓄積していく必要がある。

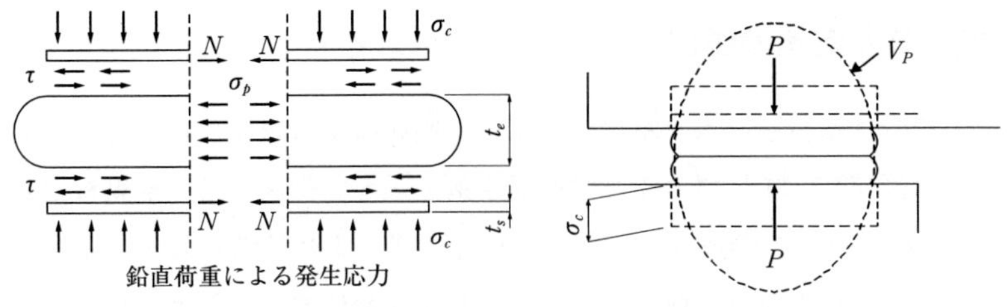

図-参 7.9 ゴム支承の圧縮応力度分布と内部鋼板の引張応力度

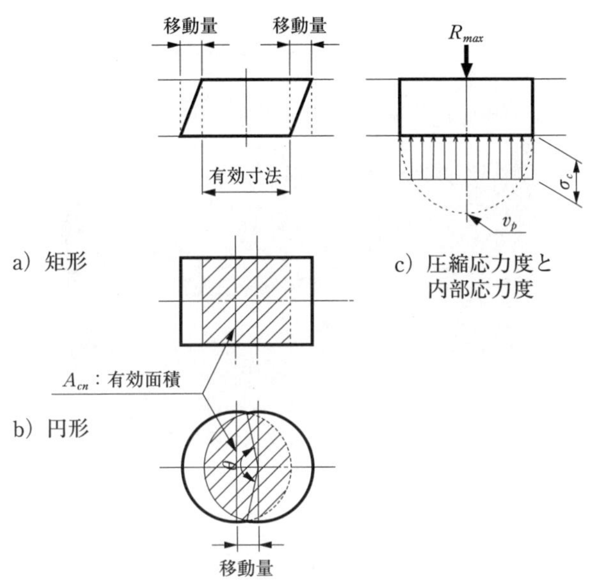

図-参 7.10 ゴム支承の圧縮に有効な面積

3．積層ゴム支承の座屈

圧縮力を受ける積層ゴム支承については，座屈による限界の状態を考慮する必要がある。**図-参 7.11** にゴム支承の座屈事例を示す。供試体は内部鋼板辺長が□240mm，ゴム総厚が 100mm（=10mm×10 層）で，二次形状係数が 2.4 となる供試体を用いた。鉛直荷重は荷重制御とし，せん断変位零の状態で平均圧縮応力度 6N/mm^2 とし，水平変位を単調載荷した結果，せん断ひずみ 250％を超え，加振方向の変位がゴム支承の寸法を超えた状態（250mm 超）で座屈した。

図-参 7.11　ゴム支承の座屈事例

内部鋼板が引張強度に到達する状態については，明確にできていないことから，特性値は設定せずに，式(4.5.8)に示す理論式により算定される座屈を考慮した圧縮応力度により，限界状態 3 を代表させる指標とした。この状態に達するとゴム支承は，必要な復元力を失い（水平剛性が負勾配となる），面外変形によって上部構造を所定の位置（高さ）に保持できなくなる。ゴム支承における座屈現象は，鉛直力と水平力の組み合わせによって生じることが多く，積層数が多く，静的せん断弾性係数が小さい材料を用いる建築用ゴム支承などでは実験的に確認することができるが，橋梁用ゴム支承のように積層数が少なく，静的せん断弾性係数が大きい場合には，座屈よりも先行してゴム支承の水平せん断ひずみによる破断が生じるため，厳密に座屈限界点を評価することは実際には困難である。従って，座屈応力度の算定は，James M Kellyらにより提案された理論式[2)]をもとに算定された簡易式($\sigma_c=R/A_{cn}$)を用いる。なお，この理論式により設定されたゴム支承形状であれば，想定している荷重に対して座屈現象が生じないことは実験的に確認できている。

座屈応力の制限値については，材料強度のばらつき，出来形のばらつき，耐力推定式の誤差等が明確にわけられないことから，部材構造係数(ξ_2)と抵抗係数(Φ_{MBSl})の積で示すこととし，これまでの便覧で考慮されていたものと同等の安全余裕が得られるように調整した値として設定し**表-4.5.4**に示す値とした。

上記の限界状態や制限値を使用する前提としては，過去の実験や製作実績に基づいて設定した適用範囲や構造細目の範囲でゴム支承を使用する必要がある。

参考文献

1) 崔準祜，成炫禹，原暢彦，今井隆，植田健介：軸応力をパラメータとした積層ゴム支承のせん断特性確認実験の再現解析とゴム支承の局部応力変化に関する検討，地震工学論文集第37巻，2018.11

2) James M.Kelly:Earthquake-Resistant Design withRubber, second edition,p167,1997

参考資料-8　鉛直圧縮力及び水平力を受ける積層ゴムの限界状態，特性値，制限値の設定

1．はじめに

鉛直圧縮力及び水平力を受ける積層ゴム支承の限界状態及び制限値，特性値を設定するため，せん断特性試験データを整理した結果を示す。

2．実験概要

供試体数は，地震時水平力分散ゴム支承54体，鉛プラグ入り積層ゴム支承42体，高減衰ゴム支承30体である。試験の確認項目を以下に示す。

2.1　供試体緒元

JIS K 6411 6.1 表-3(RB 又は HDR)，表-4(LRB)に規定される，標準供試体 No.2(□ 240mm),No.3(□ 400mm),No.4(□ 1000mm)を基本の内部鋼板平面形状とした。また，平面寸法の影響を確認するため No.3 と No.4 の中間サイズとして□ 600mm を加えた平面寸法の供試体とした。地震時水平力分散ゴム支承は内部鋼板平面□ 240mm，□ 400mm，□ 600mm の供試体，免震支承は□ 240mm，□ 400mm，□ 600mm，□ 1000mm の供試体とした。一次形状係数，二次形状係数の影響を考慮し，一次形状係数は 5 ～ 10 程度，二次形状係数は 2.4 ～ 8 程度の範囲とした。

供試体諸元について，地震時水平力分散型ゴム支承 54 体を**表–参 8.1** に示す。鉛プラグ入り積層ゴム支承 42 体を**表–参 8.2** に示す。高減衰積層ゴム支承 30 体を**表–参 8.3** に示す。ここで，供試体のせん断弾性係数は，全てゴムのせん断弾性係数が 1.2N/mm^2 とした。

表-参 8.1　地震時水平力分散型ゴム支承(RB)の供試体諸元

供試体 No.	平面形状		ゴム層厚			せん断弾性係数	形状係数	
	橋軸	橋直	1層厚	層数	総厚	Ge	一次	二次
	mm	mm	mm	層	mm	N/mm^2	—	—
R-1	240	240	11	5	55	1.2	5.455	4.364
R-2	240	240	7	5	35	1.2	8.571	6.857
R-3	240	240	7	8	56	1.2	8.571	4.286
R-4	240	240	7	10	70	1.2	8.571	3.429
R-5	240	240	11	5	55	1.2	5.455	4.364
R-6	240	240	7	5	35	1.2	8.571	6.857
R-7	240	240	7	8	56	1.2	8.571	4.286
R-8	240	240	7	10	70	1.2	8.571	3.429
R-9	240	240	11	5	55	1.2	5.455	4.364
R-10	240	240	7	5	35	1.2	8.571	6.857
R-11	240	240	7	8	56	1.2	8.571	4.286
R-12	240	240	7	10	70	1.2	8.571	3.429
R-13	240	240	11	5	55	1.2	5.455	4.364
R-14	240	240	7	5	35	1.2	8.571	6.857
R-15	240	240	7	8	56	1.2	8.571	4.286
R-16	240	240	7	10	70	1.2	8.571	3.429
R-17	240	240	7	5	35	1.2	8.571	6.857
R-18	240	240	7	8	56	1.2	8.571	4.286
R-19	240	240	7	10	70	1.2	8.571	3.429
R-20	240	240	10	3	30	1.2	6.000	8.000
R-21	240	240	10	3	30	1.2	6.000	8.000
R-22	240	240	10	4	40	1.2	6.000	6.000
R-23	240	240	10	4	40	1.2	6.000	6.000
R-24	240	240	10	5	50	1.2	6.000	4.800
R-25	240	240	10	5	50	1.2	6.000	4.800
R-26	240	240	10	6	60	1.2	6.000	4.000
R-27	240	240	10	6	60	1.2	6.000	4.000
R-28	240	240	10	7	70	1.2	6.000	3.429
R-29	240	240	10	7	70	1.2	6.000	3.429
R-30	240	240	10	8	80	1.2	6.000	3.000
R-31	240	240	10	8	80	1.2	6.000	3.000
R-32	240	240	10	9	90	1.2	6.000	2.667

供試体 No.	平面形状		ゴム層厚			せん断弾性係数	形状係数	
	橋軸	橋直	1層厚	層数	総厚	Ge	一次	二次
	mm	mm	mm	層	mm	N/mm^2	—	—
R-33	240	240	10	9	90	1.2	6.000	2.667
R-34	240	240	10	10	100	1.2	6.000	2.400
R-35	240	240	10	10	100	1.2	6.000	2.400
R-36	240	240	11	5	55	1.2	5.455	4.364
R-37	240	240	11	5	55	1.2	5.455	4.364
R-38	240	240	7	5	35	1.2	8.571	6.857
R-39	240	240	7	8	56	1.2	8.571	4.286
R-40	240	240	7	10	70	1.2	8.571	3.429
R-41	240	240	11	5	55	1.2	5.455	4.364
R-42	240	240	7	5	35	1.2	8.571	6.857
R-43	240	240	7	8	56	1.2	8.571	4.286
R-44	240	240	7	10	70	1.2	8.571	3.429
R-45	240	240	10	4	40	1.2	6.000	6.000
R-46	240	240	10	6	60	1.2	6.000	4.000
R-47	240	240	10	8	80	1.2	6.000	3.000
R-48	240	240	10	10	100	1.2	6.000	2.400
R-49	240	240	7	5	35	1.2	8.571	6.857
R-50	240	240	11	5	55	1.2	5.455	4.364
R-51	400	400	16	6	96	1.2	6.250	4.167
R-52	400	400	18	5	90	1.2	5.556	4.444
R-53	400	400	12	5	60	1.2	8.333	6.667
R-54	600	600	18	5	90	1.2	8.333	6.667

表-参 8.2　鉛プラグ入り積層ゴム支承の供試体諸元

供試体 No.	平面形状		ゴム層厚			せん断弾性係数	鉛プラグ				形状係数	
	橋軸	橋直	1層厚	層数	総厚	G_e	鉛径	本数	面積	面積比	一次	二次
	mm	mm	mm	層	mm	N/mm^2	mm	本	A_p	κ (=A_p/A_e)	—	—
L-1	240	240	11	5	55	1.2	34.5	4	3739	0.069	5.100	4.364
L-2	240	240	7	5	35	1.2	34.5	4	3739	0.069	8.015	6.857
L-3	240	240	7	5	35	1.2	34.5	4	3739	0.069	8.015	6.857
L-4	240	240	7	8	56	1.2	34.5	4	3739	0.069	8.015	4.286
L-5	240	240	7	8	56	1.2	34.5	4	3739	0.069	8.015	4.286
L-6	240	240	7	10	70	1.2	34.5	4	3739	0.069	8.015	3.429
L-7	240	240	7	10	70	1.2	34.5	4	3739	0.069	8.015	3.429
L-8	240	240	11	5	55	1.2	34.5	4	3739	0.069	5.100	4.364
L-9	240	240	11	5	55	1.2	34.5	4	3739	0.069	5.100	4.364
L-10	240	240	7	5	35	1.2	34.5	4	3739	0.069	8.015	6.857
L-11	240	240	7	5	35	1.2	34.5	4	3739	0.069	8.015	6.857
L-12	240	240	7	8	56	1.2	34.5	4	3739	0.069	8.015	4.286
L-13	240	240	7	8	56	1.2	34.5	4	3739	0.069	8.015	4.286
L-14	240	240	7	10	70	1.2	34.5	4	3739	0.069	8.015	3.429
L-15	240	240	7	10	70	1.2	34.5	4	3739	0.069	8.015	3.429
L-16	240	240	11	5	55	1.2	34.5	4	3739	0.069	5.100	4.364
L-17	240	240	11	5	55	1.2	34.5	4	3739	0.069	5.100	4.364
L-18	240	240	7	5	35	1.2	34.5	4	3739	0.069	8.015	6.857
L-19	240	240	7	5	35	1.2	34.5	4	3739	0.069	8.015	6.857
L-20	240	240	7	8	56	1.2	34.5	4	3739	0.069	8.015	4.286
L-21	240	240	7	8	56	1.2	34.5	4	3739	0.069	8.015	4.286
L-22	240	240	7	10	70	1.2	34.5	4	3739	0.069	8.015	3.429
L-23	240	240	7	10	70	1.2	34.5	4	3739	0.069	8.015	3.429
L-24	240	240	11	5	55	1.2	34.5	4	3739	0.069	5.100	4.364
L-25	240	240	11	5	55	1.2	34.5	4	3739	0.069	5.100	4.364
L-26	240	240	7	5	35	1.2	34.5	4	3739	0.069	8.015	6.857
L-27	240	240	7	5	35	1.2	34.5	4	3739	0.069	8.015	6.857
L-28	240	240	7	8	56	1.2	34.5	4	3739	0.069	8.015	4.286
L-29	240	240	7	8	56	1.2	34.5	4	3739	0.069	8.015	4.286
L-30	240	240	7	10	70	1.2	34.5	4	3739	0.069	8.015	3.429
L-31	240	240	7	10	70	1.2	34.5	4	3739	0.069	8.015	3.429
L-32	240	240	7	5	35	1.2	70	1	3848	0.072	7.999	6.857
L-33	240	240	11	5	55	1.2	70	1	3848	0.072	5.090	4.364
L-34	400	400	16	6	96	1.2	115	1	10387	0.069	5.844	4.167
L-35	400	400	11	6	66	1.2	115	1	10387	0.069	8.501	6.061
L-36	400	400	9	10	90	1.2	115	1	10387	0.069	10.390	4.444
L-37	400	400	18	5	90	1.2	57.5	4	10387	0.069	5.195	4.444
L-38	400	400	12	5	60	1.2	57.5	4	10387	0.069	7.792	6.667
L-39	600	600	17	5	85	1.2	85	4	22698	0.067	8.267	7.059
L-40	600	600	22	6	132	1.2	85	4	22698	0.067	6.388	4.545
L-41	600	600	14	10	140	1.2	85	4	22698	0.067	10.039	4.286
L-42	1000	1000	39	4	156	1.2	144	4	65144	0.070	5.993	6.410

表-参 8.3　高減衰積層ゴム支承の供試体諸元

供試体 No.	平面形状		ゴム層厚			せん断弾性係数	形状係数	
	橋軸	橋直	1 層厚	層数	総厚	G_e	一次	二次
	mm	mm	mm	層	mm	N/mm^2	—	—
H-1	240	240	11	5	55	1.2	5.455	4.364
H-2	240	240	11	5	55	1.2	5.455	4.364
H-3	240	240	7	5	35	1.2	8.571	6.857
H-4	240	240	7	5	35	1.2	8.571	6.857
H-5	240	240	7	8	56	1.2	8.571	4.286
H-6	240	240	7	8	56	1.2	8.571	4.286
H-7	240	240	7	10	70	1.2	8.571	3.429
H-8	240	240	7	10	70	1.2	8.571	3.429
H-9	240	240	11	5	55	1.2	5.455	4.364
H-10	240	240	11	5	55	1.2	5.455	4.364
H-11	240	240	7	5	35	1.2	8.571	6.857
H-12	240	240	7	5	35	1.2	8.571	6.857
H-13	240	240	7	8	56	1.2	8.571	4.286
H-14	240	240	7	8	56	1.2	8.571	4.286
H-15	240	240	7	10	70	1.2	8.571	3.429
H-16	240	240	7	10	70	1.2	8.571	3.429
H-17	240	240	7	5	35	1.2	8.571	6.857
H-18	240	240	11	5	55	1.2	5.455	4.364
H-19	400	400	16	6	96	1.2	6.250	4.167
H-20	400	400	16	3	48	1.2	6.250	8.333
H-21	400	400	16	4	64	1.2	6.250	6.250
H-22	400	400	16	6	96	1.2	6.250	4.167
H-23	400	400	16	8	128	1.2	6.250	3.125
H-24	400	400	16	3	48	1.2	6.250	8.333
H-25	400	400	16	4	64	1.2	6.250	6.250
H-26	400	400	16	6	96	1.2	6.250	4.167
H-27	400	400	16	8	128	1.2	6.250	3.125
H-28	800	800	32	6	192	1.2	6.250	4.167
H-29	800	800	32	6	192	1.2	6.250	4.167
H-30	1000	1000	29	7	203	1.2	8.621	4.926

2.2 実験方法

圧縮応力度 $6.0N/mm^2$ となる鉛直荷重を載荷した状態で，正負交番繰返し変位を与えた。載荷条件を**表-参 8.4** に示す。

表-参 8.4　せん断特性試験載荷ステップ

	載荷ステップ			
	ステップ1	ステップ2	ステップ3	ステップ4
試験温度	+23℃ 恒温室内	+23℃付近 雰囲気温度		
鉛直荷重	面圧 6.0N/mm^2 に相当する鉛直荷重			
水平加振周期	2秒	8～10秒程度		単調載荷
水平加振波形	正弦波			
水平加振変位	175%	250%	300%	破断又は 座屈まで
水平加振回数	3回（分散） 11回（免震）	6回	2回	単調載荷

ステップ1では，せん断ひずみ175%（有効設計変位）を正負繰り返し与える。地震時水平力分散型ゴム支承については，繰返し回数は3回程度で履歴曲線が安定する傾向を示すため3回とし，3回目の値で評価した。鉛プラグ入り積層ゴム支承及び高減衰積層ゴム支承の免震支承については，繰返し載荷による履歴の変化が大きく繰返し回数を11回とし，2～11回の10回の平均値で評価した。

ステップ2では，せん断ひずみ250%を正負繰り返しにより6回与え，2～6回の5回の平均値で評価した。評価する際の載荷繰返し回数を5回としたのは，様々な固有周期の振動系を対象とした地震応答解析による検討結果から，レベル2地震動に対する橋の応答では，最大振幅に対して5回程度の繰返し回数を考慮していれば安全側に評価できると考えられるためである。

ステップ3では，ゴム支承の破断や座屈などの損傷により鉛直方向及び水平方向の荷重伝達機能が失われる状態に対して適切な安全性が確保されていることを確認するために，せん断ひずみ300%に相当する変位を正負繰り返しにより2回与え，ゴム支承の荷重伝達機能が失われないことを確認する。この状態は，ゴム支承本体の破断や座屈などの損傷により鉛直方向及び水平方向の荷重伝達機能が失われる直前の限界状態に相当する。

ステップ4では，ゴム支承の鉛直方向及び水平方向の荷重伝達機能が失われる状態を明らかにするために，単調載荷により破断や座屈などの損傷が生じるまでせん断変位を与える。ただし，試験機の能力の制約により，破断や座屈などの損傷が生じるまでのせん断変位を与えることができなかった供試体もある。

2.3 実験結果

2.3.1 地震時水平力分散ゴム支承

(1) 限界状態1

水平せん断ひずみの制限値250%に相当する変位を繰返し載荷し，3波目のせん断剛性を1.0とした場合のせん断剛性の変化を**図−参8.1**に示す。[道示Ｖ] 5.2(2)2)に基づき3波目を基準とした。

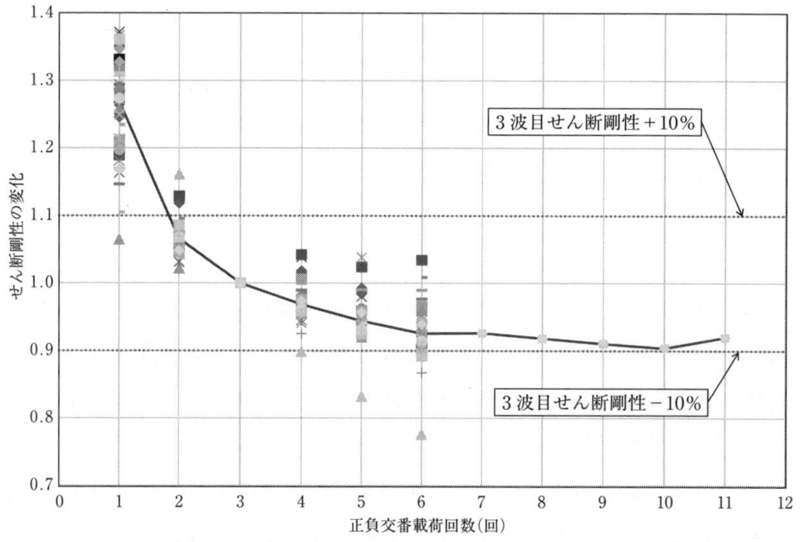

図−参8.1　せん断ひずみ250%における剛性の変化

4波目以降のせん断剛性は，3波目に対して10%以下の変化率であり安定した履歴挙動と考えることができる。またせん断ひずみ±300%の試験後に荷重零とした際に残留変位せず原点復帰するため，地震時水平力分散型ゴム支承はせん断ひずみ250%は履歴が安定した状態であり，可逆性を有する範囲と考えることができる。

(2) 限界状態3

限界状態3のせん断ひずみの制限値250%を超える，300%まで載荷した際の履歴(ステップ3)と破断まで単調載荷した際の履歴(ステップ4)を**図-参8.2**に示す。

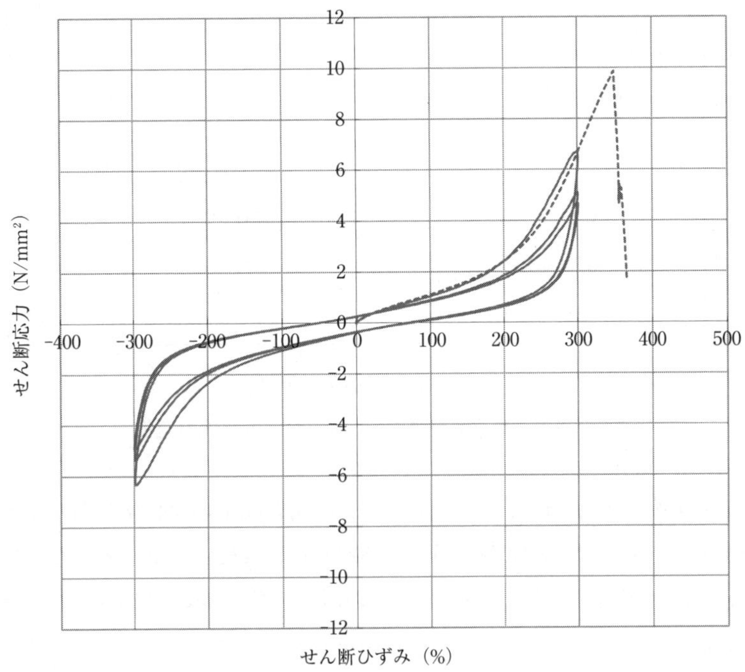

図-参8.2 ステップ3，ステップ4おける履歴例

この結果では300%を載荷した場合でも履歴を描き耐荷力を喪失しない結果となっているが，最大300%せん断ひずみとした時に必要となる繰返し回数による評価ではなく，特性値とするための十分なデータ数が得られていないことから，250%を制限値とした。

2.3.2 鉛プラグ入り積層ゴム支承

(1) 限界状態1

水平せん断ひずみの制限値175%に相当する変位を繰返し載荷し，5波目の

2 次剛性を 1.0 とした場合の 2 次剛性の変化を**図-参 8.3** に示す。

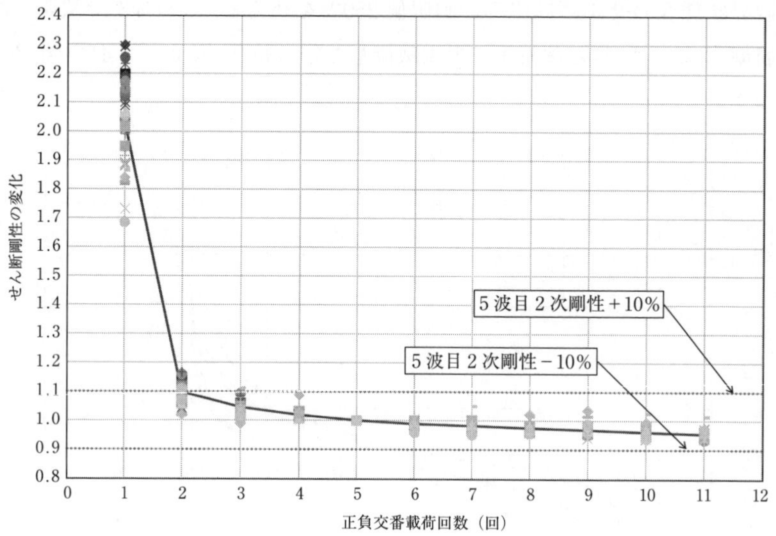

図-参 8.3　せん断ひずみ 175%における剛性の変化

6 波目以降の 2 次剛性は，5 波目に対して 10%以下の変化率であり安定した履歴挙動である。またせん断ひずみ±300% の試験後に荷重零とした際に残留変位せず原点復帰するため，鉛プラグ入り積層ゴム支承は 175% のせん断ひずみは履歴が安定した状態であり，可逆性を有する範囲と考えることができる。

(2) 限界状態 2

水平せん断ひずみの制限値 250%に相当する変位を繰返し載荷し，実測値と設計値の等価減衰定数の比率とその供試体数を**図-参 8.4** に示す。

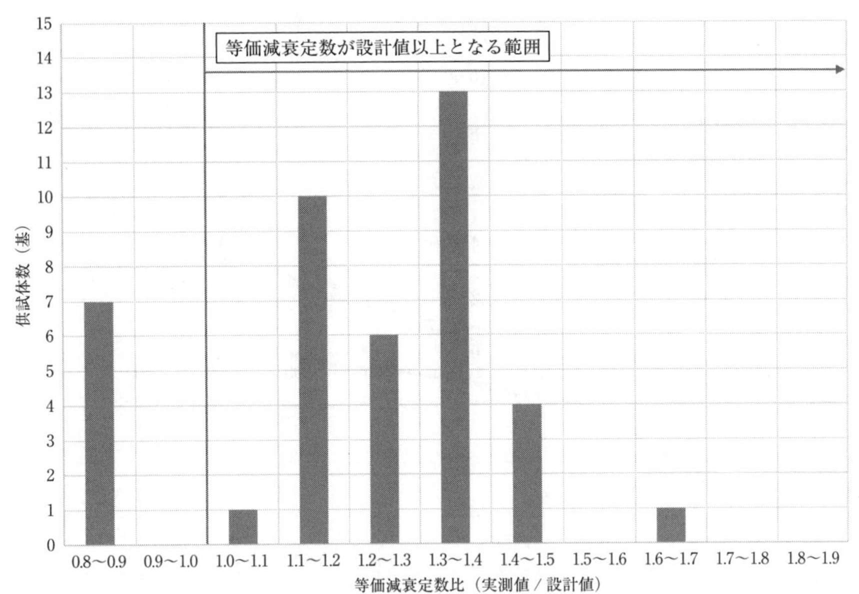

図−参 8.4　せん断ひずみ 250％における等価減衰定数比と供試体数

等価減衰定数は，一部供試体を除き設計で用いる値以上となっており，エネルギー吸収能が想定する範囲内で確保できていると考えることができる。

(3)　限界状態 3

限界状態 3 のせん断ひずみの制限値 250％を超える 300％まで載荷した際の履歴（ステップ 3）と破断まで単調載荷した際の履歴（ステップ 4）を**図−参 8.5** に示す。

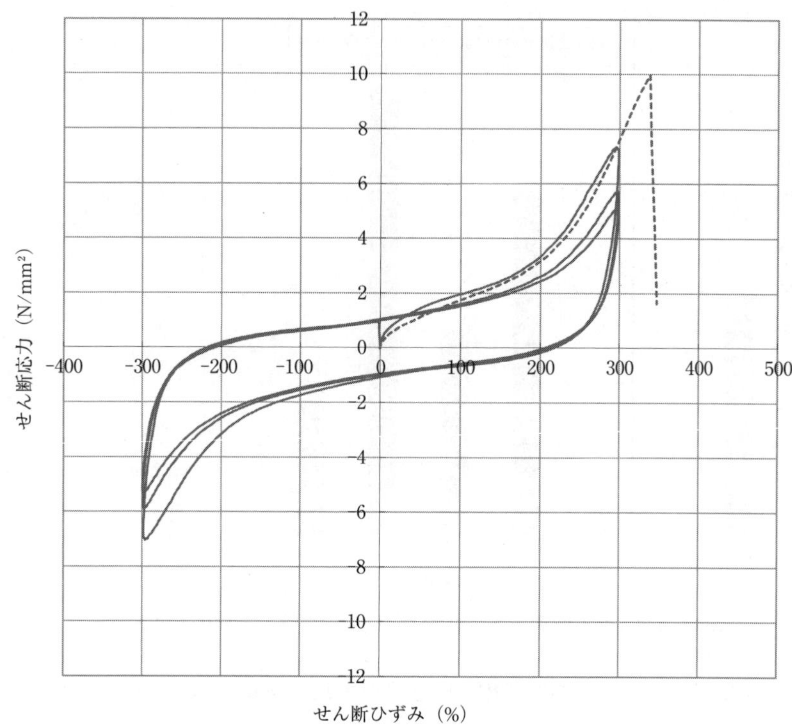

図–参 8.5　ステップ 3, ステップ 4 おける履歴例

この結果では 300%を載荷した場合でも履歴を描き耐荷力を喪失しない結果となっているが，最大 300%せん断ひずみとした時に必要となる繰返し回数による評価ではなく，特性値とするための十分なデータ数が得られていないことから，250%を制限値とした。

2.3.3　高減衰ゴム支承

(1)　限界状態 1

水平せん断ひずみの制限値 175%に相当する変位を繰返し載荷し，5 波目の 2 次剛性を 1.0 とした場合の 2 次剛性の変化を**図–参 8.6** に示す。

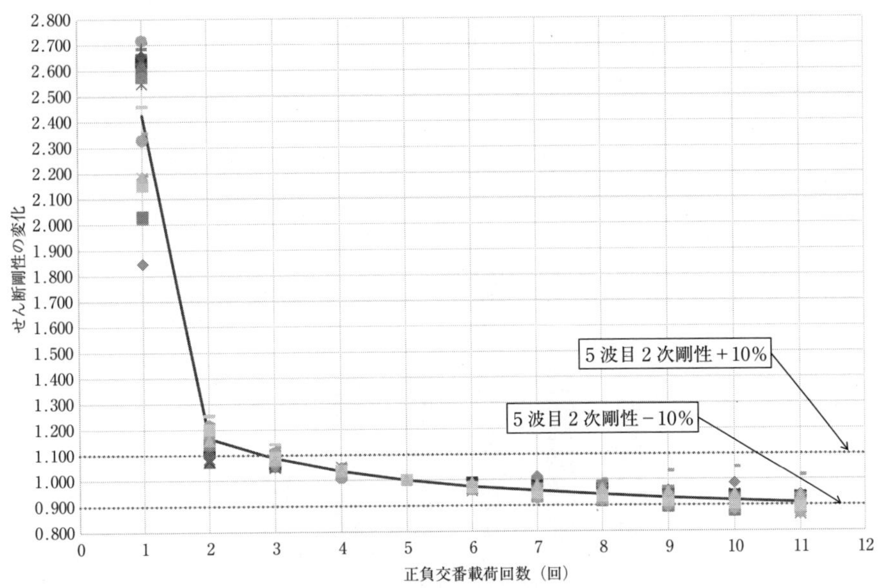

図–参 8.6　せん断ひずみ 175%における剛性の変化

6 波目以降の 2 次剛性は，5 波目に対して 10%以下の変化率であり安定した履歴挙動と考えることができる。またせん断ひずみ±300% の試験後に荷重零とした際に残留変位せず原点復帰するため，高減衰ゴム支承は 175% のせん断ひずみは履歴が安定した状態であり可逆性を有する範囲と考えることができる。

(2)　限界状態 2

水平せん断ひずみの制限値 250%に相当する変位を繰返し載荷し，設計で用いる等価減衰定数を 1.0 とした場合の等価減衰定数比とその供試体数を**図–参 8.7** に示す

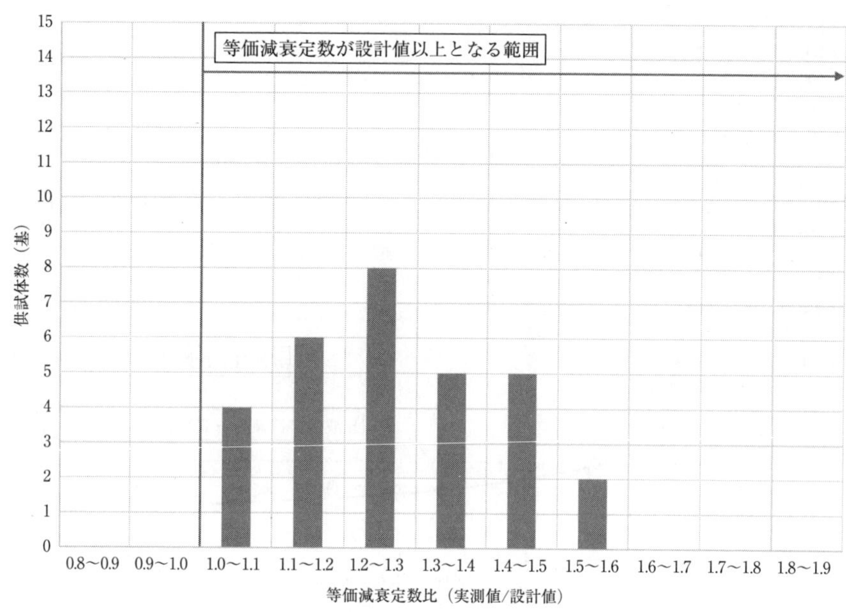

図-参 8.7　せん断ひずみ250％における等価減衰定数比と供試体数

等価減衰定数は，設計で用いる値以上となっており，エネルギー吸収能が想定する範囲内で確保できていると考えることができる。

(3)　限界状態 3

限界状態 3 のせん断ひずみの制限値 250％を超える，300％まで載荷した際の履歴（ステップ 3）と破断まで単調載荷した際の履歴（ステップ 4）を**図-参 8.8** に示す。ただし，この例では 350％を超えても破断しなかったため中断した。

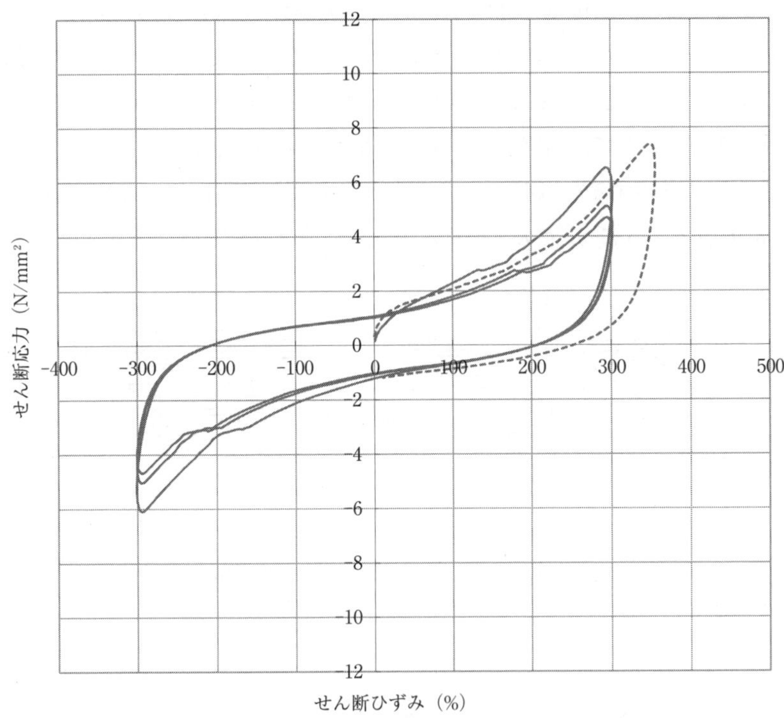

図-参 8.8　ステップ 3，ステップ 4 おける履歴例

この結果では 300％を載荷した場合でも履歴を描き耐荷力を喪失しない結果となっているが，最大 300％せん断ひずみとした時に必要となる繰返し回数による評価ではなく，特性値とするための十分なデータ数が得られていないことから，250％を制限値とした。

3．積層ゴムの二次形状係数の影響

積層ゴム支承としてせん断破壊や座屈安定性の観点から二次形状係数の適用の範囲を確認した実験は少ない。

図-参 8.9 に，S_1 と S_2 の違いによる変形性状の違いを示す。**図-参 8.9(a)** のように，S_1 が小さいほどゴム層及び鋼板が平行移動しない，ゴム 1 層の変形が不均一となるため，鉛直剛性は低くなる。このため，せん断変形における内部鋼板の拘束力が小さくなりゴムの曲げ成分が大きくなり不安定現象(座屈)を起こしやすくなる。また，**図-参 8.9(b)**のように，積層数を増やしてS_1を大きくても，積層数を増やすことで，積層ゴムが細長くなり，曲げ成分が大きくなるので，水平変形性能に影響する(座屈)。水平変形の安定性を示す指標としてS_2があり，**図-参 8.9(c)**のようにS_2が大きい程水平変形性能は安定する。

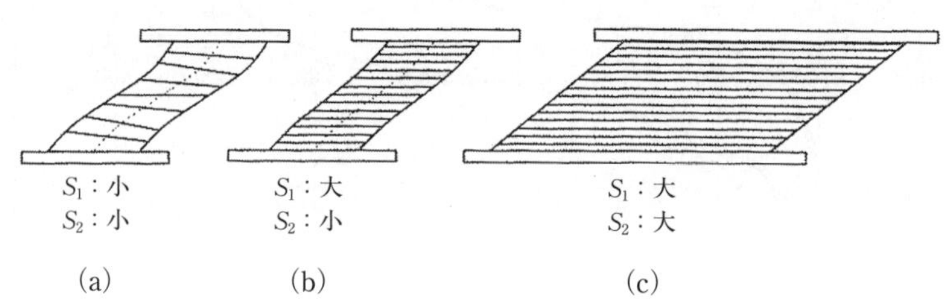

図-参 8.9 形状係数の違いによる変形性状

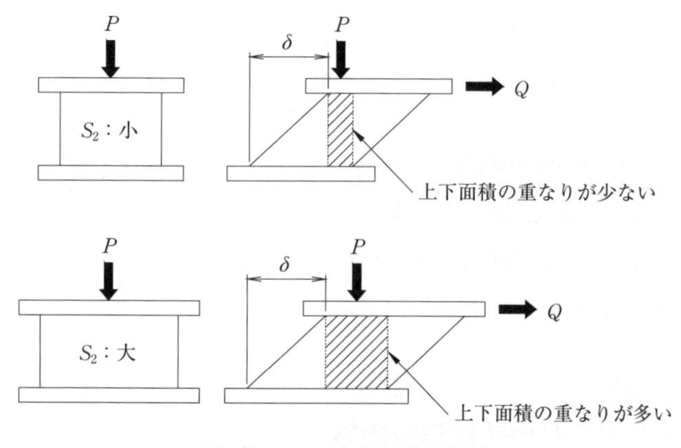

図-参 8.10 有効面積(圧縮)

図–参 8.10 は同じゴム層厚さで，S_2 の異なる積層ゴム支承のせん断変形性状の違いを示したものである。S_2 が小さい場合，せん断変形が大きくなると，上下面積の重なり部分が小さくなるために，積層ゴムの曲げ変形成分（純せん断と仮定出来ない）が大きくなり，不安定（座屈）となる。S_2 が大きい場合は，断面の重なり部分が多いため，曲げ変形成分が小さく安定したせん断変形となる。

そこで，**表–参 8.5** に示す通り地震時水平力分散型ゴム支承（RB）の供試体を用いて二次形状係数（S_2）が限界状態に及ぼす影響があるかを確認した。その試験結果を**図–参 8.11** に示す。試験の結果，二次形状係数が 4 前後から破断ひずみに差異が生じており，3 を下回ると明らかに破断ひずみが著しく低下することが確認できる。

表–参 8.5　二形状係数の影響・地震時水平力分散型ゴム支承（RB）の供試体諸元

供試体 No.	平面形状		ゴム層厚			せん断弾性係数	形状係数	
	橋軸	橋直	1 層厚	層数	総厚	Ge	一次	二次
	mm	mm	mm	層数	mm	N/mm^2	–	–
R2-1	240	240	10	3	30	1.2	6.000	8.000
R2-2	240	240	10	4	40	1.2	6.000	6.000
R2-3	240	240	10	5	50	1.2	6.000	4.800
R2-4	240	240	10	6	60	1.2	6.000	4.000
R2-5	240	240	10	7	70	1.2	6.000	3.429
R2-6	240	240	10	8	80	1.2	6.000	3.000
R2-7	240	240	10	9	90	1.2	6.000	2.667
R2-8	240	240	10	10	100	1.2	6.000	2.400
R2-9	240	240	10	3	30	1.2	6.000	8.000
R2-10	240	240	10	4	40	1.2	6.000	6.000
R2-11	240	240	10	5	50	1.2	6.000	4.800
R2-12	240	240	10	6	60	1.2	6.000	4.000
R2-13	240	240	10	7	70	1.2	6.000	3.429
R2-14	240	240	10	8	80	1.2	6.000	3.000
R2-15	240	240	10	9	90	1.2	6.000	2.667
R2-16	240	240	10	10	100	1.2	6.000	2.400

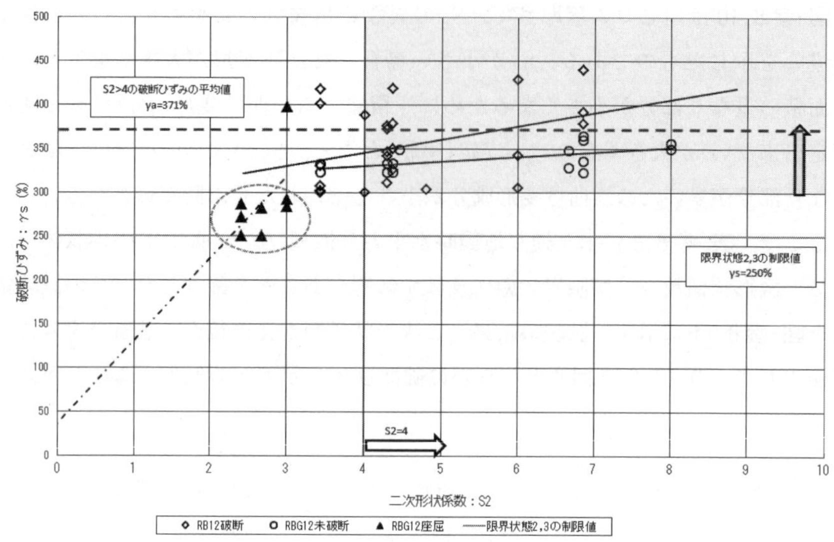

図-参 8.11　二次形状係数とせん断破断ひずみ

このことから，積層ゴム支承は，特性に関しては破断状態の直前までは，想定する性能の範囲であるが，二次形状係数の大小は，せん断破断ひずみに影響するため，二次形状係数については，$S_2 \geqq 4$ を適用条件とした。

図-参 8.12 は地震時水平力分散型ゴム支承(RB)の供試体で，S_1, S_2 を同じとした支承形状□ 240mm(No.2)，□ 400mm(No.3)及び□ 600mm の履歴を示す。

支承の平面寸法にかかわらず±175%，±250% 履歴図は同様であることから，限界状態 1，限界状態 2 及び限界状態 3 に対してこの範囲で寸法による依存性は小さいと考えられる。

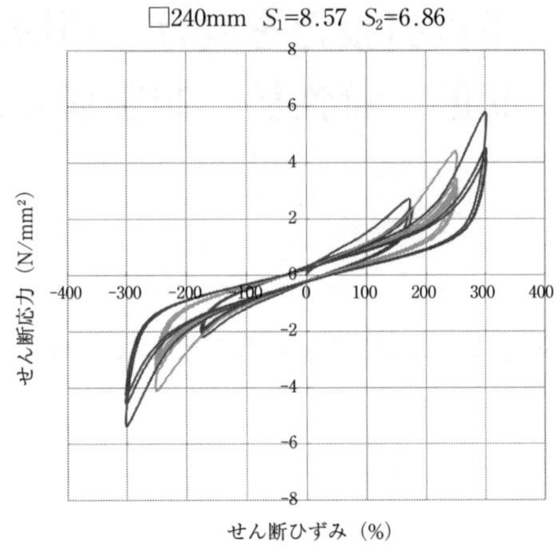

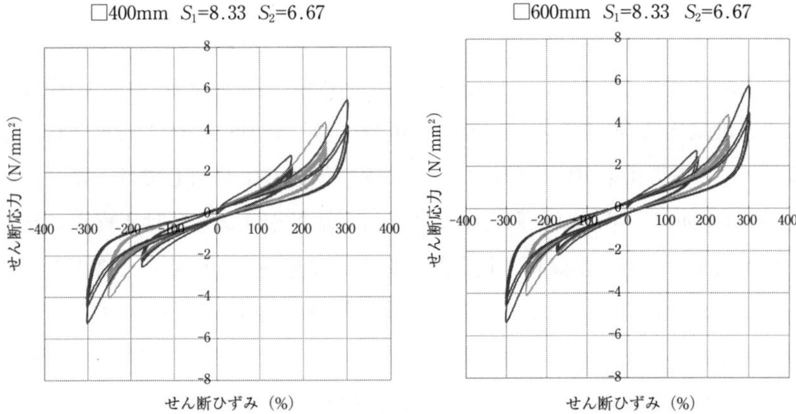

図-参 8.12 一次形状係数，二次形状係数が同等の地震時水平力分散型ゴム支承(RB)の形状別履歴

参考資料-9　鉛直引張力を受ける積層ゴムの限界状態，特性値，制限値の設定

1．はじめに

積層ゴムの鉛直引張力に対応する限界状態について，載荷実験を踏まえて整理した結果を示す。

2．実験概要

積層ゴム本体の引張特性を把握するために49体の供試体に対して実施し，引張破壊実験結果を整理した。引張破断実験に用いた供試体を**表-参 9.1**，**図-参 9.1**に示す。供試体はG6を除くせん断弾性係数に対してJIS K 6411に示される標準試験体No.2の形状を用いて行い，さらに弾性係数G10に対しては，標準試験体No.2と同平面で，単層厚を変えずに2次形状係数が4あるいは4程度になるように積層数を多くした供試体，積層数を変えずに単層厚を厚くして2次形状係数が4あるいは4程度になるようにした供試体及び平面寸法が□400で2次形状係数が4程度になるようにした供試体を用いた。鉛プラグ入り積層ゴム支承の鉛プラグの形状はJIS K 6411に示される標準試験体No.2およびNo.3に準じた。

実験条件を**表-参 9.2**に示す。載荷方法は供試体に鉛直圧縮力の初期荷重0.5kN/mm^{2}を与え，その後，鉛直引張力がゴム支承の平面全面に平均的に応力が入るように，変位制御による1mm/secの速度で，ゴム支承に引張力を作用させた。このとき，ゴム支承には水平力及びせん断変形は与えていない。初期荷重の0.5kN/mm^{2}は実験装置の特性上，初期荷重を0kNとすることが困難であることから設定した。また，速度は本来地震により想定される速度を用いるべきであるが，ここでは実験装置の能力により設定した。この実験結果から鉛直引張力を受ける積層ゴム本体の限界状態を整理した。

表-参 9.1　供試体形状一覧

支承種類	試験体 No.	平面形状 a × b		鉛プラグ			単層厚 (mm)	積層数 (層)	総ゴム厚(mm)	1 次形状係数	2 次形状係数	せん断弾性係数(N/mm²)
				径	本数	面積比						
		(mm)	(mm)	(mm)	(本)	(%)						
RB	1	240	240	—	—	—	5	6	30	12.00	8.00	0.8
	2	240	240	—	—	—	5	6	30	12.00	8.00	0.8
	3	240	240	—	—	—	5	6	30	12.00	8.00	0.8
	4	240	240	—	—	—	5	6	30	12.00	8.00	1.0
	5	240	240	—	—	—	5	6	30	12.00	8.00	1.0
	6	240	240	—	—	—	5	12	60	12.00	4.00	1.0
	7	240	240	—	—	—	5	12	60	12.00	4.00	1.0
	8	240	240	—	—	—	5	12	60	12.00	4.00	1.0
	9	240	240	—	—	—	10	6	60	6.00	4.00	1.0
	10	240	240	—	—	—	10	6	60	6.00	4.00	1.0
	11	240	240	—	—	—	10	6	60	6.00	4.00	1.0
	12	240	240	—	—	—	5	6	30	12.00	8.00	1.2
	13	240	240	—	—	—	5	6	30	12.00	8.00	1.2
	14	240	240	—	—	—	5	6	30	12.00	8.00	1.2
	15	240	240	—	—	—	5	6	30	12.00	8.00	1.2
	16	240	240	—	—	—	5	6	30	12.00	8.00	1.2
	17	240	240	—	—	—	5	6	30	12.00	8.00	1.4
	18	240	240	—	—	—	5	6	30	12.00	8.00	1.4
	19	400	400	—	—	—	16	6	96	6.25	4.17	1.0
	20	400	400	—	—	—	16	6	96	6.25	4.17	1.0
	21	400	400	—	—	—	16	6	96	6.25	4.17	1.0
HDR	22	240	240	—	—	—	5	6	30	12.00	8.00	0.8
	23	240	240	—	—	—	5	6	30	12.00	8.00	0.8
	24	240	240	—	—	—	5	6	30	12.00	8.00	1.0
	25	240	240	—	—	—	5	6	30	12.00	8.00	1.0
	26	240	240	—	—	—	5	12	60	12.00	4.00	1.0
	27	240	240	—	—	—	5	12	60	12.00	4.00	1.0
	28	240	240	—	—	—	10	6	60	6.00	4.00	1.0
	29	240	240	—	—	—	10	6	60	6.00	4.00	1.0
	30	240	240	—	—	—	5	6	30	12.00	8.00	1.2
	31	240	240	—	—	—	5	6	30	12.00	8.00	1.2
	32	240	240	—	—	—	5	6	30	12.00	8.00	1.2
	33	240	240	—	—	—	5	6	30	12.00	8.00	1.2
	34	400	400	—	—	—	16	6	96	6.25	4.17	1.0
	35	400	400	—	—	—	16	6	96	6.25	4.17	1.0
LRB	36	240	240	34.5	4	6.94	5	6	30	11.22	8.00	0.8
	37	240	240	34.5	4	6.94	5	6	30	11.22	8.00	0.8
	38	240	240	34.5	4	6.94	5	6	30	11.22	8.00	1.0
	39	240	240	34.5	4	6.94	5	6	30	11.22	8.00	1.0
	40	240	240	34.5	4	6.94	5	12	60	11.22	4.00	1.0
	41	240	240	34.5	4	6.94	5	12	60	11.22	4.00	1.0
	42	240	240	34.5	4	6.94	10	6	60	5.61	4.00	1.0
	43	240	240	34.5	4	6.94	10	6	60	5.61	4.00	1.0
	44	240	240	34.5	4	6.94	5	6	30	11.22	8.00	1.2
	45	240	240	34.5	4	6.94	5	6	30	11.22	8.00	1.2
	46	240	240	34.5	4	6.94	5	6	30	11.22	8.00	1.2
	47	240	240	34.5	4	6.94	5	6	30	11.22	8.00	1.2
	48	400	400	57.5	4	6.94	16	6	96	5.84	4.17	1.0
	49	400	400	57.5	4	6.94	16	6	96	5.84	4.17	1.0

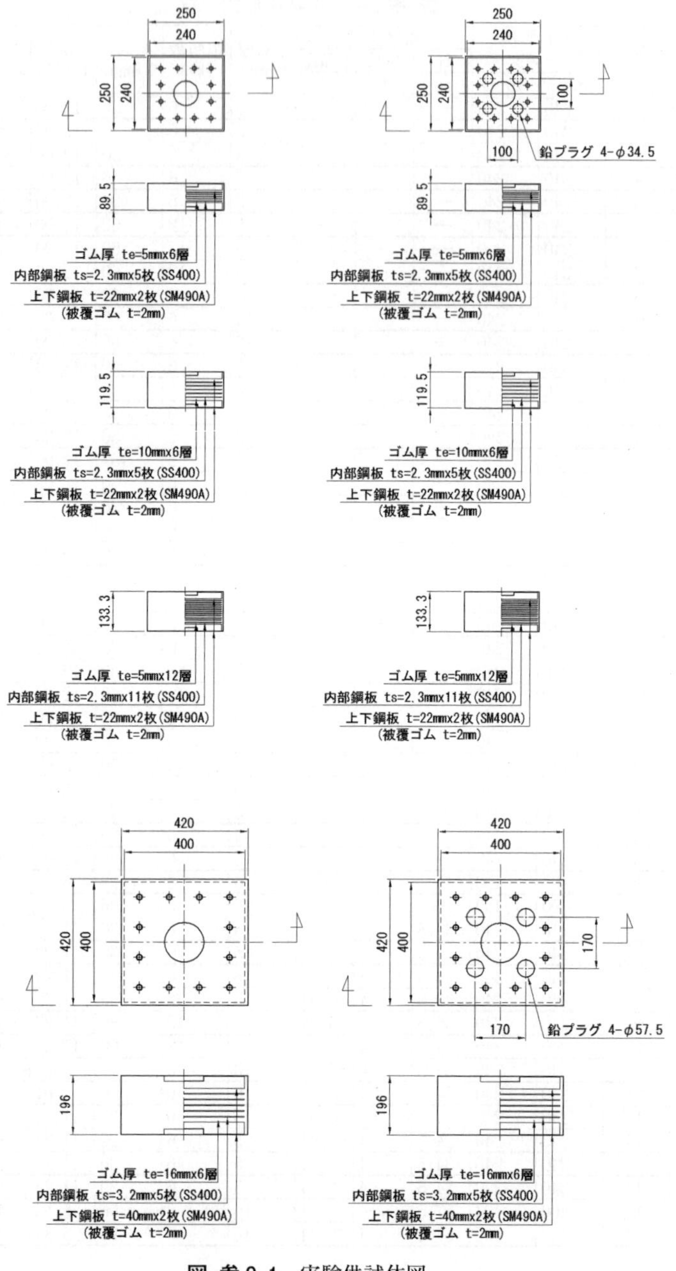
250
240
250
240
89.5
ゴム厚 te=5mmx6層
内部鋼板 ts=2.3mmx5枚(SS400)
上下鋼板 t=22mmx2枚(SM490A)
(被覆ゴム t=2mm)
119.5
ゴム厚 te=10mmx6層
内部鋼板 ts=2.3mmx5枚(SS400)
上下鋼板 t=22mmx2枚(SM490A)
(被覆ゴム t=2mm)
133.3
ゴム厚 te=5mmx12層
内部鋼板 ts=2.3mmx11枚(SS400)
上下鋼板 t=22mmx2枚(SM490A)
(被覆ゴム t=2mm)
250
240
250
240
100
100
鉛プラグ 4-φ34.5
89.5
ゴム厚 te=5mmx6層
内部鋼板 ts=2.3mmx5枚(SS400)
上下鋼板 t=22mmx2枚(SM490A)
(被覆ゴム t=2mm)
119.5
ゴム厚 te=10mmx6層
内部鋼板 ts=2.3mmx5枚(SS400)
上下鋼板 t=22mmx2枚(SM490A)
(被覆ゴム t=2mm)
133.3
ゴム厚 te=5mmx12層
内部鋼板 ts=2.3mmx11枚(SS400)
上下鋼板 t=22mmx2枚(SM490A)
(被覆ゴム t=2mm)
420
400
420
400
196
ゴム厚 te=16mmx6層
内部鋼板 ts=3.2mmx5枚(SS400)
上下鋼板 t=40mmx2枚(SM490A)
(被覆ゴム t=2mm)
420
400
420
400
170
170
鉛プラグ 4-φ57.5
196
ゴム厚 te=16mmx6層
内部鋼板 ts=3.2mmx5枚(SS400)
上下鋼板 t=40mmx2枚(SM490A)
(被覆ゴム t=2mm)

図-参 9.1　実験供試体図

表-参 9.2　実験条件

項　　目	載　荷　条　件※1 (N/mm²)	制　御　方　法
引張破壊実験	+0.5 ～(-) 方向破壊まで	変位制御 1mm/sec

※1　圧縮方向への載荷を(+)，引張方向への載荷を(-)で示す。

3．実 験 結 果

引張破壊実験の結果を**表-参 9.3** に示す。ゴムの引張破断は，初期の引張ひずみに対して大きく引張応力度が立ち上がり，その後初期の剛性に対して大きく剛性が低下した後に引張ひずみの進行に伴って破断に至る形態を示す。**図-参 9.2** に引張破断実験の応力度-ひずみ曲線の一例を示す。ここでは剛性変化が起こるまでの領域を弾性領域と判断している。**表-参 9.3** の実験結果における剛性変化応力度は**図-参 9.3** に示すように，応力度-ひずみ曲線の引張応力度 $0.5N/mm^2$ と $2.1N/mm^2$ の点を結んだ割線剛性を原点より立ち上げた直線と，ひずみ 10% と 20% の点を結んだ直線を延長して交差した点を剛性変化点としてその時の応力度を読み取ったものとしている。これは，実験結果から明確な剛性変化点を判断することは困難なことから，上記のような手法により剛性変化点を算定することとしたものである。なお，剛性が大きく低下する点では，微視的にはゴム内部でボイドが発生していると考えられているため，剛性変化点をゴムの破断の開始点と考えることとした。

剛性変化応力度をゴムのせん断弾性係数ごとに整理した統計データの結果を**表-参 9.4** に，分布を**表-参 9.5** 及び**図-参 9.4** に，また支承の種類ごとに整理した統計データの結果を**表-参 9.6** に，分布を**表-参 9.7** 及び**図-参 9.5** に示す。なお，**表-参 9.4** 中の G14 については供試体数が 2 体と少ないことから標準偏差と変動係数は示していない。剛性変化応力度の平均値は全体では $3.540N/mm^2$ で，ゴムのせん断弾性係数ごとでは $3.036N/mm^2$ ～ $3.985N/mm^2$，支承の種類ごとでは $3.312N/mm^2$ ～ $3.716N/mm^2$ とその差はそれぞれ $0.949N/mm^2$ と $0.404N/mm^2$ であるが，最小値でみるとゴムのせん断弾性係数ごとでは供試体数の少ない G14 を除くと 2.634N/mm^2 ~ 2.956N/mm^2, 支承の種類ごとでは 2.632N/mm^2 ~ 2.846N/mm^2 と差はそれぞれ 0.322N/mm^2 と 0.214N/mm^2 と小さく，ゴムの種類及び支承の種類による影響は小さいことが分かった。

表–参 9.3　引張破壊実験結果

支承種類	試験体No.	平面形状 a × b (mm)	(mm)	鉛プラグ 径 (mm)	本数 (本)	面積比 (%)	単層厚 (mm)	積層数 (層)	総ゴム厚 (mm)	1次形状係数	2次形状係数	せん断弾性係数 (N/mm^2)	剛性変化応力度 (N/mm^2)
RB	1	240	240	—	—	—	5	6	30	12.00	8.00	0.8	2.810
	2	240	240	—	—	—	5	6	30	12.00	8.00	0.8	2.632
	3	240	240	—	—	—	5	6	30	12.00	8.00	0.8	2.935
	4	240	240	—	—	—	5	6	30	12.00	8.00	1.0	3.918
	5	240	240	—	—	—	5	6	30	12.00	8.00	1.0	4.046
	6	240	240	—	—	—	5	12	60	12.00	4.00	1.0	3.444
	7	240	240	—	—	—	5	12	60	12.00	4.00	1.0	3.567
	8	240	240	—	—	—	5	12	60	12.00	4.00	1.0	3.781
	9	240	240	—	—	—	10	6	60	6.00	4.00	1.0	3.023
	10	240	240	—	—	—	10	6	60	6.00	4.00	1.0	3.376
	11	240	240	—	—	—	10	6	60	6.00	4.00	1.0	3.247
	12	240	240	—	—	—	5	6	30	12.00	8.00	1.2	3.948
	13	240	240	—	—	—	5	6	30	12.00	8.00	1.2	3.905
	14	240	240	—	—	—	5	6	30	12.00	8.00	1.2	3.688
	15	240	240	—	—	—	5	6	30	12.00	8.00	1.2	4.682
	16	240	240	—	—	—	5	6	30	12.00	8.00	1.2	4.661
	17	240	240	—	—	—	5	6	30	12.00	8.00	1.4	3.975
	18	240	240	—	—	—	5	6	30	12.00	8.00	1.4	3.921
	19	400	400	—	—	—	16	6	96	6.25	4.17	1.0	3.035
	20	400	400	—	—	—	16	6	96	6.25	4.17	1.0	3.305
	21	400	400	—	—	—	16	6	96	6.25	4.17	1.0	3.155
HDR	22	240	240	—	—	—	5	6	30	12.00	8.00	0.8	2.684
	23	240	240	—	—	—	5	6	30	12.00	8.00	0.8	3.605
	24	240	240	—	—	—	5	6	30	12.00	8.00	1.0	3.595
	25	240	240	—	—	—	5	6	30	12.00	8.00	1.0	5.190
	26	240	240	—	—	—	5	12	60	12.00	4.00	1.0	2.849
	27	240	240	—	—	—	5	12	60	12.00	4.00	1.0	4.083
	28	240	240	—	—	—	10	6	60	6.00	4.00	1.0	2.868
	29	240	240	—	—	—	10	6	60	6.00	4.00	1.0	3.569
	30	240	240	—	—	—	5	6	30	12.00	8.00	1.2	3.244
	31	240	240	—	—	—	5	6	30	12.00	8.00	1.2	4.522
	32	240	240	—	—	—	5	6	30	12.00	8.00	1.2	3.767
	33	240	240	—	—	—	5	6	30	12.00	8.00	1.2	5.049
	34	400	400	—	—	—	16	6	96	6.25	4.17	1.0	2.874
	35	400	400	—	—	—	16	6	96	6.25	4.17	1.0	4.127
LRB	36	240	240	34.5	4	6.94	5	6	30	11.22	8.00	0.8	3.235
	37	240	240	34.5	4	6.94	5	6	30	11.22	8.00	0.8	3.392
	38	240	240	34.5	4	6.94	5	6	30	11.22	8.00	1.0	3.181
	39	240	240	34.5	4	6.94	5	6	30	11.22	8.00	1.0	3.720
	40	240	240	34.5	4	6.94	5	12	60	11.22	4.00	1.0	3.476
	41	240	240	34.5	4	6.94	5	12	60	11.22	4.00	1.0	3.346
	42	240	240	34.5	4	6.94	10	6	60	5.61	4.00	1.0	2.846
	43	240	240	34.5	4	6.94	10	6	60	5.61	4.00	1.0	2.849
	44	240	240	34.5	4	6.94	5	6	30	11.22	8.00	1.2	3.490
	45	240	240	34.5	4	6.94	5	6	30	11.22	8.00	1.2	3.799
	46	240	240	34.5	4	6.94	5	6	30	11.22	8.00	1.2	2.942
	47	240	240	34.5	4	6.94	5	6	30	11.22	8.00	1.2	4.098
	48	400	400	57.5	4	6.94	16	6	96	5.84	4.17	1.0	3.136
	49	400	400	57.5	4	6.94	16	6	96	5.84	4.17	1.0	2.851

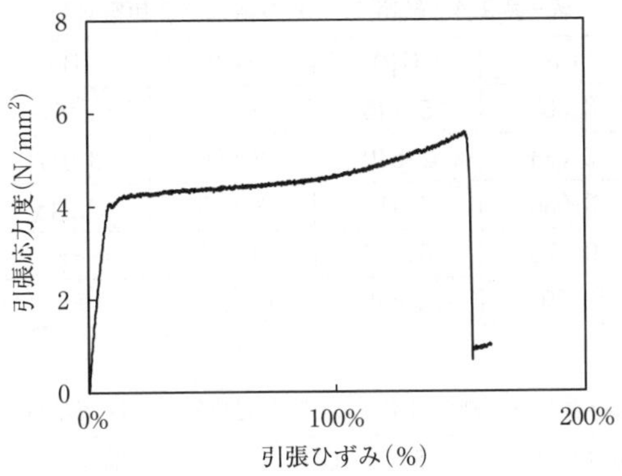

図-参 9.2　ひずみ-応力度曲線の例

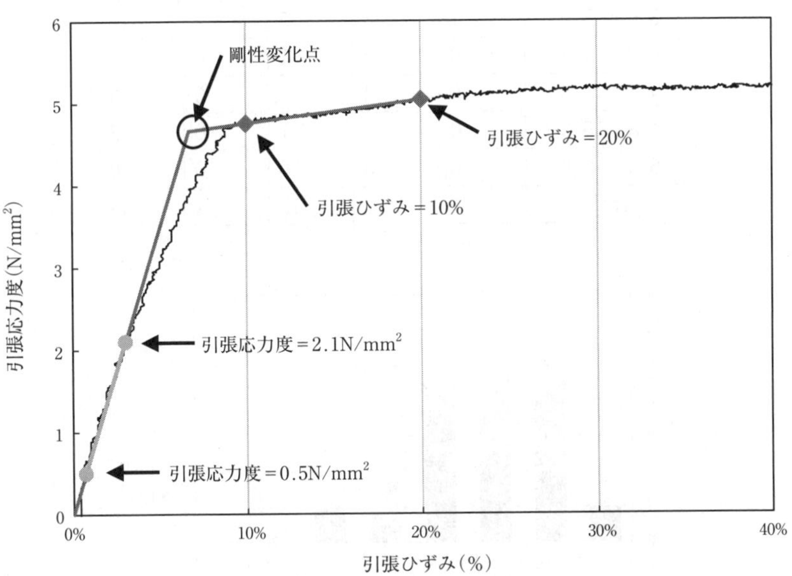

図-参 9.3　剛性変化点の求め方

表-参 9.4　統計データの結果（G 値整理）

	G8	G10	G12	G14	全 体
最大値	3.607	5.145	5.045	3.973	5.190
最小値	2.634	2.840	2.956	3.917	2.632
平均値	3.036	3.417	3.985	3.945	3.540
標準偏差	0.376	0.532	0.607	—	0.608
変動係数	12.39%	15.57%	15.23%	—	17.18%

表-参 9.5　剛性変化応力度の度数分布（G 値整理）

剛性変化応力度	G8	G10	G12	G14	合計
2.4 ～ 2.8	3	0	0	0	3
2.8 ～ 3.2	1	11	1	0	13
3.2 ～ 3.6	2	9	2	0	13
3.6 ～ 4.0	1	3	5	2	11
4.0 ～ 4.4	0	3	1	0	4
4.4 ～ 4.8	0	0	3	0	3
4.8 ～ 5.2	0	1	1	0	2
5.2 ～ 5.6	0	0	0	0	0
合計	7	27	13	2	49

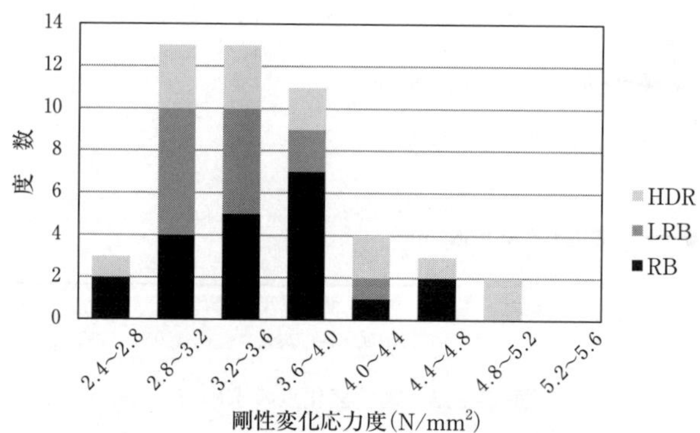

図-参 9.4　剛性変化応力度の分布（G 値整理）

表-参 9.6　統計データの結果（支承の種類整理）

	RB	HDR	LRB	全 体
最大値	4.682	5.190	4.098	5.190
最小値	2.632	2.684	2.846	2.632
平均値	3.574	3.716	3.312	3.540
標準偏差	0.558	0.805	0.385	0.608
変動係数	15.61%	21.66%	11.61%	17.18%

表-参 9.7　剛性変化応力度の度数分布（支承の種類整理）

剛性変化応力度	RB	LRB	HDR	合計
2.4 ～ 2.8	2	0	1	3
2.8 ～ 3.2	4	6	3	13
3.2 ～ 3.6	5	5	3	13
3.6 ～ 4.0	7	2	2	11
4.0 ～ 4.4	1	1	2	4
4.4 ～ 4.8	2	0	1	3
4.8 ～ 5.2	0	0	2	2
5.2 ～ 5.6	0	0	0	0
合計	21	14	14	49

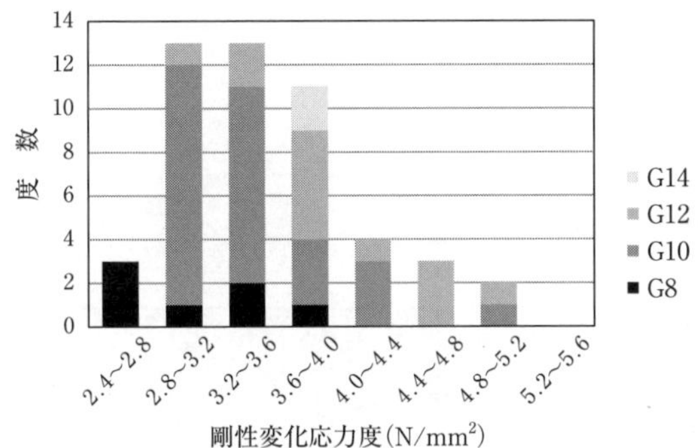

図-参 9.5　剛性変化応力度の分布（支承の種類整理）

4. ま と め

4つの異なるゴムのせん断弾性係数および3つの支承種類で構成された49体の供試体による引張破断実験を行い以下の結果を得た。

1）全ての供試体の剛性変化応力度の平均値は3.540N/mm^{2}であった。

2）剛性変化応力度の最小値はゴムのせん断弾性係数ごとでは供試体数の少ないG14を除くと2.634N/mm^2～2.956N/mm^2, 支承の種類ごとでは2.632N/mm^2～2.846N/mm^{2}と差は小さく，ゴムのせん断弾性係数，支承の種類の違いによる影響は小さいことが分かった。**(図-参9.6)**

以上の結果より，積層ゴムの鉛直方向引張に対する限界状態1の制限値は，引張破断実験における弾性範囲内に設けることとし，剛性変化応力度の最小値に対して安全側となる2.1N/mm^{2}とした。この制限値は本実験で確認されたゴムのせん断弾性係数，支承の種類によらず同じ値とすることができると考えられる。また，限界状態3に対する特性値は，引張破断実験における剛性変化応力度の平均値3.5N/mm^{2}とした。

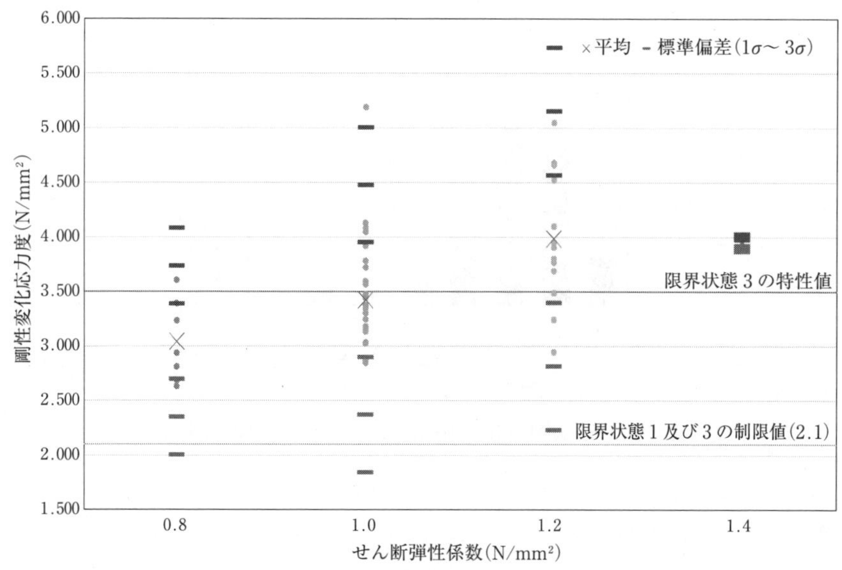

図-参9.6 せん断弾性係数別剛性変化応力度

参考資料-10　鋼製支承の性能確認試験

1. はじめに

本章では，鋼製支承の耐荷性能，耐久性能を確認するための試験方法の考え方および既往の試験事例について示す。ここでの整理は，限られた条件による参考データであるので，適用する橋梁諸元，設計要求事項に応じて適宜，精査する必要がある。

2. 耐荷性能の確認

鋼製支承の性能は，支承を構成する各要素部材（上沓，下沓，ベアリング等々）によって評価することができるが，ここでの性能確認はそれらを合わせた状態での試験である。

また，ここでは鉛直荷重支持性能に着目した検討事例を整理して示す。なお，水平荷重支持性能や上揚力支持性能については，一般に構成する鋼部材断面の個々の耐力によって発揮させるため，設計段階において適宜，照査する必要がある。

2.1 試験方法

鉛直力支持性能における耐荷性能を確認するためには，個々の構成部材の降伏，損傷に至る形態を把握することが重要であるが，一般に支圧を受ける部材の限界状態を実験的に確認することは困難である場合が多い。そのため，本文で示した特性値についても，実験的に確認ができた範囲として示しているものであり，降伏や損傷状態から定めたものではない。ここでは，実験的な検証事例を参考として以下に示す。

2.2 BP·B 支承における載荷試験の例

1) 供試体

図−参 10.1 に示す ϕ 160（支持荷重 400kN 用）を用いて実験を行った。

また，下沓に該当するポットプレートは，設計計算により所定の断面構成となるように設定し，ゴムプレートには，せん断弾性係数 G8 相当のゴム材料（JIS K6386 防振ゴムのゴム材料に示される C08），中間プレート及びポットプレートに SS400 材を用いた。

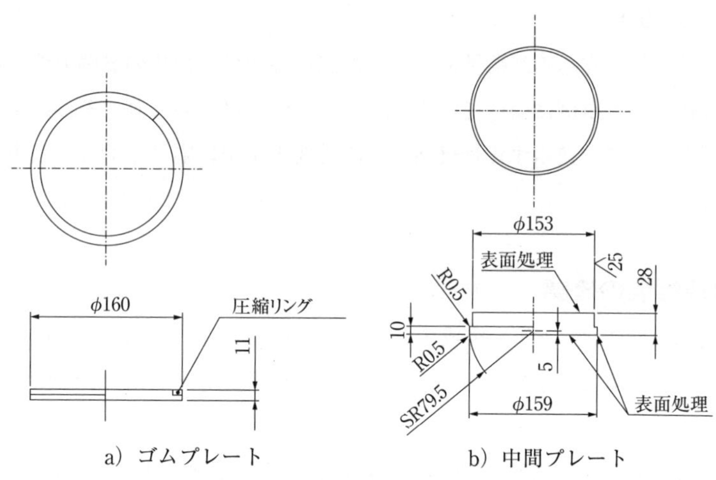

a）ゴムプレート　　b）中間プレート

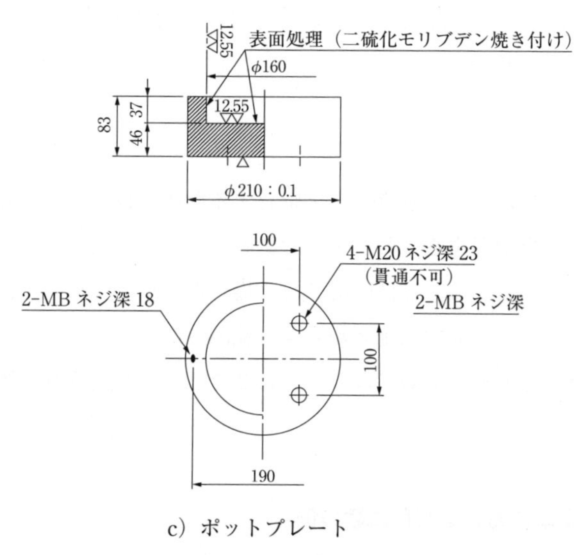

c）ポットプレート

図-参 10.1　試験供試体

2)　試験方法

大型の2軸試験機により鉛直荷重を載荷して鉛直変位の測定を行った。載荷荷重は，ベアリングプレートの直径に対する面圧で密閉ゴム（ゴムプレート）の支圧応力度の特性値25N/mm^{2}よりも大きな荷重を与えることとし，荷重－変位関係を確認しながら静的に徐々に漸増させていく載荷ステップとした。

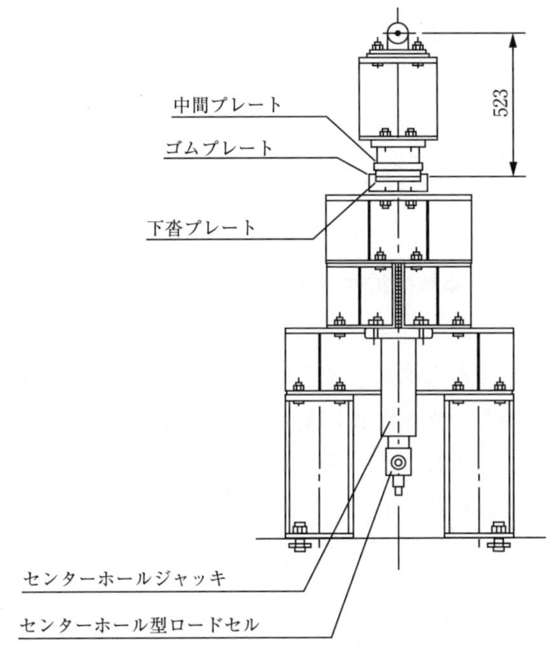

図–参 10.2　試験装置

3)　試験結果

本試験で得られたゴムプレートの与えた荷重と圧縮変位関係を**図–参 10.3**に示す。荷重と変位は25N/mm^2（502kN）の約9倍（225N/mm^2（4518kN））までほぼ線形関係を示し，その後，下沓（ポットプレート）がフープテンションによって降伏ひずみ達して剛性の低下を生じた。この段階に至っても圧縮リングのシール機能は失われずにゴムプレートにも損傷は見られなかった。

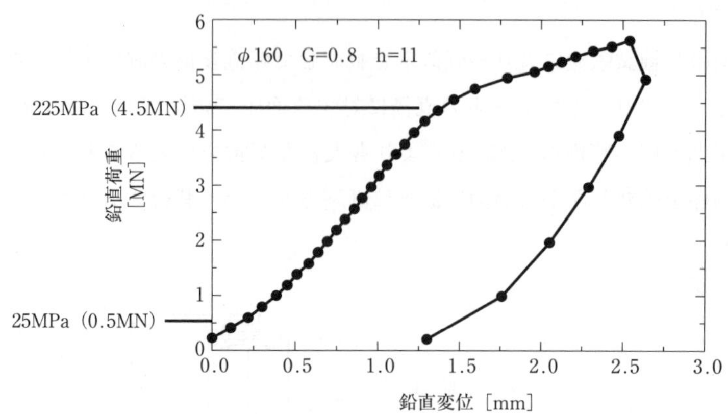

図−参 10.3 ゴムプレートに作用する鉛直荷重と圧縮変形量の関係

2.3 BP･A 支承における載荷試験の例

1) 供試体

高力黄銅鋳物による支承板（ベアリングプレート）には，**表−参 10.1** 及び**表−参 10.2** に示す材料（支承板第 1 種）を用い，**図−参 10.4** に示す固体潤滑材を埋め込んでいる。相手材には，通常はステンレス板を用いているが，ここでは SS400 材（摩擦面は機械加工により表面粗さ Rmax=6.3S の仕上げを施す）を採用して供試体の組み合わせを設定した。

表−参 10.1 高力黄銅鋳物の化学成分

種 類	記 号	成 分（%）						
		Cu	*Sn*	*Zn*	*Pb*	*Al*	*Mn*	*Fe*
支承板第 1 種	BP_1	60 ～ 65	0.2 以下	残	0.2 以下	5.0 ～ 7.5	2.5 ～ 5.0	2.0 ～ 4.0
支承板第 2 種	BP_2	63 ～ 68	0.2 以下	残	0.2 以下	3.0 ～ 5.0	2.5 ～ 5.0	2.0 ～ 4.0

表−参 10.2 高力黄銅鋳物の機械的性質

種 類	記 号	機 械 的 性 質			
		引 張 強 さ	伸 び	圧 縮 耐 力※	ブリネルかたさ
支承板第 1 種	BP_1	75kg/mm² 以上	10%以上	35kg/mm² 以上	210 ～ 240
支承板第 2 種	BP_2	60 〃	15 〃	20 〃	150 ～ 180

※：0.1%の永久変形を生ずる応力

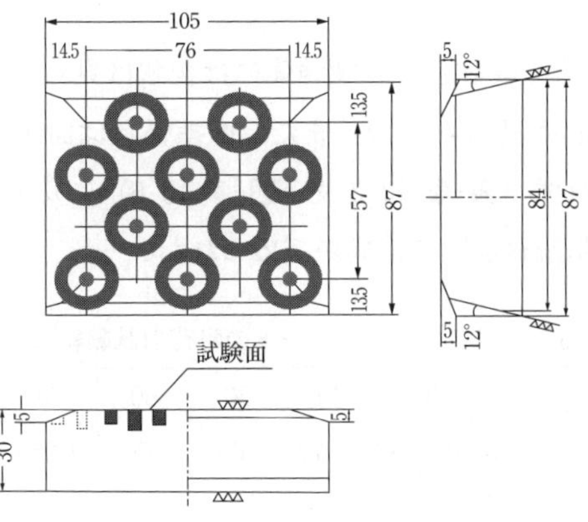

図-参 10.4　ベアリングプレート（黒塗り箇所に固体潤滑材埋め込み）

2)　試験方法

図-参 10.5 に示すように，2つの供試体を上下に挟み込んで載荷装置にセットし，鉛直方向からの圧縮力を与えた。載荷荷重は，ベアリングプレートの接触面積に対する面圧 30N/mm^2 に相当する荷重（130kN）を3分間の速度で漸増させて行き，最大で 100N/mm^2（433kN）まで載荷した。また，あわせて中央の載荷板を水平方向に往復運動（± 17mm，15mm/sec）させて，摩擦特性の計測も実施した。

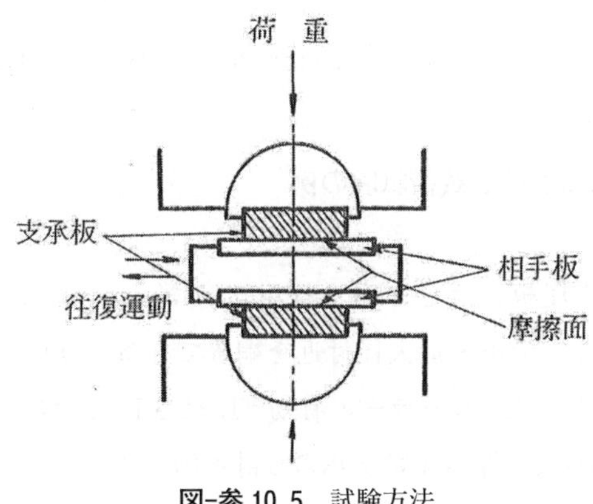

図-参 10.5　試験方法

3) 試験結果

面圧 100N/mm^2 を載荷しても試験体には変状は見られず，接触面には固体潤滑材皮膜の残存が認められた。また，摩擦係数は面圧 100N/mm^2 までほとんど変化が見られず（**表-参 10.3** 及び**図-参 10.6**）に安定しており，試験後の摩擦面にも固体潤滑材皮膜の形成が認められた。

表-参 10.3　ベアリングプレートの耐荷力試験結果（摩擦係数）

面圧(N/mm^2)	10	20	30	40	50	60	70	80	90	100
摩擦係数	0.100	0.085	0.075	0.070	0.065	0.065	0.060	0.060	0.060	0.060

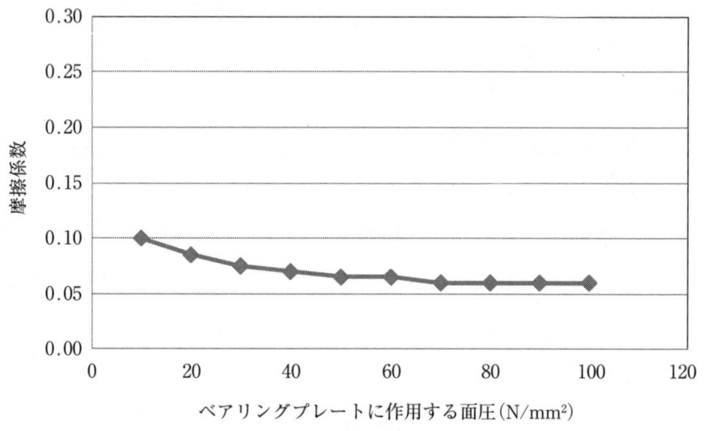

図-参 10.6　ベアリングに作用する面圧と摩擦係数の関係

2.4　ローラー支承における載荷試験の例

1) 供試体

ローラー及び支圧板には C-13B を採用し，ローラー直径の種類は過去の採用実績を勘案して，最小～最大径付近を網羅できるように，80mm，125mm，160mm の 3 種類とした。ローラーの有効支圧長さ L_1 は，ローラー直径 D の 1.5 倍とし，支圧板幅 B 及び厚み T は支承の設計事例に基づいて設定した。ローラーと支圧板の組合せとして 3 種類及び製造会社・ロットの異なる A ～ D の 4 種類（C-13B1 を 3 体，C-13B2 を 1 体）に対して試験を行った。

供試体の形状・寸法を**図−参 10.7**及び**表−参 10.4**に示す。

また，供試体の化学成分，機械的性質，焼き入れ後の硬さの計測結果をそれぞれ**表−参 10.5**から**表−参 10.7**及び**図−参 10.8**に示す。

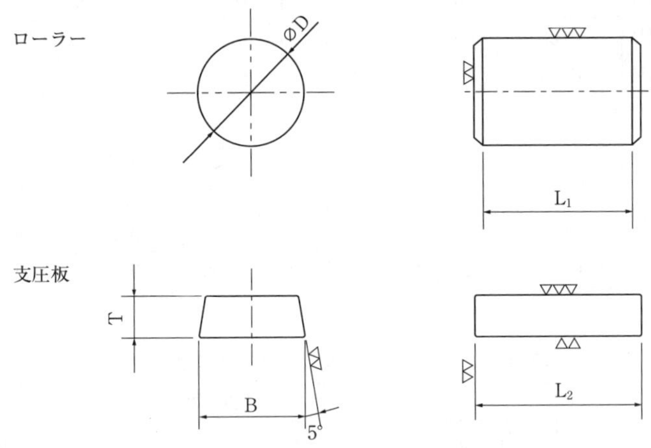

図−参 10.7　ローラー及び支圧板の供試体形状

表−参 10.4　ローラー及び支圧板の供試体寸法

単位 mm

寸法 / 呼び径	ローラー			支圧板		
	D	L_1	R	B	T	L_2
80	80	125	3	120	25	150
125	125	190	3	130	33	220
160	160	240	5	150	42	270

表-参 10.5　ローラー及び支圧板の化学成分

		化学成分（%）					
		C	Si	Mn	P	S	Cr
規格値		0.15～0.30	1.00 以下	1.00 以下	0.040 以下	0.030 以下	11.00～15.00
A	C-13B1	0.25	0.32	0.71	0.026	0.009	13.73
B	C-13B1	0.26	0.38	0.33	0.021	0.005	11.42
D	C-13B1	0.24	0.36	0.62	0.027	0.007	12.88

		化学成分（%）							
		C	Si	Mn	P	S	Cr	Ni	Mo
規格値		0.08 以下	3.00～5.00	2.00 以下	0.040 以下	0.030 以下	10.00～13.00	2.00～7.00	1.00 以下
C	C-13B2	0.027	3.32	0.93	0.014	0.008	10.48	6.39	0.55

表-参 10.6　ローラー及び支圧板の機械的性質

		機械的性質			
		引張強さ	耐力	伸び	硬さ
規格値		740N/mm^2 以上	540N/mm^2 以上	12% 以上	217(HB)以上
A	C-13B1	873	712	23	269
B	C-13B1	1018	831	14	314
C	C-13B2	1072	766	21	329
D	C-13B1	915	737	20	284

表-参 10.7　ローラー及び支圧板の硬さ

		表面からの深さ（mm）																
		0	0.5	1	1.5	2	2.5	3	3.5	4	4.5	5	6	7	8	9	10	15
ローラー	A-ϕ80	592	536	519	519	514	－	－	459	433	405	－	235	－	－	－	－	230
	A-ϕ125	560	536	－	－	503	503	478	－	－	－	455	417	327	238	－	－	240
	A-ϕ160	579	525	－	－	－	536	514	508	503	－	－	－	409	360	268	235	236
支圧板	A-t25	560	613	592	572	560	－	－	525	514	508	－	446	－	－	－	－	258
	A-t33	536	592	－	－	572	525	548	－	－	－	488	459	443	292	－	－	258
	A-t42	599	634	－	－	－	566	503	536	525	－	－	－	508	514	478	446	247

※硬さの計測結果はＡ～Ｄの供試体のうち，代表としてＡの値を示す。

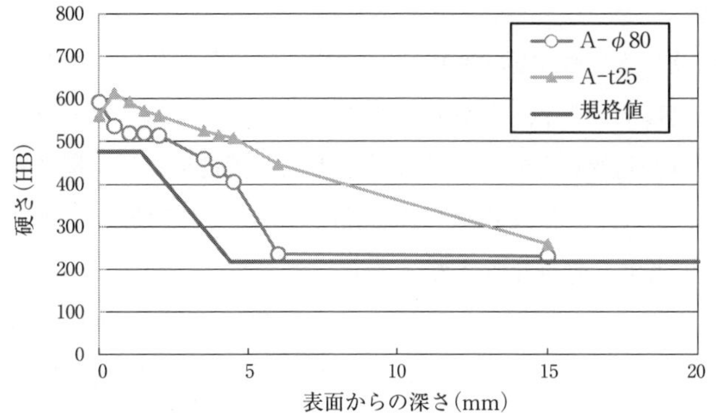

(a) ローラー径 80mm, 支圧板厚み 25mm 供試体

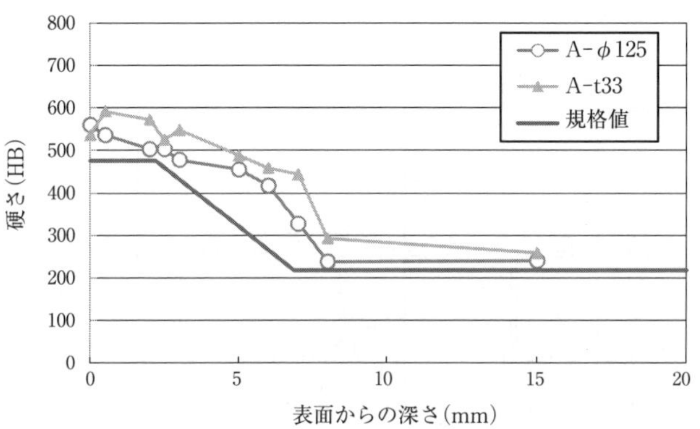

(b) ローラー径 125mm, 支圧板厚み 33mm 供試体

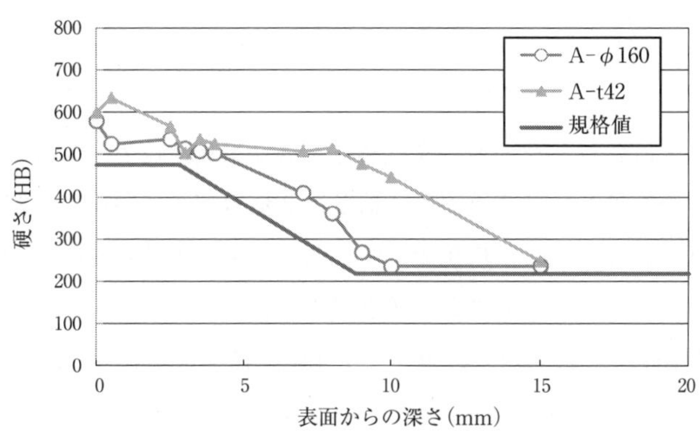

(c) ローラー径 160mm, 支圧板厚み 42mm 供試体

図-参 10.8 ローラー及び支圧板の硬さ

2) 試験方法

ローラー及び支圧板は**図–参 10.9** に示す試験治具に組込んで載荷試験を行った。試験治具は同一形状，寸法のものを2セット製作し，ローラー軸方向には載荷した荷重が均等に分布する様に治具の上部構造をヒンジ構造とした。載荷鉛直荷重は，下式により設計荷重Pを算出し，その0.5倍，1.0倍，1.25倍，1.5倍，2倍に相当する荷重を与えた。

設計荷重

$$P(\mathrm{kN}) = 980(\mathrm{N/mm^2}) \times ローラー半径(\mathrm{mm}) \times 有効支圧長さ(\mathrm{mm})$$

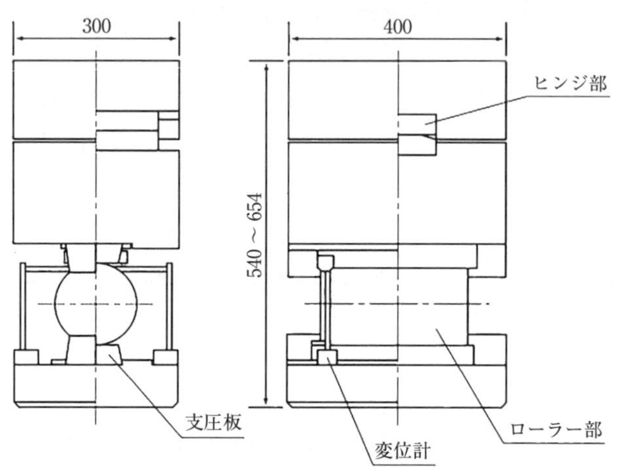

図–参 10.9 試験方法

3) 試験結果

表–参 10.8 に各ローラー直径を代表して ϕ 125mm のケースにおける圧縮ひずみ量の計測結果と設計荷重の1.5倍及び2倍載荷後に除荷した時の残留ひずみ量を供試体3セットの平均値で示す。この結果，圧縮ひずみ量および残留ひずみ量ともに非常に小さいことが確認できた。

また，試験後に供試体全数について蛍光磁粉探傷検査を行ったが，ローラー，支圧板共にクラック等の発生は認められなかった。

表-参 10.8　直径 125mm の場合の圧縮ひずみ量

荷重＼供試体	A	B	C	D
許容設計荷重の 1.0 倍(116t)	0.32	0.31	0.32	0.34
許容設計荷重の 1.25 倍(145t)	0.40	0.38	0.41	0.40
許容設計荷重の 1.50 倍(174t)	0.48	0.45	0.48	0.47
1.50 倍時の残留変形量率(%)	0.01	0.005	0.006	0.009
許容設計荷重の 2.0 倍(232t)	0.63	0.60	0.64	0.61
2.0 倍時の残留変形量率(%)	0.03	0.01	0.01	0.01

3．水平移動に対する耐久性能確認のための方法

水平移動を伴う可動支承は，すべり又は転がりによって変位に追随する機構を有している。この変位追随性能の耐久性を確認する際には，橋梁諸元等を勘案して試験条件を設定する必要がある。

温度変化に伴ってすべり系支承に作用する変位は，非常にゆっくりしているが，通常，このような速さで耐久性試験を行うことは現実的ではないため，一般に疲労試験等で実施されるような促進条件を設定して試験を行うことになる。このとき，特に載荷速度は規定できないが，供試体の発熱等を考慮して設定することが必要である。

水平変位量の総量（総移動距離）については，例えば，以下のような試算方法がある。

a)　伸縮桁長(L)及び上部構造形式(鋼桁，コンクリート桁等から線膨張係数 α)を想定し，1 日の温度差（T℃），1 年間の温度変化範囲の中で標準温度からの変動幅（Tr℃）を設定する。

b)　上記から，1 年間の支点部の総移動距離は，

$\Delta Lt = L \times \alpha \times (T \times 365 + Tr \times 4)$

により算出できる

ここで例として，伸縮桁長 L=125m（不動点からの距離），鋼桁の線膨張係数：α=0.012，1 日の温度差 T=12℃，年間の温度変化幅 Tr=25℃を見込むと，125m

× 0.012 ×(12℃ × 365 日 + 25℃ × 4) = 6.72m となり，これを 100 年相当として換算すると，6.72 × 100 = 672m となる。

このような試算例を参考として総移動距離を設定し，試験時における 1 サイクルの水平変位，合計加振回数については試験の便などから設定することなどが考えられる。ただし，1 日の温度差や年間の強度変化幅等は，各種の条件に応じて適切に，考慮する必要がある。

3.1　BP·B 支承における載荷試験の例

1)　供試体

供試体に用いるすべり板の材料は，四ふっ化エチレン樹脂板（PTFE）を，また相手材のステンレス板には SUS316 を用いた。供試体は，文献[1)] に示される密閉ゴム支承板支承の 600kN 可動支承と同寸法のすべり板，中間プレート，およびゴムプレートを使用した。

供試体の形状を**図–参 10.10** に示す。

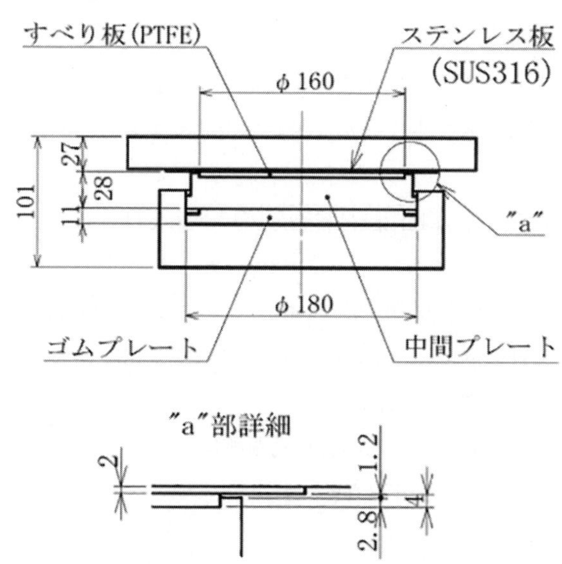

図–参 10.10　供試体形状

2)　試験方法

供試体に載荷する鉛直荷重は600kNとした。これはPTFEの支圧応力度で30N/mm^{2}に相当する。加振は正弦波とし，最大加振速度2.0mm/s，水平変位±7.5mmで37500回の繰返し載荷を行った。ここで，水平変位は温度変化量20℃，スパン60mの鋼げたを想定して求めた。

また,加振回数は,耐用年数100年以上(1回/日×365日×100年=36500回)を参考に決定した。鉛直方向および水平方向の力は，各シリンダーに設置された油圧計より最大値および最小値を読み取った。摩擦係数は水平力を鉛直力で除した値を用いるものとし，加振100回ごとに測定を行うこととした。

試験装置の概要を**図-参10.11**に示す。

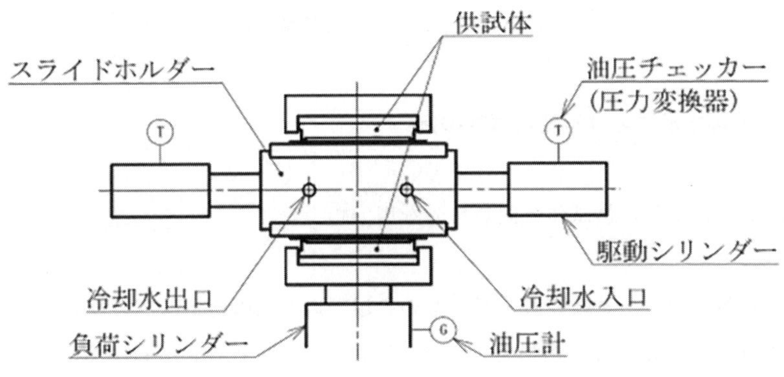

図-参10.11　試験装置

3)　試験結果

摩擦係数の変化を**図-参10.12**に示す。**図-参10.12**において，摩擦係数は試験開始時にμ=0.04であったが，加振回数300回の間にμ=0.08程度まで上昇した。その後1000回程度から下降に転じ，3000回付近からμ=0.058～0.065示した後，10000回付近からμ=0.065程度の安定した摩擦係数を示している。37,500回（総移動距離1,125m）到達時においても，摩耗等による有意な損傷は認められなかった。

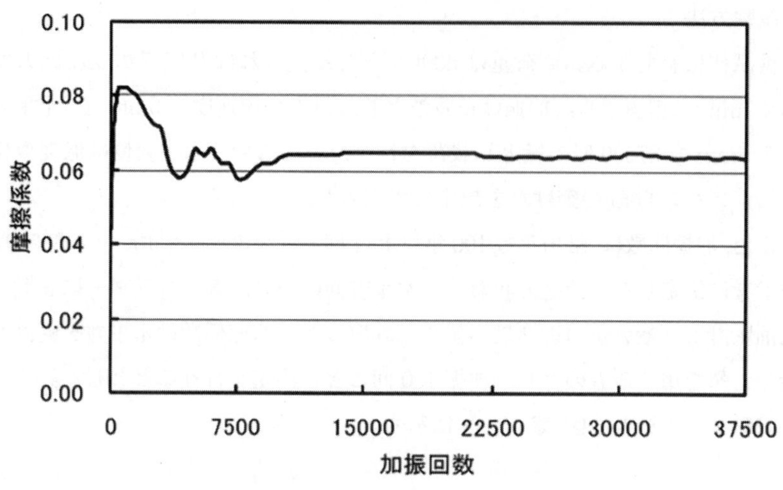

図-参 10.12 PTFE の摩擦係数の変化

3.2 BP·A 支承における載荷試験の例

1) 供試体

2.3.1)に示した供試体と同じものを用いた。

2) 試験方法

2.3.2)に示した試験装置と同じものを用いた。鉛直荷重はベアリングプレートの面圧で 35N/mm^2 相当とし，± 30mm の振幅を 1mm/sec で合計 20,000 回与えた。

3) 試験結果

摩擦係数の時間的変化を**図-参 10.13** に示す。載荷初期は 0.07 程度を示し，その後，0.08 ～ 0.09 の範囲で安定した状態を示し，20,000 回（総移動距離 2400m）まで摩擦特性に変化は見られなかった。

また，このとき摩耗等による有意な損傷も認められなかった。

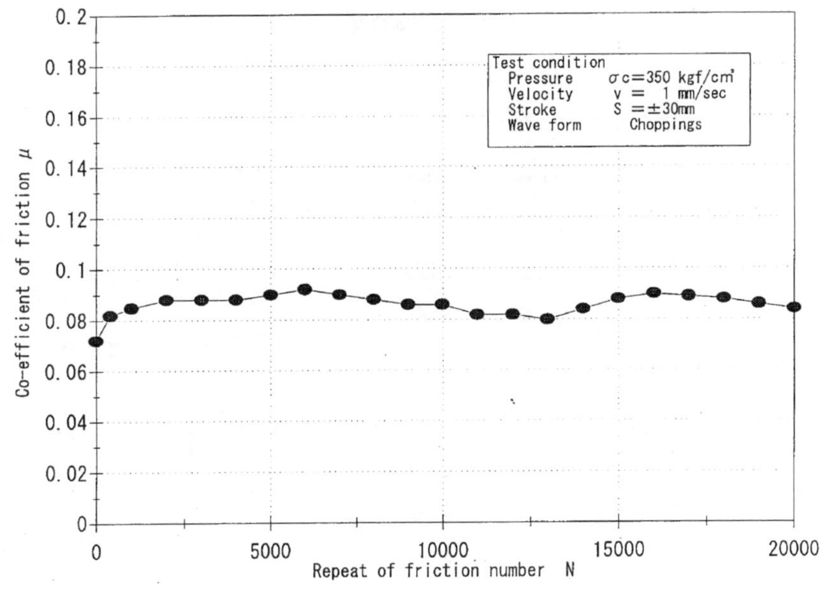

図-参 10.13 ベアリングプレートの摩擦係数の変化

3.3 ローラー支承における載荷試験の例

1) 供試体

2.4.1)に示した供試体と同じものを用いた。

2) 試験方法

35℃間欠塩水噴霧の腐食性雰囲気においてローラー，支圧板に設計荷重を載荷させた状態で100万回のころがり運動を与え，ローラー，支圧板間における摩擦係数の推移，材料の耐食性および異常の有無等を計測した。また，試験前後には蛍光磁粉探傷検査を行い，クラック等の有無を確認した。

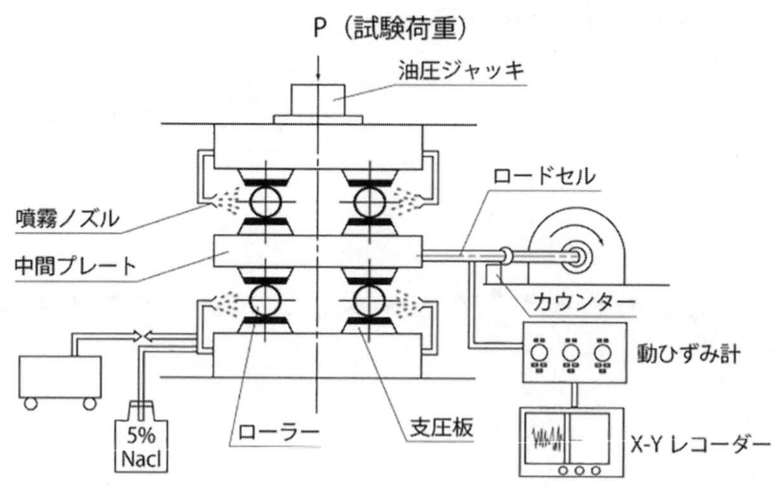

図-参 10.14　試験装置

3)　試験結果

表-参 10.9 にローラーのころがり摩擦の計測結果を示す。また，**表-参 10.10** にローラー，支圧板の摩耗痕深さの測定結果を示す。

摩擦係数は 100 万回の時点において 0.033 以下と非常に小さいことが確認できた。また，摩耗痕の深さも微小な状態に留まっていることが分かった。さらに，試験後に蛍光磁粉探傷検査を行ったが，ローラー，支圧板にはクラック等の異常は認められなかった。

表-参 10.9　ローラーのころがり摩擦の計測結果

	A	B	C	D
摩擦係数の範囲	0.001 ～ 0.019	0.0005 ～ 0.020	0.0008 ～ 0.033	0.001 ～ 0.032

表-参 10.10　摩耗痕深さの計測結果

単位 mm

	A	B	C	D
ローラー	0.10	0.021	0.05	0.07
支圧板	0.29	0.065	0.32	0.24

4．回転たわみに対する耐久性能確認のための試験方法

橋桁の回転たわみに対して，支承部には変位追随の機能が求められる。この回転機構は，支承形式によって異なるため，その試験法を一律に定めることは難しいが，一般に支承部に作用する回転耐久性の確認の際には以下の方法が考えられる。

支承部に生じる回転角としては，［道示］に示される鋼桁で1/150rad，コンクリート桁で1/300radを想定し，交通荷重による繰り返しを考慮するため，一般に200万回程度の疲労試験を行うことが多い。

4.1　BP·B支承における載荷試験の例

1)　供試体

供試体は**2.2** 1）と同一寸法を採用した。供試体の形状を**図−参10.15**に示す。ゴムプレートに使用した材料は，JIS K6386 防振ゴムのゴム材料に示されるC08を用いた。

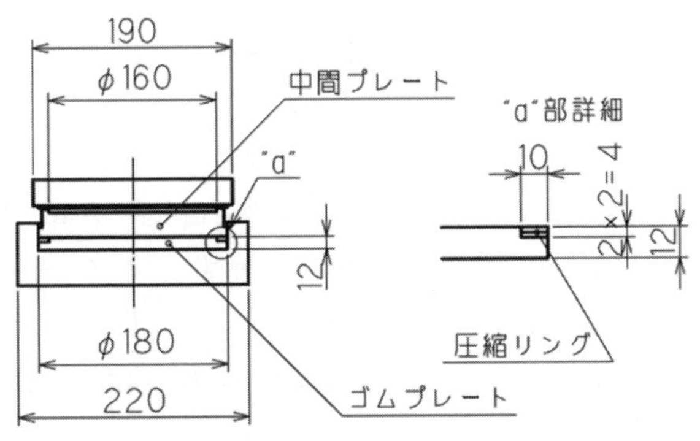

図−参10.15　供試体形状

2)　試験方法

供試体に載荷する鉛直荷重は600kNとし，駆動ローラーによる回転角はレベルに対し± 1/150radとした。加振振動数は，1.0Hzとし，200万回の加振を行った。試験方法は，所定の鉛直荷重を載荷した状態でアームの先端を油圧シリンダーにて上下動させて回転変位を与えた。回転抵抗モーメントは，この

シリンダーに負荷される油圧を測定して得られた荷重より算出した。算出は下式より行った。

$$M = P \times L$$

ここで M: 回転抵抗モーメント，P：抵抗荷重，L：アーム長 750mm

また，測定間隔は，抵抗モーメントについては，50 万回ごととし，ゴムプレートの硬さ，直径，厚み及び重量については。100 万回ごとに計測した。試験装置の概要を**図-参 10.16** に示す。

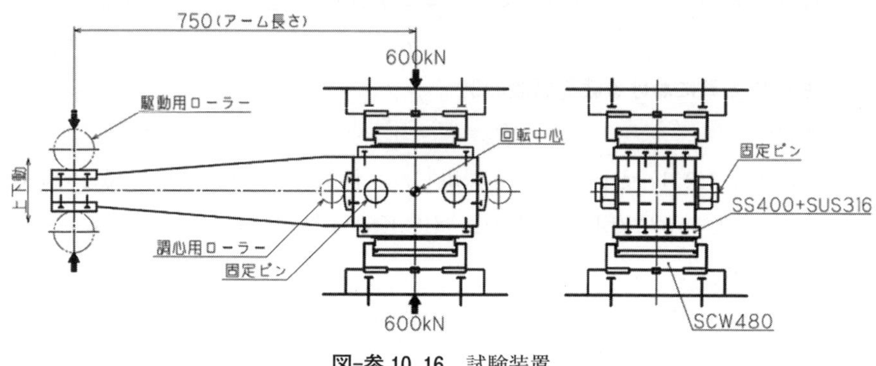

図-参 10.16　試験装置

3)　試験結果

ゴムプレートの硬さ，直径，厚さ及び重量の変化を**表-参 10.11** に，抵抗モーメントの加振回数ごとの変化を**図-参 10.17** に示す。ゴムプレートの硬さ，直径，厚さ及び重量，それに抵抗モーメントともに大きな変化は見られなかった。また，圧縮リング及びゴムプレートに亀裂などの外観の損傷も見られなかった。

表-参 10.11　ゴムプレートの硬さ，寸法および重量変化

		初回	100 万回	200 万回	増減率（%）
硬さ	度（JIS A）	52	52	52	± 0
直径	mm	179.4	179.4	179.4	± 0
厚さ	mm	12.0	12.0	12.0	± 0
重量	g	410.5	410.5	410.5	± 0

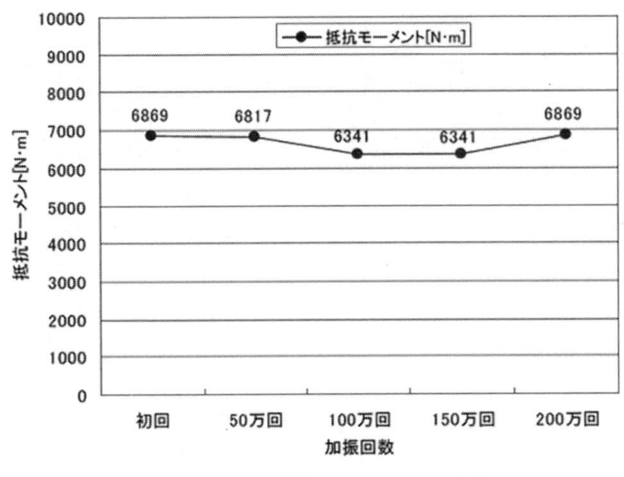

図-参 10.17 抵抗モーメントの変化

4.2 BP·A 支承における載荷試験の例

1) 供試体

供試体を**図-参 10.18** に示す。ベアリングプレートには，直径 160mm の高力黄銅鋳物を用い，また下沓として球面加工を施した鋼板を用いることとした。それぞれの摺動面には表面処理を施した。

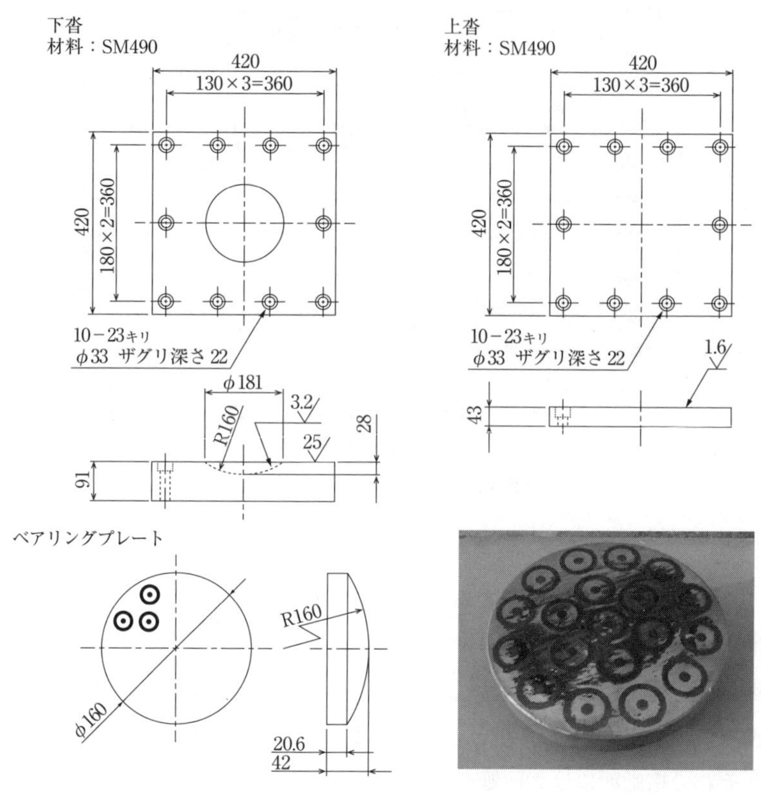

図-参 10.18 試験供試体

2) 試験方法

鉛直荷重としてベアリングプレートに対して，30N/mm^2 に相当する荷重を載荷した状態で，回転変位 1/150rad を与えた。アーム先端における加振速度は 0.5mm/sec とし，載荷初期の特性と 100 回の繰返し載荷における回転抵抗モーメントを計測した。

なお，ここで加振回数を 100 回としたのは，BP･A における回転機構は水平移動時における平面すべりと同様にベアリングプレートと相手材との摩擦による現象であるため，摩耗特性の評価は前述の載荷試験により推定できるものと考え，ここでは簡便のため，初期と 100 回程度との特性（挙動）の確認を行うこととした。

3) 試験結果

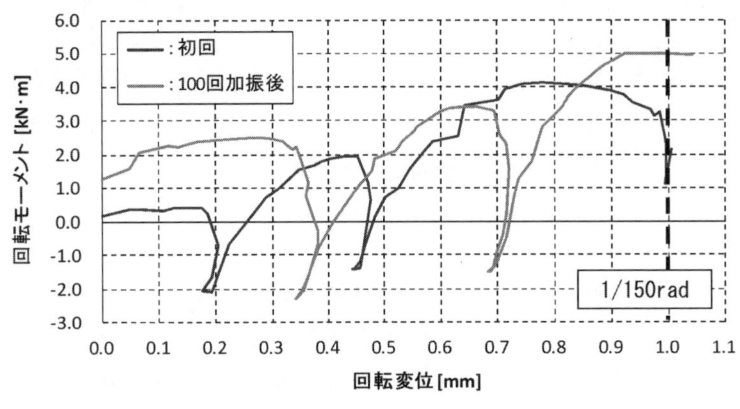

図-参 10.19 試験供試体

図-参 10.19 に載荷試験時における回転変位と回転抵抗モーメントの相関図を示す。所定の変位量（1/150rad）を与えるために必要な回転抵抗モーメントは 4 ～ 5kN·m であった。また，載荷初期と 100 回の繰返し載荷後の特性は類似しており，安定して変位に追随していることが確認できた。

4.3 ピボット支承における載荷試験の例

1) 供試体

供試体は，ピボット支承の凸球面部に着目して，上下に凸球面部を有し，それぞれの球面中心を一致させて，中央部が回転中心となるようにした。また，凹球面部は，回転角（1/150rad）を与えたときに凸球面がはみ出さないように深さを決定した。なお，凸球面半径（r1）と凹球面半径（r2）の比（r1/r2）は面接触として扱える 1.01 以下となるように r1 = 96.7mm，r2 = 96mm，r1/r2 = 1.007 とした。供試体に使用する材料は，SCW480N を使用した。供試体の形状を**図-参 10.20** に示す。

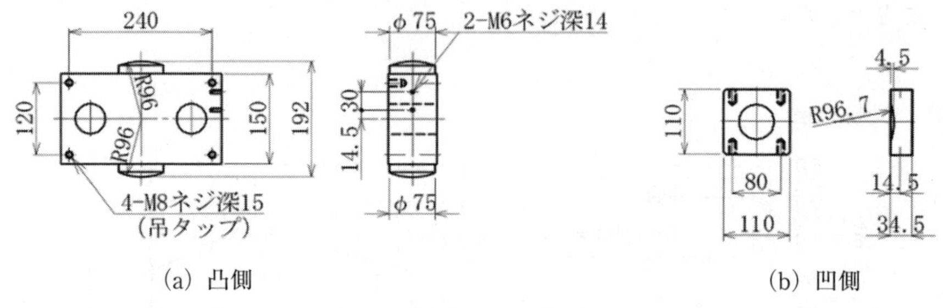

図-参 10.20　供試体形状

2)　試験方法

載荷する鉛直荷重は500kN（面圧113N/mm^2）とした。これは，すべりのある平面接触における従来の許容支圧応力度（σb = 125N/mm^2）相当として設定した。駆動ローラーによる回転角はレベルに対し± 1/150rad とした。加振周波数は1.0Hz とし，200万回の加振を行った。試験に際しては，摺動部の表面処理として二硫化モリブデン系コーティングを球面部に施した上，潤滑剤としてPTFE系粉末塗料を塗布した場合（CASE-1）と表面処理を行わないで潤滑剤としてグリースを塗布した場合（CASE-2）の2ケースについて行った。なお，摺動部の変化を調べるために10万回ごとにすべり面の摩擦係数を確認することとした。

試験装置の概要を**図-参 10.21** に示す。

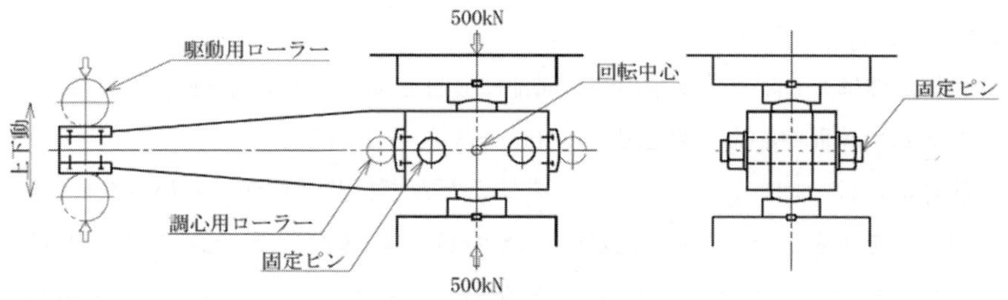

図-参 10.21　試験装置

3)　試験結果

試験結果を**図–参 10.22** に示す。**図–参 10.22** の CASE-1 において，3 万回～5 万回あたりで摩擦係数の上昇がみられた。また，25 万回あたりより摩擦係数が 0.1 を越え 60 ～ 70 万回で摩擦係数が最大 0.14 となっている。80 万回以降の摩擦係数は, μ = 0.07 ～ 0.08 で安定しており, 摺動による鋼材表面の研摩（なじみ）が進行し，また摺動面に介在している二硫化モリブデンが安定的に寄与したものと推定できる。

図–参 10.22 の CASE-2 において，3 万回あたりで摩擦係数が 0.14 に上昇しているのが見られる。その後，0.10 程度に摩擦係数が減少するが，10 万回～60 万回の間に徐々に摩擦係数は 0.12 まで上昇する。80 万回以降では，摩擦係数は 0.10 前後でほぼ安定しており，以降は，変動幅は少なくなっている。

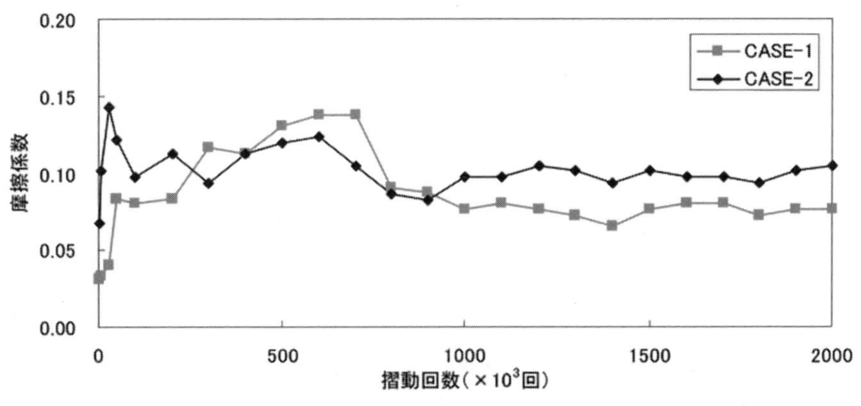

図–参 10.22　ピボット支承の回転摩擦係数の変化

参考文献

1)　㈳日本道路協会：道路橋支承標準設計（すべり支承編），平成 5 年 5 月

2)　㈳日本道路協会：道路橋支承標準設計（ピン支承・ころがり支承編），昭和 54 年 1 月,

3)　鵜野禎史，原田孝志，平石敏明，牛嶋昭夫：密閉ゴム支承板支承の耐久性に関する研究(1)，土木学会第 59 回年次学術講演会，平成 16 年 9 月

4)　原田孝志，牛嶋昭夫，鵜野禎史，平石敏明：密閉ゴム支承板支承の耐久性に関する研究(2)，土木学会第59回年次学術講演会，平成16年9月

5)　平石敏明，原田孝志，鵜野禎史，牛嶋昭夫：ピボット支承球面部のすべり耐久性に関する研究，土木学会第59回年次学術講演会，平成16年9月

6)　㈳日本支承協会：高硬度ローラー支承（ステンレス鋼焼入型）試験報告書，昭和54年3月）

7)　公益社団法人土木学会：鋼構造シリーズ25　道路橋支承部の点検・診断・維持管理技術　平成28年3月

参考資料-11　繰返し圧縮力に対する積層ゴムの疲労特性の確認の例

1．はじめに

耐久性に配慮した積層ゴムの圧縮応力度の制限値を検討するため，過去に行われている一定せん断ひずみ下の繰返し圧縮載荷試験の結果を整理した。

2．試験概要

(1) 実験条件

ゴム支承の繰返し圧縮試験は，JIS K 6411(6.5.3)の方法に基づき，せん断ひずみ70%を与えた状態で，最大圧縮力と最小圧縮力を振幅とする荷重を繰り返し与える。ここで，最大圧縮力は活荷重範囲を想定した圧縮応力度12N/mm^{2}に相当する圧縮力，最小圧縮力は圧縮応力度5.5N/mm^{2}に相当する圧縮力とする。また，繰返し回数は200万回とし，周波数は2Hzとする。

ここで，せん断剛性の変化は，繰返し圧縮回数が50万回ごとにせん断特性試験を行い，±175%における等価剛性(地震時水平力分散型ゴム支承は3回目の繰返し載荷における等価剛性，免震支承は2回目から11回目までの繰返し載荷の結果から算出される等価剛性の平均値)と等価減衰定数を評価して，初期値との変化を確認することにより行う。なお，**表-参11.1**中に示す高減衰積層ゴム支承は，参考資料-5に示した設計モデルの検討に用いた高減衰積層ゴム支承と同等の供試体である。[道路橋支承便覧（平成16年)] における設計モデルの検討に用いられた高減衰積層ゴム支承から減衰能の向上が図られたものである。

(2) 供試体緒元

JIS K6411,No.3供試体を使用した。その他，平面寸法，一次形状係数及び二次形状係数の影響を確認するために，平面寸法，ゴム層厚さ及び層数を変えたものにより行っている。

積層ゴム支承は，ゴムの弾性係数，S1,S2，内部鋼板の剛性が合致している範囲では形状寸法の影響は小さい。現在用いられている照査式は□100mm程度から□1000mm程度の試験供試体から算定式を策定し，せん断剛性±10%以内，減衰は試験値に対して余裕を持って設定している。また，実際に納入している支承(□1700mmを超える支承)も照査式から計算した設計値に対して±10%以内であることを確認していることから，JISK6411に示す供試体により，各種依存性試験を行っている。

一定せん断ひずみ下の繰返し圧縮載荷試験に用いた，積層ゴム支承の諸元を**表-参11.1**に示す

表-参11.1 繰返し圧縮載荷試験に用いた積層ゴム支承の諸元

供試体	Case №.	平面寸法(mm)	ゴム厚		ゴム総厚	せん断弾性係数	ゴム材質	鉛径×本数
			te	n	Σ te	G		
D-1	Case-1	400×400	9	6	54	8	NR	—
E-1	Case-2	400×400	9	6	54	8	NR	—
F-3	Case-3	400×400	9	6	54	8	NR	—
G-1	Case-4	400×400	9	6	54	8	NR	—
D-2	Case-5	400×400	9	6	54	10	NR	—
D-3	Case-6	400×400	9	6	54	10	NR	—
G-2	Case-7	400×400	9	6	54	10	NR	—
C-6	Case-8	600×600	18	4	72	12	NR	—
E-2	Case-9	400×400	9	3	27	12	NR	—
F-4	Case-10	400×400	9	6	54	12	NR	—
G-3	Case-11	400×400	9	6	54	12	NR	—
C-7	Case-12	400×400	9	6	54	14	NR	—
A-1	Case-13	400×400	9	6	54	8	NR(LRB)	ϕ 57.5×4(7%)
A-2	Case-14	400×400	9	6	54	8	NR(LRB)	ϕ 65×5(12%)
A-3	Case-15	400×400	9	6	54	10	NR(LRB)	ϕ 57.5×4(7%)
A-4	Case-16	400×400	9	6	54	10	NR(LRB)	ϕ 65×5(12%)
C-2	Case-17	400×400	9	6	54	10	NR(LRB)	ϕ 57.5×4(7%)
A-5	Case-18	400×400	9	6	54	12	NR(LRB)	ϕ 57.5×4(7%)
A-6	Case-19	400×400	9	6	54	12	NR(LRB)	ϕ 65×5(12%)
B-1	Case-20	400×400	9	6	54	8	HDR-S	—
F-1	Case-21	400×400	9	6	54	8	HDR-S	—
B-2	Case-22	400×400	9	6	54	10	HDR-S	—
B-3	Case-23	400×400	9	6	54	12	HDR-S	—
F-2	Case-24	400×400	9	6	54	10	HDR-S	—

3. 試験結果

試験供試体の試験結果を**表-参 11.2** に示す。なお，試験の結果，ゴム支承側面の亀裂や内部鋼板などに異状はみられなかった。

表-参 11.2 積層ゴム支承の繰返し圧縮載荷試験結果

供試体	Case No.	平面寸法 (mm)	せん断弾性係数 G	ゴム材質	せん断ばね定数 K_s, K_B (kN/mm)			等価減衰定数 h_B(%)		
					試験前	試験後 (200万回)	変化率	試験前	試験後 (200万回)	変化率
D-1	Case-1	400×400	8	NR	2.587	2.534	0.980	—	—	—
E-1	Case-2	400×400	8	NR	4.171	4.133	0.991	—	—	—
F-3	Case-3	400×400	8	NR	2.418	2.394	0.990	—	—	—
G-1	Case-4	400×400	8	NR	2.510	2.440	0.972	—	—	—
D-2	Case-5	400×400	10	NR	2.983	2.920	0.979	—	—	—
D-3	Case-6	400×400	10	NR	2.984	3.023	1.031	—	—	—
G-2	Case-7	400×400	10	NR	2.937	2.932	0.998	—	—	—
C-6	Case-8	600×600	12	NR	6.075	6.011	0.988	—	—	—
E-2	Case-9	400×400	12	NR	7.818	7.315	0.936	—	—	—
F-4	Case-10	400×400	12	NR	3.688	3.676	0.997	—	—	—
G-3	Case-11	400×400	12	NR	3.899	3.780	0.969	—	—	—
C-7	Case-12	400×400	14	NR	3.727	3.706	0.994	—	—	—
A-1	Case-13	400×400	8	NR(LRB)	2.223	2.297	1.034	22.5	23.6	1.047
A-2	Case-14	400×400	8	NR(LRB)	2.445	2.601	1.064	35.3	36.1	1.024
A-3	Case-15	400×400	10	NR(LRB)	3.131	2.950	0.942	17.9	18.5	1.037
A-4	Case-16	400×400	10	NR(LRB)	3.163	3.149	0.995	28.3	29.7	1.052
C-2	Case-17	400×400	10	NR(LRB)	3.201	3.115	0.973	19.5	19.7	1.010
A-5	Case-18	400×400	12	NR(LRB)	3.428	3.296	0.962	16.1	17.3	1.069
A-6	Case-19	400×400	12	NR(LRB)	3.775	3.614	0.957	24.5	26.6	1.082
B-1	Case-20	400×400	8	HDR-S	2.225	2.204	0.999	20.80	20.32	0.977
F-1	Case-21	400×400	8	HDR-S	2.435	2.467	1.013	19.27	19.41	1.007
B-2	Case-22	400×400	10	HDR-S	2.947	3.039	1.031	17.50	17.25	0.986
B-3	Case-23	400×400	12	HDR-S	3.514	3.471	0.988	18.60	17.66	0.949
F-2	Case-24	400×400	10	HDR-S	3.791	3.843	1.014	18.89	19.35	1.024

(1) 等価剛性（せん断ばね定数）の変化

70% のせん断ひずみを与えた状態での圧縮疲労試験 200 万回後の等価剛性の変化率は，免震支承では，最大± 5% 以内であった。地震時水平力分散型ゴム支承は，最大±3%以内であった。**図-参 11.1** に等価剛性の変化の一例を示す。

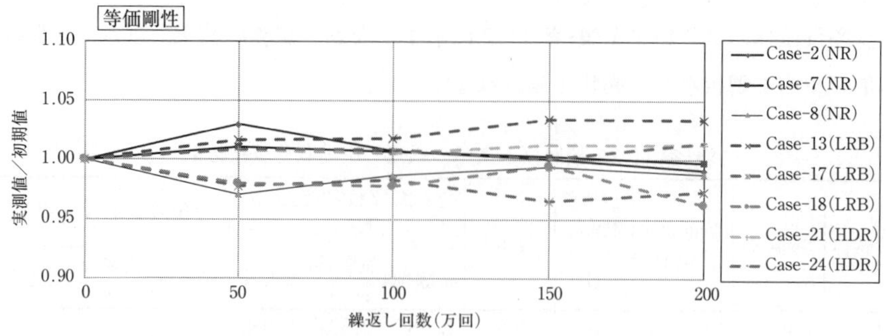

図-参 11.1　等価剛性の変化

(2)　等価減衰定数の変化

70%のせん断ひずみを与えた状態での圧縮疲労試験200万回後の免震支承の等価減衰定数の変化は，鉛プラグ入り積層ゴム支承と高減衰積層ゴム支承ではやや傾向が異なっているが，その変化は±5%程度と変化は小さい。**図-参 11.2** に等価減衰定数の変化の一例を示す。

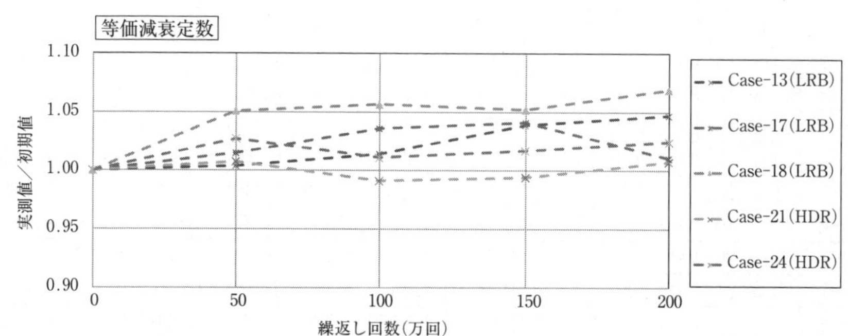

図-参 11.2　等価減衰定数の変化

4．低温環境における繰返し試験

ゴム材料は一般に低温では硬くなることが知られており，寒冷地において，-10℃を下回る環境下で積層ゴム支承が繰返し載荷でどのように性能が変化するのかを把握するために試験を行った。

低温環境下(試験期間におけるゴム支承の内部温度は0℃～-7℃程度で推移)で200万回+200万回を2か年に渡り行った後に，確認はゴム支承の外観(表面クラック・局部せん断ひずみの影響)，内部鋼板とゴムの接着性，さらに，繰返し載荷試験後に，せん断ひずみ±250%，±300%の履歴を確認した。

試験体はJISK6411 No.2(一次形状係数は12.00)に準拠し，試験機能力の都合によりゴムの一次形状係数を変え(一次形状係数は8.57)，一層の圧縮ひずみが大きくなるような形状とした。低温環境の一定せん断下の繰返し圧縮載荷試験に用いた，積層ゴム支承の諸元を**表-参 11.3**に示す。

表-参 11.3 低温環境の繰返し圧縮載荷試験に用いた，積層ゴム支承の諸元

No.	平面寸法 a×b (mm)	ゴム厚 単層厚 te (mm)	ゴム厚 層数 n (mm)	ゴム層厚 Σte (mm)	せん断弾性係数 Ge (N/mm^2)	ゴム材質	鉛径×本数
No.1	240×240	7	4	28	1.2	NR	—
No.2	240×240	7	4	28	1.2	CR	—
No.3	240×240	7	4	28	1.2	NR(LRB)	φ 34×4 (7%)
No.4	240×240	7	4	28	1.2	HDR-S	HDR-S

試験機全景を**図-参 11.3**に，試験治具と供試体写真を**図-参 11.4**に示す。また，**図-参 11.5**に示すように連結したゴム支承に対する試験であることから載荷点からの順番による影響を排除するために，50万回ごとにゴム支承の配置をローテーションし，配置替えを行った。

図-参 11.3　試験装置全景

図-参 11.4　試験治具と供試体

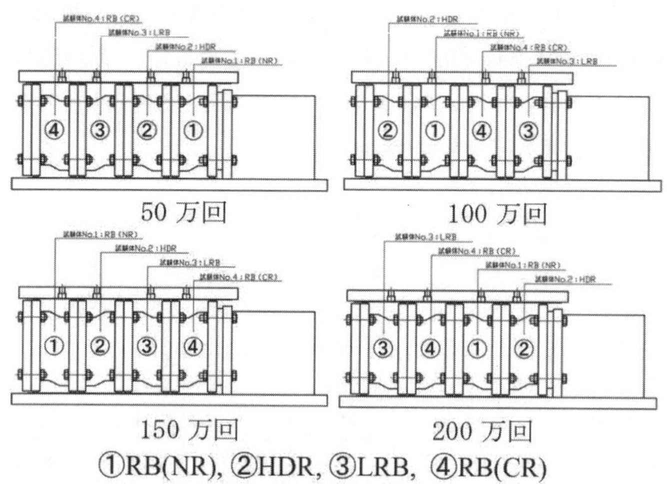

図-参 11.5　試験供試体の載荷ローテーション

試験結果は，例としてNo.1の供試体の等価剛性の変化を**表-参 11.4**に，等価剛性の変化を**図-参 11.6**に，等価剛性の変化を**図-参 11.7**に示す。**図-参 11.8**から**図-参 11.11**は，試験前後の履歴を示す。

表-参 11.4　地震時水平力分散ゴム支承(NR)　試験結果

ゴム種類		初回	200 万回後 ± 175%	400 万回後 ± 175%	400 万回後 ± 250%	400 万回後 ± 300%	400 万回後 (± 300%)後の ± 175%
RB（NR）	等価剛性	2.484	2.505	2.478	3.138	4.029	2.479
	変化率	1.000	1.008	0.998	1.266	1.626	0.998

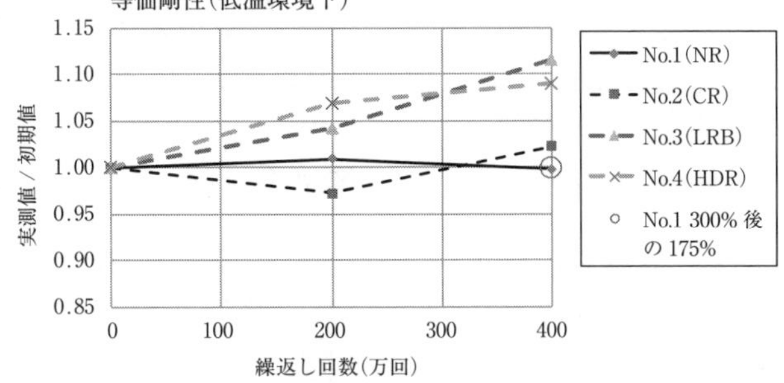

図-参 11.6　等価剛性

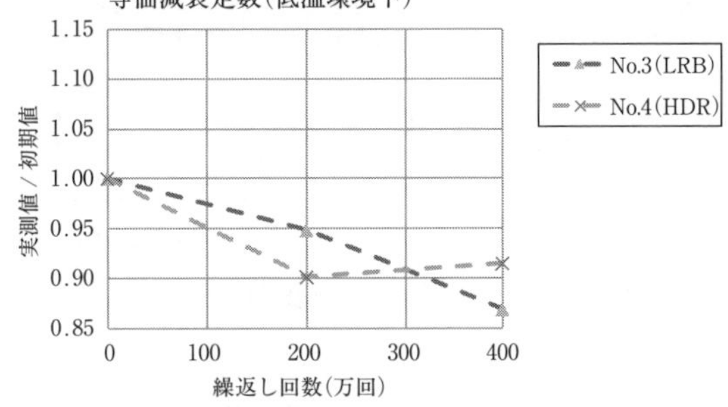

図-参 11.7　等価減衰定数

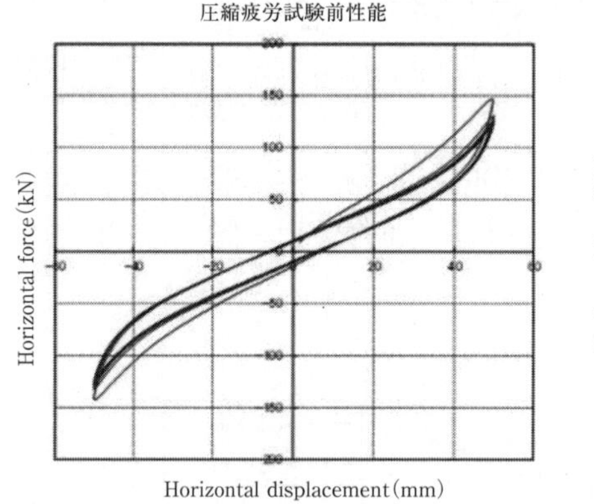

図-参 11.8　試験前 ± 175% の履歴

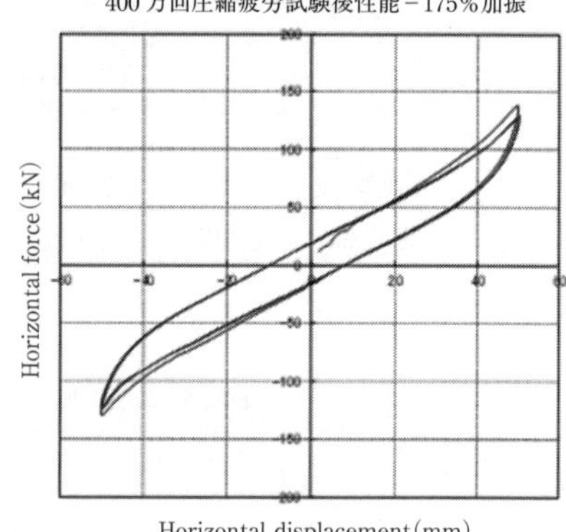

図-参 11.9　400 万回後の ± 175% の履歴

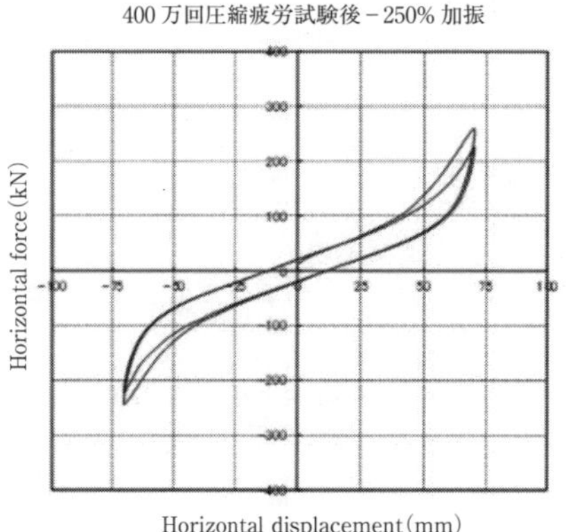

図-参 11.10　400 万回後の ± 250% 履歴

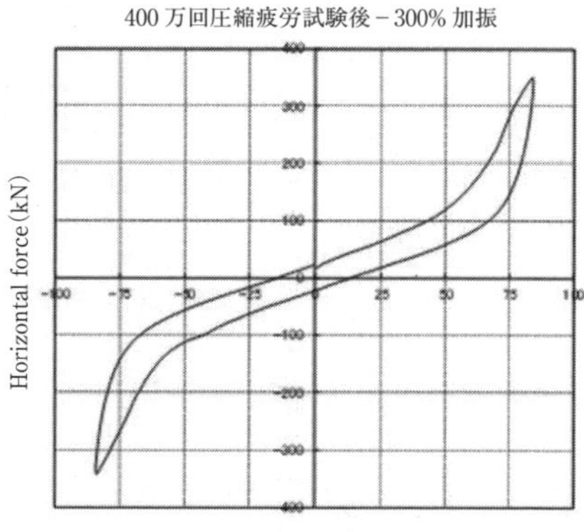

図-参 11.11　400 万回後の ± 300% の履歴

試験時の外気温度とゴム支承内部の温度を**図-参 11.12** に，試験前後の供試体の状況を**図-参 11.13** に示す。

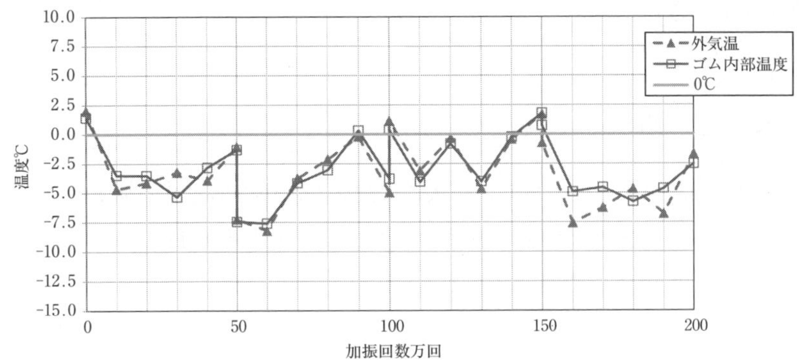

図-参 11.12　低温環境下の 400 万回繰返し試験時の外気温度とゴム支承内部温度(200 回～ 400 万回試験時)

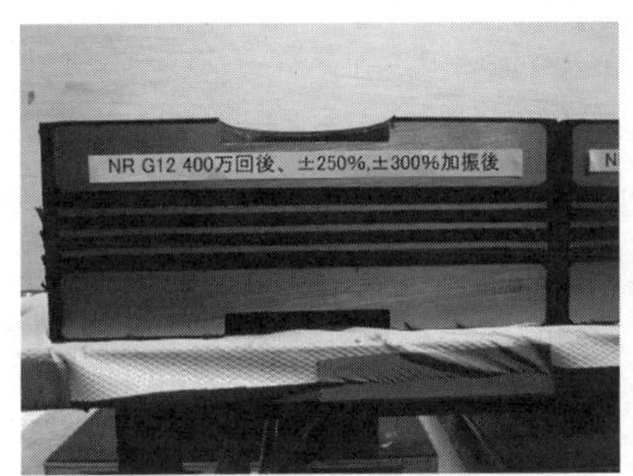

図-参 11.13　NR,G12 低温下の 400 万回後(175%,250%,300% 後）の断面

試験の結果，± 175% の等価剛性変化は +1% 以下であった。また，すべての試験後にゴム支承を切断しゴムと鋼板の接着部を確認をしたが剥離は見られなかった。

低温環境下での一定せん断下の繰返し圧縮試験 400 万回においても，常温状態での一定せん断下の圧縮繰返し 200 万回試験の結果と変わらない等価剛性と等価減衰定数の変化であった。また，地震時水平力分散ゴム支承について，400 万回後に± 250%，± 300% の履歴を確認し，異常は見られなかった。その後に確認した± 175% の等価剛性の変化は 400 万回後と変わらないことを確認した。

本試験の結果，外観等の損傷，破断や鋼板とゴムの剥離は見られないため，鉛直力，水平の繰り返しに対してゴム支承の性能や鋼板とゴムの接着力に対する耐久性を確認できた。

5. ま と め

上記の実験結果から積層ゴムの耐久性に配慮した圧縮応力度の制限値は従来の許容値と同様，耐久性に関する制限値として面圧の上限値 12N/mm^2，応力振幅の上限値 6.5N/mm^2 を踏襲できると考えられる。

参考文献

1) ISO 22762-1 Elastomeric isolators-Part1:Test methods

2) JIS K 6411 道路橋免震用ゴム支承に用いる積層ゴム－試験方法

3) 佐藤　京，今井　隆，原　暢彦，西　弘明：低温環境下おける橋梁用ゴム支承の繰返し圧縮疲労の試験結果，土木学会北海道支部論文報告集第 73 号，A-53，2016.

4) 佐藤　京，今井　隆，原　暢彦，西　弘明：圧縮疲労試験による橋梁用ゴム支承の特性変化に与える低温環境の影響について，土木学会第 71 回年次学術講演会講演概要集，I-575，2017.

5) 佐藤　京，今井　隆，原　暢彦，西　弘明：繰返し圧縮疲労を受けた橋梁用ゴム支承のせん断大変形性能に関する検討，土木学会北海道支部論文報告集第 74 号，A-25，2017.

参考資料-12　繰返し水平力に対する積層ゴムの疲労特性の確認の例

1．はじめに

繰返し水平変位に対する水平せん断ひずみの特性値が安定していることを確認するため，［道路橋支承便覧(平成 16 年)］の試験方法を元に過去に行われた低速せん断繰返し試験について整理を行った。

2．試験概要

2.1　供試体諸元

供試体は□ 400mm を基本としているが，試験機の加振速度 2Hz の加振水平力能力の関係で□ 400mm で試験できない積層ゴム支承があるために，□ 290mm，□ 350mm を用いた結果が含まれている。なお，本供試体形状は ISO22762-1 及び JIS K6411 の No.3 として制定された形状である。

表-参 12.1　せん断繰返し 5000 回試験供試体諸元

No.		平面寸法 (mm)	ゴム厚		ゴム総厚	せん断弾性係数の呼び	ゴム材質	鉛径×本数
			te	n	Σ te	G		
1	Case-1	290×290	16	3	48	8	NR	−
2	Case-2	400×400	9	6	54	8	NR	−
3	Case-3	400×400	9	6	54	8	NR	−
4	Case-4	400×400	9	6	54	8	NR	−
5	Case-5	290×290	16	3	48	10	NR	−
6	Case-6	400×400	9	6	54	10	NR	−
7	Case-7	400×400	9	6	54	10	NR	−
8	Case-8	400×400	9	6	54	12	NR	−
9	Case-9	400×400	9	6	54	12	NR	−
10	Case-10	400×400	9	6	54	12	NR	−
11	Case-11	400×400	9	6	54	14	NR	−
12	Case-12	350×350	9	6	54	14	NR	−
13	Case-13	400×400	9	6	54	8	NR(LRB)	ϕ 57.5×4(7%)
14	Case-14	400×400	9	6	54	8	NR(LRB)	ϕ 65×5(12%)
15	Case-15	400×400	9	6	54	10	NR(LRB)	ϕ 57.5×4(7%)
16	Case-16	400×400	9	6	54	10	NR(LRB)	ϕ 65×5(12%)
17	Case-17	400×400	9	6	54	10	NR(LRB)	ϕ 57.5×4(7%)
18	Case-18	400×400	9	6	54	12	NR(LRB)	ϕ 57.5×4(7%)
19	Case-19	400×400	9	6	54	12	NR(LRB)	ϕ 65×5(12%)
20	Case-20	400×400	9	6	54	12	NR(LRB)	ϕ 57.5×4(7%)
21	Case-21	400×400	9	6	54	8	HDR-S	−
22	Case-22	400×400	9	6	54	8	HDR-S	−
23	Case-23	400×400	9	6	54	8	HDR-S	−
24	Case-24	400×400	9	6	54	10	HDR-S	−
25	Case-25	400×400	9	6	54	10	HDR-S	−
26	Case-26	400×400	9	6	54	12	HDR-S	−
27	Case-27	400×400	9	6	54	12	HDR-S	−
28	Case-28	400×400	9	6	54	12	HDR-S	−

2.2 試 験 方 法

1)　水平変位に対する繰返し試験条件の設定について

・1 年間の温度の最大値と最小値が，それぞれ常時のせん断ひずみの制限値(絶対値 70%)に収まるように設計されるものとした。

・橋梁の1日当たりの温度変化を理科年表から, 平均日最大, 最小温度の差（国内観測点から最大値を策定した）12℃とした。

1 サイクルの温度振幅を 50℃（道路橋示方書の最大-最小の温度範囲）と考え，一日の変形振幅は最大で

70% ÷ 50℃ × 12℃ = 16.8%(全行程)

・1年分の変形としては,

8.4% × 4 回(正負履歴) × 365 回 + 70% × 4 回(正負履歴) × 1 回 =12,534%

これを全行程 70% で実施すれば

12,534 ÷(70 × 4)=44.8 回 /1 年

100 年とすれば 4,480 回となる

・ゴムへの負担としては，入力エネルギーが変形の2乗に比例することから，1年当たりの入力エネルギーは

① 8.4^2(%) × 365(日) + 70^2(%) × 1(回) = 30,654

・・・・・・橋の実際の変形

② 70^2(%) × 44.8(回) = 219,520

・・・・・・繰返し試験の条件

よって, ± 70% × 5,000 回の試験法が, 実現象より 9.5 倍過酷であると考え, 載荷条件を決定した。

低速せん断繰返し試験は，JIS K 6411 ならびに NEXCO 試験方法 試験法 418 ゴム支承の特性に関する試験方法により実施した。圧縮応力度 12N/mm^2 に相当する荷重を載荷した状態で，5000 回の水平繰返しせん断ひずみ ± 70% を与えた。水平加振周期は 180 秒とし，計測は 1000 回ごとに ± 175% における等価剛性(地震時水平力分散型ゴム支承は 3 波目, 免震支承は 10 波の平均値)と等価減衰定数を計測して，初期値との変化を確認した。

積層ゴム支承は，ゴムの弾性係数，S1,S2, 内部鋼板の剛性が合致している範囲では形状寸法の影響は小さい。現在用いられている照査式は□ 100mm 程度から□ 1000mm 程度の試験供試体から算定式を策定し，せん断剛性 ± 10% 以内，減衰は試験値に対して余裕を持って設定している。また，実際に納入している支承(□ 1700mm を超える支承)も照査式から計算した設計値に対して

± 10% 以内であることを確認していることから，JISK6411に示す供試体を持って，各種依存性試験を用いている。

2.3 試験結果

表-参 12.2 に各供試体のせん断剛性又は等価剛性と等価減衰定数の試験結果を示す。

表-参 12.2 供試体の諸元と試験結果一覧表

No.		平面寸法 (mm)	ゴム材質	せん断ばね定数 K_s, K_B (kN/mm)			等価減衰定数 h_B (%)		
				試験前	試験後 (5000回)	変化率 (%)	試験前	試験後 (5000回)	変化率 (%)
C-14	Case-1	290×290	NR	1.439	1.386	0.964	-	-	-
E-11	Case-2	400×400	NR	2.312	2.316	1.002	-	-	-
F-13	Case-3	400×400	NR	2.410	2.407	0.999	-	-	-
G-11	Case-4	400×400	NR	2.605	2.552	0.980	-	-	-
C-15	Case-5	290×290	NR	1.648	1.589	0.964	-	-	-
E-12	Case-6	400×400	NR	2.862	2.821	0.986	-	-	-
G-12	Case-7	400×400	NR	2.685	2.708	1.009	-	-	-
E-13	Case-8	400×400	NR	3.733	3.770	1.010	-	-	-
G-13	Case-9	400×400	NR	3.573	3.630	1.016	-	-	-
F-14	Case-10	400×400	NR	3.368	3.401	1.010	-	-	-
C-17	Case-11	400×400	NR	3.983	3.868	0.971	-	-	-
E-14	Case-12	350×350	NR	3.398	3.535	1.040	-	-	-
A-11	Case-13	400×400	NR(LRB)	2.249	2.080	0.925	22.7	25.6	1.125
A-12	Case-14	400×400	NR(LRB)	2.632	2.399	0.912	31.9	36.1	1.132
A-13	Case-15	400×400	NR(LRB)	3.071	3.004	0.978	18.1	21.9	1.205
A-14	Case-16	400×400	NR(LRB)	3.143	3.001	0.955	30.5	35.0	1.148
C-12	Case-17	400×400	NR(LRB)	3.158	3.279	1.038	18.0	19.7	1.094
A-15	Case-18	400×400	NR(LRB)	3.298	3.334	1.011	17.1	20.7	1.206
A-16	Case-19	400×400	NR(LRB)	3.433	3.423	0.997	26.6	28.5	1.071
D-11	Case-20	400×400	NR(LRB)	2.980	2.973	0.998	17.7	20.7	1.169
B-11	Case-21	400×400	HDR-S	2.211	2.461	1.113	17.80	16.58	0.932
F-11	Case-22	400×400	HDR-S	2.530	2.705	1.069	20.59	19.30	0.937
G-14	Case-23	400×400	HDR-S	2.295	2.541	1.107	20.5	17.7	0.863
B-12	Case-24	400×400	HDR-S	3.031	3.298	1.088	17.40	15.99	0.919
G-15	Case-25	400×400	HDR-S	2.941	3.210	1.091	18.3	16.3	0.891
B-13	Case-26	400×400	HDR-S	3.342	3.548	1.062	17.70	16.12	0.911
F-12	Case-27	400×400	HDR-S	3.496	3.719	1.064	20.04	18.71	0.934
G-16	Case-28	400×400	HDR-S	3.481	3.758	1.080	17.9	16.4	0.916

(1) 等価剛性の変化

せん断ひずみ± 70% での 5000 回水平繰返しせん断変形を与えた際の± 175% での等価剛性の変化(**図-参 12.1**)は，鉛プラグ入り積層ゴム支承でやや剛性が低くなる傾向であり，初期値に対して± 10% 程度の変化率となっている。高減衰積層ゴム支承では，やや剛性が高くなる傾向であり，初期値に対して+ 10% 程度の変化率となっている。地震時水平力分散型ゴム支承の場合は，初期値に対して± 5% 以内であり剛性の変化は小さい。

(2) 等価減衰定数の変化

せん断ひずみ± 70% での 5000 回水平繰返しせん断変形を与えた後の± 175% での等価減衰定数の変化(**図-参 12.2**)は，鉛プラグ入り積層ゴム支承で途中ばらつきのある供試体があるが，初期値に対して 5% ～ 20% 程度等価減衰定数が大きくなっている。高減衰積層ゴム支承は全般的になだらかな減衰定数の低下傾向を示し，初期値に対して 5% ～ 10% 程度等価減衰定数が低下しているが，その変化は小さい。

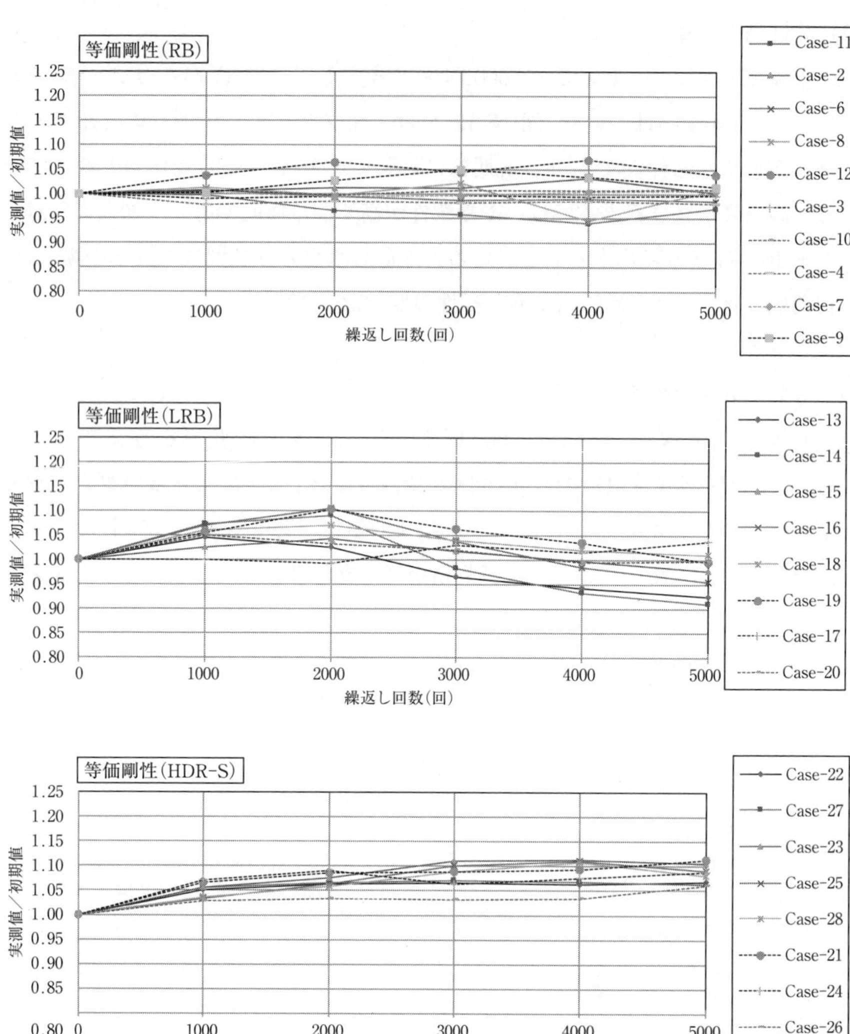

図-参 12.1　± 70% せん断繰返し回数ごとの等価剛性の変化(抜粋)

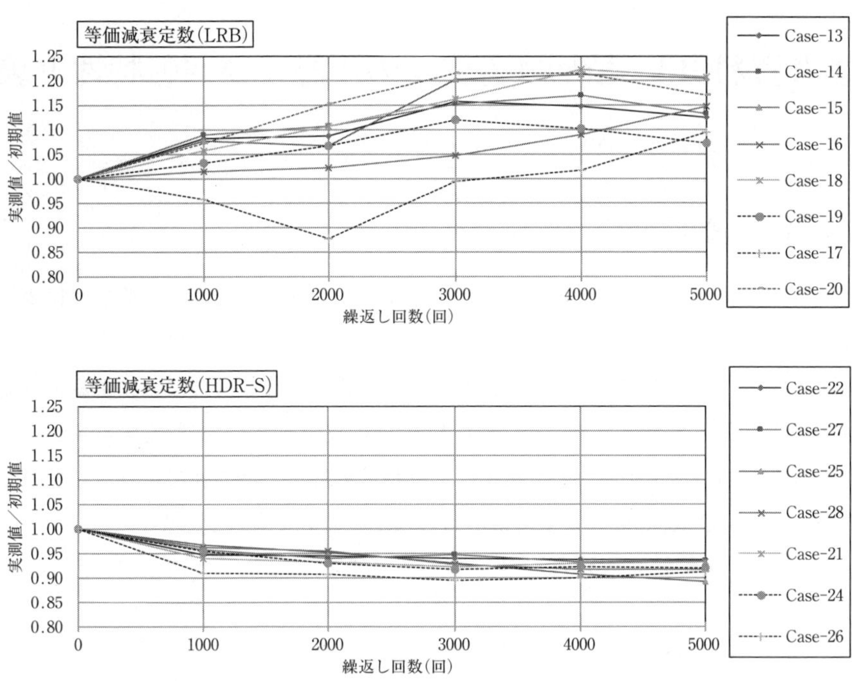

図-参 12.2 ± 70% せん断繰返し回数ごとの等価減衰定数の変化(抜粋)

3. ま と め

耐久性能の確認として，式(4.6.1.1)の作用組合せによる生じる水平せん断ひずみの制限値を 70% とした 5000 回の水平繰返し載荷試験及び参考資料-12 の結果から，地震時水平力分散型ゴム支承，免震ゴム支承の剛性及び減衰性能の安定性を確認した。

参考資料-13　積層ゴム支承の圧縮及び回転特性実験

1．はじめに

ゴム支承には，活荷重等の作用により桁にたわみが生じた際に，その回転変位を吸収する機能が求められる。

本実験では，ゴム支承の回転機能がゴムの弾性圧縮及び弾性回転による変形機構の組合せとして発現することに着目し，圧縮応力分布を直接測定する手法によりそれぞれの特性を把握したうえで，回転機能の照査方法の検討を行ったものである。また，C.Rejcha による内部応力の理論についても確認した。

2．実　　験

2.1 実験方法

実験装置の概要を**図-参 13.1** に示す。ゴム支承に回転角を与える載荷機構を設けた構造として，10MN(1,000tf)圧縮試験機にレバーアーム及び油圧ジャッキを組合せた。供試体に対する圧縮応力は，ゴム支承の下鋼板に設けた測定孔より，オイルを媒体として圧力計で測定した。測定位置は橋軸方向に配置し，センターライン位置に 9 点，サイドライン位置に 5 点の合計 14 点とした。

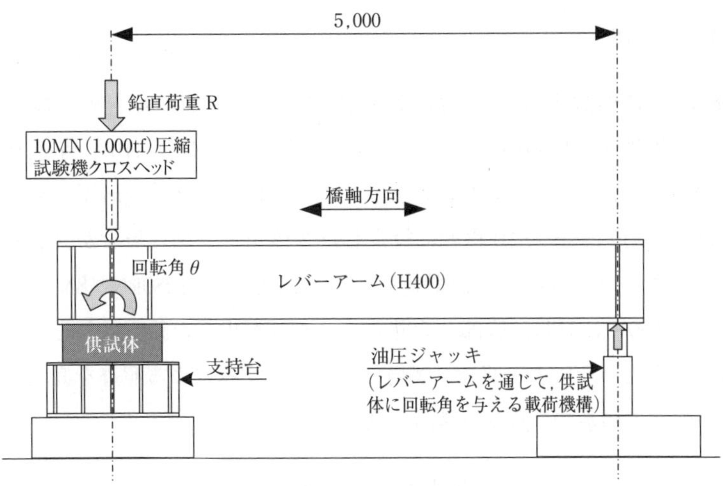

図−参 13.1 実験装置の概要

載荷荷重は，鉛直荷重を載荷するステップ1と，回転角を与えるステップ2とした。応力の測定は，**表−参 13.1** に示す3段階の着目点で行った。ステップ2では，鉛直荷重 R_{max} を載荷することを基本とするが，回転角の増加に伴い供試体に負圧が発生する場合に圧力測定が困難となる。その場合は，鉛直荷重を $1.5R_{max}$ に増加し，差分の $0.5R_{max}$ を予備圧縮力として導入し負圧が生じない条件で試験を行った。なお，結果整理において，回転角に起因する鉛直応力は，計測値からステップ1における鉛直荷重による圧縮応力を差し引いた。

表−参 13.1 荷重ケース

ステップ	載　荷　荷　重
1	鉛直荷重； $R = 0.5\ R_{max}$ (640kN), R_{max} (1280kN), $1.5\ R_{max}$ (1920kN)
2	回 転 角； θ =1/300, 1/150, 1/75

2.2 供　試　体

表-参 13.2 に供試体諸元を，**図-参 13.2** に層数が5層の場合の供試体形状を示す。全ての供試体において，使用ゴムは天然ゴム（NR，G10），平面形状は□400mm を同一とする。供試体は全9体あり，これらはゴム一層厚を変化させ一次形状係数（S1）を6～10程度に設定した3種類と，ゴム層数が異なる組合せから構成した。ゴム層数は，設計荷重（最大反力 R = 1280kN（8N/mm$^{2)}$），回転角 θ = 1/150）に対し，服部・武井の式により算出した鉛直ばねを用いて，①本便覧に示すたわみによる照査，②局部せん断ひずみによる照査を満足する層数及びその中間の層数の3種類を設定した。

表-参 13.2　供試体諸元

供　試　体 No.	1	2	3	4	5	6	7	8	9
一次形状係数	5.9			8.3			10.0		
一層厚(mm)	17			12			10		
層　　　数(層)	1	2	3	3	5	7	5	8	11
鉛直ばね定数(kN/mm)	2171	1086	724	2044	1227	876	2115	1322	961

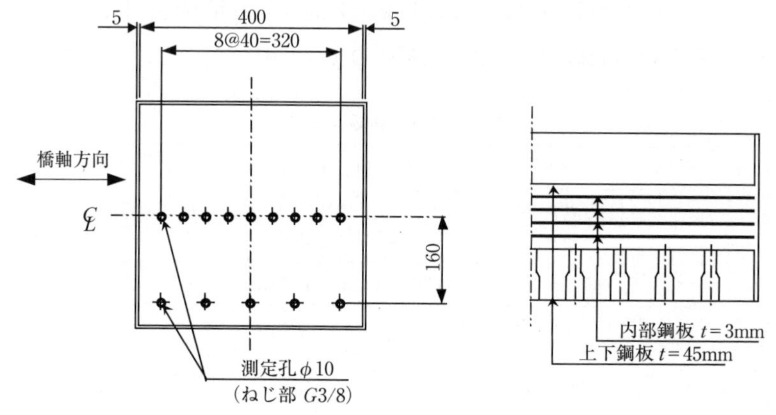

図-参 13.2　供試体形状

3. 実験結果

図–参 13.3 には，ステップ 1 における鉛直荷重載荷時の圧縮応力度分布を，**図–参 13.4** には，ステップ 2 における回転時の圧縮応力度分布を示す。回転時の圧縮応力度分布は，鉛直荷重を加えてその後回転角を加えている圧縮回転時から，鉛直荷重による圧縮応力を控除して回転に起因する鉛直成分のみを抽出した。さらに，**図–参 13.4** は，抽出した応力度を鉛直ばねで除している。

設計荷重時の応力度分布は，**図–参 13.3** と**図–参 13.4** の重ね合わせにより再現することができ, 供試体の層構成によって変化する鉛直ばねの大きさに着目して，**図–参 13.5** に供試体 No.1，5，9 を例として重ね合わせた結果を示す。鉛直ばねが大きい供試体 No.1 では，設計荷重時に引張応力が発生していることが確認できる。

図–参 13.6 は，**図–参 13.3** の平均値を反力で除したもの示す。**図–参 13.7** は，**図–参 13.4** の平均値を回転角の 3/4 乗で除したもの示す。圧縮応力は鉛直荷重に比例し，平面中心で最大となり平均支圧応力の 2 倍程度，縁端で応力が 0 に近づく 2 次の分布形状となり，供試体による差はない。回転時の鉛直応力は鉛直ばね及び回転角の 3/4 乗に比例し，橋軸方向に 3 次の分布形状となる。

圧縮時の鉛直変位は鉛直荷重に比例し，その変位は 1mm 程度であった。圧縮回転時は，回転角の増加に伴い，回転角を与えている油圧ジャッキ側に水平変位し，$\theta = 1/75$ の時，最大 1.5mm 程度であった。

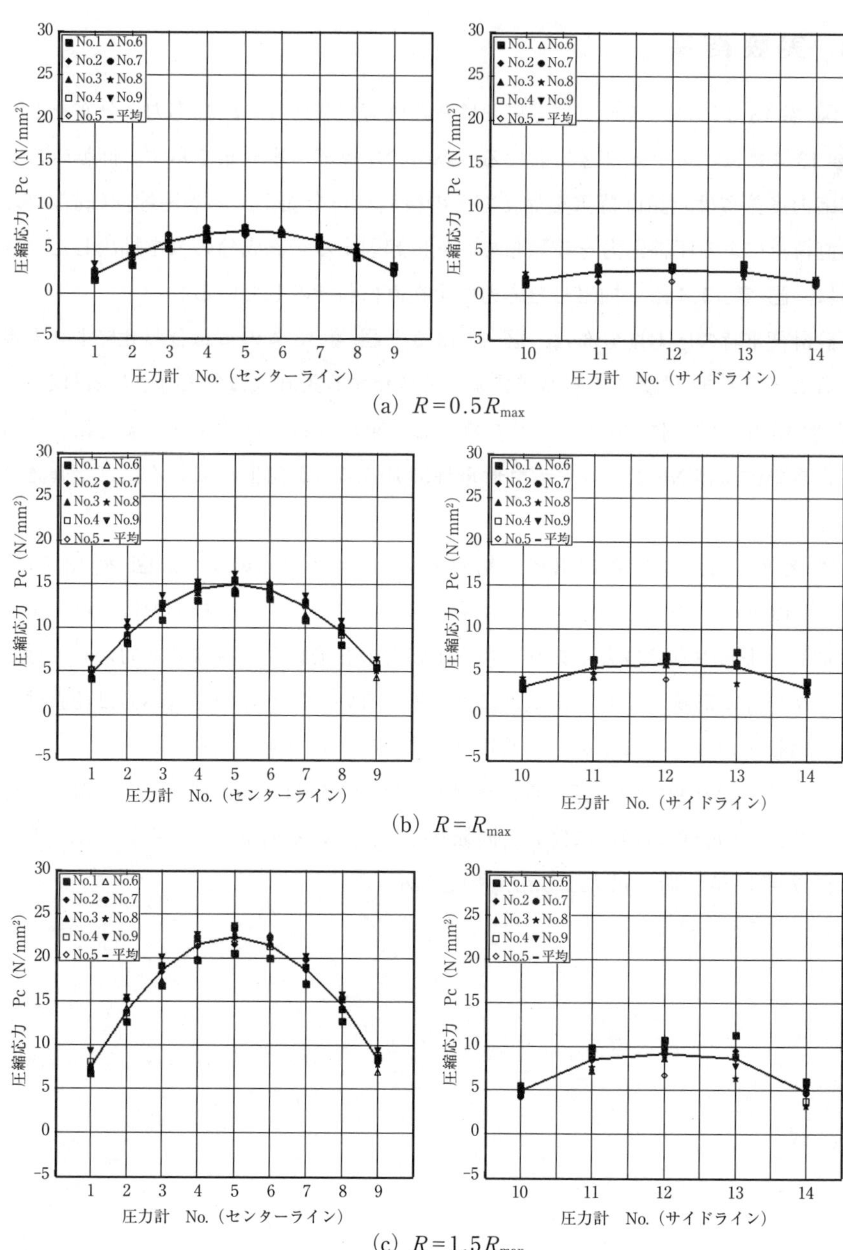

(a) $R=0.5R_{max}$

(b) $R=R_{max}$

(c) $R=1.5R_{max}$

図-参 13.3 圧縮時の圧縮応力度分布

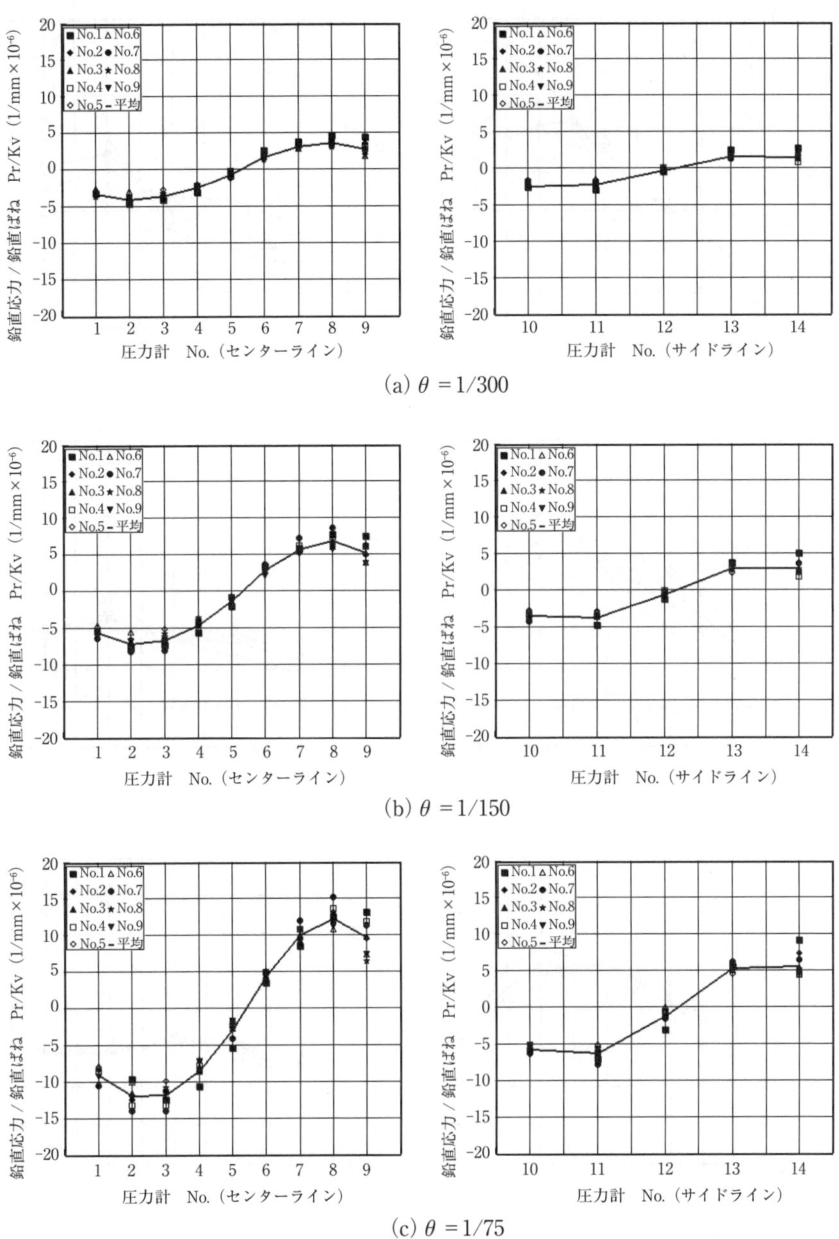

図-参 13.4 回転時の鉛直応力度分布

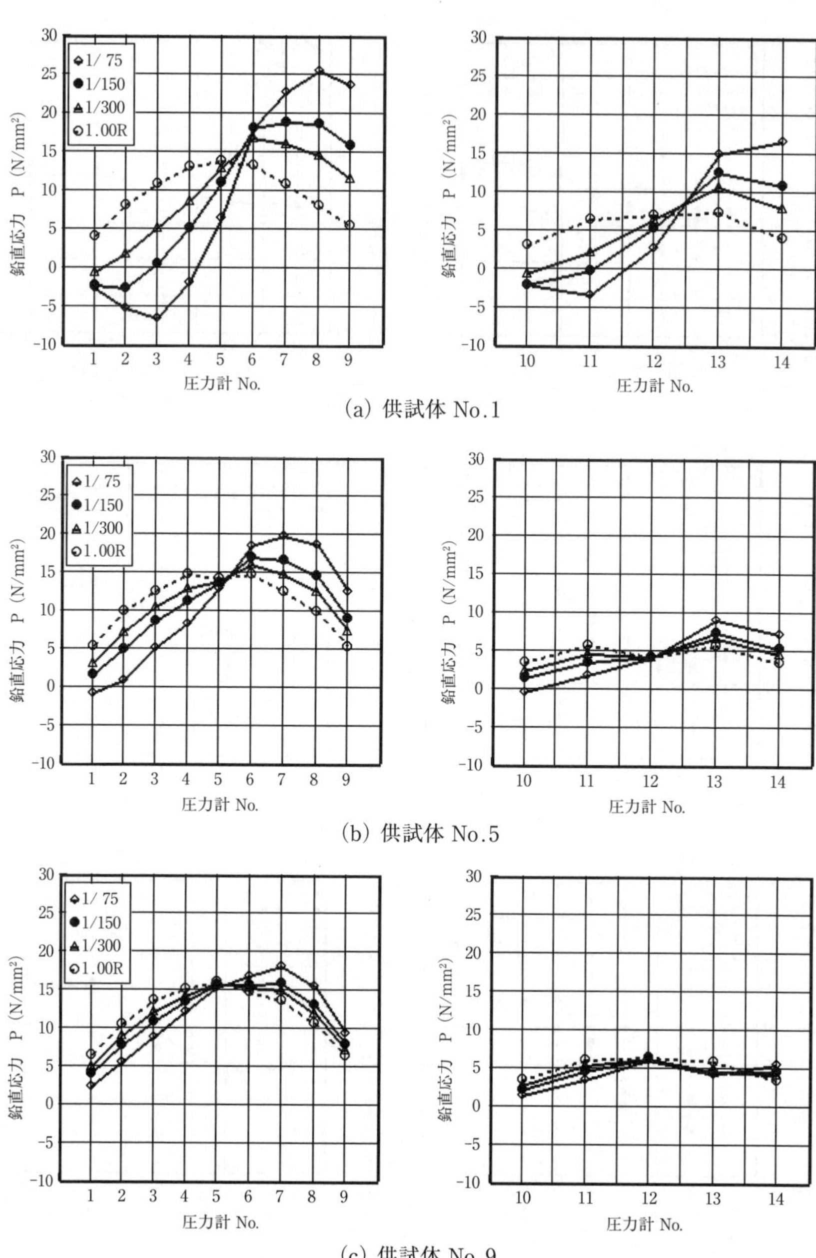

図-参 13.5　設計荷重時の鉛直応力度分布

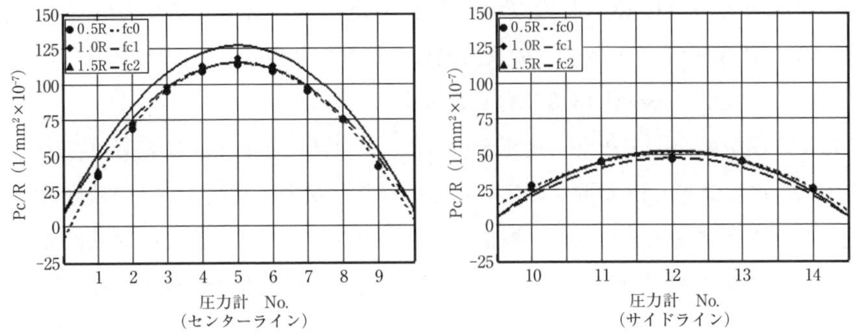

図-参 13.6 圧縮応力度／反力の分布

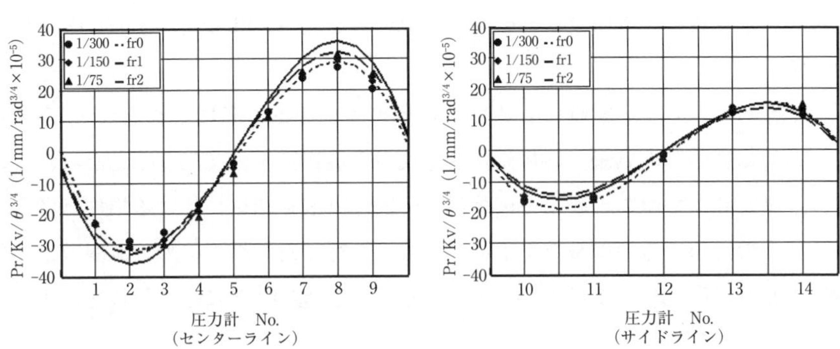

図-参 13.7 鉛直応力度／鉛直ばね／(回転角)$^{(3/4)}$ の分布

4．設計荷重時の鉛直応力度分布の推定

図-参 13.6 及び **図-参 13.7** に示す点線は，実験値を関数近似した曲面を示したものである。近似関数は，実験結果から回転時も含めると回転軸直角方向（橋軸方向）に 3 次形状，回転軸方向（橋軸直角方向）に 2 次形状となり，次式により表される。

$$f = a_1 X^3 Y^2 + a_2 X^3 Y + a_3 X^3 + a_4 X^2 Y^2 + a_5 X^2 Y + a_6 XY^2 + a_7 X^2 + a_8 Y^2 + a_9 XY + a_{10} X + a_{11} Y + a_{12} \quad \cdots\cdots (参 13.1)$$

未定係数 a_i は，センターライン上の圧力計 No.1，3，7，9，サイドライン上の圧力計No.10, 11, 13, 14, 及び軸対称性からサイドライン上の圧力計（No.10, 11, 13, 14）がセンターラインの反対側にあるものと仮定して，計12点の(f, X, Y)から算出した。**表−参 13.3** に係数を示す。

次に，実験結果の分析から補正を行った。1次補正として，圧縮時は2軸対称点のNo.5及びNo.12が同等の圧縮応力となり，反力に相当するfの積分値が変化しないように補正を行った。補正の結果，センターライン上では縁端部で補正前よりやや大きめ，サイドライン上では全体的に小さめの分布となる。回転時は2軸対称性を考慮できないが，センターライン上とサイドライン上の傾向が圧縮時と同様で，抵抗モーメントに相当するfの積分値が変化しないように補正を行った。補正後の圧縮時及び回転時の近似関数を**図−参 13.6** 及び**図−参 13.7** に破線で示す。

2次補正として，圧縮時において供試体平面を2軸方向にそれぞれ40分割し反力を数値積分した結果，各供試体とも反力が載荷荷重のほぼ9割となった。これは，測定孔へのゴムの膨出や媒体油の圧縮性（溶存空気）による損失と考えられる。このため，近似関数を1.1倍した補正を行った。補正後の近似関数は，**図−参 13.6** 及び**図−参 13.7** に実線で示す。また，**表−参 13.3** にその係数を示す。

表−参 13.3　近似関数の係数

	f_{c0} ($\times 10^{-2}$)	f_{c2} ($\times 10^{-2}$)	f_{r0} ($\times 10^{-1}$)	f_{r2} ($\times 10^{-1}$)	備考
a_1	− 0.0000051	0.0	0.0000191	0.0000238	$X^3 Y^2$
a_2	0.0	0.0	0.0	0.0	$X^3 Y$
a_3	0.000814	0.0	− 0.00977	− 0.0107	X^3
a_4	0.000763	0.000694	− 0.0000204	0.0	$X^2 Y^2$
a_5	0.0	0.0	0.0	0.0	$X^2 Y$
a_6	0.000570	0.0	− 0.00708	− 0.0101	$X Y^2$
a_7	− 0.294	− 0.293	0.00781	0.0	X^2
a_8	− 0.250	− 0.293	0.00130	0.0	Y^2
a_9	0.0	0.0	0.0	0.0	$X Y$
a_{10}	− 0.0521	0.0	3.94	4.54	X
a_{11}	0.0	0.0	0.0	0.0	Y
a_{12}	116	128	− 2.00	0.0	1

任意点の鉛直応力は，2次補正後の近似関数を用いて，次式により推定することができる。

$$\sigma = f_{c2}\,R + f_{r2}\,K_v\,\theta^{3/4} \quad \cdots\cdots (参13.2)$$

設計荷重を $R=1280$kN，$\theta=1/150$ として，K_v を変化させた場合の鉛直応力度分布を**図–参 13.8** に示す。引張応力($\sigma=0$N/mm^2)が生じない限界鉛直ばねと，その位置を求めると，$K_v=940$kN/mm，$X=183$mm，$Y=0$mm である。この場合の鉛直及び回転たわみは，それぞれ $\delta_v=1.36$mm，$\delta_r=1.33$mm である。

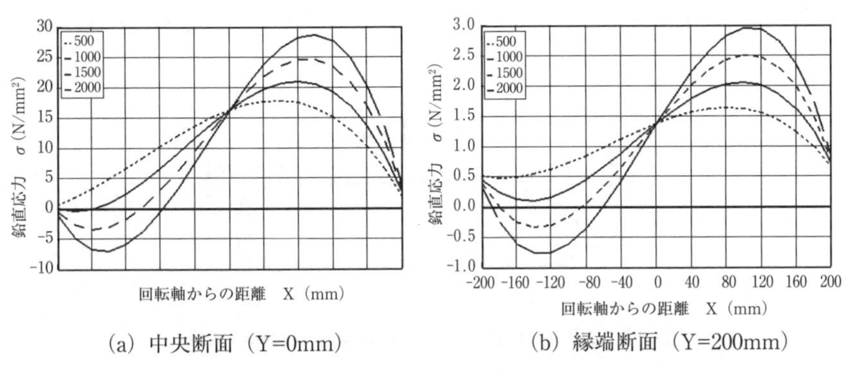

(a) 中央断面 (Y=0mm)　　(b) 縁端断面 (Y=200mm)

図–参 13.8 鉛直ばねと鉛直応力度分布の関係

表–参 13.4 には，荷重－鉛直変位から算出した各供試体の実測鉛直ばねを示す。実測値は設計値より小さく，一次形状係数が大きくなる程その差も大きくなっている。実測鉛直ばねより引張応力が生じていると推定できる供試体は No.1 であり，実験結果とよく一致している。

表–参 13.4 実測鉛直ばね定数 (kN/mm)

	No.1	No.2	No.3	No.4	No.5	No.6	No.7	No.8	No.9
実測	1387	859	611	901	749	594	727	543	419
設計	2171	1086	724	2044	1227	876	2115	1322	961
比	0.64	0.79	0.84	0.44	0.61	0.68	0.34	0.41	0.44

5. ま と め

本実験の結果より，以下のことが分かった。

① ゴム支承の平面中心部の内部応力度は平均圧縮応力度に対して約 2 倍程度であることが分かった。これは, C,Rejcha による理論を裏づける結果を得た。

② 設計荷重時に引張応力が生じないようにするためには，回転による変位を鉛直変位で相殺するように鉛直ばねを設定する必要がある。

$$\delta_r \leqq \delta_c \qquad \text{(参 13.3)}$$

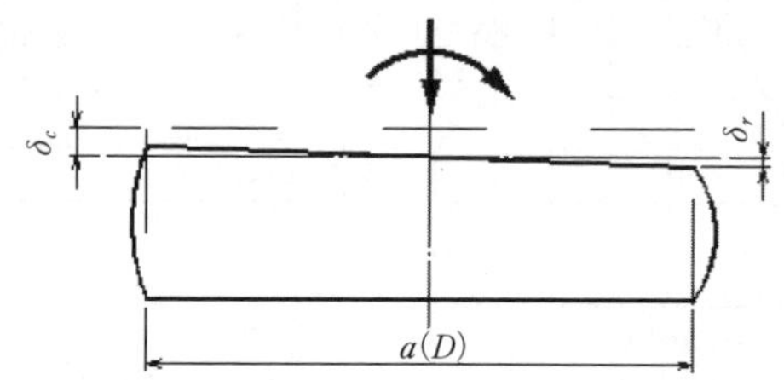

図-参 13.9 桁の回転によるゴム支承の回転の変位

したがって，実験結果より，幾何学的な回転変位に対して圧縮変位が上回っていれば，ゴム支承には引張りは生じないことが確認できた。

なお，回転機能の照査方法としては，式(参 13.3)に対して，ゴム支承の圧縮ばね定数の精度± 30% が考慮され，式 4.6.5 を満足することが求められている。これは，ゴム支承の幾何学的な回転変位に対する引張力には，鉛直ばね定数が関係していることから，鉛直ばね定数が公差内で硬くなった場合(+30%)においても，幾何学的な回転変位に対してゴム支承に引張りが確実に発生しないことを担保するために，安全側の配慮がされたものである。

参考資料-14　積層ゴム支承の圧縮ばね定数

1．はじめに

道路橋支承便覧（平成3年）までゴム支承の圧縮ばね定数は，主に固定型・可動型のパッド型ゴム支承の照査として，服部・武井の式が用いられてきた。その後，地震時水平力分散型ゴム支承や免震ゴム支承，高減衰ゴム材料など新しい材料が使用されるようになり，大型で一次形状係数・二次形状係数の使用範囲が拡大した支承において服部・武井の式を用いた設計値は，実測値との差が大きくなった。このことから，道路橋支承便覧（平成16年）の改訂において，実際に使用されているゴム支承の圧縮ばね特性に見合った新しい設計式が導入された。

ここでは，その設計式の妥当性について，試験結果との比較により検証した結果を示す。

2．収集データの整理

収集したゴム支承は，設計反力が700kN～20,000kN程度の範囲のもので，圧縮応力度の応力振幅範囲を1.5N/mm^2～6.0N/mm^{2}に統一している。

ゴム支承種別ごとのデータ整理結果を**図-参14.1**に示す。縦軸には，1次形状係数（S_1）と圧縮ばね定数，さらにゴム支承形状より見かけの縦弾性係数（E）を求め，それを静的せん断弾性係数（G）により無次元化した値，横軸には，1次形状係数（S_1）を示し，それらの関係を整理した。

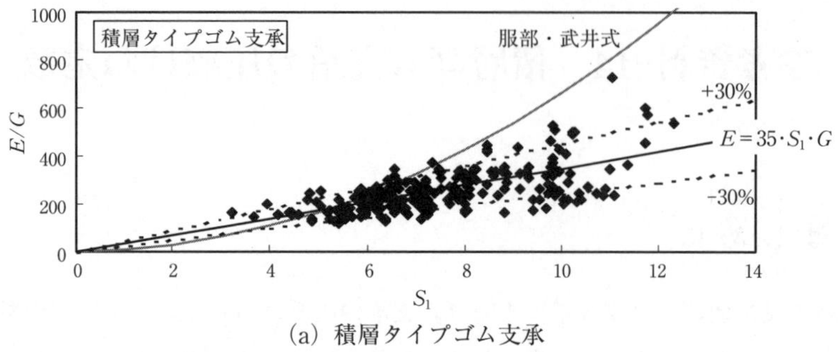

(a) 積層タイプゴム支承

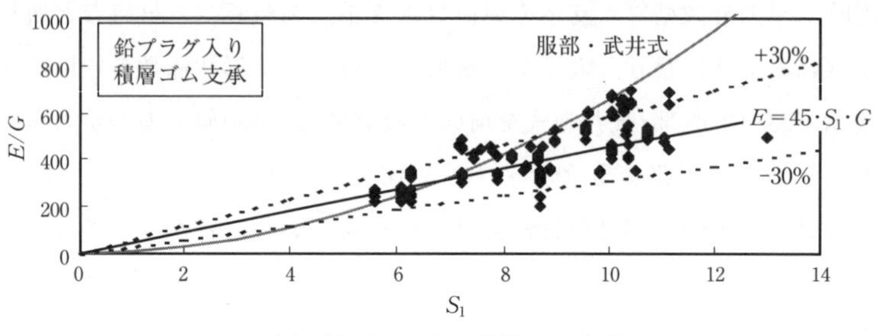

(c) 鉛プラグ入り積層ゴム支承

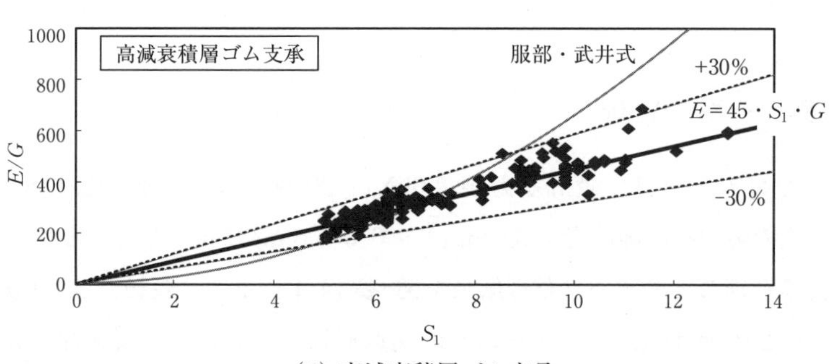

(d) 高減衰積層ゴム支承

図-参 14.1 実測値の分布と服部・武井の式との比較

ここで，服部・武井による圧縮ばね式は，ゴム支承の見かけの縦弾性係数 E とすると，矩形支承と円形支承においてそれぞれ下式となる。

矩形支承 $0.5 \leqq b/a \leqq 2$ のとき

$$E=(3+\frac{2}{3}\pi^2 S_1^2)G=(3+6.58\,S_1^2)G$$ （積層タイプゴム支承）･･･（参 14.1）

矩形支承 $0.5 > b/a$，$b/a > 2.0$ のとき

$$E=(4+\frac{1}{3}\pi^2 S_1^2)G=(4+3.29\,S_1^2)G$$ （積層タイプゴム支承）･･（参 14.2）

円形支承のとき

$$E=(3+\frac{1}{2}\pi^2 S_1^2)G=(3+4.935S_1^2)G$$ ･････････････････････（参 14.3）

3．圧縮ばねの設計式の設定

図–参 14.1 のデータ整理結果から，E / G と S_1 の間には線形な関係があると考え，次のように設計式を設定した。

各種積層ゴム支承の縦弾性係数値

$$E=\alpha S_1 G$$ ･････････････････････････････････････（参 14.4）

α：支承の種類による係数で**表–参 14.1** に示す。

表–参 14.1　ゴム支承の圧縮に関する縦弾性係数の補正値

	α	β		
		矩形		円形
		$0.5 \leqq b/a \leqq 2.0$	$0.5 > b/a$，$b/a > 2.0$	
積層タイプゴム支承	35	1.0	0.5	0.75
高減衰積層ゴム支承	45			
鉛プラグ入り積層ゴム支承	45			

図–参 14.1 のデータは，矩形支承（$0.5 \leqq b/a \leqq 2$）の範囲のデータであるため，それ以外の矩形支承及び円形支承については，服部・武井の式の矩形支承と円形支承の関係より設定した。**表–参 14.2** に服部・武井の式において S_1 ごとの支承形状の違いによる縦弾性係数の比率を示した。**表–参 14.2** より，S_1 が 4 から 10

の間であれば，矩形支承（$0.5 \leqq b/a \leqq 2$）の縦弾性係数に対して，矩形支承（$0.5 > b/a, b/a > 2.0$）の縦弾性係数は係数 0.5 を，円形支承の縦弾性係数は係数 0.75 を乗じることで補正できることが確認できる。

以上より，縦弾性係数の設計式は式（参 14.4）に係数 β を導入し，次式のように設定した。

$$E = \alpha \beta S_1 G \quad \cdots\cdots\cdots\cdots\cdots\cdots\cdots\cdots \text{(参 14.5)}$$

α, β ：**表−参 14.1** による。

なお，ゴム支承（NR）の圧縮ばねの設計式の推定精度を評価した結果を**図−参 14.2** に示す。設計式と実測値には，± 30％程度のばらつきが確認できる。

表−参 14.2 服部・武井式の矩形支承と円形支承の関係

S_1	矩形支承		円形支承	②／①	③／①
	$0.5 \leqq b/a \leqq 2.0$	$0.5 > b/a$, $b/a > 2.0$			
	$3+6.58S_1^2$	$4+3.29S_1^2$	$3+4.935S_1^2$		
	①	②	③		
1	9.6	7.3	7.9	0.761	0.828
2	29.3	17.2	22.7	0.585	0.776
3	62.2	33.6	47.4	0.540	0.762
4	108.3	56.6	82.0	0.523	0.757
5	167.5	86.3	126.4	0.515	0.754
6	239.9	122.4	180.7	0.510	0.753
7	325.4	165.2	244.8	0.508	0.752
8	424.1	214.6	318.8	0.506	0.752
9	536.0	270.5	402.7	0.505	0.751
10	661.0	333.0	496.5	0.504	0.751
11	799.2	402.1	600.1	0.503	0.751

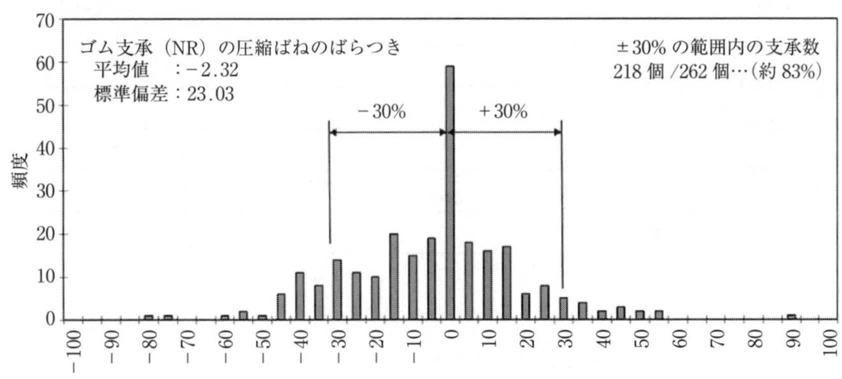

図–参 14.2　ゴム支承（NR）の設計値に対する分布

4．圧縮ばね定数理論式の比較

縦弾性係数 E と一次形状係数 S_1 の関係を算出式ごとに比較した結果を，**図–参 14.3** に示す。

服部・武井の式は，一次形状係数 S_1 が 1 程度のゴムについて構築された理論式[1] で，パッド型ゴム支承などに用いられたものである。構築された当時は，S_1 の使用範囲は小さい領域（4 ～ 6 程度）であり服部・武井の式で表現できていた。しかし，支承の大型化・高性能化により，S_1 の使用範囲は大きく（6 ～ 12 程度）なった。縦弾性係数とポアソン比より求める体積弾性係数を考慮していない服部・武井の式では，実測値との差が顕著となり，これを実験式により修正した。

Lindley の理論式[2] は，ゴムの体積弾性係数を弾性係数ごとに考慮した式で，道路橋支承便覧（平成 16 年）で提案された実験式に近似している。この式では，一次形状係数 S_1 が 6 を下回ると弾性係数が低下し実験式との乖離が生じるが，建築の分野では一次形状係数 $S_1<20$ 程度を使用するため問題とならない程度の乖離に収まることが多い。

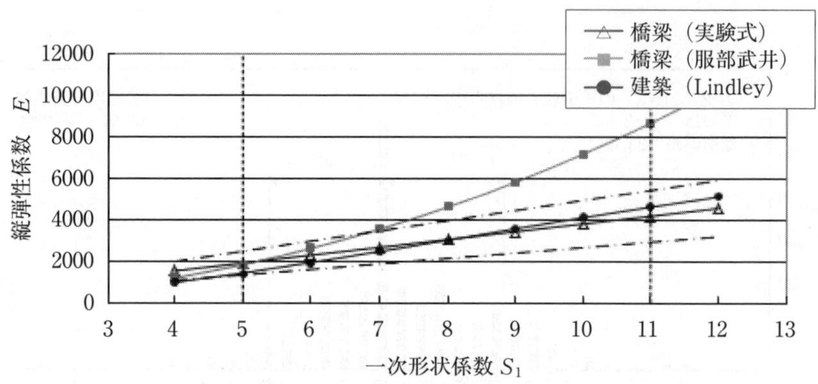

図-参 14.3 圧縮ばね式の S_1 による比較

参考文献

1) ゴム協会誌，Vol.23,No.7,pp.194-197,1950

2) P.B.Lindley，"Natural Rubber Structural Bearings"Joint Sealing and Bearling System for Concrete Structures Vol.1，ACI，pp353-378,1981

参考資料-15　リングプレートタイプゴム支承の内部鋼板の応力

1．はじめに

積層ゴム支承に補強材として使用する内部鋼板には，**図-参 15.1** に示されるように，鉛直荷重によって水平方向への引張力が発生する。内部鋼板に作用する応力については，C,Rejcha(PCI Journal 1964.10)によって理論式が提案されており，リングプレートタイプの内部鋼板については平成 3 年支承便覧に直接鋼材の応力測定による実験式が示されている。

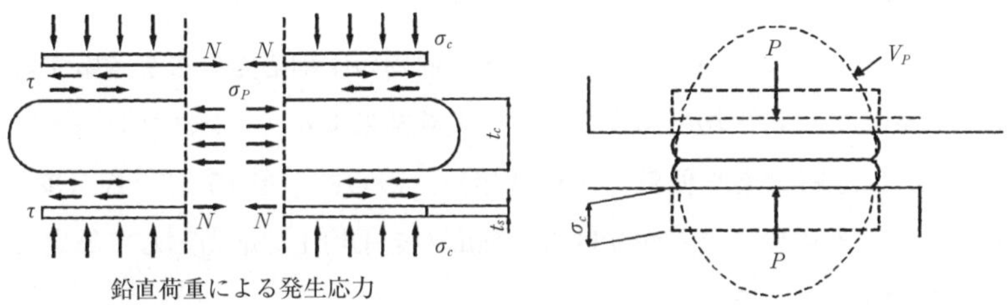

Vp: 鋼板に接着されている表面の中央に発生する最大せん断力
(Desing of Elastomer Bearings,Charles Rejcha; PCI Journal 1964.10)

図-参 15.1　ゴム支承の圧縮応力度分布と内部鋼板の引張応力度

2．内部鋼板（リングプレート）の応力度

矩形の場合

$$\sigma_s = f_c\,\sigma_c \left\{ \frac{(t_e + t_s)\,a_1^{\,2}}{4t_s\,a_2^{\,2}} + \frac{(t_e + t_s)\,a_1}{2t_s\,a_2} \right\} \qquad \cdots\cdots\cdots\cdots\cdots\cdots\cdots\cdots (参\,15.1)$$

円形の場合

$$\sigma_s = f_c\,\sigma_c\,\frac{(t_e + t_s)\,(a_1 + a_2)}{2t_s\,a_2} \qquad \cdots\cdots\cdots\cdots\cdots\cdots\cdots\cdots\cdots\cdots (参\,15.2)$$

ここに，

σ_s：内部鋼板の引張応力度（N/mm^2）

σ_c：鉛直圧縮力によって生じる圧縮応力度（N/mm^2）

t_e：ゴム一層の厚さ（mm）

t_s：内部鋼板の厚さ（mm）

a_1, a_2：**図-参 15.2** に示す。リングプレートの寸法（mm）

f_c：圧縮応力度の分布を考慮した引張応力度の係数 =1.0

σ_{sa}：内部鋼板の引張応力度の制限値（N/mm^2）

リングプレートタイプは，圧縮応力を静水圧として矩形の場合は両端固定梁，円形の場合は円形リングに作用させて，リングプレートの曲げ引張応力度または引張応力度を算定としている。

作用させる静水圧については，ゴム支承平面内の圧縮応力分布を考慮することとした。圧縮応力度は平均応力度であり，実験結果より，リングプレートについては，実験（[道路橋支承便覧（平成 3 年)]）から式（参 15.1)，式（参 15.2) を導いており，その際にゴムが受ける圧縮応力を平均圧縮応力として算定しているため係数は 1.0 とした。

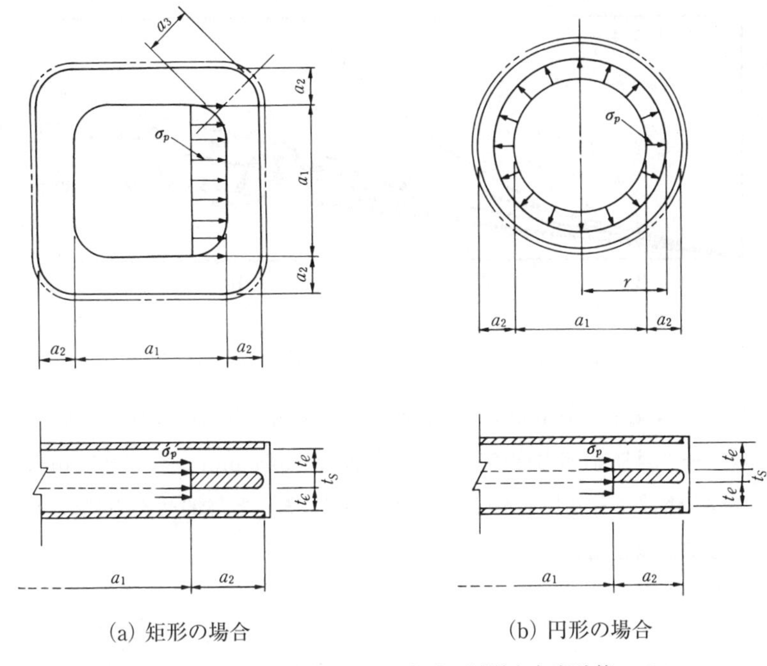

(a) 矩形の場合　　(b) 円形の場合

図-参 15.2　リングプレートタイプの引張応力度計算モデル

3. 圧縮ばね定数

参考資料-14 の圧縮ばね定数について，実際に使用されているリングプレートタイプゴム支承の圧縮ばね特性も積層ゴム支承と同様に試験結果を整理した。

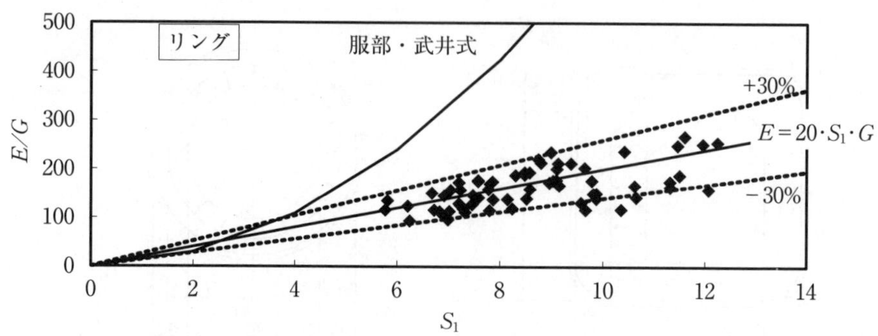

図−参 15.3 実測値の分布と服部・武井の式 Sett 数

収集したゴム支承は設計反力が 700kN ～ 20000kN 程度の範囲のものである。収集したデータは圧縮応力度の応力振幅範囲を 1.5N/mm^2 ～ 6.0N/mm^2 に統一し，1 次形状係数（S_1）と見かけの縦弾性係数（E）と静的せん断係数（G）に無次元化して整理した。

参考資料-16　積層ゴム支承の力学的特性に及ぼす繰返し回数依存性

1．圧縮剛性，鉛直変位

従来，ゴム支承の圧縮剛性は，JIS K 6385 に基づき荷重ゼロから試験荷重の上限までを，予備載荷 2 回，その後の 3 回目の加荷重過程にて，荷重変位関係が計測されていた。この計測された荷重変位関係を用いて，鉛直変位の特性値とした。

一般的に，天然ゴムやクロロプレンゴム材料を用いたゴム支承の鉛直変位は，3 回目以上の載荷回数で変化はないといわれてきた。しかし，これは橋に使用されている実物サイズにおけるデータ整理に基づいたものでないため，10 回載荷試験データを収集し確認を行った。

図-参 16.1 及び**表-参 16.1** に供試体ごとの繰返し回数によるばらつきを示す。ばらつきは，10 回平均値を基準とした測定値の比で表した。この測定値と 10 回平均値の比は，全 6 供試体で 1 回から 10 回において ± 2%程度の範囲であり，3 回目又は 4 回目が比較的平均値に近似している。個別の支承としてのばらつきは，1 回目を除きどの回数も大きくはない。

以上より，圧縮ばね定数及び鉛直変位の測定は 3 回目の値を用いることができる。

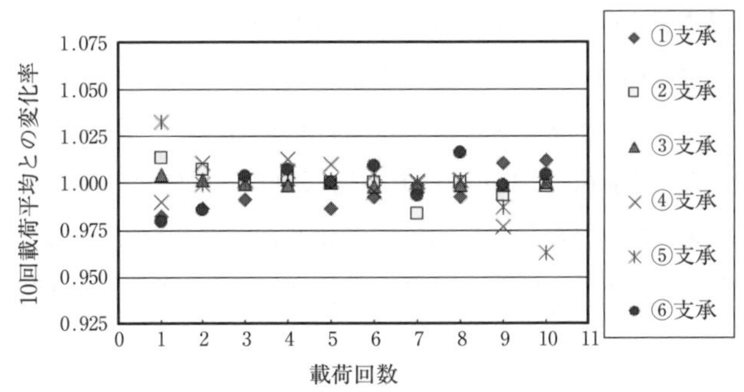

図-参 16.1　ゴム支承の圧縮剛性の繰返し安定性

表-参 16.1　ゴム支承の圧縮剛性の繰返し回数安定性

No	形状(mm)				一次形状係数	せん断弾性係数	圧縮ばね定数		圧縮ばね定数(kN/mm)…… σ =1.5～6.0N/mm²										
	a	b	te	n	S_1	G	Kv												
	mm	mm	mm	mm	---	N/mm²	kN/mm		1波	2波	3波	4波	5波	6波	7波	8波	9波	10波	10波平均
支承①	1200	1200	35	4	8.6	G14	4104	測定値	4400.2	4417.1	4439.4	4474.5	4417.1	4445.6	4474.5	4445.6	4526.6	4533.3	4457.4
						1.33		※1	0.987	0.991	0.996	1.004	0.991	0.997	1.004	0.997	1.016	1.017	1.000
								※2	1.072	1.076	1.082	1.090	1.076	1.083	1.090	1.083	1.103	1.105	1.086
支承②	750	750	16	6	11.7	G12	2836	測定値	2650.2	2633.9	2616.6	2622.1	2614.7	2614.4	2571.4	2615.1	2596.7	2609.3	2614.5
						1.18		※1	1.014	1.007	1.001	1.003	1.000	1.000	0.984	1.000	0.993	0.998	1.000
								※2	0.934	0.929	0.923	0.925	0.922	0.922	0.907	0.922	0.916	0.920	0.922
支承③	700	700	16	9	10.9	G8	1016	測定値	848.7	846.6	844.8	844.2	845.1	843.7	843.6	844.1	844.0	845.1	845.0
						0.78		※1	1.004	1.002	1.000	0.999	1.000	0.998	0.998	0.999	0.999	1.000	1.000
								※2	0.835	0.833	0.831	0.831	0.832	0.830	0.830	0.831	0.831	0.832	0.832
支承④	500	500	15	5	8.3	G8	758	測定値	736.1	751.5	744.8	752.7	750.8	740.3	744.2	744.7	726.4	743.2	743.5
						0.78		※1	0.990	1.011	1.002	1.012	1.010	0.996	1.001	1.002	0.977	1.000	1.000
								※2	0.971	0.991	0.983	0.993	0.991	0.977	0.982	0.982	0.958	0.980	0.981
支承⑤	450	450	16	4	7.0	G8	607	測定値	744.2	720.3	721.3	725.4	721.9	724.0	720.8	721.8	711.5	693.9	720.5
						0.78		※1	1.033	1.000	1.001	1.007	1.002	1.005	1.000	1.002	0.988	0.963	1.000
								※2	1.226	1.187	1.188	1.195	1.189	1.193	1.187	1.189	1.172	1.143	1.187
支承⑥	300	300	15	6	5.0	G12	207	測定値	156.8	157.8	160.7	161.2	160.1	161.5	159.1	162.7	159.9	160.8	160.1
						1.18		※1	0.979	0.986	1.004	1.007	1.000	1.009	0.994	1.016	0.999	1.004	1.000
								※2	0.757	0.762	0.776	0.779	0.773	0.780	0.769	0.786	0.772	0.777	0.773

※1：10波平均を基準としたときの測定結果の比
※2：設計圧縮ばね定数を基準としたときの測定結果の比

2．ゴム支承のせん断剛性

ゴム支承のせん断剛性の測定は，圧縮剛性と同様にJIS K 6385を準用し，加振回数3回目から4回目の水平力-たわみ関係を特性値とした。また，JIS K 6411においては3回目の値とされている。

一般的に，天然ゴムやクロロプレンゴム材料を用いた地震時水平力分散型ゴム支承の水平力-変位関係は，3回目以上の加振回数では変化はないとされてきた。しかし，ゴム支承を用いた試験において確認された例が少ないため，製品検査におけるせん断ひずみ± 175%，10回載荷試験データを収集し加振回数の影響を確認した。

図-参 16.2では，加振3回目を基準とすると，10回目との剛性変化は2%～5%程度である。**図-参 16.3**では，10回平均に対して加振3回目又は4回目のせん断剛性が最も近似している。10回平均のせん断剛性に対して2回目又は10回目との剛性変化は，2%～5%程度となり3回を基準とした場合と大差のない結果であった。1回及び2回加振を除き，3回目以降のせん断剛性は，10回平均に比べて大きな差はないことから，せん断剛性についても加振3回目の値を特性値として用いることができる。

表-参 16.2　地震時水平分散型ゴム支承(RB)のせん断剛性と回数の関係

No.	No.	形状 (mm)			形状係数	G	材質	せん断	剛性	せん断ばね定数 (kN/mm)											剛性変化
		a	b	nte	S			γ	設計値	1波	2波	3波	4波	5波	6波	7波	8波	9波	10波	9波平均	
1	C1	600	700	9x15	10.8	8	NR	1.75	2.49	2.75	2.58	2.55	2.54	2.52	2.51	2.51	2.50	2.50	2.49	2.52	試験値
										1.08	1.01	1.00	0.99	0.99	0.99	0.98	0.98	0.98	0.98	0.99	3波目との比較
										1.09	1.02	1.01	1.01	1.00	1.00	0.99	0.99	0.99	0.99	1.00	9波平均との差
2	D2	360	510	3x14	7.54	8	NR	1.75	3.50	3.76	3.41	3.32	3.27	3.24	3.21	3.19	3.17	3.16	3.15	3.23	試験値
										1.13	1.03	1.00	0.99	0.98	0.97	0.96	0.96	0.95	0.95	0.97	3波目との比較
										1.16	1.05	1.03	1.01	1.00	0.99	0.99	0.98	0.98	0.97	1.00	9波平均との差
3	D3	360	510	3x14	7.54	8	NR	1.75	3.50	3.99	3.55	3.45	3.39	3.35	3.32	3.30	3.28	3.26	3.25	3.35	試験値
										1.16	1.03	1.00	0.98	0.97	0.96	0.96	0.95	0.95	0.94	0.97	3波目との比較
										1.19	1.06	1.03	1.01	1.00	0.99	0.99	0.98	0.97	0.97	1.00	9波平均との差
4	D4	360	510	3x14	7.54	8	NR	1.75	3.50	3.93	3.51	3.41	3.36	3.32	3.29	3.27	3.25	3.23	3.22	3.32	試験値
										1.15	1.03	1.00	0.98	0.97	0.96	0.96	0.95	0.95	0.94	0.97	3波目との比較
										1.18	1.06	1.03	1.01	1.00	0.99	0.99	0.98	0.97	0.97	1.00	9波平均との差
5	D5	290	290	6x7	10.4	10	NR	1.75	2.00	2.44	2.19	2.15	2.12	2.10	2.09	2.08	2.06	2.05	2.05	2.10	試験値
										1.13	1.02	1.00	0.99	0.98	0.97	0.97	0.96	0.96	0.95	0.98	3波目との比較
										1.16	1.05	1.02	1.01	1.00	0.99	0.99	0.98	0.98	0.98	1.00	9波平均との差
6	D6	290	290	6x7	10.4	12	NR	1.75	2.40	2.66	2.39	2.34	2.30	2.28	2.27	2.25	2.24	2.23	2.22	2.28	試験値
										1.14	1.02	1.00	0.99	0.98	0.97	0.96	0.96	0.95	0.95	0.98	3波目との比較
										1.17	1.05	1.02	1.01	1.00	0.99	0.99	0.98	0.98	0.97	1.00	9波平均との差
7	D7	380	380	6x9	10.6	12	NR	1.75	3.21	3.18	3.05	3.02	2.99	2.97	2.95	2.94	2.93	2.92	2.91	2.96	試験値
										1.06	1.01	1.00	0.99	0.99	0.98	0.98	0.97	0.97	0.96	0.98	3波目との比較
										1.07	1.03	1.02	1.01	1.00	1.00	0.99	0.99	0.98	0.98	1.00	9波平均との差
8	D8	380	380	6x9	10.6	12	NR	1.75	3.21	3.17	3.06	3.02	3.00	2.98	2.97	2.95	2.94	2.93	2.92	2.97	試験値
										1.05	1.01	1.00	0.99	0.99	0.98	0.98	0.97	0.97	0.97	0.98	3波目との比較
										1.06	1.03	1.02	1.01	1.00	1.00	0.99	0.99	0.98	0.98	1.00	9波平均との差
9	E9	300	300	6x7	10	10	NR	1.75	1.87	2.22	2.03	1.96	1.94	1.92	1.91	1.90	1.89	1.88	1.87	1.92	試験値
										1.13	1.03	1.00	0.99	0.98	0.97	0.97	0.96	0.96	0.95	0.98	3波目との比較
										1.16	1.06	1.02	1.01	1.00	0.99	0.99	0.98	0.98	0.97	1.00	9波平均との差
10	E10	300	300	6x7	10	10	NR	1.75	1.87	2.22	2.03	1.96	1.94	1.92	1.91	1.90	1.89	1.88	1.87	1.92	試験値
										1.13	1.03	1.00	0.99	0.98	0.97	0.97	0.96	0.96	0.95	0.98	3波目との比較
										1.16	1.06	1.02	1.01	1.00	0.99	0.99	0.98	0.98	0.97	1.00	9波平均との差
11	E11	300	300	6x7	10	12	NR	1.75	2.24	2.32	2.13	2.07	2.05	2.02	2.01	2.00	1.98	1.98	1.97	2.02	試験値
										1.12	1.03	1.00	0.99	0.97	0.97	0.97	0.96	0.95	0.95	0.98	3波目との比較
										1.15	1.05	1.02	1.01	1.00	0.99	0.99	0.98	0.98	0.98	1.00	9波平均との差
12	E12	300	300	6x7	10	12	NR	1.75	2.24	2.31	2.17	2.12	2.10	2.09	2.09	2.08	2.08	2.07	2.08	2.10	試験値
										1.09	1.02	1.00	0.99	0.99	0.99	0.98	0.98	0.98	0.98	0.99	3波目との比較
										1.10	1.03	1.01	1.00	1.00	1.00	0.99	0.99	0.99	0.99	1.00	9波平均との差

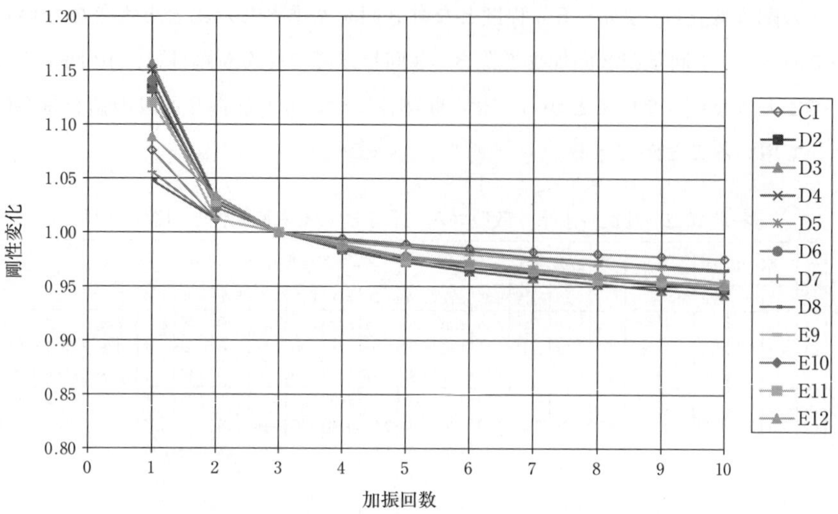

図-参 16.2 ゴム支承のせん断剛性の繰返し安定性(その1)

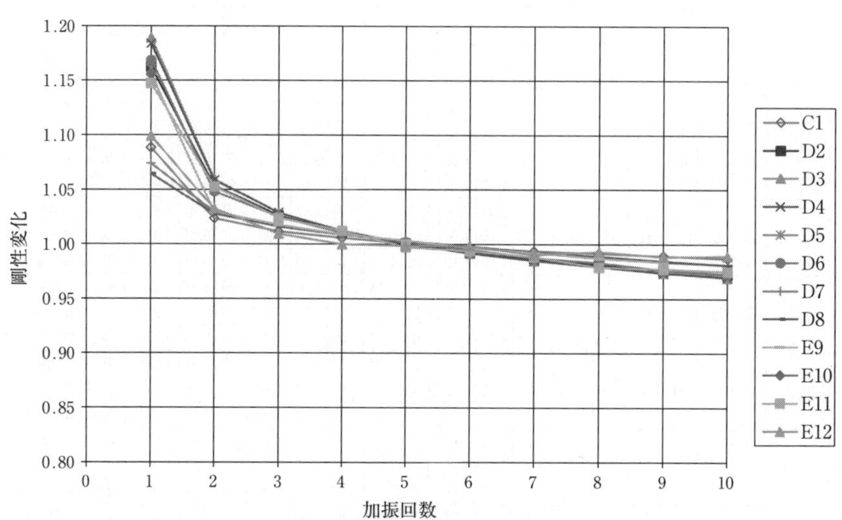

図-参 16.3 ゴム支承のせん断剛性の繰返し安定性(その2)

3. 免震支承の等価剛性，等価減衰定数

免震支承は，繰返し回数の影響により等価剛性及び等価減衰定数が変化する特性がある。そのため，免震支承の特性値の設定にあたり，道路橋の免震設計法マニュアル(案)[1]では正負交番繰返し載荷における4回から10回の平均値を，道路橋支承便覧(平成16年)では10回の平均値を用いて，免震支承の特性値としている。

図-参16.4から**図-参16.7**には，正負交番繰返し載荷試験における繰返し回数が等価剛性，等価減衰定数の試験値に及ぼす影響を示す。これらは，代表的な免震支承として，高減衰積層ゴム支承及び鉛プラグ入り積層ゴム支承を示しており，使用実績の大部分を占めるせん断弾性係数G10，G12を対象として，せん断ひずみをゴム厚さの± 175%，11回の正負交番繰返し試験を行った結果である。

等価剛性は，高減衰積層ゴム支承と鉛プラグ入り積層ゴム支承いずれも，繰返し回数2回とした場合の試験値は繰返し回数1回とした場合よりも20% 程度小さくなる。2回以上の繰返し回数に対しては，試験値の変動が徐々に小さくなっている。等価減衰定数についても，同様に繰返し回数が増えるにつれ試験値が小さくなっている。

試験の結果，等価剛性及び等価減衰定数について，高減衰積層ゴム支承においては10回の平均値に概ね相当するのは，5回目の加振における試験値であることが確認できる。ただし，一部のデータで5回目のデータと10回の平均値が離れているものや，加振回数の途中で変化率の値が不連続になっているもがあるため，支承の種別やせん断弾性係数に応じて，それぞれの加振回数と平均値の関係を確認しておく必要がある。

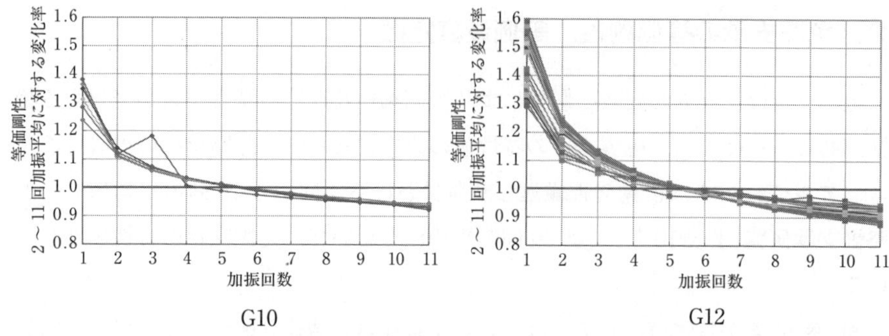

図-参 16.4　高減衰積層ゴム支承の等価剛性の繰返し安定性

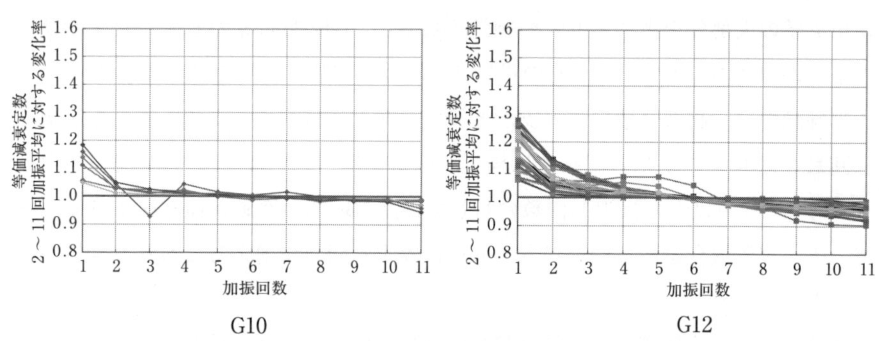

図-参 16.5　高減衰積層ゴム支承の等価減衰定数の繰返し安定性

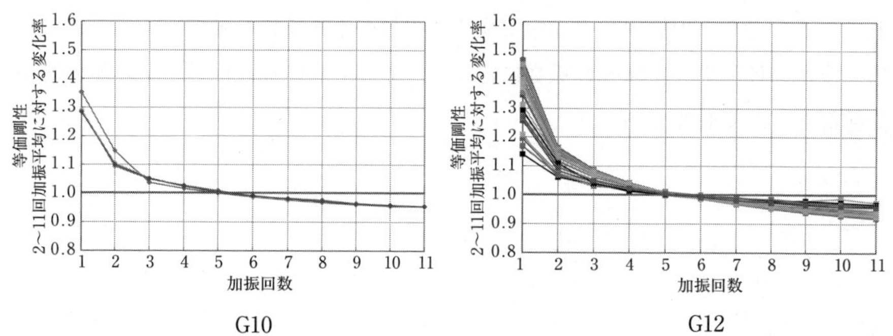

図-参 16.6　鉛プラグ入り積層ゴム支承の等価剛性の繰返し安定性

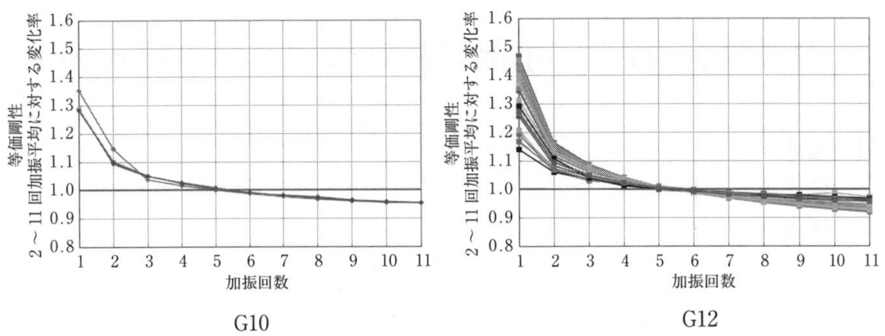

図-参 16.7 鉛プラグ入り積層ゴム支承の等価減衰定数の繰返し安定性

参考文献

1) 建設省 道路橋の免震設計法マニュアル（案）（財）土木研究センター 平成4年12月

2) JIS K6385 防振ゴム-試験法 6.5 試験法

参考資料-17　支承部の品質管理記録の様式例

ゴム支承

様式-0　総括表
様式-1　製造プロセス管理表
様式-2　ゴム材料の基本特性・接着強さ・ゴム支承本体の寸法検査表
様式-3　ゴム支承組立寸法検査表
様式-4　ゴム支承特性総括表
様式-5　圧縮変位量と圧縮ばね定数
様式-6　せん断剛性・等価剛性・等価減衰定数
様式-7　特性検証試験結果一覧表
様式-8　限界状態1・限界圧縮せん断・限界引張せん断確認試験表
様式-9　限界状態2・限界圧縮せん断・限界引張せん断確認試験表
様式-10　限界状態3確認試験表
様式-11　温度依存性評価試験表
様式-12　周期依存性評価試験表
様式-13　面圧依存性評価試験表
様式-14　繰返し圧縮作用に対する疲労耐久性試験表
様式-15　繰返し水平変位に対する疲労耐久性試験表
様式-16　パッド型ゴム支承の限界状態1・すべり抵抗性試験表
様式-17　すべり型ゴム支承のすべり抵抗性試験表
様式-18　溶融亜鉛めっき膜厚検査表
様式-19　塗装膜厚検査表

鋼製支承

様式-20　支承製品検査記録管理表(製造プロセス)
様式-21　支承製品検査記録管理表(組立寸法検査)
様式-18　溶融亜鉛めっき膜厚検査表
様式-19　塗装膜厚検査表

様式-0

管理番号

発注者名 (施工主)		日付 会社名	
受注者 (請負者)		確認	担当
工事名			

総　括　表

品　目	数量(組)				検査種別	備考
	契約	今回	前回迄	残り		

様式-1(①)　　　　　　　　　　　　　　　　　　　　　管理番号

製造プロセス管理

ゴム支承本体製造会社		検査責任者	

		製造番号									
		製造プロセス管理項目の確認事項 (○番は道路橋支承便覧の表6.2.1.2の工程番号)	日付	確認	日付	確認	日付	確認	日付	確認	関連帳票
ゴム配合・混練・圧延	本体ゴム	① ゴムの配合・混練		□		□		□		□	
		1) 特性試験における配合との整合									
		2) 混練の順序									
		3) 混練の時間									
		4) 混練りに使用する機材									
		② ゴムの圧延		□		□		□		□	
		1) 物理的性質試験の結果が管理値以内									
		2) 圧延シートの厚さが管理値以内									
	被覆ゴム	① ゴムの配合・混練		□		□		□		□	
		1) 特性試験における配合との整合									
		2) 混練の順序									
		3) 混練の時間									
		4) 混練りに使用する機材									
		② ゴムの圧延		□		□		□		□	
		1) 物理的性質試験の結果が管理値以内									
		2) 圧延シートの厚さが管理値以内									
鋼板の加工	上鋼板	③ 鋼板の切断加工		□		□		□		□	
		1) ﾐﾙｼｰﾄによる鋼材の材質、厚さ									
		2) 平面寸法が管理値以内									
		3) 鋼板枚数									
	内部鋼板	③ 鋼板の切断加工		□		□		□		□	
		1) ﾐﾙｼｰﾄによる鋼材の材質、厚さ									
		2) 平面寸法が管理値以内									
		3) 鋼板枚数									
	下鋼板	③ 鋼板の切断加工		□		□		□		□	
		1) ﾐﾙｼｰﾄによる鋼材の材質、厚さ									
		2) 平面寸法が管理値以内									
		3) 鋼板枚数									
鋼板の接着処理	下処理	④ 鋼板の下処理		□		□		□		□	
		1) 所定の表面粗さの目視確認(限度見本)									
		2) 異物の付着がないことの目視確認									
	接着処理	⑤ 鋼板の接着処理		□		□		□		□	
		1) 接着剤種類									
		2) 作業時の温度、湿度等									
		3) 接着剤の塗布回数、膜厚									
成型		⑥ 成型		□		□		□		□	
		1) 所定のゴム材料を使用									
		2) 所定の鋼板（接着処理後）を使用									
		3) ゴムと鋼板が所定の積層									
		4) 成型後の寸法が所定値以内									
		5) 異物混入がないことの目視確認									
加硫		⑦ 加硫		□		□		□		□	
		1) 金型寸法									
		2) 使用プレス機									
		3) 加硫温度									
		4) 加硫時間									
		5) 加硫圧力									
		6) 加硫後、寸法が所定値内									
		7) 加硫後、外観に異状がない									
鉛	加工	⑧ 鉛の加工		□		□		□		□	
		1) 成分証明書による材質確認									
		2) 寸法を実測									
		3) 本数									
	挿入	⑨ 鉛の挿入									
		1) 鉛挿入後、外観に異状がない		□		□		□		□	

※⑧鉛の加工、⑨鉛の挿入は鉛プラグ入り積層ゴム支承にのみ適用

※支承形式に併せて製造プロセスに必要な項目を追加・修正

様式-1(②)　　　　　　　　　　　　管理番号

製造プロセス管理

ゴム支承本体製造会社									検査責任者						
製造番号															関連帳票
製造プロセス管理項目			日付	確認	日付	確認	日付	確認	日付	確認	日付	確認	日付	確認	
ゴム配合・混練・圧延	本体ゴム	①		☐		☐		☐		☐		☐		☐	
		1)													
		2)													
		3)													
		4)													
		②		☐		☐		☐		☐		☐		☐	
		1)													
		2)													
	被覆ゴム	①		☐		☐		☐		☐		☐		☐	
		1)													
		2)													
		3)													
		4)													
		②		☐		☐		☐		☐		☐		☐	
		1)													
		2)													
鋼板の加工	上鋼板	③		☐		☐		☐		☐		☐		☐	
		1)													
		2)													
		3)													
	内部鋼板	③		☐		☐		☐		☐		☐		☐	
		1)													
		2)													
		3)													
	下鋼板	③		☐		☐		☐		☐		☐		☐	
		1)													
		2)													
		3)													
鋼板の接着処理	下処理	④		☐		☐		☐		☐		☐		☐	
		1)													
		2)													
	接着処理	⑤		☐		☐		☐		☐		☐		☐	
		1)													
		2)													
		3)													
成型		⑥		☐		☐		☐		☐		☐		☐	
		1)													
		2)													
		3)													
		4)													
		5)													
加硫		⑦		☐		☐		☐		☐		☐		☐	
		1)													
		2)													
		3)													
		4)													
		5)													
		6)													
		7)													
鉛	加工	⑧		☐		☐		☐		☐		☐		☐	
		1)													
		2)													
		3)													
	挿入	⑨		☐		☐		☐		☐		☐		☐	
		1)													

※⑧鉛の加工、⑨鉛の挿入は鉛プラグ入り積層ゴム支承にのみ適用

※支承形式に併せて製造プロセスに必要な項目を追加・修正

様式-2　　　　　　　　　　　　　　　　　　　　　　　　管理番号

支承製品検査管理記録表
（ゴムの物理的性質の基本特性・接着強さ・ゴム支承本体寸法検査）

検査日：　　　　年　　月　　日

ゴム支承製造会社		ゴム支承本体製造会社	
検査責任者		検査責任者	

適用			ゴム本体		被覆ゴム	
ゴム材料番号						
ゴム種類・せん断弾性係数(G)					―――	
試験項目		単位	規格値	実測値	規格値	実測値
基本特性	伸び	%				
	引張強さ	N/mm2				
接着強さ		N/mm			―――	
判定						

数量	
寸法許容差(mm)	
A	
B	
T	

製造番号												
		設計値	実測値	誤差	実測値	誤差	実測値	誤差	実測値	誤差	実測値	誤差
支承寸法	A-5											
	A-6											
	B-5											
	B-6											
厚さ	T-1											
	T-2											
	T-3											
	T-4											
相対誤差（最大値）												
内部鋼板大きさ・枚数												
内部鋼板位置確認												
外　観												
判　定												

製造番号												
		設計値	実測値	誤差	実測値	誤差	実測値	誤差	実測値	誤差	実測値	誤差
支承寸法	A-5											
	A-6											
	B-5											
	B-6											
厚さ	T-1											
	T-2											
	T-3											
	T-4											
相対誤差（最大値）												
内部鋼板大きさ・枚数												
内部鋼板位置確認												
外　観												
判　定												

※ゴム支承本体の寸法許容差は，**表-参18.1**を参照。　　※内部鋼板厚さはミルシートにより確認。

様式-3(a)（コンクリート橋の場合）　　　　　　　　　　　　管理番号

支承製品検査記録管理表（ゴム支承組立寸法検査）

検査日：　　　　　年　　月　　日

ゴム支承製造会社		検査責任者	
品名		数量	組

寸法測定箇所（図中の寸法数字は、図面指示寸法を示す。）〔単位：mm〕

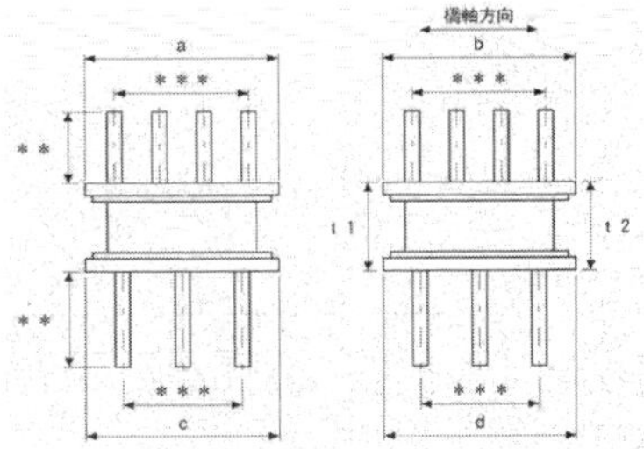

埋込み長さ				
	呼び	規格値	実測値	検査結果
ｱﾝｶｰﾊﾞｰ	D00	000 ±00	最大000 最小000	
ｱﾝｶｰﾎﾞﾙﾄ	φ00	000 ±00	最大000 最小000	

製造番号	位置	t1	t2	a	b	c	d	アンカー位置	外観	判定
	設計値									
	許容差									
	位置	t1	t2	a	b	c	d			
	実測値									
	許容差									
	位置	t1	t2	a	b	c	d			
	実測値									
	差									
	位置	t1	t2	a	b	c	d			
	実測値									
	差									
	位置	t1	t2	a	b	c	d			
	実測値									
	許容差									
	位置	t1	t2	a	b	c	d			
	実測値									
	許容差									
	位置	t1	t2	a	b	c	d			
	実測値									
	許容差									
	位置	t1	t2	a	b	c	d			
	実測値									
	許容差									
	位置	t1	t2	a	b	c	d			
	実測値									
	許容差									
	位置	t1	t2	a	b	c	d			
	実測値									
	許容差									
	位置	t1	t2	a	b	c	d			
	実測値									
	許容差									
	位置	t1	t2	a	b	c	d			
	実測値									
	許容差									

※アンカーボルトの位置はテンプレートによる確認とする

※各寸法の許容差は**表-参18.1，表-参18.2**を参照。

※寸法測定箇所［ 単位 mm ］

※測定結果の実測値を記載

※外観は検査結果を「良」，「不良」で記載

　判定は総合結果を「合格」，「不合格」で記載

様式-3(b)（鋼橋の場合）

管理番号

支承製品検査記録管理表(ゴム支承組立寸法検査)

検査日：　　　年　　月　　日

ゴム支承製造会社		検査責任者	
品名		数量	組

寸法測定箇所(図中の寸法数字は、図面指示寸法を示す。)〔単位:mm〕

橋軸方向

a　b　***　e　f　t1　t2　**　***　c　d

検査項目	検査結果
ｾｯﾄﾎﾞﾙﾄ位置	

埋込み長さ				
検査項目	呼び	規格値	実測値	検査結果
ｱﾝｶｰﾎﾞﾙﾄ	φ	000 ±0	最大000 最小000	

製造番号								アンカー位置	外観	判定
	位置	t1	t2	a	b	c	d			
	設計値									
	許容差									
	位置	e	f							
	設計値									
	許容差									
	位置	t1	t2	a	b	c	d			
	実測値									
	差									
	位置	e	f							
	実測値									
	差									
	位置	t1	t2	a	b	c	d			
	実測値									
	許容差									
	位置	e	f							
	実測値									
	許容差									
	位置	t1	t2	a	b	c	d			
	実測値									
	許容差									
	位置	e	f							
	実測値									
	許容差									
	位置	t1	t2	a	b	c	d			
	実測値									
	許容差									
	位置	e	f							
	実測値									
	許容差									
	位置	t1	t2	a	b	c	d			
	実測値									
	許容差									
	位置	e	f							
	実測値									
	許容差									

・ｾｯﾄﾎﾞﾙﾄ・ｱﾝｶｰﾎﾞﾙﾄの位置はテンプレートによる確認とする。
・各寸法の許容差は**表-参18.1**，**表-参18.2**を参照。
・寸法測定箇所[単位 mm]
・測定結果の実測値を記載

・外観は検査結果を「良」，「不良」で記載
　判定は総合結果を「合格」，「不合格」で記載

様式-4(a)（分散）

管理番号

支承製品検査記録管理表（ゴム支承特性総括表）

<table>
<tr><td colspan="3">ゴム支承製造会社</td><td colspan="2"></td><td colspan="2">ゴム支承本体製造会社</td><td></td></tr>
<tr><td colspan="3">検査責任者</td><td colspan="2"></td><td colspan="2">検査責任者</td><td></td></tr>
<tr><td colspan="3">製造番号</td><td></td><td></td><td></td><td></td><td></td></tr>
<tr><td rowspan="15">圧縮変形</td><td rowspan="5">回転照査反力時</td><td>設計値（δr）</td><td></td><td></td><td></td><td></td><td></td></tr>
<tr><td>実測値（δc）</td><td></td><td></td><td></td><td></td><td></td></tr>
<tr><td>差</td><td></td><td></td><td></td><td></td><td></td></tr>
<tr><td>許容値</td><td></td><td></td><td></td><td></td><td></td></tr>
<tr><td>判定</td><td></td><td></td><td></td><td></td><td></td></tr>
<tr><td rowspan="5">照査荷重時</td><td>設計値（δ_L）</td><td></td><td></td><td></td><td></td><td></td></tr>
<tr><td>実測値</td><td></td><td></td><td></td><td></td><td></td></tr>
<tr><td>差</td><td></td><td></td><td></td><td></td><td></td></tr>
<tr><td>許容値</td><td></td><td></td><td></td><td></td><td></td></tr>
<tr><td>判定</td><td></td><td></td><td></td><td></td><td></td></tr>
<tr><td rowspan="5">圧縮ばね定数</td><td>設計値</td><td></td><td></td><td></td><td></td><td></td></tr>
<tr><td>実測値</td><td></td><td></td><td></td><td></td><td></td></tr>
<tr><td>変化率</td><td></td><td></td><td></td><td></td><td></td></tr>
<tr><td>許容値</td><td></td><td></td><td></td><td></td><td></td></tr>
<tr><td>判定</td><td></td><td></td><td></td><td></td><td></td></tr>
<tr><td colspan="2" rowspan="7">せん断剛性</td><td>設計値</td><td></td><td></td><td></td><td></td><td></td></tr>
<tr><td>実測値</td><td></td><td></td><td></td><td></td><td></td></tr>
<tr><td>補正</td><td>有・無</td><td>有・無</td><td>有・無</td><td>有・無</td><td>有・無</td></tr>
<tr><td>成績値</td><td></td><td></td><td></td><td></td><td></td></tr>
<tr><td>変化率</td><td></td><td></td><td></td><td></td><td></td></tr>
<tr><td>許容値</td><td></td><td></td><td></td><td></td><td></td></tr>
<tr><td>判定</td><td></td><td></td><td></td><td></td><td></td></tr>
</table>

※照査荷重時の圧縮変位量は，端支点部のゴム支承の場合に確認する。

※圧縮ばね定数は，連結桁の連結部等の設計で用いられている場合に確認する。

様式-4(b)（免震）　　　　　　　　　　　　　　　　　管理番号

支承製品検査記録管理表(ゴム支承特性総括表)

<table>
<tr><td colspan="3">ゴム支承製造会社</td><td colspan="2"></td><td colspan="2">ゴム支承本体製造会社</td><td></td></tr>
<tr><td colspan="3">検査責任者</td><td colspan="2"></td><td colspan="2">検査責任者</td><td></td></tr>
<tr><td colspan="3">製造番号</td><td></td><td></td><td></td><td></td><td></td></tr>
<tr><td rowspan="15">圧縮変形</td><td rowspan="5">回転照査反力時</td><td>設計値(δr)</td><td></td><td></td><td></td><td></td><td></td></tr>
<tr><td>実測値(δc)</td><td></td><td></td><td></td><td></td><td></td></tr>
<tr><td>差</td><td></td><td></td><td></td><td></td><td></td></tr>
<tr><td>許容値</td><td></td><td></td><td></td><td></td><td></td></tr>
<tr><td>判定</td><td></td><td></td><td></td><td></td><td></td></tr>
<tr><td rowspan="5">照査荷重時</td><td>設計値（δ_L）</td><td></td><td></td><td></td><td></td><td></td></tr>
<tr><td>実測値</td><td></td><td></td><td></td><td></td><td></td></tr>
<tr><td>差</td><td></td><td></td><td></td><td></td><td></td></tr>
<tr><td>許容値</td><td></td><td></td><td></td><td></td><td></td></tr>
<tr><td>判定</td><td></td><td></td><td></td><td></td><td></td></tr>
<tr><td rowspan="5">圧縮ばね定数</td><td>設計値</td><td></td><td></td><td></td><td></td><td></td></tr>
<tr><td>実測値</td><td></td><td></td><td></td><td></td><td></td></tr>
<tr><td>変化率</td><td></td><td></td><td></td><td></td><td></td></tr>
<tr><td>許容値</td><td></td><td></td><td></td><td></td><td></td></tr>
<tr><td>判定</td><td></td><td></td><td></td><td></td><td></td></tr>
<tr><td colspan="2" rowspan="7">等価剛性</td><td>設計値</td><td></td><td></td><td></td><td></td><td></td></tr>
<tr><td>実測値</td><td></td><td></td><td></td><td></td><td></td></tr>
<tr><td>補正</td><td>有・無</td><td>有・無</td><td>有・無</td><td>有・無</td><td>有・無</td></tr>
<tr><td>成績値</td><td></td><td></td><td></td><td></td><td></td></tr>
<tr><td>変化率</td><td></td><td></td><td></td><td></td><td></td></tr>
<tr><td>許容値</td><td></td><td></td><td></td><td></td><td></td></tr>
<tr><td>判定</td><td></td><td></td><td></td><td></td><td></td></tr>
<tr><td colspan="2" rowspan="7">等価減衰定数</td><td>設計値</td><td></td><td></td><td></td><td></td><td></td></tr>
<tr><td>実測値</td><td></td><td></td><td></td><td></td><td></td></tr>
<tr><td>補正</td><td>有・無</td><td>有・無</td><td>有・無</td><td>有・無</td><td>有・無</td></tr>
<tr><td>成績値</td><td></td><td></td><td></td><td></td><td></td></tr>
<tr><td>差</td><td></td><td></td><td></td><td></td><td></td></tr>
<tr><td>許容値</td><td></td><td></td><td></td><td></td><td></td></tr>
<tr><td>判定</td><td></td><td></td><td></td><td></td><td></td></tr>
</table>

※照査荷重時の圧縮変位量は，端支点部のゴム支承の場合に確認する。
※圧縮ばね定数は，連結桁の連結部等の設計で用いられている場合に確認する。

様式-4(c)（固定・可動ゴム支承）　　　　　　　　　　　　　　　　管理番号

支承製品検査記録管理表（ゴム支承特性総括表）

ゴム支承製造会社		ゴム支承本体製造会社	
検査責任者		検査責任者	

製造番号							
圧縮変形	回転照査反力時	設計値（δr）					
		実測値（δc）					
		差					
		許容値					
		判定					
	照査荷重時	設計値（δ_L）					
		実測値					
		差					
		許容値					
		判定					
	圧縮ばね定数	設計値					
		実測値					
		変化率					
		許容値					
		判定					

製造番号							
圧縮変形	回転照査反力時	設計値（δr）					
		実測値（δc）					
		差					
		許容値					
		判定					
	照査荷重時	設計値（δ_L）					
		実測値					
		差					
		許容値					
		判定					
	圧縮ばね定数	設計値					
		実測値					
		変化率					
		許容値					
		判定					

※照査荷重時の圧縮変位量は，端支点部のゴム支承の場合に確認する。

※圧縮ばね定数は，連結桁の連結部等の設計で用いられている場合に確認する。

様式-5

管理番号

支承製品検査記録管理表（圧縮変位量と圧縮ばね定数）

検査日：　　　年　　月　　日

ゴム支承製造会社		ゴム支承本体製造会社	
検査責任者		検査責任者	

製造番号		有効平面寸法	
試験場所		ゴム種別/G値	
		ゴム層厚	
		形状係数	
		鉛面積/ゴム面積	

1．圧縮変位量（走行を考慮した活荷重の圧縮変位量は端支点のみ測定）

項目	荷重 (kN)	設計値 (mm)	実測値 (mm)	差 (mm)	判定	判定基準
回転照査時最大反力の圧縮変位量（δc）						設計値（δr）以上
照査荷重時の圧縮変位量（δ_L）						設計値＋１mm以内

2．圧縮ばね定数

項目	設計値 (kN/mm)	実測値 (kN/mm)	変化率 %	判定	判定基準
圧縮ばね定数（Kv）					設計値に対し±30%以内

3．内部鋼板位置

判定	合 ・ 否

4．外観

判定	合 ・ 否

荷重－変位履歴

注）記録は別紙添付でもよい

※照査荷重時の圧縮変位量は，端支点部のゴム支承の場合に確認する。

※圧縮ばね定数は，連結桁の連結部等の設計で用いられている場合に確認する。

様式-6(a)（分散）　　　　管理番号

支承製品検査記録管理表（せん断剛性）

検査日：　　年　　月　　日

ゴム支承製造会社		ゴム支承本体製造会社	
検査責任者		検査責任者	

製造番号		有効平面寸法	
試験場所		ゴム種別/G値	
表面温度	℃	ゴム層厚	
周　　期	sec	形状係数	
鉛直荷重	kN		
試験変位	mm（　%）		

1．せん断剛性（kN/mm）

設計値	実測値	成績値	変化率	判定
(A)	(B)	(C)	(D)	
判定基準	3回目の値が±10%以内			

成績値(C)=(B)×(E)×(F)
変化率(D)=((C)-(A))/(A)×100

項目	せん断剛性		補正式根拠
	補正係数 (E, F)	補正式（例）	
温度補正 基準温度(23℃)		(E)＝fT（基準温度）/fT（実測温度）	様式－○
周期補正 基準周期(2sec)		(F)＝fT（基準周期）/fT（実測周期）	様式－○

荷重－変位履歴　　　　変位－時間曲線

荷重－変位履歴の電子データ：

※電子データは，荷重及び変位の数値から履歴曲線が確認できるものとする。　※記録は別紙添付でもよい

測定値

回数	変位量		水平力		せん断剛性
	uBe(+)	uBe(-)	F(+)	F(-)	
1					
2					
3					
3回目の値					(B)

表面温度測定記録

※温度記録は，日付及び製造番号が判別できること。

様式-6(b)（免震）

管理番号

支承製品検査記録管理表（等価剛性・等価減衰定数）

検査日：　　　年　　月　　日

ゴム支承製造会社		ゴム支承本体製造会社	
検査責任者		検査責任者	

製造番号		有効平面寸法	
試験場所		ゴム種別/G値	
表面温度	℃	ゴム層厚	
周　　期	sec	形状係数	
鉛直荷重	kN	鉛面積／ゴム面積	
試験変位	mm（　　%）		

1．等価剛性（kN/mm）

設計値 (A)	実測値 (B)	成績値 (C)	変化率 (D)	判定
判定基準	5回目の値　または　2～11回の平均値が±10%以内			

成績値(C)＝(B)×(E)×(F)
変化率(D)＝((C)－(A))/(A)×100

2．等価減衰定数（%）

設計値 (A')	実測値 (B')	成績値 (C')	差 (D')	判定
判定基準	5回目の値　または　2～11回の平均値が設計値以上			

成績値(C')＝(B')×(E')×(F')
差(D')＝(C')－(A')

項目	等価剛性		等価減衰定数		補正式根拠
	補正係数 (E, F)	補正式（例）	補正係数 (E', F')	補正式（例）	
温度補正 基準温度(23℃)		$(E)=\frac{fT（基準温度）}{fT（実測温度）}$		$(E')=\frac{fT（基準温度）}{fT（実測温度）}$	様式－○
周期補正 基準周期(2sec)		$(F)=\frac{fT（基準周期）}{fT（実測周期）}$		$(F')=\frac{fT（基準周期）}{fT（実測周期）}$	様式－○

荷重－変位履歴

変位－時間曲線

荷重－変位履歴の電子データ：

※電子データは，荷重及び変位の数値から履歴曲線が確認できるものとする。　※記録は別紙添付でもよい

測定値

回数	変位量 uBe(+)	変位量 uBe(-)	水平力 F(+)	水平力 F(-)	等価剛性	等価減衰定数
1						
2						
3						
4						
5						
6						
7						
8						
9						
10						
11						
5回目の値　または　2～11回の平均値					(B)	(B)

表面温度測定記録

※温度記録は，日付及び製造番号が判別できること。

様式-7(a) (分散)

管理番号

特性検証試験結果一覧表

発行日：　　　年　　月　　日

ゴム支承製造会社：

識別番号												
支承種類												
ゴム材料												
限界状態1確認[※1]			①1回目	②2回目	②/①	①1回目	②2回目	②/①	①1回目	②2回目	②/①	確認項目
水平力	せん断剛性最大変化				―			―			―	
	せん断剛性											
	確認項目											
鉛直圧縮力及び水平力												
水平力	せん断剛性最大変化				―			―			―	
	せん断剛性											
	確認項目											
鉛直引張力及び水平力												
限界状態3確認			N1	N2	N3	N1	N2	N3	N1	N2	N3	確認項目
試験A・試験B												
試験C												
試験D												
せん断特性の依存性			α	β		α	β		α	β		補正係数式
温度依存性	せん断剛性											$Cft=\frac{\alpha \times \text{基準温度}+\beta}{\alpha \times \text{測定温度}+\beta}$
周期依存性	せん断剛性											$Cfp=\frac{\alpha \times Ln(\text{基準周期})+\beta}{\alpha \times Ln(\text{基準周期})+\beta}$
面圧依存性	せん断剛性											$Cfc=\frac{\alpha \times \text{基準面圧}+\beta}{\alpha \times \text{測定面圧}+\beta}$
疲労耐久性			変化	確認項目		変化	確認項目		変化	確認項目		確認項目
繰返し圧縮作用[※2]	せん断剛性	最終										
		最大										
繰返し水平作用[※3]	せん断剛性	最終										
		最大										

※1 せん断剛性最大変化の値は、正負交番載荷試験の3波目または2～11波平均のせん断剛性に対し、4～11各波の最大差を示す。
せん断剛性の1回目および2回目の値は、正負交番載荷試験の3波目または2～11波平均のせん断剛性(kN/mm)を示す。

※2 繰返し圧縮作用の最終変化は、初回および200万回後の正負交番載荷試験における3波目または2～11波の差を示す。
繰返し圧縮作用の最大変化は、初回および50万回毎の正負交番載荷試験における3波目または2～11波の最大差を示す。

※3 繰返し水平作用の最終変化は、初回および5千回後の正負交番載荷試験における3波目または2～11波の差を示す。
繰返し水平作用の最大変化は、初回および1千回毎の正負交番載荷試験における3波目または2～11波の最大差を示す。

様式-7(b)（免震）　　　　管理番号

特性検証試験結果一覧表

発行日：　　　年　　月　　日

ゴム支承製造会社：

識別番号												
支承種類												
ゴム材料												
限界状態1確認※1			①1回目	②2回目	②/①	①1回目	②2回目	②/①	①1回目	②2回目	②/①	確認項目
水平力	二次剛性最大変化				---			---			---	
	等価剛性											
	確認項目											
鉛直圧縮力及び水平力												
水平力	二次剛性最大変化				---			---			---	
	等価剛性											
	確認項目											
鉛直引張力及び水平力												
限界状態2確認※2			①1回目	②2回目		①1回目	②2回目		①1回目	②2回目		確認項目
水平力	等価減衰定数	設計値										
		測定値										
		確認										
鉛直圧縮力及び水平力												
水平力	等価減衰定数	設計値										
		測定値										
		確認										
鉛直引張力及び水平力												
限界状態3確認			N1	N2	N3	N1	N2	N3	N1	N2	N3	確認項目
試験A・試験B												
試験C												
試験D												
せん断特性の依存性			α	β		α	β		α	β		補正係数式
温度依存性	等価剛性											$Cft=\frac{\alpha\times 基準温度+\beta}{\alpha\times 測定温度+\beta}$
	等価減衰定数											
周期依存性	等価剛性											$Cfp=\frac{\alpha\times Ln(基準周期)+\beta}{\alpha\times Ln(基準周期)+\beta}$
	等価減衰定数											
面圧依存性	等価剛性											$Cfc=\frac{\alpha\times 基準面圧+\beta}{\alpha\times 測定面圧+\beta}$
	等価減衰定数											
疲労耐久性			変化	確認項目		変化	確認項目		変化	確認項目		確認項目
繰返し圧縮作用※3	等価剛性	最終										
		最大										
	等価減衰定数	最終										
		最大										
繰返し水平作用※4	等価剛性	最終										
		最大										
	等価減衰定数	最終										
		最大										

※1 二次剛性最大変化の値は、正負交番載荷試験の5波目または2～11波平均の二次剛性に対し、6～11各波の最大差を示す。
等価剛性の1回目および2回目の値は、正負交番載荷試験の5波目または2～11波平均の等価剛性(kN/mm)を示す。

※2 等価減衰定数の測定値は、正負交番載荷試験の2～6波から得られる等価減衰定数の最小値をを示す。

※3 繰返し圧縮作用の最終変化は、初回および200万回後の正負交番載荷試験における5波目または2～11波の差を示す。
繰返し圧縮作用の最大変化は、初回および50万回毎の正負交番載荷試験における5波目または2～11波の最大差を示す。

※4 繰返し水平作用の最終変化は、初回および5千回後の正負交番載荷試験における5波目または2～11波の差を示す。
繰返し水平作用の最大変化は、初回および1千回毎の正負交番載荷試験における5波目または2～11波の最大差を示す。

様式-7(c)（固定・可動ゴム支承）　　　　　　　　　　　　　　管理番号

特性検証試験結果一覧表

発行日：　　　　年　　月　　日

ゴム支承製造会社：

識別番号									
支承種類			可動支承		可動支承		可動支承		
ゴム材料									
すべり抵抗性			制限値	滑動時	制限値	滑動時	制限値	滑動時	確認項目
水平変位	せん断ひずみ								
	確認項目								
疲労耐久性			変化	確認項目	変化	確認項目	変化	確認項目	確認項目
繰返し圧縮作用※1	圧縮変位量	最終							
		最大							

※1 繰返し圧縮作用の最終変化は、初回および200万回後の正負交番載荷試験における3波目の差を示す。
繰返し圧縮作用の最大変化は、初回および50万回毎の正負交番載荷試験における3波目の最大差を示す。

識別番号									
支承種類			固定支承		固定支承		固定支承		
ゴム材料									
疲労耐久性			変化	確認項目	変化	確認項目	変化	確認項目	確認項目
繰返し圧縮作用※1	圧縮変位量	最終							
		最大							

※1 繰返し圧縮作用の最終変化は、初回および200万回後の正負交番載荷試験における3波目の差を示す。
繰返し圧縮作用の最大変化は、初回および50万回毎の正負交番載荷試験における3波目の最大差を示す。

様式-7(d)（パッド型ゴム支承）　　　　　　　　管理番号

特性検証試験結果一覧表

発行日：　　　　年　　月　　日

ゴム支承製造会社：

識別番号												
ゴム材料												
限界状態１確認			設計値	測定値	差	設計値	測定値	差	設計値	測定値	差	確認項目
水平力	せん断剛性(3波目)											
	確認項目											
すべり抵抗性			制限値	滑動時		制限値	滑動時		制限値	滑動時		確認項目
水平変位	せん断ひずみ											
	確認項目											
疲労耐久性			変化	確認項目		変化	確認項目		変化	確認項目		確認項目
繰返し圧縮作用※1	圧縮変位量	最終										
		最大										
繰返し水平作用※2	せん断剛性	最終										
		最大										

※1 繰返し圧縮作用の最終変化は、初回および200万回後の圧縮変位量の差を示す。
　　繰返し圧縮作用の最大変化は、初回および50万回毎の圧縮変位量の最大差を示す。
※2 繰返し水平作用の最終変化は、初回および5千回後の正負交番載荷試験における3波目の差を示す。
　　繰返し水平作用の最大変化は、初回および1千回毎の正負交番載荷試験における3波目の最大差を示す。

識別番号												
ゴム材料												
限界状態１確認			設計値	測定値	差	設計値	測定値	差	設計値	測定値	差	確認項目
水平力	せん断剛性(3波目)											
	確認項目											
すべり抵抗性			制限値	滑動時		制限値	滑動時		制限値	滑動時		確認項目
水平変位	せん断ひずみ											
	確認項目											
疲労耐久性			変化	確認項目		変化	確認項目		変化	確認項目		確認項目
繰返し圧縮作用※1	圧縮変位量	最終										
		最大										
繰返し水平作用※2	せん断剛性	最終										
		最大										

※1 繰返し圧縮作用の最終変化は、初回および200万回後の圧縮変位量の差を示す。
　　繰返し圧縮作用の最大変化は、初回および50万回毎の圧縮変位量の最大差を示す。
※2 繰返し水平作用の最終変化は、初回および5千回後の正負交番載荷試験における3波目の差を示す。
　　繰返し水平作用の最大変化は、初回および1千回毎の正負交番載荷試験における3波目の最大差を示す。

様式-8(a①)（分散）　　　　管理番号

限界状態１確認試験・限界圧縮せん断試験

発行日：　　年　　月　　日

ゴム支承製造会社	
試験場所	
使用試験機	

1. 試験条件

	限界状態１(1回目)	限界圧縮せん断
試験変位		
鉛直荷重		
水平加振周期/波形		
水平加振回数		
試験実施日		
試験室温度		
試験体表面温度		

2. 試験体諸元

試験体番号	
有効平面寸法	
ゴム種類/G値	
ゴム層厚	
有効支圧面積	
形状係数	

	限界状態１(2回目)
試験実施日	
試験室温度	
試験体表面温度	

Ks={F(+)-F(-)}/{δ(+)-δ(-)}

Ks：せん断剛性(kN/mm)
δ：水平変位(mm)
F：水平荷重(kN)

3. 限界状態１(1回目)

回数	Ksi	Ksi/①	Ksi/②	δ(+)	δ(-)	F(+)	F(-)
1							
2							
3							
4							
5							
6							
7							
8							
9							
10							
11							

せん断剛性	①3波目		判定	
	②2～11波平均			

4. 限界圧縮せん断

回数	Ks
1	

δ(+)	δ(-)	F(+)	F(-)

5. 限界状態１(2回目)

回数	Ksi	Ksi/③	Ksi/④	δ(+)	δ(-)	F(+)	F(-)
1							
2							
3							
4							
5							
6							
7							
8							
9							
10							
11							

せん断剛性	③3波目		判定	
	④2～11波平均			

6. せん断剛性比較

	3波目
1回目①	
2回目③	
2回目/1回目	

	2～11波平均
1回目②	
2回目④	
2回目/1回目	

判定	

様式-8(a②)（分散）

管理番号

限界状態１確認試験・限界引張せん断試験

発行日：　　年　　月　　日

ゴム支承製造会社	
試験場所	
使用試験機	

1. 試験条件

	限界状態１(1回目)	限界引張せん断
試験変位		
鉛直荷重		
水平加振周期/波形		
水平加振回数		
試験実施日		
試験室温度		
試験体表面温度		

2. 試験体諸元

試験体番号	
有効平面寸法	
ゴム種類/G値	
ゴム層厚	
有効支圧面積	
形状係数	

	限界状態１(2回目)
試験実施日	
試験室温度	
試験体表面温度	

Ks={F(+)-F(-)}/{δ(+)-δ(-)}

Ks：せん断剛性(kN/mm)
δ：水平変位(mm)
F：水平荷重(kN)

3. 限界状態１(1回目)

回数	Ksi	Ksi/①	Ksi/②	δ(+)	δ(-)	F(+)	F(-)
1							
2							
3							
4							
5							
6							
7							
8							
9							
10							
11							

せん断剛性	①3波目		判定	
	②2～11波平均			

4. 限界引張せん断

回数	Ks
1	

δ(+)	δ(-)	F(+)	F(-)

5. 限界状態１(2回目)

回数	Ksi	Ksi/③	Ksi/④	δ(+)	δ(-)	F(+)	F(-)
1							
2							
3							
4							
5							
6							
7							
8							
9							
10							
11							

せん断剛性	③3波目		判定	
	④2～11波平均			

6. せん断剛性比較

	3波目
1回目①	
2回目③	
2回目/1回目	

	2～11波平均
1回目②	
2回目④	
2回目/1回目	

判定	

様式-8(a③)（分散）

管理番号

限界状態１確認試験・限界圧縮せん断・限界引張せん断試験

発行日：　　年　　月　　日

限界状態１・限界圧縮せん断試験試験体

試験体番号	
有効平面寸法	
ゴム種類/G値	
ゴム層厚	
形状係数	

限界状態１・限界引張せん断試験試験体

試験体番号	
有効平面寸法	
ゴム種類/G値	
ゴム層厚	
形状係数	

7.荷重－変位履歴

限界状態１（1回目）

限界状態１（1回目）

限界圧縮せん断

限界引張せん断

限界状態１（2回目）

限界状態１（2回目）

様式-8(b①)(免震)　　　　　管理番号

限界状態１確認試験・限界圧縮せん断試験

発行日：　　年　　月　　日

ゴム支承製造会社	
試験場所	
使用試験機	

1. 試験条件

	限界状態１(1回目)	限界圧縮せん断
試験変位		
鉛直荷重		
水平加振周期/波形		
水平加振回数		
試験実施日		
試験室温度		
試験体表面温度		

2. 試験体諸元

試験体番号	
有効平面寸法	
ゴム種類/G値	
ゴム層厚	
鉛プラグ	
鉛面積 / ゴム面積	
形状係数	

	限界状態１(2回目)
試験実施日	
試験室温度	
試験体表面温度	

KB={F(+)-F(-)}/{δ(+)-δ(-)}
K2=(F-Qd)/δ

KB：等価剛性(kN/mm)
K2：二次剛性(kN/mm)
δ：水平変位(mm)
F：水平荷重(kN)
Qd：降伏荷重(kN)

3. 限界状態１(1回目)

回数	KBi	K2i	K2i/③	K2i/④	δ(+)	δ(-)	F(+)	F(-)	Qd(+)	Qd(-)
1										
2										
3										
4										
5										
6										
7										
8										
9										
10										
11										

等価剛性	①5波目		判定
	②2～11波平均		
二次剛性	③5波目		
	④2～11波平均		

4. 限界圧縮せん断

回数	KB
1	

δ(+)	δ(-)	F(+)	F(-)

5. 限界状態１(2回目)

回数	KBi	K2i	K2i/⑦	K2i/⑧	δ(+)	δ(-)	F(+)	F(-)	Qd(+)	Qd(-)
1										
2										
3										
4										
5										
6										
7										
8										
9										
10										
11										

等価剛性	⑤5波目		判定
	⑥2～11波平均		
二次剛性	⑦5波目		
	⑧2～11波平均		

6. 二次剛性比較

	5波目
1回目①	
2回目⑤	
2回目/1回目	

	2～11波平均
1回目②	
2回目⑥	
2回目/1回目	

判定	

様式-8(b②)(免震)　　　　　　　　　　　管理番号

限界状態1確認試験・限界引張せん断試験

発行日：　　年　　月　　日

ゴム支承製造会社	
試験場所	
使用試験機	

1. 試験条件

	限界状態1(1回目)	限界引張せん断
試験変位		
鉛直荷重		
水平加振周期/波形		
水平加振回数		
試験実施日		
試験室温度		
試験体表面温度		

2. 試験体諸元

試験体番号	
有効平面寸法	
ゴム種類/G値	
ゴム層厚	
鉛プラグ	
鉛面積 / ゴム面積	
形状係数	

	限界状態1(2回目)
試験実施日	
試験室温度	
試験体表面温度	

KB={F(+)−F(−)}/{δ(+)−δ(−)}

K2=(F−Qd)/δ

KB：等価剛性(kN/mm)　　δ：水平変位(mm)

K2：二次剛性(kN/mm)　　F：水平荷重(kN)

Qd：降伏荷重(kN)

3. 限界状態1(1回目)

回数	KBi	K2i	K2i/③	K2i/④	δ(+)	δ(−)	F(+)	F(−)	Qd(+)	Qd(−)
1										
2										
3										
4										
5										
6										
7										
8										
9										
10										
11										

等価剛性	①5波目		判定
	②2〜11波平均		
二次剛性	③5波目		
	④2〜11波平均		

4. 限界圧縮せん断

回数	KB
1	

δ(+)	δ(−)	F(+)	F(−)

5. 限界状態1(2回目)

回数	KBi	K2i	K2i/⑦	K2i/⑧	δ(+)	δ(−)	F(+)	F(−)	Qd(+)	Qd(−)
1										
2										
3										
4										
5										
6										
7										
8										
9										
10										
11										

等価剛性	⑤5波目		判定
	⑥2〜11波平均		
二次剛性	⑦5波目		
	⑧2〜11波平均		

6. 二次剛性比較

	5波目
1回目①	
2回目⑤	
2回目/1回目	

	2〜11波平均
1回目②	
2回目⑥	
2回目/1回目	

判定	

様式-8(b③)（免震）　　　　　　　　　　　　　　　　　　　管理番号

限界状態１確認試験・限界圧縮せん断・限界引張せん断試験

発行日：　　年　　月　　日

限界状態１・限界圧縮せん断試験試験体

試験体番号	
有効平面寸法	
ゴム種類/G値	
ゴム層厚	
鉛プラグ	
鉛面積比	
形状係数	

限界状態１・限界引張せん断試験試験体

試験体番号	
有効平面寸法	
ゴム種類/G値	
ゴム層厚	
鉛プラグ	
鉛面積比	
形状係数	

7. 荷重－変位履歴

限界状態１（1回目）

限界状態１（1回目）

限界圧縮せん断

限界引張せん断

限界状態１（2回目）

限界状態１（2回目）

様式-9(b①)(免震)　　　管理番号

限界状態２確認試験・限界圧縮せん断試験

発行日：　　年　　月　　日

ゴム支承製造会社	
試験場所	
使用試験機	

1. 試験条件

	限界状態２(1回目)	限界圧縮せん断
試験変位		
鉛直荷重		
水平加振周期/波形		
水平加振回数		
試験実施日		
試験室温度		
試験体表面温度		

2. 試験体諸元

試験体番号	
有効平面寸法	
ゴム種類/G値	
ゴム層厚	
鉛プラグ	
鉛面積/ゴム面積	
形状係数	

	限界状態２(2回目)
試験実施日	
試験室温度	
試験体表面温度	

KB={F(+)−F(−)}/{δ(+)−δ(−)}　　KB：等価剛性(kN/mm)　　δ：水平変位(mm)

hB=⊿W/(2πW)　　hB：等価減衰定数(%)　　F：水平荷重(kN)

⊿W エネルギー吸収量(kN・mm)

3. 限界状態２(1回目)

回数	hB	hBi	hBi-hB	δ(+)	δ(−)	F(+)	F(−)	⊿W
1								
2								
3								
4								
5								
6								
判定								

4. 限界圧縮せん断

回数	KB	hB
1		

δ(+)	δ(−)	F(+)	F(−)	⊿W

5. 限界状態２(2回目)

回数	hB	hBi	hB-hBi	δ(+)	δ(−)	F(+)	F(−)	⊿W
1								
2								
3								
4								
5								
6								
判定								

6. 荷重－変位履歴

限界圧縮せん断

7. 荷重－変位履歴

限界状態２(1回目)

限界状態２(2回目)

様式-9(b②)（免震）

管理番号

限界状態２確認試験・限界引張せん断試験

発行日：　　年　　月　　日

ゴム支承製造会社	
試験場所	
使用試験機	

1. 試験条件

	限界状態２(1回目)	限界引張せん断
試験変位		
鉛直荷重		
水平加振周期/波形		
水平加振回数		
試験実施日		
試験室温度		
試験体表面温度		

2. 試験体諸元

試験体番号	
有効平面寸法	
ゴム種類/G値	
ゴム層厚	
鉛プラグ	
鉛面積 / ゴム面積	
形状係数	

	限界状態２(2回目)
試験実施日	
試験室温度	
試験体表面温度	

KB={F(+)-F(-)}/{δ(+)-δ(-)}
hB=⊿W/(2πW)

KB：等価剛性(kN/mm)
hB：等価減衰定数(%)

δ：水平変位(mm)
F：水平荷重(kN)
⊿W エネルギー吸収量(kN・mm)

3. 限界状態２(1回目)

回数	hB	hBi	hBi-hB	δ(+)	δ(-)	F(+)	F(-)	⊿W
1								
2								
3								
4								
5								
6								
判定								

4. 限界圧縮せん断

回数	KB	hB
1		

δ(+)	δ(-)	F(+)	F(-)	⊿W

5. 限界状態２(2回目)

回数	hB	hBi	hB-hBi	δ(+)	δ(-)	F(+)	F(-)	⊿W
1								
2								
3								
4								
5								
6								
判定								

6. 荷重－変位履歴

限界圧縮せん断

7. 荷重－変位履歴

限界状態２（1回目）

限界状態２（2回目）

様式-10(a)（分散）　　　　　　　　　　　　　管理番号

限界状態３確認試験

発行日：　　年　　月　　日

ゴム支承製造会社	
試験場所	
使用試験機	

1. 試験条件

	試験Ａ	試験Ｂ	試験Ｃ	試験Ｄ
試験変位				破断又は座屈が生じるまでの変位※
	(±175%)	(±250%)	(±300%)	
鉛直荷重				0 kN
	(6.0N/mm2)	(6.0N/mm2)	(6.0N/mm2)	(6.0N/mm2)
水平加振周期				---
水平加振波形				
水平加振回数	5回	6回	2回	1回
試験実施日				
試験室温度				
試験体表面温度				

2. 試験体諸元

試験体番号	
有効平面寸法	
ゴム種類/G値	
ゴム層厚	
有効支圧面積	
形状係数	

3. 試験Ａ

回数	Ksi	δ(+)	δ(-)	F(+)	F(-)
1					
2					
3					
4					
5					

4. 試験Ｂ

回数	Ksi	δ(+)	δ(-)	F(+)	F(-)
1					
2					
3					
4					
5					
6					

5. 試験Ｃ

回数	Ksi	δ(+)	δ(-)	F(+)	F(-)
1					
2					

6. 試験Ｄ

	実測値	破断状況写真
F		
δ		
γs		
状態		

判定	

7. 荷重－変位履歴（250%時，300%時，破断時）

様式-10(b)（免震）

管理番号

限界状態３確認試験

発行日：　　年　　月　　日

ゴム支承製造会社	
試験場所	
使用試験機	

1. 試験条件

	試験A	試験B	試験C	試験D
試験変位				破断又は座屈が生じるまでの変位※
	(±175%)	(±250%)	(±300%)	
鉛直荷重				0 kN
	(6.0N/mm2)	(6.0N/mm2)	(6.0N/mm2)	(6.0N/mm2)
水平加振周期				---
水平加振波形				
水平加振回数	5回	6回	2回	1回
試験実施日				
試験室温度				
試験体表面温度				

2. 試験体諸元

試験体番号	
有効平面寸法	
ゴム種類/G値	
ゴム層厚	
鉛プラグ	
鉛面積 / ゴム面積	
形状係数	

3. 試験A

回数	KBi	hBi	δ(+)	δ(−)	F(+)	F(−)	⊿W
1							
2							
3							
4							
5							

4. 試験B

回数	KBi	hBi	δ(+)	δ(−)	F(+)	F(−)	⊿W
1							
2							
3							
4							
5							
6							

5. 試験C

回数	KBi	δ(+)	δ(−)	F(+)	F(−)
1					
2					

6. 試験D

	実測値	破断状況写真
F		
δ		
γs		
状態		

判定	

7. 荷重－変位履歴（250%時，300%時，破断時）

様式-11①　　　　　　　　　　　　　　　　　　　　管理番号

温度依存性（補正式設定）

発行日：　　年　月　日

ゴム支承製造会社	
試験場所	
使用試験機	

1. 試験条件

水平変位	mm　(175%)
載荷面圧	6.0 N/mm2
周　期	2.0 sec
回　数	
試験実施期間	～
試験室温度	

2. 試験体諸元

供試体番号		
有効平面寸法		
ゴム種類/G値		
ゴム層厚		
鉛面積／ゴム面積		
形状係数	S1 :	S2 :

3. 計測値

設定温度 ℃	等価剛性 せん断剛性		等価減衰定数		備　考
	実測値	基準温度からの変化	実測値	基準温度からの変化	
40					
23					基準温度
10					
0					
-10					
-20					

※設定温度は，適用範囲を考慮して基準温度を含む3水準以上を選定する。

※分散支承は，等価減衰定数は不要とする。

4. 等価剛性・せん断剛性補正式

5. 等価減衰定数補正式

6. 温度－等価剛性・せん断剛性変化

7. 温度－等価減衰定数変化

様式-11②　　　　　　　　　　　　　　管理番号

温度依存性（温度依存性試験）

設定温度	℃

発行日：　　年　月　日

ゴム支承製造会社	
試験場所	
使用試験機	

1. 試験条件

水平変位	mm　(175%)
載荷面圧	6.0 N/mm2
周　期	2.0 sec　／正弦波
回　数	
試験日	
試験室温度	

2. 試験体諸元

供試体番号	
有効平面寸法	
ゴム種類/G値	
ゴム層厚	
鉛面積／ゴム面積	
形状係数	S1：　　　S2：

3. 荷重－変位履歴

注）記録は別紙添付でもよい

荷重－変位履歴の電子データ：

4. 測定値

回数	水平変位		水平力		等価剛性 せん断剛性	等価 減衰定数
	UBe(+)	UBe(−)	F(+)	F(−)		
1						
2						
3						
4						
5						
6						
7						
8						
9						
10						
11						
2～11平均	—	—	—	—		

※分散支承は試験回数3回とし3回目のデータを採用する。また、等価減衰定数は不要とする。

5. 変位－時間曲線

6. 温度測定記録

注）記録は別紙添付でもよい

※温度記録は，日付及び製造番号が判別できること。

様式-12①　　　　　　　　　　管理番号

周期依存性（補正式設定）

発行日：　　年　　月　　日

ゴム支承製造会社	
試験場所	
使用試験機	

1. 試験条件

水平変位	mm　(175%)
載荷面圧	6.0 N/mm2
表面温度	
回　数	
試験実施期間	～
試験室温度	

2. 試験体諸元

供試体番号	
有効平面寸法	
ゴム種類/G値	
ゴム層厚	
鉛面積／ゴム面積	
形状係数	S1 :　　　S2 :

3. 計測値

加振周期 sec	等価剛性 せん断剛性		等価減衰定数		備　考
	実測値	基準周期からの変化	実測値	基準周期からの変化	
1000					
200					
100					
10					
3.0					
2.0					基準周期
1.0					
0.5					

※加振周期は，試験機能力を考慮して基準周期を含む3水準以上を選定する。

※分散支承は，等価減衰定数は不要とする。

4. 等価剛性・せん断剛性補正式

5. 等価減衰定数補正式

6. 周期－等価剛性・せん断剛性変化

7. 周期－等価減衰定数変化

様式-12②

管理番号

周期依存性（周期依存性試験）

加振周期	sec /正弦波

発行日：　　年　月　日

ゴム支承製造会社	
試験場所	
使用試験機	

1. 試験条件

水平変位	mm (175%)
載荷面圧	6.0 N/mm2
表面温度	
回　数	
試験日	
試験室温度	

2. 試験体諸元

供試体番号	
有効平面寸法	
ゴム種類/G値	
ゴム層厚	
鉛面積／ゴム面積	
形状係数	S1 :　　S2 :

3. 荷重－変位履歴

注）記録は別紙添付でもよい

荷重－変位履歴の電子データ：

4. 測定値

回数	水平変位		水平力		等価剛性 せん断剛性	等価 減衰定数
	UBe(+)	UBe(-)	F(+)	F(-)		
1						
2						
3						
4						
5						
6						
7						
8						
9						
10						
11						
2～11平均	—	—	—	—		

※分散支承は試験回数3回とし3回目のデータを採用する。また、等価減衰定数は不要とする。

5. 変位－時間曲線

6. 温度測定記録

注）記録は別紙添付でもよい

※温度記録は，日付及び製造番号が判別できること。

様式-13①

管理番号

面圧依存性（補正式設定）

発行日：　　年　月　日

ゴム支承製造会社	
試験場所	
使用試験機	

1. 試験条件

水平変位	mm　(175%)
周　期	2.0 sec
表面温度	
回　数	
試験実施期間	～
試験室温度	

2. 試験体諸元

供試体番号		
有効平面寸法		
ゴム種類/G値		
ゴム層厚		
鉛面積／ゴム面積		
形状係数	S1：	S2：

3. 計測値

載荷面圧 N/mm2	等価剛性 せん断剛性		等価減衰定数		備　考
	実測値	基準温度からの変化	実測値	基準温度からの変化	
0.5					
3					
6					基準面圧
9					
12					

※設定面圧は，適用範囲を考慮して基準面圧を含む3水準以上を選定する。

※分散支承は，等価減衰定数は不要とする。

4. 等価剛性・せん断剛性補正式

5. 等価減衰定数補正式

6. 面圧－等価剛性・せん断剛性変化

7. 面圧－等価減衰定数変化

様式-13②

管理番号

面圧依存性（面圧依存性試験）

載荷面圧	N/mm2

発行日：　　年　　月　　日

ゴム支承製造会社	
試験場所	
使用試験機	

1. 試験条件

水平変位	mm　(175%)
周　期	
表面温度	
回　数	
試験日	
試験室温度	

2. 試験体諸元

供試体番号		
有効平面寸法		
ゴム種類/G値		
ゴム層厚		
鉛面積／ゴム面積		
形状係数	S1：	S2：

3. 荷重－変位履歴

注）記録は別紙添付でもよい

荷重－変位履歴の電子データ：

4. 測定値

回数	水平変位		水平力		等価剛性 せん断剛性	等価 減衰定数
	UBe(+)	UBe(-)	F(+)	F(-)		
1						
2						
3						
4						
5						
6						
7						
8						
9						
10						
11						
2～11平均	—	—	—	—		

※分散支承は試験回数3回とし3回目のデータを採用する。また、等価減衰定数は不要とする。

5. 変位－時間曲線

6. 温度測定記録

注）記録は別紙添付でもよい

※温度記録は，日付及び製造番号が判別できること。

管理番号

疲労耐久性（繰返し圧縮作用）

発行日：　　年　　月　　日

ゴム支承製造会社	
試験場所	
使用試験機	

1. 試験条件

水平変位	mm　(175%)
面圧範囲	5.5　～　12　N/mm2
加振周期	
加振回数	
試験実施期間	～
試験室温度	

2. 試験体諸元

供試体番号	
有効平面寸法	
ゴム種類/G値	
ゴム層厚	
鉛面積／ゴム面積	
形状係数	S1：　　　S2：

3. 繰返し回数－等価剛性・せん断剛性変化

4. 繰返し回数－等価減衰定数変化

5. 計測値

繰返し回数	等価剛性 せん断剛性		等価減衰定数	
回	実測値	初期値からの変化	実測値	初期値からの変化
初期値		1.00		1.00
50万				
100万				
150万				
200万				
最終変化	－		－	

※分散支承の場合，等価減衰定数は不要とする。

様式-14(b)（固定・可動（すべり）・パッド型ゴム支承）　　管理番号

疲労耐久性（繰返し圧縮作用）

発行日：　年　月　日

ゴム支承製造会社	
試験場所	
使用試験機	

1. 試験条件

	繰返し圧縮作用
水平変位	
試験面圧範囲	
鉛直荷重範囲	
鉛直加振周期	
鉛直加振回数	
試験実施期間	～
試験室温度	～
試験体表面温度	

	圧縮変位量確認
水平変位	
鉛直荷重	
加振周期/波形	
加振回数	
試験室温度	～
試験体表面温度	

2. 試験体諸元

試験体番号	
有効平面寸法	
ゴム種類/G値	
ゴム層厚	
有効支圧面積	
形状係数	S1=　　S2=

3. 繰返し回数－せん断剛性の変化

4. 計測値

繰返し回数	せん断剛性	
	実測値	初期値からの変化
初期値		
50万		
100万		
150万		
200万		
最終変化	―	
最大変化	―	
最小変化	―	
判定		

様式-15(a)（分散・免震）　　　　管理番号

疲労耐久性（繰返し水平作用）

発行日：　　年　　月　　日

ゴム支承製造会社	
試験場所	
使用試験機	

1. 試験条件

水平変位	
載荷面圧	
加振周期	
加振回数	
試験実施期間	～
試験室温度	

2. 試験体諸元

供試体番号		
有効平面寸法		
ゴム種類/G値		
ゴム層厚		
鉛面積／ゴム面積		
形状係数	S1：	S2：

3. 繰返し回数－等価剛性・せん断剛性変化

4. 繰返し回数－等価減衰定数変化

5. 計測値

繰返し回数	等価剛性 せん断剛性		等価減衰定数	
回	実測値	初期値からの変化	実測値	初期値からの変化
初期値		1.00		1.00
1000				
2000				
3000				
4000				
5000				
最終変化	－		－	

※分散支承の場合，等価減衰定数は不要とする。

様式-15(b)（パッド型ゴム支承）　　　　管理番号

疲労耐久性（繰返し水平作用）

発行日：　　年　　月　　日

ゴム支承製造会社	
試験場所	
使用試験機	

1. 試験条件

	繰返し水平作用
試験変位	
鉛直荷重	
水平加振周期	
水平加振回数	
試験実施期間	～
試験室温度	～
試験体表面温度	

	せん断剛性確認
水平変位	
鉛直荷重	
加振周期/波形	
加振回数	
試験室温度	～
試験体表面温度	

2. 試験体諸元

試験体番号		
有効平面寸法		
ゴム種類/G値		
ゴム層厚		
有効支圧面積		
形状係数	S1=	S2=

3. 繰返し回数－せん断剛性の変化

4. 計測値

繰返し回数	せん断剛性	
	実測値	初期値からの変化
初期値		
1千		
2千		
3千		
4千		
5千		
最終変化	－	
最大変化	－	
最小変化	－	
判定		

固定・可動(すべり型)ゴム支承の場合は不要。

様式-16（パッド型ゴム支承）

管理番号

限界状態１確認試験・すべり抵抗性試験

発行日：　　年　　月　　日

ゴム支承製造会社	
試験場所	
使用試験機	

1. 試験条件

	限界状態1	すべり抵抗性
試験変位		
鉛直荷重		
最大水平加振速度		
水平加振波形		
水平加振回数		
試験実施日		
試験室温度		
試験体表面温度		

2. 試験体諸元

試験体番号	
有効平面寸法	
ゴム種類/G値	
ゴム層厚	
有効支圧面積	
形状係数	S1=　　S2=

3. 限界状態1

回数	Ksi	δ(+)	δ(-)	F(+)	F(-)
1					
2					
3					

せん断剛性の可逆性の確認

せん断剛性	設計値	測定値	差
判定			

4. 荷重－変位履歴

5. すべり抵抗性

回数	δ(+)	F(+)	γs	γsa
1				70
判定				

6. 荷重－変位履歴

様式-17（可動（すべり型）ゴム支承）

管理番号

すべり抵抗性試験

発行日：　　年　　月　　日

ゴム支承製造会社	
試験場所	
使用試験機	

1. 試験条件

	すべり抵抗性
試験変位	
鉛直荷重	
最大水平加振速度	
水平加振波形	
水平加振回数	
試験実施日	
試験室温度	
試験体表面温度	

2. 試験体諸元

試験体番号	
有効平面寸法	
ゴム種類/G値	
ゴム層厚	
有効支圧面積	
形状係数	S1=　　S2=

3. すべり抵抗性

回数	δ(+)	F(+)	γs	γsa
1				70
判定				

4. 荷重－変位履歴

様式-18

管理番号

支承製品検査記録管理表(溶融亜鉛めっき膜厚)

検査日：　　　　年　　月　　日

<table>
<tr><td colspan="2">支承製造会社</td><td colspan="2"></td><td>検査責任者</td><td></td></tr>
<tr><td colspan="2">製　品　種　別</td><td>製作数</td><td>検査数</td><td colspan="2">めっき膜厚検査箇所：任意の各５箇所測定</td></tr>
<tr><td>①</td><td></td><td></td><td></td><td colspan="2" rowspan="6"></td></tr>
<tr><td>②</td><td></td><td></td><td></td></tr>
<tr><td>③</td><td></td><td></td><td></td></tr>
<tr><td>④</td><td></td><td></td><td></td></tr>
<tr><td>⑤</td><td></td><td></td><td></td></tr>
<tr><td rowspan="2">規格値</td><td colspan="3" rowspan="2">溶融亜鉛めっき付着量：550g/㎡以上
膜厚μ×7.2＝付着量(g/㎡)
規定膜厚＝550/7.2＝76.3μm以上</td></tr>
<tr><td>検査数</td><td></td></tr>
</table>

<table>
<tr><td colspan="11">測　定　結　果</td></tr>
<tr><td rowspan="2">製品種別</td><td rowspan="2">製造番号</td><td rowspan="2">部位名</td><td colspan="5">測定値（μm）</td><td>平均膜厚</td><td rowspan="2">外観</td><td rowspan="2">判定</td></tr>
<tr><td>1</td><td>2</td><td>3</td><td>4</td><td>5</td><td>（μm）</td></tr>
<tr><td rowspan="4"></td><td rowspan="4"></td><td></td><td></td><td></td><td></td><td></td><td></td><td></td><td></td><td></td></tr>
<tr><td></td><td></td><td></td><td></td><td></td><td></td><td></td><td></td><td></td></tr>
<tr><td></td><td></td><td></td><td></td><td></td><td></td><td></td><td></td><td></td></tr>
<tr><td></td><td></td><td></td><td></td><td></td><td></td><td></td><td></td><td></td></tr>
<tr><td rowspan="4"></td><td rowspan="4"></td><td></td><td></td><td></td><td></td><td></td><td></td><td></td><td></td><td></td></tr>
<tr><td></td><td></td><td></td><td></td><td></td><td></td><td></td><td></td><td></td></tr>
<tr><td></td><td></td><td></td><td></td><td></td><td></td><td></td><td></td><td></td></tr>
<tr><td></td><td></td><td></td><td></td><td></td><td></td><td></td><td></td><td></td></tr>
<tr><td rowspan="4"></td><td rowspan="4"></td><td></td><td></td><td></td><td></td><td></td><td></td><td></td><td></td><td></td></tr>
<tr><td></td><td></td><td></td><td></td><td></td><td></td><td></td><td></td><td></td></tr>
<tr><td></td><td></td><td></td><td></td><td></td><td></td><td></td><td></td><td></td></tr>
<tr><td></td><td></td><td></td><td></td><td></td><td></td><td></td><td></td><td></td></tr>
<tr><td rowspan="4"></td><td rowspan="4"></td><td></td><td></td><td></td><td></td><td></td><td></td><td></td><td></td><td></td></tr>
<tr><td></td><td></td><td></td><td></td><td></td><td></td><td></td><td></td><td></td></tr>
<tr><td></td><td></td><td></td><td></td><td></td><td></td><td></td><td></td><td></td></tr>
<tr><td></td><td></td><td></td><td></td><td></td><td></td><td></td><td></td><td></td></tr>
<tr><td rowspan="4"></td><td rowspan="4"></td><td></td><td></td><td></td><td></td><td></td><td></td><td></td><td></td><td></td></tr>
<tr><td></td><td></td><td></td><td></td><td></td><td></td><td></td><td></td><td></td></tr>
<tr><td></td><td></td><td></td><td></td><td></td><td></td><td></td><td></td><td></td></tr>
<tr><td></td><td></td><td></td><td></td><td></td><td></td><td></td><td></td><td></td></tr>
</table>

様式-19

管理番号

支承製品検査記録管理表(塗膜厚)

検査日：　　　　年　　月　　日

支承製造会社				検査責任者		
製品種別		製作数	検査数	塗装膜厚検査箇所：任意の各5箇所測定		
①						
②						
③						
④						
⑤						
塗装仕様						
工程	塗装名称	塗膜厚(μm)				
				平均値の規格	≧0.9 Xo	平均値(Xmean)
				規格値		
				最小値の規格	≧0.7 Xo	最小値(Xmin)
				規格値		
				標準偏差	≦0.2 Xo	測定値(σ)
				規格値		
				※但しXmean≧Xoであればσ＞0.2Xoであってもよい		
標準合計塗膜厚(Xo)				検査数		

測定結果

製品種別	製造番号	部位名	測定値(μm) 1	2	3	4	5	最小膜厚(μm)	平均膜厚(μm)	外観	判定

様式-20(a)　　　　　　　　　　　　　　　　　　　　　　　　No.

支承製品検査記録管理表
(鋼製支承（BPB支承）プロセス検査)

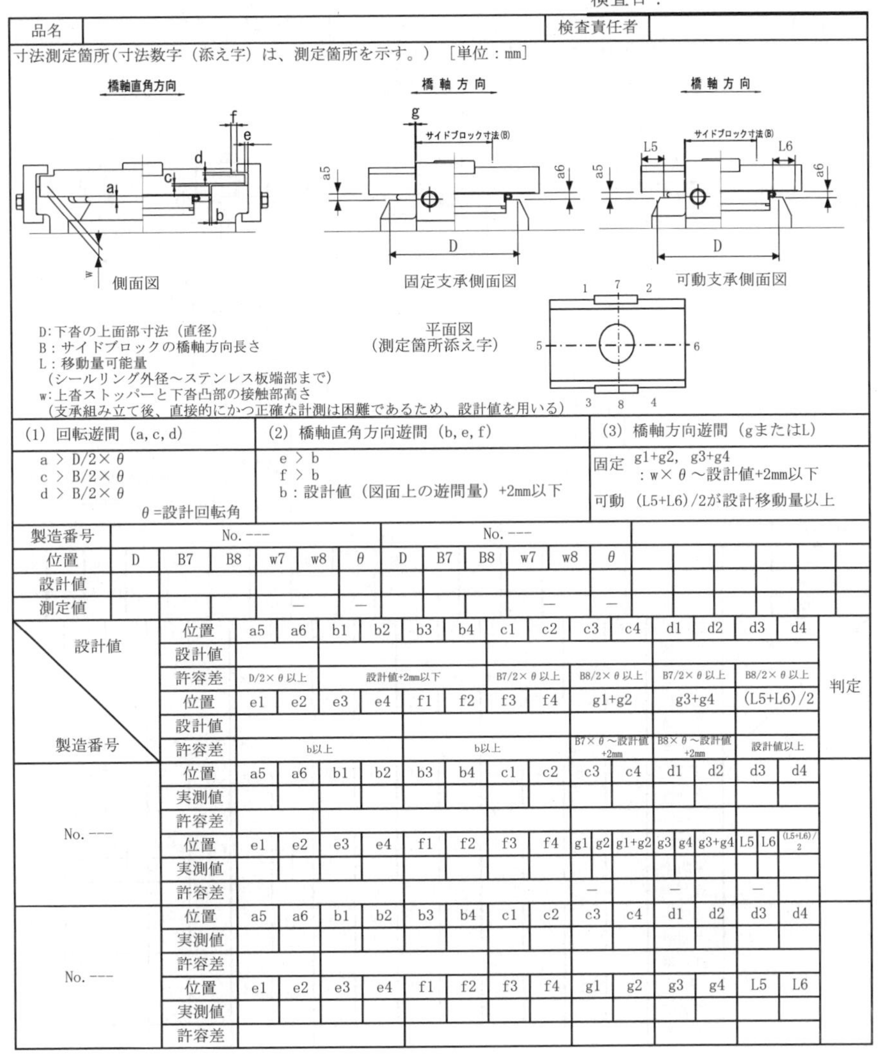

検査日：

品名		検査責任者	

寸法測定箇所(寸法数字（添え字）は、測定箇所を示す。）［単位：mm］

D:下沓の上面部寸法（直径）
B：サイドブロックの橋軸方向長さ
L：移動量可能量
（シールリング外径～ステンレス板端部まで）
w:上沓ストッパーと下沓凸部の接触部高さ
（支承組み立て後、直接的にかつ正確な計測は困難であるため、設計値を用いる）

(1) 回転遊間（a, c, d）	(2) 橋軸直角方向遊間（b, e, f）	(3) 橋軸方向遊間（gまたはL）
a ＞ D/2×θ c ＞ B/2×θ d ＞ B/2×θ θ＝設計回転角	e ＞ b f ＞ b b：設計値（図面上の遊間量）+2mm以下	固定 g1+g2, g3+g4 ：w×θ～設計値+2mm以下 可動 (L5+L6)/2が設計移動量以上

製造番号	No. ---						No. ---											
位置	D	B7	B8	w7	w8	θ	D	B7	B8	w7	w8	θ						
設計値																		
測定値				—		—				—		—						

設計値／製造番号																判定
	位置	a5	a6	b1	b2	b3	b4	c1	c2	c3	c4	d1	d2	d3	d4	
	設計値															
	許容差	D/2×θ以上		設計値+2mm以下				B7/2×θ以上		B8/2×θ以上		B7/2×θ以上		B8/2×θ以上		
	位置	e1	e2	e3	e4	f1	f2	f3	f4	g1+g2		g3+g4		(L5+L6)/2		
	設計値															
	許容差	b以上				b以上				B7×θ～設計値+2mm		B8×θ～設計値+2mm		設計値以上		
No. ---	位置	a5	a6	b1	b2	b3	b4	c1	c2	c3	c4	d1	d2	d3	d4	
	実測値															
	許容差															
	位置	e1	e2	e3	e4	f1	f2	f3	f4	g1 g2	g1+g2	g3 g4	g3+g4	L5 L6	(L5+L6)/2	
	実測値															
	許容差									—		—		—		
No. ---	位置	a5	a6	b1	b2	b3	b4	c1	c2	c3	c4	d1	d2	d3	d4	
	実測値															
	許容差															
	位置	e1	e2	e3	e4	f1	f2	f3	f4	g1	g2	g3	g4	L5	L6	
	実測値															
	許容差															

様式-20(b)　　　　　　　　　　　　　　　　　　　　　　No.

支承製品検査記録管理表
(鋼製支承（BPA支承）プロセス検査)

検査日：

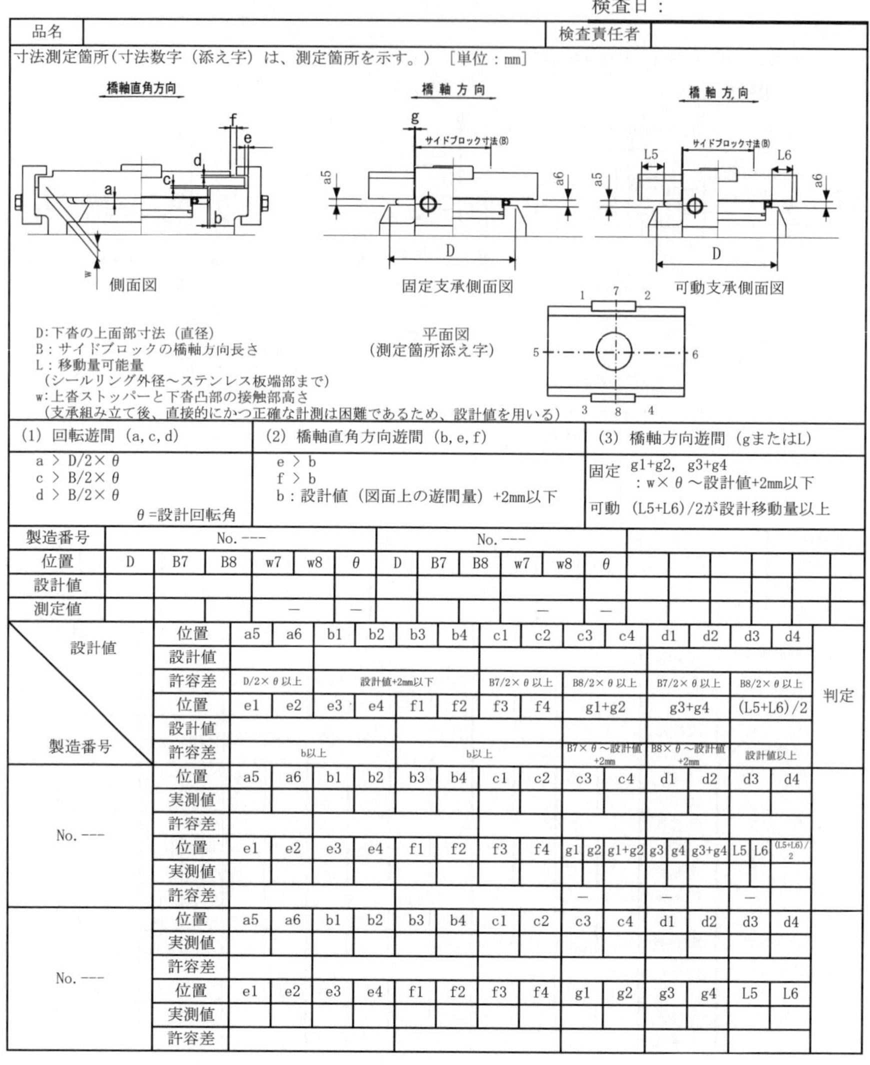

品名		検査責任者	

寸法測定箇所(寸法数字（添え字）は、測定箇所を示す。)［単位：mm］

D:下沓の上面部寸法（直径）
B：サイドブロックの橋軸方向長さ
L：移動量可能量
（シールリング外径～ステンレス板端部まで）
w:上沓ストッパーと下沓凸部の接触部高さ
（支承組み立て後、直接的にかつ正確な計測は困難であるため、設計値を用いる）

平面図
(測定箇所添え字)

(1) 回転遊間（a, c, d）	(2) 橋軸直角方向遊間（b, e, f）	(3) 橋軸方向遊間（gまたはL）
a ＞ D/2× θ c ＞ B/2× θ d ＞ B/2× θ θ =設計回転角	e ＞ b f ＞ b b：設計値（図面上の遊間量）+2mm以下	固定 g1+g2, g3+g4 ：w× θ ～設計値+2mm以下 可動 (L5+L6)/2が設計移動量以上

製造番号	No. ---						No. ---											
位置	D	B7	B8	w7	w8	θ	D	B7	B8	w7	w8	θ						
設計値																		
測定値				−		−				−		−						

設計値 ＼ 製造番号																
	位置	a5	a6	b1	b2	b3	b4	c1	c2	c3	c4	d1	d2	d3	d4	判定
	設計値															
	許容差	D/2× θ 以上		設計値+2mm以下				B7/2× θ 以上		B8/2× θ 以上		B7/2× θ 以上		B8/2× θ 以上		
	位置	e1	e2	e3	e4	f1	f2	f3	f4	g1+g2		g3+g4		(L5+L6)/2		
	設計値															
	許容差	b以上				b以上				B7× θ ～設計値+2mm		B8× θ ～設計値+2mm		設計値以上		
No. ---	位置	a5	a6	b1	b2	b3	b4	c1	c2	c3	c4	d1	d2	d3	d4	
	実測値															
	許容差															
	位置	e1	e2	e3	e4	f1	f2	f3	f4	g1 / g2 / g1+g2		g3 / g4 / g3+g4		L5 / L6 / (L5+L6)/2		
	実測値															
	許容差									−		−		−		
No. ---	位置	a5	a6	b1	b2	b3	b4	c1	c2	c3	c4	d1	d2	d3	d4	
	実測値															
	許容差															
	位置	e1	e2	e3	e4	f1	f2	f3	f4	g1	g2	g3	g4	L5	L6	
	実測値															
	許容差															

様式-20(c)　　　　　　　　　　　　　　　　　　　　　　　　　No.

支承製品検査記録管理表
(鋼製支承（PN支承）プロセス検査)

検査日：

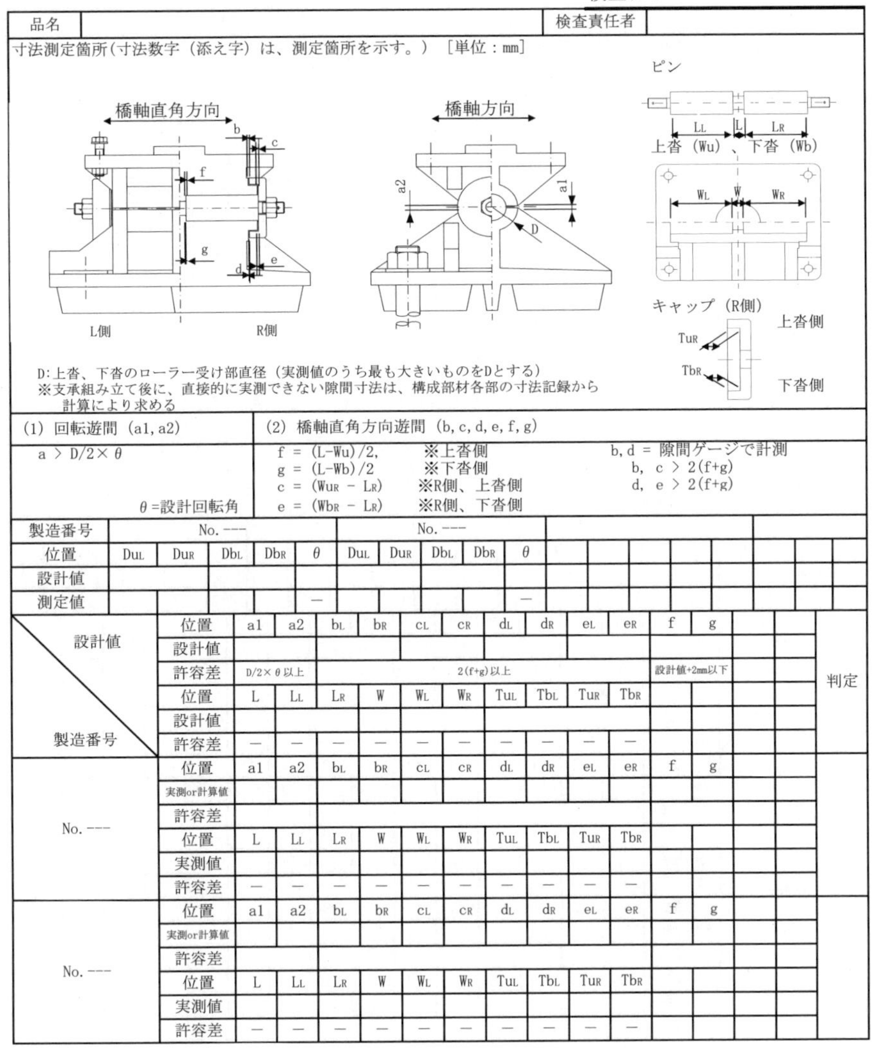

品名		検査責任者	

寸法測定箇所(寸法数字（添え字）は、測定箇所を示す。）［単位：mm］

D:上沓、下沓のローラー受け部直径（実測値のうち最も大きいものをDとする）
※支承組み立て後に、直接的に実測できない隙間寸法は、構成部材各部の寸法記録から計算により求める

(1) 回転遊間（a1, a2）

$a > D/2 \times \theta$

θ＝設計回転角

(2) 橋軸直角方向遊間（b, c, d, e, f, g）

$f = (L-Wu)/2$,　※上沓側
$g = (L-Wb)/2$　※下沓側
$c = (Wu_R - L_R)$　※R側、上沓側
$e = (Wb_R - L_R)$　※R側、下沓側

b, d ＝ 隙間ゲージで計測
b, c ＞ 2(f+g)
d, e ＞ 2(f+g)

製造番号	No.---					No.---													
位置	Du_L	Du_R	Db_L	Db_R	θ	Du_L	Du_R	Db_L	Db_R	θ									
設計値																			
測定値					－					－									

設計値 ＼ 製造番号	位置	a1	a2	b_L	b_R	c_L	c_R	d_L	d_R	e_L	e_R	f	g			判定
	設計値															
	許容差	D/2×θ以上		2(f+g)以上								設計値+2mm以下				
	位置	L	L_L	L_R	W	W_L	W_R	Tu_L	Tb_L	Tu_R	Tb_R					
	設計値															
	許容差	－	－	－	－	－	－	－	－	－	－					
No.---	位置	a1	a2	b_L	b_R	c_L	c_R	d_L	d_R	e_L	e_R	f	g			
	実測or計算値															
	許容差															
	位置	L	L_L	L_R	W	W_L	W_R	Tu_L	Tb_L	Tu_R	Tb_R					
	実測値															
	許容差	－	－	－	－	－	－	－	－	－	－					
No.---	位置	a1	a2	b_L	b_R	c_L	c_R	d_L	d_R	e_L	e_R	f	g			
	実測or計算値															
	許容差															
	位置	L	L_L	L_R	W	W_L	W_R	Tu_L	Tb_L	Tu_R	Tb_R					
	実測値															
	許容差	－	－	－	－	－	－	－	－	－	－					

様式-20(d)

No.

支承製品検査記録管理表
(鋼製支承（PV支承）プロセス検査)

検査日：

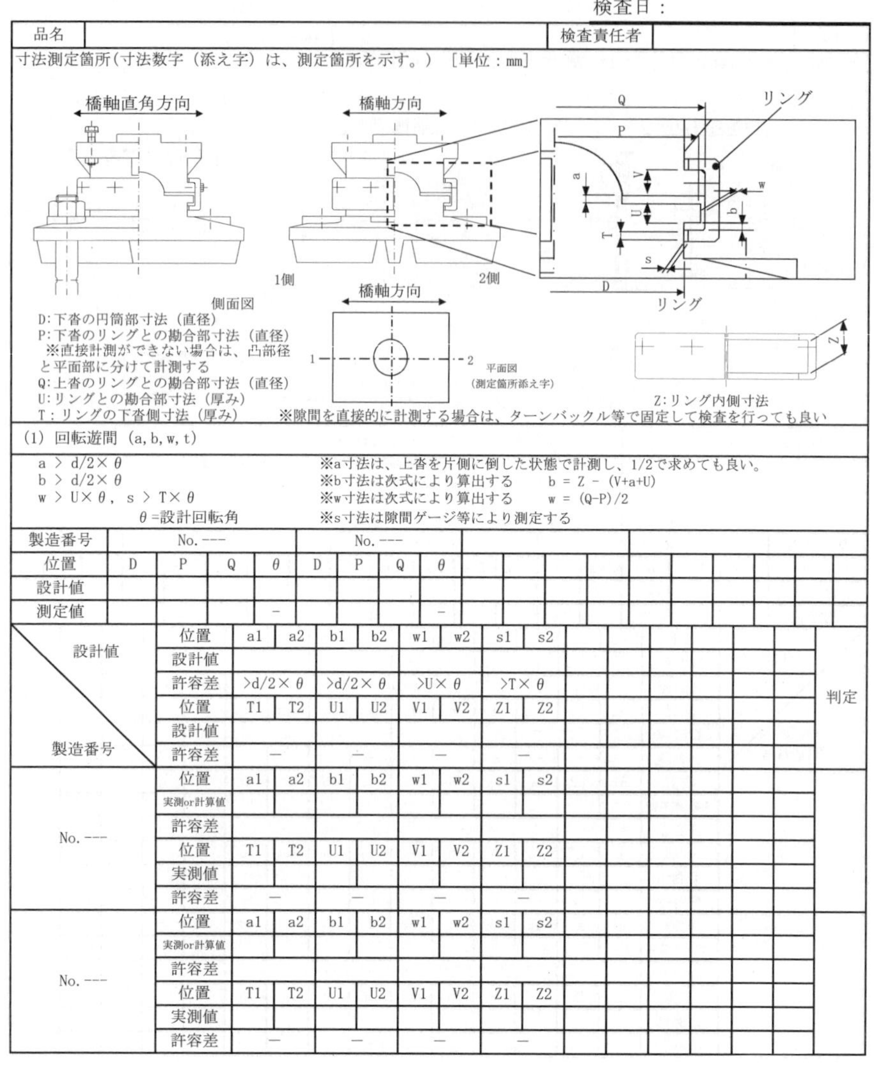

品名		検査責任者	

寸法測定箇所(寸法数字（添え字）は、測定箇所を示す。）［単位：mm］

D:下沓の円筒部寸法（直径）
P:下沓のリングとの勘合部寸法（直径）
※直接計測ができない場合は、凸部径と平面部に分けて計測する
Q:上沓のリングとの勘合部寸法（直径）
U:リングとの勘合部寸法（厚み）
T：リングの下沓側寸法（厚み）

※隙間を直接的に計測する場合は、ターンバックル等で固定して検査を行っても良い

(1) 回転遊間 (a, b, w, t)

a ＞ d/2× θ
b ＞ d/2× θ
w ＞ U× θ, s ＞ T× θ
θ =設計回転角

※a寸法は、上沓を片側に倒した状態で計測し、1/2で求めても良い。
※b寸法は次式により算出する　　b = Z - (V+a+U)
※w寸法は次式により算出する　　w = (Q-P)/2
※s寸法は隙間ゲージ等により測定する

製造番号	No.---				No.---											
位置	D	P	Q	θ	D	P	Q	θ								
設計値																
測定値				-				-								

設計値／製造番号	位置	a1	a2	b1	b2	w1	w2	s1	s2							判定
	設計値															
	許容差	>d/2× θ		>d/2× θ		>U× θ		>T× θ								
	位置	T1	T2	U1	U2	V1	V2	Z1	Z2							
	設計値															
	許容差	—		—		—		—								
No.---	位置	a1	a2	b1	b2	w1	w2	s1	s2							
	実測or計算値															
	許容差															
	位置	T1	T2	U1	U2	V1	V2	Z1	Z2							
	実測値															
	許容差	—		—		—		—								
No.---	位置	a1	a2	b1	b2	w1	w2	s1	s2							
	実測or計算値															
	許容差															
	位置	T1	T2	U1	U2	V1	V2	Z1	Z2							
	実測値															
	許容差	—		—		—		—								

様式-20(e)　　　　　　　　　　　　　　　　　　　　No. ＿＿＿＿＿＿

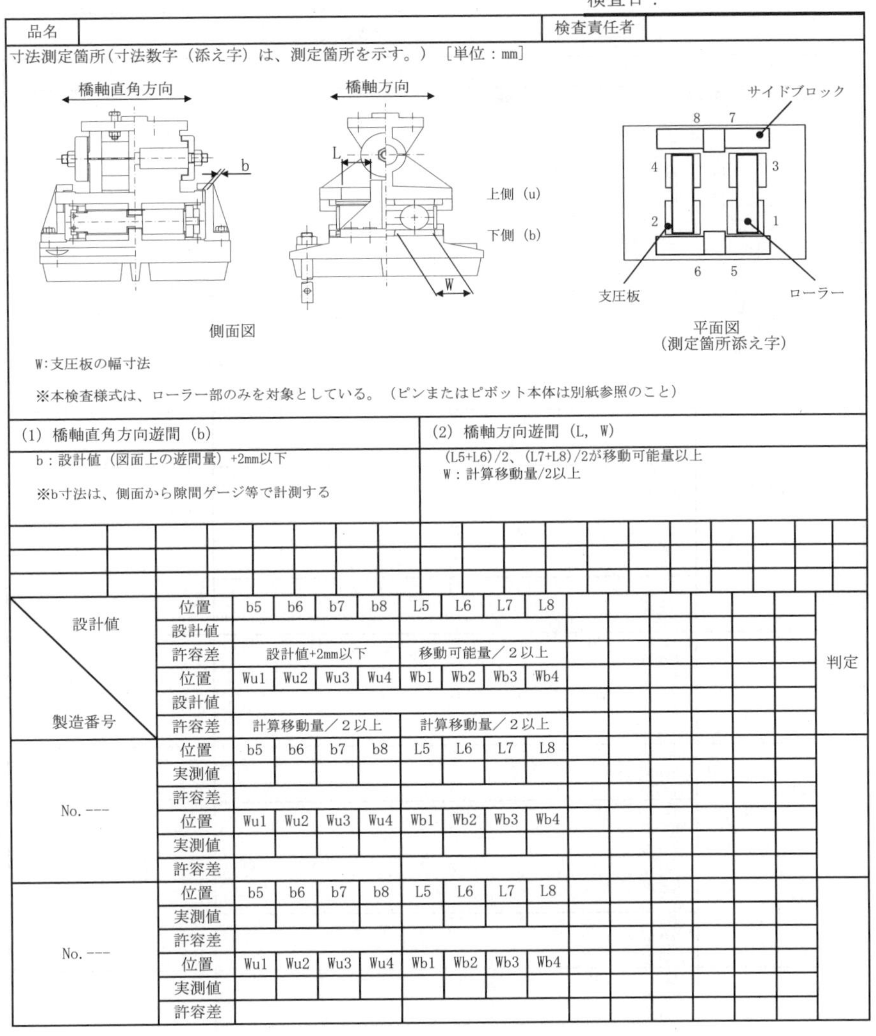

支承製品検査記録管理表
(鋼製支承（RO支承）プロセス検査)

検査日：

品名		検査責任者	

寸法測定箇所(寸法数字（添え字）は、測定箇所を示す。）［単位：mm］

W:支圧板の幅寸法

※本検査様式は、ローラー部のみを対象としている。（ピンまたはピボット本体は別紙参照のこと）

(1) 橋軸直角方向遊間（b）	(2) 橋軸方向遊間（L，W）
b：設計値（図面上の遊間量）+2mm以下 ※b寸法は、側面から隙間ゲージ等で計測する	(L5+L6)/2、(L7+L8)/2が移動可能量以上 W：計算移動量/2以上

設計値／製造番号																判定
設計値	位置	b5	b6	b7	b8	L5	L6	L7	L8							
	設計値															
	許容差	設計値+2mm以下				移動可能量／２以上										
	位置	Wu1	Wu2	Wu3	Wu4	Wb1	Wb2	Wb3	Wb4							
	設計値															
製造番号	許容差	計算移動量／２以上				計算移動量／２以上										
No. ---	位置	b5	b6	b7	b8	L5	L6	L7	L8							
	実測値															
	許容差															
	位置	Wu1	Wu2	Wu3	Wu4	Wb1	Wb2	Wb3	Wb4							
	実測値															
	許容差															
No. ---	位置	b5	b6	b7	b8	L5	L6	L7	L8							
	実測値															
	許容差															
	位置	Wu1	Wu2	Wu3	Wu4	Wb1	Wb2	Wb3	Wb4							
	実測値															
	許容差															

様式-21(a)（コンクリート橋の場合）　　　　　　　　　　　　No. ____________

支承製品検査記録管理表
(鋼製支承組立寸法検査)

検査日：　　　　年　　月　　日

検査責任者	

品名		数量	組

橋軸直角方向
T2
T3
n1-d1
L5
H1
L6
n2-d2
T4
T1
橋軸方向
L2
L3
L4
L1

埋込み長さ				
	呼び	規格値	実測値	検査結果
ｱﾝｶｰﾊﾞｰ		±	最大 最小	
ｱﾝｶｰﾎﾞﾙﾄ		±	最大 最小	

製造番号								アンカー位置	外観	判定
	位置	H1	H2	T2	L2	T1	L1			
	設計値									
	許容差									
	位置	T3	L3	T4	L4					
	設計値									
	許容差									
	位置	H1	H2	T2	L2	T1	L1			
	実測値									
	差									
	位置	T3	L3	T4	L4					
	実測値									
	差									
	位置	H1	H2	T2	L2	T1	L1			
	実測値									
	許容差									
	位置	T3	L3	T4	L4					
	実測値									
	許容差									
	位置	H1	H2	T2	L2	T1	L1			
	実測値									
	許容差									
	位置	T3	L3	T4	L4					
	実測値									
	許容差									
	位置	H1	H2	T2	L2	T1	L1			
	実測値									
	許容差									
	位置	T3	L3	T4	L4					
	実測値									
	許容差									
	位置	H1	H2	T2	L2	T1	L1			
	実測値									
	許容差									
	位置	T3	L3	T4	L4					
	実測値									
	許容差									

・アンカーボルトの位置はテンプレートによる確認とする
・各寸法の許容差は**表-参18.3**を参照。
・寸法測定箇所［ 単位 mm ］
・測定結果の実測値を記載

・外観は検査結果を「良」，「不良」で記載
　判定は総合結果を「合格」，「不合格」で記載

様式-21(b)（鋼橋の場合）　　　　　　　　　　　　　　　　　No.

支承製品検査記録管理表
(鋼製支承組立寸法検査)

検査日：　　　年　月　日

検査責任者	

品名		数量	組

検査項目	検査結果
ｾｯﾄﾎﾞﾙﾄ位置	

埋込み長さ				
検査項目	呼び	規格値	実測値	検査結果
ｱﾝｶｰﾎﾞﾙﾄ		±	最大 最小	

製造番号								アンカー位置	外観	判定
	位置	H1	H2	T2	L2	T1	L1			
	設計値									
	許容差									
	位置	T3	L3	T4	L4	D	H2			
	設計値									
	許容差									
	位置	H1	H2	T2	L2	T1	L1			
	実測値									
	差									
	位置	T3	L3	T4	L4	D	H2			
	実測値									
	差									
	位置	H1	H2	T2	L2	T1	L1			
	実測値									
	許容差									
	位置	T3	L3	T4	L4	D	H2			
	実測値									
	許容差									
	位置	H1	H2	T2	L2	T1	L1			
	実測値									
	許容差									
	位置	T3	L3	T4	L4	D	H2			
	実測値									
	許容差									
	位置	H1	H2	T2	L2	T1	L1			
	実測値									
	許容差									
	位置	T3	L3	T4	L4	D	H2			
	実測値									
	許容差									
	位置	H1	H2	T2	L2	T1	L1			
	実測値									
	許容差									
	位置	T3	L3	T4	L4	D	H2			
	実測値									
	許容差									

・アンカーボルトの位置はテンプレートによる確認とする
・各寸法の許容差は**表−参18.3**を参照。
・寸法測定箇所[単位 mm]
・測定結果の実測値を記載

・外観は検査結果を「良」，「不良」で記載
　判定は総合結果を「合格」，「不合格」で記載

参考資料-18　支承部の施工管理値（案）

(1) 寸法許容差

1) ゴム支承

ゴム支承の寸法記号を**図-参 18.1** に示す。また，これまで一般的に適用されている寸法許容差を**表-参 18.1**，**表-参 18.2** に示す。**表-参 18.1**，**表-参 18.2** に示す項目別に寸法測定を行い，実測値と設計時の形状寸法値との差が寸法許容差を満たしていることを確認するのがよい。

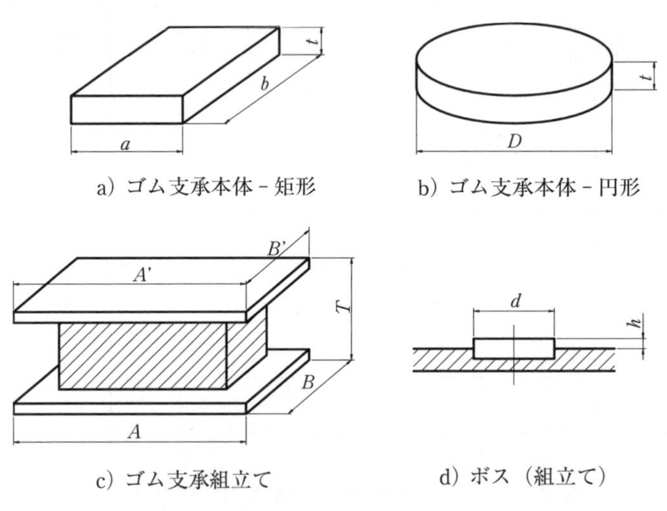

図-参 18.1　ゴム支承本体 寸法記号

表–参 18.1　ゴム支承本体の寸法許容差

項目		区分	寸法許容差
ゴム支承本体	長さ(a) 幅(b) 直径(D)	$a, b, D \leqq 500$mm	0 ～ +5mm
		500mm < $a, b, D \leqq 1500$mm	0 ～ +1%
		1500mm < a, b, D	0 ～ +15mm
	厚さ(t)	$t \leqq 20$mm	± 0.5mm
		20mm < $t \leqq 160$mm	± 2.5%
		160mm < t	± 4mm
	相対誤差[注1)]	$a, b, D \leqq 1000$mm	1mm
		1000mm < a, b, D	(a, b, D)/1000mm
ゴム支承組立て[注2)]	高さ(T)	$A, B, A', B' \leqq 1500$mm	ゴム支承本体厚さ(t)の許容差に± 1.5mm を加算
		1500mm < A, B, A', B'	ゴム支承本体厚さ(t)の許容差に± 2.0mm を加算

注 1）相対誤差は，ゴム支承本体の四隅の厚さ(t)の最大相対差とする。なお，寸法記号は**図–参 18.1** に示す通りである。

注 2）ゴム支承高さ(T)は，ゴム支承本体に取付く鋼板の JIS で許容されるそり，及び加工精度を考慮した長さ(A，または A')，幅(B，または B')の最大平面寸法（いずれかの大きい方）とした。鋳鋼品と組み合わせる場合には，ゴム支承の許容差に**表–参 18.3** の組立高さ(H)を加算する。

表–参 18.2　鋼材の寸法許容差

項目		寸法許容差	備考
上・下部鋼構造物との接合用ボルト孔	孔の直径	-0mm ～ +2mm	
	中心距離≦ 1000mm	≦ 1mm	ボスの突起を基準とした孔の位置ずれ
	中心距離＞ 1000mm	≦ 1.5mm	
アンカーボルト用孔 アンカーバー用孔	ドリル加工孔	-1.0mm ～ +3.0mm	
	孔の中心距離	JIS B 0417-1979 B 級	ガス切断寸法を準用
アンカーボルト アンカーバー	長さ	± 2%	全長及び埋込み長さ
ボス	直径(d)	-1mm ～ +0mm	組立て後
	高さ(h)	-1mm ～ +1mm	
普通寸法	削り加工寸法	JIS B 0405-1991 粗級	内部鋼板を含む
	ガス切断寸法	JIS B 0417-1979 B 級	内部鋼板を含む

注）鋳鋼品の寸法許容差は，**表– 参 18.3** による。

2）　鋼製支承の寸法許容差

これまで一般的に適用されている鋼製支承の寸法許容差を**表-参 18.3** に示す。**表-参 18.3** に示す項目別に寸法測定を行い，実測値と設計時の形状寸法値との差が寸法許容差を満たしていることを確認するのがよい。

表-参 18.3　鋼製部品および鋼製支承の寸法許容差

<table>
<tr><th colspan="4">項目</th><th>寸法許容差</th><th>備考</th></tr>
<tr><td rowspan="8">ボルト孔</td><td rowspan="3">上・下部鋼構造物との接合用ボルト孔</td><td colspan="2">孔の直径</td><td>-0mm ～ +2mm</td><td></td></tr>
<tr><td colspan="2">中心距離≦ 1000mm</td><td>≦ 1mm</td><td rowspan="2">ボスの突起を基準とした孔の位置ずれ</td></tr>
<tr><td colspan="2">中心距離＞ 1000mm</td><td>≦ 1.5mm</td></tr>
<tr><td rowspan="3">アンカーボルト
アンカーバー用孔
（鋳放し）</td><td rowspan="2">孔の直径</td><td>≦ 100mm</td><td>+3 ～ -1mm</td><td></td></tr>
<tr><td>＞ 100mm</td><td>+4 ～ -2mm</td><td></td></tr>
<tr><td colspan="2">孔の中心距離</td><td>JIS B 0403-1995 CT13</td><td></td></tr>
<tr><td rowspan="2">アンカーボルト
アンカーバー用孔</td><td colspan="2">ドリル加工孔</td><td>-1.0mm ～ +3.0mm</td><td></td></tr>
<tr><td colspan="2">孔の中心距離</td><td>JIS B 0417-1979 B 級</td><td>ガス切断寸法を準用</td></tr>
<tr><td colspan="2">アンカーボルト
アンカーバー</td><td colspan="2">長さ</td><td>± 2%</td><td></td></tr>
<tr><td colspan="2" rowspan="2">センターボス</td><td colspan="2">直径(d)</td><td>-1mm ～ +0mm</td><td rowspan="2"></td></tr>
<tr><td colspan="2">高さ(h)</td><td>+0mm ～ +1mm</td></tr>
<tr><td colspan="2" rowspan="2">ボス</td><td colspan="2">直径(d)</td><td>-1mm ～ +0mm</td><td rowspan="2">組立て後</td></tr>
<tr><td colspan="2">高さ(h)</td><td>-1mm ～ +1mm</td></tr>
<tr><td colspan="4">上沓の橋軸および橋軸直角方向の長さ寸法</td><td>JIS B 0403-1995 CT13</td><td></td></tr>
<tr><td rowspan="2">組立高さ</td><td>上・下面加工仕上げ</td><td colspan="2">$H \leqq 300$mm</td><td>± 3mm</td><td rowspan="2"></td></tr>
<tr><td>コンクリート
構造用</td><td colspan="2">$H > 300$mm</td><td>±(H/200+3)mm
小数点以下切り捨て</td></tr>
<tr><td colspan="2" rowspan="2">全移動量[注3]　（e）</td><td colspan="2">$e \leqq 300$mm</td><td>± 2mm</td><td rowspan="2"></td></tr>
<tr><td colspan="2">$e > 300$mm</td><td>± e/100mm</td></tr>
<tr><td colspan="2" rowspan="4">普通寸法</td><td colspan="2">鋳放し長さ[注1,2]</td><td>JIS B 0403-1995 CT14</td><td></td></tr>
<tr><td colspan="2">鋳放し肉厚[注1]</td><td>JIS B 0403-1995 CT15</td><td></td></tr>
<tr><td colspan="2">削り加工寸法</td><td>JIS B 0405-1991 粗級</td><td></td></tr>
<tr><td colspan="2">ガス切断寸法</td><td>JIS B 0417-1979 B級</td><td></td></tr>
</table>

注 1）　片面のみの削り加工の場合も含む。

注 2）　ソールプレートの接触面の橋軸および橋軸直角方向の長さ寸法に対しては CT13 を適用するものとする。

注 3）　全移動量分の遊間が確保されているのかを確認する。

(2) 箱抜き位置及び箱抜き位置相互の施工精度

これまで一般的に適用されている箱抜き位置及び箱抜き位置相互の施工精度の標準値を**表-参 18.4** に示す。実測値と設計値の差が，この施工精度を満足していることを確認するのがよい。特にアンカーボルト孔の鉛直度の精度が悪いと，孔下端でアンカーボルトと干渉し，必要なアンカーボルトの定着長が確保できなくなる場合があるため注意が必要である。

表-参 18.4 箱抜き位置及び箱抜き位置相互の施工精度

管理項目	施工精度
計画高	+ 10mm ～ − 20mm
平面位置	± 20mm
アンカーボルト孔の鉛直度	1/50 以下

(3) 据付精度

1) ゴム支承

これまで一般的に適用されているゴム支承の据付け精度を**表-参 18.5** に示す。実測値と設計値の差が，この施工精度を満足していることを確認するのがよい。

表-参 18.5 ゴム支承の据付け精度

検 査 項 目		コンクリート橋	鋼　橋
据付高さ 注1)		± 5mm	
可動支承の移動可能量 注2)		設計移動量以上	
可動支承の橋軸方向のずれ 同一支承線上の相対誤差		5mm	
支承中心間隔（橋軸直角方向） 注3)		± 5mm	± (4 + 0.5(B−2))mm
水平度	橋軸方向	1/300 ※	
	橋軸直角方向		
可動支承の機能確認 注4)		温度変化に伴う移動量計算値の 1/2 以上	

※：ゴム支承は桁の回転変位にゴムの変形で追随することから，鋼製支承とは異なる水平度としている。支承の平面寸法が 300mm 以下の場合は，水平面の高低差を 1mm 以下とする。なお，支承を勾配なりに据付ける場合を除く。

注 1) 先固定の場合は，支承上面で測定する。

注 2)　可動支承の遊間（L_a, L_b）を計測し，支承据付時のオフセット量δを考慮して，移動可能量が下記を満たすことを確認する。

$L_a + \delta \geqq$ 設計移動量

$L_b - \delta \geqq$ 設計移動量

ただし，δ：支承据付時のオフセット量

$\delta = \Delta l_t' + \Delta l_s + \Delta l_c + \Delta l_p + \Delta l_d$

$\Delta l_t'$：支承据付時温度と基準温度との温度差による移動量(mm)

Δl_s：コンクリートの乾燥収縮による移動量(mm)

Δl_c：コンクリートのクリープによる移動量(mm)

Δl_p：プレストレスによるコンクリートの弾性変形移動量(mm)

Δl_d：支承据付完了後に作用する死荷重による移動量(mm)

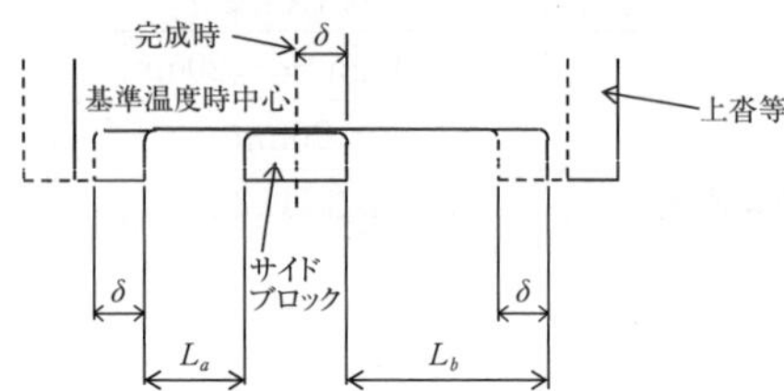

注 3)　B：支承中心間隔(m)

注 4)　可動支承の移動量検査は，架設完了後に実施する。

L_1：温度t_1のときの遊間測定値(mm)

L_2：温度t_2のときの遊間測定値(mm)

ΔL：温度変化（$t_1 - t_2$）に伴う測定移動量(mm)

$\Delta L = L_1 - L_2 \geqq l_0(t_1 - t_2)/2$

温度変化（$t_1 - t_2$）に伴う測定移動量△Lが，その温度変化に対する移動量の計算値の1/2以上であることを確認する。

l_0：単位温度あたりの移動量（mm/℃）

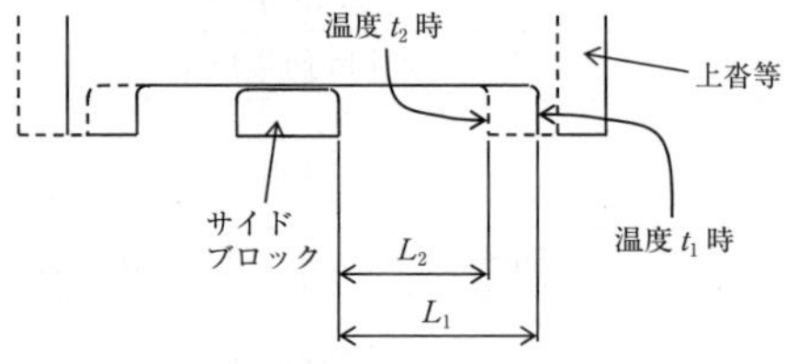

2)　鋼製支承の据付精度

これまで一般的に適用されている鋼製支承の据付け精度を**表-参 18.6**に示す。実測値と設計値の差が，この施工精度を満足していることを確認するのがよい。

表-参 18.6　鋼製支承の据付け精度

<table>
<tr><th colspan="2">検 査 項 目</th><th>コンクリート橋</th><th>鋼　橋</th></tr>
<tr><td colspan="2">据付高さ 注1)</td><td colspan="2">± 5mm</td></tr>
<tr><td colspan="2">可動支承の移動可能量 注2)</td><td colspan="2">設計移動量以上</td></tr>
<tr><td colspan="2">可動支承の橋軸方向のずれ
同一支承線上の相対誤差</td><td colspan="2">5mm</td></tr>
<tr><td colspan="2">支承中心間隔（橋軸直角方向） 注3)</td><td>± 5mm</td><td>± (4 + 0.5(B − 2))mm</td></tr>
<tr><td rowspan="2">水平度</td><td>橋軸方向</td><td colspan="2" rowspan="2">1/100 ※</td></tr>
<tr><td>橋軸直角方向</td></tr>
<tr><td colspan="2">可動支承の機能確認 注4)</td><td colspan="2">温度変化に伴う移動量計算値の 1/2 以上</td></tr>
</table>

※：支承の平面寸法が 300mm 以下の場合は，水平面の高低差を 1mm 以下とする。なお，支承を勾配なりに据付ける場合を除く。

注 1）先固定の場合は，支承上面で測定する。

注 2）ゴム支承の場合と同様に，可動支承の遊間（L_a，L_b）を計測し，支承据付時のオフセット量 δ を考慮して，移動可能量を確認する。

注 3）B：支承中心間隔(m)

注 4）可動支承の移動量検査は，架設完了後に実施する。

L_1：温度 t_1 のときの遊間測定値(mm)

L_2：温度 t_2 のときの遊間測定値(mm)

ΔL：温度変化（$t_1 - t_2$）に伴う測定移動量(mm)

$\Delta L = L_1 - L_2 \geqq l_0\ (t_1 - t_2) / 2$

温度変化（$t_1 - t_2$）に伴う測定移動量 ΔL が，その温度変化に対する移動量の計算値の 1/2 以上であることを確認する。

l_0：単位温度あたりの移動量（mm ／℃）

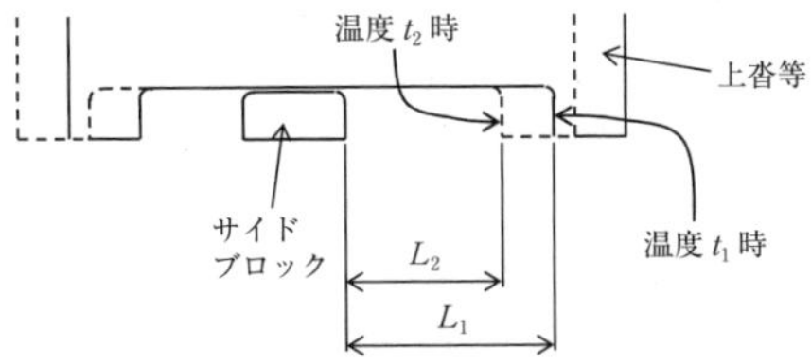

参考資料-19　ゴム支承の製作工程及びゴム支承の外観検査の留意事項

1．ゴム支承の製作工程

ゴム支承の製造はほとんどの場合，**図-参 19.1** のような手順で行われる。混練の際に添加する配合剤（促進剤・軟化剤・滑剤・可塑剤・老化防止剤など）により様々な性質を付加することが可能となるところにゴムの特質がある。

ただし，原料ゴムの持つ基本的な特性を大幅に改良するものではないため，特別な性能を付加する場合には得失を勘案して原料ゴムを選定する必要がある。また，使用箇所に応じて原料ゴムの使い分けを行うことも有効である。

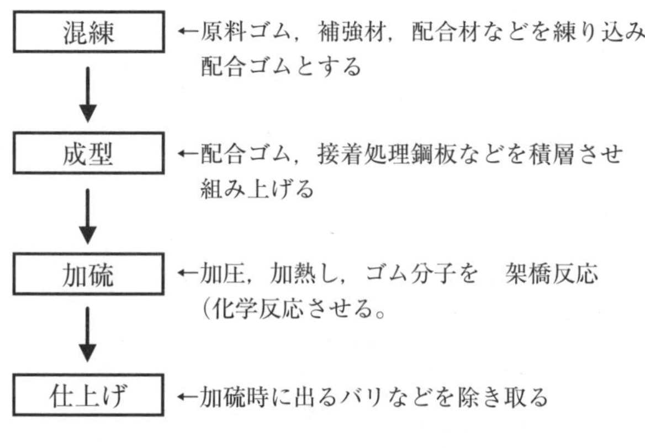

図-参 19.1　ゴム支承本体の製造プロセス

① 混練　原料ゴムに配合剤を混合し，機械的せん断力を加えてゴムに可塑性を持たせ，同時に補強材，配合材をゴム中に練り込み，分散させる作業。これにより配合ゴムとなる。

② 成型　配合ゴム及び接着処理鋼板その他材料を積層し，金型中に組上げる作業。

③ 加硫　成型ゴムを加圧・加熱などの処理をし，ゴム分子鎖間を化学結

合で結ぶ反応をいう。加硫のような化学反応は，長いゴム分子を短い架橋分子が橋をかけるようになるため，架橋反応という。

④　仕上げ　加硫により出た余計なゴム（バリ）を除去し，仕上げる

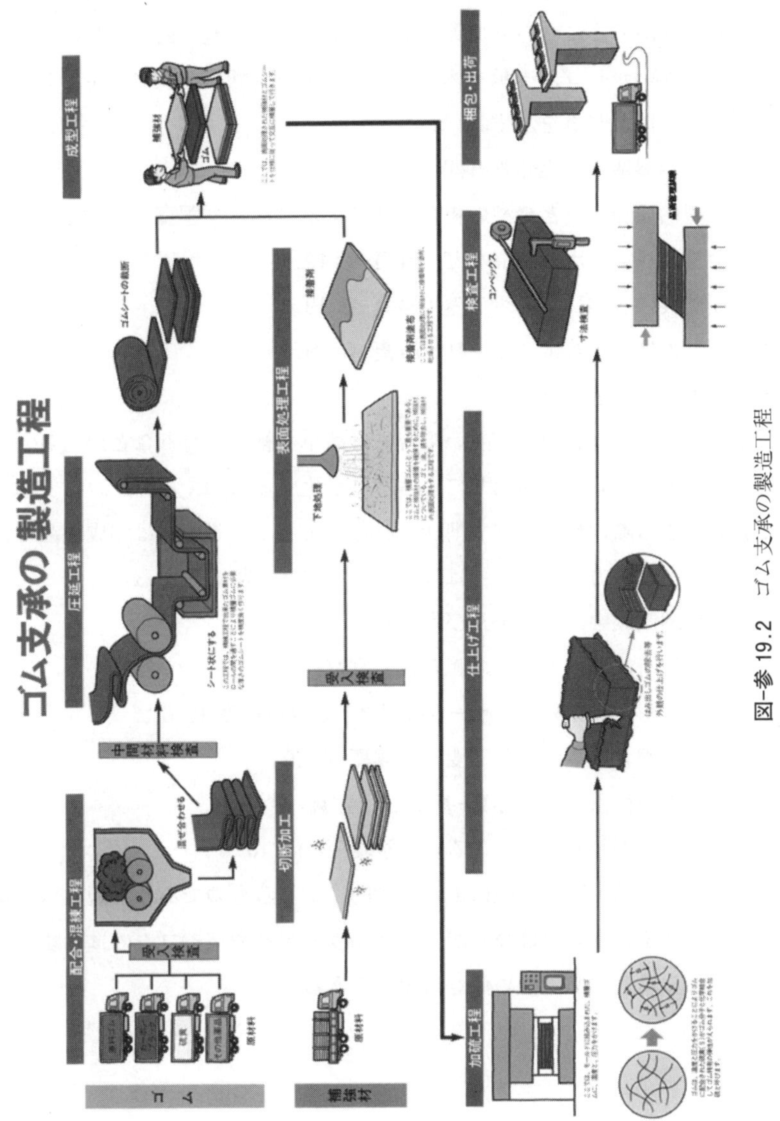

図-参 19.2　ゴム支承の製造工程

2. ゴム支承の外観

ゴム支承本体の外観の凹凸，筋などは金型の表面加工傷や金型（モールド）の組合せ部の段差がゴム表面に写り生じるものと，ゴム支承本体の品質管理試験後に生じるものがある。これらの原因による外観の違いは直接的に製品の特性に影響することはないが，ゴム支承本体として一般的な外観と試験後に生じる外観の変化について原因と写真を示す。

1） ゴム支承製造上に生じる外観

① 金型内面加工痕と金型の組合わせによる割面痕：**写真-参 19.1**

② 金型，ベントホール痕など：**写真-参 19.2**

③ 加硫後の収縮によるへこみ：**写真-参 19.3**

④ ゴムのはみ出しによるバリ：**写真-参 19.4**

⑤ ゴム表面の色ムラ

なお，①②③は見栄えが悪い場合には簡単な補修を行うことがある。④は加硫成形後にゴムのはみ出しによるバリが生じるものであり，ゴム支承として製品となる際の仕上工程で削除される。よって，厳密には完成製品ではないが，仕上げの方法によっては多少，バリが残る場合がある。

2） 品質管理試験中，試験後及び保管時

① 鉛直載荷試験中のゴムの膨らみ：**写真-参 19.5**

② 水平変形試験中のコーナー部のまくれ：**写真-参 19.6**

③ 品質管理試験後のしわと変色：**写真-参 19.7**

④ 保管時の積重ね痕：**写真-参 19.8**，**写真-参 19.9**

⑤ 保管時の梱包具などによる痕：**写真-参 19.10**

これらは，品質管理試験により一般的に生じるものであり外観異状ではなく補修などを行う必要はないが，内部鋼板のずれや被覆ゴムのはく離などにより生じる場合もあるため注意は必要である。

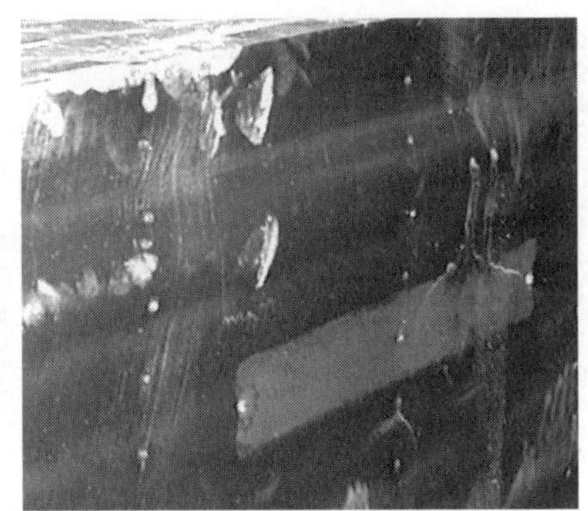

写真–参 19.1　金型内面加工痕の転写

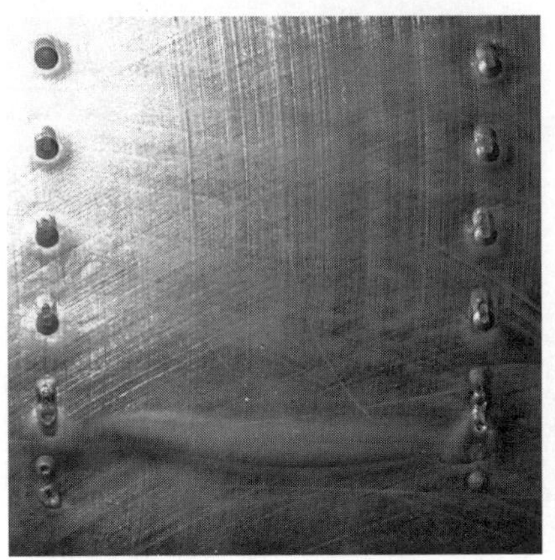

写真–参 19.2　ベントホール痕ずれ

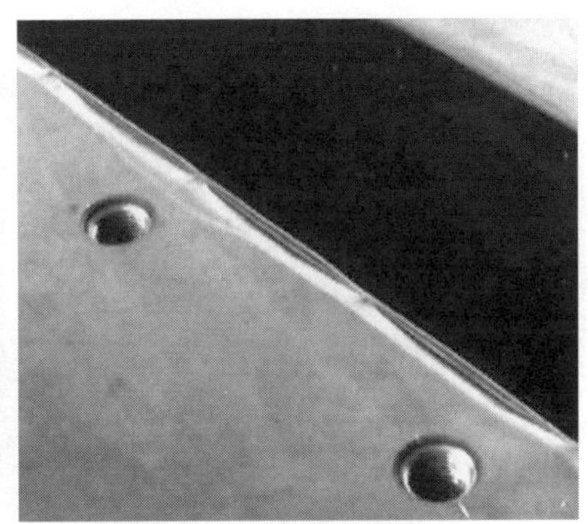

写真–参 19.3　収縮によるへこみ

写真–参 19.4　バリ

（側面）

（正面）

写真−参 19.5　品質管理試験時の膨らみ

写真−参 19.6　せん断特性試験時のコーナー部のまくれ

写真−参 19.7　品質管理試験後のしわと変色

写真−参 19.8　保管時の積重ね痕

写真−参 19.9　保管時の積重ね痕

写真−参 19.10　保管時の梱包具による痕

3．欠陥の区分と補修例

ゴム支承本体においては，傷がついたものは使用しないことが原則となるが，品質管理試験中や輸送時及び施工時など不測の事態によりゴムに傷がついた場合などはゴム支承の特性に影響しない部分であると判断できる場合は，補修することができる。補修方法の例を**表-参 19.1** に示す。

表-参 19.1　補修方法の例

欠陥の区分		補修方法
上下面・側面部の被覆	深さ 5 mm 未満	自然加硫ゴム ＋ 接着剤
①縦傷，②横傷 ③こすれ傷	深さ 5 mm 以上	加硫補修，再製作
④コーナー部亀裂	内部鋼板に達しない	自然加硫ゴム ＋ 接着剤
⑤コーナー部欠損	内部鋼板に達する	加硫補修，再製作

注）1）補修後の製品は再度品質管理試験を実施する。
　　2）加硫補修が充分でないと判断される場合には再製作とする。

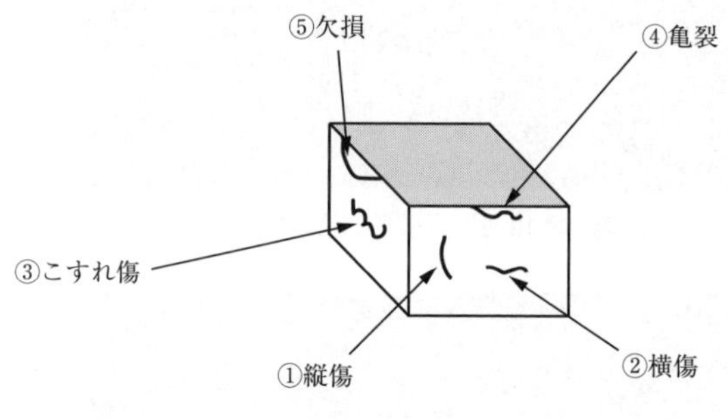

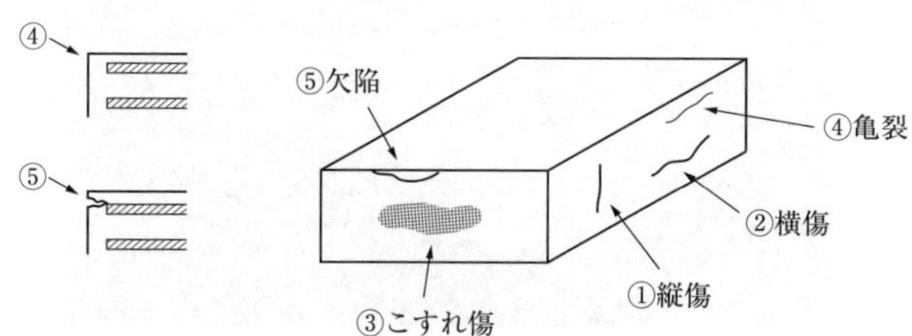

図-参 19.3　ゴム支承本体の欠陥の例

執筆者

（50音順）

青木康素
浅井貴幸
今井隆
大住道生
兼子一弘
久保田成是
佐藤京
澤田守
白戸真大
高橋宏和
高原良太
手塚光広
西田秀明
原田拓也
平山博
宮原史
矢部正明
横山朋弘
吉川昌宏
余野智哉

秋本光雄
石山昌幸
浦川洋介
岡田太賀雄
河藤千尋
佐藤孝司
佐野泰如
篠原聖二
高野真
高橋良和
築地貴裕
中尾健太郎
原暢彦
姫野岳彦
牧田通
安里俊則
山下章
吉川卓
吉田純司

道路橋支承便覧（平成30年 改訂版）

平成 3 年 7 月10日　　初　版第1刷発行
平成31年 2 月 8 日　　改訂版第1刷発行
令和 5 年10月20日　　　　　第3刷発行

編　集
発行所　公益社団法人 日 本 道 路 協 会
東京都千代田区霞が関3－3－1

印刷所　有限会社 セ　キ　グ　チ

発売所　丸 善 出 版 株 式 会 社
東京都千代田区神田神保町2－17

ISBN978-4-88950-273-2 C2051

日本道路協会出版図書案内

図書名	ページ	定価(円)	発行年
交通工学			
クロソイドポケットブック（改訂版）	369	3,300	S49. 8
自転車道等の設計基準解説	73	1,320	S49.10
立体横断施設技術基準・同解説	98	2,090	S54. 1
道路照明施設設置基準・同解説（改訂版）	240	5,500	H19.10
附属物（標識・照明）点検必携 ～標識・照明施設の点検に関する参考資料～	212	2,200	H29. 7
視線誘導標設置基準・同解説	74	2,310	S59.10
道路緑化技術基準・同解説	82	6,600	H28. 3
道路の交通容量	169	2,970	S59. 9
道路反射鏡設置指針	74	1,650	S55.12
視覚障害者誘導用ブロック設置指針・同解説	48	1,100	S60. 9
駐車場設計・施工指針同解説	289	8,470	H 4.11
道路構造令の解説と運用（改訂版）	742	9,350	R 3. 3
防護柵の設置基準・同解説（改訂版） ボラードの設置便覧	246	3,850	R 3. 3
車両用防護柵標準仕様・同解説（改訂版）	164	2,200	H16. 3
路上自転車・自動二輪車等駐車場設置指針 同解説	74	1,320	H19. 1
自転車利用環境整備のためのキーポイント	140	3,080	H25. 6
道路政策の変遷	668	2,200	H30. 3
地域ニーズに応じた道路構造基準等の取組事例集（増補改訂版）	214	3,300	H29. 3
道路標識設置基準・同解説（令和2年6月版）	413	7,150	R 2. 6
道路標識構造便覧（令和2年6月版）	389	7,150	R 2. 6
橋　梁			
道路橋示方書・同解説（Ⅰ共通編）（平成29年版）	196	2,200	H29.11
〃（Ⅱ鋼橋・鋼部材編）（平成29年版）	700	6,600	H29.11
〃（Ⅲコンクリート橋・コンクリート部材編）（平成29年版）	404	4,400	H29.11
〃（Ⅳ下部構造編）（平成29年版）	572	5,500	H29.11
〃（Ⅴ耐震設計編）（平成29年版）	302	3,300	H29.11
平成29年道路橋示方書に基づく道路橋の設計計算例	564	2,200	H30. 6
道路橋支承便覧（平成30年版）	592	9,350	H31. 2
プレキャストブロック工法によるプレストレスト コンクリートTげた道路橋設計施工指針	81	2,090	H 4.10
小規模吊橋指針・同解説	161	4,620	S59. 4
道路橋耐風設計便覧（平成19年改訂版）	300	7,700	H20. 1

日本道路協会出版図書案内

図　書　名	ページ	定価(円)	発行年
鋼道路橋設計便覧	652	7,700	R 2.10
鋼道路橋疲労設計便覧	330	3,850	R 2. 9
鋼道路橋施工便覧	694	8,250	R 2. 9
コンクリート道路橋設計便覧	496	8,800	R 2. 9
コンクリート道路橋施工便覧	522	8,800	R 2. 9
杭基礎設計便覧（令和2年度改訂版）	489	7,700	R 2. 9
杭基礎施工便覧（令和2年度改訂版）	348	6,600	R 2. 9
道路橋の耐震設計に関する資料	472	2,200	H 9. 3
既設道路橋の耐震補強に関する参考資料	199	2,200	H 9. 9
鋼管矢板基礎設計施工便覧（令和4年度改訂版）	407	8,580	R 5. 2
道路橋の耐震設計に関する資料 (PCラーメン橋・RCアーチ橋・PC斜張橋等の耐震設計計算例)	440	3,300	H10. 1
既設道路橋基礎の補強に関する参考資料	248	3,300	H12. 2
鋼道路橋塗装・防食便覧資料集	132	3,080	H22. 9
道路橋床版防水便覧	240	5,500	H19. 3
道路橋補修・補強事例集（2012年版）	296	5,500	H24. 3
斜面上の深礎基礎設計施工便覧	336	6,050	R 3.10
鋼道路橋防食便覧	592	8,250	H26. 3
道路橋点検必携～橋梁点検に関する参考資料～	480	2,750	H27. 4
道路橋示方書・同解説Ⅴ耐震設計編に関する参考資料	305	4,950	H27. 4
道路橋ケーブル構造便覧	462	7,700	R 3.11
道路橋示方書講習会資料集	404	8,140	R 5. 3
舗装			
アスファルト舗装工事共通仕様書解説（改訂版）	216	4,180	H 4.12
アスファルト混合所便覧（平成8年版）	162	2,860	H 8.10
舗装の構造に関する技術基準・同解説	104	3,300	H13. 9
舗装再生便覧（平成22年版）	290	5,500	H22.11
舗装性能評価法(平成25年版)―必須および主要な性能指標編―	130	3,080	H25. 4
舗装性能評価法別冊 ―必要に応じ定める性能指標の評価法編―	188	3,850	H20. 3
舗装設計施工指針（平成18年版）	345	5,500	H18. 2
舗装施工便覧（平成18年版）	374	5,500	H18. 2
舗装設計便覧	316	5,500	H18. 2
透水性舗装ガイドブック2007	76	1,650	H19. 3
コンクリート舗装に関する技術資料	70	1,650	H21. 8

日本道路協会出版図書案内

図　書　名	ページ	定価(円)	発行年
コンクリート舗装ガイドブック2016	348	6,600	H28. 3
舗装の維持修繕ガイドブック2013	250	5,500	H25.11
舗装の環境負荷低減に関する算定ガイドブック	150	3,300	H26. 1
舗装点検必携	228	2,750	H29. 4
舗装点検要領に基づく舗装マネジメント指針	166	4,400	H30. 9
舗装調査・試験法便覧（全4分冊）(平成31年版)	1,929	27,500	H31. 3
舗装の長期保証制度に関するガイドブック	100	3,300	R 3. 3
アスファルト舗装の詳細調査・修繕設計便覧	250	6,490	R 5. 3
道路土工			
道路土工構造物技術基準・同解説	100	4,400	H29. 3
道路土工構造物点検必携（令和２年版）	378	3,300	R 2.12
道路土工要綱（平成２１年度版）	450	7,700	H21. 6
道路土工－切土工・斜面安定工指針（平成21年度版）	570	8,250	H21. 6
道路土工－カルバート工指針（平成21年度版）	350	6,050	H22. 3
道路土工－盛土工指針（平成２２年度版）	328	5,500	H22. 4
道路土工－擁壁工指針（平成２４年度版）	350	5,500	H24. 7
道路土工－軟弱地盤対策工指針（平成24年度版）	400	7,150	H24. 8
道路土工－仮設構造物工指針	378	6,380	H11. 3
落石対策便覧	414	6,600	H29.12
共同溝設計指針	196	3,520	S61. 3
道路防雪便覧	383	10,670	H 2. 5
落石対策便覧に関する参考資料 ―落石シミュレーション手法の調査研究資料―	448	6,380	H14. 4
トンネル			
道路トンネル観察・計測指針（平成21年改訂版）	290	6,600	H21. 2
道路トンネル維持管理便覧【本体工編】（令和2年版）	520	7,700	R 2. 8
道路トンネル維持管理便覧【付属施設編】	338	7,700	H28.11
道路トンネル安全施工技術指針	457	7,260	H 8.10
道路トンネル技術基準（換気編）・同解説（平成20年改訂版）	280	6,600	H20.10
道路トンネル技術基準（構造編）・同解説	322	6,270	H15.11
シールドトンネル設計・施工指針	426	7,700	H21. 2
道路トンネル非常用施設設置基準・同解説	140	5,500	R 1. 9
道路震災対策			
道路震災対策便覧（震前対策編）平成18年度版	388	6,380	H18. 9

日本道路協会出版図書案内

図　書　名	ページ	定価(円)	発行年
道路震災対策便覧（震災復旧編）(令和4年度改定版)	545	9,570	R 5. 3
道路震災対策便覧（震災危機管理編）(令和元年7月版)	326	5,500	R 1. 8
道路維持修繕			
道路の維持管理	104	2,750	H30. 3
英語版			
道路橋示方書（I 共通編）〔2012年版〕（英語版）	160	3,300	H27. 1
道路橋示方書（II 鋼橋編）〔2012年版〕（英語版）	436	7,700	H29. 1
道路橋示方書（IIIコンクリート橋編）〔2012年版〕（英語版）	340	6,600	H26.12
道路橋示方書（IV 下部構造編）〔2012年版〕（英語版）	586	8,800	H29. 7
道路橋示方書（V 耐震設計編）〔2012年版〕（英語版）	378	7,700	H28.11
舗装の維持修繕ガイドブック2013（英語版）	306	7,150	H29. 4
アスファルト舗装要綱（英語版）	232	7,150	H31. 3

※消費税10%を含みます。

発行所 (公社)日本道路協会　☎(03)3581-2211

発売所 丸善出版株式会社　☎(03)3512-3256

丸善雄松堂株式会社　学術情報ソリューション事業部

法人営業統括部　カスタマーグループ

TEL：03-6367-6094　FAX：03-6367-6192　Email：6gtokyo@maruzen.co.jp